中 国 国 家 标 准 汇 编

542

GB 28568～28588

（2012 年制定）

中国标准出版社　编

中国标准出版社

北　京

图书在版编目(CIP)数据

中国国家标准汇编:2012年制定.542:
GB 28568～28588/中国标准出版社编.—北京:
中国标准出版社,2013.11
ISBN 978-7-5066-7273-3

Ⅰ.①中… Ⅱ.①中… Ⅲ.①国家标准-
汇编-中国-2012 Ⅳ.①T-652.1

中国版本图书馆CIP数据核字(2013)第186306号

中国标准出版社出版发行
北京市朝阳区和平里西街甲2号(100013)
北京市西城区三里河北街16号(100045)

网址 www.spc.net.cn
总编室:(010)64275323 发行中心:(010)51780235
读者服务部:(010)68523946

中国标准出版社秦皇岛印刷厂印刷
各地新华书店经销

*

开本 880×1230 1/16 印张 35 插页 6 字数 1 084 千字
2013年11月第一版 2013年11月第一次印刷

*

定价 220.00 元

出 版 说 明

1.《中国国家标准汇编》是一部大型综合性国家标准全集。自1983年起，按国家标准顺序号以精装本、平装本两种装帧形式陆续分册汇编出版。它在一定程度上反映了我国建国以来标准化事业发展的基本情况和主要成就，是各级标准化管理机构，工矿企事业单位，农林牧副渔系统，科研、设计、教学等部门必不可少的工具书。

2.《中国国家标准汇编》收入我国每年正式发布的全部国家标准，分为"制定"卷和"修订"卷两种编辑版本。

"制定"卷收入上一年度我国发布的、新制定的国家标准，顺延前年度标准编号分成若干分册，封面和书脊上注明"20××年制定"字样及分册号，分册号一直连续。各分册中的标准是按照标准编号顺序连续排列的，如有标准顺序号缺号的，除特殊情况注明外，暂为空号。

"修订"卷收入上一年度我国发布的、被修订的国家标准，视篇幅分设若干分册，但与"制定"卷分册号无关联，仅在封面和书脊上注明"20××年修订-1，-2，-3，……"字样。"修订"卷各分册中的标准，仍按标准编号顺序排列（但不连续）；如有遗漏的，均在当年最后一分册中补齐。需提请读者注意的是，个别非顺延前年度标准编号的新制定的国家标准没有收入在"制定"卷中，而是收入在"修订"卷中。

读者配套购买《中国国家标准汇编》"制定"卷和"修订"卷则可收齐由我社出版的上一年度我国制定和修订的全部国家标准。

3. 由于读者需求的变化，自1996年起，《中国国家标准汇编》仅出版精装本。

4. 2012年我国制修订国家标准共2 101项。本分册为"2012年制定"卷第542分册，收入国家标准GB 28568～28588的最新版本。

中国标准出版社

2012年8月

目　　录

ICS 31.240
K 05

中华人民共和国国家标准

GB/T 28568—2012

电工电子设备机柜　安全设计要求

Cabinets for electrotechnical and electronic equipment—Safety design requirements

2012-06-29 发布　　2012-11-01 实施

中华人民共和国国家质量监督检验检疫总局
中国国家标准化管理委员会　发布

前　言

本标准按照 GB/T 1.1—2009 给出的规则起草。

请注意本文件的某些内容可能涉及专利。本文件的发布机构不承担识别这些专利的责任。

本标准由全国电工电子设备结构综合标准化技术委员会(SAC/TC 34)提出并归口。

本标准起草单位:万控集团有限公司、东莞市迪迈工业装备有限公司、张家港市天翼电气成套结构件有限公司、中煤电气有限公司、北京四方继保自动化股份有限公司、中兴通讯股份有限公司、华为技术有限公司、国网电力科学研究院、国电南京自动化股份有限公司、慈溪奇国电器有限公司、江苏天港箱柜有限公司、许继电气股份有限公司、张家港市天越电气有限公司、天津市正本电气有限公司、武汉通源电气结构有限公司、许昌智能电网装备试验研究院、天津电气传动设计研究所、广东省东莞市质量监督检测中心。

本标准主要起草人:木信德、杨博、马桂昌、曾伟、黎慧、朱亚斌、王亚智、张开国、田蘅、王蔚、陈爱军、张实、张钰、吴蓓、江国庆、高忠曦、黄平、赵建明、申随章、宋宗翔、刘文、蔡维。

电工电子设备机柜　安全设计要求

1　范围

本标准规定了电工电子设备机柜安全设计的总则、基本要素和设计要求。

本标准适用于电工电子设备机柜(以下简称“机柜”)。

2　规范性引用文件

下列文件对于本文件的应用是必不可少的。凡是注日期的引用文件,仅注日期的版本适用于本文件。凡是不注日期的引用文件,其最新版本(包括所有的修改单)适用于本文件。

GB/T 4025—2010　人机界面标志标识的基本和安全规则　指示器和操作器件的编码规则

GB/T 4026—2010　人机界面标志标识的基本和安全规则　设备端子和导体终端的标识

GB/T 4205—2010　人机界面标志标识的基本和安全规则　操作规则

GB 4208—2008　外壳防护等级(IP 代码)

GB/T 4776—2008　电气安全术语

GB/T 5465.2—2008　电气设备用图形符号　第 2 部分:图形符号

GB 7947—2010　人机界面标志标识的基本和安全规则　导体颜色或字母数字标识

GB/T 8582—2008　电工电子设备机械结构术语

GB/T 12113—2003　接触电流和保护导体电流的测量方法

GB 14598.27—2008　量度继电器和保护装置　第 27 部分:产品安全要求

GB/T 18663.1—2008　电子设备机械结构　公制系列和英制系列的试验　第 1 部分:机柜、机架、插箱和机箱的气候、机械试验及安全要求

GB/T 18663.2—2007　电子设备机械结构　公制系列和英制系列的试验　第 2 部分:机柜和机架的地震试验

GB/T 18663.3—2007　电子设备机械结构　公制系列和英制系列的试验　第 3 部分:机柜、机架和插箱的电磁屏蔽性能试验

GB/T 19183.5—2003　电子设备机械结构　户外机壳　第 3 部分:机柜和箱体的气候、机械试验及安全要求

GB 19517—2009　国家电气设备安全技术规范

GB/T 25295—2010　电气设备安全设计导则

3　术语和定义

GB/T 8582—2008 和 GB/T 4776—2008 界定的术语和定义适用于本文件。

4　总则

4.1　机柜是电工电子设备机械结构产品属性的表现形态之一,其安全设计要求源于电工电子设备机械结构的相关标准,而电工电子设备机械结构的安全设计则源于 GB 19517—2009、GB/T 25295—2010、

GB/T 18663.1—2008、GB/T 18663.2—2007、GB/T 18663.3—2007。本标准是将这些基础标准中的相关要求综合对机柜产品属性这一对象的进一步描述。

4.2 所谓机柜产品属性，即机柜可以作为商品由制造商提供给用户。

注：户外机柜应注意 GB/T 19183.5—2003 的相关要求。

4.3 本标准指出了机柜的安全设计基本要素和设计要求。不排除可以达到要求的任何不同于本标准所述的要求，只要这些方法经过试验或评估可以满足安全水平的要求。

4.4 机柜一般用金属材料制造，但其中的结构件可能会用其他非金属材料制造。在涉及安全设计时，认为金属材料具备导电的特性，而非金属材料则应满足对绝缘材料的要求。

5 基本要素

5.1 概述

机柜的安全设计的基本要素会因产品的特点的不同而会有差异，应注意了解产品标准更为细致的规定。

5.2 使用期限内的安全（预期寿命）

安全水平应在产品使用期限内保持不变，即保证在规定使用期限内机柜应保持规定的安全水平，即使在超过适当使用期限，也不允许造成危险。

5.3 承受预见危险的能力

机柜应能承受预见会出现、且能引起危险的物理和化学作用（如静态或动态、液体或气体、热或特殊气候等）时不会造成危险。并且：

a) 一旦出现危险（过载），采用安全的技术手段中断技术过程（例如可立即切断电源）；

b) 能截获或处置由于材料缺陷、磨损或过载、跌落造成危险的部件。

5.4 电击危险防护的能力

对电击危险，其主要特征表现为：

a) 人体构成闭合电路的一个组成部分，使人体的一部分相当于电路中的负载阻抗；

b) 在一个相当长的持续时间间隔内，有一个足以危及人身安全的电流通过人体；

c) 在人身的某两个部分之间施加一个足以危及人身安全的接触电压。

设计上，针对上述特征应采取相应的技术手段，实现对电击危险的防护：

a) 电能直接作用的防护；

b) 电能间接作用的防护。

电能直接作用的防护技术措施有：

a) 绝缘技术；

b) 防直接接触保护。主要的技术措施有：采用安全特低电压、外壳防护、电气隔离等；

c) 防间接接触保护。主要的技术措施有：保护接地、双重绝缘结构、故障切断等。

5.5 耐热能力

由于电流的热效应、铁磁材料损耗、介质损耗、局部放电、机械损耗及设备内部的功能性发热元件会使机柜的温度升高，而大于周围的环境温度。

固体绝缘在热应力作用下会使绝缘材料或工程塑料软化、变形、脱层。然后在机械应力作用下断裂、破坏而丧失功能，造成电击危险；支撑带电零件的绝缘过热会引发燃烧而酿成火灾。

电气绝缘的耐热能力和绝缘等级选择是机柜安全设计的必备因素。包括导电部件,支撑带电零件的电气绝缘的耐热能力是依据其温度特性和固体绝缘物的耐热等级用温升指标来考核。温升限值的规定对机柜因使用环境、工作周期、使用寿命的不一样而规定有不同限值。

5.6 防直接接触保护的能力

防直接接触保护设计要满足保护人和动物不受与机柜带电部分直接接触时所造成危险的要求。设计的防护措施应在任何情况下,都能使危险的带电部分不会被有意或无意触及,或者将带电部分的电压值或触及电流值降低到没有危险的程度。

在设计上,防直接接触保护一般采用绝缘防护、外壳或遮拦防护,采用安全特低电压等。

5.7 防间接接触保护的能力

外露可导电部分是指机柜的可触及的导电部分,不是带电部分,但在故障情况时能处于危险的接触电压之下。

防间接接触保护设计要满足保护人和动物接触到机柜外露导电部分上危险的接触电压时所造成危险的要求。

在设计上,间接接触保护一般采用接地保护。

5.8 可靠的电气联接和机械联接

应充分考虑机柜在使用中受到的热、振动及其他机械应力作用,其联接的松动或脱落而造成电击、机械危险。

5.9 防止静电积聚的措施

应有防止静电积聚的技术措施。

5.10 选择适应的材料

材料的选择应满足:

a) 采用的材料在产品制造过程中和所有可能的运行状态下都不能对人的健康、生命产生有害影响;
b) 应有足够的抗老化能力;
c) 用于有腐蚀危险的部件应采用抗腐蚀的材料。

5.11 人体工效学的应用

机柜的外形、结构、尺寸、布局等要与人体尺寸、体力、环境和生理学、解剖学的特点相匹配,即符合人类工程学。

相应的设计要求见 GB/T 4205—2010、GB/T 4025—2010、GB/T 4026—2010 和 GB 7947—2010。

6 设计要求

6.1 环境适应性

6.1.1 使用环境温度

应设定机柜使用的最高环境温度和最低环境温度。也可给出 24 h 的平均温度的要求。对运输、贮存有温度要求时,也应给出适合的温度。

一般规定为户内机柜的周围空气温度不超过 40 ℃而且在 24 h 内平均温度不超过 35 ℃。周围空气温度的下限为—5 ℃。

运输、贮存和安装条件一般为度范围在—25 ℃～+55 ℃之间。

6.1.2 大气条件

应规定机柜使用环境的大气条件。

一般规定为内机柜的大气条件为空气清洁，在最高温度为 40 ℃时，其相对湿度不超过 50%；在较低温度时，允许有较大的相对湿度。例如在 20 ℃时的相对湿度为 90%，但应考虑到由于温度的变化，有可能会偶尔产生适度的凝露。

6.1.3 污染等级

污秽对固体绝缘物的爬电距离和空气介质的电气间隙影响很大，设计上应控制机柜外界和运行中产生的污秽，以减少在电气绝缘上的积沉，保证电气绝缘的介质强度。

为了确定电气间隙和爬电距离，应按下列四个微观环境的划分，确定机柜使用环境的污染等级：

污染等级 1：无污染或仅有干燥的、非导电性的污染．该污染无任何影响。

污染等级 2：一般仅有非导电性污染，然而应预期到凝露偶然发生短暂的导电性污染。

污染等级 3：有导电性污染或由于预期的凝露使干燥的非导电性污染变为导电性污染。

污染等级 4：造成持久的导电性污染，例如由于导电尘埃或雨雪引起的。

6.1.4 海拔高度

6.1.4.1 一般规定

一般规定为海拔高度不超过 2 000 m。

6.1.4.2 海拔 2 000 m 以上时温升的修正

温升的修正方法应参考以下情况：

a) 不同海拔高度处的平均环境温度值可参考表 1；

b) 一般来说，在高海拔地区的户内及局部特定环境(如冶金、化工、钢铁、发电厂等房内)，若环境温度的降低值不能补偿由于海拔升高而导致的温升增加值，此时不允许对温升限值进行海拔修正。

表 1 不同海拔高度的平均温度值

项 目	数 值					
海拔/m	0	1 000	2 000	3 000	4 000	5 000
温度/℃	20	20	15	10	5	0

注：海拔升高，空气密度降低，使以空气介质为散热方式的产品散热困难。一般，海拔每升高 100 m，产品温升增加约 0.4 K。但海拔升高同时，环境温度降低，一般情况下，海拔每升高 100 m，环境温度降低 0.5 ℃。对高发热电器(如电阻器等)，海拔每升高 100 m，温升增加 2 K。

6.1.4.3 海拔 2 000 m 以上时介电强度的修正

由于海拔升高，产品绝缘表面及不同电位的带电间隙比较容易击穿，特别是对电气间隙影响较大。

对于使用地点高于 2 000 m 的设备，工频耐受电压值和冲击耐受电压值除了满足常规要求之外，还需要对电气间隙进行修正。在产品使用地点海拔与试验地点海拔不同时，试验电压值应乘以修正系数。

6.1.5 特殊使用条件

可规定机柜特殊的使用环境条件。所有安全设计的规定不能因使用条件变化而降低，除非有更进一步的规定。

例如：

a) 超出规定的温度值、相对湿度或海拔高度；

b) 在使用中，温度和/或气压急剧变化，以致在机柜内易出现异常的凝露；

c) 空气被尘埃、烟雾、腐蚀性微粒、放射性微粒、蒸汽或盐雾严重影响；

d) 暴露在强电场或磁场中；

e) 暴露在高温中；

f) 受霉菌或微生物侵蚀；

g) 安装在有火灾或爆炸危险的场地；

h) 遭受强烈振动或冲击。

6.2 电击危险防护

6.2.1 绝缘的基本要求

6.2.1.1 绝缘电阻

绝缘电阻值按产品的使用环境、使用场所、应用的功能在产品标准规定相应的数值，应根据所规定的数值选择绝缘材料。

通过测量绝缘电阻能有效地发现下列缺陷：

a) 两极间有穿透性的导电通道；

b) 受潮；

c) 表面污垢（比较有、无屏蔽环极时所测得的值即可知）。

通过测量绝缘电阻一般不能发现下列缺陷：

a) 绝缘中的局部缺陷（如不穿透的局部损伤或裂缝、含有气泡、分层脱开等）；

b) 绝缘的老化（因为老化了的绝缘，其绝缘电阻还可能是相当高的）。

6.2.1.2 泄漏电流

应该注意这样的实际情况，即应用在机柜任何品质优良、完好的绝缘在正常工作时都会有漏电流流过绝缘经外壳流入大地，应予以限制。

注：泄漏电流的限值应用了（IEC）TC 64 技术委员会报告中的摆脱电流阀值和感知电流阀值（参见附录 A）。所谓的摆脱电流阀值即是人能自主摆脱带电物体的电流。取概率为 0.5% 女性的最大自主能摆脱的电流 5 mA；感知电流阀值即是对人体的肌肉无反应，能防止二次事故的人体的反应（感知）电流为 0.5 mA～1 mA。0.5 mA 被美国保险商实验室（UL 实验室）长期应用；国际电工委员会按各类电气设备防电击保护的分类采用了不同数值，被世界上大多数国家采用，即Ⅰ类设备 0.75 mA；Ⅱ类设备 0.25 mA；Ⅲ类设备 0.5 mA；带有电加热的电气设备最大不超过 5 mA。

6.2.1.3 接触电流

接触电流仅在人体或人体模型形成电流通路时才存在。就安全而言，主要考虑可能流过人体的有害电流（该电流不一定等于流过保护导体的电流）。

有害电流作用在人体上的主要表现为感知、反应、摆脱和电灼伤。

6.2.1.4 固体绝缘的耐热等级

6.2.1.4.1 耐热等级的规定

固体绝缘材料的耐热等级见表 2。

表 2 固体绝缘材料的耐热等级

相对耐热温度/℃	耐热等级/℃	较早的符号
<90	70	
>90～105	90	Y[a]
>105～120	105	A
>120～130	120	E
>130～155	130	B
>155～180	155	F
>180～200	180	H
>200～220	200	
>220～250	220	
>250	250	
注：耐热等级是电气绝缘材料的最高使用温度。		
[a] 也用于 70 ℃以下等级。		

6.2.1.4.2 绝缘结构

标明某绝缘制品(产品)为某耐热等级,并不说明该制品(产品)绝缘结构中的每一种绝缘材料都具有相同的温度极限。绝缘结构的温度极限与其中各绝缘材料的温度极限可能不直接相关。

在绝缘结构中,绝缘材料的温度极限可能因受到其他组成材料的保护而有所提高,也可能因材料间不相容而使绝缘结构的温度极限低于各个组成材料的温度极限。

6.2.1.4.3 绝缘的使用期

机柜的实际使用期取决于运行中的特定条件。这些条件可以随环境、工作周期和产品类型的不同而有很大的变化。此外,预期使用期还取决于产品尺寸、可靠性、有关设备的预期使用期以及经济性等方面的要求。

绝缘的使用期在很大程度上取决于其对氧气、湿度、灰尘和化学物质的隔绝程度。在给定温度下,受到恰当保护的绝缘的使用期会比自由暴露的大气中的绝缘的使用期长,但机柜一般不会采取这样的措施保护绝缘的使用。

6.2.1.5 耐电痕化

固体绝缘材料的电痕化是指在电应力和电解杂质对材料表面的联合作用下,固体绝缘材料表面形成导电通路的过程。固体绝缘材料在放电作用下引起蚀损而造成电气短路、引发燃烧。

通常情况下,采用在潮湿条件下相比电痕化指数和耐电痕化指数来表示电气绝缘材料自身的耐湿绝缘能力。

相比电痕化指数(CTI)是指材料经受 50 滴电解液而没有电痕化的以伏特为单位的最大电压值;耐

电痕化指数(PTI)是指材料经受50滴电解液而不出现电痕化的以伏特为单位的最大电压值。

电痕化影响着电气设备的爬电距离。固体绝缘材料按相比电痕化指数(CTI)分四类,以比较各种固体绝缘材料在试验条件下的性能:

a) 绝缘材料组别Ⅰ　　600≤CTI;

b) 绝缘材料组别Ⅱ　　400≤CTI<600;

c) 绝缘材料组别Ⅲa　　175≤CTI<400;

d) 绝缘材料组别Ⅲb　　100≤CTI<175。

CTI即是绝缘材料表面经受50滴电解液而不形成电痕化的最高电压值。

6.2.1.6 耐非正常的热和火

由于绝缘材料在电的作用下可能受到热应力影响且有可能使机柜的安全性降低,为了使绝缘材料在非正常热和火的作用下不应产生不利的影响,机柜的材料应具有相应的耐非正常热和火的能力。可以根据材料的可燃性类别来选择绝缘材料。

当在机柜进行试验时,可采用灼热丝试验。

当在材料上进行试验时,可根据所选择的可燃性分类法,可选择采用火焰试验(与可燃性类别无关)、电热丝引燃(HWI)试验和电弧引燃(AI)试验。

6.2.1.7 耐潮湿

要考虑的电气绝缘受潮的情况有:

a) 表面受潮,即在相对湿度大于98%的环境下,电气绝缘表面被水汽包围,在环境温度突然变化或电气绝缘表面温度低于环境温度时,水汽在电气绝缘表面凝结成水膜,使绝缘部件表面绝缘电阻下降,造成表面的爬电或闪络。

b) 体内受潮,即在高温的环境中由于水汽扩散渗入电气绝缘内部使吸入潮气的电气绝缘的理化性能发生变化,例如体积电阻下降,介电常数增加、机械性能亦下降,从而导致绝缘性能破坏造成电击危险。

6.2.1.8 不能认可为电气绝缘的绝缘材料

由于机柜使用功能、安全性的要求,以下材料不能认可为电气绝缘:

未经浸渍处理的木、棉、丝、纸和类似纤维或吸水性材料。

6.2.2 防直接接触保护设计要求

6.2.2.1 绝缘防护

绝缘防护即是采用绝缘技术将危险的带电部分与外界全部隔开,防止在正常工作条件下与危险的带电部分的任何接触,是一种完全的防护。

用以覆盖带电部分的绝缘层应该足够牢固,不采用破坏性手段不应被除去。

使用的绝缘应能长期承受在运行中可能受到的机械、化学、电气、及热应力的影响(例如摩擦、碰撞、拉压、扭曲、高低温及变化、电蚀、大气污秽、电解液等产生的应力影响。

用作直接接触防护的绝缘材料应满足绝缘电阻、介质强度、泄漏电流的考核要求。

6.2.2.2 外壳或遮栏的防护的设计要求

采用外壳或遮栏可将危险的带电部分与外部完全隔开,从而避免从任何方向或经常接近的方向直接触及危险的带电部分,是一种完全的保护。

外壳防护除最少符合 GB 4208—2008 规定的 IP20 外，且：

a） 外壳防护的壳体应是封闭的连续体，且固定在规定的位置上，设计制造得使用者或第三者不借于工具不能拆卸或打开；

b） 外壳应有足够的机械强度及稳定性，即材料、结构、尺寸具备足够的稳定性和耐久性，能承受正常使用中可能出现的机械压力、碰撞和不正常操作引起的应力变化。

6.2.3 防间接接触保护的设计要求

6.2.3.1 接地保护

6.2.3.1.1 在设计上采取的接地保护是指为防止发生电击危险而与下列部件进行电气连接的一种措施：

a） 裸露导电部件；

b） 主接地端子；

c） 外部导电部件；

d） 接地电极；

e） 电源的接地点或人为的中性点。

6.2.3.1.2 机柜的接地装置设计应：

a） 接地端子应用螺纹紧固件联接，接地端子附近壳体处应清晰、永久地标志保护接地符号，接地符号不能设置在可拆卸的零件上；

b） 仅用手不能将接地端子的夹紧导体松开，并且采用弹簧垫圈等防松措施来防止接地导线从端子脱落；

c） 接地装置不允许联接除绿/黄双色芯线的接地保护线外的其他导线；

d） 接地端子上所有金属零件不会因这些零件与保护接地导线或其金属相接触而产生电腐蚀。

6.2.3.2 接地电阻

接地电路的阻抗是复数阻抗，包含电阻分量、电容分量和电感分量，所有这些分量都影响接地电路的载流能力。由于接地网的接地电抗相对于接地电阻来说通常可忽略不计，因此其接地阻抗通常用接地电阻表示。测量接地电阻的目的是：

a） 验证新装接地系统；

b） 检查现有接地系统的变化情况；

c） 测定危险的跨步电压和接触电压等。

对于Ⅰ类设备，接地应满足以下要求：

a） 确保保护电路的连续性，即外露的可导电部分与接地点之间确保导电连续性；

b） 任意外露的可导电部分与接地点之间的电阻不大于 0.1 Ω；

c） 保护导体的截面积应满足表 3 的要求。

表 3 保护导体的截面积

单位为平方毫米

序 号	电路上的导线截面积 S	相应的保护导体的最小截面积
1	＜16	S
2	16～35	16
3	＞35	$S/2$
注：接入多个电路的保护导体的截面积应按这些电路分别计算后再相加。		

6.3 机械危险防护

6.3.1 外壳防护

机柜应设计有一个坚固、连续、封闭的外壳或罩壳，以将带电零件、机械结构部分包封起来，防止异物进入和人体直接触及带电部分和运动部件。外壳上允许有规定尺寸的开口，但其遮挡物不允许能被任意拆卸。

所谓不允许被任意拆卸，指的是用于防护的部件只能使用工具或钥匙才能将其移除。

一般情况，外壳防护包括以下两种形式的防护：

a) 防止人体触及或接近外壳内部的带电部分和触及运动部件(光滑的旋转轴和类似部件除外)，防止固体异物进入外壳内部；

b) 防止水进入外壳内部达到有害程度。

外壳防护的分类分级系统的代号由特征字母 IP 和两个特征数字组成，见 GB 4208—2008。一般情况，只有按规定完成相应的试验，并检验合格后，才能在机柜或机柜的某个部分上标注 IP 的标识。

6.3.2 机械危险防护

机柜在防止机械危险保护的结构设计应满足：

a) 外部不应有锐边、尖角和锋利凸出部分；

b) 外形和重心位置应使机柜有足够稳定性，放置在地面、支架、托架、台座等上时不会受振动或其他外界的作用力而倾倒或跌落；

c) 凡不能用手移动或搬运的机柜应装置符合安全要求吊装装置；

d) 运行时可拆卸的部件，如工具、夹具等由于质量太大而不能用手搬运时，则应标出质量数据，并指出是部件质量还是整机质量。

6.3.3 机械强度

机柜的外部结构应有足够的机械强度，以保证机柜在使用中不会由于操作疏忽而造成外壳破坏，或爬电距离、电气间隙减小到不允许的程度，甚至触及到带电零件。

6.4 电气联接和机械联接

6.4.1 Ⅰ类电气设备

应使当任何导线、螺钉、螺母、垫圈、弹簧及类似零件松动或从原来位置脱落时，不能造成易触及的金属零部件带电。

6.4.2 Ⅱ类电气设备

应使当任何导线、螺钉、螺母、垫圈、弹簧及类似零件松动或从原来位置脱落时，不能造成附加绝缘或加强绝缘上的爬电距离和电气间隙减小到产品安全标准的规定的50%以下。

6.4.3 机械联接

可采取的有效措施有：

a) 采用弹簧垫圈、弹性垫片或止动垫圈等方法锁定螺钉、螺母；

b) 采用粘结剂锁定不由使用者拧动的螺钉、螺母。

6.4.4 电气联接

6.4.4.1 为接通电路而进行的联接仅用弹簧垫圈进行锁定是不够的，应注意导线可能从其联接处脱落的以下情况：

a) 没有专门器件将导线在接线端子或焊接处附近固定；
b) 用于联接导线在联接零件如螺钉、螺母、接插件、弹性类等无充分锁定的措施；
c) 采用接线片、接插件或类似联接件的导线接头，联接件未将导线绝缘一起夹紧；
d) 仅靠弹性件来联接的接头。

6.4.4.2 在满足下述情况的设计时，导线不会从其联接处脱落：

a) 导线在联接处已被专门器件固定，固定器件可用弹簧垫圈防松；
b) 导线被固定在接线端子上，而接线端子的联接件(螺钉、螺母等)松动等仍能留在原来位置，例如接线端子螺钉在联接后由其他零件压住进行锁定的方法；
c) 短而硬的导线(单芯硬线)在接线端子联接件(螺钉、螺母等)松动时仍能在原来位置；
d) 导线在焊接前已相互"钩住"。

6.4.4.3 对电气联接的螺钉材料、衬垫系统的设计应：

a) 传递电气接触压力的螺钉应旋入金属中；
b) 自切螺钉、自攻螺钉不采取特殊措施不宜用作电气联接；绝缘材料制成的螺钉不应用作任何电气联接；
c) 接触压力不能通过易收缩减易变形的绝缘材料传递。对机械联接应能承受正常使用中的机械应力；
d) 螺钉不应用诸如锌、铝等软的或易蠕变的金属制造；
e) 用绝缘材料制成的螺钉，其公称直径应在 3 mm 以上。

6.4.4.4 电气联接的联接形式，插头和联接器、内部布线槽、电源线和接地芯线的颜色等连接要素设计应：

a) 联接装置，例如配有插头的电源线，应具有防水保护的电源进线座，或具有防水保护的电缆耦合器及配套电源线，以及一组外接电源的接线端子等；
b) 电源线不应低于普通橡胶护层或聚氯乙稀护层软线，电源插销不应联接多于一根的软线；
c) 电源线中的绿/黄组合色芯线只能用作保护接地；
d) 布线槽、金属件上供绝缘导线穿过的孔应光滑、无锐棱，应有效防止布线与运动件接触。

6.5 噪声、振动和抗震

6.5.1 噪声

降低噪声对人员的影响，特别是对操作人员的影响是安全设计的重要目标。

噪声设计要依据规定的噪声限值和测量方法的规定进行。

降低噪声的设计往往会明显增加制造的成本，因此应优先考虑有针对性的设计。

6.5.2 振动

在设计上，要从以下几个主要方面限制振动对人的影响：

a) 振动强度：以加速度来描述，计量单位为 m/s^2；
b) 振动频率：范围为 8 Hz～10 000 Hz。振动可能是周期性的，也可能是具有分布频谱的随机或非周期性，还可能为某频带范围内的连续冲击型激振；
c) 振动方向：以心脏为原点，直角坐标系相应方向(X、Y、Z)上进行；
d) 振动持续时间：指人体在振动环境中的连续暴露时间，它的限值与振动强度值有关。

其中振动强度限值的规定应遵循：

a） 保持舒适性；

b） 提高工作效率；

c） 保障安全和健康。

应该注意研究诸如以下内容：

a） 舒适性降低限；

b） 疲劳—工效降低限；

c） 暴露限度。

6.5.3 抗震

抗震设计的目的是降低地震条件下对机柜的影响，以及这种影响进而对人体的危害。

抗震设计要依据设计对象使用环境的地震情况和对地震破坏影响的估计。

6.6 防止过热和低温

机柜外壳温度过高（过热）或过低（低温）易灼伤人体的皮肤，外壳的热辐射还会影响周围设备的安全运行，对此应有设计措施加以防护。

应研究机柜外壳表面的功能状况，例如区分功能性热表面及其相邻的表面、过冷表面及其相邻的表面等，以针对不同的表面对人体伤害的影响大小提出设计上的措施。

6.7 标志和说明书

6.7.1 制造商提供的资料

作为安全信息的一部分，设计者应该将相关的、不能作为标准内容的设计信息和有关数据整理成随制造商供货的资料。这些资料（连同产品的样本）将成为视同供货合同的一部分，除非制造商和用户有专门的协议。

资料的内容可以是产品使用说明书的内容，也可以是产品样本内容，其一部分应在标志中给出。

产品样本的内容是设计和制造者的承诺，因此也视同供货合同的一部分。

涉及机柜安全的资料内容应包括：

a） 制造商的名称或商标；

b） 产品的设计型号或系列号；

c） 符合的产品标准号；

d） 安装、操作和维修条件；

e） 正确使用的条件；

f） 环境要求；

g） 设备的额定值；

h） 合格标记或认证标志；

i） 接线端子的识别和标志；

j） IP代号；

k） 对安全标志的说明；

l） 用户对确保安全的责任的声明，例如对确保设备的保护接地连续性的声明。

6.7.2 标志

应以类型、批号、编号或其他信息加以区分，以使产品可供识别并可追溯到制造商。该识别信息应设计为可读且无法去除的标志标注在设备上。

应满足用户尽可能从制造商获得全部资料，因此制造商的名称和商标及产品的设计型号或系列号应标在产品上，最好是在铭牌上。

标志的设计应采用中文、持久、易识、清晰的字体，符号、代号应符合国家标准，且应标出下列信息：

a) 额定数据；

b) 防电击类型（Ⅰ类、Ⅱ类、Ⅲ类）；

c) 外壳防护等级（IP 标志）；

d) 接线图（如果有）；

e) 型号、制造商名称和地址。

如果上述标注方法不可行，识别信息应设计在随产品的使用说明书中。

有关安全的标识符号见 GB/T 5465.2—2008。

6.7.3 使用说明书

使用说明书的设计应包含：

a) 运行条件；

b) 安装说明；

c) 操作说明；

d) 功能描述；

e) 安全事项；

f) 维护保养；

g) 运输与贮存。

使用说明书还应包括对存在不明显的潜在风险提出适当的警告。

附 录 A
（资料性附录）
电气安全——电压、电流、电容的限值

表 A.1 电气安全——电压、电流、电容的限值

<table>
<tr><th rowspan="2">序号</th><th rowspan="2" colspan="2">条件</th><th colspan="3">电压/V</th><th colspan="3">电流/mA</th><th colspan="2">电容放电</th></tr>
<tr><th>交流
有效值</th><th>交流
峰值</th><th>直流</th><th>交流
有效值</th><th>交流
峰值</th><th>直流</th><th>电荷/μC</th><th>能量/mJ</th></tr>
<tr><td rowspan="2">1</td><td rowspan="2">正常
条件</td><td>干燥</td><td>33</td><td>46.7</td><td>70</td><td rowspan="2">0.5</td><td rowspan="2">0.7</td><td rowspan="2">2</td><td rowspan="2">45</td><td rowspan="2">350</td></tr>
<tr><td>潮湿</td><td>25</td><td>35</td><td>37.5</td></tr>
<tr><td rowspan="2">2</td><td rowspan="2">单一故
障条件</td><td>干燥</td><td>55</td><td>78</td><td>140</td><td rowspan="2">3.5</td><td rowspan="2">5</td><td rowspan="2">15</td><td rowspan="2" colspan="2">GB 14598.27—2008
中图 I.1 和图 I.2</td></tr>
<tr><td>潮湿</td><td>33</td><td>46.7</td><td>70</td></tr>
<tr><td colspan="11">注 1：超过本表中限值时即认为是危险带电。
注 2：正常运行和单故障条件下，只有当电压超过本表中的值时，才采用本表中的电流和电容限值。
注 3：采用的试验电路：干燥条件采用 GB/T 12113—2003 中图 4，潮湿条件采用该标准的图 3。
注 4：单故障状态下短时可持续接近的电压的最长时间见 GB 14598.27—2008 的图 I.1。
注 5：正常和单故障条件下的带电电容水平（最大可接受电压）见 GB 14598.27—2008 的图 I.2。</td></tr>
</table>

ICS 29.200
K 81

中华人民共和国国家标准

GB/T 28569—2012

电动汽车交流充电桩电能计量

Electric energy metering for electric vehicle AC charging spot

2012-06-29 发布　　　　2012-11-01 实施

中华人民共和国国家质量监督检验检疫总局
中国国家标准化管理委员会　发布

前　　言

本标准按照 GB/T 1.1—2009 给出的规则起草。

本标准由中华人民共和国国家能源局、中华人民共和国工业和信息化部提出。

本标准由中国电力企业联合会归口。

本标准起草单位：国家电网公司、中国电力科学研究院、国网电力科学研究院、中国计量科学研究院、云南电力试验研究院、许继集团有限公司、华北电网有限公司、辽宁省电力公司。

本标准主要起草人：苏胜新、胡江溢、贾俊国、杜新纲、武斌、彭楚宁、曾海鸥、徐英辉、姜洪浪、刘剑欣、王磊、曹敏、于文斌、叶辛、马晓奇、郜波、陈诚、连湛伟、周丽霞、郝新。

电动汽车交流充电桩电能计量

1 范围

本标准规定了电动汽车交流充电桩电能计量的技术要求及电能计量装置的配置安装要求、试验方法和检验规则。

本标准适用于交流充电桩的电能计量。

2 规范性引用文件

下列文件对于本文件的应用是必不可少的。凡是注日期的引用文件，仅注日期的版本适用于本文件。凡是不注日期的引用文件，其最新版本(包括所有的修改单)适用于本文件。

GB/T 15284 多费率电能表 特殊要求

GB/T 17215.211—2006 交流电测量设备 通用要求、试验和试验条件 第11部分：测量设备(IEC 62052-11:2003)

GB/T 17215.321—2008 交流电测量设备 特殊要求 第21部分：静止式有功电能表(1级和2级)(IEC 62053-21:2003)

GB/T 17215.421—2008 交流测量 费率和负荷控制 第21部分：时间开关的特殊要求(IEC 62054-21:2004)

DL/T 645 多功能电能表通信协议

NB/T 33002 电动汽车交流充电桩技术条件

3 术语和定义

GB/T 17215.211—2006界定的术语和定义适用于本文件。

4 配置要求及安装位置

a) 交流充电桩的充电计量装置应选用静止式交流多费率有功电能表(以下简称电能表)，电能表采用直接接入式，其电气和技术参数如下：
   ——参比电压(U_n)：220 V；
   ——基本电流(I_b)：10 A；
   ——最大电流(I_{max})：大于或等于4倍基本电流；
   ——参比频率：50 Hz；
   ——准确度等级：2.0。
b) 交流充电桩具备多个可同时充电接口时，每个接口应单独配备电能表。
c) 电能表宜安装在交流充电桩内部，位于交流输出端与车载充电机之间，电能表与车载充电机之间不应接入其他与计量无关的设备。

5 技术要求

5.1 电能表要求

5.1.1 准确度要求

电能表由电流改变引起的误差极限、起动、潜动、仪表常数、由其他影响量引起的误差极限和准确度试验条件应满足 GB/T 17215.321—2008 第 8 章的要求。

5.1.2 机械要求

电能表的机械要求应符合 GB/T 17215.211—2006 第 5 章的规定。

5.1.3 气候条件

电能表的气候条件应符合 GB/T 17215.211—2006 第 6 章的规定。

5.1.4 电气要求

电能表的电气要求应符合 GB/T 17215.211—2006 第 7 章和 GB/T 17215.321—2008 第 7 章的规定。

5.1.5 功能要求

5.1.5.1 电能计量

电能表应计量有功总电能和各费率有功电能。

5.1.5.2 存储功能

存储功能应符合以下要求：

a) 电能表至少能存储前两个月或前两个结算周期的总电能和各费率电能数据，数据转存分界时间的默认值为每月的最后一日的 24 时或设定每月 1 日～28 日的任意时刻；
b) 电能表电源失电后，所存储的数据应保存至少 1 年；
c) 电能量等关键充电信息应存入表计内置的安全模块中，防止关键数据被篡改。

5.1.5.3 时钟、费率时段

时钟、费率时段应符合以下要求：

a) 采用具有温度补偿功能的内置硬件时钟电路，具有日历、计时和闰年自动切换功能。在参比温度下，时钟准确度≤±0.5 s/d。时钟准确度随温度的改变量每 24 h 应小于 0.15 s/℃。时钟可在编程状态进行校时，在非编程状态进行广播校时，广播校时的时钟误差不得大于 5 min，每天只允许校时一次。
b) 至少具有两套费率时段，可通过预先设置时间实现两套费率时段的自动切换。每套费率时段全年至少可设置 2 个时区，24 h 内至少可以设置 8 个时段，时段最小间隔为 15 min，时段可跨越零点设置。
c) 电能表应具备一路多功能信号输出接口，默认输出为秒信号，可通过软件设置为时段投切信号输出。

5.1.5.4 事件记录

事件记录应符合以下要求：

a) 记录编程总次数，最近 10 次编程的时刻、操作者代码和编程项；

b) 记录校时总次数(不包含广播校时)，最近 10 次校时前、后的时间。

5.1.5.5 测量及监测

能测量电压、电流、功率、功率因数等运行参数。测量误差(引用误差)不超过±1%。

5.1.5.6 通信功能

电能表应具有一路调制型红外通信接口和至少一路 RS485 通信接口，RS485 通信接口初始速率为 2 400 bit/s，可通过软件设置为 1 200 bit/s、4 800 bit/s、9 600 bit/s，调制型红外接口通信速率为 1 200 bit/s。通信协议应符合 DL/T 645。

5.1.5.7 显示功能

显示功能应符合以下要求：

a) 电能表显示屏应具备背光功能，可通过按键、红外等触发方式点亮背光，2 个自动轮显周期后关闭背光；

b) 电能表应具备自动循环和按键两种轮显方式；

c) 电能表应能显示累计电能量、电压、电流、功率、时间、报警等信息；

d) 电能量显示位数为 8 位，默认 2 位小数，计量单位：kWh，小数位数可通过编程设置。

5.2 交流充电桩要求

a) 交流充电桩应满足 NB/T 33002 的要求，同时应能采集电能表数据，计算充电电量，显示充电时间、充电电量及充电费用等信息；

b) 交流充电桩应显示本次充电电量，并可对该项进行清零；

c) 交流充电桩应至少记录 100 次充电行为，记录内容包括充电起始时刻、起始时刻电量值、结束时刻、结束时刻电量值和充电电量；

d) 交流充电桩从电能表采集的数据应与其对应显示内容保持一致。

6 试验方法

6.1 常规试验

电能表的常规试验项目和方法应按照 GB/T 17215.211—2006 和 GB/T 17215.321—2008 执行。

6.2 功能检查

电能表通电后，通过目视、按键轮显、软件抄读等方式检查电能表功能是否符合 5.1.5 的规定。

6.3 费率时段电能示值误差

按照 GB/T 15284 规定的试验进行。

6.4 计度器总电能示值组合误差

按照 GB/T 15284 规定的试验进行。

6.5 日计时误差

按照 GB/T 17215.421—2008,7.5.2.3 的规定进行试验。

6.6 环境温度对日计时误差的影响

按照 GB/T 17215.421—2008,7.5.2.3 的规定进行试验。

6.7 通信协议一致性

按照 DL/T 645 的规定检查电能表的通信帧格式、延时时间、数据标识、验证方式等。

6.8 测量误差试验

在参比电压 I_{max}、I_b、10% I_b,功率因数分别为 1.0 和 0.5 L 时,读取电能表电压、电流、功率因数、有功功率的数值,计算测量参数的引用误差,应满足 5.1.5.5 的要求。

6.9 数据安全检测

通过软件抄读检测存储在安全模块中的数据是否与电能表显示一致。

6.10 数据一致性比对

对交流充电桩采集并显示的计量相关信息与电能表相应显示内容进行比对,判断其是否一致。

7 检验规则

7.1 电能表检验

7.1.1 出厂检验

每个电能表按照本标准的试验方法进行检验,检验合格后应施加出厂封印,并出具质量合格证明,试验项目见表 1。

7.1.2 型式检验

新产品定型或电能表结构、工艺、主要材料(元器件)以及软件发生重大改变时,应进行型式试验,试验项目见表 1。

表 1 电能表试验项目

序号	试验项目		条款	出厂检验	型式检验
1	常规试验	脉冲电压	6.1		√
2		交流电压		√	√
3		基本误差		√	√
4		起动试验		√	√
5		潜动试验		√	√
6		电能表常数		√	√
7		影响量试验			√
8		功率消耗			√

表 1（续）

序号	试验项目		条款	出厂检验	型式检验
9	常规试验	电源电压影响	6.1		√
10		短时过电流试验			√
11		自热试验			√
12		温升试验			√
13		无线电干扰抑制			√
14		快速瞬变脉冲群抗扰度			√
15		衰减振荡波抗扰度			√
16		射频电磁场抗扰度			√
17		射频场感应的传导骚扰抗扰度			√
18		静电放电抗扰度			√
19		浪涌抗扰度			√
20		高温试验			√
21		低温试验			√
22		交变湿热试验			√
23		阳光辐射防护试验			√
24		振动试验			√
25		冲击试验			√
26		弹簧锤试验			√
27		防尘和防水			√
28		耐热阻燃试验			√
29	功能检查		6.2	√	√
30	费率时段电能示值误差		6.3		√
31	计度器总电能示值组合误差		6.4		√
32	日计时误差		6.5	√	√
33	环境温度对日计时误差的影响		6.6		√
34	通信协议一致性		6.7		√
35	测量误差试验		6.8		√
36	数据安全检测		6.9		√

7.2 交流充电桩计量检验

7.2.1 数据一致性检验

交流充电桩在出厂检验和型式检验时，应进行数据一致性比对。

ICS 29.160.40
K 52

中华人民共和国国家标准

GB/T 28570—2012

水轮发电机组状态在线监测系统技术导则

Technical guide of on-line condition monitoring system for hydraulic turbine and generator units

2012-06-29 发布 2012-11-01 实施

中华人民共和国国家质量监督检验检疫总局
中国国家标准化管理委员会 发布

前　言

本标准按照 GB/T 1.1—2009 给出的规则起草。

本标准由中国电器工业协会提出。

本标准由全国大型发电机标准化技术委员会(SAC/TC 511)归口。

本标准负责起草单位：中国水利水电建设集团公司、中国水电工程顾问集团公司、北京华科同安监控技术有限公司。

本标准参加起草单位：哈尔滨电机厂有限责任公司、东方电机股份有限公司、中国水电顾问集团华东勘测设计研究院、中国水电顾问集团昆明勘测设计研究院、中国水电顾问集团北京勘测设计研究院、哈尔滨大电机研究所、中国长江电力股份有限公司、三峡水电厂、华中科技大学、中国水电顾问集团成都勘测设计研究院、北京万瑞达监控技术有限公司。

本标准主要起草人：付元初、李定中、朱玉良。

本标准参加起草人：李渝珍、王泉龙、郑小康、郑松远、孙玉田、付长虹、荀东明、陈家恒、李朝晖、刘昌栋、王宏、王劲夫、刘万景。

引　言

本标准以导则的形式初步规定了机组状态在线监测系统的功能和基本结构，监测参量主要包括振动、摆度、轴向位移、压力脉动、空气间隙、磁通密度以及局部放电等，力求从技术模式上规范水电机组状态在线监测技术的应用行为，充分发挥状态在线监测系统在机组安全、稳定运行和状态检修方面的辅助作用，以提高新技术的应用效果和电站运行管理水平。

本标准同时定义了与水轮发电机组状态在线监测系统有关的专业术语，规范了机组状态在线监测系统的测点布置方案，对传感器、数据采集设备和上位机设备提出了相应的技术要求，并规定了监测参量一般测量方法和数据提供的技术规约。本标准还对系统设备本身的出厂和现场性能检验、测试项目作出了一般规定，并对随设备提供的相关技术文件给以明确。

机组状态在线监测系统的具体应用将针对不同的监测对象和参量由用户根据需要自行确定。本标准将随机组状态在线监测系统的工程应用和技术进步而适时修订。

水轮发电机组状态在线监测系统技术导则

1 范围

本标准定义了水轮发电机组状态在线监测系统的专业术语，提出了状态在线监测系统的系统功能、基本结构、测点布置以及相关技术要求，适用于水电站各种类型水轮发电机组的状态在线监测系统的设计、制造和运行管理。

2 规范性引用文件

下列文件对于本文件的应用是必不可少的。凡是注日期的引用文件，仅注日期的版本适用于本文件。凡是不注日期的引用文件，其最新版本（包括所有的修改单）适用于本文件。

GB/T 8564 水轮发电机组安装技术规范

GB/T 18482 可逆式抽水蓄能机组启动试验规程

DL/T 507 水轮发电机组启动试验规程

IEEE 1434—2005 旋转电机局部放电测量试用导则（IEEE Trial—Use Guide to the Measurement of Partial Discharges in Rotating Machinery）

3 术语和定义

下列术语和定义适用于本文件。

3.1

水轮发电机组状态在线监测系统 on-line condition monitoring system for hydraulic turbine and generator units

实时在线监测水轮发电机组各部位运行状态的测量系统。

3.2

键相信号 key phase

水轮发电机组状态在线监测系统在主轴上的基准方位信号。

3.3

振动 vibration

机组各部件指定点相对于平衡位置随时间的往复位移变化。

3.4

摆度 run-out

水轮发电机组主轴某部位相对于该部位邻近固定部件的径向振动，又称轴相对振动。

3.5

压力脉动 pressure pulsation

在选定时段内流道内液体压力相对于平均值的往复变化。

3.6

空气间隙 air gap

发电机转子磁极外缘与定子铁心内缘之间的最小径向距离。

3.7

磁通密度 magnetic flux density

垂直穿过单位面积的磁通量。指发电机定子与转子之间的气隙磁通密度。

3.8

局部放电 partial discharge

在水轮发电机定子绕组绝缘层内部或边缘发生的导体间绝缘仅被部分桥接的电气放电现象，简称局放。包括槽放电、绝缘内部放电、线棒层间放电和沿表面放电。

3.9

状态监测参量 condition monitoring parameters

被监测的振动、摆度、轴向位移、压力脉动、空气间隙、磁通密度以及局部放电参数。

3.10

工况参数 operating parameters

表征水轮发电机组各种运行工况特征的、与运行状态直接相关的参数，包括电站水头/扬程、机组转速或频率、有功功率、无功功率、功率因数、定子电压、定子电流、励磁电压、励磁电流、导叶开度、桨叶开度、喷针开度、机组流量、蓄能机组发电/抽水工况状态等。

3.11

过程量参数 process parameters

水轮发电机组定转子绕组温度、定子铁心温度、各部分轴承瓦温、油温、油位以及冷却水流量和温度等随工况参数或运行时间变化而改变的参数。

3.12

机组稳定性参数 stability parameters

振动、摆度、压力脉动等反映机组稳定性能的参数。

3.13

机组转频 rotational frequency

水轮发电机组主轴转动的频率，也称为一倍频。

3.14

峰一峰值 peak to peak value

振动、摆度和压力等波形信号在一个或多个周期内波峰与波谷的代数差。

3.15

频谱 spectrum

波形信号通过变换可以分解成各种频率成分的谐波，这些谐波的幅值是频率的函数。

3.16

轴心轨迹 axes orbit

机组运行时主轴某一截面上几何中心的运动轨迹。

3.17

趋势图 trend chart

所测参数、参量随时间的变化曲线。

3.18

相关趋势图 relation trend chart

所测参数、参量与另一被测参数、参量(通常为工况参数)之间的关系曲线。

3.19

瀑布图　waterfall chart

显示某一时间段内被测参量各种频率成分的幅值与频率的关系，是该参量在不同时间或不同工况（通常为不同负荷）下的频谱图组成的三维谱图。

3.20

级联图　cascade chart

显示启停机过程中不同转速下被测参量各种频率成分的幅值与频率（转速）的关系，是该参量在各转速下的频谱图组成的三维谱图。

3.21

空间轴线图　spatial axis chart

机组主轴轴线的空间状态图。

3.22

转子圆度　rotor roundness

水轮发电机转子磁极铁心外缘半径最大值与最小值之差（即转子磁极铁心外缘轮廓线的内外包络线之距离）。

3.23

定子圆度　stator roundness

水轮发电机定子铁心内缘半径最大值与最小值之差（即定子铁心内缘轮廓线的内外包络线之距离）。

3.24

电涡流传感器　eddy-current transducer

基于电涡流测距原理的位移传感器，其输出量与传感器和被测量面之间的距离成正比。

3.25

速度传感器　speed transducer

将振动速度转换为与其成比例的电信号输出的传感器。

3.26

加速度传感器　acceleration transducer

将振动加速度转换为与其成比例的电信号输出的传感器。

3.27

电容式位移传感器　capacitive displacement transducer

基于电容测距原理的位移传感器，其输出量与传感器和被测量面之间的距离成正比。

3.28

电容耦合器　capacity coupler

利用电容耦合原理拾取放电脉冲的高通电容器，用于监测发电机定子绕组局部放电信号。

3.29

数据服务器　data server

用于存储和管理电厂一台或多台水轮发电机组状态监测数据的服务器。

3.30

WEB 服务器　WEB server

用于状态在线监测系统与电厂局域网通讯的服务器，通常以 WEB 方式将状态监测数据发布至电厂局域网。

3.31

数据采集箱　data acquisition unit

负责信号采集与处理的集成装置,一般由数据采集模块、系统模块和电源模块等组成。

3.32

局放值　PD magnitude

Q_m

局部放电脉冲数量为每秒10个时对应的局放脉冲幅值。

3.33

局放量　normalized quantity number

NQN

单位时间(规定时段为1 s)内局部放电脉冲活动的总数量。

4　总则

4.1　水轮发电机组状态在线监测系统

一般包括以下部分:

a)　对机组的振动、摆度、轴向位移、压力脉动、空气间隙、磁通密度、局部放电等运行状态进行实时监测;

b)　在相应工况参数及过程量参数条件下,通过对上述状态监测参量进行实时采集,实现对水轮发电机组运行状态的分析和人工辅助诊断;

c)　通过专用的分析软件或人工辅助的智能分析软件对监测结果进行智能化、逻辑化处理,提出故障或事故征兆的预报。

4.2　水轮发电机组状态在线监测系统数据包括状态监测参量、工况参数和过程量参数。状态监测参量从现场传感器或信号器直接获取,工况参数宜采用4 mA～20 mA或开关量硬接线方式获取,过程量参数宜采用通讯方式从电站计算机监控系统获取。

4.3　水轮发电机组状态在线监测系统宜与电站计算机监控系统配合使用。由状态在线监测系统采集的状态监测参量应和机组工况参数和过程量参数统一进行综合分析,以全面反映机组的运行状态。

4.4　水轮发电机组状态在线监测系统的设置应根据机组型式、单机容量、台数和电站运行方式等条件和实际需要合理选择监测项目和系统规模,可以一次规划整体实施,也可以统筹规划、分步实施。

4.5　水轮发电机组状态在线监测系统应具有良好的扩展功能和系统升级功能,以不断满足水电站运行管理的需要。

5　系统功能

5.1　数据采集与实时监测

状态在线监测系统应能对水轮发电机组的振动、摆度、轴向位移、压力脉动、空气间隙、磁通密度、局部放电等状态监测参量以及相应的工况参数和过程量参数进行实时采集和监测,并能以结构图、棒图、表格和曲线等形式进行显示。数据采集相关规约参见附录E。

5.2　数据分析

状态在线监测系统应具备数据分析的能力,应能提供各种专业的数据分析工具,并根据监测参量的变化,预测状态的发展趋势,提供趋势预报的功能。

5.2.1 振动摆度

系统应能自动对机组的稳态运行、暂态过程(包括瞬态)的振动、摆度进行分析,提供波形、频谱、轴心轨迹、空间轴线、瀑布图、级联图、趋势图、相关趋势图等时域和频域分析工具。

5.2.2 轴向位移

系统应能自动对大轴轴向位置的变化进行分析,提供趋势图、相关趋势图等分析工具。

5.2.3 压力脉动

系统应能自动对各过流部位的压力脉动进行分析,提供波形、频谱、瀑布图、级联图、趋势图、相关趋势图等时域和频域分析工具。并能提供分析压力脉动的时域特性、频域特性与工况参数关系的工具。

5.2.4 空气间隙

系统应能自动对发电机定转子之间的空气间隙进行监测分析,自动计算定转子圆度、定转子中心相对偏移量和偏移方位、定转子间气隙(最大值、最小值和平均值)及气隙最大值和最小值对应的磁极号等特征参数,并能分析机组静态与动态下气隙参数的相对关系和气隙的变化趋势。

5.2.5 磁通密度

系统应能对发电机定转子之间的磁通密度进行监测分析,计算各磁极的磁通密度等特征参数,并能提供磁通密度与工况参数的关系和相同工况下磁通密度的长期变化趋势,辅助分析转子磁极匝间短路和磁极松动等引起电磁回路故障的可能性。

5.2.6 局部放电

系统应能连续并自动检测水轮发电机在运行状态下定子绕组的局部放电脉冲信号,给出局部放电脉冲的各相局放值(Q_m)和局放量(NQN),提供长期趋势分析,分析判断出局部放电的大致发生部位。

5.3 数据管理

数据管理一般应具备以下功能:

a) 数据服务器的数据库应采用高效数据压缩技术,应能存储至少一年的机组稳态、暂态过程(包括瞬态)数据和高密度录波数据;能提供黑匣子记录功能,可完整记录机组出现异常前后的数据,确保系统能提供完整详尽的数据用于分析机组状态。
b) 数据库应能自动管理数据,对数据进行检查、清理和维护;能实时监测硬盘的容量信息,当其容量不够时自动向使用者发出警告信息;能自动和手动备份数据。
c) 数据库应具备自动检索功能,用户可通过输入检索工况快速获得满足条件的数据;应提供回放功能,能对历史数据进行回放。
d) 数据库应具备权限认证功能,只有经过权限认证的用户才能访问数据。

5.4 报警功能

系统应提供报警功能,报警定值可根据机组特性和运行工况设定,具体定值可参考 GB/T 8564、GB/T 18482、DL/T 507 以及主机合同保证值。出现报警时,系统应在监测画面上以醒目的方式进行提示。

状态在线监测系统一般不直接作用于机组停机。

5.5 运行工况分析

系统应能自动分析不同水头和负荷下机组运行特性，为确定机组稳定运行区、限制运行区和禁止运行区提供技术依据，供机组优化运行参考。

5.6 辅助诊断

系统应能对水轮发电机组常见的故障或异常现象进行人工辅助诊断，并通过趋势分析进行预警预报，为机组进行故障处理或检修提供决策参考。

5.7 动平衡计算

系统应提供动平衡计算功能，计算出发电机转子配重的相位与重量。

5.8 状态报告

系统应提供规范的监测状态报告，报告应能反映机组稳态、暂态过程（包括瞬态）各状态监测参量的数值和变化趋势，对机组运行状态提出初步评价，并附有相关的图形和图表。报告宜采用与 Excel、Word 等兼容的文件格式。

5.9 远程监测

系统应具有通过网络实现远程实时在线监测分析的功能。

5.10 其他功能

系统还应具备系统设置、权限管理、打印以及在线帮助等功能。

6 系统基本结构

水轮发电机组状态在线监测系统宜采用分层分布式结构，由传感器单元、数据采集单元和上位机单元组成。典型系统结构示意图参见附录 A。

6.1 传感器单元

传感器单元是指状态在线监测系统所用到的各种传感器及其附属设备，是状态在线监测系统的基础。水轮发电机组状态在线监测系统常用的传感器型式如下：电涡流传感器、电容式位移传感器、低频速度传感器、加速度传感器、压力脉动传感器、差压变送器、电容耦合器等。

6.2 数据采集单元

数据采集单元是指完成信号采集和处理的装置及其辅助设备，其核心设备是数据采集箱。机组数据采集单元宜集中组屏，通常布置在机旁或机组单元控制室。

数据采集单元应具有现地监测、分析和试验功能，可实现对机组的振动、摆度、压力脉动、空气间隙、磁通密度、局部放电以及运行工况等参数进行数据采集、处理和分析，并能以图形、图表和曲线等方式进行显示。数据采集单元通常包含数据采集箱、传感器供电电源、显示器、状态监测屏柜等设备。

6.3 上位机单元

上位机单元包括数据服务器、WEB 服务器、网络设备以及打印机等设备。网络传输应采用开放的分层分布式以太网网络结构，满足电力系统二次安全防护的要求，并满足工业通用的国际标准规约。

总体要求如下：

a) 数据服务器：负责存储和管理电厂机组的状态监测数据，宜全厂配置一台；

b) WEB 服务器：负责状态在线监测系统与电厂局域网之间的通讯，宜全厂配置一台；

c) 光纤传输设备：当上位机单元与数据采集单元之间距离过长时，应采用光纤通讯；

d) 网络安全装置：状态在线监测系统与电站计算机监控系统、电站局域网等相连时，均应满足电力系统二次安全防护的要求，配置相应的网络安全装置；

e) 附属设备：网络交换机和打印机等。

7 测点布置

7.1 总则

机组状态在线监测系统的测点布置应根据不同类型水轮发电机组的结构特点和特性参数进行合理有效配置。

各类型大中型水轮发电机组的典型测点配置见附录 B。

小型机组可参考本章的原则作从简配置。

7.2 键相测点

每台水轮发电机组的状态在线监测系统应设置一个键相测点。通常在被测机组主轴上设置 10 mm～15 mm 宽的一个凹槽或凸键标记，与相应的非接触式位移传感器组成键相测量单元。为便于确定测量相位与机组转动体方位的对应关系，标记宜布置在与转子励磁主引线同一方位上，键相传感器宜布置在 $+X$ 或 $+Y$ 方位。

7.3 振动和摆度测点

各类型水轮发电机组振动和摆度测点布置推荐如下：

a) 立式混流式、混流可逆式机组

振动测点：应分别在上机架、下机架和顶盖处，设置 2 个水平振动测点、1 个～2 个垂直振动测点，水平振动测点宜在正对水流上游面及与其互成 90°的径向设置（若水流方向与 $+Y$ 方向不重合，则应布置在正对水流方向或与其成 90°的方位），非承重机架一般不设置垂直振动测点。定子机座应设置 1 个～2 个水平振动测点、1 个垂直振动测点，水平振动测点应宜置在机座外壁相应定子铁心高度 2/3 处，垂直振动测点应设置在定子机座上部。

摆度测点：应分别在机组的上导、下导、水导轴承的径向设置互成 90°的 2 个摆度测点，三组摆度测点方位应相同。

b) 立式轴流式机组

振动测点：应分别在上机架、下机架和顶盖处，设置 2 个水平振动测点、1 个～2 个垂直振动测点，水平振动测点应互成 90°径向设置，非承重机架一般不设置垂直振动测点。定子机座应设置 1 个～2 个水平振动测点、1 个垂直振动测点，设置位置同 7.3a)。

摆度测点：应分别在机组的上导或受油器、下导和水导的径向设置互成 90°的 2 个摆度测点，三组摆度测点方位应相同。

c) 灯泡贯流式机组

振动测点：应分别在组合轴承和水导轴承处设置 2 个径向、1 个轴向振动测点。组合轴承处的径向测点应垂直和水平布置在组合轴承座靠近导轴承处，轴向测点应布置在组合轴承座推力轴承附近；水导轴承处的径向测点应垂直和水平布置在轴承座上，轴向测点应布置在轴承座靠发电机侧；有条件时可在灯泡体上设置 1 个～2 个径向振动测点，也可在转轮室设置振动测点。

摆度测点：应分别在组合轴承和水导轴承的径向设置互成90°的2个摆度测点，一般与垂直中心线左右成45°安装。两组摆度测点方位应相同。

d) 立式冲击式机组

振动测点：应分别在上机架和下机架(若有)处设置2个水平振动测点，在上机架设置1个垂直振动测点，在水导轴承座上设置2个水平振动测点、1个垂直振动测点。每部位的水平振动测点应互成90°径向设置。定子机座应设置1个～2个水平振动测点、1个垂直振动测点，设置位置同7.3a)。

摆度测点：应分别在机组上导、下导和水导轴承的径向设置互成90°的2个摆度测点，三组摆度测点方位应相同。

7.4 轴向位移测点

对于混流式、可逆式、轴流式、灯泡贯流式机组，在轴向可设置1个～2个轴向位移测点。

7.5 压力脉动测点

各类型水轮发电机组压力脉动测点布置推荐如下：

a) 混流式机组：应分别在蜗壳进口设置1个、活动导叶与转轮间设置1个～2个、顶盖与转轮间设置1个～2个、尾水管进口设置2个(上下游方向)压力脉动测点；

b) 混流可逆式机组：应分别在蜗壳进口设置1个、活动导叶与转轮间设置2个、顶盖与转轮间设置1个～2个、转轮与泄流环之间设置1个、尾水管进口设置2个(上下游方向)、肘管中部设置1个～2个压力脉动测点；

c) 轴流式机组：应分别在蜗壳进口设置1个、活动导叶后设置1个、尾水管进口设置2个(上下游)压力脉动测点；

d) 灯泡贯流式机组：应分别在流道进口设置1个、转轮前后各设置1个、尾水管进口设置1个～2个压力脉动测点。

压力脉动传感器应尽可能地靠近取压口，不能位于压力均压管上，且应尽可能与模型试验测点相对应。压力脉动测点和水力量测用的压力测点应分开设置。

7.6 定子铁心振动测点

对于大、中型发电机，宜设置1～3组发电机定子铁心振动测点，每组包括1个水平(径向)和1个垂直(轴向)振动测点。

定子铁心水平振动测点宜布置在定子铁心外缘的中部，垂直振动测点宜布置在定子铁心的上部。

7.7 发电机空气间隙测点

对于大、中型发电机，可设置发电机气隙测点；混流可逆式机组和灯泡贯流式机组宜设置发电机气隙测点。气隙测点的数量和布置应根据水轮发电机的容量、尺寸和定子铁心高度等参数决定。定子铁心内径小于7.5 m时设置4个，大于及等于7.5 m时应设置8个，定子铁心高度大于2.75 m时测点可在轴向分两层均匀布置。气隙传感器(4个或8个)沿周向均匀布置，粘贴在定子铁心内壁上，参见附录C。

7.8 发电机磁通密度测点

对于大、中型发电机，可设置1个磁通密度测点。磁通密度传感器粘贴在定子铁心内壁上。

7.9 发电机局部放电测点

对于大、中型发电机，可根据需要设置发电机局部放电测点。

每台机组至少设置6个测点，每相至少2个，必要时可每支路设置1个。测点可布置在发电机绕组高压出线端附近或其他适当位置。

8 传感器

8.1 摆度和键相传感器

8.1.1 摆度和键相传感器应采用非接触式位移传感器，一般可选择电涡流传感器或电容式位移传感器。键相传感器也可选用光电传感器。

8.1.2 摆度和键相传感器主要性能指标要求如下：

a) 频响范围：0 Hz～1 000 Hz；
b) 线性范围：≥2 mm；
c) 幅值非线性度：≤±2%；
d) 灵敏度：−8 mV/μm ±5%；
e) 温漂：≤0.1%/K；
f) 工作温度：−10 ℃～+60 ℃。

8.2 振动传感器

8.2.1 传感器的选择

振动传感器可采用低频速度传感器、加速度传感器或速度传感器等，应根据水电站发电机的具体情况选择。对于低速机组（额定转速300 r/min及以下），宜测量振动位移 S_{p-p}(μm)，采用用低频速度传感器；对于中高速机组宜测量振动速度（mm/s，RMS），采用加速度传感器或速度传感器，通过频谱分析换算为位移量。

8.2.2 低频速度型传感器主要性能指标要求如下：

a) 频响范围：0.5 Hz～200 Hz；
b) 线性测量范围：0 μm～1 000 μm（峰—峰值）；
c) 幅值非线性度：≤±5%；
d) 工作温度：−10 ℃～+60 ℃。

8.2.3 加速度传感器和速度传感器主要性能指标见8.3.2和8.3.3。

8.3 定子铁心振动传感器

8.3.1 定子铁心振动测量一般采用防电磁干扰的加速度或速度型传感器。

8.3.2 加速度传感器主要性能指标要求如下：

a) 频响范围：1 Hz～1 000 Hz；
b) 线性测量范围：±10 *g*；
c) 幅值非线性度：≤±5%；
d) 工作温度：0 ℃～+125 ℃。

8.3.3 速度传感器主要性能指标要求如下：

a) 频响范围：1 Hz～1 000 Hz；
b) 线性测量范围：0 mm/s～100 mm/s（0～峰值）或0 μm～500 μm（峰—峰值）；
c) 幅值非线性度：≤±5%；
d) 工作温度：0 ℃～+125 ℃。

8.4 轴向位移传感器

轴向位移(或抬机量)传感器应采用非接触式位移传感器,通常为大直径电涡流传感器,量程应满足机组轴向位移(或抬机量)限值的要求。

8.5 压力脉动传感器

8.5.1 压力脉动传感器可采用压电型、压阻型或电容式压力传感器,应具有良好的响应速度,并能承受被测点可能出现的最高压力或负压。

8.5.2 压力脉动传感器主要性能指标要求如下:

a) 精度:≤±0.2%;

b) 频响范围:0 Hz~20 Hz;

c) 响应速度:≤1 ms;

d) 工作温度:−10 ℃~60 ℃;

e) 线性测量范围:0~1.5 倍工作压力。

8.6 空气间隙传感器

8.6.1 空气间隙传感器一般采用平板电容式传感器,并配以相应的专用电缆和前置器。

8.6.2 空气间隙传感器、前置器主要性能指标一般要求如下:

a) 测量范围:0.5~1.5 倍设计气隙值;

b) 非线性度:<1%;

c) 频响范围:0 Hz~1 000 Hz;

d) 温度漂移:<0.05%/K;

e) 工作温度:

传感器:0 ℃~+125 ℃;

前置器:0 ℃~+55 ℃;

f) 相对湿度:<95%;

g) 抗磁强度:1.5 T。

8.7 磁通密度传感器

8.7.1 磁通密度传感器一般采用基于霍尔效应的平板磁感应式传感器,并配以相应的专用电缆和前置器。

8.7.2 磁通密度传感器主要性能指标一般要求如下:

a) 线性量程:≥±1.5 T;

b) 非线性度:<1%;

c) 工作温度:

传感器:0 ℃~+125 ℃;

前置器:0 ℃~+55 ℃。

8.8 局部放电传感器

8.8.1 局部放电传感器一般采用电容耦合器,也可采用其他适合的监测方式,并应配置在线局放监测仪。

8.8.2 装在高压侧的电容耦合器宜采用 80 pF 的环氧云母电容器,应能通过不低于 2 倍发电机线电压加 1 000 V 的耐压试验,且在该电压下其本身无局部放电。

8.8.3 局放仪应能有效地自动分离发电机局放信号和发电机外部噪声信号。

8.8.4 80 pF 电容耦合器一般性能指标要求如下：

a) 频率测量范围：40 MHz～350 MHz；

b) 标称电容值：80 pF(±4 pF)；

c) 工作温度：0 ℃～125 ℃；

d) 电压等级：与发电机电压相匹配。

水轮发电机局部放电在线测量概要参见附录 D。

8.9 传感器安装要求

各种类型传感器安装一般要求如下：

a) 传感器的安装和布置应不得影响机组的安全可靠运行。

b) 用于键相、摆度、轴向位移等测量的非接触式传感器的安装，应根据机组被测部位结构和传感器结构特点，设计相应的传感器支架。支架要有足够的刚度，使传感器安装后支架的固有频率远大于被测信号的最高频率。支架应采用焊接、螺接或粘贴方式固定在安装部位。

c) 用于振动测量的速度传感器和加速度传感器的安装，应刚性连接在被测部件上。可根据传感器的结构和尺寸设计安装底座，安装底座宜采用焊接方式永久固定在安装部位，对于不宜焊接的部位宜采用粘贴或螺接方式固定。

d) 装压力脉动传感器的测压管应安装检修阀门，管路走向朝仪表方向应是向上布置。并在适当位置配置排气装置。

e) 空气间隙传感器和磁通密度传感器宜采用粘贴方式固定在定子内壁，粘胶应能在发电机工作温度下永久不失效。传感器延伸电缆应尽量贴近定子表面固定或从定子铁心通风孔引出，以免碰及转动部件。

f) 局放电容耦合器应尽量布置在绕组高压侧出线端附近，按照定时或定向噪声分离技术的要求安装，其安装方式不得降低定子绕组的耐电压性能。局放监测仪的接地点应可靠接地。

9 数据采集设备

9.1 数据采集箱

9.1.1 基本技术要求

对数据采集箱的基本要求如下：

a) 数据采集箱内的 I/O 接口应采用插入式结构，且标准化、模块化，易于扩展和替换；

b) 各数据采集模块应具有通道和模块 OK 指示灯；

c) 数据采集模块应能合理设定采样周期，以便对信号进行整周期采样；

d) 单个模块故障不应影响系统整体运行，各数据采集模块之间应相互独立、互不影响；

e) 为保证数据采集的同步性和可靠性，振动、摆度和压力脉动等稳定性参数宜共用一个数据采集箱，空气间隙、磁通密度和局部放电等发电机参数宜共用另一个数据采集箱；

f) 数据采集箱应采用容错、自诊断和抗干扰等措施达到高可靠性；

g) 数据采集箱宜提供对应每路监测信号的 4 mA～20 mA 模拟量输出。每个数据采集箱还应提供至少 8 路独立的报警继电器输出，报警逻辑和报警定值应能通过软件组态设置。数据采集箱还应具有串口和以太网络接口。

9.1.2 数据采集

系统应能根据相关工况参数判断机组为稳态、暂态过程(包括瞬态)。

针对机组稳态运行状态,振动、摆度和压力脉动应采用整周期采样方式,每周期不少于128点,连续采样一般不少于8个周期,空气间隙和磁通密度采用连续采样方式,采样频率应大于6 kHz。

针对暂态过程(包括瞬态),系统应采用连续采样方式,振动、摆度和压力脉动采样频率应大于1 kHz,空气间隙和磁通密度采样频率应大于6 kHz。数据采集相关规约参见附录E。

9.1.3 数据处理

参见附录E。

9.1.4 数据存储

数据采集箱应具备数据存储和管理功能,应能存储机组稳态、暂态过程(包括瞬态)的原始采样数据,还应具备数据回放功能。

9.1.5 数据分析

数据采集箱应具备数据分析的能力,通过现地配置的显示设备,数据采集箱应能以结构图、棒图、表格和曲线等形式对状态监测参量、工况参数和过程量参数进行显示和分析。

9.1.6 数据采集箱的主要技术指标应满足:

a) 存储容量:≥10 G;
b) 精度:转速测量误差≤0.2 r/min,其余≤0.5%FS;
c) 相位误差:≤3°;
d) 动态范围:>50 dB;
e) 工作温度:−10 ℃~60 ℃。

9.2 状态监测屏柜

机组对应的数据采集箱及其附属设备宜集中组屏,安装在一标准屏柜内。对于大型机组,为便于使用和维护,每台机组宜独立配置一面状态监测屏柜。

屏柜的电磁屏蔽特性应保证本系统能正常工作和不影响电厂其他设备的正常工作。屏柜应有屏蔽、防尘、通风和防潮设施,以便适应现场环境。

9.3 附属设备

状态监测屏柜内应配置液晶显示器,以方便就地监测和调试维护;应配置一套传感器电源模块,为各种传感器提供工作电源;可配置一套交直流逆变电源装置或UPS电源,以提高电源可靠性。

10 上位机设备

上位机单元应采用标准化、开放式的硬件结构,所选设备应采用成熟的主流产品,并能满足状态在线监测系统的远景发展要求。

10.1 数据服务器

全厂应配置1台状态在线监测数据服务器,其配置应满足状态在线监测系统的性能要求,具体配置应不低于:

a) CPU:双核或四核主频2.0 GHz及以上;
b) 内存容量:2 GB及以上,可扩展;
c) 硬盘容量:4×146 Gb及以上,采用磁盘阵列管理;
d) 网络:2个以太网端口,按照电站组网方式配置;
e) 接口:至少2个串口、2个USB端口;
f) 操作系统:符合开放系统标准实时多任务多用户成熟安全操作系统;

g） 电源：硬件支持掉电保护，承受电压扰动和电源恢复后的自动重新启动；

h） 液晶显示器：17 寸及以上，应具有抗电磁干扰能力。

10.2 WEB 服务器

配置同数据服务器，但可适当降低。

10.3 工程师工作站

全厂配置工程师工作站，其配置应满足状态在线监测系统的性能要求，具体配置应不低于：

a） CPU：双核或四核主频 2.0 GHz 及以上；

b） 内存容量：2 GB 及以上，可扩展；

c） 硬盘容量：2×73.4 GB 及以上，采用磁盘阵列管理；

d） 网络：2 个以太网端口，按照电站组网方式配置；

e） 接口：至少 2 个串口、1 个 USB 端口；

f） 操作系统：符合开放系统标准实时多任务多用户成熟安全操作系统；

g） 电源：硬件支持掉电保护，承受电压扰动和电源恢复后的自动重新启动；

h） 液晶显示器：17 寸及以上，应具有抗电磁干扰能力；

i） 汉化功能：符合 GB 2312—1980，支持双字节的汉字处理能力。命令和实用程序及图形界面都有相应的汉字功能。

10.4 辅助设备

上位机单元辅助设备一般要求如下：

a） 系统可根据需要配置相应的网络设备。当上位机单元与数据采集单元之间距离超过 100 m 时，应采用光纤通讯。

b） 局域网必须符合工业通用的国际标准和规约，数据传输速率不小于 100 MB/s。

c） 系统选用的网络安全隔离装置和防火墙应通过国家相关检测部门的认证。

d） 系统内所有设备应采用标准时钟，可与计算机监控系统合用时钟同步接收装置。

11 试验和检验

11.1 一般要求

本系统所使用的主要设备元件应是有资质的厂家生产的合格产品，且应具备有效的型式试验证书（最近 5 年内）。

11.1.1 出厂试验和检验

设备出厂前，应进行出厂试验和检验。

11.1.2 现场试验和检验

在设备正式启用前，应进行现场试验和检验。

11.2 试验和检验项目

出厂试验和现场试验项目应尽可能全面、完整，但不需要全部重复。现场试验项目应根据现场情况确定。

11.2.1 出厂试验和检验项目一般包括：

a） 试验和检验文件的检查；

b） 设计文件、操作手册和维护手册的检查；

c） 系统设备配置检查；

d） 系统硬件性能测试；

e） 系统软件功能测试；

f） 系统整体性能测试。

11.2.2 现场试验和检验项目一般包括：

a） 随机资料完备性检查；

b） 系统设备完备性检查；

c） 系统静态试验；

d） 系统网络通信测试；

e） 系统整体性能测试；

f） 系统与电站计算机监控系统的网络安全隔离检查。

只有经过上述试验和检验合格的系统方能投入试运行对机组设备进行在线监测。

12 文件与资料

12.1 一般要求

水轮发电机组状态在线监测系统文件与资料一般要求如下：

a） 系统制造厂家为用户提供的文件应包括五个基本部分：设计文件、安装文件、操作文件、维护文件以及试验文件；

b） 系统制造厂家提出的文件内容应详尽、完整，格式统一，图文工整清晰，印刷装订美观。

12.2 设计文件

设计文件应包括：

a） 系统总体结构图和设备布置图；

b） 硬件系统框图；

c） 屏柜内设备布置和布线图；

d） 电缆布线图；

e） 系统输入、输出测点清单；

f） IO 接口和负荷清单；

g） 电缆清单；

h） 各自动化元件厂家提供的有关资料；

i） 各设备厂家提供的有关资料；

j） 设计说明书。

12.3 安装文件

安装文件应包括：

a） 系统布置方案；

b） 测点布置及安装图；

c） 系统施工方案及安装工艺要求。

12.4 操作文件

系统制造厂家应为用户编制本系统设备的详细操作使用说明书并负责对用户的操作人员进行技术培训。

12.5 维护文件

系统制造厂家应为用户编制本系统设备的维护说明书。

12.6 试验文件

系统制造厂家应提供系统设备在工厂和现场各试验阶段的文件。必要时可提供附录 F 所列的相关标准供用户参考。

附 录 A
（资料性附录）
水轮发电机组状态在线监测系统典型结构示意图

A.1 水轮发电机组状态在线监测系统典型结构示意图见图 A.1。

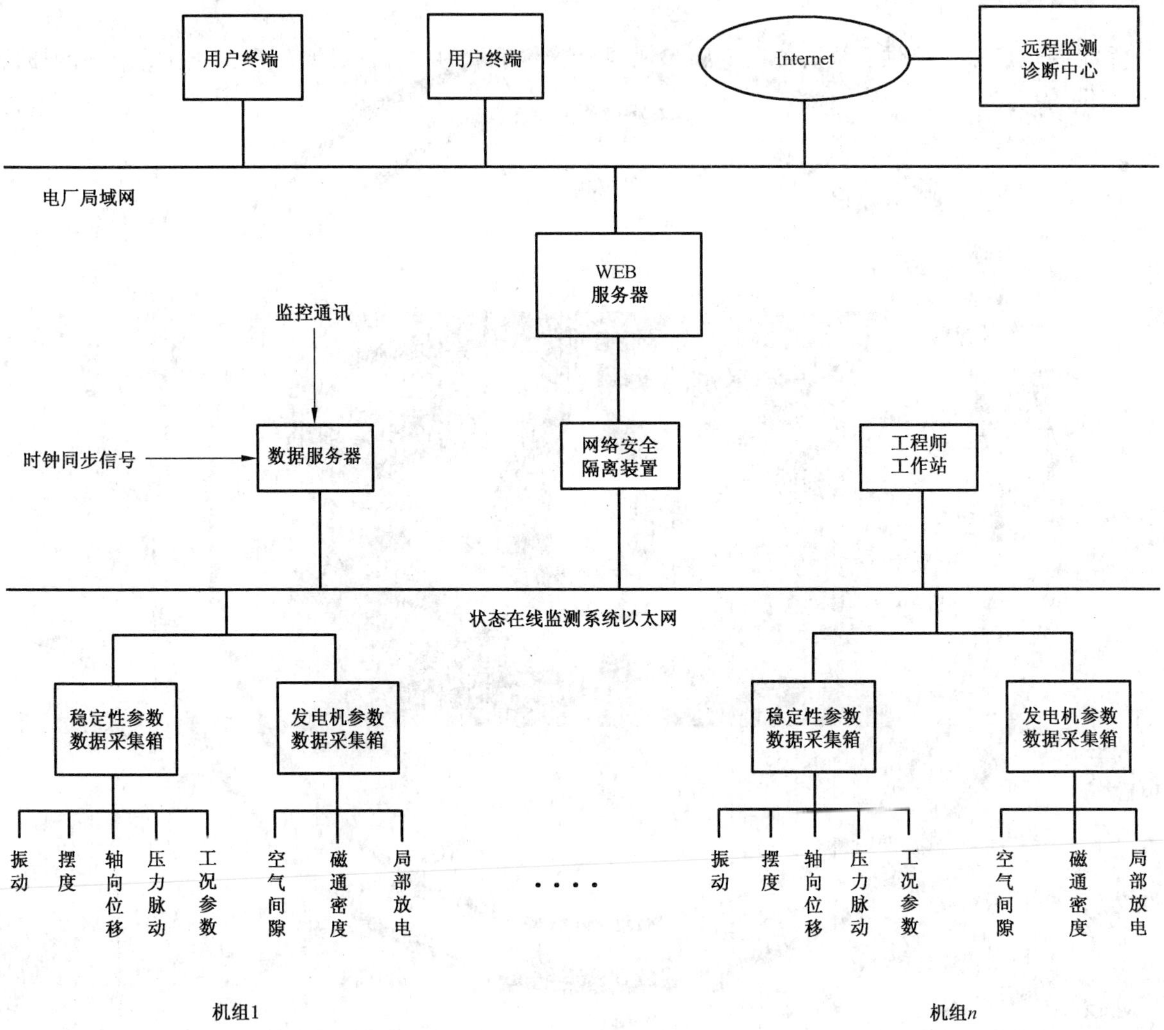

图 A.1

附 录 B
（规范性附录）
大中型水轮发电机组状态在线监测系统典型测点配置

B.1 大中型水轮发电机组状态在线监测系统典型测点配置见表 B.1～表 B.2。

表 B.1 立式机组

测点名称	机组型式				
	立式混流式	立式轴流式	立式混流可逆式	立式冲击式	备 注
键相	1	1	1	1	
上导摆度	2	2	2	2	2 个测点互成 90°径向布置，一般为 +X、+Y 布置
下导摆度	2	2	2	2	同上
水导摆度	2	2	2	2	同上
上机架水平振动	2	2	2	2	2 个测点互成 90°径向布置，一般为 +X、+Y 布置。 测点应尽量靠近机组中心位置
上机架垂直振动	1～2	1～2	1～2	1	测点应尽量靠近机组中心位置。非承重机架可不设垂直振动测点
下机架水平振动	2	2	2	2	2 个测点互成 90°径向布置，一般为 +X、+Y 布置。 测点应尽量靠近机组中心位置。 冲击式机组若没有下机架，则不设振动测点
下机架垂直振动	1～2	1～2	1～2	—	测点应尽量靠近机组中心位置。非承重机架可不设垂直振动测点
定子机座水平振动	1～2	1～2	1～2	1～2	测点布置位置见 7.3a)
定子机座垂直振动	1	1	1	1	测点布置位置见 7.3a)
顶盖水平振动	2	2	2	2	2 个测点互成 90°径向布置，一般为 +X、+Y 布置。 测点应尽量靠近机组中心位置。 冲击式机组布置在水导轴承座上，见 7.3d)
顶盖垂直振动	1～2	1～2	1～2	1	测点应尽量靠近机组中心位置。 冲击式机组布置在水导轴承座上，见 7.3d)
定子铁心振动	1～3 组	1～3 组	1～3 组	1～2 组	每组包括 1 个水平振动和 1 个垂直振动。 测点布置见 7.6

表 B.1(续)

测点名称	机组型式				
	立式混流式	立式轴流式	立式混流可逆式	立式冲击式	备 注
轴向位移	1	1～2	1	—	测点布置按机组结构而定
蜗壳进口压力脉动	1	1	1	1	冲击式机组设置在配水环进口
活动导叶与转轮间压力脉动	1～2	1	2	—	轴流式设置在活动导叶后
顶盖与转轮间压力脉动	1～2	—	1～2	—	
转轮与泄流环间压力脉动	—	—	1	—	
尾水管进口压力脉动	2	2	2	—	与模型试验测点位置相对应
尾水肘管压力脉动	—	—	1～2	—	与模型试验测点位置相对应
空气间隙	4 或 8	4 或 8	8	—	测点布置见 7.7 及附录 C。 混流可逆式机组 8 个测点宜分两层均布
磁通密度	1	1	1	—	测点布置见 7.8
局部放电	≥6	≥6	≥6	—	测点布置见 7.9。每相至少 2 个，必要时可每相每支路各布置 1 个

表 B.2 灯泡贯流式机组

测点名称	机组型式	
	灯泡贯流式	备 注
键相	1	
组合轴承摆度	2	测点布置见 7.3c)
水导轴承摆度	2	测点布置见 7.3c)
组合轴承径向振动	2	测点布置见 7.3c)
组合轴承轴向振动	1	测点布置见 7.3c)
水导轴承径向振动	2	测点布置见 7.3c)
水导轴承轴向振动	1	测点布置见 7.3c)
定子铁心振动	2 组	每组包括 1 个径向振动和 1 个轴向振动
轴向位移	1	
流道进口压力脉动	1	
转轮前压力脉动	1	
转轮后压力脉动	1	
尾水管进口压力脉动	1～2	
空气间隙	4	测点布置见 7.7 及附录 C

附　录　C
（资料性附录）
水轮发电机空气间隙传感器典型安装示意图

C.1　水轮发电机空气间隙传感器典型安装示意图见图 C.1～图 C.4。

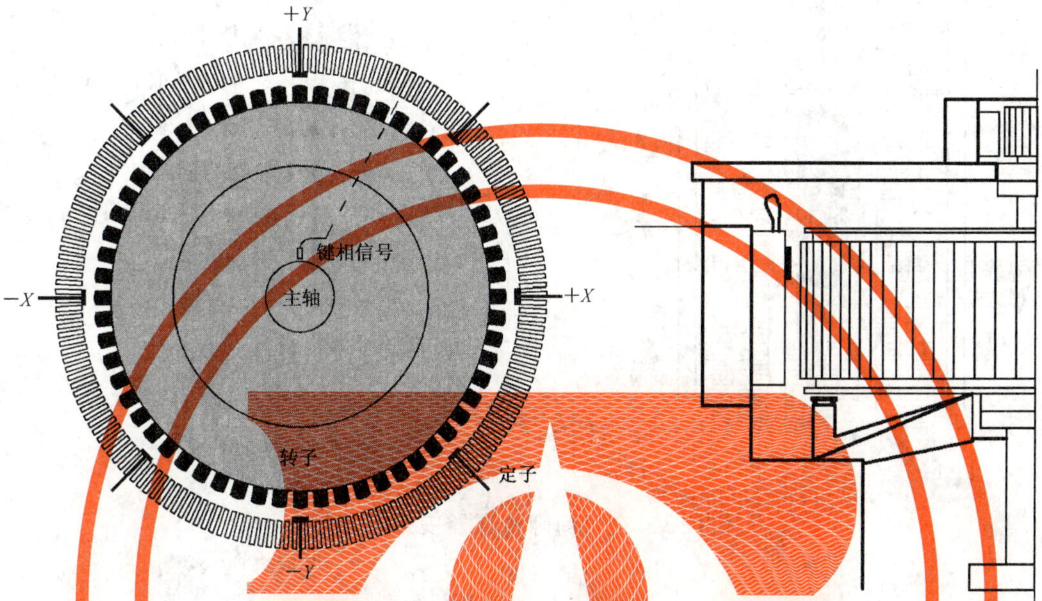

图 C.1　空气间隙传感器布置示意图(单层布置)

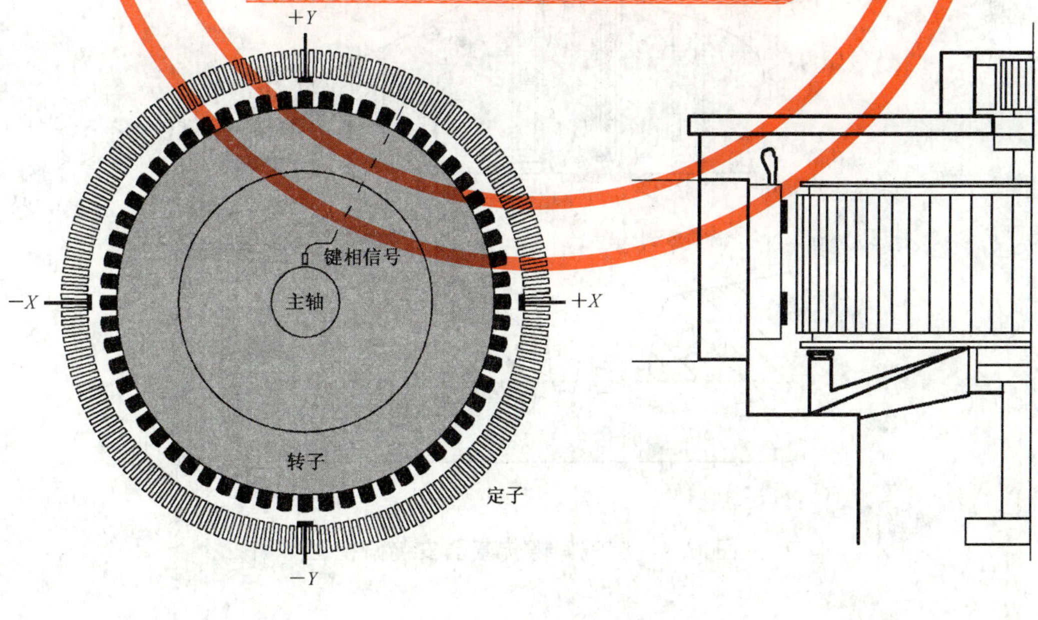

图 C.2　空气间隙传感器布置示意图(双层布置)

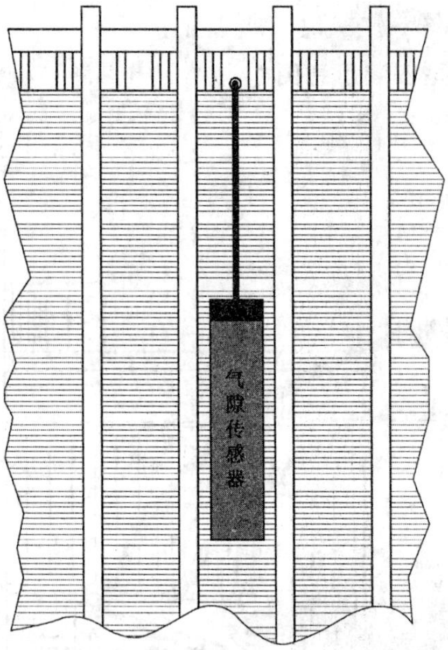

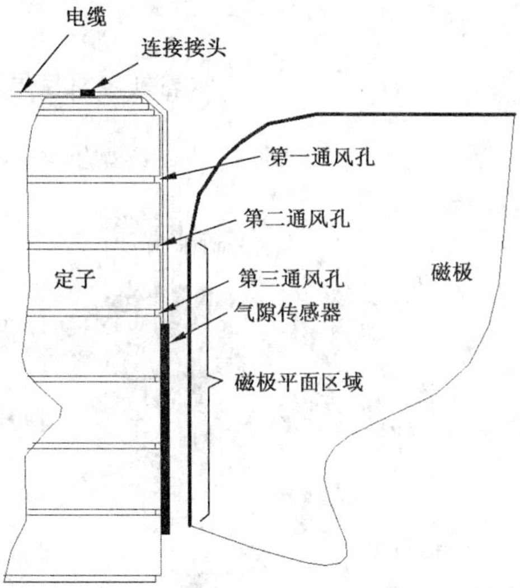

图 C.3　空气间隙传感器安装示意图

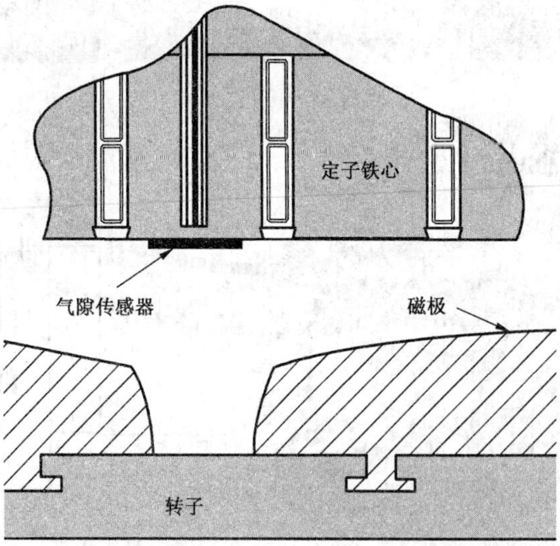

图 C.4　空气间隙传感器安装俯视图

附　录　D
（资料性附录）
水轮发电机局部放电在线测量概要

D.1　局部放电监测的必要性

在高压绝缘系统中，在绝缘内部小空隙里或者在绝缘的表面都有可能发生局部放电。由于定子绕组长期受高温、高电压、振动以及油污、潮湿和化学物质的作用，绕组绝缘将会逐渐恶化，并最终导致发电机定子绕组绝缘故障。这个问题的解决一方面有赖于绝缘材料的改进和设计制造工艺水平的提高，另一方面则有赖于发电机绝缘监测技术的应用。通过在线监测发电机定子绕组局部放电，可及时评估发电机定子绕组的绝缘状态，提前发现故障早期征兆，避免恶性事故的发生。

水轮发电机局部放电在线测量是指在水轮发电机运行状态下进行的局部放电测量。实施在线测量的优点在于测量数据是在水轮发电机承受着额定电压、不同负载和不同工况的情况下采集得到的。在线测量时，定子绕组承受着包括电压应力、热应力、机械应力和化学应力等作用，这些应力在离线（机组停机）状态测试时，是无法模拟的。因此，如果测量方法得当，对水轮发电机实施局部放电在线测量，将能及时评估定子绕组的绝缘状态，有效评价水轮发电机是否具有持续可靠运行的能力。

D.2　局部放电脉冲信号特性

局部放电脉冲为上升时间极快的小电流脉冲，即超窄脉宽的脉冲。在放电原点处，脉冲的上升时间大约只有 1 ns～5 ns，频率 f 大约在 50 MHz～250 MHz 之间。与局部放电脉冲相比，环境噪声脉冲的频率通常小于 20 MHz，且幅值一般较大。所以，为获得较高的信噪比，局放信号宜在高频段监测，监测频带带宽应涵盖 50 MHz～250 MHz 频段。局部放电脉冲特性见图 D.1；局放脉冲和噪声脉冲分布见图 D.2。

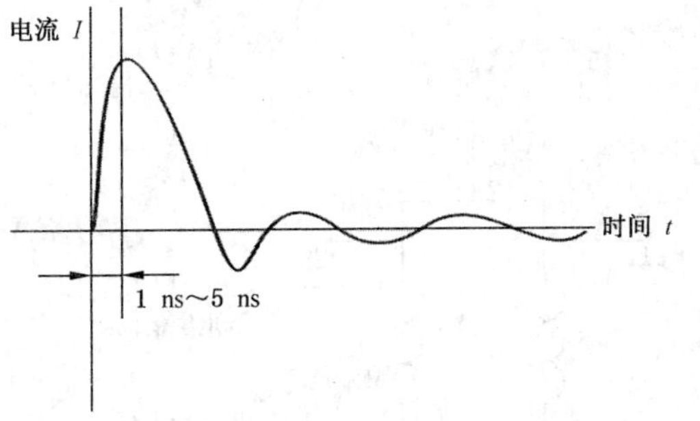

图 D.1　局部放电脉冲特性

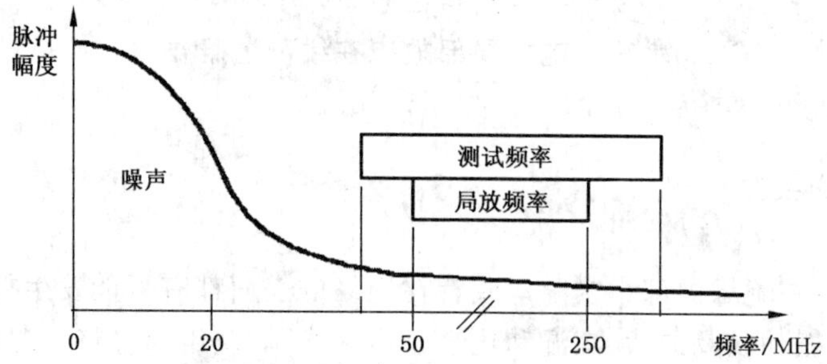

图 D.2 局放脉冲和噪声脉冲分布

D.3 局部放电传感器的选择

局部放电传感器宜采用 80 pF 的环氧云母电容耦合器，其实际上相当于一个高通滤波器，极易高频信号通过，特别易于 40 MHz 以上的局放信号通过。为实现噪声信号和局部放电脉冲信号的进一步分离，每相应至少安装 2 个电容耦合器，有条件时每相每支路各安装一个电容耦合器。

电容耦合器应能通过 50 Hz、不低于 2 倍发电机工作电压＋1 000 V 的交流耐压试验，且在该电压下其本身无局部放电。

D.4 局部放电传感器的安装

局部放电一般容易发生在定子绕组的高压端，所以电容耦合器安装位置可选取在发电机绕组高压侧出线端附近，通常在发电机汇流环上，以便于检测局放脉冲信号。建议电容耦合器尽量按照定时噪声分离技术的要求安装（图 D.3），这样可以将发电机绝缘故障定位到具体支路；对于部分发电机，由于受其结构限制无法按照定时噪声分离技术的要求安装电容耦合器，可以按照定向噪声分离技术的要求安装（图 D.4），其不足之处是无法将发电机绝缘故障定位到具体支路。

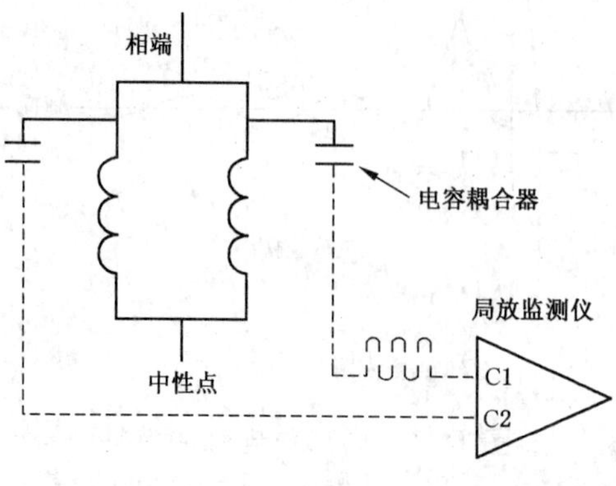

图 D.3 定时噪声分离技术

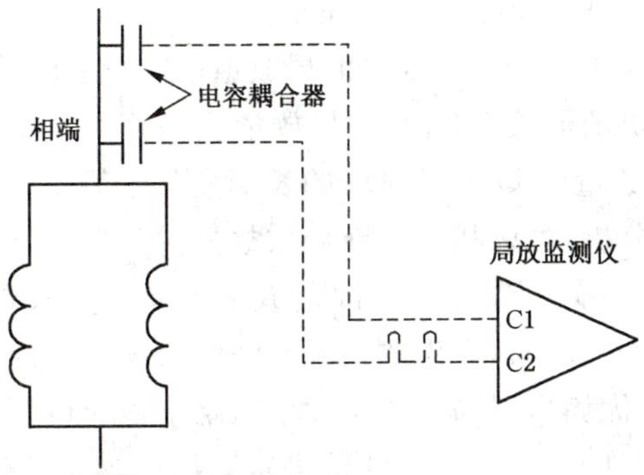

图 D.4　定向噪声分离技术

D.5　噪声分离技术

能否有效分离噪声是局部放电在线监测数据是否真实可信的关键。

由于在线测量局放时存在大量的环境噪声，如果噪声信号不能被有效地分离，测量结果势必受到严重影响。局放在线监测宜采用高频测量以获得较高的信噪比，并采用合适的监测技术和安装方法实现高频段噪声的自动分离。IEEE 1434 主要推荐的适用于水轮发电机的局放噪声分离技术有定时噪声分离技术和定向噪声分离技术。

定时噪声分离技术需要在水轮发电机每相至少安装 2 个电容耦合器。以每相有两个并联绕组支路的水轮发电机为例(图 D.3)：两个耦合器的一端分别安装在绕组各支路的高压输出端，另一端通过信号电缆连接到局放监测仪，经过适当配置信号电缆的长度，使得来自水轮发电机外部的噪声脉冲信号到达局放监测仪的两个输入端的时间恰好相等，而来自绕组的局放脉冲信号到达局放监测仪的两个输入端的时间不等。这样，通过判断来自两个耦合器的脉冲信号到达局放监测仪的时间是否相等，局放监测仪就能够自动地分辨出来自发电机外部的噪声信号和来自定子绕组的局放信号。

受水轮发电机汇流环设计和结构的限制，有些机组耦合器安装在每个支路附近的汇流环上或支路上有困难，这时可以采用定向噪声分离技术。发电机每相安装 2 个耦合器，3 相共需要安装 6 个耦合器，其中 3 个安装在发电机每相的高压主引出线附近，另外 3 个安装在靠近系统的母线上。每相的两个耦合器通过相同长度的信号电缆连接到局放监测仪的接线终端上。来自发电机外部的噪声脉冲信号首先到达局放监测仪的 C1 输入端，而来自发电机的局放脉冲信号首先到达局放监测仪的 C2 输入端。通过判断脉冲信号首先到达 C1 端或 C2 端，局放监测仪就能够自动地分辨出来自发电机外部的噪声信号和来自定子绕组的局放信号。

D.6　局放数据解译

局放数据解译技术是利用局放监测成果判断局部放电严重程度和发生部位的关键，它建立在人工智能分析和现场运行经验的基础之上。

水轮发电机局部放电的严重程度主要通过局放值 Q_m 和局放量 NQN 两个综合性参数来反映。局放值 Q_m 指局部放电脉冲数量为每秒 10 个时对应的局放脉冲幅值(见图 E.3)，单位为 mV；局放量 NQN 指以局放脉冲幅值为横坐标、每秒局放脉冲数的对数为纵坐标所绘制成的曲线的积分面积(见图 E.4)，其单位为无量纲。

通常可从以下几方面来分析判断局放的严重程度：

a) 比较同一台发电机不同相(或不同支路)的局放值(Q_m)和局放量(NQN)；

b) 比较其他同类型发电机的局放值(Q_m)和局放量(NQN)；

c) 分析局放值(Q_m)和局放量(NQN)随时间的长期变化趋势。

通过局部放电脉冲的极性分析，可以初步判断局放故障的类型和发生的部位。在一个交流电波内，每个空隙内可能发生两次放电：一次正放电和一次负放电。如果正放电明显地大于负放电(正极性优势)，则局放多半发生在绕组绝缘的表面，产生的根源有绕组松动问题或电压应力涂层恶化问题；如果负放电明显地大于正放电(负极性优势)，则局放多半发生在绕组铜导体的表面，产生的根源有周期性变负荷或过热问题；如果正放电与负放电相当(无极性优势)，则局放多半发生在绝缘内部的空隙中，产生的根源有热退化问题或浸渍不良问题。

还可以通过局部放电脉冲的相位分析，进一步判断发电机局放的类型和发生的部位。在相电压360°的相位之间，定子线棒上的局部放电倾向于集中在45°和225°的相位附近，其中负局放集中在45°附近，正局放集中在225°附近。而相间局部放电、电晕放电、线棒端部半导体涂层爬电导致的局部放电则倾向于集中在其他相位。

建立局放统计数据库(无噪)是一项非常有意义的工作。通过积累大量发电机的长期的局放测试数据，依据发电机的类型、绝缘等级、电压等级、运行时间和制造厂家等对局放测试数据进行分类统计，归纳总结局放数据典型特征与绝缘故障缺陷之间的特定关系，可建立具有实用价值的局放统计数据库。通过与局放统计数据库中同类型的发电机的典型局放数据特征比较，有助于分析判断发电机绝缘的缺陷和故障，评价发电机的绝缘状态。

附 录 E
（资料性附录）
水轮发电机组状态监测参量技术规约

E.1 峰—峰值计算方法

振动、摆度和压力脉动幅值常用其峰—峰值来表征。由于水力等因素的影响，水轮发电机组的振动、摆度和压力脉动可能存在低频信号，从而导致不同的峰—峰值计算方法将获得不同的计算结果。本标准对机组状态在线监测系统的峰—峰值计算方法作如下规定：

a) 振动摆度峰—峰值计算方法

振动、摆度峰—峰值计算应采用平均时段法。即对记录的振动、摆度时域波形图进行分区，每个分区内采样点数据的最大值和最小值之差即为该分区的峰—峰值，所有分区峰—峰值的平均值即为该时域波形图的峰—峰值。每一分区时段至少应包含1个完整的涡带周期，对于不存在涡带或涡带周期小于机组旋转4周时间的机组，分区时段时间宜为机组旋转4周的时间。振动、摆度的峰—峰值单位应采用 μm。

b) 压力脉动峰—峰值计算方法

压力脉动峰—峰值计算应采用置信度法，即对记录的压力脉动时域波形图采样点数据进行统计，剔除不可信区域内的数据，剩余数据的最大值和最小值之差即为该时域波形图的压力脉动峰—峰值。状态在线监测系统的置信度应可设置，置信度推荐采用97%，尽量与模型试验的置信度一致。

压力脉动峰—峰值单位可采用绝对值 ΔH（单位 kPa）或相对值 $\Delta H/H$（单位%）表示。

E.2 相位角定义

相位角是振动、摆度的重要参量，在对机组进行动平衡和分析某些故障时有重要意义。相位角的测量需利用键相信号作为参考基准，一般定义相位角 ϕ 为键相信号脉冲和后续振动摆度的第一个正峰之间的角度。对摆度而言，趋近传感器探头信号为正，远离传感器探头信号为负，在正峰值位置大轴和探头之间距离最近，相位角的图释定义，如图 E.1；对振动而言，远离测量面为正，如（图 E.2）箭头所示方向为正。

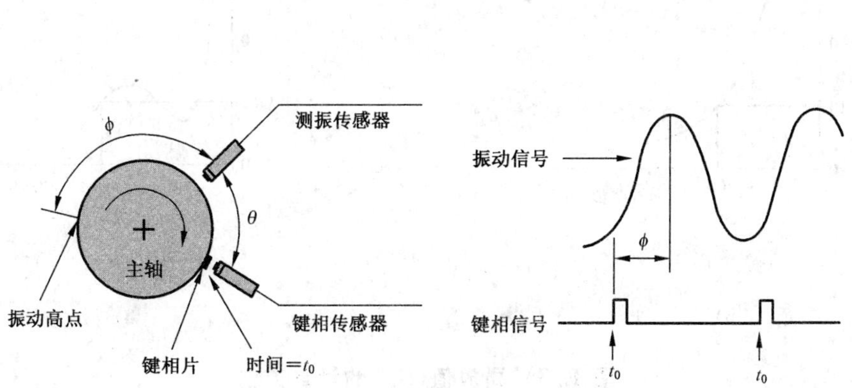

图 E.1 相角定义

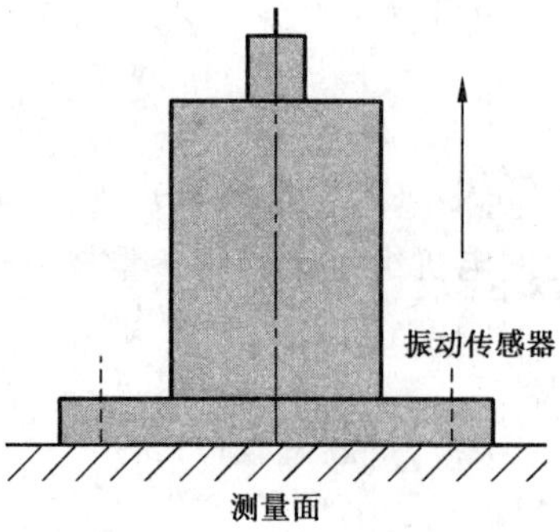

图 E.2 振动方向

由于上述定义的相位角与键相传感器和测振传感器之间的夹角相关，因此在安装测点时要记录各振动测点的安装位置及其与键相传感器之间的夹角。为了便于数据交流和共享，状态在线监测系统显示的相位角应为加上振动测点安装位置与键相探头之间的夹角 θ 后的角度，即图 E.1 中的 $\phi+\theta$。

为准确测量相位角，状态在线监测系统能在系统中自动消除由于测量环节造成的相角误差。

E.3 局放值(Q_m)和局放量(NQN)

局放值(Q_m)和局放量(NQN)是反映局部放电严重程度的两个综合性参数，计算方法如下：

a) 局放值(Q_m)计算方法

局放值(Q_m)指局部放电脉冲数量为每秒 10 个时对应的局放脉冲幅值[图 E.3a)]。如每秒 10 个时对应多个局放脉冲幅值，局放值(Q_m)则取最大的局放脉冲幅值[图 E.3b)]。局放值(Q_m)的单位为 mV。

b) 局放量(NQN)计算方法

在 IEEE 1434 中有详细的定义，局放量(NQN)指以局放脉冲幅值为横坐标、每秒局放脉冲数的对数为纵坐标所绘制成的曲线的积分面积(图 E.4)，其单位为无量纲。

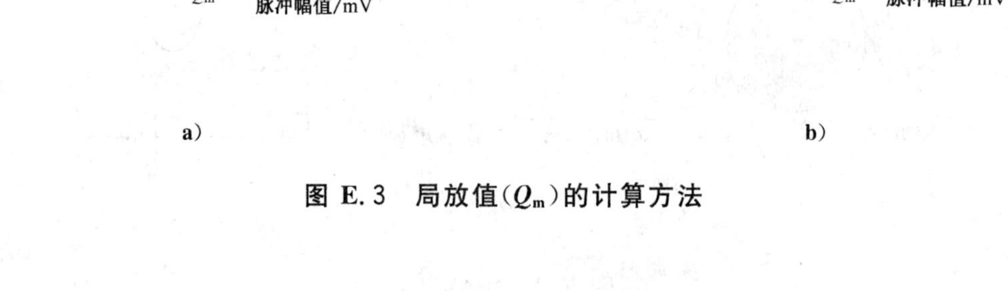

a) b)

图 E.3 局放值(Q_m)的计算方法

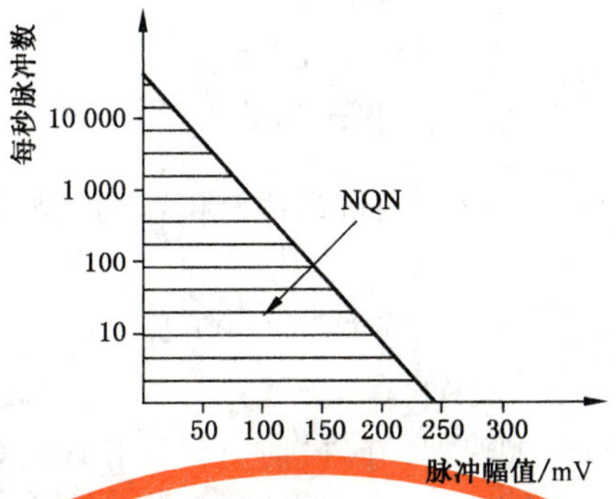

图 E.4 局放量(NQN)计算方法

E.4 状态监测参量单位

状态检测参量及其单位见表 E.1。

表 E.1 状态检测参量及其单位

监测参量	特征值	单 位
振动	位移(峰—峰值)	μm
	速度(峰值)	mm/s
	加速度(峰值)	g
	频率	Hz
	相位	°(度)
摆度	幅值(峰—峰值)	μm
	频率	Hz
	相位	°(度)
轴向位移	位移值	mm
压力脉动	幅值(峰—峰值)	kPa(绝对值),%(相对值)
	频率	Hz
空气间隙	气隙值	mm
磁通密度	幅值	Tesla
局部放电	局放值 Q_m	mV
	局放量 NQN	无量纲

附 录 F
（资料性附录）
相关标准

F.1 GB/T 6075.5—2002 在非旋转部件上测量和评价机器的机械振动(第5部分:水力发电厂和泵站机组)(ISO 10816-5:2000,IDT)

F.2 GB/T 7354—2003 局部放电测量(IEC 60270:2000,IDT)

F.3 GB/T 7894 水轮发电机基本技术条件

F.4 GB/T 11348.5—2008 旋转机械转轴径向振动的测量和评定(第5部分:水力发电厂和泵站机组)(ISO 7919-5:2005,IDT)

F.5 GB/T 11805 水轮发电机组自动化元件(装置)及其系统基本技术条件

F.6 GB/T 15468 水轮机基本技术条件

F.7 GB/T 17189—2007 水力机械(水轮机、蓄能泵和水泵水轮机)振动和脉动现场测试规程(IEC 60994:1991,MOD)

F.8 GB/T 17626 电磁兼容试验和测量技术

F.9 GB/T 20833—2007 旋转电机定子线棒及绕组局部放电的测量方法及评定导则

F.10 DL/T 556—94 水轮发电机组振动监测装置设置导则

F.11 IEC 60034-27 E.1(草案)旋转电机定子绕组绝缘局部放电离线测量

F.12 IEC 60994:1991 水力机械(水轮机、蓄能泵和水泵水轮机)振动和脉动现场测量导则《Guide for field measurement of vibrations and pulsations in hydraulic machines (turbines, storage pumps and pump-turbines)》

ICS 31.240
K 05

中华人民共和国国家标准

GB/T 28571.1—2012

电信设备机柜　第1部分:总规范

The telecom equipment cabinet—Part 1:General specification

2012-06-29 发布　　2012-11-01 实施

中华人民共和国国家质量监督检验检疫总局
中国国家标准化管理委员会　发布

前　言

GB/T 28571《电信设备机柜》分为两个部分：

——第1部分：总规范；

——第2部分：设计指南。

本部分为GB/T 28571的第1部分。

本部分按照GB/T 1.1—2009给出的规则起草。

请注意本文件的某些内容可能涉及专利。本文件的发布机构不承担识别这些专利的责任。

本部分由全国电工电子设备结构综合标准化技术委员会(SAC/TC 34)提出并归口。

本部分起草单位：华为技术有限公司、中兴通讯股份有限公司、烽火通信科技股份有限公司、北京四方继保自动化股份有限公司、国网电力科学研究院、国电南京自动化股份有限公司、许继电气股份有限公司、万控集团有限公司。

本部分主要起草人：张实、钟荣华、王蔚、姜明星、陈爱军、游汉涛、田蘅、张开国、张钰、吴蓓、黄平、杨博。

引　言

为了规范电信设施中电子设备的安装，有必要对作为电信设备载体的机柜的尺寸参数、性能及物理要求进行规范，以达到电信设备机柜在工程中的统一。本部分有助于机柜制造商设计出通用的机柜，提供给电信设备制造商和电信运营商。而系统集成商也可以依据本部分为服务提供商集成自己制造的设备或第三方的设备；服务提供商则可以基于规定的机柜尺寸规划电信设施的设备区域面积。

本部分通过规范机柜的性能参数以确保其承载能力和抵抗外部载荷的能力，通过建立一致的协调尺寸为设备安装及走线通道提供保障，以及通过建立最小安全参数降低设备被破坏的风险。本部分还提供了设备通风气流的走向、内部电缆的管理、电缆入口、并柜连接以及机柜的固定等影响机柜设计、制造和安装的诸多信息，以供机柜开发和工程设计参考。附录A给出了供参考的电信工程建设参考标准清单。

对于在电信设施中用于安装电子设备的机柜，本部分有助于其设计、制造、工程应用和验收以及附件采购的统一。

本部分的目的在于：

——与相应的国家标准和国际标准一致；

——适用于当前以及未来的网络设备；

——改善不同设备供应商产品的兼容性；

——规范架空地板和混凝土地面上机柜的安装要求；

——建立电信设备必要的物理性能参数；

——提高设备和硬件的可靠性及可维护性。

电信设备机柜　第1部分:总规范

1　范围

GB/T 28571的本部分规定了电信设备机柜的尺寸参数、性能要求以及应用准则。

本部分适用于室内安装使用的电信设备机柜(以下简称"机柜")。

2　规范性引用文件

下列文件对于本文件的应用是必不可少的。凡是注日期的引用文件,仅注日期的版本适用于本文件。凡是不注日期的引用文件,其最新版本(包括所有的修改单)适用于本文件。

GB/T 191—2008　包装储运图示标志

GB/T 1184—1996　形状和位置公差未注公差值

GB/T 1804—2000　一般公差　未注公差的线性和角度尺寸的公差

GB/T 2406.2—2009　塑料　用氧指数法测定燃烧行为　第2部分:室温试验

GB/T 2423.1—2008　电工电子产品环境试验　第2部分:试验方法　试验A:低温

GB/T 2423.2—2008　电工电子产品环境试验　第2部分:试验方法　试验B:高温

GB/T 2423.4—2008　电工电子产品环境试验　第2部分:试验方法　试验Db:交变湿热(12 h+12 h循环)

GB/T 2423.5—1995　电工电子产品环境试验　第2部分:试验方法　试验Ea和导则:冲击

GB/T 2423.10—2008　电工电子产品环境试验　第2部分:试验方法　试验FC:振动(正弦)

GB 4208—2008　外壳防护等级(IP代码)

GB/T 4798.1—2005　电工电子产品应用环境条件　第1部分:贮存

GB/T 4798.3—2007　电工电子产品应用环境条件　第3部分:有气候防护场所固定使用

GB 4943—2001　信息技术设备的安全

GB/T 5095.2—1997　电子设备用机电元件　基本试验规程及测量方法　第2部分:一般检查、电连续性和接触电阻测试、绝缘试验和电压应力试验

GB/T 6388　运输包装收发货标志

GB/T 8582　电工电子设备机械结构术语

GB/T 17742—2008　中国地震烈度表

GB/T 18663.1—2008　电子设备机械结构　公制系列和英制系列的试验　第1部分:机柜、机架、插箱和机箱的气候机械试验及安全要求

GB/T 19290.3—2008　发展中的电子设备构体机械结构模数序列　第2-1部分:分规范　25 mm设备构体的接口协调尺寸　详细规范　机柜和机架的尺寸

GB/T 19520.17—2010　电子设备机械结构　482.6 mm (19 in)系列机械结构尺寸　第3-105部分:1 *U* 高度机箱的尺寸和设计要求

YD 5083—2005　电信设备抗地震性能检测规范

IEC 61587-2:2011　电子设备机械结构　公制系列和英制系列的试验　第2部分:机柜和机架的地震试验(Mechanical structures for electronic equipment—Tests for IEC 60917 and 60297—Part 2: Seismic tests for cabinets and racks)

IEC 60297-3-100:2008　电子设备机械结构　482.6 mm (19 in)系列机械结构尺寸　第3-100部分:面板、插箱、机箱、机架和机柜的基本尺寸(Mechanical structures for electronic equipment—Dimensions of mechanical structures of the 482.6 mm (19 in) series—Part 3-100:Basic dimensions of front panels,subracks,chassis,racks and cabinets)

IEC/TS 62454:2007　电子设备机械结构　设计指南:用于IEC 60297和IEC 60917系列标准机柜中电子设备的水冷模块安装的接口尺寸和规定(Mechanical structures for electronic equipment—Design guide:Interface dimensions and provisions for water cooling of electronic equipment within cabinets of the IEC 60297 and IEC 60917 series)

IEC/TS 62610-1:2009　电子设备机械结构　用于IEC 60297和IEC 60917系列标准机柜的热管理　第1部分:设计指南:热电冷却模块(珀耳贴效应)在机柜中安装的接口尺寸和规定[Mechanical structures for electronic equipment—Thermal management for cabinets in accordance with IEC 60297 and IEC 60917 series—Part 1:Design guide:Interface dimension and provision for thermoelectrical cooling systems (Peltier effect)]

GR—63　网络设备构件系统物理防护要求(NEBS Requirements:Physical Protection)

3　术语和定义

GB/T 8582界定的以及下列术语和定义适用于本文件。

3.1

框口　aperture

机柜结构件所包围的完整开放的可用空间。

3.2

设备　equipment

安装在机柜中的插箱、机箱和其他装置。这些设备独立或与其他设备协同运行,可以实现所规定的相应的功能。

3.3

机柜运输系统　cabinet transport system

将机柜搬运到位的任何装置或器具。

3.4

自立式(机柜)　free standing (cabinet)

可独立放置在地板上,地板是它的唯一约束。

3.5

电信设施　telecom facility

安装在电信服务的中心机房的设备间、远端场所、设备壁橱或信息技术办公室的电信公共系统的统称。

3.6

电信设备机柜　cabinet for telecom equipment

在电信设施中安装电子设备的自立式结构单元。

注:它可以是一个开放结构,并可以根据需要配备门、侧板和上下盖板使之成为一个封闭的机械结构。这种结构可能有两根立柱,也可能有四根立柱或其他形式的设计。只要尺寸和性能参数符合本部分要求,就可称为电信设备机柜。

4 机柜的结构型式与几何尺寸要求

4.1 机柜的结构型式

4.1.1 框架结构

机柜的主要受力结构是框架,其6个面的覆板均可拆除。框架结构机柜布置概览见图1,模块化机柜系统见图2。这种框架机柜系统是基于模块化设计的一个最佳经济解决方案,即在框架式结构基础上配置单独的覆件,例如:门、底盖、顶盖、侧板和背板。使用者可用具有独立功能的模块(附件)来升级特定要素,例如:稳定性、IP防护及其他要素从而满足所需的应用要求。此外,使用者还宜用各式各样特殊套件来满足不同的配套件安装,例如:电缆管理模块、冷却单元及热交换器等。机柜主要框架形式有型材框架结构和薄板框架结构:

a) 型材框架结构机柜:有钢型材机柜和铝型材机柜两种。钢型材机柜用钢型材作为围框和立柱的构件材料,这种机柜的刚度和强度都很好,适用于重型设备。由铝合金型材组成的铝型材机柜具有一定的刚度和强度,适用于一般或轻型设备,这种机柜重量轻,加工量少,外形美观。

b) 薄板框架结构机柜:机柜框架的主要构件均由薄板折弯而成。立柱式薄板框架结构机柜与钢型材机柜相似,而立柱则由钢板弯折而成,这种机柜具有很好的刚度和强度,便于集成机柜的安装特性,做成一体化结构,非常适用于某个领域设备的机柜平台开发。

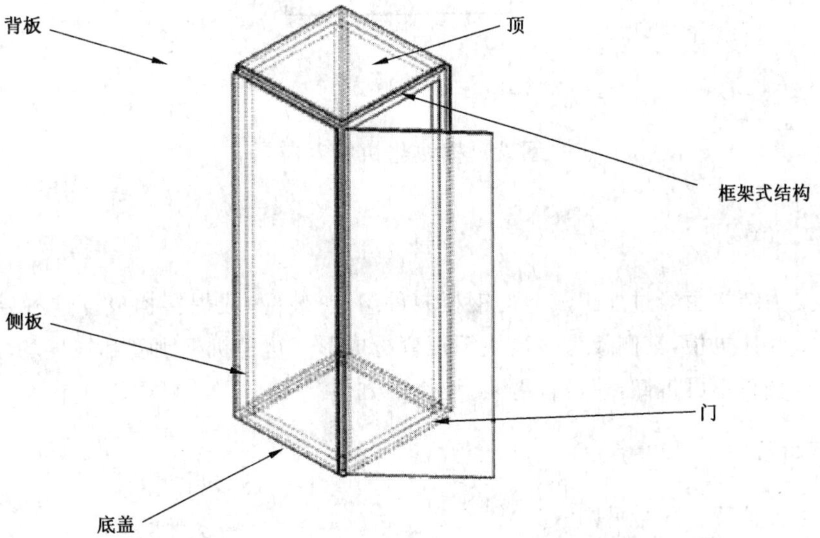

图1 框架结构机柜布置概览

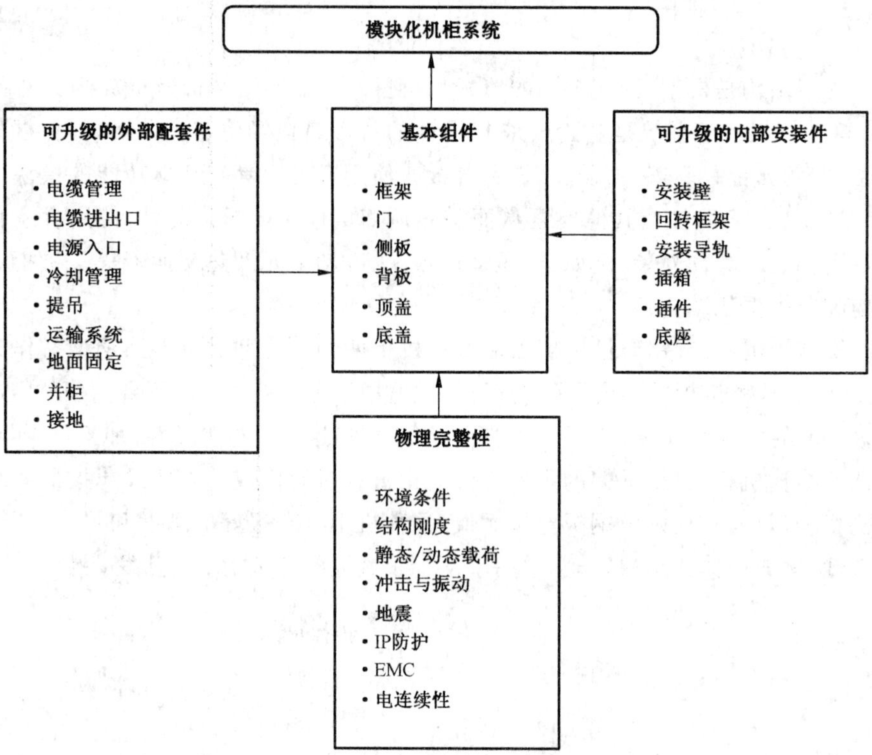

图 2　模块化机柜系统

4.1.2　壳体结构

机柜的主要受力结构由经过加工成型的钢板制件组装(装配)或焊接构成。这种结构简洁经济,防护能力强。整板式壳体机柜,其侧板为一整块钢板弯折成形。这种机柜刚度和强度均较好,适用于重型或一般设备。但因侧板不可拆卸,使设备组装、维修不方便。

4.2　机柜几何尺寸要求

机柜几何尺寸的位置与代号见图 3。

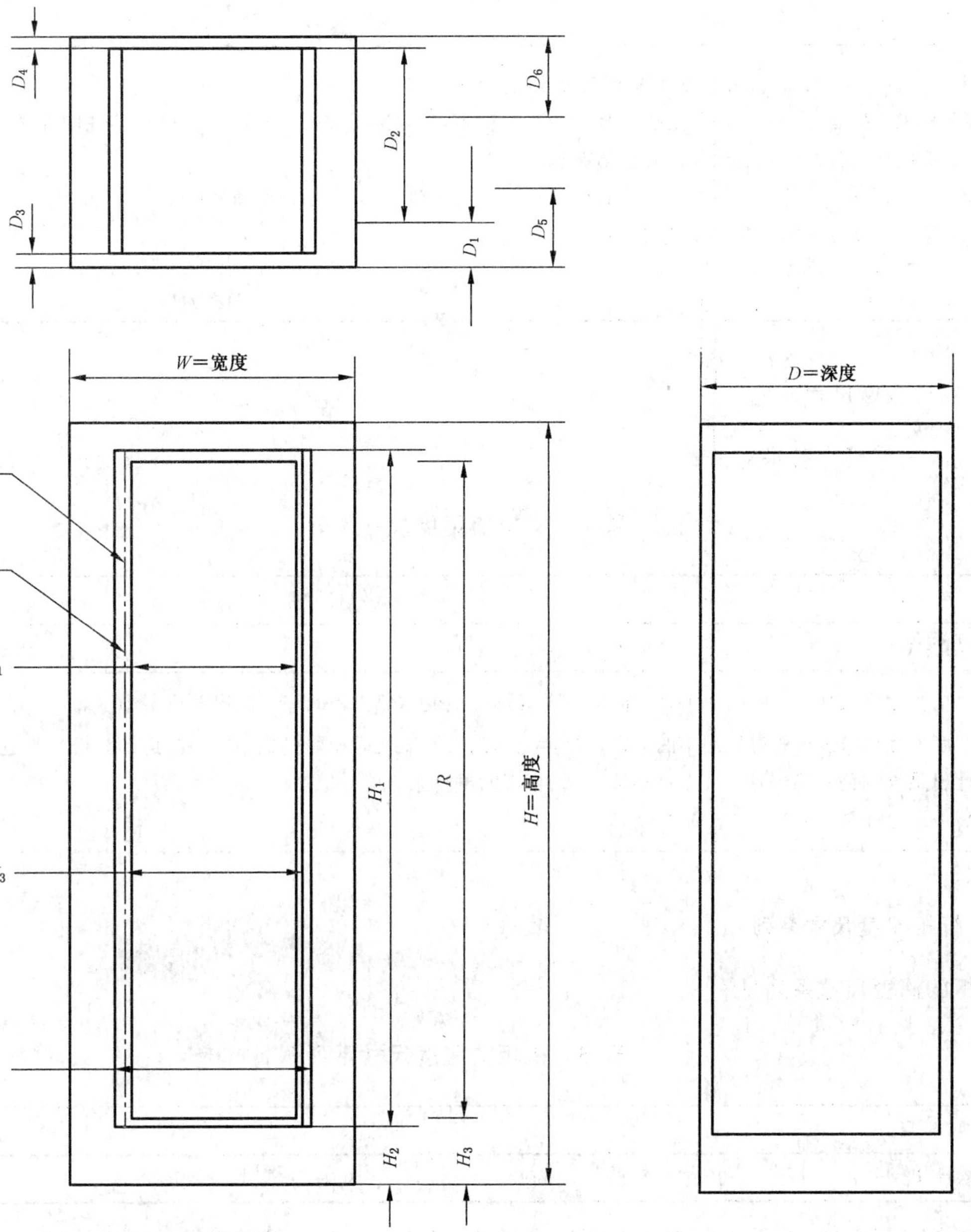

图 3　机柜几何尺寸的位置与代号

4.2.1　机柜高度尺寸系列

机柜的高度尺寸和高度安装空间见表 1。

表 1　机柱的高度尺寸和高度安装空间　　单位为毫米

项　目	尺寸系列				
机柜高度 H	1 200	1 600	1 800	2 000	2 200[a]
高度安装空间 R	≥23 U	≥32 U	≥37 U	≥41 U	≥46 U[a]

注 1：机柜高度从名义安装面(水泥地面或防静电地板)开始计量。

注 2：机柜可以有，也可以没有底座、支脚、滚轮、脚轮等，这取决于使用者对载荷和可移动性的要求；如果机柜集成底座、支脚、滚轮、脚轮等，宜包括在机柜高度内。

注 3：如果用户有其他特殊要求造成的高度与本部分不一致，可以与用户协商后确定。

注 4：U 为高度方向的进制，1 U 等于 44.45 mm。

[a] 为优选尺寸。

4.2.2　机柜宽度尺寸系列

机柜的宽度尺寸系列见表 2。

表 2　机柜的宽度尺寸系列　　单位为毫米

项　目	宽度尺寸系列		
宽度 W[a,b]	600[c]	750	800

[a] 包括在宽度尺寸(W)中的一个容差值是用于成排机柜的相邻机柜间隙。此容差值不小于 2.0 mm。

[b] 宽度尺寸(W)包括所有使用中的盖板。机柜上的侧板不能妨碍相邻机柜的安装与拆卸。机柜制造商应考虑设计出足够的公差确保这一要求的达成，不管相邻的机柜来自哪一家。

[c] 为优选尺寸。

4.2.3　机柜深度尺寸系列

机柜的深度尺寸系列见表 3。

表 3　机柜的深度尺寸系列　　单位为毫米

项　目	深度尺寸系列				
深度 D[a,b]	300	600[c]	800[c]	1 000[c]	1 200

[a] 深度尺寸(D)应包括所有用到的盖板、门栓、铰链、灯、开关以及紧固件等突出物，突出物不宜超过机柜深度尺寸 15 mm。

[b] 当门完全打开后，其突出所在的机柜面不应超过机柜宽度尺寸的 1/4。打开状态的门不应妨碍设备和电缆的维护和安装通道。如果不能满足上述要求，门应做成可拆卸的。

[c] 为优选尺寸。

4.2.4　机柜内部设备安装尺寸

机柜内部设备安装尺寸见表 4。这里只给出了上述尺寸的优选系列，其他可类推获得。

表 4　机柜内部设备安装尺寸

单位为毫米

机柜的尺寸	机柜的外形尺寸与内部设备规格				
	600×600	600×800	600×1 000	19″设备安装架	ETSI 设备安装架
高度 H	2 200	2 200	2 200		
深度 D[a]	600	800	1 000		
宽度 W[a]	600	600	600		
框口高度 H_1 ≥	2 050	2 050	2 050		
底座高度 H_2 ≤	75	75	75		
第一安装孔高度 H_3				84	87.5
面板的安装宽度 W_2[b] ≥				483	535
框口宽度 W_1[b] ≥				450	500
安装中心距 W_3[b]				465	515
安装导轨深度 D_1	100	100	100		
设备深度 D_2[c]	470	670	870		
门的安装深度 D_3	25	25	25		
门的安装深度 D_4	25	25	25		
走线深度 D_5[c]	125	125	125		
走线深度 D_6[c]	175	175	175		
高度安装空间 R				46 安装节距	82 安装节距
安装节距 S				44.45	25
紧固螺纹 F				M6×1.0	M6×1.0

注：设备深度包括设备自身深度及其后端出线的连接器长度和电缆转弯半径。

[a] −4 mm 的最大偏差可以用于这些尺寸，以确保该尺寸不会超差。

[b] 机柜框口的混装设计是允许的，但不做要求。

[c] 仅供参考。

4.3　机柜结构与外观要求

4.3.1　未注公差尺寸

未注公差尺寸应遵守下列规则：

a)　结构和结构件的未注尺寸公差，应符合 GB/T 1804—2000 的规定，其精度不应低于中等 m 级；

b)　结构和结构件的未注形状和位置公差，应符合 GB/T 1184—1996 的规定，其精度不应低于 K 级；

c) 机柜机架对底部基准面的垂直度和机架立柱间的平行度按 GB/T 1184—1996 的规定，其精度不应低于 K 级。

4.3.2 结构外观表面

结构产品及其组装结构件的外观表面，应光洁平整、精确，不应有明显的凹凸不平或机械划伤，应无裂纹、毛刺、破坏性压痕或严重锈蚀等缺陷。焊缝的外观侧应修平。

4.3.3 机柜表面的装饰防护层

机柜表面的装饰防护层应遵守下列规则：

a) 各零部件应有相应的防腐蚀涂镀层，防护层受损伤的部位，有相应的补救措施；

b) 机柜表面的涂镀层应涂膜完整、光滑，均匀一致，表面允许有少量细小的机械杂质或针孔、斑点，轻微的桔皮纹、流痕、磨痕、刷痕、划痕，修整痕迹及其他缺陷；

c) 机柜内表面的涂镀层应涂膜完整，允许有不影响防护性能的缺陷。

4.4 机柜外形尺寸、结构和外观检验方法与验收

按 4.2、4.3 的要求，用通用量具(或目测)和通用线性测量仪表对机柜的结构尺寸和外观进行检测。

5 机柜性能要求与试验

5.1 性能要求

5.1.1 机柜环境适应性

机柜应满足表 5 规定的环境条件。环境与空间的考虑参见附录 B。

表 5 环境条件

项 目	参 数
低温	10 ℃
高温	+55 ℃
最低相对湿度	5%
最高相对湿度	95%
最低气压	70 kPa
最高气压	106 kPa

5.1.2 机柜额定载荷

机柜应有一个额定载荷(最大承载能力)，机柜的设计应满足安装设备的最大重量的安全。推荐额定载荷重量 200 kg、400 kg、800 kg 作为机柜的承载性能指标。

5.1.3 机柜承受机械静态载荷的能力

机柜承受机械静态载荷试验的方法包括机柜的提吊试验和刚度试验两种。机柜承受机械静态载荷的性能等级要求见表 6。

表 6 机柜承受机械静态载荷的性能等级

性能等级	额定载荷 kg	提吊试验力 P_1[a] N	刚度试验力 P_2[b] N
SL5	200	3 000	500
SL6	400	6 000	1 000
SL7	800	12 000	2 000
注 1：额定载荷是机柜的规定载荷能力。 注 2：表中性能等级 SL5、SL6、SL7 对应于 GB/T 18663.1—2008 中表 4 的 SL5、SL6、SL7。			
[a] 没有提吊装置的机柜不必做提吊试验。 [b] 安装设备后的总装机柜地震试验前的刚度试验要求：总装机柜总重量加上其等效电缆重量 45 kg 的 0.6 倍应用于 GB/T 17742—2008 规定的 7、8、9 烈度地震试验。如果机柜需要满足 NEBS Zone4 的抗震要求，其刚度试验力应是总装机柜总重量加上其等效电缆重量 45 kg。			

5.1.4 机柜承受振动和冲击的能力

机柜承受振动和冲击试验的性能等级要求见表 7。

表 7 振动和冲击试验的性能等级

性能等级	应用场合	振动试验(正弦波) 按 GB/T 2423.10—2008			冲击试验(1/2 正弦波)，仅作 y 轴 按 GB/T 2423.5—1995		
		频率范围 Hz	恒定振幅 位移 mm	恒定振幅 加速度 m/s²	峰值加速度 m/s²	持续时间 ms	冲击次数
DL4	低强度振动和冲击，主要是固定场所使用，例如工厂和办公室常规操作和维修的带负载的机柜(GB/T 4798.3—2007 等级 3M2)	2～9	1.5	—	40	18	3
		9～200	—	5			
DL5	中等强度振动和冲击，固定和移动场所使用。例如铁路和公路用信号设备，接近转动机械的带负载的机柜(GB/T 4798.3—2007 等级 3M4)	2～9	3	—	100	11	3
		9～200	—	10			
注：表中性能等级 DL4、DL5 对应于 GB/T 18663.1—2008 中表 8 的 DL4、DL5。							

5.1.5 机柜承受碰撞的能力

机柜承受碰撞试验的性能等级要求见表 8。

表 8 机柜承受碰撞试验的性能等级

性能等级	应用场合	能量值 J	
		机柜各部件	观察面板和使用玻璃、塑料等材料的窗
K1	中央机房	0.5	0.2
K2	一般户内环境	2	0.2
注：表中性能等级 K1、K2 对应于 GB/T 18663.1—2008 表 12 中的 K1、K2。			

5.1.6 机柜承受地震的能力

机柜应能承受 GB/T 17742—2008 表 1 中烈度Ⅷ的地震。

如果机柜需要满足 NEBS Zone4 的抗震要求，应符合 GR—63 的规定。

5.1.7 机柜的接地

5.1.7.1 机架接地点到机房接地汇流排的接地线应采用多芯铜线，总截面积不应小于 16 mm^2，两端应压接(焊接)接线端子。

5.1.7.2 设备内部接地线的长度应尽可能短。

5.1.7.3 机柜内部应可靠连接，保护接地端子或接地点与需要接地的部件之间的连接电阻应小于 0.1 Ω。

5.1.7.4 机柜的外露可导电部分应实现保护接地联结的连续性。

5.1.8 机柜的防静电

5.1.8.1 机柜应为敏感设备器件提供静电释放(ESD)防护，以避免人们在设备服务和测试过程中引入的静电释放损坏这些器件。

5.1.8.2 在机架的前后面应提供 ESD 防护机构，与机柜保持电连续性并清晰地贴上防静电标识。

5.1.8.3 防静电装置宜布置在机架垂直高度 1 100 mm，垂直和相邻于机箱的安装位置。

5.1.9 机柜材料阻燃能力

5.1.9.1 机柜结构件材料的阻燃等级为 V-0 级。

5.1.9.2 当结构件材料的阻燃等级为 V-1 级时，还应符合 GB/T 2406.2—2009 规定的氧指数不小于 28%的要求。

5.1.9.3 高分子发泡材料结构件的阻燃等级不应低于 HF-1。

5.1.10 机柜防护的能力

为了保证设备操作人员的安全，避免危险，机柜的 IP 防护等级不应低于 GB 4208—2008 中规定的 IP20 级。

5.1.11 机柜的其他要求

机柜的综合要求见附录 C。除了有规定的试验项目外，其他项目是否进行验证试验，由制造厂与用户协商。

5.2 性能试验方法与验收要求

5.2.1 环境适应性(低温、高温和湿热)试验

5.2.1.1 根据表5选择低温、高温和湿热的严酷等级,其中低温、高温试验的持续时间均为16 h,湿热的周期为48 h。试验按GB/T 2423.1—2008、GB/T 2423.2—2008和GB/T 2423.4—2008规定进行。

5.2.1.2 测试后采取目测检验(例如表面涂层腐蚀痕迹、颜色、光泽度变化等)。详见GB/T 5095.2—1997试验1a:外观检查。

5.2.2 提吊试验和刚度试验

根据表6选择额定载荷性能等级进行试验,试验及其合格评定按GB/T 18663.1—2008规定执行。

5.2.3 振动和冲击试验

根据表7中选择振动和冲击试验的性能等级进行试验,试验及其合格评定按GB/T 18663.1—2008的规定进行。

5.2.4 碰撞试验

根据表8选择碰撞试验的性能等级进行试验,试验及其合格评定按GB/T 18663.1—2008的规定执行。

5.2.5 地震试验

5.2.5.1 机柜参考地震试验及其合格评定按IEC 61587-2:2011的规定执行。

5.2.5.2 机柜承受7、8、9烈度地震试验及其合格评定按YD 5083—2005中的规定执行。

5.2.5.3 机柜如需满足NEBS Zone4的抗震要求,其试验与合格评定按GR—63中的规定执行。

5.2.5.4 地震试验前应进行相关静拉刚度试验,其试验力按表6中脚注b的规定执行。

5.2.6 接地与防静电试验

用电桥法或直流压降法,检测机柜上外露的各金属件与接地端子或螺钉,或接地组件)间的最大连通电阻值及任意两导电点间的直流电阻值,实测值应符合5.1.7和5.1.8的要求。电连续性和接触电阻试验方法见GB/T 5095.2—1997。

5.2.7 阻燃试验

按GB 4943—2001中A.6和A.7对机柜材料进行可燃性试验与合格评定。用氧指数法测定可燃性按GB/T 2406.2—2009的规定执行。

5.2.8 外壳防护试验

按GB 4208—2008对设备的外壳进行检测,检测结果符合5.1.7规定的等级要求判定为合格。

6 检验规则

6.1 检验分类

机柜检验分为出厂检验、型式检验。

6.2 出厂检验

6.2.1 基本要求

机柜出厂前均应进行出厂检验，合格后方能出厂。

6.2.2 检验项目

检验项目见表9。

6.3 型式检验

6.3.1 检验时机

提供型式检验的机柜，应是出厂检验合格的产品。当机柜遇有下列情况之一时，应进行型式检验：
——新产品设计定型鉴定时；
——定型产品如有设计、材料或工艺更改，而涉及重要性能时；
——正式生产后，定期进行周期性(周期不大于两年)检测时；
——长期(一年以上)停产后，再恢复生产时；
——监制单位认为有必要进行的抽样检测时；
——国家质量监督部门指定进行的鉴别性检测时。

6.3.2 检验项目

检验项目见表9。

表9 检验项目

序号	项目	要求	试验方法	检验类别	
				出厂检验	型式检验
1	结构与外观	4.3	4.4	√	√
2	外形尺寸	4.2	4.4	√	√
3	高、低温	5.1.1	5.2.1		√
4	湿热	5.1.1	5.2.1		√
5	静载荷	5.1.3	5.2.2		√
6	动载荷	5.1.4	5.2.3		√
7	碰撞	5.1.5	5.2.4		√
8	地震	5.1.6	5.2.5		√
9	接地与防静电	5.1.7、5.1.8	5.2.6	√[a]	√
10	阻燃	5.1.9	5.2.7		√
11	外壳防护	5.1.10	5.2.8		√

[a] 出厂试验仅进行保护电路连续性试验。

7 标志、包装、储存与运输

7.1 标志

包装标志应包括：

——装箱日期；

——产品数量；

——包装件外形尺寸及毛重；

——符合 GB/T 191—2008 规定的包装储运图示标志；

——符合 GB/T 6388 规定的运输包装件收发货标志。

7.2 包装

7.2.1 机柜、插箱经检验合格，其附件、备件及技术文件应齐全。

7.2.2 机柜、插箱包装环境应通风良好、清洁、干燥、无有害气体。

7.2.3 包装材料和包装容器应保持干燥、清洁，不允许采用对产品有害的材料。

7.2.4 被包装的机柜、插箱在容器内不应产生松动、碰撞或转动。

7.3 储存与运输

7.3.1 经包装的机柜应贮存于仓库中，仓库应有良好的通风，室内温度为－10 ℃～＋40 ℃、相对湿度不大于 75％，空气中酸性、碱性或其他有害气体应符合 GB/T 4798.1—2005 表 5 中等级 1C2 的规定。需要防潮的包装件应放在离地面 30 cm 以上、距墙壁 40 cm 以远的料架上；自包装之日起包装有效期不得低于 2 年。

7.3.2 经包装的机柜，应按铁路、公路、水路、航空运输规定的要求进行运输，避免直接遭受雨雪、暴晒、沙尘、受潮等侵害和大型货物的挤压和冲撞。

附 录 A
（资料性附录）
电信工程建设参考标准清单

A.1 基础标准

YD/T 5015—2007 电信工程制图与图形符号规定

A.2 设备安装标准

YD/T 1537—2006 通信系统用户外机柜一般要求
YD/T 5026—2005 电信机房铁架安装设计标准
YD 5059—2005 电信设备安装抗震设计规范
YD 5125—2005 通信设备安装工程施工监理暂行规定
YD/T 5186—2010 通信系统用室外机柜安装设计规定

A.3 安全防护标准

YDN 127—2005 电信设备的安全准则
YD/T 1482—2006 电信设备电磁环境的分类
YD 5098—2005 通信局(站)防雷与接地工程设计规范
YD/T 5175—2009 通信局(站)防雷与接地工程验收规范

A.4 环境保护标准

YD 5039 2009 通信工程建设环境保护技术暂行规定
YD 5167—2009 通信用柴油发电机组消噪音工程设计暂行规定

A.5 节能减排标准

YD 5184—2009 通信局(站)节能设计规范

A.6 通信建筑工程标准

GB 50311—2007 综合布线系统工程设计规范
YD/T 1712—2007 中小型电信机房环境要求
YD/T 1821—2008 通信中心机房环境条件要求
YD 5002—2005 邮电建筑防火设计规范
YD/T 5003—2005 电信专用房屋设计规范
YD 5054—2005 电信建筑抗震设防分类标准

YD 5083—2005 电信设备抗地震性能检测规范

YD/T 5131—2005 移动通信工程钢塔桅结构设计规范

YD/T 5132—2005 移动通信工程钢塔榄结构验收规范

附 录 B
（资料性附录）
环境与空间的考虑

B.1 设备环境

B.1.1 国内的电信设施环境宜按本附录所描述的环境配置。

B.1.2 传统电信设施中电信设备环境的典型配置是在一个中心距 6 m×6 m 的 4 根建筑立柱围成的空间中进行部署的，具体要求见 YD/T 5003—2005。

B.1.3 机柜安装地点可安排在建筑地板上或使用抬高地板。传统电信公司一般不使用抬高地板系统。

B.1.4 设备机柜被成排地平行放置，即所谓并柜，每排之间有通道。通道被指定为前通道和后通道，通道宽度因不同的服务提供商和不同设备应用而变化，但其宽度至少宜为 600 mm。

B.1.5 设备并柜一般是对具有共同深度的设备进行规划，以保证并柜系统占用空间的一致性。

B.1.6 并柜后的成排机柜要么面对面，要么背对背地形成前后通道，设备的冷却系统配置宜为冷空气从前通道进入，热空气从后通道排出（见附录 C）。

B.1.7 设备环境中的垂直净空所允许的机柜高度一般不宜超过 2 400 mm。

B.1.8 电缆分配到设备机柜将从机柜顶部的走线架进入机柜。抬高地板环境可以从地板下经地板开口进入机柜。

B.2 地板规划策略

B.2.1 中央机房空间规划

B.2.1.1 在一个设备间可用的机房面积内，服务提供商将最大限度安排机柜数量。有效地使用机房面积将可能导致最小的通道和未使用空间。

B.2.1.2 设备的布置宜采用类似的方法，同类设备靠近安排并使设备组合在一起以缩短它们之间互联的电缆长度。

B.2.1.3 设备机柜在侧面以并柜方式成排，每排由通道分开，由此服务提供商可在有限的空间最大限度地安装设备。成排的机柜被称为并列柜。

B.2.1.4 过道宽度是基于通道的用途、建筑安全要求以及设备需要而由服务提供商确定。通道通常可以被用来做服务（后面）或维护（前面）通道为专业人员提供合适的运行和维护空间。通道还可以被用作进出并列柜设备的电缆线架路径。建筑安全规定对人行通道或紧急逃生通道有最小宽度要求。

B.2.1.5 被用来分配冷空气和移走设备排除的热气的通道需要专门设计。

B.2.1.6 较高设备环境的通道可以拥有滚动楼梯以方便维护，设备深度应严格控制以避免与楼梯的运动产生干涉。

B.2.1.7 设备架的深度决定了并列柜的深度。按传统深度设计的设备架，只能匹配一些网络技术前代产品的空间要求，例如传输设备符合 300 mm 的深度标准。所以在过去信道处理单元、多路复用器、交叉连接设备等都是按此标准设计的。其他设备的并柜深度包括 375 mm、450 mm 和 600 mm，在设备交替的通道内可以发现混合的并柜深度。

B.2.1.8 空间的使用一般要预测几年的需要，以为预测的增长或新技术设备安装保留机房面积。与此同时，需要考虑设备的备用功率和设备的冷却能力，以确保需求增加时，预留可用的机房面积。

B.2.1.9 预测机房面积使用的机房面积规划者所必需的信息是设备深度尺寸、热量耗散率、功率使用要求。机房面积规划者使用的其他信息包括设备重量、系统配置、安装设备的机柜尺寸、门的开度要求以及服务通道要求。

B.2.2 远端网络设备

B.2.2.1 网络设备可以放置在服务提供商的电信设施环境以外的地方。这些地方也许包括服务提供商租赁的且无法维护的建筑物中的客户现场。设备布置或许遵守或许不遵守服务提供商中心机房的布署。

B.2.2.2 网络设备一般安装在类似于电信设施中的机柜中。机柜固定到建筑物上将普遍遵守服务提供商优秀实践(如固定到地面、支撑到建筑墙壁、支撑到顶部钢结构上)。

B.2.2.3 在客户现场建筑的冷却能力也许受到限制，因此设备之间的间隔可以根据电信设施要求改变。

附 录 C
（规范性附录）
电信设备机柜综合要求

C.1 物理要求

C.1.1 通用要求

机柜除应满足第5章所述的性能要求外还应满足以下通用要求：

——只要符合本部分规定的尺寸和性能要求，机柜可以设计成两柱、四柱或其他的结构形式；

——所有机柜应兼容侧面的并柜安装，并使用本部分所定义连接件、尺寸和占用空间；

——机柜的所有零部件包括走线不应在水平方向超过机柜底座前后投影面的边缘；

——机柜应具备楔块、垫片或调平螺柱等手段来调整机柜的垂直或水平位置，以补偿地板不平产生的偏差；

——机柜中不需要在现场拆卸和维护以及20年寿命周期内不影响机柜性能的结构件，以连接成整体，形成一体化的结构件；

——机柜设计应满足自立式安装和固定在刚性地面上，这个地面可以是水泥地面也可以是架空地板，均应满足安装场所的抗震要求。

C.1.2 阻燃要求

机柜的阻燃要求见5.1.9。

C.1.3 散热要求

C.1.3.1 一般机柜风道

C.1.3.1.1 机柜的上下通风道：在机柜的系统配置时，充分考虑风道的畅通，尽量减少风阻，根据实施情况可以采用顶部抽风和底部吹风两种方式。

采用底部进风方式时，进风口需要考虑防尘；采用顶部出风方式时，出风口处需要考虑防护。

C.1.3.1.2 机柜前后通风道：机柜前门进风、后门出风，前后门均开孔。前门开孔率不应小于50%，孔径宜在4.0 mm～8.0 mm之间，开孔区域面积比不应小于80%；后门开孔率不应小于50%，孔径应在4.0 mm～8.0 mm之间，开孔区域面积比不应小于70%。

C.1.3.1.3 机柜前顶通风道：机柜前门进风，机柜顶部出风。前后门均开孔。前门开孔率不应小于40%，孔径宜在4.0 mm～8.0 mm之间，开孔区域面积比不应小于70%；机柜顶部应具备足够的通风面积。出风口处需要考虑防护。

C.1.3.1.4 机柜的各种通风方式见图C.1，开孔率和开孔面积定义参见附录D。

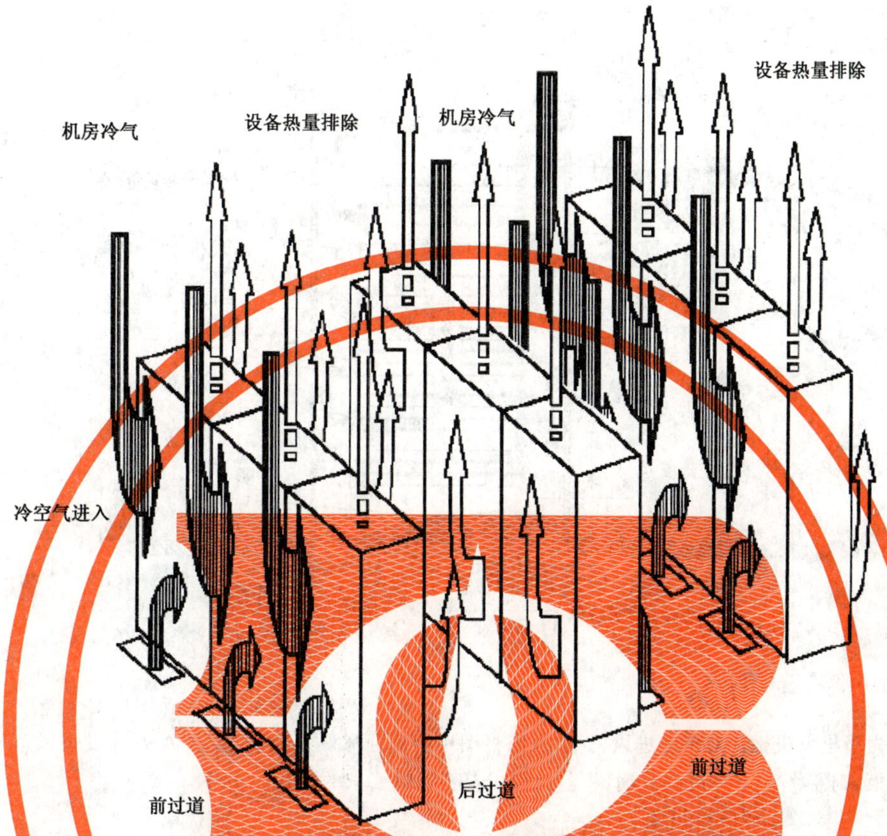

图 C.1 机柜前进风，顶出和后出风示意图

C.1.3.2 精确下进风机柜风道

C.1.3.2.1 精确下进风机柜采用半封闭式机柜，机柜深度要求 1 200 mm。其中前门封闭，可采用透明或不透明柜门；后门开孔时，开孔率不宜小于 50%，孔径宜在 4.0 mm～8.0 mm 之间，开孔区域面积比不应小于 70%。

C.1.3.2.2 机柜前门内侧与安装立柱前端面之间净空间距离不应小于 160 mm(应考虑柜门、加强筋、设备面板的厚度)，如图 C.2 所示。

C.1.3.2.3 机柜底板前部设置一个可调节进风口，尺寸规格不应小于 400 mm(宽)×350 mm(深)，其前沿距机柜下部框架内侧不宜超过 30 mm；进风口设置调节装置(如滑动盖板)，可在全开和全闭之间连续调节。调节装置操作便捷、顺畅，与机架底部衔接紧密，不松动，不变形，无噪声；同时应在侧面标注有最小单位 5 mm 的刻度，以便于维护管理。进风口上方设置一个高度为 180 mm～260 mm 的导流罩，引导冷风进入机柜前门与设备面板之间的区域。导流罩应设计合理，既能防止冷风直接流向机架后部或两侧，又尽可能减少空气阻力。进风口、调节装置及导流罩如图 C.2 所示。

单位为毫米

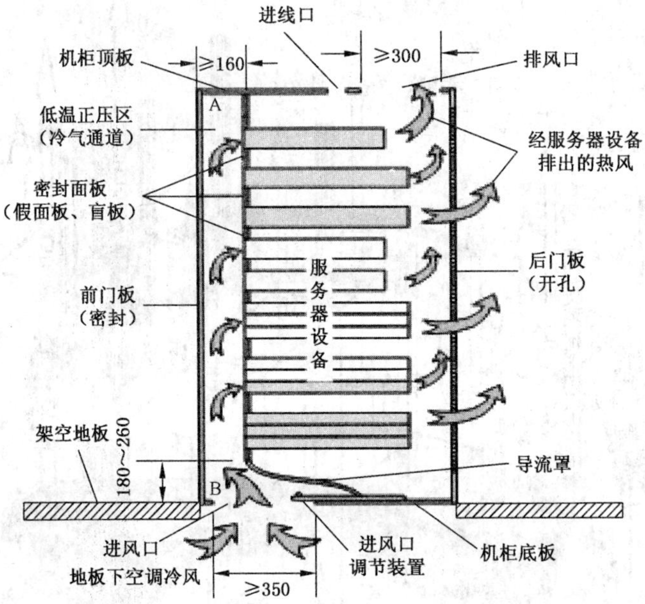

说明：本图为下进风机柜。对于上进风机柜，只需将图中柜底通风口 B 封闭，柜顶 A 处开设进风口即可。对于前进风机柜，则需将 A、B 两处均封闭，将前门换成符合通风要求的开孔门即可。

图 C.2　下进风机柜侧向剖面示意图（侧视）

C.1.4　架空地板上机柜的设计要求

架空地板上机柜的设计宜遵守以下规则：

——安装在架空地板上的机柜应在设计中考虑拆卸过道活动地板时不致干扰机柜中的设备；

——机柜的结构性底座应紧固在构建地板的结构件上，紧固应为可拆卸方式，以方便机柜的重新配置；

——机柜的安装宜尽可能减小侧向载荷作用到架空地板上。如果地板存在高能量冲击情况，机柜设计应考虑此能量不会传递到设备上。

C.1.5　设备安装的一致性要求

C.1.5.1　机柜连接和并柜的详细设计

C.1.5.1.1　通过使用桥接相邻机柜的连接板使机柜顶部对齐。此连接板不能妨碍设备进出机柜、走线以及机柜的安装与拆卸。每个机柜应提供两块连接板。

C.1.5.1.2　并柜时，在机柜顶部至少提供两组并柜用的连接位置，以便相邻机柜能够拴在一起。具体位置见图 C.3。

注：300 mm 深的机柜并柜方式由制造商规定。

C.1.5.1.3　设备安装与拆卸时，不应拆除任何机柜部件，包括门和装饰板。

单位为毫米

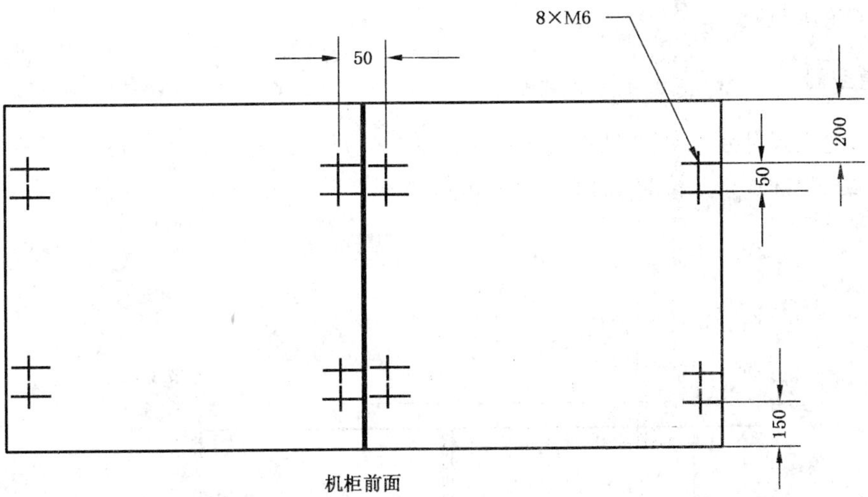

图 C.3 相邻机柜顶部并柜接口尺寸

C.1.5.2 机柜的固定

C.1.5.2.1 机柜应在坐落于地面的底平面上提供至少 4 个固定位置或 4 个腰形孔。机柜底框上的固定位置应贴在建筑地面上或抬高的地板上。

C.1.5.2.2 将机柜固定在地面上的紧固件离底座周边不小于 45 mm 距离，以满足抬高地板固定的最小空间要求，并避开支撑抬高地板的安装件。

C.1.5.2.3 机柜底部固定系统的设计应满足已安装设备的机柜能在电缆线槽下方从其侧面进入设备机柜的安装位置。

C.1.5.2.4 在没有来自天花板和墙壁的辅助支撑条件下，机柜底座和固定方法应为自立式设备机柜提供能承受由电缆负荷或地震产生的翻转力矩。地板固定方法至少承受一个施加于机柜顶部的 45 kg 水平力产生的翻转负荷。

C.1.5.2.5 在入口地板上，当需要为电缆或特殊入口开出大缺口时，应有一个结构化的间隔装置替换入口地板。

C.1.5.3 机柜的调平

机柜应有对地板不平的补偿能力，垂直提升的调平高度宜达到 15 mm。调平螺纹可以用来调平或调直机柜，其支撑能力应是最大安装负荷的三倍并具备锁紧螺母，安装后此螺母应方便操作。现场进行的调平过程应与动态地震测试进行的一样。如果调平螺纹不满足这一要求，那么机柜应加垫片，以便在最终安装完成后，机柜完全不靠调平螺纹支撑。如果一叠垫片超过 12 mm，这些垫片应胶接起来或使用一个实体的垫片。

C.1.5.4 机柜接地

机柜的接地见 5.1.7。

C.1.5.5 机柜与地面的绝缘

应采取措施将机柜与建筑物的地面或地面上的其他物件隔离。

C.1.5.6　**机柜的防静电**

按5.1.8的要求执行。

C.1.5.7　**通道空间**

门的开度与过道尺寸示意见图C.4。为了给予最大门开口处的规划和设备入口，机柜入口处的最小通道尺寸宜是机柜深度的1.5倍，例如600 mm深的机柜应该有900 mm的前后通道。通道空间最终由服务提供商决定。

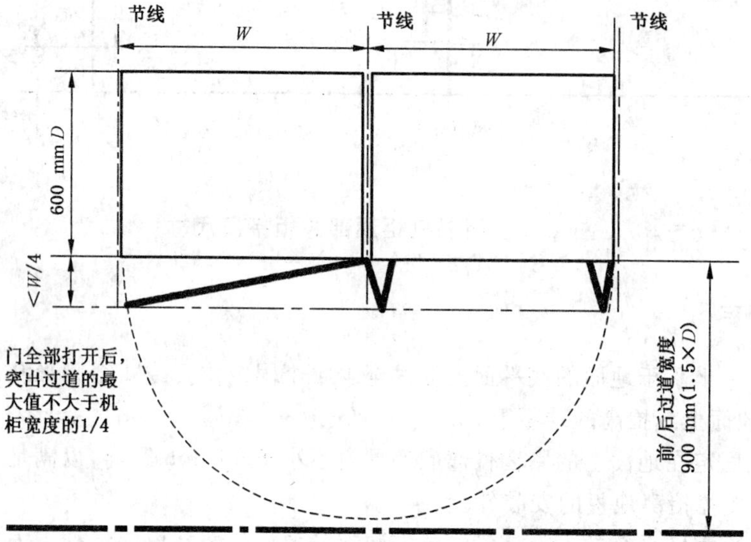

图 C.4　门的开度与过道尺寸示意

C.2　机柜线缆的进出线要求

C.2.1　**线缆出入口**

C.2.1.1　机柜应提供入口，以允许电缆从机柜顶部或底部进入。每一个机柜应在其顶部和底部拥有最小电缆入口面积32 260 mm^2。推荐的走线区域如图C.5所示。

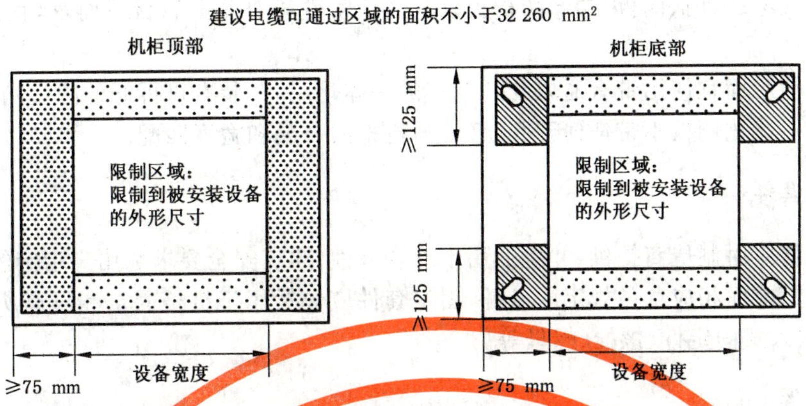

说明：

▩ 主走线区：机柜顶部沿安装导轨。

⬚ 次走线区：机柜在设备前后的开放区域。如果在此区域走线，不要影响设备的进出和设备的气流通道。

▧ 不可用于走线的区域：此区域需留给机柜底座与地板的固定。

图 C.5 走线区域

C.2.1.2 机柜宜优先考虑电缆从机柜的两侧进出。

C.2.1.3 包括电缆在内的任何零部件在机柜的水平方向不应超出机柜底框投影面的前后边缘。

C.2.2 与走线架的机柜接口

C.2.2.1 机柜应有能力支持和提供一种固定方式用于电缆分配系统，其接口的设计应允许机柜从并列机柜中插入和移除。

C.2.2.2 为了实现机柜的移除和插入并补偿地板的不平度，机柜顶部与电缆分配系统下侧之间应留有一定的间隙，即宜提供至少 15 mm 的垂直空间。

C.2.2.3 机柜应有能力支持和提供一种固定方式用于柜顶电缆分配系统，当由机柜支撑此系统时，其最大载荷不超过 45 kg。

C.2.3 机柜在架空地板下的线缆分配

C.2.3.1 线缆分配系统可以安装在地板下面，机柜应为地板下的电缆设置接口，其方式要与被替代的顶部空间部署保持一致。机顶的走线要求不变。

C.2.3.2 通信电缆宜与电源电缆隔离，以避免物理损坏和电磁干扰。

C.2.3.3 地板下电缆入口的位置宜在机柜前后的中心处，直接沿设备垂直安装件部署。

C.3 机柜附件要求

C.3.1 机柜门和侧板

C.3.1.1 机柜门的最大厚度不宜超过 25 mm。

C.3.1.2 当门完全打开时，其突出到过道的垂直距离不宜大于机柜宽度的 1/4，否则宜将门拆掉。

C.3.1.3 门上应设置用于接地的电气接口和配套的搭接线。

C.3.1.4 机柜宜设计成一个开放架的配置,必要时有能力转化为一个封闭的机柜配置。

C.3.1.5 出于防火考虑,门、侧板、端部防护板以及其他附件相对非金属材料而言,宜优先考虑金属结构设计。

C.3.1.6 机柜的前后面宜使用带有通风孔的结实的一体化门,并装有可拆卸的防尘网。

C.3.1.7 结实的一体化侧板不带任何开孔,且宜与机柜的高度和宽度匹配。

C.3.2 机柜固定套件

C.3.2.1 固定套件应由制造商提供,并应适用于现场条件、建筑安全要求和用户指定的抗震要求。

C.3.2.2 为了满足前面相应章条规定的条件,固定套件应包括用于机柜固定和隔离所应有的零部件,例如垫片、隔板、嵌入式固定件、螺拴、螺母等。

C.3.3 并柜连接件

C.3.3.1 相邻机柜并柜连接的详细设计宜符合本部分规定的接口位置,并应保证机柜对齐以防止相邻机柜间移动(见图 C.3)。

C.3.3.2 至少应将机柜一边的并柜连接件作为机柜总成的一部分提供。

C.3.4 电缆管理模块

C.3.4.1 电缆管理模块亦为不同容量电缆提供可选宽度,其使用应通过与客户的协议来确定。

C.3.4.2 使用中的电缆管理模块应该部署在并列机柜的整个高度和深度上,其宽度按 200 mm 递增。

C.3.4.3 电缆管理模块与机柜的连接设计应考虑本部分规定的机柜位置。

C.3.5 机柜安装的绝缘

C.3.5.1 位于机柜与建筑地面之间的绝缘材料应将机柜与建筑结构在电气上实现隔离。它们之间连接的紧固件也应通过绝缘材料进行隔离。

C.3.5.2 绝缘垫和紧固件绝缘材料应适合机柜底座并具有一定厚度以保护机柜不会与金属建筑结构接触。

C.3.6 机柜运输系统(FTS)

C.3.6.1 装在机柜上的运输系统应允许机柜自由通过机房顶部的钢结构件。

C.3.6.2 机柜运输系统应将机柜抬离地面至少 18 mm,以避免因地面不平或门槛造成的阻碍。

C.3.6.3 机柜运输系统支撑和运输机柜时,至少需要三点触地。因此,任何一个独立触地点应支持满配机柜额定负荷的 33%。

C.3.6.4 安装在机柜上的机柜运输系统不应妨碍机柜满配设备部署。

C.3.6.5 一个机柜运输系统应可拆除或可缩回,以便留出完整的通道空间或不妨碍已安装的设备。

C.3.6.6 机柜运输系统应部署到机柜前、后、左、右四个角上。

C.4 设备在机柜中的安装要求

C.4.1 机箱安装

C.4.1.1 19 in 标准插箱在机柜中的安装应符合 IEC 60297-3-100:2008 的规定。

C.4.1.2 公制标准插箱在机柜中的安装应符合 GB/T 19290.3—2008 的规定。

C.4.1.3 1 *U* 机箱在机柜中的安装应符合 GB/T 19520.17—2010 的规定。

C.4.1.4 英制插箱在公制机柜中应用的适合尺寸应符合 GB/T 19520.17—2010 的规定。

C.4.1.5 混装设备在机柜中的安装应符合 IEC 60917-2-5 的规定。

C.4.2 热电冷却模块在机柜中

热电冷却模块在机柜中的安装应符合 IEC/TS 62610-1:2009 的规定。

C.4.3 水冷模块在机柜中

机柜内电子设备采用水冷时的接口尺寸和措施应符合 IEC/TS 62454:2007 的规定。

附 录 D
（资料性附录）
电信机柜门通风面积计算方法

D.1 柜门总面积(S)

在评估机柜门(或类似部件)的开孔通风状况时,该柜门(或类似部件)的正面面积称为柜门总面积。

D.2 开孔区域、开孔区域面积(S_q)和开孔区域面积比(R_q)

机柜门(或类似部件)上被均匀、密集开孔的区域称为开孔区域,如图 D.1 所示。以开孔区域边界的孔的几何中心连线所围成的区域面积为开孔区域面积。开孔区域面积与柜门总面积之比为开孔区域面积比,按式(D.1)计算:

$$R_q = \frac{S_q}{S} \qquad \text{(D.1)}$$

式中:

R_q ——开孔区域面积比;

S_q ——开孔区域面积;

S ——柜门总面积。

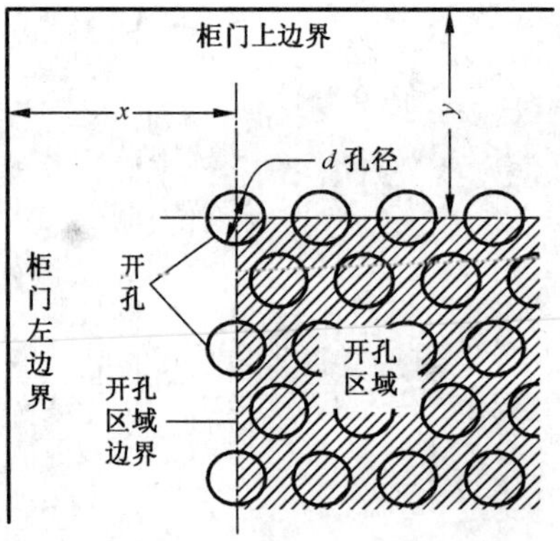

x:开孔区域边界与柜门左侧边界距离

y:开孔区域边界与柜门上侧边界距离

图 D.1 机柜门板开孔区域示意图

D.3 开孔面积(S_k)、孔径(d)和开孔率(R_k)

对于机柜门(或类似部件)上的某一个孔,其通透部分平面积即开孔面积。开孔形状为圆形时,其孔径为孔的直径;开孔形状为其他形状时,其孔径为与孔等面积的圆的直径。机柜门(或类似部件)上所有开孔面积之和与开孔区域面积之比为开孔率,按式(D.2)计算:

$$R_k=\frac{\sum S_k}{S_q} \quad \cdots\cdots\cdots\cdots\cdots\cdots\cdots\cdots\cdots\cdots\cdots\cdots\cdots\cdots\cdots (D.2)$$

式中：

R_k ——开孔率；

S_k ——开孔面积；

S_q ——开孔区域面积。

D.4 全通透率(R_t)

机柜门上(或类似部件)所有开孔面积之和与柜门总面积之比，按式(D.3)计算：

$$R_t=\frac{\sum S_k}{S}=R_q\cdot R_k \quad \cdots\cdots\cdots\cdots\cdots\cdots\cdots\cdots\cdots\cdots\cdots\cdots\cdots\cdots\cdots (D.3)$$

式中：

R_t ——全通透率；

S_k ——开孔面积；

S ——柜门总面积；

R_q ——开孔区域面积比；

R_k ——开孔率。

参 考 文 献

［1］ GB/T 22690—2008 数据通信设备通用机械结构 机柜和插箱

［2］ YD/T 2319—2011 数据设备用网络机柜技术要求和检验方法

［3］ YD/T 5003—2005 电信专用房屋设计规范

［4］ IEC 60917-2-5（Ed. 1. 0） Mechanical structures for electronic equipment—Modular order for the development of mechanical structures for electronic equipment practices—Part 2-5：Cabinet interface dimensions for miscellaneous equipment

［5］ IEC 61587-4（Ed. 1. 0） Mechanical structures for electronic equipment—Tests for IEC 60917 and IEC 60297—Part 4：Combination of performance levels for modular cabinets

［6］ ANSI T1. 336—2003 Engineering Requirements for a Universal Telecom Framework

［7］ EN 300 119-2—2004 Equipment Engineering（EE）；European telecommunications standard for equipment practice，Part 2 Engineering requirements for racks and cabinets

ICS 27.140
K 55

中华人民共和国国家标准

GB/T 28572—2012

大中型水轮机进水阀门系列

Series of large and medium inletvalves of hydraulic rurbine

2012-06-29 发布 2012-11-01 实施

中华人民共和国国家质量监督检验检疫总局
中国国家标准化管理委员会 发布

前　言

本标准按照 GB/T 1.1—2009 给出的规则起草。

本标准由中国电器工业协会提出。

本标准由全国水轮机标准化技术委员会(SAC/TC 175)归口。

本标准主要起草单位:东方电气集团东方电机有限公司、中国水电顾问集团成都勘测设计研究院、哈尔滨电机厂有限责任公司、华能漫湾水电厂。

本标准主要起草人:林洪德、蒋登云、高洪军、王文彬。

大中型水轮机进水阀门系列

1 范围

本标准规定了大中型水轮机进水阀门的规格系列、基本参数和基本尺寸。

本标准适用于水轮机(包括蓄能泵和水泵水轮机)进水阀门公称直径 1 000 mm～10 000 mm 的蝴蝶阀,公称直径 500 mm～5 000 mm 的球形阀。

2 规范性引用文件

下列文件对于本文件的应用是必不可少的。凡是注日期的引用文件,仅注日期的版本适用于本文件。凡是不注日期的引用文件,其最新版本(包括所有的修改单)适用于本文件。

GB/T 14478—2012 大中型水轮机进水阀门基本技术条件

3 蝴蝶阀

新设计的蝴蝶阀公称直径及水头等级,一般参照表 1 规定,如不能符合标准尺寸时,公称直径 2 500 mm以下可按每隔 50 mm 选取,公称直径 2 500 mm 以上可按每隔 100 mm 选取。本标准中未规定的事项均应符合 GB/T 14478—2012 的规定。如有特殊要求,由业主与设备承包商具体商定。

表 1 蝴蝶阀系列公称直径及水头段划分

序号	公称直径 mm	第一档水头段		第二档水头段		第三档水头段		第四档水头段	
		最大静水头 m	最高瞬态压力 MPa	最大静水头 m	最高瞬态压力 MPa	最大静水头 m	最高瞬态压力 MPa	最大静水头 m	最高瞬态压力 MPa
1	1 000	60	85	100	140	160	225	250	340
2	1 250	60	85	100	140	160	225	250	340
3	1 500	60	85	100	140	160	225	250	340
4	1 750	60	85	100	140	160	225	250	340
5	2 000	60	85	100	140	160	225	250	340
6	2 250	60	85	100	140	160	225	250	340
7	2 500	60	85	100	140	160	225	250	340
8	2 800	60	85	100	140	160	225	250	340
9	3 400	60	85	100	140	160	225	250	340
10	4 000	60	85	100	140	160	225	250	340
11	4 600	60	85	100	140	160	225	250	340
12	5 300	60	85	100	140	160	225	250	340
13	6 000	60	85	100	140	160	225	250	340

表 1（续）

序号	公称直径 mm	第一档水头段		第二档水头段		第三档水头段		第四档水头段	
		最大静水头 m	最高瞬态压力 MPa	最大静水头 m	最高瞬态压力 MPa	最大静水头 m	最高瞬态压力 MPa	最大静水头 m	最高瞬态压力 MPa
14	6 500	60	85	100	140	160	225	250	340
15	7 000	60	85	100	140	160	225	—	—
16	8 000	60	85	100	140	—	—	—	—
17	9 000	60	85	100	140	—	—	—	—
18	10 000	60	85	100	140	—	—	—	—

4 球形阀

新设计的球形阀公称直径，一般参照表 2 规定，如不能符合标准尺寸时，公称直径 2 000 mm 以下可按每隔 50 mm 选取，公称直径 2 000 mm 以上可按每隔 100 mm 选取。本标准中未规定的事项均应符合 GB/T 14478 的规定。如有特殊需要，由业主与设备承包商具体商定。

表 2 球形阀标准尺寸系列

单位为毫米

序号	公称直径	序号	公称直径
1	500	10	2 400
2	650	11	2 500
3	800	12	2 800
4	1 000	13	3 000
5	1 300	14	3 300
6	1 600	15	3 500
7	1 800	16	4 000
8	2 000	17	4 600
9	2 200	18	5 000

5 进水阀门型号编制方法、基本参数和基本尺寸、进水阀门外形图

进水阀门型号编制方法见附录 A。基本参数和基本尺寸和进水阀门外形图参见附录 B 和附录 C。

附 录 A
(规范性附录)
进水阀门型号的编制方法

A.1 进水阀门型号的编制方法。

□ □-□ □-□

- 进水阀门公称直径,单位为厘米(cm);
- 操作机构型式;
- 阀轴布置方式;
- 进水阀门承受的最大静水头,单位为米(m);
- 进水阀门类型。

A.2 进水阀门类型用汉语拼音字母表示,其类型代号规定见表 A.1。

表 A.1 进水阀门类型代号

进水阀门类型	代 号
铁饼型蝴蝶阀	DF
平板型蝴蝶阀	PDF
球形阀	QF

A.3 阀轴布置方式用一个汉语拼音字母表示,阀轴布置方式和代号规定见表 A.2。

表 A.2 阀轴布置方式

阀轴布置方式	代 号
卧轴	W
立轴	L

A.4 操作机构型式用一个汉语拼音字母表示,操作机构型式和代号规定见表 A.3。

表 A.3 操作机构型式

操作机构型式	代 号
油压操作	Y
水压操作	C
电动操作	D
手动操作	S

附　录　B
（资料性附录）
进水阀门基本参数和基本尺寸

B.1　平板型蝴蝶阀基本参数见表 B.1。

表 B.1　平板型蝴蝶阀基本参数

序号	型号	公称直径 mm	型式	水头 m		质量 kg				密封结构		操作机构					旁通阀直径 mm	空气阀直径 mm
				最高	升压	阀重	操作机构	总重	最重件	围带形式	密封形式	操作形式	接力器个数	接力器直径 mm	接力器行程 mm	操作压力 MPa		
1	PDF150-WY-100	1 000	卧	150	200	5 529	797	6 326	1 814	实心橡胶		重锤及摇摆接力器	1	Φ400	566		Φ100	Φ100
2	PDF60-WD-120	1 200	卧	60	100	2 072	350	2 422		实心橡胶		电动操作					Φ100	
3	PDF130-WY-120	1 200	卧	130	160	4 150	650	4 800		实心橡胶		摇摆接力器	1	Φ300		2.5	Φ125	Φ100
4	PDF100-WY-125	1 250	卧	100	150	6 785	797	7 582	2 300	实心橡胶		重锤及摇摆接力器	1	Φ400	566		Φ150	Φ100
5	PDF100-WY-130	1 300	卧	100	150	1 840	重锤 460 接力器 230	2 530	1 100	实心橡胶		摇摆接力器	1	Φ250	418	3.3	Φ100	Φ50
6	PDF210-WY-135	1 350	卧	210	310	6 250	1 425	7 675	2 342	实心橡胶	在活门	摇摆接力器	1	Φ400	560	4.0	Φ150	Φ150
7	PDF70-WY-150	1 500	卧	70	100	4 058	1 185	5 243		实心橡胶	上全周	摇摆接力器	1	Φ400	640		Φ150	Φ250
8	PDF130-WY-150	1 500	卧	130	160	5 856	1 788	7 644	2 225	实心橡胶	密封	套筒式接力器	1	Φ450		2.5	Φ150	Φ250
9	PDF160-WY-150	1 500	卧	160	208	6 895	1 202	8 097	2 850	实心橡胶		摇摆接力器	1	Φ350	560	2.5	Φ150	Φ150
10	PDF200-WY-150	1 500	卧	200	270	4 570	重锤 550 接力器 200	5 320		实心橡胶		高压摇摆接力器	1	Φ150	495	16	Φ150	Φ100

表 B.1（续）

序号	型号	公称直径 mm	型式	水头 m		质量 kg				密封结构		操作机构					旁通阀直径 mm	空气阀直径 mm
				最高	升压	阀重	操作机构	总重	最重件	围带形式	密封形式	操作形式	接力器个数	接力器直径 mm	接力器行程 mm	操作压力 MPa		
11	PDF30-WY-175	1 750	卧	30	40	6 770	1 030	7 800	3 340	实心橡胶		摇摆接力器	1	Φ400			Φ250	
12	PDF110-WY-175	1 750	卧	110	160	9 117	1 610	10 727		空气围带		摇摆接力器	1	Φ500	560	2.5	Φ150	Φ250
13	PDF150-WY-175	1 750	卧	150	200	9 000	2 430	11 430	4 310	空气围带		摇摆接力器	1	Φ500	700	2.5	Φ250	Φ250
14	PDF200-WY-175	1 750	卧	200	260	9 046	1 202	10 248	3 435	实心橡胶		摇摆接力器	1	Φ350	560	4.0	Φ150	Φ150
15	PDF45-WY-200	2 000	卧	45	70	6 283	1 250	7 533	3 000	空气围带		摇摆接力器	1	Φ300	766	2.5	Φ250	Φ100
16	PDF70-WY-200	2 000	卧	70	91	10 526	2 110	12 636	4 007	实心橡胶		重锤及 摇摆接力器	1	Φ500	780	2.5	Φ250	Φ100
17	PDF80-WY-200	2 000	卧	80	120	8 200	1 800	10 000	3 900	空气围带		摇摆接力器	1	Φ500	778	2.5	Φ250	Φ250
18	PDF110-WY-200	2 000	卧	110	169	7 653	重锤 1 591 接力器 931	10 175	4 350	实心橡胶		重锤及 摇摆接力器	1	Φ390	627	4.0	Φ200	Φ100
19	PDF46-WY-220	2 200	卧	46	55	11 633	1 522	13 155	5 880	空气围带		摇摆接力器	1	Φ350	560	4.0	Φ250	Φ250
20	PDF70-WY-225	2 250	卧	70	101	12 000	2 000	14 000		空气围带		摇摆接力器	1	Φ500			Φ250	Φ200
21	PDF135-WY-240	2 400	卧	135	180	14 244	重锤 18 449 接力器 3 360	36 053	18 449	实心橡胶		重锤及 摇摆接力器	1	Φ650	839	2.5	Φ250	Φ250
22	PDF160-WY-240	2 400	卧	160	210	20 117	5 478	25 595	9 055	实心橡胶		摇摆接力器	1	Φ600	980	4.0	Φ300	Φ250
23	PDF48-WY-250	2 500	卧	48	60	11 280	1 056	12 336		实心橡胶		摇摆接力器	1	Φ200	700	16	Φ250	Φ350
24	PDF115-WY-250	2 500	卧	115	160	21 150	2 400	23 550		空气围带		摇摆接力器	同侧 2	Φ400	990		Φ300	Φ350
25	PDF150-WY-250	2 500	卧	150	200	18 800	4 450	23 250	7 930	实心橡胶		摇摆接力器	1	Φ750	980	2.5	Φ250	Φ250
26	PDF64-WY-260	2 600	卧	64	90	14 000	1 800	15 800	6 600	空气围带		摇摆接力器	1	Φ500	778	2.5	Φ250	Φ250

表 B.1（续）

序号	型号	公称直径 mm	型式	水头 m		质量 kg				密封结构		操作机构					旁通阀直径 mm	空气阀直径 mm
				最高	升压	阀重	操作机构	总重	最重件	围带形式	密封形式	操作形式	接力器个数	接力器直径 mm	接力器行程 mm	操作压力 MPa		
27	PDF75-WY-280	2 800	卧	75	110	20 630	3 470	24 100	9 700	空气围带		摇摆接力器	1	Φ650	990	2.5	Φ300	Φ300
28	PDF65-WY-300	3 000	卧	65	95	20 183	3 012	23 200	11 170	空气围带		摇摆接力器	1	Φ500	839	4.0	Φ250	Φ250
29	PDF42-WY-320	3 200	卧	42	50	22 782	3 012	25 794	12 854	实心橡胶		摇摆接力器	1	Φ500	839	4.0	Φ250	Φ250
30	PDF120-WY-320	3 200	卧	120	160	31 490	6 710	38 200	14 000	空气围带		摇摆接力器	2	Φ600	1 200	2.5	Φ300	Φ300
31	PDF78-WY-340	3 400	卧	78	100	43 130	7 380	50 510		空气围带		摇摆接力器	同侧 2	Φ600	1 415		Φ350	Φ400
32	PDF82-WY-340	3 400	卧	82	100	27 760	4 054	31 814	14 500	实心橡胶		摇摆接力器	1	Φ550	980	4.0	Φ300	Φ400
33	PDF80-WY-370	3 700	卧	80	100	30 590	重锤 19 603 接力器 4 864	55 047	17 232	空气围带		重锤及 摇摆接力器	1	Φ800	980	2.5	Φ400	两只 Φ500
34	PDF60-WY-400	4 000	卧	60	85	84 800	5 400	90 200	33 540	特制橡 胶密封		Φ400×1 400 摇摆式接力器	2				Φ350	无
35	PDF55-WY-420	4 200	卧	55	80	42 559	5 478	48 037	24 455	实心橡胶		摇摆接力器	1	Φ600	980	4.0	Φ400	Φ400
36	PDF200-WY-420	4 200	卧	200	270	76 200	重锤 3 650 接力器 8 800	88 650	33 400	实心橡胶		摇摆接力器	同侧 2	Φ650	1 402	4.0	Φ400	Φ200
37	PDF80-WY-450	4 500	卧	80	120	64 681	9 584	74 265	36 530	实心橡胶		摇摆接力器	1	Φ800	1 610	4.0	Φ400	Φ400
38	PDF70-WY-530	5 300	卧	70	100	66 985	重锤 11 215 接力器 8 800	87 000	41 500	实心橡胶		摇摆接力器	同侧 2	Φ650	1 402	4.0	Φ400	Φ250

B.2 平板型蝴蝶阀基本尺寸参见表 B.2，其外形图参见附录 C。

表 B.2 平板型蝴蝶阀基本尺寸

单位为毫米

序号	型号	图例	基本尺寸																			
			D_1	D_2	H	H_1	H_2	L	L_1	L_2	L_3	L_4	B	B_1	B_2	B_3	d	d_1	Z	Z_1	R	d 轴	偏心值 e
1	PDF150-WY-100	C1	Φ1 160	Φ1 250	650	172	200	2 115	1 000	$\frac{940}{935}$	705	705	650	283	400	200	M42	M42×1 000	$\frac{28}{24}$	4	400	Φ250	25
2	PDF60-WD-120	C4	Φ1 380	Φ1 450	580			2 295	1 225	970	840	850	400				M36	M36×1 000	32	4	300	Φ170	
3	PDF130-WY-120	C1	Φ1 390	Φ1 485	700	120	200	2 100	1 050	1 050	805	805	800	410	350	175	M42	M48×1 000	32	4	500		
4	PDF100-WY-125	C1	Φ1 470	Φ1 580	800	1 777	200	2 460	1 140	$\frac{1\ 050}{1\ 070}$	840	840	750	283	480	240	M42	M42×1 000	32	4	400	Φ250	30
5	PDF100-WY-130	C1	Φ1 435	Φ1 450	600	1 090	90	1 870	1 200	905	805	785	400	210	240	120	M24	M30	48	4	300	Φ140	15
6	PDF210-WY-135	C1	Φ1 650	Φ1 780	720	1 966	320	2 465	1 400	1 230	965	1 115	600	328	300	150	M56	M56×1 400	32	4	400	Φ300	30
7	PDF70-WY-150	C1	Φ1 690	Φ1 785	750	1 980	240	2 305	1 400	1 165	995	1 040	450	320	260	130	M42	M42×1 000	36	4	450	Φ200	
8	PDF130-WY-150	C1	Φ1 710	Φ1 820	700	2 031		2 755	1 500	1 450	1 080	1 080	800	384	480	240	M52×3	M42×1 000	36	4	450	Φ260	
9	PDF160-WY-150	C1	Φ1 780	Φ1 900	770	1 966	320	2 615	1 500	1 305	1 040	1 190	800	328	500	250	M48	M56×1 400	36	4	400	Φ300	30
10	PDF200-WY-150	C1	Φ1 700	Φ1 780	700	1 503	125	2 230	1 500	1 110	975	930	600	220	400	200	M42	M48	32	4	350	Φ260	30
11	PDF30-WY-175	C1	Φ1 960	Φ2 050	900	2 000	200		1 700	1 365	1 155	1 155	1 000	353.5	640	320	M36	M42×800	44	6	500		

表 B.2（续）

单位为毫米

序号	型号	图例	基本尺寸																			
			D_1	D_2	H	H_1	H_2	L	L_1	L_2	L_3	L_4	B	B_1	B_2	B_3	d	d_1	Z	Z_1	R	d 轴	偏心值 e
12	PDF110-WY-175	C1	Φ1 930	Φ2 050	950	1 840	300	3 000	1 700	1 470	1 205	1 350	900		600	300	M42	M42×1 250	32	4	400	Φ300	
13	PDF150-WY-175	C1	Φ1 920	Φ2 050	950	2 320	370	2 465	1 700	1 380	1 150	1 315	900	410	580	290	M4	M48	48	4	500	Φ300	
14	PDF200-WY-175	C1	Φ2 050	Φ2 160	970	1 966	320	2 945	1 960	1 465	1 200	1 360	600	328	300	150	M48	M56×1 400	40	4	400	Φ340	30
15	PDF45-WY-200	C1	Φ2 190	Φ2 330	700	2 181.5	200	3 045	2 150	1 550	1 300	1 300	630	450	380	190	M42	M56×1 200	40	4	550	Φ250	
16	PDF70-WY-200	C1	$\frac{Φ2\ 285}{Φ2\ 200}$	$\frac{Φ2\ 400}{Φ2\ 315}$	1 150	2 481	290	3 210	1 850	$\frac{1\ 440}{1\ 505}$	1 250	1 250	900	389	560	280	M48	M48×1 250	40	4	550	Φ320	35
17	PDF80-WY-200	C1	Φ2 260	Φ2 350	860	2 445	320	3 500	1 850	1 740	1 330	1 550	900	389	580		M48	M56×1 200	32	4	550		
18	PDF110-WY-200	C1	Φ2 210	Φ2 300	950	1 920	160	2 945	1 720	1 400	1 190	1 190	600	315	360	180	M42	M48	48	4	450	Φ260	34
19	PDF46-WY-220	C1	Φ2 430	Φ2 540	1 150	2 120	320	3 015	2 000	1 690	1 425	1 590	900	328	600	300	M42	M48	40	4	400	Φ280	
20	PDF70-WY-225	C1	Φ2 500	Φ2 600	1 200	2 500	300		2 000	1 700	1 460	1 460	1 000	424.3	600	300	M48	M56×2 000	52	4	600		
21	PDF135-WY-240	C1	Φ2 650	Φ2 800	1 250	2 800	400	3 420	2 200	1 900	1 600	1 820	1 200	491.5	740	370	M56	M56	48	6	600	Φ400	
22	PDF160-WY-240	C1	Φ2 750	Φ2 900	1 173	3 062	355	3 900	2 510	1 940	1 615	1 760	1 200	573	800	400	M56	M64×1 500	48	6	700	Φ430	35
23	PDF48-WY-250	C1	Φ2 740	Φ2 840	1 350	1 726	160	3 540	2 000	1 755	1 645	1 645	600	423	350	175	M42	M48×1 500	40	4	495	Φ300	
24	PDF110-WY-250	C3	Φ2 740	Φ2 840	1 550	2 542	240	2 160	2 000	1 905	1 650	1 650	1 300	600	940	470	M48	M64×2 000	44	4	700	Φ450	

表 B.2（续）

单位为毫米

序号	型号	图例	基本尺寸																			
			D_1	D_2	H	H_1	H_2	L	L_1	L_2	L_3	L_4	B	B_1	B_2	B_3	d	d_1	Z	Z_1	R	d 轴	偏心值 e
25	PDF150-WY-250	C1	Φ2 750	Φ2 900	790	2 965	310	3 920	2 800	1 950	1 625	1 770	1 200	573	800	400	M48	M48×1 500	48	6	700	Φ430	35
26	PDF64-WY-260	C1	Φ2 780	Φ2 880	1 070	2 445	320	4 023	2 230	2 060	1 670	1 870	1 200	390	550		M42	M56×1 700	40	4	550		
27	PDF75-WY-280	C1	Φ3 040	Φ3 150	1 200	3 000	340	4 337	2 510	2 185	1 775	1 775	1 260	495	800	400	M48	M56×1 700	48	6	700		
28	PDF65-WY-300	C1	Φ3 250	Φ3 400	1 300	2 759	400	4 020	2 900	2 190	1 900	2 120	900	491.5	600	300	M48	M56	60	6	600	Φ380	
29	PDF42-WY-320	C1	Φ3 560	Φ3 710	1 460	2 759	400	4 310	3 000	2 335	2 045	2 265	900	491.5	570	235	M56	M56	60	6	600	Φ400	
30	PDF120-WY-320	C2	Φ3 450	Φ3 610	1 350	3 340	340		3 100	2 450	2 100	2 100	1 300	601	800	400	M56	M56×1 700	60	9	850		
31	PDF78-WY-340	C3	Φ3 710	Φ3 820	2 200	3 720	422	5 240	2 720	2 430	2 150	2 150	1 600	850	750	375	M56	M64×1 500	48	12	1 000	Φ460	
32	PDF82-WY-340	C1	Φ3 675	Φ3 790	1 500	3 097	355	5 007	3 230	2 435	2 117	2 262	1 000	573	610	305	M48	M64×1 500	60	6	700	Φ460	40
33	PDF80-WY-370	C1	Φ3 970	Φ4 110	1 600	3 000	400	4 785	3 450	2 607.5	2 282.5	2 502.5	1 200	573.5	740	370	M56	M56	60	6	700	Φ450	
34	PDF60-WY-400	C1	Φ4 850	Φ5 060	2 630	3 640	500		2 800	3 035	2 630	2 630	1 650	811	1 000	500	M64	M64×1 600	60	6	990		
35	PDF55-WY-420	C1	Φ4 480	Φ4 580	1 800	3 062	355	5 840	3 800	2 850	2 525	2 670	1 100	573	720	360	M42	M64×1 500	100	6	700	Φ500	40
36	PDF200-WY-420	C3	Φ4 590	Φ4 890	1 770	3 440	240	6 175	3 940	2 940	2 735	2 635	1 100	850	720	360	M56	M72	96	4	1 000	Φ650	50
37	PDF80-WY-450	C1	Φ4 890	Φ5 040	2 000	4 280	445	6 402	4 250	3 205	2 765	2 937	1 300	942	820	410	M64	M90	72	6	1 150	Φ650	
38	PDF70-WY-530	C3	Φ5 650	Φ5 780	2 080	3 440	240	775	4 960	3 490	3 285	3 185	1 100	850	720	360	M48	M72	80	4	1 000	Φ650	50

B.3 球阀基本参数参见表 B.3。

表 B.3 球阀基本参数

序号	型号	公称直径 mm	油压设备	水头 m		重量 kg				密封结构		操作机构					旁通阀直径 mm	空气阀直径 mm
				最高	升压	阀重	操作机构	总重	最重件	检修密封	工作密封	操作形式	接力器个数	接力器直径 mm	接力器行程 mm	操作压力 MPa		
1	QF400-WC-50	500		400	500	2 400	650	3 050	840	1Cr13 密封环	1Cr13 密封环	套筒式接力器固定在阀体上	1	Φ240	500	水压 h	Φ50	Φ50
2	QF500-WY-50	500	YZ-0.6	500	600	2 350	650	3 000	650	密封环	止漏盖	摇摆接力器	1	Φ300	700	2.5	Φ80	Φ100
3	QF700-WY-50	500	HYZ-0.3A	700	1 000	3 680	1 052	4 732		密封环	密封环	套筒式接力器	同侧 2	Φ300	630	2.5		M42
4	QF1000-WC-50	500		1 000	1 250	5 310	560	5 870		密封环	密封环	套筒式接力器	1	Φ250		水压 12.5		M42
5	QF300-WY-60	600	HYZ-0.6A	300	400	4 525	857	5 382		密封环	密封环	套筒式接力器	1	Φ300	594	2.5	Φ40	M42
6	QF400-WY-65	650		400	590	6 103	797	6 900	1 131	密封环	密封环	摇摆接力器	1	Φ400	566	2.5		
7	QF500-WY-65	650		500	600	5 660	1 040	6 700	1 080	止漏环	止漏盖	摇摆接力器	1	Φ400	778	2.5	Φ80	Φ100
8	QF300-WY-80	800	HYZ-0.6A	300	400	8 580	1 230	9 810		止漏环	止漏环	套筒式接力器	1	Φ400	785	2.5		M30
9	QF500-WY-80	800		500	600	6 280	1 430	7 710	1 500	止漏环	止漏盖	摇摆接力器	1	Φ450	637	2.5		
10	QF200-WY-100	1 000	YZ-1	200	250	15 300	2 520	17 820	5 400	止漏环	止漏盖	摇摆接力器	1	Φ500		2.5	Φ100	Φ100
11	QF340-WY-100	1 000	HYZ-1	340	400	19 176	2 246	21 422		止漏环	止漏环	摇摆接力器	同侧 2	Φ400				G1”
12	QF600-WY-100	1 000	YZ-1	600	720	16 900	5 500	22 400	5 900	止漏环	止漏盖	Φ500/Φ1 600 环形接力器				2.5	Φ100	Φ100
13	QF300-WY-100	1 000	HYZ-1	300	358	20 032	1 673	21 705	8 610	止漏环	止漏环	摇摆接力器	1	Φ400	770	4.0	Φ150	Φ100

表 B.3（续）

序号	型号	公称直径 mm	油压设备	水头 m		重量 kg				密封结构		操作机构					旁通阀直径 mm	空气阀直径 mm
				最高	升压	阀重	操作机构	总重	最重件	检修密封	工作密封	操作形式	接力器个数	接力器直径 mm	接力器行程 mm	操作压力 MPa		
14	QF600-WY-100	1 000	HYZ-1.6	600	650	23 542	重锤 13 000 接力器 1 673	35 655	13 786	止漏环	止漏环	摇摆接力器	1	Φ400	770	6.3		Φ100
15	QF390-WY-120	1 200	HYZ-1	390	480	27 996	3 568	31 564		止漏环	止漏环	摇摆接力器	同侧 2	Φ450		2.5		M30
16	QF300-WY-130	1 300	YZ-1	300	420	25 000	2 575	27 600		止漏环	止漏环	摇摆接力器	1	Φ500	839	4.0	无	Φ100
17	QF452-WY-130	1 300	HYZ-2.5	452	570	28 602	4 116	32 718	14 072	止漏环	止漏环	摇摆接力器	1	Φ600	980	4.0	Φ150	Φ100
18	QF318-WY-150	1 500	HYZ-2.5	318	393	46 158	3 440	49 598	23 230	止漏环	止漏环	摇摆接力器	1	Φ500	980	6.3	Φ200	Φ100
19	QF320-WY-160	1 600	HYZ-3.2	320	380	39 799	7 263	47 062	12 822	止漏环	止漏盖	摇摆接力器	1	Φ800	1 159.7	2.5	Φ150	Φ100
20	QF400-WY-160	1 600	YZ-2.5	400	500	37 000	10 000	47 000	13 000	止漏环	止漏盖	Φ600/Φ2 000 环形接力器				2.5	Φ200	Φ150
21	QF401-WY-160	1 600	HYZ-4.0	401	500	45 980	5 923	51 903	21 230	止漏环	止漏环	摇摆接力器	1	Φ650	1 190	4.0		Φ100
22	QF321-WY-160	1 600	YZ-3	321	420	44 655	5 927	50 582	21 500	密封环	密封环	摇摆接力器	1	Φ600	980	4.0	Φ150	Φ100
23	QF220-WY-175	1 750	YZ-2.5	220	290	43 106	5 130	48 236	19 490	密封环	止漏环	摇摆接力器	1	Φ600	980	4.0		Φ100
24	QF540-WY-175	1 750		540	690	50 000	6 000	56 000	20 000	止漏环	止漏环	摇摆接力器	1	Φ500	1 475	7.0	Φ200	

表 B.3（续）

序号	型号	公称直径 mm	油压设备	水头 m		重量 kg				密封结构		操作机构					旁通阀直径 mm	空气阀直径 mm
				最高	升压	阀重	操作机构	总重	最重件	检修密封	工作密封	操作形式	接力器个数	接力器直径 mm	接力器行程 mm	操作压力 MPa		
25	QF620-WY-190	1 900	YZ-6	620	775	97 017	12 983	110 000	42 886	密封环	密封环	摇摆接力器	1	Φ800	1 541	6.3	Φ150	Φ150
26	QF400-WY-200	2 000	YZ-4	400	500	30 000	20 000	100 000	28 000	止漏环	止漏环	摇摆接力器	2	Φ600		4.0	Φ200	Φ150
27	QF370-WC-220	2 200	水源	370	430	80 000	5 000	85 000	60 000	弹性环	弹性环	套筒式接力器	1	Φ720		水压 3.7	Φ250	
28	QF301-WY-250	2 500	HYZ-6	301	391	12 8633	9 995	138 628	61 720	止漏环	止漏环	摇摆接力器	1	Φ700	1 540	6.3		Φ200
29	QF335-WY-280	2 800	YZ-8	335	490	13 1600	4 200	140 000	125 400	止漏环	止漏环	摇摆接力器	2	Φ520	1 797	6.3		Φ80

B.4 球形阀基本尺寸参见表 B.4，其外形图参见附录 C。

表 B.4 球形阀基本尺寸

单位为毫米

序号	型号	图例	基本尺寸																								
			D_1	D_2	D_3	D_4	H	H_1	H_2	B	B_1	B_2	B_3	L	L_1	L_2	L_2'	L_3	L_4	L_5	d	d_1	d_2	Z	Z_1	Z_2	d轴	R
1	QF400-WC-50	C6	Φ1 050	Φ670	Φ670		450			800	300			1 433	600	650		565			M36	M36×630	M36	20	4	20		
2	QF500-WY-50	C6	Φ1 285	Φ705	Φ705		560	1 920	200	905	640	505			800	880		790			M42	M42×1 000	M42	20	4	20		500
3	QF700-WY-50	C6	Φ1 100	Φ760	Φ760		580			880	460	440		1 470	700	730		640			M52	M42×800	M52	20	4	20	Φ220	
4	QF1000-WC-50	C6	Φ1 140	Φ775	Φ775		620			820	380	410		1 622	700	695		665			M56	M42×800	M56	20	4	20	Φ250	

表 B.4（续）

单位为毫米

序号	型号	图例	基本尺寸																								
			D_1	D_2	D_3	D_4	H	H_1	H_2	B	B_1	B_2	B_3	L	L_1	L_2	L_2'	L_3	L_4	L_5	d	d_1	d_2	Z	Z_1	Z_2	d 轴	R
5	QF300-WY-60	C6	Φ1 220	Φ795	Φ795		700			1 034	450	517		2 100	750	920		850			M48	M36× 800	M48	20	4	20	Φ240	
6	QF400-WY-65	C6	Φ1 490	Φ950	Φ950		845	1 747	200	1 340	340	6 700		1 680	500	840		730			M42	M36× 800	M42	20	4	20	Φ200	400
7	QF500-WY-65	C6	Φ1 510	Φ875	Φ875		700	2 032	200	1 010	900	580			650	1 060		980			M48	M56× 1 700	M48	24	4	24		550
8	QF300-WY-80	C6	Φ1 600	Φ1 030	Φ1 030		850			1 340	600	670		2 305	900	1 195		1 110			M48	M42× 800	M48	24	4	24	Φ320	
9	QF500-WY-80	C6	Φ1 680	Φ1 140	Φ1 130		865			1 378	820	738		2 030	560	980		910			M48	M36	M48	28	4	28	Φ300	450
10	QF200-WY-100	C6	Φ2 140	Φ1 370	Φ1 370		1 100			2 050	780	1 220			1 100	1 415		1 430	1 535		M56	M42× 1 000	M56	28	4	28		
11	QF340-WY-100	C7	Φ2 110	Φ1 370	Φ1 370		1 100			1 840	840	920		3 380	1 320	1 440		1 725			M56	M42× 1 000	M56	28	4	28	Φ400	
12	QF600-WY-100	C5	Φ2 290	Φ1 360	Φ1 360	Φ2 330	1 180			1 771	1 440	946		3 160	1 400	1 475		1 330			M64	M64	M64	28	4	28		
13	QF300-WY-100	C6	Φ2 150	Φ1 300	Φ1 300		1 090	2 293	320	1 650	250	825	450.5	3 005	1 500	1 340		1 335			M48	M64× 1 500	M48	28	4	28	Φ400	550
14	QF600-WY-100	C6	Φ2 150	Φ1 300	Φ1 300		1 090	2 293	320	1 650	250	825	450.5	3 200	1 500	1 340		1 335			M56	M64× 1 500	M56	28	4	28	Φ430	550
15	QF390-WY-120	C6	Φ2 300	Φ1 560	Φ1 560		1 380			2 030	1 010	1 015		3 355	1 320	1 625		1 495			M56	M56× 1 400	M56	32	6	32	Φ480	
16	QF300-WY-130	C6	Φ2 600	Φ1 660	Φ1 660		1 250	2 699	240	2 070	1 200	1 035	491.5	3 115	1 100	1 455		1 495	1595		M64	M64× 1 500	M64	28	4	28	Φ400	600
17	QF452-WY-130	C6	Φ2 690	Φ1 660	Φ1 660		1 400	3 097	355	2 070	1 620	1 035	573.4	3 303	830	1 495		1 410			M64	M72× 1 500	M64	28	4	28	Φ425	700

表 B.4（续）

单位为毫米

序号	型号	图例	基本尺寸																									
			D_1	D_2	D_3	D_4	H	H_1	H_2	B	B_1	B_2	B_3	L	L_1	L_2	L_2'	L_3	L_4	L_5	d	d_1	d_2	Z	Z_1	Z_2	d 轴	R
18	QF318-WY-150	C6	Φ3 050	Φ1 870	Φ1 870		1 600	31 075	355	2 250	1 500	1 125	573.4	3 700	600	1 680		1 600			M64	M80×1 600	M64	32	4	32	Φ500	700
19	QF320-WY-160	C7	Φ3 180	Φ2 000	Φ1 950		1 620	3 345	400	2 430	1 500	1 280	580	3 795	1 700	1 900		1 720			M64	M80×1 600	M64	28	4	28	Φ540	$\frac{820}{45°}$
20	QF400-WY-160	C5	Φ3 180	Φ1 910	Φ1 950	Φ2 870	1 620			2 430	1 500	1 280		4 135	600	1 945		1 710			M72	M80×1 600	M72	28	4	28		
21	QF401-WY-160	C6	Φ3 250	Φ2 050	Φ2 050		1 700	34 005	355	2 300	1 500	1 150	696.3	3 764	800	1 715		1 650			M64	M64×1 500	M64	40	4	40	Φ550	850
22	QF321-WY-160	C6	Φ3 100	Φ1 955	Φ1 955		1 615	3 100	355	2 300	1 500	1 150		3 858	600	1 785		1 655			M64	M80×1 600	M64	28	4	28	Φ550	700
23	QF220-WY-1750	C6	Φ3 250	Φ2 100	Φ2 100		1 700	3 097	355	2 450	1 500	1 225		3 903	800	1 785		1 720			M56	M64×1 500	M56	40	4	40	Φ500	700
24	QF540-WY-175	C6		Φ2 100	Φ2 100		1 588	3 768	250	2 340	500	1 170	1 020	4 390	2 320	2 236		1 819			M80	M80×2 100	M80	36	4	36	Φ700	1 100
25	QF620-WY-190	C6	Φ3 825	Φ2 290	Φ2 290		2 000	4 000	500	2 660	2 040	1 330	1 066	5 010	900	2 350		2 140			M80	M100×2 000	M80	40	4	40	Φ800	1 150
26	QF400-WY-200	C7	Φ3 970	Φ2 440	Φ2 440		2 020			3 040	1 900	1 600			2 000	2 275	2335		2 450	3 320	M80	M90	M80	40	4	40		
27	QF370-WC-220	C6	Φ3 530	Φ2 490	Φ2 490		1 800	3 270		2 720	578	1 360	760	4 440	1 690	2 220		1 930			M42×4.5	M110		64	2	64	Φ580	940
28	QF301-WY-250	C6	Φ4 810	Φ3 000	Φ3 000		2 450	4 400	500	3 480	900	1 740	901	5 565	3 650	2 570		2 475			M72	M80×2 000	M72	56	4	56	Φ800	1 100
29	QF335-WY-280	C6	Φ4 480	Φ3 255	Φ3 255		2 500	4 520	259	3 670	500	1 835	1 126	5 849	3 250	2 710		2 836			M100	M56×550	M100	48	8	48	Φ860	1 300

附　录　C
（资料性附录）
进水阀门的外形图

C.1　卧式蝴蝶阀外形参见图 C.1、图 C.2 和图 C.3。

C.2　中型卧式蝴蝶阀外形参见图 C.4。

C.3　球形阀外形参见图 C.5、图 C.6 和图 C.7。

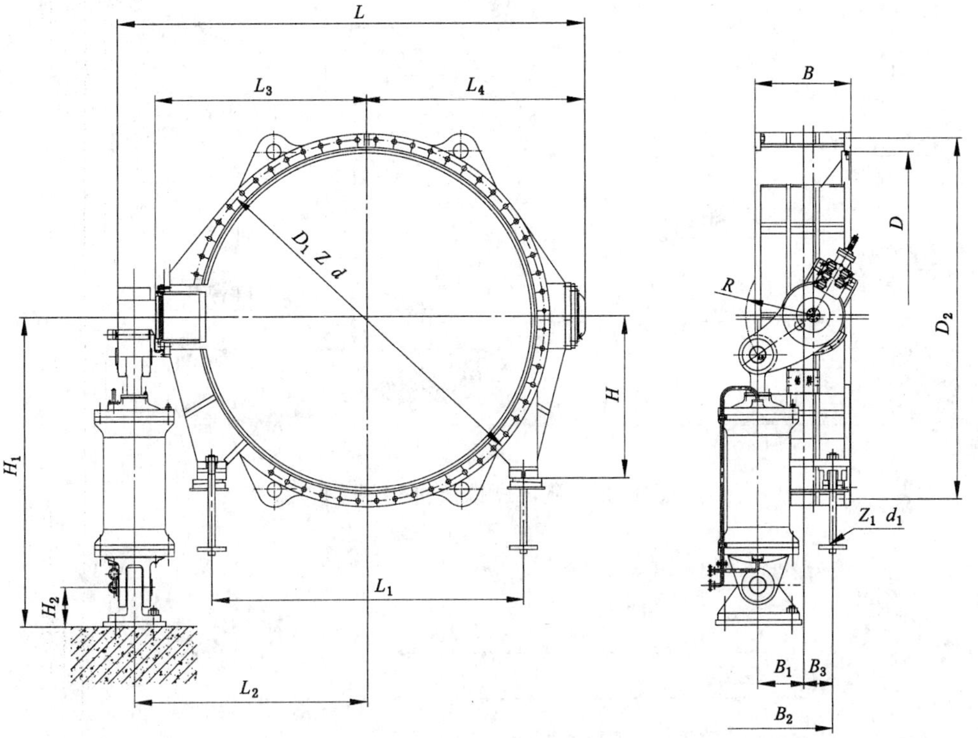

图 C.1　卧式蝴蝶阀外形图(Ⅰ)

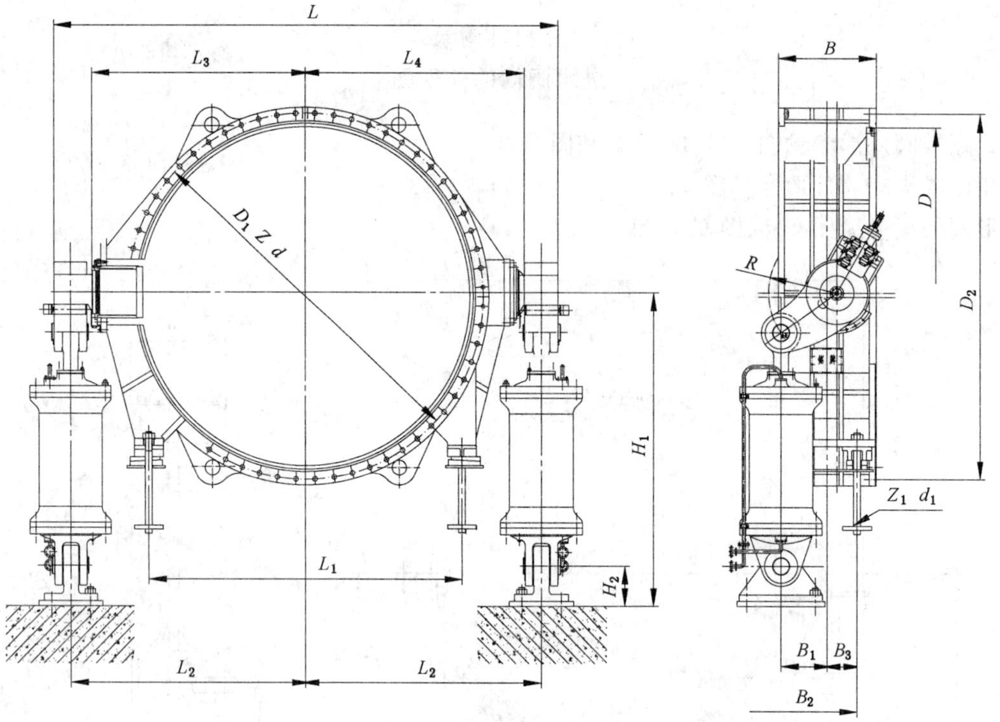

图 C.2 卧式蝴蝶阀外形图(Ⅱ)

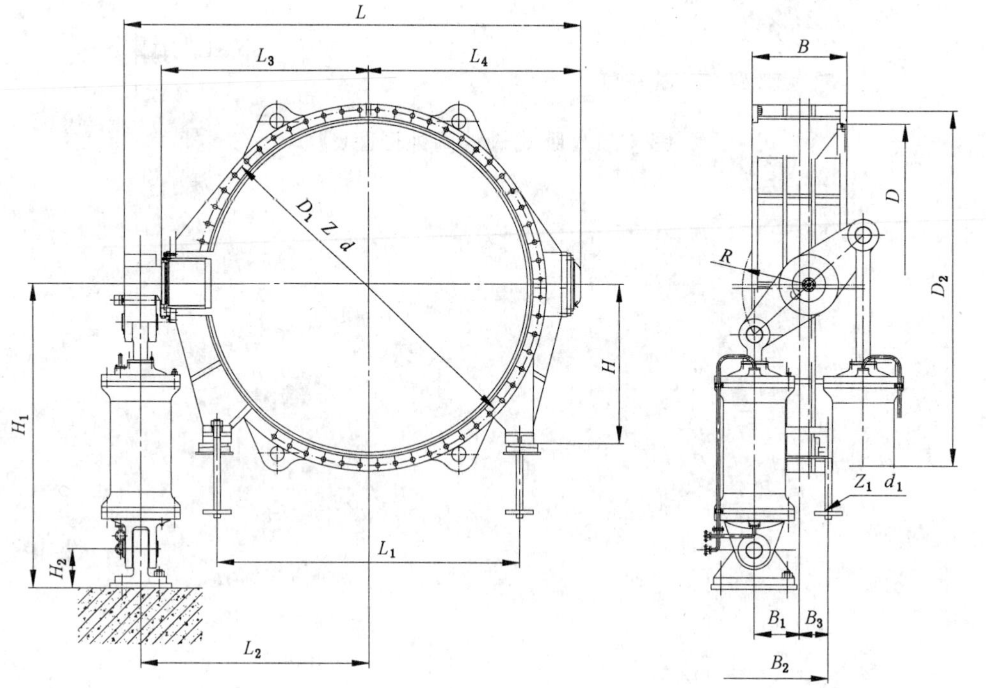

图 C.3 卧式蝴蝶阀外形图(Ⅲ)

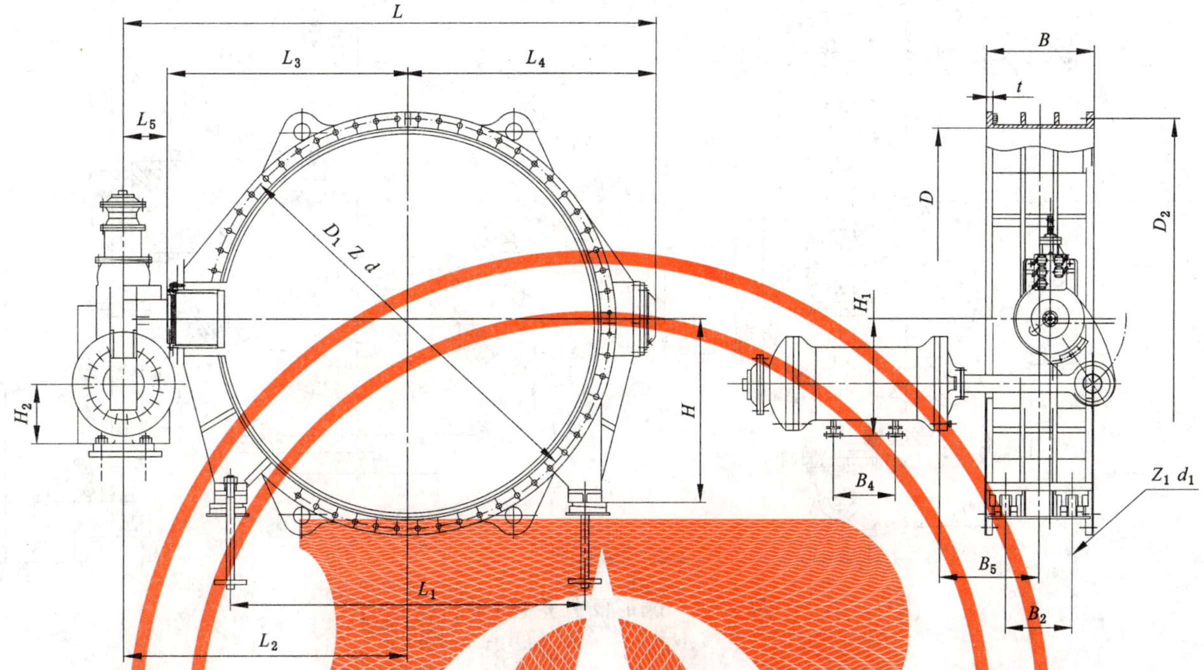

图 C.4　中型卧式蝴蝶阀外形图

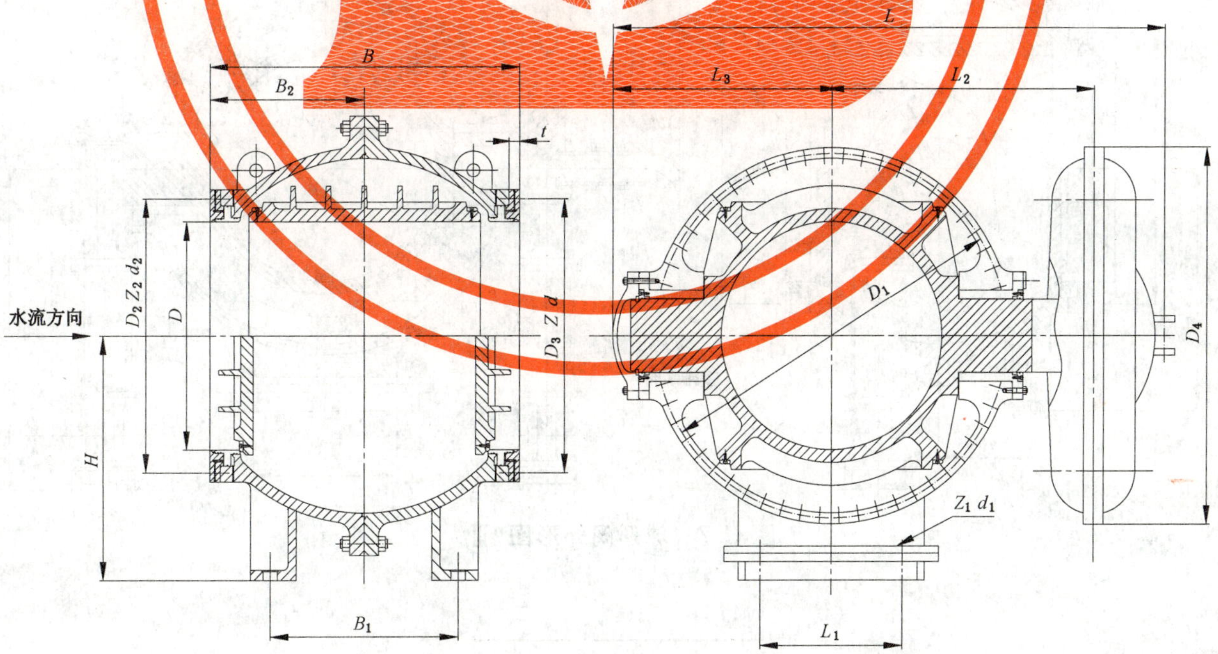

图 C.5　球形阀外形图(Ⅰ)

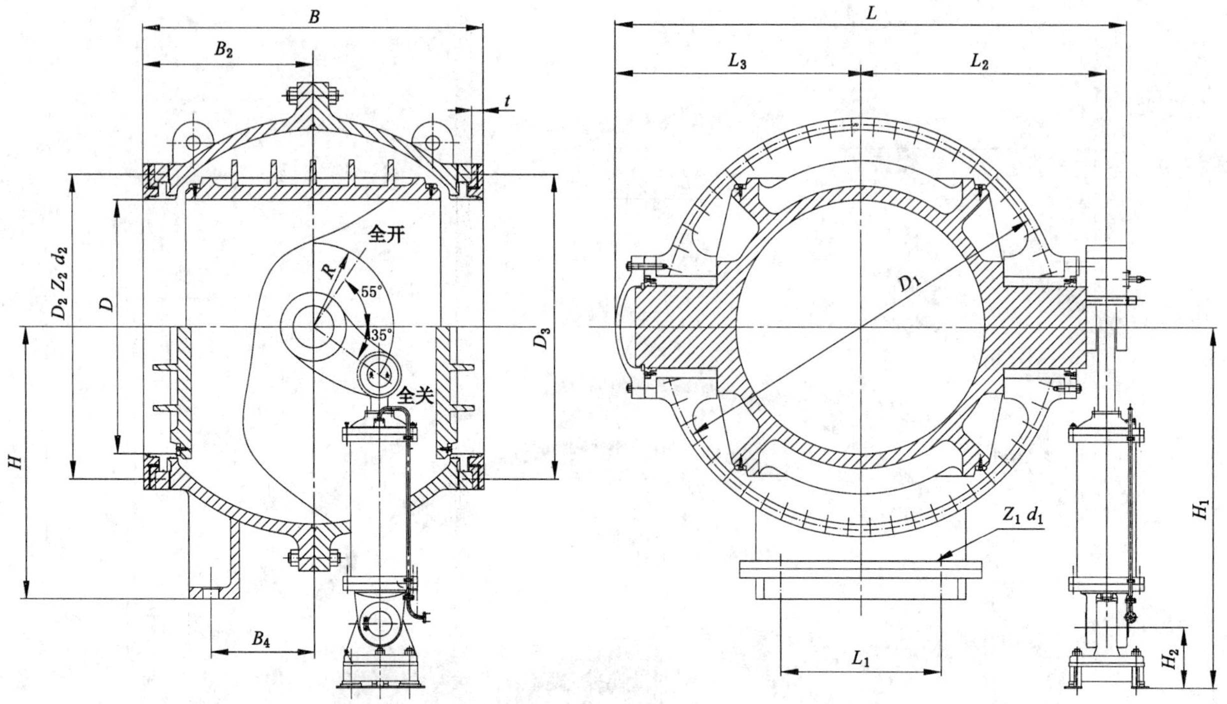

图 C.6　球形阀外形图(Ⅱ)

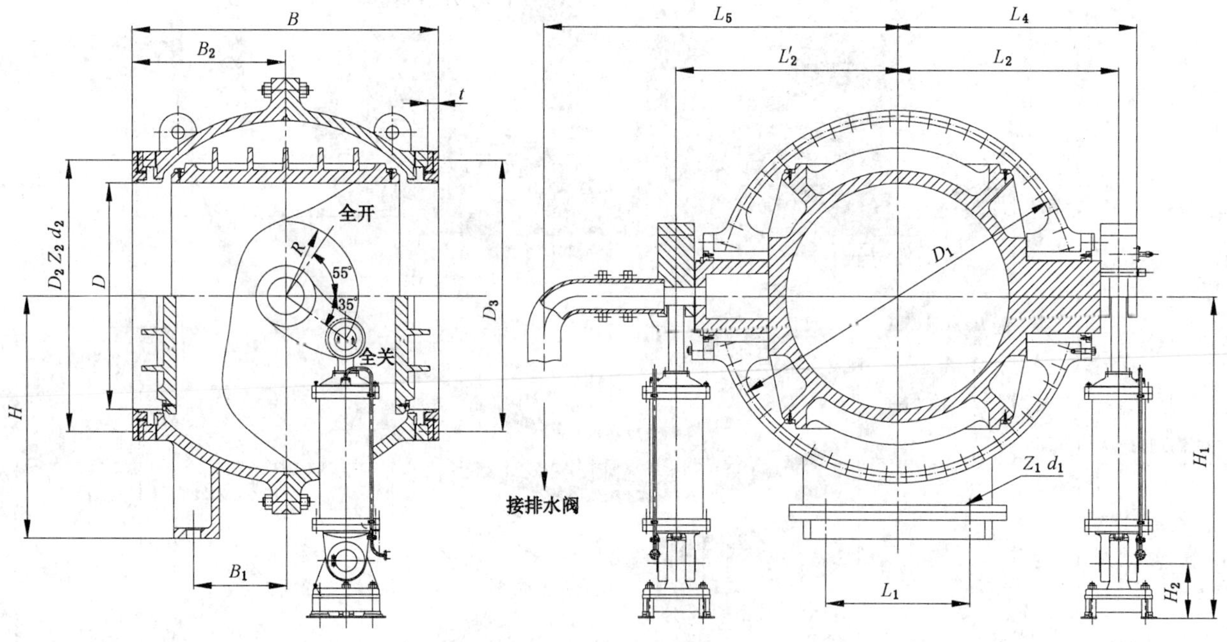

图 C.7　球形阀外形图(Ⅲ)

ICS 27.040
K 54

中华人民共和国国家标准

GB/T 28573—2012

石油、石化和天然气工业一般用途汽轮机

Petroleum, petrochemical and natural gas industries steam turbines—General-purpose applications

2012-06-29 发布 2012-11-01 实施

中华人民共和国国家质量监督检验检疫总局
中国国家标准化管理委员会 发布

前　言

GB/T 28574《石油、石化和天然气工业　特种用途汽轮机》和 GB/T 28573《石油、石化和天然气工业　一般用途汽轮机》共同构成石油、石化和天然气工业用汽轮机产品标准。

本标准按 GB/T 1.1—2009 给出的规则起草。

本标准使用重新起草法修改采用 API Std 611:1997《石油、化工和天然气工业　一般用途汽轮机》。

本标准与 API Std 611:1997 相比在结构上有较多调整，附录 A 中列出了本标准与 API Std 611:1997 的章条编号对照一览表。

本标准与 API Std 611:1997 的技术性差异如下：

——关于规范性引用文件，本标准做了适当调整，以适应我国的技术条件，调整的情况集中反映在第 2 章"规范性引用文件"中，我国文件与国际文件之间的一致性程度见附录 B。具体调整如下：

- 用 GB/T 8117(所有部分)代替 IEC 60953(所有部分)；
- 用 GB/T 17241(所有部分)代替 ISO 7005-2。

——除规范性引用文件外的涉及技术性差异的条款已通过在其外侧页边空白处用垂直单线(|)进行了标示。附录 C 中给出了相应技术性差异及其原因的一览表。

本标准还作了下列编辑性修改：

——为与系列标准一致，并符合 GB/T 1.1 的编写规定，将标准名称由《石油、化工和天然气工业一般用途汽轮机》改为《石油、石化和天然气工业　一般用途汽轮机》，英文名称由"General-Purpose Steam Turbines for Petroleum, chemical and Gas Industry Services"改为"Petroleum, petrochemical and natural gas industries steam turbines—General-purpose applications"；

——将第 1 章的"适用范围"改为"范围"，对 1.1 的"用途"、1.2 的"变通设计"和 1.3 的"相抵触的规定"根据我国标准的编写格式，更改了条款编号(见章条编号对照表)；

——将 1.1.1 关于一般用途汽轮机的表述，改为"术语和定义"中的 3.1，特种用途汽轮机的表述，见 GB/T 28574—2012《石油、石化和天然气工业　特种用途汽轮机》中的 3.41；

——由于 GB/T 28573—2012 和 GB/T 28574—2012 是系列标准，为了表述统一，相同的术语和定义在 GB/T 28574—2012 规定，本标准中不重复；

——修正了原文中一些错误(见脚注 2～脚注 7)；

——删除标准中的"美国惯用单位"数据、公式及表格。将质量的符号由"W"改为"m"，将转速的符号由"N"改为"n"；

——所有英制单位均转化为公制单位；

——依据附录 D"除非另外注明，所有压力均为表压"的说法，删除正文及附录中表示表压的(g)；

——根据 GB/T 1.1—2009 的规定，对原附录顺序进行重新编排。

本标准由中国电器工业协会提出。

本标准由全国汽轮机标准化技术委员会(SAC/TC 172)归口。

本标准负责起草单位：杭州汽轮机股份有限公司。

本标准参加起草单位：上海发电设备成套设计研究院。

本标准主要起草人：宋思远、张琦、毛汉忠、张国强、廖小林、叶奋、刘晨。

引　言

条编号后或段前标有黑点(●)的,表示该条或段的内容由需方决定或由需方提供进一步的信息。宜在数据表上标出这些信息和决定(见附录D),否则,宜在询价单或定购单中说明。

石油、石化和天然气工业
一般用途汽轮机

1 范围

本标准规定了一般用途汽轮机设计、材料、安装、检验、试验和装运准备方面的要求。本标准还涉及到润滑油系统、仪器仪表、控制系统和辅助设备。

本标准适用于石油、石化和天然气工业一般用途汽轮机。

本标准不适用于石油、石化和天然气工业特种用途汽轮机，特种用途汽轮机采用GB/T 28574。

注1：供方可以提出变通设计。经过供需双方同意，等值的紧固件和法兰可以替换。

注2：当本标准与询价单或订单之间出现抵触时，以订单包含的内容为准。

2 规范性引用文件

下列文件对于本文件的应用是必不可少的。凡是注日期的引用文件，仅注日期的版本适用于本文件。凡是不注日期的引用文件，其最新版本(包括所有的修改单)适用于本文件。

GB/T 152.4 紧固件 六角头螺栓和六角螺母用沉孔

GB/T 1095 平键 键槽的剖面尺寸

GB/T 1800.1 产品几何技术规范(GPS) 极限与配合 第1部分：公差、偏差和配合的基础(GB/T 1800.1—2009，ISO 286-1：1988，MOD)

GB/T 1800.2 产品几何技术规范(GPS) 极限与配合 第2部分：标准公差等级和孔、轴极限偏差表(GB/T 1800.2—2009，ISO 286-2：1988，MOD)

GB/T 3098.1 紧固件机械性能 螺栓、螺钉和螺柱(GB/T 3098.1—2010，ISO 898-1：2009，MOD)

GB/T 3852 联轴器轴孔和联结型式与尺寸

GB/T 4604 滚动轴承 径向游隙(GB/T 4604—2006，ISO 5753：1991，MOD)

GB/T 6391 滚动轴承 额定动载荷和额定寿命(GB/T 6391—2010，ISO 281：2007，IDT)

GB/T 7307 55°非密封管螺纹(GB/T 7307—2001，eqv ISO 228-1：1994)

GB/T 8117(所有部分) 汽轮机热力性能验收试验规程[GB/T 8117—2008，IEC 60953：1990(所有部分)，IDT]

GB/T 8923.1 涂覆涂料前钢材表面处理 表面清洁度的目视评定 第1部分：未涂覆过的钢材表面和全面清除原有涂层后的钢材表面的锈蚀等级和处理等级

GB/T 9112～9124 钢制管法兰

GB/T 9144 普通螺纹 优选系列(GB/T 9144—2003，ISO 262：1998，MOD)

GB/T 9239.1 机械振动 恒态(刚性)转子平衡品质要求 第1部分：规范与平衡允差的检验(GB/T 9239.1—2006，ISO 1940-1：2003，IDT)

GB/T 10121 钢材塔形发纹磁粉检验方法

GB/T 12716 60°密封管螺纹

GB/T 13807.3 腰状杆螺柱连接副 螺母、受力套管

GB/T 14383　锻制承插焊和螺纹管件

GB/T 17241(所有部分)　铸铁管法兰(ISO 7005-2)

GB/T 20410　涡轮机高温螺栓用钢

GB/T 28574　石油、石化和天然气工业　特种用途汽轮机(GB/T 28574—2012,ISO 10437:2005,MOD)

DL/T 678　电站钢结构焊接通用技术条件

JB/T 1581　汽轮机、汽轮发电机转子和主轴锻件超声波探伤方法

JB/T 4365　专用的润滑、轴密封和控制油系统

JB/T 4730.2　承压设备无损检测　第2部分:射线检测

JB/T 7927　阀门铸钢件　外观质量要求

JB/T 8557　挠性联轴器平衡分类

JB/T 9559　工业汽轮机用挠性联轴器

JB/T 9631　汽轮机铸铁件技术条件

SY/T 10044　炼油厂压力泄放装置的尺寸确定、选择和安装的推荐作法

ANSI/AGMA 9002-B　柔性耦合器的孔径和键槽(英制系列)[Bores and keyways for flexible couplings (inch series)]

ANSI/ASME B31.3　工艺管道(Process Piping)

API Std 526　钢质法兰端泄压阀(Flanged steel pressure relief valves)

API Std 670　机械保护装置(Machinery protection systems)

API Std 677　石油、石化和天然气工业用一般用途齿轮装置(General—Purpose gear units for petroleum,chemical and gas industry services)

ASME 锅炉和压力容器规范,第Ⅴ卷　无损检测(Boiler and pressure vessel code,Section Ⅴ—Nondestructive examination)

ASME 锅炉和压力容器规范,第Ⅷ卷　第1部分:压力容器建造规则(Boiler and pressure vessel code,Section Ⅷ—Division 1,Pressure vessels)

ASME 锅炉和压力容器规范,第Ⅸ卷　焊接和钎焊评定(Boiler and pressure vessel code,Section Ⅸ—Welding and brazing qualifications)

ASME B16.5　管法兰和法兰管件　NPS 1/2～NPS 24 (Pipe flanges and flanged fittings,NPS 1/2 through NPS 24)

ASME B16.42　球墨铸铁管法兰和法兰管件　额定级号150和300(Ductile iron pipe flanges and flanged fittings,Classes 150 and 300)

ASME PTC 6　汽轮机性能验收试验规程6(Performance test code 6 on steam turbines)

ASTM A 278/A 278M　温度达到650 ℉(350 ℃)的承压灰铸铁件的标准规范[Standard specification for gray iron castings for pressure-containing parts for temperatures up to 650 degrees F (350 Degrees C)]

ASTM A 320/A 320M　低温用合金钢栓接材料的标准规范(Standard specification for alloy-steel and stainless steel bolting materials for low-temperature service)

ASTM A 395/A 395M　高温承压件用铁素体球墨铸铁件的标准规范(Standard specification for ferritic ductile iron pressure-retaining castings for use at elevated temperatures)

ASTM A 515/A 515M　中温和高温压力容器用碳素钢板标准规范(Standard specification for pressure vessel plates,carbon steel,for intermediate-and higher-temperature service)

ASTM A 536　球墨铸铁件标准规范(Standard specification for ductile iron castings)

ASTM E 125 铁素体铸件磁粉显示的参照照片集(Standard reference photographs for magnetic particle indications on ferrous castings)

NEMA MG 1 电动机和发电机(Motors and generators)

NEMA SM 23 机械驱动用汽轮机(Steam turbines for mechanical drive service)

NFPA 70 国家电气法规(National electrical code)

SSPC SP6 工业喷砂清理(Commercial blast cleaning)

注 1：上述所列出的引用标准。在询价后，如果要改变引用标准、法规和技术规范的适用范围，须经供需双方同意。

注 2：为遵守任何适用于设备的政府法规、法令、条例或法律，供需双方应共同确定必须采取的措施。

注 3：供方有责任对每个分供方转发全部可适用的技术规范。

3 术语和定义

GB/T 28574 界定的以及下列术语和定义适用于本文件。

3.1

一般用途汽轮机 general-purpose turbines

一般用途汽轮机为卧式或立式汽轮机，用于驱动通常作为备用的、尺寸(功率)相对较小的设备或非关键设备。一般用途汽轮机适用于进汽表压不超过 4.8 MPa、进汽温度不超过 400 ℃和转速不超过6 000 r/min。

3.2

循环油系统 circulating oil system

从轴承座里抽出油，并在油返回到轴承座前，在一个外部冷油器中进行冷却。

3.3

NEMA 进汽和排汽条件 NEMA inlet and exhaust conditions

等同于数据表上规定的最高进汽和排汽条件。

3.4

正常条件 normal

设备正常运行时适用的功率、转速和蒸汽条件。这些条件是达到最高效率的要求。

3.5

油雾润滑 oil mist lubrication

由中央供油装置雾化产生油雾并通过压缩空气把油雾输送到轴承座进行润滑的润滑油系统。

3.6

纯油雾润滑(干润滑油槽) pure oil mist lubrication(dry sump)

油雾既润滑轴承又吹洗了轴承座。

3.7

气吹油雾润滑(湿润滑油槽) purge oil mist lubrication(wet sump)

油雾只用来吹洗轴承座。轴承润滑通过常规的油道、抛油环或油环进行。

3.8

额定量 rated

规定的汽轮机最大功率及相应的转速，包括被驱动设备技术规范要求的全部裕量。

3.9

全跳动量　total indicated runout

TIR

用千分表量得的直径或表面的跳动量，也称作总跳动量。显示读数表示不垂直度或等于读数一半的偏心率。

4 主机设计

4.1 总则

4.1.1 按本标准设计和制造的设备(包括辅机)，应至少有20年的使用寿命，并且至少能连续运行三年。这是一个公认的设计准则。

4.1.2 供方应对所有设备及订单范围包括的辅助系统负责。

4.1.3 应在数据表中规定设备的正常运行点。

4.1.4 汽轮机应具备下列能力：

a) 在正常蒸汽条件下，以正常功率和转速运行，制造厂的保证汽耗应在这些工况范围内。

b) ●当数据表上规定的最小进汽和最大排汽参数同时出现时，应能以相应的转速发出额定功率。为防止机组尺寸过大，或为获得较高的运行效率，需方可以要求用规定标准值的方法或一个选定的、替代额定功率的额定功率百分比，来限制汽轮机的最大容量。

注1：在正常蒸汽条件下，通过使用一个或多个手动阀可以获得额定功率，在最低进汽和最高排汽蒸汽条件下，使用一个或多个附加手动阀也可以获得额定功率。其他运行条件下使用手动阀的情况，见5.4.1.5的内容。

c) 以最高连续转速和任何规定范围内的转速连续运行。

d) 在最高进汽参数和最高及最低排汽参数下，以额定功率和额定转速连续运行。

e) 偏离额定蒸汽条件的运行应符合NEMA SM 23的规定。

注2：在未向制造厂咨询的情况下，无论汽轮机零部件的设计限值是多少，如果超出铭牌限制值，就不宜起动汽轮机或重新确定限值。

4.1.5 设备的设计应确保其运行至跳闸转速和减压阀设定值时不损坏。

4.1.6 单级汽轮机不需要预暖机，就可立即起动至满负荷。需方应为进汽管道、汽缸、蒸汽室和汽封装置考虑恰当的疏水。

注：当单级汽轮机用于无人自动快速起动时，可能需要附加条件，因此建议就此向制造厂咨询。

4.1.7 单级和多级机组用的汽轮机叶轮或多个叶轮应置于轴承之间。采用其他布置形式需要得到需方同意。

4.1.8 油箱和内部安装了润滑运动部件的(如轴承、轴封、高精度抛光零件、仪表和控制元件)密封壳体，在运行和停机期间，应能最大限度减少潮气、灰尘和其他外来杂物所产生的污染。

4.1.9 所有设备应按能进行快速而经济的维修进行设计。主要部件如汽缸组件和轴承座应采用台肩式或圆柱暗销连接的方法设计和制造，以确保重装时能精确对中。

4.1.10 订单范围内的汽轮机及其他设备应在试验台上进行试验，并按规定的验收准则在固定基础上运行。安装后，各种设备组合起来的机组性能应由供需双方共同负责。

4.1.11 除非另有规定，冷却水系统按4.1.11.1和4.1.11.2的规定设计。

4.1.11.1 一个或多个冷却水系统按表1设计。系统应配置完全排放和疏水用的相关接口。

表 1　冷却水系统参数

指　　标	SI 单位
热交换器表面速率	1.5 m/s～2.5 m/s
最高允许工作压力	≥690 kPa
试验压力	≥1.04 MPa
最大压降	100 kPa
最高进口温度	30 ℃
最高出口温度	50 ℃
最大温升	20 ℃
最小温升	10 ℃
水侧污垢系数	0.35 m^2K/kW
壳体腐蚀允许余量	3.0 mm
注：如果最小温升规定同热交换器表面速率的标准相抵触，则供方应通知需方。热交换器表面速率准则意味着最大限度地减少水侧结垢；最小温升准则意味着最大限度地减少冷却水量。需方应批准最终选择。	

4.1.11.2　为避免凝结，轴承座的最低进水温度宜高于环境空气温度。

4.1.12　●供需双方应共同保证控制全部所供设备的噪声水平。供方提供的设备应符合需方规定的最大允许噪声限值。

4.1.13　●电机、电气组件和电气安装应适合需方在数据表中规定的场所类别（类别、级别和组别），并应符合 NFPA 70 第 500、501、502 和 504 节的规定，以及需方提供和规定的当地法规。

4.1.14　●需方应指明装置是安装在室内（受热或不受热），还是安装在室外（是否有顶棚），并规定保证设备运行的环境和气候条件（包括最高和最低温度、异常的湿度和灰尘或腐蚀）。

4.1.15　设备布置，包括管道和辅助设备应由供需双方共同商定。布置时应为操作和维修提供足够的空间和安全通道。

4.1.16　机器和全部所供辅机的备品备件均应符合本标准的所有规定。

4.2　承压缸体

4.2.1　在规定的蒸汽工况范围内，当压力和温度同时达到最恶劣情况时，所有承压件均能安全运行。

4.2.2　汽缸设计采用的圆周应力值在材料的最高工作温度下，不应超过 ASME 规范第Ⅷ卷第 1 册规定的最大许用拉伸应力值。

4.2.3　轴向中分的汽缸应采用螺栓紧密连接的金属对金属的结合方式（使用合适的密封膏）。轴向结合处不应使用垫片（包括缠绕式垫片）。当径向中分的汽缸采用衬垫圈的连接方法时，应限制垫圈移动，以确保连接安全。

4.2.4　轴向中分卧式汽轮机，应设计成在不从基础上移动汽缸或不拆卸进汽、排汽管道（规定上排汽的除外）情况下，可以检查和替换转子及磨损的部件。轴向中分的多级汽轮机汽缸可在高压和低压区段之间采用径向中分方式。

4.2.5　径向中分卧式汽轮机，应设计成在不从基础上移动汽缸或不拆卸进汽、排汽管道情况下，可检查和更换轴承及外汽封。

注：可要求在基础上移动径向中分卧式汽轮机，以便拆卸转子。

4.2.6　汽缸和座架应具有足够的强度和刚度，可把联轴器法兰处（许可应力、管道力和扭矩所导致的最恶劣的综合作用)的轴对中变化限制在 50 μm 以内。座架和对中螺栓应具备足够的刚度,以便通过使用横向和轴向顶起螺钉来移动机器。轴向中分的卧式汽轮机应具有中心支架,以保持与相连接设备的良好对中。汽轮机座架的下水平安装面机加工平行度在 0.17 mm/m(1∶6 000)以内。对应表面应在表面间距离为 0.17 mm/m 内共面。

4.2.7 蒸汽室、汽缸、汽封装置和冷却套管应设置疏水接口。

●对于凝汽式汽轮机,如果排汽接管或管道有取向要求,或如果需方有规定,则供方应随机提供一个自动疏水系统。

4.2.8 单阀汽轮机的蒸汽室和多级汽轮机的第一级应设置仪表接口。

4.2.9 应提供拆卸和重装用的顶起螺钉、导柱(用于多级汽轮机)和汽缸对中暗销。如果顶起螺钉用于分开结合表面,则该结合表面应局部下陷(加工成沉孔或凹槽),以防止擦伤表面而引起结合面出现缝隙或贴合不良。导柱应有足够的长度,以防拆卸和重装汽缸时碰坏内部零件或汽缸螺栓。起吊搭子和吊环螺栓只能用于起吊上半汽缸。装配完毕后,机组的起吊方法由供方规定。

4.2.10 承压部件应尽可能减少使用螺纹孔。为防止汽缸承压区段出现泄漏,钻孔和攻孔的底部及周围,除了留有允许的腐蚀余量外,还应留出至少等于螺栓直径一半的金属厚度。螺纹孔深度至少是双头螺柱直径的 1.5 倍。

4.2.11 按 4.2.11.1~4.2.11.5 的规定提供螺栓。

4.2.11.1 螺纹应符合 GB/T 9144 规定。

4.2.11.2 与螺栓相比,优先使用双头螺柱。

4.2.11.3 螺柱连接件应将装配好的双头螺柱、螺母一起提供。盲螺孔的钻孔深度以螺纹部分达到主螺栓外径的 1.5 倍为限;每个螺柱应从两端倒角 1.5 个螺牙。

4.2.11.4 未经需方同意,不应使用带槽螺母或扳手式螺栓。

4.2.11.5 螺栓四周应留出合适的空间,便于使用套筒扳手或梅花扳手。

4.2.12 安装表面的加工粗糙度为 3.2 μm~6.3 μm 的算术平均粗糙度(*Ra*)。压紧螺栓或地脚螺栓孔应垂直于一个或多个安装表面,并且锪孔直径按 GB/T 152.4 的规定。

4.2.13 ●如有规定,设备底座应设置垂直顶起螺钉。

4.2.14 为最终销接定位,设备底脚应钻若干定位孔。

4.3 汽缸附件

所有的喷嘴或喷嘴组均可更换。所有其他的静叶均应安装在可更换的隔板或弓形块上。

4.4 汽缸接口

4.4.1 ●进、排汽接口为法兰连接或经机械加工并用双头螺柱连接接口,接口取向按数据表的规定,并与 GB/T 28574 中 3.20 和 3.21 规定的最大进汽和排汽条件相适应。

4.4.2 焊接到汽缸上的接口应符合汽缸的材料要求,包括冲击值,而不是符合连接管道的要求。汽缸进行水压试验前,应完成所有接口的焊接。

4.4.3 管道连接用的汽缸开口直径至少为 DN20,并采用法兰连接或机械加工后用双头螺柱连接。无法采用法兰连接或机械加工后用双头螺柱连接的地方,允许采用 DN20~DN40 的螺纹开口。这些螺纹开口按下面 4.4.3.1~4.4.3.7 的规定进行安装。

4.4.3.1 接管的螺纹长度最好不大于 150 mm,并应拧入螺纹开口。

4.4.3.2 小于或等于 DN25 的接管(壁厚)最小应为 Sch[1] 160 无缝钢管,大于或等于 DN40 的接管(壁厚)最小应为 Sch80 无缝钢管。

---

1) 管壁厚度号(schedule number)的缩写,为订货简便增加的一种代号。

4.4.3.3　蒸汽压力等于或大于 1.2 MPa 的，接管应配备带颈对焊法兰或承插焊法兰。

4.4.3.4　螺纹接口应密封焊接；但铸铁设备、仪表接口或维修时要拆卸的接口不允许采用密封焊接。密封焊接焊缝应符合 ASME B31.3 规定。

4.4.3.5　锥螺纹的螺孔和凸台应符合 ASME B16.5 规定。

4.4.3.6　管螺纹应为符合 GB/T 12716 要求的锥管螺纹。

4.4.3.7　插焊接口的开口应符合 GB/T 14383 规定。

4.4.4　不应使用公称尺寸为 DN32 、DN65、DN90、DN125、DN175 和 DN225 的开口。

4.4.5　除非另有规定，不连接管子的螺纹开口，应使用符合 GB/T 14383 要求的实心圆头钢质螺塞堵住。螺塞至少应符合汽缸材料要求。可拆卸的螺塞应使用抗腐蚀材料。所有的螺纹接口均使用符合温度要求的润滑剂。油通道用的螺塞不应使用胶带。不允许使用塑料螺塞。

4.4.6　法兰除了要符合下列 4.4.6.1～4.4.6.5 的规定外，还应符合 GB/T 17241 或 GB/T 9112～9124 或 ASME B16.42 规定。

4.4.6.1　铸铁法兰应为平面法兰，公称尺寸小于或等于 DN200 时，应有一个符合 GB/T 17241 规定的最小 PN50 厚度。

4.4.6.2　所有排汽接口均允许使用平面法兰。平面法兰应有一定的凸起厚度。

4.4.6.3　如果合适，容许采用比 GB/T 17241、GB/T 9112～9124 或 ASME B16.42 规定更厚或外径更大的法兰。

4.4.6.4　所有缸体法兰的螺栓孔节圆应与法兰同心，机加工过的垫圈座足以容纳完整的标准垫圈，使垫圈不会伸入流道。

4.4.6.5　●为了制造匹配零件的需要，如果接口大于 GB/T 9112～9124 或 ASME B16.42 所包括的接口时，则供方应向需方提供设备法兰详图。如有规定，匹配零件由供方提供。

4.4.7　法兰和接管的接触面粗糙度应符合表 2 规定的粗糙度要求。经需方同意，可以使用铣制法兰面。

表 2　算术平均粗糙度（*Ra*）

类　型	使用条件	接触面粗糙度 *Ra* μm
平面和突面	真空	1.6～3.2
	高于大气	3.2～12.5
环状连接面	任何条件	<1.6

4.4.8　为便于不移动机器进行拆卸，需方的所有接口应易于接近。

4.4.9　●为加强刚性，立式汽轮机的装配法兰应为铸铁件或钢制件，并具有充分的螺栓连接和加强肋条。按照规定，装配法兰应采用榫接结构或采用符合 NEMA MG 1 或其他规定的、具正确对中结构的平面法兰和暗销接合。

4.5　外力和外力矩

汽轮机的设计应能承受按 NEMA SM 23 计算的外力和外力矩。

4.6　转动部件

4.6.1　转子

4.6.1.1　转子应能无损坏地瞬时达到 110％的跳闸转速。

4.6.1.2 装配完毕的转子(整锻转子除外),在任何规定的起动或运行工况下,以及一直到110%跳闸转速范围内的任何转速情况下,均能防止轮盘相对轴产生窜动。叶轮用加热套装的方法安装到轴上并用键固定。

当叶顶速度在最大连续转速下超过250 m/s,或当级进汽温度超过440 ℃时,如果采用组合式转子,则需要得到需方的特别许可。

4.6.2 主轴

4.6.2.1 整个轴均应精加工,并且联轴器、轴承和碳环密封区粗糙度为 Ra 0.8 μm 或更好。

4.6.2.2 当提供非接触振动探头和/或轴向位移探头,或者规定它们的结构时,径向振动探头监视的转子主轴传感区应与轴承轴颈同心。对探头每侧的探头顶部最小直径范围来说,主轴的全部传感区(径向振动和轴向位移)应不存在图案和划线痕迹或任何其他如油孔、键槽那样的不连续表面。这些部位不应喷镀、加轴套或电镀。这些部位最后加工完成的表面粗糙度最大为 Ra0.8 μm,最好采用珩磨或抛光的方法。这些部位应严格退磁到API Std 670规定的水平,或用其他方法进行处理,以使综合的总电气和机械跳动量不超过最大允许的峰—峰振幅值的25%或不超过下列值,取两者中的较大值:

a) 径向振动探头所监测的区域为6.3 μm。一旦规定了振动探头条款,就应对轴进行抛光。

b) 轴向位移探头所监测的区域为12.7 μm。

4.6.2.3 汽缸端部汽封采用碳环密封保护轴的,其材料应是抗腐蚀材料。数据表应说明制造厂所用的方法、涂覆材料和最终涂层厚度。

4.6.2.4 键槽的圆角半径应符合GB/T 1095的规定。

4.6.3 叶片

4.6.3.1 动叶片在设备的任何运行工况范围内所产生的综合应力(稳态加循环)应足够低,以便即使出现共振,也能确保安全运行。

4.6.3.2 全部叶片能在整个规定的转速范围内(包括瞬时工况)运行,并在瞬时达到110%跳闸转速时也能运行。

4.7 密封件

4.7.1 主轴的外汽封采用碳环或可更换的迷宫式汽封,或这两种组合的,或其他非接触式机械密封。

4.7.2 轴封表面的摩擦速度低于50 m/s时才能使用碳环密封。在每个有效密封环最大允许平均压差240 kPa的情况下,根据运行工况和排汽要求来确定碳环数量。碳环密封用弹簧应采用镍铬—铁合金(冷卷后热处理)或相当材料制作。确定密封环的冷态间隙时要考虑运行中的蒸汽温度变化情况。

4.7.3 另提供一套完整的带汽封体的碳环。

4.7.4 ●如有规定,应提供一台独立的、与汽封连接的真空装置,以减少蒸汽泄漏。除非另有规定,否则应由负责汽轮机安装底板的供方安装并连接真空装置。

4.7.5 ●低于大气压工作的汽封,按引入蒸汽以封阻空气来设计结构。应提供与端部迷宫式汽封相互连接的,带压力表、调节器和其他必需阀门的管道。管道应设置一个与需方密封蒸汽源相连的公共接口。当有规定时,在整个负荷范围内,能自动调节密封蒸汽的进汽。正常运行时的密封蒸汽供汽最好引自汽轮机的正压区段。

4.7.6 轴封及真空系统的所有管道和部件按计算的新间隙泄漏量的300%确定尺寸。

4.7.7 多级汽轮机的级间隔板密封采用可更换的迷宫式汽封。

4.7.8 汽封体泄漏接口应符合4.4.3的规定。

4.8 动力学

4.8.1 临界转速

4.8.1.1 当作用到一个转子—轴承支承系统的周期强迫力频率(激振频率)与该系统的固有频率相一致时,系统可能会处于共振状态。

4.8.1.2 处在共振状态的转子—轴承支承系统显示的是被放大的正常振幅值。放大值和相位角变化率与系统的总阻尼值和转子振型有关。

注:振型通常是指一阶刚性振型(平移型或跳动型)、二阶刚性振型(锥型或摆动型)和(一阶、二阶、三阶……n 阶)弯曲振型。

4.8.1.3 如果径向振动探头测出转子放大系数 AF(见图 1)大于或等于 2.5,则对应频率称为临界转速,对应的转子旋转频率也称为临界转速。对本标准来说,极限阻尼系统是一个放大系数小于 2.5 的阻尼系统。

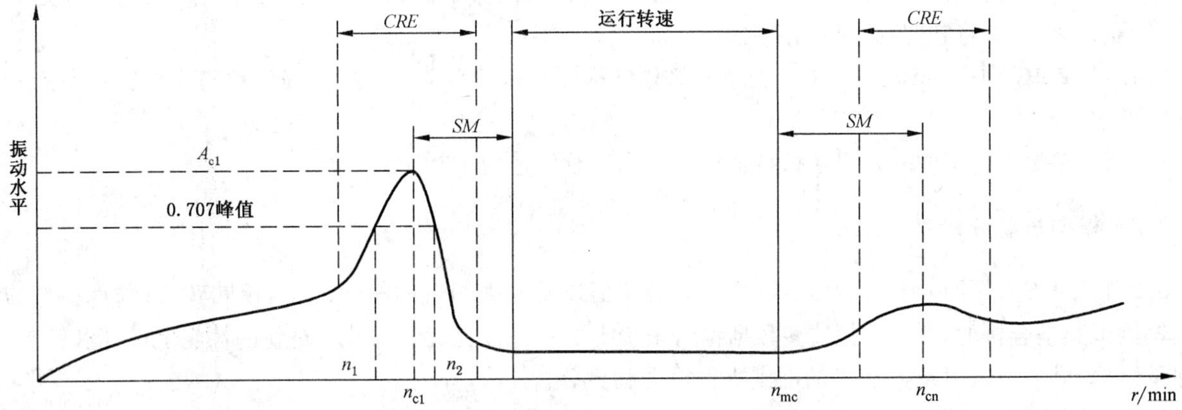

图中:

n_{c1} ——转子一阶临界,中心频率,周波每分;

n_{cn} ——临界转速,n 次阶;

n_{mc} ——最高连续转速,105%;

n_1 ——0.707×振幅峰值处的初始(较低)转速(临界);

n_2 ——0.707×振幅峰值处的最终(较高)转速(临界);

n_2-n_1——半功率点处的峰宽;

AF ——放大系数:$AF = n_{c1}/(n_2-n_1)$;

SM ——避开裕量;

CRE ——临界响应区;

A_{c1} ——n_{c1} 处的振幅;

A_{cn} ——n_{cn} 处的振幅。

图 1 转子响应曲线

4.8.1.4 一个激振频率可以小于、等于或大于转子转速。系统设计时考虑到的潜在激振频率包括但不限于下列情况:

a) 转子系统的不平衡;

b) 油膜振荡;

c) 内摩擦;

d) 动叶、静叶、喷嘴和扩散器的通道频率;

e) 齿轮啮合和边频带;

f) 联轴器不对中；

g) 转子系统部件松动；

h) 滞后和摩擦涡动；

i) 边界层流动分离；

j) 声音和空气动力的交叉耦合力；

k) 异步涡动；

l) 耐磨轴承的滚珠和轴承套频率。

4.8.1.5 结构支承系统的共振可能对转子振幅产生不利影响。因此，供方供货范围内的结构支承系统在规定的转速范围或避开裕量(见附录E的E.1.4)内不应出现影响转子振幅的共振，除非共振已被大大衰减。

4.8.1.6 规定对机组负有责任的供方应确定驱动轴系(汽轮机、齿轮装置、电动机和类似的机械设备)的临界转速不会激起所供机械设备的任何临界转速，并且整个轴系适合于规定的运行转速范围，包括轴系的任何起动转速停止(保持点)要求。应提交一份从零转速到跳闸转速的所有应避开的运行转速列表，供需方审查，并将它们列入使用手册(见7.3.6)。

4.8.1.7 ●如有规定，汽轮机供方应把所有必须的横向和扭转振动分析数据提供给对整个机组负有责任的供方。

4.8.1.8 单级汽轮机的一阶刚性振型至少是最高连续转速的120%。

4.8.2 横向振动分析

4.8.2.1 供方需证明分析推导出的标准临界转速值以及过去制造的相同尺寸、相同转子/轴承结构的汽轮机试验是合格的，并且应把这些数据作为报价书的一部分提交给需方。对新的汽轮机设计和转子/轴承结构，供方应按附录E提出的准则进行横向临界分析。

4.8.2.2 ●如有规定，供方应按4.8.1.8和E.1.4的规定提供用于避开裕量的计算结果和/或有效的支承试验数据。

4.8.3 扭振分析

4.8.3.1 在分析中，应考虑到很多因素均可能激发无阻尼扭转固有频率，这些因素包括但不限于下列情况：

a) 诸如不平衡和节圆线跳动这样的齿轮问题；

b) 诸如转速滞留和其他扭转振荡之类的起动工况；

c) 液压调速器控制回路共振；

d) 运行转速。

4.8.3.2 对机组负有责任的供方应保证整个轴系的无阻尼扭转固有频率至少比规定运行转速范围内(从最低转速到最高连续转速)的任何潜在激振频率高10%或低10%。

4.8.3.3 最好避免比运行转速大两倍或更多倍数的扭转临界转速，或者证明系统中出现相应激振频率不会产生有害影响。如果合适并且证明无害，则除了运行转速的倍数外，扭转分析还应考虑与转速无关的或本质上为非同步的扭转激振频率。鉴别这些频率是供需双方的共同责任。

4.8.3.4 当所计算的扭转共振值在4.8.3.2规定的范围，供需双方一致认为已尽力了，但也无法从限定的频率范围内移开临界值，则应进行应力分析，来确定共振对整个轴系不存在不利影响。该分析的验收准则应经供需双方同意。

4.8.3.5 ●如有规定，供方应对整个连在一起的机组轴系进行扭振分析，并且有责任指导必要的修改，以满足4.8.3.1～4.8.3.4的规定要求。

4.8.4 振动和平衡

4.8.4.1 每个轮盘或推力盘安装到轴上之前应作单平面平衡。其他主要部件在安装到轴上之前,应单独作动平衡。

4.8.4.2 ●装配期间,旋转部件应作多平面动平衡。这个工作在加装两个主要部件后实施。平衡校正只能在加装的部件上进行。其他部件可以在全部装配完毕后,进行最终平衡调整时作少量修正。对只有一个键槽的转子,应把具有一定弧度的半键(半键弧度应与轴的外圆一致)装入键槽。如有规定,装配部件作最终平衡所用的全部半键的质量应记录在剩余不平衡作业表上(见附录F)。每面(轴颈)最大允许剩余不平衡量按式(1)计算:

$$U_{max}=6\ 350\times m/n \qquad (1)$$

式中:

U_{max}——剩余不平衡量,单位为克毫米(g·mm);

m ——轴颈静载荷,单位为千克(kg);

n ——最高连续转速,单位为转每分(r/min)。

当提供备用转子时,备用转子应按主转子要求进行动平衡。

4.8.4.3 ●如有规定,每个组装转动部件最终平衡结束后,应按附录F的剩余不平衡作业表要求作检查和记录。

4.8.4.4 高速动平衡(以运行转速在高速动平衡机进行的平衡)仅在需方的特别认可下进行,其验收准则应经供需双方同意。

4.8.4.5 机组装上平衡后的转子,以最高连续转速或规定运行范围内的任何其他转速进行工厂试验时,轴颈处和相应每个径向轴承处所测得的任何平面未滤波振动峰—峰振幅不应超过由式(2)计算出的值或50 μm,取较小值:

$$A=25.4\sqrt{\frac{12\ 000}{n}} \qquad (2)$$

式中:

A ——未滤波振动振幅,测得的峰-峰值,单位为微米(μm);

n ——最高连续转速,单位为转每分(r/min)。

任何大于最高连续转速的转速,在最高转速和驱动机械的跳闸转速范围以内,其振动不应超过在最高连续转速下所记录的最大值的150%。

注:不能把这个限制同附录E规定的限制混淆起来,附录E所规定的是工厂的不平衡响应鉴定。

4.8.4.6 当已经规定采用非接触探头或装置时,应确定并记录电跳动量和机械跳动量。其方法是在探头位置中心线放置一个非接触振动探头,并在探头端部的任一侧放置一个千分表,然后转动放在V形槽铁中的转子进行测量。

机械运行试验报告应填写每个探头位置转动360°的电跳动量和机械跳动量数值。

4.8.4.7 如果供方能证实存在电跳动量和机械跳动量,则由式(2)算出的最大检验值的25%或6.3 μm,取较大值,然后按矢量方法,从工厂试验期间所测得的振动信号中减去。

4.8.4.8 如果不提供非接触振动探头,或不在轴上测量轴振动,那么,当机组以4.8.4.5所描述的转速运行时,在轴承座上测得的运行转速频率下振动速度不应超过3.0 mm/s(不滤波)和2.0 mm/s(滤波)。

4.9 轴承及轴承座

4.9.1 在下列条件下应使用液压径向轴承:

a) 耐磨轴承dN系数等于或大于300 000时[dN系数是轴承尺寸(孔径毫米数)和额定转速(转每

分）的乘积］。

b） 标准耐磨轴承不能满足在额定工况下连续运行 50 000 h（见 GB/T 6391）的 L10 额定寿命要求，或不能满足以最大轴向、径向载荷和额定转速连续运行 32 000 h 的要求（额定寿命是指在额定轴承载荷和转速下，同一耐磨轴承组的 90％轴承出现故障迹象前所能达到或超过的小时数）。

4.9.2 ●卧式汽轮机应安装能承受两个方向轴向载荷的推力轴承。当规定或耐磨轴承不能满足最小的 L10 额定寿命要求时，多级汽轮机应装配液压推力轴承［4.9.1a）］。

4.9.3 立式汽轮机可采用油润滑或油脂润滑的滚珠或滚柱径向和推力轴承。推力轴承应根据数据表规定的被驱动设备推力（上或下）的 200％来设计。应防止耐磨轴承油脂过多。

4.9.4 耐磨轴承按 GB/T 1800.1～1800.2 的要求固定在轴上并装入轴承座内。但是，滚珠推力轴承的锁紧装置应采用“W 系列”带一个舌状止动垫圈的螺母。

4.9.5 角状接触型的耐磨轴承除外，耐磨轴承应有一个等于 GB/T 4604 规定的 3 组径向游隙。单列或双列轴承为 Conrad 型（无注油槽）。

4.9.6 为便于装配，液压径向轴承为剖分式的、精密镗孔的和套筒或瓦块型的，应具有钢衬浇巴氏合金的可更换轴瓦、瓦块或壳体。液压径向轴承应设置防止转动的销子，并应可靠牢固地轴向固定。

4.9.7 当设备在规定转速下，包括任何临界转速，带或不带负荷运行时，所设计的轴承应能抑制液压的不稳定性，并在整个容许的支承间隙范围内，提供足够的阻尼限制转子振动达到 4.8.4.5 规定的最大振幅。

4.9.8 轴瓦、瓦块或壳体应装在水平中分的轴承座内，并且可在不拆卸轴向中分机组的上半汽缸或径向中分机组的端部，以及不拆卸联轴器轮毂的情况下，更换轴瓦、瓦块或壳体。

4.9.9 轴承设计应做到能防止逆向安装和/或颠倒安装。

4.9.10 液压推力轴承应符合下列 4.9.10.1～4.9.10.3 的规定。

4.9.10.1 液压推力轴承应为钢衬、浇巴氏合金的多瓦块型，设计成在两个方向具有相同的止推能力，且每侧布置连续的具有压力的润滑油。两侧应为可倾瓦型，具有自动找平功能，以便在瓦块厚度出现轻微不一致时，可确保每个瓦块分担相同的推力载荷。所设计和制造的每块瓦块尺寸精度高（厚度变化上），个别瓦块之间可以互换或更换。

4.9.10.2 液压推力轴承应优先使用整体推力盘。当提供整体推力盘时，应至少留出 3 mm 附加余量，以确保推力盘受到损坏时，可进行修复。当提供可更换的推力盘时（组装和维修用），应牢固地固定在轴上，以防止微振磨损。

4.9.10.3 液压推力轴承推力盘两面的粗糙度 Ra 应不大于 0.4 μm，推力盘两面的轴向全跳动量不应超过 12.7 μm。

4.9.11 推力轴承应以在最不利的规定运行工况下连续运行来确定尺寸。推力载荷的计算包括但不限于下列因素：

a） 结污和密封间隙改变至设计的内部间隙大两倍的情况；

b） 所有由直径变化造成的阶梯推力；

c） 级反动度和级压差；

d） 进汽和排汽压力变化；

e） ●4.9.12～4.9.14 所述的被驱动设备的外部载荷。

4.9.12 对齿式联轴器，其外部推力按式（3）计算：

$$F=\frac{0.25\times 9\ 550\times P_{\mathrm{r}}}{n_{\mathrm{r}}\times D} \qquad \cdots\cdots(3)$$

式中：

F ——外部推力，单位为千牛顿（kN）；

P_r——额定功率，单位为千瓦(kW)；

n_r——额定转速，单位为转每分(r/min)；

D——联轴器轴颈，单位为毫米(mm)。

注：轴颈为联轴器节圆半径的近似值。

4.9.13 根据联轴器制造厂所允许的最大许可偏转计算挠性联轴器的推力。

4.9.14 如果一个推力轴承(如在齿轮箱内)要承受两个或多个转子推力，如果那些推力的方向使它们量值叠加时，即采用合力值；否则，就采用最大推力。

4.9.15 液压推力轴承应按不大于轴承制造厂极限载荷值的50%来选择。极限载荷值是无故障连续运行期间，推力轴承所产生的最小油膜厚度下的载荷，或者是巴氏合金在最高温度下，不出现蠕变或屈服变化的载荷，取较小的载荷。在确定推力轴承尺寸的过程中，对于各种特定使用条件，应考虑下列的因素：

a) 主轴转速；

b) 轴承巴氏合金温度；

c) 轴承瓦块挠度；

d) 最小油膜厚度；

e) 供油量、油黏度和供油温度；

f) 轴承结构配置；

g) 巴氏合金；

h) 油膜涡动。

应在数据表上提供计算的推力负荷和轴承制造厂的极限额定值。

4.9.16 推力轴承应容许每根转子相对汽缸定位，并可以设置推力轴承的间隙和预载荷。

4.9.17 轴向中分的轴承座应采用金属同金属接触的方法，两半用圆柱定位销定位。

4.9.18 所设计的采用压力油润滑的液压轴承轴承座应可最大限度地减少泡沫。回油系统足以保持油位并使泡沫面低于轴端密封。在最不利的规定运行工况下，流经轴承和轴承座的油温温升不应超过30 ℃。轴承出口油温不应超过80 ℃。当进口油温超过50 ℃时，轴承设计、油流和允许温升应给予特别考虑。推力轴承溢流油出口应是切向的，并在控制环上半，如果不使用控制环，则溢流油出口应在轴承支架中。

4.9.19 进油口和排放接口应采用法兰连接或机械和双头螺柱连接的方法。螺孔可以是DN20、DN25和DN40。DN40螺孔的管子连接件应按下列条件安装：

a) 铸铁轴承座应配置长度不超过150 mm，Sch40S的不锈钢管接头。

b) 钢制轴承座应配置长度不超过300 mm，Sch80的碳钢管接头。

c) 管接头应随带碳钢松套法兰。

d) 螺纹接口应密封焊接，但是铸铁轴承座或维修时要拆卸的部位不要求密封焊接。密封焊接焊缝应符合ASME B31.3的规定。不作密封焊接的螺纹接口连接时不应使用胶带。

e) DN20和DN25的管子或管子连接件不应密封焊接。

4.9.20 与用户管道连接的螺孔，应使用符合GB/T 14383规定的实心圆头钢螺塞堵住，且不应使用胶带。

4.9.21 在汽轮机轴穿过轴承座的部位，应设置可有效防止杂质、凝结水和蒸汽侵入的可更换端部密封。设计的密封能有效保持轴承座中的油不泄漏。密封件为金属的、无火花、非接触和非磨损的材料。允许采用径向轴流式密封和磁性密封。不应采用唇式密封。

4.9.22 轴承座应具有足够的防止被蒸汽凝结水污染的能力，尤其在汽轮机惰走期间，更应具备这种功能。

4.9.23 无压力油润滑轴承的轴承座应设置至少为DN15尺寸的注入和排放用螺纹孔并用螺塞堵住。

轴承座应配置至少 0.1 L 容量的等油位、可视供油注油器，该注油器是一个耐热玻璃容器(不能太阳直射或受热感应或磨损)、带一个正油位位置控制器(没有调节螺钉)和保护网罩。一个正常油位的永久性标记应醒目的、准确的标记于轴承座外面，该标签用铸造或其他耐久的方法固定。

4.9.24 用油环润滑轴承的轴承座应设置一个被封盖住的开口，其位置为当汽轮机运行时，可目视观察检验油环。

4.9.25 规定用油雾润滑时，应符合下列 4.9.25.1～4.9.25.5 的规定。

4.9.25.1 在轴承座上半应设置一个 DN8 油雾进口。为便于油雾穿过整个耐磨轴承，纯油雾或气吹油雾的进、出口位置应不使油雾内部通道被短路。如果轴承是套筒式轴承，那么，为了使补充油能滴入轴承之中，凝结油雾接口应设置在轴承的上方。

4.9.25.2 应设置一个 DN8 排气接口，其位置在每个耐磨轴承和轴承座轴终端处的空隙端盖上或轴承座上。只安装套筒式轴承的轴承座应在靠近轴承座端部的地方设置排气口。

4.9.25.3 不应使用有护圈或密封的轴承。

4.9.25.4 当规定采用纯油雾润滑时，不装配油环或抛油环(如果有)和等油位注油器，也不需要提供油位指示器。当规定采用气吹或冷凝油雾润滑时，应提供这些设施，并且为了保持轴承座的内压，还应给注油器加装管子。

4.9.25.5 需方应提供排放和供油雾用的连接件。

4.9.26 应在规定的运行工况和 40 ℃的环境温度下提供足够的冷却，包括结垢裕量，以保持压力系统的油温低于 70 ℃和油环润滑或溅油润滑的油温低于 80 ℃。在必须水套冷却的场合，只能在轴承座的上半和下半之间的水套上配置外部连接件，并且既不能装垫片，也不能装螺纹连接件接头。因这两种接头可能使水渗入油箱中。如果采用冷却盘管(包括配件)，则其材料为有色金属材料，且轴承座内部无承压接头或连接件。盘管最小厚度至少是 19 伯明翰线径(1.07 mm)，直径至少 12.7 mm。

4.9.27 ●如有规定，每个轴承座应提供两个径向振动探头安装接口，每台机组的推力端提供两个轴向位移探头安装接口，以及每台机组提供一个转速探头安装接口。探头安装按 API Std 670 的规定，轴信号传感区应符合 4.6.2 规定。

4.10 润滑

4.10.1 除非另有规定，否则，卧式机组的轴承和轴承座配备使用烃类润滑油。

4.10.2 抛油环或油环在其边缘或孔径边缘的最低处以上应有 3 mm～6 mm 的有效浸没深度。抛油环应安装轮毂，以保持同轴度，并且应可靠固定在轴上。

4.10.3 ●当规定用一台共用系统向两台或更多设备(如压缩机、齿轮箱和汽轮机)供油时，需方应在与使用该用油系统供油设备的供货商协商一致的基础上，在数据表上对油的特性作出规定。

注：共用油系统中所使用的润滑油是与 GB/T 3141 中规定的等级 32 相一致的烃类油。

4.10.4 ●要求宽转速范围、快速停机或慢转运行的场合，应规定合适的工况，驱动设备供方应校验在所有规定运行工况下的汽轮机(和齿轮箱)是否得到了足够的润滑。

4.10.5 建议用循环系统的场合，应向需方提供详细情况，以供审查。

4.10.6 JB/T 4365 标准中所述以外的压力润滑系统应由一个带进口滤网的油泵，一个供-回油系统，一个冷油器(当要求时)，一个全流量过滤器，一个低压润滑油压力停机开关和其他必需的仪器仪表组成。下列 4.10.6.1～4.10.6.8 提出具体要求。关于最低要求的压力润滑油系统见附录 G。

4.10.6.1 油箱应具有下列特性和附件：

a) 容量足够大而不需要频繁加油，足以满足停机时用油需要，提供至少 3 min 的维持时间用来沉淀杂质和水分；
b) 具有清除空气和最大程度减少到泵段的漂浮杂质的结构；
c) 加油连接件应为带水平显示器的铠装式液位玻璃管，并有适合于室外使用的通风器；

d) 可满足彻底排放目的的倾斜底部和排油接口；

e) 一个实用的、较大的清洁开口；

f) 油箱材料由供需双方商定。

4.10.6.2 除非另外提供压力油源，否则，由主轴驱动主油泵。惰走期间，排放从吸油管来的油不应对无人自动起动时的泵产生危害。

4.10.6.3 如果供方提出要求，则应提供用于起动的手动备用泵。

4.10.6.4 优先采用一台独立的管壳型冷油器。冷油器不允许置于油箱内。

4.10.6.5 滤芯可更换的全流量过滤器，过滤精度为 25 μm 或更高。过滤器的滤芯材料为抗腐蚀材料。不推荐使用金属网或烧结金属滤芯。过滤器不应设置减压阀或自动旁路。

4.10.6.6 冷油器后的温度表。

4.10.6.7 过滤器前、后测压用的压力表。

4.10.6.8 低油压停机装置或开关。

4.10.6.9 ●当需方规定或供方有要求时，提供一台独立驱动、自动控制的备用泵。

4.10.6.10 ●如有规定，每个轴承油排放管上均应配置流量观察窗。

4.10.6.11 ●如有规定，提供低压报警开关。

4.10.6.12 ●如有规定，提供低油压辅助油泵起动开关。

4.10.7 如果主油泵和备用油泵不封闭地装在油箱内，则应配置钢罩壳；但是，主轴驱动的油泵壳体可以是铁制的。所有其他含油的压力部件均是钢制的(见 5.5.2 的内容)。

4.10.8 ●如有规定，应在油箱外面设置一个可更换蒸汽加热元件或恒温控制的铠装式电浸入加热器(不锈钢套壳材料为奥氏体型)，用于天气寒冷时起动前加热油箱里的油。加热器具有足够的能力在 12 h内，把油箱里的油从规定的最小环境温度加热到制造厂要求的起动温度。如果使用一台浸入式电加热器，则其最大功率密度应为 2.0 W/cm^2。

4.11 材料

4.11.1 总则

4.11.1.1 除了本标准或数据表的要求或禁止外，制造材料应为制造厂用于规定运行工况的标准材料(见 5.5)。应在供方的报价书中清楚地说明所有主要部件的冶炼情况。

4.11.1.2 在供方报价书中应对所有主要部件的材料作出明确规定。应参考适用的国际标准对材料包括材料等级作出标识。当无适用牌号时，供方应在报价书中给出包括材料的力学性能、化学成分和试验要求等内容的材料规范。

4.11.1.3 如果最大蒸汽条件超过 1.7 MPa 或 260 ℃，则承压部件应为钢制件。如果最高排汽压力超过 520 kPa 或空负荷排汽温度超过 260 ℃，则非凝汽式汽轮机的排汽缸为钢制件。蒸汽最高温度超过 413 ℃的，采用合金钢制件。只有经需方同意，才能采用球墨铸铁制件。

4.11.1.4 汽轮机主轴和叶轮应为符合制造厂标准的材料，叶片和喷嘴(动叶和静叶)为 11-13Cr 材料，围带为 11-13Cr 或镍铜合金材料，蒸汽过滤器为 18-8 不锈钢材料。

4.11.1.5 转动或滑动部件(如调节器连杆铰接头和调整机构)应为适应现场环境的耐腐蚀材料。

4.11.1.6 不作鉴别的较小零件(如螺母、弹簧、垫圈、垫片和键)，至少应采用在同环境中的专用零件同样耐腐蚀的材料。

4.11.1.7 ●需方应指出蒸汽和环境中存在的腐蚀介质，包括可能引起应力腐蚀裂纹的那些成分。

4.11.1.8 如果零件在制作、表面淬硬、堆焊或补焊时易受晶间腐蚀影响，则应采用低碳钢或质量稳定的奥氏体不锈钢材料。

注：除非涂上一层对晶间腐蚀不敏感的缓冲涂层，否则，含碳量超过 0.10%的表面淬硬或堆焊低碳钢和质量稳定的奥氏体不锈钢均敏感。

4.11.1.9 使用材料为奥氏体型不锈钢的配对零件如双头螺柱和螺母或类似具有粘结特性的材料的部位，应使用具有良好温度性能的防粘剂进行润滑，该防粘剂能与规定的液体相兼容。

注：对扭矩载荷值来说，使用和不使用防粘剂，其结果是截然不同的。

4.11.1.10 对于承压缸体，其材料、铸造系数和焊缝质量均应符合 ASME 规范第Ⅷ卷第 1 册的要求。制造厂的数据报告格式不要求同规范规定的相一致。

4.11.1.11 低碳钢在环境温度或低温下可能存在缺口敏感性和易脆裂，因此，全镇静正火钢须经晶粒化处理后才能使用。禁止使用 ASTM A 515 钢种。

4.11.1.12 环境温度低于−30 ℃时，通常使用钢质缸体材料，在最低规定温度范围不具有一个足以证明 ASME 规范第Ⅷ卷第 1 册 UG84 的夏比 V 型缺口冲击功要求的冲击强度。因此，供需双方应共同协商保护要求。

4.11.1.13 承压接口用的最低质量等级螺栓连接材料应为碳钢(GB/T 3098.1)，铸铁汽缸和钢质汽缸用的螺栓连接材料为高温合金钢(GB/T 20410)。螺母应符合 GB/T 13807.3 的要求(或符合 GB/T 3098.1，空间限制时，需表面淬硬)，温度低于−30 ℃的，采用符合 ASTM A 320 要求的低温螺栓连接材料。

4.11.2 铸件

4.11.2.1 铸件应完好，无疏松、热裂、缩孔、气孔、裂缝、起皮和砂眼及类似的有害缺陷。铸件表面应经喷砂、喷丸、化学清洗或其他标准方法清理。铸造分型面的飞边和残留的浇、冒口均应铲平、挫光或磨平。

4.11.2.2 承压铸件应尽量减少使用型芯撑。型芯撑应干净无锈(允许有镀层)，并且其成分应与铸件材料相容。

4.11.2.3 除了 4.11.2.3.1 和 4.11.2.3.2 规定的要求外，铁素体铸件不应采用补焊、锤击、塞堵头、烙焊或灌注的方式进行修补。

4.11.2.3.1 可焊接铸钢件可用补焊修复，应按 ASME 规范第Ⅷ卷第 1 册和第Ⅸ卷的规定采用鉴定合格的焊接工艺。

4.11.2.3.2 灰铸铁或球墨铸铁铸件在 ASTM A 278、ASTM A 395 或 ASTM A 536 规定的范围内进行塞堵头修补。为塞堵头而钻的孔应采用液体渗透方法仔细检查，以确保去除全部有缺陷的材料。所有 ASTM 规范未包括的修复方法应得到需方同意。

4.11.2.4 禁止采用全封闭的型芯内腔包括用堵头封死的内腔。

4.11.2.5 球墨铸铁件的生产应按 JB/T 9631 的规定进行。

4.11.3 焊接

4.11.3.1 管道、压力容器零件和任何不同金属之间的焊接及补焊，应由经 ASME 规范第Ⅷ卷第 1 册和第Ⅸ卷规定考核合格的或符合我国要求的焊工进行操作和检验。

4.11.3.2 供方负责所有修复及补焊审查工作，以保证正确进行修复和补焊的热处理以及无损探伤，并符合鉴定合格的工艺要求(4.11.1.10)。补焊的检验应采用与检测原始缺陷相同的无损探伤方法。对于磁性材料，至少应按 6.2.2.4 要求进行磁粉检验，对于非磁性材料，应按 6.2.2.5 要求进行液体渗透检验。

4.11.3.3 除非另有规定，否则，所有 ASME 规范第Ⅷ卷第 1 册及 ASME B31.3 规范以外的焊接，如底板上焊接、非承压输送管道、隔热罩和控制盘的焊接，均执行 DL/T 678 标准。

4.11.3.4 由锻制或锻、铸合成的承压缸体应符合下列 4.11.3.4.1～4.11.3.4.4 的规定。

4.11.3.4.1 钢板边缘按 ASME 规范第Ⅷ卷第 1 册 UG-93(d)(3)规定作磁粉检验或液体渗透检验。

4.11.3.4.2 焊接表面应在铲平或刨平后，进行磁粉探伤检验或液体渗透检验，并作焊后热处理后再复验。

4.11.3.4.3 压力容器焊缝包括水平与垂直法兰式连接的壳体焊缝均应完全焊透。

4.11.3.4.4 符合 ASME 规范第Ⅷ卷第1册规定并要求焊后热处理的焊接缸体，无论厚度多少均应进行热处理。

4.11.3.4.5 所有焊缝均应按 ASME 规范第Ⅷ卷第1册 UW-10 和 UW-40 规定作热处理。

4.12 铭牌及转向箭头

4.12.1 铭牌应牢固地固定在设备及其辅助设备主要部件的可视部位。

4.12.2 转向箭头应直接铸入或固定在转动设备各主要部件的可视位置。铭牌和转向箭头（如果固定）的材料应为奥氏体型不锈钢或镍铜合金（蒙乃尔高强度合金钢或相同材料）。固定销钉材料为相同材料。不允许使用焊接方法固定。

4.12.3 ●需方可以指定采用SI国际单位或采用其他单位。作为一个最低要求，铭牌上应使用数据表上的单位清晰地标出下列数据：

a) 供方名称；

b) 产品序列号；

c) 规格及型号；

d) 额定功率及转速；

e) 一阶临界转速；

f) 二阶临界转速；

注：如果通过试验没有获得临界转速值，那么，应在临界转速值后标上“计算”字样。应在试验台测出低于最大连续转速的任何临界转速。低于一阶临界转速运行的汽轮机，可省略二阶临界转速。

g) 最高连续转速；

h) 最低允许转速；

i) 超速跳闸设定值；

j) 正常和最高进汽温度及压力；

k) 正常和最高排汽压力；

l) 需方的设备项目号（如果规定铭牌不够大，可使用一个单独的铭牌标出）。

5 辅助部件

5.1 齿轮装置

5.1.1 齿轮装置可以提高汽轮机效率时，就考虑采用齿轮装置。汽耗和性能曲线应以齿轮装置的输出功率为根据。

5.1.2 被驱动设备的额定功率大于55 kW的，齿轮装置不应整体装入汽轮机内。

5.1.3 除非另有规定，否则，达到1 500 kW的单独平行轴齿轮装置应符合 API Std 677 的规定。

5.1.4 应在所有的数据表和相应设备上清晰地标出齿轮装置的输出轴转向。

5.2 联轴器及护罩

5.2.1 ●除非另有规定，否则，汽轮机和被驱动设备之间的挠性联轴器和护罩由被驱动设备的制造厂提供。如有规定，则驱动设备端的半联轴器由汽轮机制造厂安装。

5.2.2 联轴器—轴连接处的额定功率应至少等于驱动设备额定功率同 ANSI/AGMA 9002 的联轴器使用系数之间的乘积。联轴器的制造、式样和安装布置应经需方和驱动及被驱动设备供方的一致同意。除非另有规定，否则，应采用最小尺寸为125 mm的隔套式联轴器。联轴器为锻钢件，且所设计的结构能允许进行由膨胀以及其他轴端移动所产生的轴向窜动。

5.2.3 应把轴、键槽尺寸(如果有)和端部及热力影响产生的轴端移动这方面的数据提供给联轴器的供货方。

5.2.4 当汽轮机供方提供一台独立的齿轮装置时,应同时提供汽轮机和齿轮装置之间的挠性联轴器。

5.2.5 为确保连接机器的精确对中,应按下列 5.2.5.1～5.2.5.3 规定来控制联轴器配对和对中面的总显示读数。

5.2.5.1 对于所有的汽轮机,通常为检查对中而采用的联轴器表面与联轴器轮毂旋转轴的同轴度在下列限制范围内:在最小 25 μm TIR(总显示读数)允许公差和最大 75 μm TIR 允许公差情况下,每毫米轴直径为 0.51 μm TIR。如果满足动平衡要求,则所有不用来定位、配对或对中的其他直径应符合联轴器制造厂的标准。

5.2.5.2 汽轮机与它的被驱动设备采用挠性联轴器的,其定位和对中面应在 5.2.5.1 的限制范围内与轴线垂直。

5.2.5.3 对于汽轮机与被驱动设备之间采用刚性联轴器的立式汽轮机,联轴器配对直径的同轴度应在 5.2.5.1[2] 规定限制的范围内。在最大 0.51 μm TIR(总显示读数)情况下,联轴器配对面与联轴器轴线垂直度应在每 10 mm 配对面直径 1 μm 之内。

5.2.6 挠性联轴器用键连接的方法安装到轴上。键、键槽及装配应符合 JB/T 9559 规定。挠性联轴器为圆柱形孔径的,应具备 GB/T 1800.2,容许公差 N8 所规定的过盈配合,还应符合 GB/T 3852 规定。使用机械密封,要求可拆卸联轴器轮毂的,并且轴直径大于 60 mm 的,轮毂应采用圆锥方法安装。采用键连接的联轴器,其锥度应为 GB/T 3852 规定的 1∶10 的长系列圆锥体。其他锥度及装配方法应经供需双方一致同意。联轴器轮毂上应设置便于拆卸的锥形拔出孔,其直径至少 10 mm。

注:应采取合适的安装和维护方法,以保证圆锥配合的联轴器具有压配合能力。

5.2.7 所制造的联轴器应满足 JB/T 8557 中等级 9 的要求。

5.2.8 运行转速等于或小于 3 800 r/min 的联轴器应作部件平衡。每个部件如轮毂、套筒、挠性部件、隔套及连接装置均应分别进行平衡。除了单独键连接轮毂的键槽,所有部件的加工均应在平衡前完成。联轴器部件应平衡到 GB/T 9239.1 中 G 1.0 级或平衡到 7 g·mm,取较大值。心轴质量不应超过正在作平衡的部件质量。

5.2.9 运行转速大于 3 800 r/min 的联轴器,其部件平衡和装配平衡检查应符合 JB/T 9559 的要求。

5.2.10 便于拆卸的联轴器护罩应全部遮盖住由供方提供的联轴器的所有暴露部分。联轴器应具备足够的刚度,以承受弯曲变形和耐磨,并且护罩应延伸至座架内 13 mm。

5.3 安装底板

5.3.1 总则

5.3.1.1 ●如有规定,设备应配备底板或底盘。

5.3.1.2 在下列 5.3.1.2.1～5.3.1.2.11 中,术语“安装底板”是指底盘和底板。

5.3.1.2.1 安装底板制作完成后,其上所有的机械设备安装面均应进行平整和平行加工。安装面应至少在三侧比设备底座大 25 mm,防止不稳定支承。设备的所有安装表面应处在同一平面,其误差在 50 μm之内。最大表面粗糙度为 *Ra* 3.2 μm。

5.3.1.2.2 设备支承质量超过 250 kg 的,安装底板应设置轴向和横向顶起螺钉,其尺寸等于或大于垂直顶起螺钉。为了使支承搭子不影响设备的安装或拆卸顶起螺钉或垫圈,顶起螺钉的支承搭子应附到安装底板上。如果因为设备过重而无法使用顶起螺钉,则应提供其他方法。

5.3.1.2.3 设备底部垂直顶起螺钉布置应防止衬垫表面损坏。

---

2) API 标准原文中是 5.2.6.1,按内容应是 5.2.5.1。

5.3.1.2.4 所设计的机械支承应能把联轴器法兰处由最不利的压力、扭矩和允许的管道应力综合作用所产生的对中变化限制在 50 μm(见 4.5 关于允许管道力的内容)。

5.3.1.2.5 当提供中心支承时,所设计和制造的中心支承可使用水平顶起螺钉来移动机器。

5.3.1.2.6 除非另有规定,应使用环氧树脂薄胶泥。供方应按 GB/T 8923.1 或 SSPC SP6 的规定,对安装底板的所有灌浆表面进行喷砂处理,并预先在这些表面涂上一层无机硅酸锌。

5.3.1.2.7 不应使用地脚螺栓把机器固定到安装底板上。

5.3.1.2.8 不应在安装底板上钻用于其他设备的孔。安装底板应设置调平螺钉。被灌浆的安装底板的外侧圆角半径为 50 mm(在平面图上)。不灌浆的安装表面机加工后应立即涂上防锈剂。

5.3.1.2.9 安装底板的供方应提供设备底座与安装底板之间用的、厚度 3 mm～15 mm 的不锈钢垫片组(材料为奥氏体型)。所有垫片组应骑跨在压紧螺栓和垂直顶起螺钉之上,并且比设备底座的每个边至少大 6 mm。

5.3.1.2.10 需方应提供地脚螺栓。

5.3.1.2.11 安装底板的供方负责提供用于把设备固定到安装底板的紧固件和用于校平安装底板的顶起螺钉。

5.3.2 底盘

5.3.2.1 当规定使用底盘时,数据表上应列出安装在该底盘上的主要设备。底盘为独立的钢制焊接构件。底盘结构具有纵向钢梁,并在汽轮机和汽轮机驱动设备的支承面下设置全宽度横梁结构。

5.3.2.2 除非另有规定,为了保证底盘上的部件的任何泄漏不会流出底盘,底盘面积应根据传动轴系部件的尺寸来扩展。

5.3.2.3 ●如有规定,底盘应设置调整垫块或安装罩盖可拆卸的觇标。安装后,调整垫块或觇标应便于在基础上对安装设备和底盘进行现场校平。

5.3.2.4 ●如有规定,底盘应能在建筑构件下作不连续灌浆施工的墩式安装(一种在规定的支承点上具有足够刚度的安装方法)。底盘设计须供需双方一致同意。

5.3.2.5 底盘应设置至少四点起吊的吊耳。起吊装有全部设备的底盘时,既不会对底盘造成永久性变形或其他损坏,也不会对底盘上的设备造成损坏。

5.3.2.6 构件之间的底盘底部应是敞开的。当把底盘安装到一个混凝土基础上时,应设置一个至少为 0.01 m^2 面积的灌浆孔,并且每个隔框的尺寸不小于 75 mm。可在所有的承重结构梁下,通过这些灌浆口进行灌浆工作。实际设计这些部位时,对汽轮机以及所有的被驱动设备来说,这些灌浆口应便于灌浆。灌浆口应有 15 mm 高的凸缘边,如果灌浆口位置位于液体冲击外露浆液区域,则应提供最小厚度为 16 规格的金属盖。在底盘的每个隔框的最高点,设置一个直径至少 15 mm 的通气孔。

5.3.2.7 除 5.3.2.6 规定的要求外,固定双头螺柱,如“J”(勾)形的,应焊接到最大中心线 300 mm 的底盘平台下,以加强灌浆中的固定。

5.3.2.8 ●底盘底部的安装块应在一个平面上,以允许采用一个单独的水平基础。如有规定,由供方提供辅助底板。

5.3.2.9 除非另有规定,底盘上部的所有行走面和工作区均应设置防滑金属盖板。

5.3.3 底板及辅助底板

5.3.3.1 当规定用底板时,除了要符合 5.3.2 规定外,还应符合下列 5.3.3.1.1 和 5.3.3.1.2 的规定。

5.3.3.1.1 螺栓连接的部位应留出足够的空隙,便于使用套筒扳手或梅花扳手,并且允许使用水平和垂直顶起螺钉移动设备。

5.3.3.1.2 底板应具备足够的厚度,可把设备载荷从设备底座传递到基础,但是底板厚度决不能小于 40 mm。

5.3.3.1.3 当规定采用辅助底板时，辅助底板应至少为 25 mm 厚的钢板。辅助底板的配合面粗糙度与 5.3.1.2.1 规定相同。

5.4 控制设备和测量装置

5.4.1 总则

5.4.1.1 测量装置及其安装方法应符合需方询价书或订单所列举的规定，或符合这两者的规定。

5.4.1.2 如有规定，控制设备和测量装置均应适合室外安装。

5.4.1.3 在其他适用场合，控制设备和测量装置应符合 API Std 670 的规定。

5.4.1.4 所有导线的设计及安装应做到便于拆卸，不损坏导线；导线所处位置不会妨碍轴承、密封件或设备内部零件的拆卸。

5.4.1.5 ●当有规定时，为了在正常工况以外的工况经济地运行，应设置手动喷嘴控制阀。供方应阐明所需的手动阀数量并提供性能数据[见 4.1.4b)]。

5.4.2 控制系统

5.4.2.1 应在汽轮机的调节器和速关阀前设置抗腐蚀拆卸式蒸汽滤网。蒸汽滤网的最小实际有效截面应两倍于汽轮机进汽接口的横截面。拆卸蒸汽滤网时不需拆卸进汽管道。

5.4.2.2 除非另有规定，应提供一个 NEMA A 级液压调节器。该调节器符合 NEMA SM 23 的规定，并具有等于或好于表 3 所列的特性。可提供符合上述要求的电子调节器。

表 3 调速器

参 数	NEMA SM 23 等级	
	A	D
最大稳定——额定转速调节	10	0.5
最高转速变化(正或负)	0.75	0.25
最高升速	13	7
跳闸转速	115	110
注：所有数值(跳闸转速除外)均为额定转速的百分比。跳闸转速为最高连续转速的百分比。		

5.4.2.3 除非另有规定，应采用手动转速变换器调节转速。

5.4.2.4 ●当为转速调节规定一个信号时，供方应提供一个如下布置的转速设定机构：

a) 需方所规定的控制设备信号的全部范围应同被驱动设备要求的运行范围相适用。除非另有规定，最大控制信号应对应于最高连续转速。

b) 控制信号的动作或故障，或转速设定机构故障，均不应影响调速器对最高允许转速的限制，也不妨碍用手动转速变换器进行手动调节。

5.4.2.5 除非另有规定，调速器和手动转速变换器的可调转速范围应为最高连续转速的 20%——也就是大于正常转速 5%，小于正常转速 15%。

5.4.2.6 转速调节阀应符合制造厂标准，最好为平衡型的。

5.4.2.7 当最高进汽压力等于或大于 1.7 MPa 时，速关阀和转速调节阀应有一个金属或其他非压缩型阀杆密封衬套和一个中间泄漏口。

5.4.2.8 汽轮机应配备独立的危急超速系统，当运行转速达到跳闸转速时(见表 3)，切断汽轮机供汽。危急超速系统应具备下列特性：

a) 容易接近；

b) 在管道最高蒸汽压力和流量情况下，可手动跳闸；

c) 汽轮机在任何负荷工况下，均能通过一个强制作用速关阀使汽轮机停机；

d) 能在管道最高进汽压力下复位；

e) 零件不产生火花并适合在危险气体和室外使用。

注：需方应在进汽管道上设置一个用于关闭汽轮机的隔离阀，超速跳闸系统复位前，应关闭该阀。

5.4.2.9 汽轮机排汽压力低于大气压力时，对是否需要配置跳闸系统操纵的排汽真空破坏器，应经供需双方一致同意。

注：对排汽低于大气压力的汽轮机，即使关闭汽轮机的速关阀，也会有蒸汽漏入，从而使汽轮机和被驱动设备无法完全停机。真空排汽破坏器把空气引入排汽缸，提高排汽压力，并且减少惰走时间。对于排汽到一个公用凝汽系统的汽轮机，则不容许引入空气，为此，要求一个或多个更可靠的速关阀。

5.4.3 仪表板和仪表盘

5.4.3.1 ●仪表板

如有规定，应提供一个就地仪表柜。需方应指定所要求的仪表范围。

5.4.3.2 仪表和控制盘

5.4.3.2.1 ●如有规定，应提供一个仪表板，该仪表板包括驱动和被驱动设备用的全部仪器。这类仪表板应按需方的说明进行设计及安装。需方应规定仪表板是独立地安装在机组基础上，还是安装在其他部位。操作者能从驱动设备控制点清楚地看到仪表板上的仪表。应设置一个指示灯试验按钮。应在数据表上规定安装在仪表板上的仪表。

5.4.3.2.2 仪表柜应完成组装，只需要与需方的外部管道和线路相连即可。如果因为控制或仪器仪表原因，要求机组有一个以上的接线点时，则应提供从一个单接线盒到每个开关或仪器的导线，该接线盒安装在机组的接线柱上(或它的底座上，如果有底座的话)。导线应装入金属导管或盒内。所有接线盒和端子板上的接线柱、开关和仪器均应加贴识别标签。

5.4.4 仪表

5.4.4.1 ●转速表

如有规定，应提供一个转速表。应规定转速表是采用电子转速表，还是采用振动弹簧转速表。除非另有规定，转速表的最小范围从0%～125%的最高连续转速。

5.4.4.2 温度计

5.4.4.2.1 刻度盘式温度计为重型设计和防腐蚀的。刻度盘直径至少100 mm，并且是双金属型或充液体的。温度计刻度盘采用白底黑字的标准式样。

5.4.4.2.2 温度计的传感元件应处于流动的液体之中。

注：这点对部分充满液体流动的管道尤为重要。

5.4.4.3 温度计套管

与易燃或有毒液体接触，或处于压力、充满液体的管道中的温度计应配置规格为DN20的可分离杆式温度计套管，其材料是奥氏体型不锈钢。

5.4.4.4 热电偶及电阻式测温计

实际应用时，应允许在机组运行情况下更换热电偶和电阻式测温计。安装热电偶和电阻式测温计时，温度计套管或探测器和接线盒之间的导线应是连续的导线。应提供从热电偶到底板上的一个或多个分线盒之间的导管。

5.4.4.5 压力表

5.4.4.5.1 压力表(不包括装在仪器内部的气压表)应配置奥氏体不锈钢波登管和不锈钢活动机件，100 mm 直径的刻度盘(压力超过 5.5 MPa 的，采用 150 mm 直径的刻度盘)，以及配置 DN 插入式合金钢连接件。压力表的刻度盘采用白底黑字的标准式样。

应正确选择压力表的量程范围，使正常运行压力处在压力表量程的中间位置。但是，刻度盘的最大读数在任何情况下也不能低于减压阀设定值加 10%的值。每只压力表应配置一个圆片插件或放气件，用来释放过高的表壳内压。

5.4.4.5.2 ●如有规定，易受振动的位置应提供注液压力表。

5.4.4.6 电磁阀

只在干净、干燥的空气仪表装置中使用直接操作的电磁阀，电磁阀绝缘等级等于或大于 F 级，并且具有连续工作的能力。当要求电磁阀进行其他工作时，对气动阀、液压阀和类似阀门来说，电磁阀起一个控制阀的作用。

5.4.4.7 减压阀

5.4.4.7.1 安装在供方提供的设备或管道上的减压阀应由供方提供。其他减压阀由需方提供。所有运行设备的减压阀均应符合 SY/T 10044 以及 API Std 526 规定的限制要求。供方应向需方提供减压阀尺寸选择和选型时的流量、最高允许设定压力和温度。供方的报价书应列出所有的减压阀，并清楚显示哪些减压阀由供方提供。减压阀的设定值，包括蓄能器，应考虑到所有可能的设备发生故障的类型及对管道系统的保护。

5.4.4.7.2 除非另有规定，否则减压阀本体为钢质材料。

5.4.4.7.3 ●如有规定，对通过隔离阀隔离的元件应配置温控减压阀。

5.4.4.8 流量指示器

5.4.4.8.1 ●如有规定，应在每个轴承的大气压力回油管道中设置流量指示器。

5.4.4.8.2 除非另有规定，流量指示器为法兰连接型，有观察窗并具有钢质本体。

5.4.4.8.3 为便于观察通过管道的油流量，每个流量指示器应在垂直面上设置观察窗。观察窗的直径至少等于 1/2 的油管内径，且能清楚显示最小油流量。

5.4.5 报警和停机

5.4.5.1 ●总则

作为规定，供方应提供并安装开关及控制装置。

5.4.5.2 ●报警哨阀

如有规定，汽轮机汽缸上应设置一个报警哨阀。凝汽式汽轮机的报警哨阀设定在 35 kPa。背压式汽轮机的报警哨阀的最小设定值是最高排汽压力的 10%或比最高排汽压力高出 70 kPa(取较大值)。

注：报警哨阀只是一个声音报警装置，不是减压装置。

5.4.5.3 报警和跳闸开关

5.4.5.3.1 为便于检验和维护，每个报警开关和停机开关应装入一个单独罩壳。应使用气密式单极双投开关，其最小容量在120 V交流电压时达到5 A，120 V直流电压时达到0.5 A。不应使用水银开关。

5.4.5.3.2 ●需方应对报警和跳闸功能用的电子开关操作方式作出规定。

5.4.5.3.3 罩壳外面不能调整报警和跳闸开关设定值。

5.4.5.3.4 压力传感部件为奥氏体型不锈钢。

5.4.5.3.5 供方应在报价书提供完整的所供报警和停机装置的说明。

5.4.5.4 电弧型开关座

对4.1.13适用规范中所描述的有关电弧型开关座的特性要求，应给予特殊关注。

5.4.6 振动和位置检测器

5.4.6.1 ●如有规定，应提供并安装振动和轴向位移传感器，并根据API Std 670进行标定。

5.4.6.2 ●如有规定，应提供并安装振动和轴向位移监视器，并根据API Std 670进行标定。

5.4.6.3 ●如有规定，应提供轴承温度监视器，并根据API Std 670进行标定。

5.5 管道及其附件

5.5.1 总则

5.5.1.1 管道设计、接头制作、试验和检验应符合ASME B31.3规定。除非另有规定，不要求进行X射线检验。

5.5.1.2 下列用途的管道系统作为辅助系统：

a) 蒸汽，包括密封蒸汽；

b) 仪表和控制气体；

c) 润滑油；

d) 控制油；

e) 冷却水；

f) 疏水及冒汽。

辅助系统应遵守表4的要求。

注：汽缸接口见4.4。

5.5.1.3 管道系统应包括管道、隔离阀、控制阀、减压阀、减压器、孔板、温度计及套管、压力表、观察窗和全部有关的通气及疏水装置。

5.5.1.4 如果汽轮机供方提供底盘，则应提供汽轮机供方所供设备需要的管道系统，包括主机基础区域和任何控制台基础或任何辅机基础范围内安装的附件。每个基础边界处的管道末端为法兰接口。

5.5.1.5 管道系统的设计应达到下列要求：

a) 具有合适的支承及保护，以防止因振动或装运、运行和维修而引起的损坏；

b) 具有适当的挠性和正常的可接近性，便于运行、维修和彻底清洁；

c) 管道根据机组轮廓进行安装布置，做到整齐有序且不妨碍接近孔口；

d) 消除气穴；

e) 不拆卸管道就能通过最低点达到完全排水。

5.5.1.6 管道装配最好采用弯制或焊接方法，尽量减少使用法兰和配件。只有在设备连接处、任何基础的边界处和易于维修的部位，才允许使用焊接法兰。除了T形接头和异径接头，只有在管道密集区为简化管道布置时，才允许采用焊接连接件。最大程度减少使用螺纹接口。不应使用管外套管的方法。

5.5.1.7 管螺纹应为符合GB/T 12716规定的锥螺纹。当要求符合当地标准时，管螺纹则应符合GB/T 7307的规定。法兰符合GB/T 9112～9124的规定。只有经需方同意才可使用松套法兰。对于承插焊式连接件，应在管端和插口底部之间留出 1.5 mm 的间隙。

5.5.1.8 仪表、铸铁设备或维修时须拆卸的部位不允许采取焊接方法。

5.5.1.9 不应使用尺寸为 DN32、DN65、DN90、DN125、DN175 或 DN225 的连接件、管道、阀门和配件。

5.5.1.10 安装空间不允许使用 DN15、DN20 或 DN25 管子的地方，其无缝管配置参见表 4。

表 4 供参考的管道材料

部件名称	蒸汽		冷却水		润滑油	
	≤517 kPa	>517 kPa	标准（≤DN25）	任选	≤DN25	≥DN40
大管子	无缝管[a]	无缝管[a]		ASTM A 53 型 F 40 规范，镀锌的 ASTM A 153		ASTM A 312，304 型或 316 型不锈钢[b]
小管子	ASTM A 269，304 型或 316 型 不锈钢		ASTM A 269，304 型或 316 型不锈钢[c]		ASTM A 269，304 型或 316 型不锈钢[c]	
全部阀门	碳钢 800 级	碳钢 800 级	青铜 200 级	青铜 200 级	碳钢 800 级	碳钢 800 级
闸阀和球阀	螺栓连接的阀盖和密封	螺栓连接的阀盖和密封			螺栓连接的阀盖和密封	螺栓连接的阀盖和密封
大管子紧固件和管接	锻制 3000 级	锻制 3000 级	ASTM A 338 和 A 197，150 级可锻铁，镀锌的 ASTM A 153	ASTM A 338 和 A 197，150 级可锻铁，镀锌的 ASTM A 153	不锈钢	不锈钢
小管子紧固件	碳钢，压制，制造厂标准		制造厂标准		碳钢，压制，制造厂标准	
安装接头 ≤DN40	螺纹接头	承插焊接头	螺纹接头	螺纹接头		碳钢松套法兰
安装接头 ≥DN50	松套法兰	承插焊法兰或对焊法兰	需方规定	需方规定		碳钢松套法兰
垫圈	304 型或 316 型不锈钢，螺旋缠绕，或铁或软钢	304 型或 316 型不锈钢，螺旋缠绕，或铁或软钢				304 型或 316 型不锈钢，螺旋缠绕
法兰螺栓件	ASTM A 193 B7 级 ASTM A 194 2H 级	ASTM A 193 B7 级 ASTM A 194 2H 级				ASTM A 193 B7 级 ASTM A 194 2H 级

注 1：碳钢管应符合 ASTM A 106 B 级；ASTM A 524；或 API 规范 5L，A 或 B 级规定。

注 2：碳钢管紧固件、阀门和法兰部件应符合 ASTM A 105 和 A 181 规定，不锈钢管应符合 ASTM A 132 的规定。

[a] 直径从 DN15 到 DN40 的为 Sch80；直径等于或大于 DN50 的为 Sch40。

[b] 直径 DN40 的为 Sch40；直径等于或大于 DN50 的为 Sch10。

[c] DN15 直径×1.65 mm 壁厚，DN20 直径×2.41 mm 壁厚，或 DN25 直径×2.77 mm 壁厚。

5.5.1.11　任何接口的最小尺寸为 DN15。

5.5.1.12　供方提供的管道系统应在工厂进行构制和安装，并具有合适的支承。法兰连接件的螺栓孔应跨置在平行于设备主水平或垂直中心线的直管上。

5.5.2　油管道

5.5.2.1　当油流速为 0.3 m/s 时，按不超过一半流量的要求来确定排油口尺寸，并且保证做到排放畅通(要考虑到存在泡沫的情况)。水平管道应至少有 40 mm/m 的连续倾斜坡度(朝着油箱)。如果可能的话，分支管(任一横截面不超过一个)沿流动方向以 45°进入疏油总管。

5.5.2.2　不应使用非自耗的衬环和套筒式接头。滤油器下游的压力管道内不应存在聚积污垢的障碍物，不应使用承插焊管配件。

5.6　专用工具

5.6.1　当机组要求使用专用工具和夹具进行拆卸、安装和维修时，应在报价单中列出这些专用工具，并作为设备原始供货的一部分来提供。多机组安装的，其要求使用的专用工具和夹具数量应经供需双方一致同意。在设备进行工厂安装及试验后拆卸时，应使用这些专用工具或相似的专用工具。

5.6.2　提供专用工具时，应将专用工具单独装入坚固的金属箱并标上“专用工具”(标签/项目号)字样。每个工具均有说明用途的标签。

5.7　可拆卸式保温层

5.7.1　除非另有规定，等于或大于正常运行温度(等于或大于 75 ℃)的汽缸应装有完全遮住汽轮机的可拆卸毯式保温层。毯式保温层由里面装有防护金属网格的高温纤维织物组成。扣件、金属网格和紧固件的材料均为不锈钢材料。

5.7.2　正常运行工况下，保温层外表面温度保持在 75 ℃以下。应按拆卸和更换时尽量不受到损坏的原则来设计可拆卸保温层。

6　检验和试验

6.1　总则

6.1.1　需方预先向供方发出通知，并经供方根据合同认可后，需方代理人应能进入所有供方及分供方正在进行设备制造、试验和检验的现场。

6.1.2　供方应把需方的检验和试验要求告知分供方。

6.1.3　供方应在进行需方指定的现场见证或观察验证前，提前(足够的时间)通知需方作好准备。

6.1.4　需方代理人应可接触供方的质量控制大纲，以作审查之用。

6.1.5　●需方应指定参与检验和试验的范围，并对提前通知时间提出规定。

6.1.5.1　当需方规定在工厂进行检验和试验时，供需双方应共同协调确定停工待检点和检验员巡查点。

6.1.5.2　现场见证：是一个与生产进度同步的、并且在需方或其代理人到场的情况下所进行的检验或试验的控制点。对机械运行试验或性能试验这样的现场见证，要求先提供一份初步试验良好的通知书。

6.1.5.3　观察验证：是指把检验和试验的时间通知需方，但是检验和试验按计划进行，如果需方或其代理人不到场，供方可进行下一步工作(需方应预料到在工厂作观察验证比现场见证时间更长)。

6.1.6　指定的检验和试验用设备由供方提供。

6.1.7　●如有规定，需方代理人、供方代理人或供需双方代理人应在“检验员检验表(附录 H)上签名，并写明日期。装运前，把完整的清单提交给需方。

6.2 检验

6.2.1 总则

6.2.1.1 商品目录中的标准件(包括散装原材料)不要求提供工厂试验报告。
6.2.1.2 压力容器部件未完成规定的检验前不应进行喷涂。
6.2.1.3 ●除4.11.3.1的规定外,需方还可提出下列规定:

a) 须经表面和表层检验的部件。
b) 检验类型:磁粉检验、液体渗透检验、X射线检验和超声波检验。

6.2.2 材料检验

6.2.2.1 总则

6.2.2.1.1 ●供方应目测检验铸件表面,铸件表面应无粘砂、氧化皮、裂纹和热裂。其他表面的不连续性应符合需方规定的目测检验验收标准。可采用"JB/T 7927规定的目测方法"或其他目测检验标准来规定允许的表面缺陷和粗糙度。
6.2.2.1.2 当要求或规定对焊缝或材料采用磁粉检验、液体渗透检验、X射线检验和超声波检验时,除非需方另有规定,应采用6.2.2.2~6.2.2.5规定的准则。铸铁件按6.2.2.4和6.2.2.5的要求检验。焊缝、铸钢件和锻材按6.2.2.2~6.2.2.5的规定检验。

6.2.2.2 X射线检验

6.2.2.2.1 X射线检验应符合JB/T 4730.2的规定。
6.2.2.2.2 焊接件验收准则是ASME规范第Ⅷ卷第1册的UW-51(100%检验)和UW-52(抽查检验)。铸件验收准则是ASME规范第Ⅷ卷第1册的附录7。

6.2.2.3 超声波检验

6.2.2.3.1 ●如有规定,所有主要旋转部件的锻件和棒材在粗加工后,均应按JB/T 1581规定作100%的超声波检验。验收准则由供需双方共同商定。
6.2.2.3.2 超声波检验应符合ASME规范第Ⅴ卷中第5章和第23章的规定。
6.2.2.3.3 焊接件验收准则是ASME规范第Ⅷ卷第1册的附录12。铸件验收准则按ASME规范第Ⅷ卷第1册附录7的规定。

6.2.2.4 磁粉检验

6.2.2.4.1 干磁粉检验和湿磁粉检验均应符合GB/T 10121的规定。
6.2.2.4.2 焊接件验收准则按ASME规范第Ⅷ卷第1册的附录6和第Ⅴ卷第25章的规定。铸件缺陷验收应同ASTM E 125的图片作比较来判定。每种缺陷的严重程度不应超出表5规定的限制。

表5 铸件缺陷严重程度表

类　型	缺　陷	缺陷严重程度等级
Ⅰ	线状缺陷	1
Ⅱ	缩孔	2
Ⅲ	夹杂物	2
Ⅳ	冷铁和芯撑	1
Ⅴ	疏松	1
Ⅵ	焊缝	1

6.2.2.5 液体渗透检验

6.2.2.5.1 液体渗透检验应符合 ASME 规范第Ⅴ卷第 6 章的规定。

6.2.2.5.2 焊接件验收准则按 ASME 规范第Ⅷ卷第 1 册的附录 8 和第Ⅴ卷第 24 章的规定。铸件验收准则按 ASME 规范第Ⅷ卷第 1 册附录 7 的规定。

注：不考虑 6.2.2 的一般限制情况，如果必须有更为严格的要求，则供方有责任重新审查设备的设计限制条件。应消除那些由规定的检验方法所确定的、超过 6.2.2 强制性限制的缺陷，使其符合引用的质量标准。

6.2.3 机械检验

6.2.3.1 设备装配期间及试验前，每个部件(包括这些部件的铸入通道)和所有管道及其附件均应用化学清洗或其他方法清除异物、氧化皮和铁锈。

6.2.3.2 随同汽轮机提供的油系统的任何部分均应符合 JB/T 4365 的清洁度要求。

6.3 试验

6.3.1 总则

6.3.1.1 设备应按 6.3.2 和 6.3.3 的要求进行试验。需方指定的其他试验在 6.3.4 提出。

6.3.1.2 供方应在准备进行设备试验前，至少提前五个工作日通知需方。如果试验要重新安排，则供方应在新试验前的至少五个工作日前通知需方。

6.3.2 水压试验

6.3.2.1 压力容器部件(包括辅助设备的)应作静压试验，其试验压力最小应为 1.5 倍于最高允许工作压力，但不小于 150 kPa。试验液体的温度应高于被试验材料的脆性转变温度。

注：脆性转变温度是在没有出现显著的塑性变形情况下，材料完全脆性断裂的最高温度。

6.3.2.2 如果被试验部件工作温度下的材料强度低于材料在试验温度下的强度，则水压试验压力应乘上一个系数，该系数用工作温度除以试验温度下的材料许用工作应力而获得。对管道来说，所使用的应力值应符合 ASME B31.3 给出的值，或者，对容器来说，要符合 ASME 规范第Ⅷ卷第 1 册给出的值。用这种方法获得的压力是进行水压试验的最小压力。数据表应列出实际的水压试验压力。

6.3.2.3 试验应保持足够的一段时间，以便彻底检查受压状态下的部件情况。最短 15 min，如果汽缸或汽缸结合处既无泄漏也无渗漏现象，则可认为水压试验合格。各分隔板腔的内部隔板处允许有渗漏，并且可用一个试验泵来保持压力。

6.3.2.4 汽缸进行完整性水压试验期间，可在汽缸的结合面上使用密封膏或垫片。

6.3.2.5 水压试验前，任何零件均不应进行喷涂(涂底漆或面漆)。

6.3.3 机械运行试验

6.3.3.1 进行机械运行试验前，应符合下列 6.3.3.1.1～6.3.3.1.9 的要求。

6.3.3.1.1 机械运行试验的设备应使用合同规定的轴封和轴承。检查轴承座的密封并排除任何泄漏。

6.3.3.1.2 ●所有的油压、油流量、油粘度和油温均应在供方特定的被试验机组的使用说明书推荐的运行值范围之内。

6.3.3.1.3 试验台用油的过滤精度值应小于或等于 25 μm。任何试验开始前，滤油器下游油系统部件的清洁度应满足 JB/T 4365 的要求。

6.3.3.1.4 油雾润滑系统中所用的轴承应预先进行润滑。

6.3.3.1.5 试验期间，如果不提供非接触探头并且也不测量轴振动，则应使用工厂的测量仪器来记录轴承座的径向振动。在每个轴承座的顶部和侧面获取测量值(见 4.8.4.8 的振动速度极限值)。

6.3.3.1.6　所有购买的振动探头、电缆、振荡检波器和加速度计均应在试验时使用。如果设备的供方不提供振动探头，或外购的探头与工厂的显示装置不匹配，则应使用符合 API Std 670 标准精度要求的工厂探头和显示装置。

6.3.3.1.7　使用 6.3.3.1.5 或 6.3.3.1.6 规定的仪器而确定的振动特性应作为机组验收合格或拒收的基本依据(4.8.4.5 和 4.8.4.8)。

6.3.3.1.8　检查所有接头和连接件的密封性，并排除任何泄漏。

6.3.3.1.9　检查所有试验时所使用的报警、保护和控制装置，并按要求作好调整。

6.3.3.2　汽轮机应以最高连续转速空负荷连续运行 1 h。

6.3.3.3　除非另有规定，控制系统应经实际验证，并按 6.3.3.3.1～6.3.3.3.7 的规定进行汽轮机的机械运行试验。

6.3.3.3.1　蒸汽条件应尽可能地接近设计值。

注：由于试验期间空负荷运行时间延长，可能需要降低进汽参数，以防止机组过热和超过设计裕量。

6.3.3.3.2　设备应以大约 10%的转速增量从零转速运行到最高连续转速，并以最高连续转速运行，直到轴承、润滑油温度和轴振动达到稳定为止。

6.3.3.3.3　转速增加到最高连续转速的 110%，并且设备在 110%的最高连续转速下至少运行 15 min。

6.3.3.3.4　达到 6.3.3.3.2 的稳定状态之后，在最高连续转速、稍低于跳闸转速的转速和最低运行转速下记录振动值。最大允许振动极限值为 4.8.4.5 或 4.8.4.8 的规定值。应确定任何低于最高连续转速的临界转速。4.8.4.8 所涉及的汽轮机稍低于跳闸转速的运行转速振动极限值为规定值的 1.5 倍。

6.3.3.3.5　检查并调整超速跳闸装置，直到获得连续三次无趋向性跳闸值在正常跳闸设定值±2%范围内为止。

6.3.3.3.6　在整个运行转速范围，试验调速器和任何其他调速装置的平滑特性。检查空负荷运行的稳定性和控制信号的响应。

6.3.3.3.7　变转速调速器的一个最低要求是记录下列数据：转速与控制信号之间的灵敏度和线性度。对可调调速器，应记录响应转速范围。

6.3.3.4　除非另有规定，机械运行试验完成后，设备应满足 6.3.3.4.1～6.3.3.4.3 的要求。

6.3.3.4.1　机械运行试验完成后，应拆卸、检查并重新装好液压轴承。

6.3.3.4.2　如果为了排除机械或性能方面的缺陷而要求更换或修整轴承或密封，或要求打开汽缸更换其他部件，则该初次机械运行试验将被视为不合格，更换部件或排除缺陷后，应再进行最终工厂试验。

6.3.3.4.3　如果订购的备用转子是与设备同时制造的，则每根备用转子应按本标准要求进行机械运行试验。

6.3.4　**●可选试验**

如有规定，应进行下列 6.3.4.1～6.3.4.5 所述的工厂试验。试验细则应经供需双方一致同意。

6.3.4.1　**●性能试验**

最好在正常蒸汽条件下，以正常功率和转速进行性能试验。如果实际上做不到，则供方应说明建议进行试验的条件。性能试验通常按 GB/T 8117 或 ASME PTC 6 的规定进行。细则应经双方协商。

注：对本设备等级来说，一般不要求进行性能试验。

6.3.4.2　**●整机试验**

机械运行试验期间，被驱动设备和辅机设备等构成一个完整机组的组件，应一起进行机械运行试验。除了需方规定的个别组件的单独试验外，整机试验可代替单独试验。

6.3.4.3 ●齿轮装置试验

经供需双方同意，齿轮装置应在机械运行试验期间同汽轮机一起进行试验。

6.3.4.4 ●噪声试验

按需方的要求进行噪声测量试验。

6.3.4.5 ●辅助设备试验

辅助设备如油系统和控制系统，应在供方的工厂进行试验。辅助设备试验的细则由供需双方商定。

6.4 装运准备

6.4.1 ●设备应按规定的装运方法作好装运的准备工作，必要时封包转子。准备工作依据：自装运之日起设备能在室外存放六个月；存放期间，除了检查轴承和密封外，运行前不要求拆卸机组。如果预计存放时间要延长，则需方应同供方协商以采取相应的推荐存放方法。

6.4.2 供方应向需方提供必要的存放说明书，以便做好设备到达现场后和设备起动前这段时间存放的保管工作。

6.4.3 设备的全部试验和检验工作完成后，应进行设备的装运准备。准备工作包括6.4.3.1～6.4.3.13的内容。

6.4.3.1 机加工过的表面除外，所有其他外表面均应至少涂一层符合制造厂标准要求的油漆。油漆不应含有铅和铬酸盐。

6.4.3.2 机加工外表面应涂上合适的防锈剂。

6.4.3.3 清洁设备内部，做到无氧化皮、焊渣和杂物，并用可用溶剂清除的合适的防锈剂进行喷涂或涂刷。防锈剂应在缓慢转动转子时，通过所有的开口进行喷涂。

6.4.3.4 轴承座和油系统设备的与油接触表面如过滤器和冷油器的与油接触的内钢质表面，均应涂上合适的油溶性防锈剂。

6.4.3.5 法兰孔口应配置至少5 mm厚的金属盖，并配橡胶垫圈和至少四只大直径螺栓。对于双头螺柱孔口，应装上预计要使用的所有螺母，确保关紧盖板。应仔细密封好每个孔口，以使不打开密封，就无法拆卸保护盖。

6.4.3.6 螺纹孔口应配置钢盖或圆头螺塞。任何情况下不应使用非金属（如塑料）盖或螺塞。

注：这些是装运用的螺塞。永久固定的螺塞见4.4.5的规定。

6.4.3.7 焊接用的斜开口应设置盖板，以防止异物进入孔内和损坏斜面。

6.4.3.8 设备或设备包装箱上应明显地标出起吊点和起重吊耳。设备的包装箱上应标出推荐的起吊位置。

6.4.3.9 设备应标注项目号和序列号。分开装运的器材应牢固地系上防腐蚀金属标签，标签上标注出其所属设备的项目号和序列号。此外，用板条箱装运的设备应随附两份装箱清单，一份在箱内，一份在箱外。

6.4.3.10 当订购备用转子时，转子应作好至少在不会受到热影响的室内存放三年的准备工作。转子应涂上防锈剂并置于防潮的封袋内，封袋内有会缓慢释放的气相防锈剂。转子和托架的支承面之间应垫上合适的、3 mm厚的弹性材料（四氟乙烯TFE材料和聚四氟乙烯PTFE材料均不能使用）。不应在轴颈处支承转子。

6.4.3.11 裸露的轴和联轴器用柔性防水蜡布或带气相防锈剂的纸包起来。结合处用耐油胶带封牢。

6.4.3.12 所有不提供自支承底盘的汽轮机均应用螺栓固定在粗大木料制成的运输拖板上，并适合于叉车搬运或起重机起吊。较大的汽轮机应根据运输和搬运方法的具体要求提供支承物。

6.4.3.13 有碳环的汽轮机应装环发运。首次起动前是否必须清洁碳环密封，供方应在使用说明书中加以说明。

6.4.4 外购设备上配置的辅助管道接口应打上印记或加上永久性标签，标示应同供方接口表或总布置图相符。应标出设备和接口名称。

6.4.5 一套制造厂标准的安装使用说明书副本应随设备同时包装发运。

6.4.6 装运时拆开的辅助管道接口应标出便于重新安装用的配合标记。

7 供方的资料

7.1 总则

7.1.1 下列7.2和7.3规定的资料由供方提供。供方应填好“供方图样和资料要求表”(见附录I)，并按询价单或订单上提供的一个或多个地址寄发该表格。表格应详细列出订货时所商定的图样、曲线和资料的发送计划以及需方要求提供的副本数量和类型。

7.1.2 发送函件(封面)和标题或扉页应标出下列内容：

a) 需方/用户的全称；

b) 任务/工程号；

c) 设备项目号和服务名；

d) 询价单号或需方订单号；

e) ●询价单或需方订单中所规定的其他标识内容；

f) 供方标识用的报价书号、工厂指令号、序列号或其他来往信函所必需的标记。

7.2 报价书

7.2.1 总则

供方应把初始报价书及规定的副本份数寄到询价文件中指定的地址。报价书至少应包括7.2.2至7.2.3规定的资料，以及严格符合本标准的系统和全部其他部件的专门说明。如果系统和部件与本标准不严格相符，则供方应提供一份详细说明的偏差表。供方应向需方提交详细资料，以便需方能够对任何所建议的替换设计作出评估。所有来往信函按7.1.2的要求标识清楚。

7.2.2 图样

7.2.2.1 报价书应包含“供方图样和资料要求表(见附录I)”中列出的图样。供方至少要提供下列图样：

a) 标出进汽口和排汽口位置的初步布置图；

b) 所供设备的横剖面图和部件分解图；

c) 汽轮机供方提供的润滑油系统和汽封系统简图；

d) 一台或多台安装好的设备或主要部套的起吊方法简图[也可在a)中包含该内容]。

7.2.2.2 如果采用典型图样、简图和明细表，则应作出标记，以示出正确的质量和尺寸数据，反映报价的实际设备和范围。

7.2.3 技术资料

报价书应包括下列技术资料：

a) 填入了完整的供方数据的、供需方使用的数据表和提供了全部详细情况的文件；

b) 需方的噪声数据表；

c) “供方图样和资料要求表(附录I)”,该表应给出供方同意传递全部规定资料的时间进度表,并作为合同一部分;
d) 收到订单数周后提供的设备发运时间表;
e) 主要的易磨损部件清单,并给出同需方的其他机组互换性;
f) 起动和正常维修用的推荐性备品备件清单;
g) 维修用专用工具清单;
h) 起动、运行和惰走时(根据数据表规定的现场条件)的特殊气候保护和防寒措施说明。说明中应注明由需方提供的保护措施,以及包括供方的供货范围的保护措施;
i) 完整的公共设施要求表格,如蒸汽、水、电、空气、气体和润滑油,包括润滑油数量和供油压力、油带走的热负荷、辅助设备的铭牌额定功率和运行功率要求(规定近似数据并清楚地标识);
j) 按要求提供材料的试验和检验程序说明;
k) 需方订单所规定的特殊要求和4.11.1.1、4.11.1.2和5.4.4.7.1要点的说明;
l) 与报价书规定工况类似的相同机组的安装和运行条件清单;
m) 为保护设备完整性所要求的任何起动、停机或运行限制;
n) 报警和停机装置;
o) 横向临界转速值。

7.2.4 曲线

●如有规定,供方应提供下列性能曲线:
a) 汽轮机正常转速运行时,对于一个或多个手动阀的不同设定值来说的蒸汽流量与功率关系曲线;
b) 对于多级汽轮机来说,汽轮机在正常转速和正常蒸汽条件下运行时,第一级压力与蒸汽流量关系曲线。

7.3 合同资料

7.3.1 总则

7.3.1.1 附录I规定了供方应提供的合同资料。每张图样、材料清单及数据表在右下角设置一个标题栏,标题栏内标出检验日期、7.1.2规定的全部检验数据的参考值、版本号、日期和名称(见7.3.2和7.3.3)。

7.3.1.2 需方收到供方提供的合同资料后应立即进行审查,除非有书面特别认可同意,否则,审查不应偏离订单的任何要求。资料审查结束后,供方应提供规定数量的副本。

7.3.1.3 一份完整的供方资料清单应包括最初的主要图样。清单应有名称、图样数量和供方所供全部资料的发送计划(见附录I)。

7.3.2 图样

供方所供图样应包含7.3.6的全部数据,以便需方能正确地安装、操作和维护所购的设备。图样应字迹清楚,按本标准7.3.1.1的要求作出标识,并符合我国技术制图与机械制图的规定。每张图样至少应包含附录I所列图样的内容。

7.3.3 技术数据

按附录I提交技术数据,并按7.3.1.1的规定进行标识。供方应对必须修改数据的图样审批意见或技术规范修订做出解释。需方将根据这些解释提出的、校正过的数据表,作为合同技术规范的一部分。

7.3.4　进度报告

供方应按“供方图样和资料要求表”规定的时间向需方提交进度报告。

7.3.5　零件清单和推荐备件

7.3.5.1　供方应提供一份完整的全部设备和所供的辅助设备用零件清单，清单应标明制造厂的专用零件号、构件材料名称和交付时间，材料按 4.11.1.2 的规定进行标识。每个部件均应标识完整并附横剖面图或装配图，以便需方确定同其他设备的零件互换性。为了互换和将来的零件再制，对于为满足性能要求由标准尺寸改制的零件和/或加工到规定要求的零件，应采用零件号进行标识。外购标准件用原制造厂名称和零件号标识。

7.3.5.2　供方应在上述的零件清单中列出推荐的正常维护所需的备用零件[见 7.2.3f)]。供方收到审查过的图样后，应立即把清单提交给需方，以便现场起动前，可及时订购和发运这些零件。来往信函按 7.1.2 的规定进行标识。

7.3.6　安装、操作、维护和技术数据手册

7.3.6.1　总则

供方应提供内容完整的使用说明书和一份所购全部设备的图样清单，供需方正确安装、操作和维护之用。这些资料应汇编成册(一本或数本)。手册封面应标上 7.1.2 规定的标识内容和包含章条标题的索引页，以及附上一份有标题名称和图号的参考图及附图的完整清单。手册为指定专用的，不允许采用通用手册。

7.3.6.2　安装手册

图样中没有但正确安装设计所需的任何特殊数据资料应单独编制成一本手册(与操作和维护说明书分开编制)。安装手册应按合同中双方同意的时间提供，最晚不迟于安装手册最终版本的印刷时间。安装手册中应包含特殊对中和灌浆程序、公用设备技术规范(包括参数)和所有其他的安装设计数据，还包括 7.2.2 和 7.2.3 规定的图样和资料。安装手册还应提供标出了重心位置的简图和起吊上半汽缸、转子及任何质量超过 135 kg 部件的起吊装置简图。

7.3.6.3　操作和维护手册

圆满完成所有规定试验后的两周内，应提交包含操作和维护数据的手册。手册应把在极端环境条件下(如温度)运行的特殊说明列为一个章条。手册至少还应包括附录 I 所列的全部数据资料。

7.3.6.4　●技术数据手册

如有规定，工厂试验完成后 30 d 内，供方应把技术数据手册提供给需方(见附录 I)。

附　录　A
（资料性附录）
本标准与 API Std 611：1997 相比的结构变化情况

本标准与 API 611：1997 相比在结构上有调整，具体章条编号对照情况见表 A.1。

表 A.1　本标准与 API Std 611：1997 章条编号对照

本标准章条编号	对应的 API 标准章条编号
引言	1.1 的注
第 1 章的注 1～注 2	1.2、1.3
第 2 章	附录 G
第 2 章的注 1～注 3	2.1.1～2.1.3
3.1	1.1.1.1
4.6.2.4	4.6.2.2
4.9.25.1～4.9.25.5	4.9.26～4.9.30
4.9.26～4.9.27	4.9.31～4.9.32
附录 A	—
附录 B	—
附录 C	—
附录 D	附录 A
附录 E	附录 B
附录 F	附录 C
附录 G	附录 D
附录 H	附录 F
附录 I	附录 E
I.2 说明中 a）～gg）	附录 E 中说明 1～33

附 录 B
（资料性附录）
规范性引用文件中我国文件与国际文件之间的一致性程度

表 B.1 给出了规范性引用文件中我国文件与国际文件之间的一致性程度。

表 B.1 规范性引用文件中我国文件与国际文件之间的一致性程度

序号	我国文件与国际文件之间的一致性程度
1	GB/T 8117.1—2008 汽轮机热力性能验收试验规程 第1部分:方法A 大型凝汽式汽轮机高准确度试验(IEC 60953-1:1990,IDT)
2	GB/T 8117.2—2008 汽轮机热力性能验收试验规程 第2部分:方法B 各种类型和容量的汽轮机宽准确度试验(IEC 60953-2:1990,IDT)
3	GB/T 17241.1—1998 铸铁管法兰 类型(neq ISO 7005-2:1988)
4	GB/T 17241.2—1998 铸铁管法兰盖(neq ISO 7005-2:1988)
5	GB/T 17241.3—1998 带颈螺纹铸铁管法兰(neq ISO 7005-2:1988)
6	GB/T 17241.4—1998 带颈平焊和带颈承插焊铸铁管法兰(neq ISO 7005-2:1988)
7	GB/T 17241.5—1998 带颈翻边 带颈松套铸铁管法兰(neq ISO 7005-2:1988)
8	GB/T 17241.6—1998 整体铸铁管法兰(neq ISO 7005-2:1988)
9	GB/T 17241.7—1998 铸铁管法兰 技术条件(neq ISO 7005-2:1988)

附 录 C
（资料性附录）
本标准与 API Std 611:1997 的技术性差异及原因

表 C.1 给出了本标准与 API Std 611:1997 的技术性差异及原因

表 C.1 本标准与 API Std 611:1997 的技术性差异及原因

本标准的章条编号	技术性差异	原因
2	增加了规范性引用文件一章。	根据我国标准的编写规定，文件一经引用便成为标准应用时不可缺少的文件，应列出规范性引用清单。
4.2.12	安装表面的锪孔直径改为按 GB/T 152.4 的规定。	基础标准采用相应国标，以适合我国国情。
4.6.2.4	将标准中的 ASME B17.1 改为 GB/T 1095。	基础标准采用相应国标，以适合我国国情。
4.11.1.2	将标准中的“报价书应采用合适的 ASTM、AISI、ASME 或 SAE 编号来标识材料，包括材料等级。”改为“在供方报价书中应对所有主要部件的材料作出明确规定。应参考适用的国际标准对材料包括材料等级作出标识。”	适合我国国情。
4.11.1.13	将标准中的 ASTM A 193 改为 GB/T 20410。	螺栓、螺柱及螺母以我国相应的国标代替，适合我国国情。
	将标准中的 ASTM A 194 改为 GB/T 13807.3。	
	将标准中的 ASTM A 307 改为 GB/T 3098.1。	
4.11.2.5	将标准中的 ASTM A 395 改为 JB/T 9631。	适合我国国情。
5.2.6	将标准中的 ISO/R 773（ANSI/AGMA 9002）改为 JB/T 9559。	适合我国国情。
5.2.7	将标准中的 ANSI/AGMA 9000 改为 JB/T 8557。	JB/T 8557 等效采用此标准的前一版本 AGMA 515.02，且等级 9 的数据一致，故代用。
5.3.1.2.6	将标准中的 SSPC SP6 改为 GB/T 8923.1 或 SSPC SP6。	与 GB/T 28574《石油、石化和天然气工业 特种用途汽轮机》统一，适合我国国情。
5.4.1.2	“除非另有规定，控制设备和测量装置均应适合室外安装。”改为“如有规定，控制设备和测量装置均应适合室外安装。”	因为电子设备很难满足室外恶劣气候条件。
5.4.4.5.1	压力表刻度盘直径由 110 mm 改为 100 mm。	符合国家标准。
	压力表应配置的波登管和活动机件材料由 AISI 标准 316 型不锈钢改为奥氏体不锈钢。	因 AISI 316 型不锈钢相当于我国的一种奥氏体不锈钢。

表 C.1（续）

本标准的章条编号	技术性差异	原　因
6.2.2.2.1	将标准中的 ASTM E 94 和 ASTM E 142 用 JB/T 4730.2 代替。	适合我国国情。
6.2.2.3.1●	将标准中的 ASTM A 388 改为 JB/T 1581。	适合我国国情。
6.2.2.4.1	将标准中的 ASTM E 709 改为 GB/T 10121。	适合我国国情。
6.3.3.1.2●	删除“如有规定，对压力润滑油系统，应测量每个轴承座的油流量”。	轴承座的油量无法区分各轴承的实际进油量。
6.3.4.1	将标准中的 ASTM PTC6 改为“GB/T 8117 或 ASME PTC 6”。	与 GB/T 28574《石油、石化和天然气工业　特种用途汽轮机》统一，适合我国国情。
7.3.2	将标准中的 ASME Y14.2M 改为符合我国技术制图与机械制图的规定。	适合我国国情。
D	增加说明“除非另外注明，所有压力均为表压”	依据 GB/T 28574《石油、石化和天然气工业　特种用途汽轮机》附录 E。
E.2.1	将转子的不平衡响应试验改为供需双方商定时进行。同时修改与之相关的 E.1.3d)。	按国际惯例。

附 录 D
（资料性附录）
一般用途汽轮机数据表

本附录包含需方和供方使用的典型数据表。

除非另外注明，所有压力均为表压。

一般用途汽轮机数据表 国际单位	工程号________ 项目号________ 订单号________ 规范号________ 版本号________ 日　期________ 第1页　共3页　　制　表________

适用于：　○ 报价书　　○ 订购　　○ 制造

用　　途________　机组名称________

地　　点________　数量________

装置名称________　被驱动设备________

制 造 厂________　类型________　系列号________

备注：○ 表示数据由需方填写　□ 表示由制造厂填写　◘表示由需方或制造厂

○ 运行工况

运行点	功率 kW	转速 r/min
正常		
额定		
其他(4.1.4)		

○ 工作方式、场地和公共设施数据

适用范围(备用的，不备用的)________

○ 宽速度范围　○ 迅速起动

○ 慢滚动要求(4.10.4)○ 手动阀要求(5.4.1.5)

工作方式：○ 连续　○ 备用

○ 无人看管自动起动(4.1.6)

位置(4.1.14)：○ 室内　○ 受热　○ 不受热

○ 室外　○ 有顶棚　○ 无顶棚

环境温度℃：最小________　最大________

特殊条件(4.1.14)○ 灰尘　○ 含盐的大气

○ 其他情况________

电器区域等级(4.1.13)______类别______组别______

○ 安全

控制电源：电压____ V　相数____ PH.____ Hz

辅助电动机：电压____ V　相数____ PH.____ Hz

冷却水：压力________ kPa，压差________ kPa

流量________ m^3/h，温差________℃

许可的噪音等级(4.1.12)________ dBA________ m

○ 蒸汽参数

	最大	正常	最小
进汽压力(kPa)			
进汽温度 ℃			
排汽压力(kPa)			

○ 蒸汽污染(4.11.1.7)

汽轮机数据

□ 允许转速 r/min 最高________最低________

□ 最高连续转速 r/min(3.1.10)________

□ 跳闸转速 r/min_____叶片顶部速度 mm/s_____

□ 一阶临界转速 r/min(4.8.2.1)________

□ 排汽温度℃________正常________空载

□ 潜在的最大功率 kW(3.1.20)________

□ 最大的喷嘴蒸汽流量 kg/h________

向着调节器端的旋转方向○ 逆时针　○ 顺时针

○ 被驱动设备的推力 N (4.9.11)________

(立式汽轮机)(4.9.3)

○ 水管的提供者○ 供方　○ 其他供货商

○ 油管的提供者○ 供方　○ 其他供货商

□ 性能

运行点/ 蒸汽工况	手动阀开启数量 (5.4.1.5)	蒸汽额定值 kg/kW・h
正常/正常 (经保证的 SR)		
额定/正常		
(1)最小进汽 最大排汽		

(1) ○ 额定　○________%额定　○ 正常(4.1.4)

采用标准

GB/T 28573，其他________

____

结构

汽轮机型式　○ 卧式　○ 立式

级数　叶轮直径________ mm

转子：□ 组装的　□ 整锻的　□ 悬挂的

□ 在两个轴承之间

叶片：□ 2 列　□ 3 列　□ 回流

汽缸中分面：□ 轴向　□ 径向

汽缸支承：□ 中心线　□ 底座

○ 垂直顶起螺钉(4.2.13)

立式汽轮机的法兰

○ NEMA“P”基准　○ 其他(4.4.9)________

跳闸阀　□ 整体的　□ 分开的

级间密封　□ 迷宫式密封　□ 碳密封

端部密封　□ 碳环密封　数量/外皮________

□ 迷宫式________　□材料________

□ 机械式________　□制造者________

典型的径向轴承(4.9.1)________

典型的推力轴承(4.9.2)________

□ 计算的推力载荷________ kPa(4.9.15)

□ 轴承制造厂的极限额定值________ kPa

推力盘(4.9.10.2)□　可更换的 □ 整体的　□ 都不是

◘　润滑油黏度 ISO 等级(4.10.3)________

润滑油　○ 环状供油　○ 压力供油　○ 润滑脂

油雾(4.9.19)

○ 冲洗油雾　○ 纯油雾

○ 轴承座注油器类型________

汽 缸 设 计	进汽	排汽
最大许可压力/kPa		
最大许可温度/℃		
水压试验压力/kPa		

一般用途汽轮机数据表 国际单位	工程号________ 项目号________ 版本号________ 日　期________ 第 2 页　共 3 页　制　表________

□ 材料

高压汽缸____________等级______
排汽缸____________等级______
喷嘴____________等级______
叶片____________等级______
叶轮____________等级______
轴____________等级______
□ 根据装箱要求进行的轴表面涂层(4.6.2.3)
材料____________
适用方法____________
厚度____________
调节阀布置____________
进汽过滤器________滤芯尺寸________
联轴器分隔件/轮毂____________
联轴器膜片(圆片)____________

蒸汽工况

转速变换器○ 手动　○ 气动　○ 电动(5.4.2.3)
制造厂______型号______

可调整控制的	运行范围	控制信号
转速	____到____ r/min	____到____ kPa/mA
	____到____ r/min	____到____ kPa/mA

□ 连接件(4.4.1)

	尺寸	规格	外观	位置	○提供的配对零件(4.4.6.5)
进汽					
排汽					
疏水					

联轴器(5.2)　○ 见单独的数据表

布置	汽轮机	被驱动设备
○ 制造		
□ 型号		
□ 额定值(HP/100 r/min)		
○ 润滑		
□ 限制的端部浮动		
□ 分隔件长度		
□ 使用系数		

○ 汽轮机供方安装半联轴器

动平衡(5.2.8)：
○ 美国齿轮制造商协会 等级 8　○ 其他______
汽轮机轴端 □ 圆锥形 □ 圆柱形 □ 液压紧配轮毂

○ 安装底板

类型(5.3.1.1)　○ 底盘　○ 基础底板
安装底板的提供者：○ 汽轮机供方
○ 被驱动设备供方　○ 其他提供者____
被安装的设备：(5.3.2.1)
○ 汽轮机　○ 电动机　○ 齿轮箱
○ 泵　○ 其他设备______
○ 不灌浆的底盘
○ 适合柱式安装
○ 汽轮机供方提供辅助板

○ 由供方提供的辅助设备

○ 遥控跳闸装置　○ 电磁装置
□ 真空断路器(5.4.2.9)
○ 自动的蒸汽密封系统(4.7.5)
轴封真空装置包括(4.7.4)
○ 喷水器　○ 射汽器
○ 发送报警阀(5.4.5.2)
□ 绝缘,类型：____________
○ 转速表(5.4.4.1),类型____________
□制造厂______ □型号______
○ 安装者____________
○ 热减压阀(5.4.4.7.3)
○ 停机阀
○ 安装下列压力表的就地仪表盘(5.4.3.1)：
○ 节流蒸汽　○ 第一级
○ 喷嘴环　○ 排汽
○ 灌注液体仪表(5.4.4.4)
○ 仪表盘(5.4.3.2.1)
○ 板式安装
○ 安装方法随选

外部的润滑油系统

□ 循环(4.10.5)　□压力(4.10.6)
供方提供油系统的设备：○ 汽轮机
○ 其他设备____________
油系统是：　○ 落地支架类型
○ 安装在底盘上
油系统包括下列设备(4.10.5～4.10.7)：
□备用油泵：　典型的驱动机械______
○ 低油压报警开关
○ 低油压跳闸开关
○ 加热器(4.10.8)：○ 电加热　○ 蒸汽加热
○ 油排放观察显示器
□ 手动操作的备用泵

振动及位置探测器(5.4.6)

○ 设置好安装非接触振动探头的装置(4.9.27)

○ 提供轴向位移探头　□探头的数量______
□制造厂______ □型号______
○ 提供径向位移探头○ 每个轴承的探头数量______
□制造厂______ □型号______
设置轴承金属温度传感器的地方：
○ 径向轴承　○ 推力轴承
汽轮机供方提供并校准下列监视器：
○ 轴向和径向探头
○ 轴承温度传感器
○ 详情参见单独的数据表

一般用途汽轮机数据表 SI 国际单位	工程号________ 项目号________ 版本号________ 日　期________ 第 3 页　共 3 页　制　表________

技术要求

○ 提供横向/扭转分析技术数据资料(4.8.1.7)

○ 避开裕量的计算和/或数据(4.8.2.2)
○ 机组系列扭转振动分析(4.8.3.5)
○ 半键质量(4.8.4.2)
○ 剩余不平衡检查(4.8.4.3)

备注________________________________

检验要求

○ 粗加工后 100%超声波检验(6.2.2.3.1)

○ 使用检验员的检查清单
汽缸表面检验(6.2.2.1.1)：○ JB/T 7927 标准
○ 其他标准________
○ 焊缝检验(6.2.2.1.2)
特殊的无损检验方法(6.2.1.3)

部件	磁粉检验	液体渗透检验	X 射线检验	超声波检验	观察验证	目击验证
三通和三通阀					○	○
蒸汽室					○	○
汽缸					○	○
管道					○	○
转子					○	○
					○	○
					○	○

备注________________________________

○ **装运准备**

汽轮机辅助设备和备用转子的装运准备是(6.4.1)：

○ 国内装运　　○ 出口装运

备注________________________________

试验(6.3)	要求	目击验证	观察验证(6.1.5)
水压试验(6.3.2.1)	●	○	○
机械运转试验(6.3.3)	●	○	○
	○	○	○
性能试验(6.3.4.1)	○	○	○
整机试验(6.3.4.2)	○	○	○
齿轮试验(6.3.4.3)	○	○	○
噪声试验(6.3.4.4)	○	○	○
辅助设备(6.3.4.5)	○	○	○
________	○	○	○
________	○	○	○

备注________________________________

质量

□ 汽轮机________ kg
□ 转子________ kg
□ 汽轮机上半汽缸________ kg
□ 最大维修质量(应标出)________ kg
□ 三通和三通阀________ kg
□ 底盘________ kg
□ 其他________ kg
□ 总装运质量________ kg
备注________________________________

附　录　E
（规范性附录）
阻尼不平衡响应分析

E.1　横向分析

E.1.1　阻尼不平衡响应分析包括并不限于下列考虑因素：

a)　支承（基础、框架和轴承座）刚度、质量和阻尼特性，包括转速变化影响。供方应说明支承系统的假定值和这些值的依据（例如，相同的转子支承系统试验假定值）。

b)　转速、载荷、预加载荷、油温、累计装配公差和最大到最小间隙所引起的轴承润滑油膜刚度和阻尼改变。

c)　转速，包括各个起动转速滞留点、运行转速和载荷范围（包括如果它们与这些规定不符时而商定的试验工况）、跳闸转速和惰走工况。

d)　转子质量，包括半联轴器的质量扭矩、刚度和阻尼影响（例如，累计的装配公差、流体刚度和阻尼以及机架和汽缸影响）。

e)　不对称载荷（例如，局部弧形进汽、齿轮力、蒸汽偏流和偏心间隙）。

f)　流体刚度计算值超过运行范围的影响和汽缸端部密封引起的阻尼。

对安装耐磨轴承的设备，供方应说明轴承刚度和分析使用的阻尼值，以及这些值的依据或计算这些值时作的假定。

E.1.2　如有规定，不平衡阻尼响应中应包括轴系中其他设备的影响（也就是说，应进行轴系的横向分析）。

注：联轴器中间隔套大于 1 m 的，采用刚性联轴器的或者两种情况一起采用的轴系应考虑进行这种分析。

E.1.3　阻尼不平衡响应分析至少应包括如下内容：

a)　从零转速到跳闸转速的每个共振转速（临界的阻尼或非临界的阻尼）的振型判定和曲线图，以及高于跳闸转速出现的下一个振型。

b)　通过每个临界转速范围时，振动探头位置处的频率、相位和响应振幅数据（波特曲线图），采用下面所给出特殊振型的不平衡分布。对用式（E.1）确定的振动极限值来说，该不平衡足以增加探头位置处的转子位移。

$$Lv = 25.4\sqrt{\frac{12\ 000}{n}} \qquad \cdots\cdots(\text{E.1})$$

式中：

Lv ——振动极限值（非滤波振动振幅）峰-峰，单位为微米（μm）；

n ——最接近有影响的临界转速的运行转速，单位为转每分（r/min）。

这个不平衡量不应比由式（E.2）确定的值小两倍：

$$U = 6\ 350m/n \qquad \cdots\cdots(\text{E.2})$$

式中：

U ——来自于转子动力学响应分析的输入不平衡量，单位为克毫米（g·mm）；

m ——轴颈静重载荷，千克，或轴两端出现最大挠度部位的弯曲振型，悬臂质量载荷（也就是轴承外侧质量），单位为千克（kg）；

n ——最接近有影响的临界转速的运行转速，单位为转每分（r/min）。

应在轴承跨距内的位置配置单个或多个不平衡质量，位置应通过分析确定，以便对特定的振型产生最大的影响(如对平移振型在跨距中间加重,而对锥型振动来说则在接近两端并相差 180°的相位角处加重)。对在轴两端具有最大挠度的弯曲振型,不平衡量应根据悬臂质量而不按轴承静载荷。图 E.1 示出典型的振型图,并显示出每个振型的位置以及各种振型中 U 的定义。

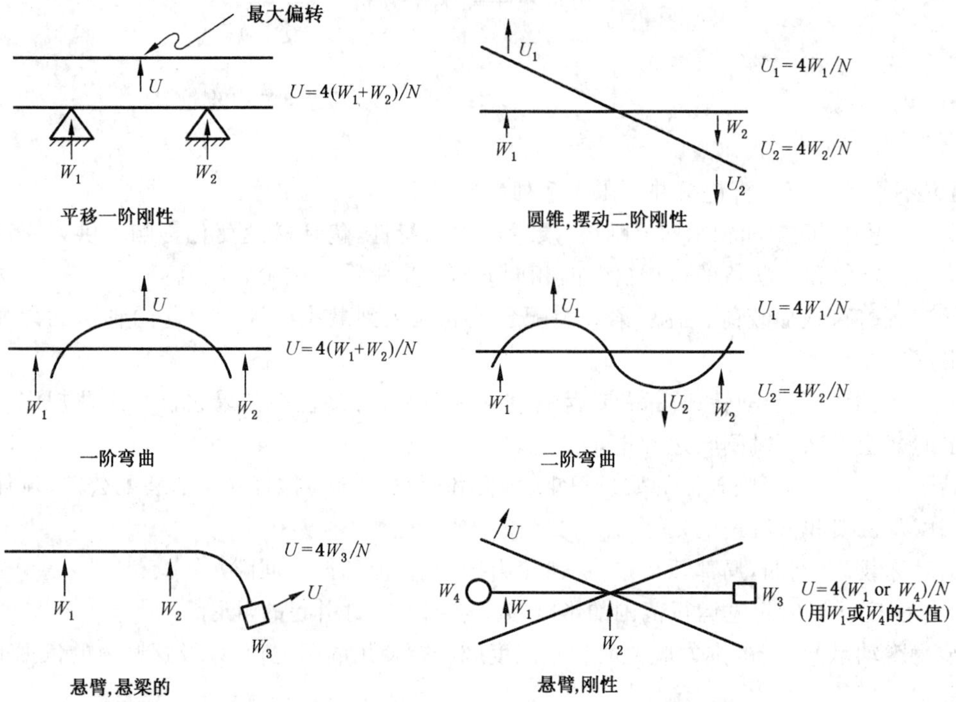

图 E.1　典型振型图

c) b)中的每个响应振型图示出每个联轴器啮合面、轴承中心线、振动探头位置以及机器的每个密封区域的相位和主轴振幅。还要注出密封的最小设计径向工作间隙。

d) 转子不平衡验证试验,要建立有效的分析振型,要求进行转子不平衡验证试验。因此,还要提供下列进行该项试验所采用的以实际不平衡量为基础的附加曲线图:对符合 E.1.3b)和E.1.4 要求的机器,提供 E.1.3b)规定的附加波特曲线图。供方确定试验不平衡量的位置。不平衡总量应足以增加到 E.1.3b)规定的这些在振动探头处所测的振动水平。所有情况下,不平衡曲线图应包括转子不平衡验证试验期间(见 E.2)可采用的任何试验台条件的影响(包括试验密封件的影响)。

e) 除非另有规定,c)规定的阻尼不平衡响应非阻尼转子响应刚度图推导分析得到。该非阻尼转子响应刚度图应示出频率与支承系统刚度关系曲线,这是在预测的支承系统刚度曲线叠加情况下得到的。

f) 轴承支承系统刚度值小于或等于 3.5 倍轴承油膜刚度值的机器,从模型试验推导出预测的随支承刚度和阻尼值(阻抗)的变化而变化的频率。阻尼不平衡响应分析结果应包括波特曲线图,该图把绝对的轴位移与相对于轴承座的轴位移进行了比较。

E.1.4 阻尼不平衡响应分析应指出 E.1.3b)所述的不平衡条件中的机器符合下列的验收准则(见图 1 转子响应曲线):

a) 如果放大系数低于 2.5,则可认为是阻尼响应,不要求避开裕量。

b) 如果放大系数在 2.5 和 3.55 之间,则要求一个大于最高连续转速 15%和小于最低运行转速 5%的避开裕量。

c) 如果放大系数大于3.55且临界响应峰值低于最低运行转速，则所要求的避开裕量（最低转速百分比）等于式(E.3)计算出的值：

$$SM=100-[84+6/(AF-3)] \quad \cdots\cdots\cdots\cdots\cdots\cdots\cdots\cdots\cdots\cdots (E.3)$$

d) 如果放大系数大于3.55且临界响应峰值大于跳闸转速，则所要求的避开裕量（最高连续转速百分比）等于式(E.4)计算出的值：

$$SM=[126-(6/(AF-3)]-100 \quad \cdots\cdots\cdots\cdots\cdots\cdots\cdots\cdots\cdots\cdots (E.4)$$

E.1.5 任何从零转速到跳闸转速的转速所计算的转子不平衡峰峰振幅值[见E.1.3b)]不应超过整个机器最小的设计径向工作间隙的75%（浮环密封位置除外）。

E.1.6 如果供需双方尽了一切特殊设计努力之后，分析结果表明避开裕量仍然不符合要求或临界响应峰值仍然落在运行转速范围之内，则供需双方应以E.1.5要求为条件，商定一个可接受的振幅。

E.2 不平衡响应分析的工厂鉴定

E.2.1 以将来的不平衡条件进行一次转子响应论证是必须的，因为一根平衡良好的转子并不代表它今后有良好的运行工况[见E.1.1d)[3)]]。若供需双方商定，需进行该论证试验，该试验通常在高速动平衡机上进行，并用该论证试验结果去验证分析振型。除非另有规定，只对主转子进行转子不平衡验证试验（如果订购了两根转子，通常是备用转子）。应将在按E.1.3规定绘制波特图时，采用的相同不平衡量情况下，转子在试验台上的实际响应作为确定阻尼不平衡响应分析是否有效的准则，为做好这个试验，应遵循下列程序：

a) 试验期间，应确定最接近临界或有影响的临界转速处所显示的振幅和相位角。

b) 把E.1.3b)计算的不超过一半总量的试重加到E.1.3d)规定的转子位置上；偏离在最接近临界或相关临界转速下的显示振动的相位90°。

c) 然后，把机器提高到最接近相关临界的运行转速，测量所显示的振幅和相位。该试验结果同a)得出的相关振动数据矢量相加，以确定产生试验振幅所要求的最终试重的大小和相位。

d) 把c)的最终试重加到转子上，并且把机器提高到最接近相关临界运行转速。如果存在多个相关临界转速，则应对每个相关临界转速进行附加试验运行，初始试验运行要采用最高转速。

注：试验台上的机器动力学响应随双方商定的试验条件而变化，除非以现场预计的压力、温度、转速和载荷这些条件来获得试验结果，否则，试验台的试验结果不会同现场结果相同。这是为大家所承认的情况。

E.2.2 试验期间要测量的参数是相应相位下所对应的转速和轴同步(1×)振幅。应把每一对X-Y振动探头在每个响应峰值处测出的振幅和相位矢量相加，来确定最大振幅。每个响应峰值的主轴振幅不应超过E.1.5规定的限值（为符合这些要求，可要求进行多次的加不平衡试重和试验）。

试验前，应预先确定并重新设置所用记录仪器的放大系数，以使试验机组惰走（减速，见E.2.4）最大响应峰值落在记录仪全刻度的60%～100%之内。在最接近临界或相关临界运行转速下，惰走通过相关临界转速时，主轴振幅不应超过E.1.3d)规定的限制。

E.2.2.1 要求对慢转速(300 r/min～600 r/min)下的电跳动量和机械跳动量进行矢量相加，以确定验证试验时的实际振幅和相位。挠性转子支承的机器，要求对轴承座移动矢量相加[见E.1.3f)内容]。

注1：每个X或Y振动信号的相位是一个相位参考信号(API Std 670标准所述的，相位传感器读出转子每转一圈的标记)和同步(1×)振动信号的下一个正向峰值（单位是：时间）之间的相位差角度值（单位是：度）。（通过临界时出现相位变化，或如果由于装配松脱或移位，出现一个转子平衡条件的变化）。

注2：可从示波器的轨迹显示或相同仪表正确确定主轴振幅。当X和Y信号之间的相位角不是90°时，主轴振幅可近似为$(x^2+y^2)^{0.5}$。当X和Y信号之间的相位角是90°时，两个振动信号中的大振动信号就是主轴振幅值。

E.2.2.2 验证试验结果应同那些原来的分析模型作比较。如果不符合下列准则，供方应校正模型。

3) API标准原文中是B.1d)，但标准中无此条款，疑为B.1.1d)，附录重新编排后为E.1.1d)。

a） 实际临界转速偏离预计转速不应超过±5%；

b） 预计放大系数偏离实际试验值不应超过±20%；

c） 实际响应峰值振幅，包括那些临界阻尼，应在预计振幅的±50%以内。

E.2.3 如果上述试验数据或阻尼、校正不平衡响应分析（见E.2.2.2）中出现下列任一情况的，则要求进行附加试验：

a） 任一临界响应不符合避开裕量要求（E.1.4）或落入运行转速范围之内的；

b） 不符合E.1.5要求的。

E.2.4 按E.2.3要求进行转子附加试验的，转子还应进行下列附加试验：按E.1.3b）所述配置不平衡质量；为配置不平衡质量，可能需要拆卸机器。通过调整转子在初次运行时在最大连续转速探头位置处得转子位移达到公式E.1[见E.1.3b）]所确定得振动极限值时得显示不平衡量调整不平衡质量的大小。但是，不平衡量应不小于本标准4.8.4.2[4]规定的不平衡量极限值。按E.2.2的规定，从试验中获得的测量值应符合下列准则：

a） 在运行转速范围内，包括避开裕量，主轴挠度不得超过最小设计工作间隙的55%，或不得超过探头处允许振动限制的150%[见E.1.3b）和图1转子响应曲线]；

b） 在运行转速范围外，包括避开裕量，主轴挠度不得超过最小设计工作间隙的90%（见E.1.3）。

a）和b）规定的内部偏转限制是以探头位置和E.1.3c）有关标识区域之间的计算位移比值为基础的。用从探头处测得的峰值读数乘上这些比值来计算这些试验的实际内部位移。验收应以这些计算的位移为依据，如果打开机器，则以检查密封件为依据。如果本试验的结果导致机器的任何部位出现损坏，则认为试验不合格。内部汽封的轻微擦伤没有导致间隙变化超出供方的新零件公差的，不能认为构成了损坏。

4） API标准原文中是2.8.4.2，但标准中无此条款，疑为4.8.4.2。

附 录 F
（规范性附录）
确定剩余不平衡量的方法及作业表

F.1 适用范围

本附录叙述了在机械设备的转子上确定剩余不平衡量时所采用的程序。尽管某些平衡机可读出精确的不平衡值，但标定可能存在误差。因此，在转子上加上一已知不平衡量进行试验的方法是唯一正确地确定剩余不平衡量的方法。

F.2 最大允许剩余不平衡量

F.2.1 每个平面的最大允许剩余不平衡量用本标准 4.8.4.2 的式(1)进行计算。
F.2.2 如果不知道每个轴颈上的实际静载荷，则可假定轴承平均分担转子总重。例如，一根由两个轴承支承的转子重 3 000 kg，那么就假定它作用在每个轴颈上的静载荷为 1 500 kg。

F.3 剩余不平衡量检查

F.3.1 总则

F.3.1.1 如果平衡机读数显示转子已被平衡到规定的允许范围，则应从平衡机上拆下转子前，进行剩余不平衡量检查。
F.3.1.2 检查剩余不平衡量的方法是：将一已知的试重块依次加到转子同一半径、径向位置成等距分布的六个点上（如果需方规定，可采用 12 个点）。然后根据 F.3.2 规定的步骤，对每一校正平面作检查并将每一平面的读数绘制成曲线图。

F.3.2 步骤

F.3.2.1 选定一个等于 1 倍和 2 倍最大允许剩余不平衡量之间的试重块和半径（即：如果最大允许不平衡量为 1 440 g·mm，那么试重块将产生 1 440 g·mm～2 880 g·mm 的不平衡量）。
F.3.2.2 以每个校正面内的已知最后一个加重点作为起始点，绕转子按规定的半径位置数（6 个或 12 个），以 60°或 30°均分作出标记。然后把试重块加在该最终加重点上。如果转子已平衡得非常精确，并且无法确定最终加重点时，则可将试重块加到任一个做了标记的半径位置上。
F.3.2.3 验证一个已选定的试重块是否合适，开动平衡机，并注意测量仪表显示的不平衡值。如果显示器读数停在某一读数上，则采用一个较小的试重块。如果读数很小或没有读数，则用一个较大的试重块。读数很小或没有读数，通常表示转子平衡得不正确，平衡机不敏感或平衡机存在故障（如传感元件故障）。不管什么故障，进行剩余不平衡量检查之前，必须先校正平衡机。
F.3.2.4 依次把试重块加到等距分布的位置上，并记录每个位置仪器所显示的不平衡值。检查采用重复初始位置的方法进行。所有的验证试验只能采用同一平衡机灵敏度范围进行。
F.3.2.5 在剩余不平衡量作业表上将读数绘制成曲线图，并计算出剩余不平衡量值（见图 F.1）。试重块加到转子的加重点时，出现最大测量仪表读数，把试重块加到加重点的相对一侧时，出现最小测量仪表读数。这样，由读数绘制成的曲线图近似于一个圆（见图 F.2）。测量仪表的最大和最小读数的平均值代表试重块的有效值。离开极坐标图原点的圆心距离代表平面中的剩余不平衡量。

F.3.2.6 每一平衡面均应重复F.3.2.1～F.3.2.5的所述步骤。如果任何一个平衡面的规定最大允许剩余不平衡量已过大，则转子应再进行更精确的平衡并进行检查。如果某一平衡面作过校正，则所有平衡面均应重新进行剩余不平衡量检查。

F.3.2.7 作为一个最低要求，对装配了部件后要进行平衡的转子，加装第1个转子部件并平衡后，应作一次剩余不平衡量检查，全部组件装配完成后，再进行平衡。

注：这将确保不浪费时间，并且保证在尝试以故障平衡机去平衡组合零件转子时不会因为去除不必要材料而影响到转子的各零部件。

设备(转子)号：________

订单号：________

校正平面(进汽、驱动端等，用简图表示)：________

平衡转速：________ r/min

n——转子的最高允许转速：________ r/min

m——轴颈质量(最接近校正面)：________ kg

U_{max}——最大允许不平衡量＝6 350 m/n；

6 350×________ kg/________ r/min；________ g·mm

试验不平衡量(2×U_{max}) ________ g·mm

R——半径(放试重块处) ________ mm

试验不平衡质量＝试验不平衡/R

________ g·mm/________ mm ________ g

试验数据表

位置	试重块角度位置	平衡机振幅读数
1	0°	
2	60°	
3	120°	
4	180°	
5	240°	
6	300°	
重复1	0°	

转子简图

试验数据——图表分析

步骤1：在极坐标上作点[图F.1(续)]。标出刻度，以适合最大和最小振幅。

步骤2：用圆规画一个通过六个点的最合适的圆，并标出该圆的圆心。

步骤3：以步骤1中选定的刻度单位测量圆的直径并记录结果。 ________单位

步骤4：记录上述试验不平衡量。 ________ g·mm

步骤5：将步骤4的试验不平衡量乘2

(也可用两倍的实际剩余不平衡量)。 ________ g·mm

步骤6：将步骤5的结果除以步骤3的结果。 ________比例系数

现在，可得出极坐标的单位数和实际平衡量克毫米之间的相互关系。

图F.1 剩余不平衡量作业表

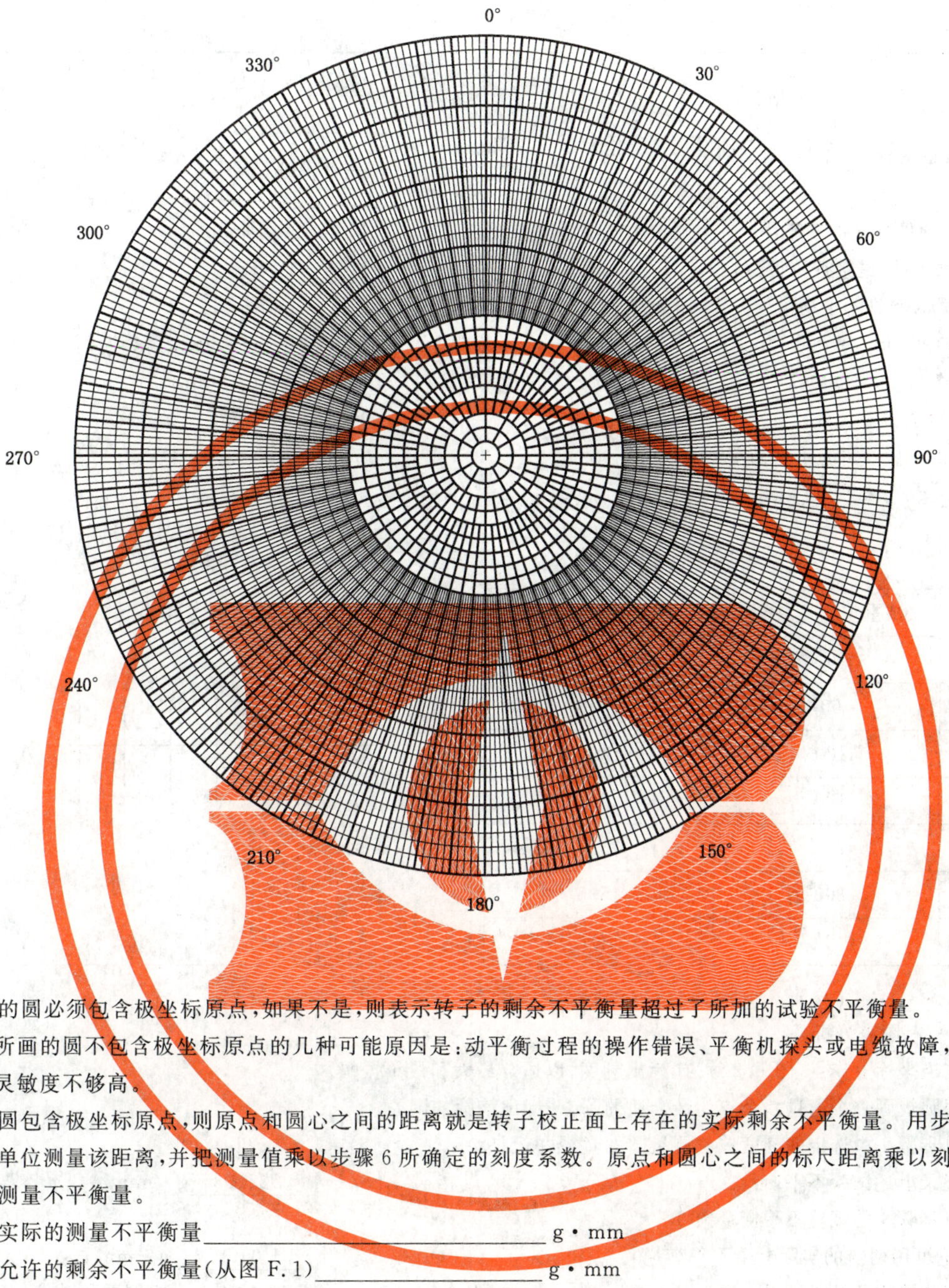

所画的圆必须包含极坐标原点，如果不是，则表示转子的剩余不平衡量超过了所加的试验不平衡量。

注： 所画的圆不包含极坐标原点的几种可能原因是：动平衡过程的操作错误、平衡机探头或电缆故障，或平衡机灵敏度不够高。

如果圆包含极坐标原点，则原点和圆心之间的距离就是转子校正面上存在的实际剩余不平衡量。用步骤1中选定的刻度单位测量该距离，并把测量值乘以步骤6所确定的刻度系数。原点和圆心之间的标尺距离乘以刻度系数等于实际的测量不平衡量。

记录实际的测量不平衡量____________________ g·mm

记录允许的剩余不平衡量(从图 F.1)________________ g·mm

校正平面______________转子号______________(已/没有)通过

检验者______________日期______________

图 F.1（续）

设备(转子)号：C-101

订单号：______

校正平面(进汽、驱动端等,用简图表示)：A

平衡转速：800 r/min

n——转子的最高允许转速：10 000 r/min

m——轴颈质量(最接近校正面)：411.87 kg

U_{max}——最大允许不平衡量=6 350 m/n；

6 350×411.87 kg/10 000 r/min；261.54 g·mm

试验不平衡量(2×U_{max})：523.08 g·mm

R——半径(放试重块处) 174.63 mm

试验不平衡质量=试验不平衡/R

523.08 g·mm/174.63 mm 3.00 g

试验数据表

位置	试重块角度位置	平衡机振幅读数
1	0°	14.0
2	60°	12.0
3	120°	14.0
4	180°	23.5
5	240°	23.0
6	300°	15.5
重复 1	0°	14.0

转子简图

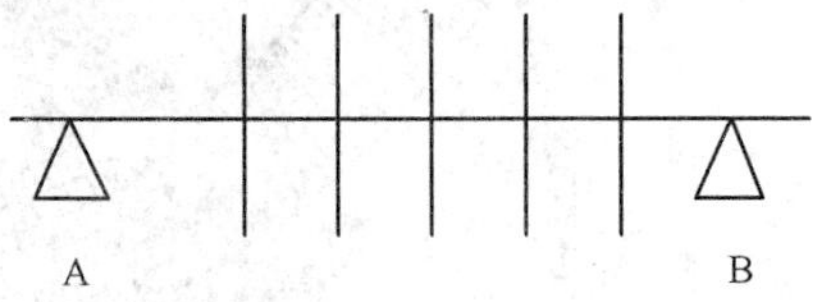

C-101

试验数据——图表分析

步骤 1:在极坐标上作点(图 F.2 续)。标出刻度,以适合最大和最小振幅。

步骤 2:用圆规画一个通过六个点的最合适的圆,并标出该圆的圆心。

步骤 3:以步骤 1 中选定的刻度单位测量圆的直径并记录结果。35 单位

步骤 4:记录上述试验不平衡量。523.08 g·mm

步骤 5:将步骤 4 的试验不平衡量乘 2

(也可用两倍的实际剩余不平衡量)。1 046.16 g·mm

步骤 6:将步骤 5 的结果除以步骤 3 的结果。29.89 比例系数

现在,可得出极坐标的单位数和实际平衡量克毫米之间的相互关系。

图 F.2 剩余不平衡量计算实例

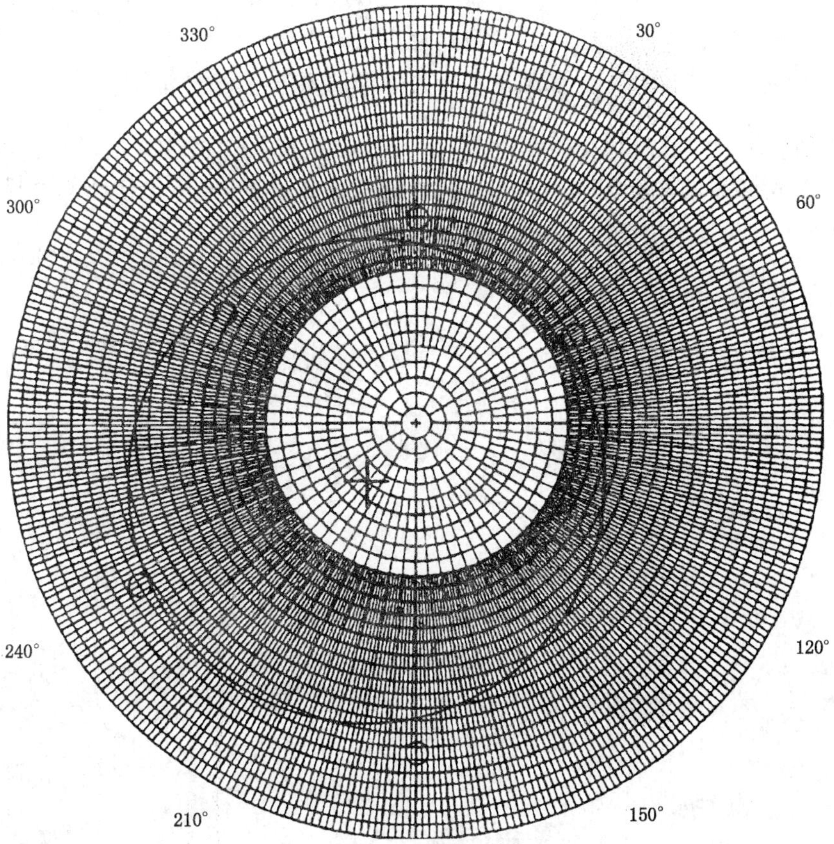

所画的圆必须包含极坐标原点，如果不是，则表示转子的剩余不平衡量超过了所加的试验不平衡量。

注： 所画的圆不包含极坐标原点的几种可能原因是：动平衡过程的操作错误、平衡机探头或电缆故障，或平衡机灵敏度不够高。

如果圆包含极坐标原点，则原点和圆心之间的距离就是转子校正面上存在的实际剩余不平衡量。用步骤1中选定的刻度单位测量该距离，并把测量值乘以步骤6所确定的刻度系数。原点和圆心之间的标尺距离乘以刻度系数等于实际的测量不平衡量。

记录实际的测量不平衡量 5(29.89)=149.45 g·mm

·记录允许的剩余不平衡量(从图 F.2)[5] 261.54 g·mm

校正平面 A 转子号 C-101 (已/没有)通过

检 验 者 John 日 期 1994-11-31

图 F.2（续）

5) API 标准正文中是图 22，但标准中无此条款，疑 API 原文有误。

附 录 G
（资料性附录）
最简单的压力润滑油系统

图G.1为典型的压力润滑油系统简图，图中带*号的项目表示可选择的增加内容。所有其他设备/仪器是这种系统所必需的最低配置。本图不构成任何特殊设计，也不包括全部的详细设计如冒汽、疏水等。

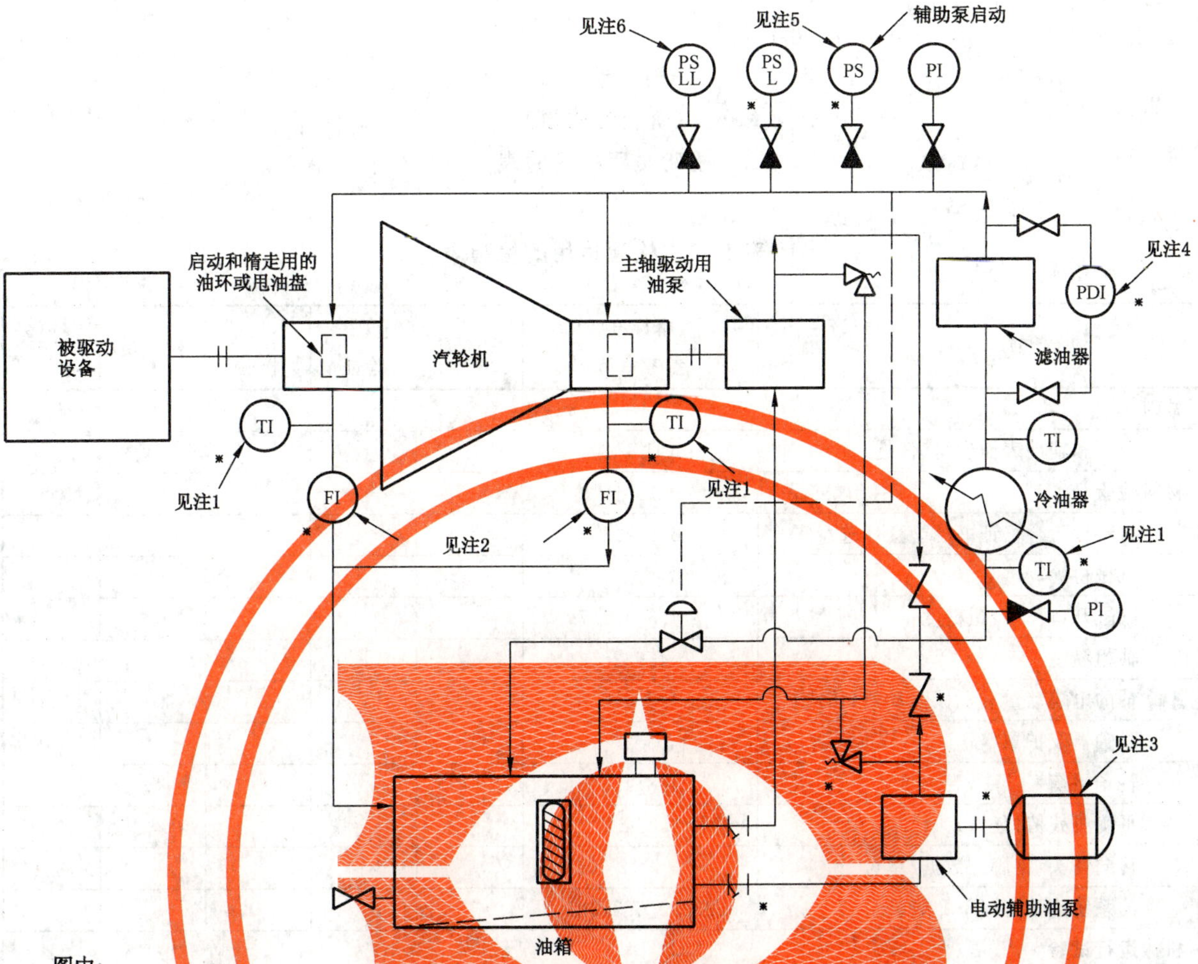

图中：

缩写

FI　流量显示器

TI　温度显示器

PI　压力显示器

PDI　压差式显示器

PS　压力开关

PSL　低压开关(警报)

PSLL　低压开关(跳闸)

符号

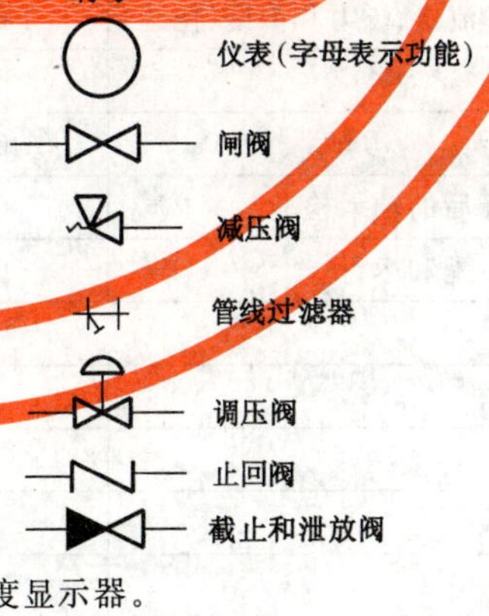

注 1：a 选择——需方可指定采用疏油管和/或冷油器上游的温度显示器。

注 2：b 选择——需方可指定采用疏油管上的流量显示器。

注 3：c 选择——需方可指定采用电动辅助油泵系统，包括泵、驱动装置、卸压阀、逆止阀和断流阀。

注 4：d 选择——需方可指定采用压差显示仪。

注 5：e 选择——如果已选择了 c，则可指定采用辅助油泵起动开关。

注 6：f 选择——如果汽轮机装配了另外更可靠的低油压停机装置，则开关可任选。

图 G.1　最简单的压力润滑油系统(有可选择的增加内容)

附 录 H
（资料性附录）
检验员用的检验表

表 H.1 检验员用的检验表

项 目	本标准参考章节	○审查	○观察验证	○见证检验	检验员	状态
总则						
表面和辅助表面检验(任选)	6.2.1.3					
材料检验						
材料检验合格证书/试验(任选)	6.2.2.1					
机械检验						
汽缸开口尺寸/粗糙度	4.4.3/4.4.7					
轴粗糙度	4.6.2					
轴的电跳动量和机械跳动量(任选)	4.8.4.6					
联轴器及护罩	5.2					
转子平衡	4.8.4.2					
平衡机残留(任选)	4.8.4.3					
转向箭头/铭牌 数据/单位	4.12					
油系统清洁度(JB/T 4365)	6.2.3.2/6.3.3.1.3					
机械运行试验						
振动	4.8.4.5					
合同轴密封和轴承	6.3.3.1.1					
有规定时的油流量、压力和温度(任选)	6.3.3.1.2					
无漏泄观察	6.3.3.1.8					
保护装置运行	6.3.3.1.9					
试验结果良好后的轴承检验	6.3.3.4.1					
备用转子的装配和运行	6.3.3.4.3					
任选的试验						
性能试验	6.3.4.1					
整机试验	6.3.4.2					
齿轮装置试验	6.3.4.3					
声压级试验	6.3.4.4					
辅助设备试验	6.3.4.5					
装运准备						
完整的准备	6.4.1					
油漆	6.4.3.1					
防锈剂(外部和内部)	6.4.3.2/6.4.3.3					
完整的标签	6.4.3.9/6.4.4					
随机安装说明书	6.4.5					

附 录 I
（资料性附录）
供方图样和资料要求

I.1 供方图样和资料要求示例

一般用途汽轮机
供方图样和资料要求

工程号________项目号________
订单号________日　期________
申请号________日　期________
询价单号________日　期________
第1页共2页　　制　表

用途________________________修改________________________
机组所在地________________________机组名称________________________
装置名称________________________所需台数________________________

报价书　投标者应提供　　份所有带×项目的资料副本

审查　　供方应提供所需的图样和资料副本________份和透明图________份

最后交付　　供方应提供所需的图样和资料副本________份和透明图________份
供方应提供________份操作和维修手册

发送记录
最后——收到供方交付图样和资料的周数
预计收到供方交付图样和资料的周数[a]
审查——返回供方的图样和资料的周数
审查——收到供方的图样和资料的周数
审查——预计收到供方图样和资料的周数[a]

报价书	审查	最后交付	说明内容	审查——预计收到供方图样和资料的周数	审查——收到供方的图样和资料的周数	审查——返回供方的图样和资料的周数	预计收到供方交付图样和资料的周数	最后——收到供方交付图样和资料的周数
			1.审查合格的外形尺寸图和连接件清单					
			2.剖面图和明细表[b]					
			3.转子装配图和明细表[b]					
			4.推力轴承装配图和明细表[b]					
			5.径向轴承装配图和明细表[b]					
			6.汽封和迷宫式汽封图及明细表[b]					
			7.联轴器装配图和明细表					
			8.汽封和漏汽简图和明细表[b]					
			9.汽封和漏汽布置图和连接件清单[b]					
			10.汽封和漏汽部件图和资料[c]					
			11.润滑油简图和明细表[b]					
			12.润滑油布置图和连接件清单[b]					
			13.润滑油部件图和资料[c]					
			14.电器和仪表简图及明细表					
			15.电器和仪表布置图和连接件清单[b]					
			16.调节器和跳闸详图[b]					
			17.蒸汽流量—功率关系曲线					
			18.蒸汽流量—第一级压力关系曲线[c]					
			19.蒸汽流量—转速和效率关系曲线[c]					
			20.蒸汽流量—推力轴承载荷关系曲线[c]					
			21.汽耗校正曲线[c]					
			22.振动分析数据[c]					

一般用途汽轮机 供方图样和资料要求	工程号________ 项目号________ 第 2 页共 2 页 制　表________ 日　期________ 版本号________

报价书　投标者应提供____份所有带×项目的资料副本

审查　供方应提供所需的图样和资料副本________份和透明图________份

最后交付　供方应提供所需的图样和资料副本________份和透明图________份

供方应提供________份操作和维修手册

发送记录

最后—收到供方交付图样和资料的周数

预计收到供方交付图样和资料的周数[a]

审查—返回供方的图样和资料的周数

审查—收到供方的图样和资料的周数

审查—预计收到供方图样和资料的周数[a]

报价书	审查	最后交付	说明内容	审查—预计收到供方图样和资料的周数[a]	审查—收到供方的图样和资料的周数	审查—返回供方的图样和资料的周数	预计收到供方交付图样和资料的周数[a]	最后—收到供方交付图样和资料的周数
			23.横向临界转速分析[c]					
			24.对中图[c]					
			25.焊接工艺规程(装配焊接和补焊)[c]					
			26.水压试验记录					
			27.机械运行试验记录					
			28.转子平衡记录[c]					
			29.转子的机械和电跳动量[c]					
			30.制造数据表					
			31.制造尺寸和数据					
			32.安装、运行、维修及技术资料手册					
			33.推荐的备品备件和价格清单					

[a] 这两栏由投标者填写，以反映他的实际发送计划并将本表附入投标书。

[b] 对单级机组，通常只在使用手册中提供这些项目。

[c] 这些项目通常只适用于多级机组。

注 1：一收到订单，供方将着手进行制造。当必须满足计划装运日期时，供方可在没有得到需方对图样审查同意前进行制造。

注 2：发送全部的图样和数据至________________________

注 3：所有图样和数据均应标出工程号、订单号、项目号、工厂地址和装置名称。此外，上面所述规定的副本和一套现场安装必须用的图样及说明书，应随装运一起发送。

注 4：见下面列出的所要求项目的说明。

专用术语：

S——发运前的周数；

F——确定订货后的周数；

D——收到审查合格图样后的周数。

供方____________________________________

日期__________________供方提供的资质材料__________________

签名____________________________________

（确认收到全部说明的签名）

I.2 说明

部件说明如下：

a) 审查合格的外形图包括下列内容：
   1) 进汽、排汽接口的法兰允许载荷情况下的所有用户接口的尺寸、规格和位置；
   2) 近似的整体搬运质量；
   3) 外形尺寸；
   4) 轴中心线标高和安装联轴器的轴端尺寸；
   5) 底盘尺寸(如果提供底盘)，螺栓孔直径、数量和位置，以及螺栓贯穿处的金属厚度；
   6) 重心位置。

b) 剖面图和明细表包括下列内容：
   1) 径向轴承间隙及公差；
   2) 转子窜动(轴向)；
   3) 密封间隙(轴端汽封和内部迷宫式汽封)和公差；
   4) 叶轮相对于进口喷嘴和隔板的轴向位置及允许公差；
   5) 所有叶轮的外形尺寸。

c) 转子装配图包括下列内容：
   1) 有效推力盘的推力面到下列各处的轴向位置：
      ⅰ) 每个叶轮(进汽侧)；
      ⅱ) 每个径向探头；
      ⅲ) 每个径向轴承中心线；
      ⅳ) 每转一个脉冲的标记。
   2) 推力盘装配详图包括下列内容：
      ⅰ) 推力盘与轴的配合公差；
      ⅱ) 轴向跳动公差；
      ⅲ) 要求的螺母锁紧扭矩；
      ⅳ) 推力面的表面粗糙度要求；
      ⅴ) 推力盘热套安装的预热方法及温度要求。

d) 液压推力轴承装配图[见 ff)]。

e) 液压径向轴承装配图[见 ff)]。

f) 填料汽封图或迷宫式汽封图[参见 ff)]。

g) 联轴器装配图和明细表。

h) 汽封—封汽漏汽示意图包括下列内容：
   1) 稳态和瞬态的蒸汽及空气流量和压力；
   2) 减压阀和控制阀的设定值；
   3) 公共设施要求(包括电、水、蒸汽和空气)；
   4) 管子和阀门尺寸；
   5) 仪器仪表、安全装置及控制示意图；
   6) 明细表。

i) 汽封封汽漏汽布置图，包括所有用户接口的尺寸、规格和位置。

j) 汽封—密封部件外形图及剖面图和数据，包括下列内容：
   1) 汽封凝汽器安装图和明细表；

2） 完整的凝汽器数据表；

3） 抽气器图和性能曲线；

4） 控制阀、卸压阀和仪器仪表；

5） 真空泵简图、性能曲线、剖面图、外形图和公共设施要求(如果提供真空泵)。

k） 润滑油简图包括下列内容：

1） 每个用油点的稳态和瞬时油流量及压力；

2） 控制、报警和跳闸设定值(压力和推荐的温度)；

3） 每个用油点在最大载荷下的热负荷；

4） 公共设施要求(包括电、水和空气)；

5） 管子和阀的尺寸；

6） 仪器仪表、安全装置和控制示意图；

7） 明细表。

l） 润滑油系统布置图包括所有用户接口的尺寸、规格和位置。

m） 润滑油部件图和数据包括下列内容：

1） 泵及驱动机：

ⅰ） 审查合格的轮廓图；

ⅱ） 剖面图及明细表；

ⅲ） 机械密封图和明细表；

ⅳ） 离心泵的性能曲线；

ⅴ） 说明和操作手册；

ⅵ） 完整的泵及驱动机数据表。

2） 冷油器、过滤器和油箱：

ⅰ） 装配图；

ⅱ） 油箱的最大、最小和正常液位；

ⅲ） 冷油器的数据表。

3） 仪器仪表：

ⅰ） 控制器；

ⅱ） 开关；

ⅲ） 控制阀；

ⅳ） 仪表。

n） 电器和仪表布置图及明细表：

1） 振动报警和停机限制；

2） 轴承温度报警和停机限制；

3） 润滑油温度报警和停机限制。

o） 电气和仪表布置图和连接件清单。

p） 调节阀剖面图和设定值说明，跳闸系统图和设定值说明。

q） 正常蒸汽条件下，以正常和额定转速运行时的蒸汽流量与功率的关系曲线图(包括手动阀)。

r） 正常蒸汽条件下，以正常和额定转速运行时的多级机组的蒸汽流量与第1级压力的关系曲线，或单级机组的蒸汽流量与喷嘴室压力的关系曲线。

s） 正常蒸汽条件范围的蒸汽流量与转速和效率的关系曲线。

t） 蒸汽流量与推力轴承载荷关系曲线。

u） 非设计蒸汽条件下，上述q)～t)的汽耗校正系数如下：

1） 按订购时商定的增量，达到数据表列出的最高和最低值的进汽压力；

2） 按订购时商定的增量，达到数据表列出的最高和最低值的进汽温度；
3） 转速（从 80%到 105%，5%的增量）；
4） 按订购时商定的增量，达到数据表列出的最高和最低值的排汽压力。

v） 振动分析数据包括下列内容：
1） 叶片数——每个叶轮；
2） 隔板叶片数——每个隔板；
3） 喷嘴数——喷嘴弧块（仅对单阀机组）；
4） 每级的坎贝尔图；
5） 每级的哥德曼图；
6） 齿式联轴器的齿数（联轴器由汽轮机供方提供时）。

w） 横向临界转速分析报告包括下列内容：
1） 采用的方法；
2） 轴承和支承刚度曲线图以及它对临界转速的影响；
3） 转子不平衡响应曲线（包括阻尼）；
4） 悬臂扭矩曲线图及它对临界转速的影响（包括阻尼）；
5） 轴颈静重载荷；
6） 刚度和阻尼系数；
7） 可倾瓦块的几何形状和配置：
ⅰ） 瓦块角度；
ⅱ） 支枢间隙；
ⅲ） 瓦块间隙；
ⅳ） 预加载荷。

x） 联轴器对中图，包括推荐的运行限制。注意：从室温 15 ℃这个基准开始，所有的轴端位置会发生变化和支承也会增加。

y） 焊接工艺规程。

z） 水压试验记录。

aa） 机械运行试验记录包括下列内容：
1） 超速跳闸和调速器设定；
2） 振动包括振幅的 X-Y 图，起动和停机期间的相位角与每分钟转速关系曲线；
3） 辅助跳闸设定值；
4） 观察到临界转速（对挠性转子）。

bb） 转子平衡记录。

cc） 转子机械跳动量和电跳动量。

dd） 制造数据表。

ee） 制造尺寸（包括设计公差）或数据：
1） 在下列部位处的轴或套筒直径：
ⅰ） 推力盘（套装式推力盘）；
ⅱ） 各密封件；
ⅲ） 各叶轮（套装转子）；
ⅳ） 各迷宫式汽封；
ⅴ） 各径向轴承。
2） 各叶轮的孔径（套装转子）和外径；
3） 各迷宫式汽封或密封件的孔径；

4) 推力盘孔径(套装推力盘);
5) 各径向轴承内径;
6) 推力轴承同轴度(轴向跳动);
7) 下列零件的冶炼和热处理:
ⅰ) 轴;
ⅱ) 叶轮;
ⅲ) 推力盘;
ⅳ) 叶片(涡轮叶片)。

ff) 安装、操作和维护及技术数据手册。每本手册宜包括下列章条:
1) 安装
ⅰ) 存放;
ⅱ) 基础;
ⅲ) 安装设备、调整方法、部件质量和吊装图;
ⅳ) 对中;
ⅴ) 灌浆;
ⅵ) 管道安装建议,包括允许的法兰载荷;
ⅶ) 被驱动/驱动装置的组合外形图,包括地脚螺栓的位置;
ⅷ) 拆卸空间。
2) 运行
ⅰ) 起动;
ⅱ) 正常停机;
ⅲ) 紧急停机;
ⅳ) 运行极限值;
ⅴ) 推荐的润滑油。
3) 拆卸和重新装配
ⅰ) 汽缸转子的拆卸和重装;
ⅱ) 转子套装件的分解和重装方法;
ⅲ) 可倾瓦径向轴承应提供"通/不通—通"这三档塞规尺寸和公差;
ⅳ) 推力轴承;
ⅴ) 密封件;
ⅵ) 推力盘;
ⅶ) 叶轮重装叶片程序。
4) 性能曲线
ⅰ) 蒸汽流量—功率关系曲线;
ⅱ) 蒸汽流量—第1级压力关系曲线;
ⅲ) 蒸汽流量—转速和效率关系曲线;
ⅳ) 蒸汽流量—推力轴承载荷关系曲线;
ⅴ) 抽汽曲线图;
ⅵ) 蒸汽工况校正系数(最好用图解的方法)。
5) 振动数据
ⅰ) 振动分析数据;
ⅱ) 横向临界转速分析。
6) 制造数据

i) 制造数据表；

ii) 制造尺寸或数据；

iii) 水压试验记录；

iv) 机械运行试验记录；

v) 转子平衡记录；

vi) 每个轴颈处的转子机械跳动量和电跳动量。

7) 图样和数据要求

i) 审查合格的外形尺寸图和接口清单；

ii) 剖面图和明细表；

iii) 转子图和明细表；

iv) 推力轴承装配图和明细表；

v) 径向轴承装配图和明细表；

vi) 密封部件图和明细表；

vii) 润滑油简图和明细表；

viii) 润滑油布置图和接口明细表；

ix) 润滑油部件图和数据；

x) 电器和仪表简图和明细表；

xi) 电器和仪表布置图和接口明细表；

xii) 控制—跳闸系统图和数据；

xiii) 跳闸和节流阀结构。

注：g)、k)、l)[6]、m)、v).6)和 ff)[7)的 vii)～ix)项]的内容只在属于汽轮机制造厂的供货范围情况下，才提供。

gg) 推荐的备品备件清单和价格表(见本标准 7.3.5[7] 的内容)。

---

6) API 标准原文中是 122，但标准中无此条款，疑原文有误，改为 12。又根据 GB/T 1.1—2009 的编写规定对应为列项号 1)。

7) API 标准原文中是 7.2.5，但标准中无此条款，7.3.5 包含了此内容，疑原文有误，进行修改。

参 考 文 献

[1] GB/T 3141 工业液体润滑剂 ISO 黏度分类(GB/T 3141—1994,eqv ISO 3448:1992)

[2] ASTM A 53/A 53M Standard specification for pipe,steel,black and hot-dipped,zinc-coated,welded and seamless

[3] ASTM A105/A105M *Standard specification for carbon steel forgings for piping applications*

[4] ASTM A 106 *Standard specification for seamless carbon steel pipe for high-temperature service*

[5] ASTM A 153/A 153M Standard specification for zinc coating(hot-dip) on iron and steel hardware

[6] ASTM A181/A181M *Standard specification for carbon steel forgings for general-purpose piping*

[7] ASTM A 193/A 193M Standard specification for alloy-steel and stainless steel bolting materials for high temperature or high pressure service and other special purpose applications

[8] ASTM A 194/A 194M Standard specification for carbon and alloy steel nuts for bolts for high pressure or high temperature service,or both

[9] ASTM A 197/A 197M Standard specification for cupola malleable iron

[10] ASTM A 269 Standard specification for seamless and welded austenitic stainless steel tubing for general service

[11] ASTM A 312/A 312M Standard specification for seamless,welded,and heavily cold worked austenitic stainless steel pipes

[12] ASTM A 338 Malleable iron flanges,Pipe fittings and valve parts for railroad,Marine and other heavy duty service at temperatures up to 650 degrees F(345 Degrees C)

[13] ASTM A 524 *Standard specification for seamless carbon steel pipe for atmospheric and lower temperatures*

[14] API Spec 5L *Specification for line pipe*

ICS 27.040
K 54

中华人民共和国国家标准

GB/T 28574—2012

石油、石化和天然气工业特种用途汽轮机

Petroleum, petrochemical and natural gas industries steam turbines—Special-purpose applications

(ISO 10437:2003, MOD)

2012-06-29 发布　　2012-11-01 实施

中华人民共和国国家质量监督检验检疫总局
中国国家标准化管理委员会　发布

前　言

GB/T 28574《石油、石化和天然气工业　特种用途汽轮机》和 GB/T 28573《石油、石化和天然气工业　一般用途汽轮机》共同构成石油、石化和天然气工业用汽轮机产品标准。

本标准按照 GB/T 1.1—2009 给出的规则起草。

本标准使用重新起草法修改采用 ISO 10437:2003《石油、石化和天然气工业　特种用途汽轮机》。

本标准与 ISO 10437:2003 相比，在结构上增加了三个资料性附录(附录 A、附录 B、附录 C)。

本标准与 ISO 10437:2003 的技术性差异如下：

——关于规范性引用文件，本标准做了适当调整，以适应我国的技术条件，调整的情况集中反映在第 2 章“规范性引用文件”中，我国文件与国际文件之间的一致性程度见附录 A。具体调整如下：

- 用 GB 3836(所有部分)代替 IEC 60079(所有部分)；
- 用 GB/T 4772(所有部分)代替 IEC 60072(所有部分)；
- 用 GB/T 7306(所有部分)代替 ISO 7-1；
- 用 GB/T 8117(所有部分)代替 IEC 60953(所有部分)；
- 用 GB/T 17241(所有部分)代替 ISO 7005-2。

——附录 B 中列出了本标准与 ISO 10437:2003(E)的章条编号对照一览表。

——除规范性引用文件外的涉及技术性差异的条款已通过在其外侧页边空白处用垂直单线(|)进行了标示。附录 C 中给出了相应技术性差异及其原因的一览表。

——将 ISO 10437:2003(E)的附录 C 中的术语和定义 C.2.1 放在本标准的第 3 章术语和定义中。

本标准还做了下列编辑性修改：

——删除了 ISO 10437:2003(E)的前言和引言，增加了本标准的前言和引言；

——修改了“2　规范性引用文件”的引导语，并直接引用了与 ISO 10437:2003 中引用的国际标准相对应的我国国家标准；

——删除“规范性引用文件”中注释性的脚注；

——修正了原文错误(见脚注 2、脚注 4、脚注 5)；

——删除标准中的“美国惯用单位”数据、公式及表格；

——所有英制单位均转化为公制单位；

——依据 ISO 10437:2003 附录 A“除非另外注明，所有压力均为表压”的说法，删除表 1 中表示表压的(g)；

——根据排版需要，图 2 放到 9.2.6 之后、9.2.7 之前；

——根据 GB/T 1.1—2009 的规定，对原附录顺序进行重新编排。

本标准由中国电器工业协会提出。

本标准由全国汽轮机标准化技术委员会(SAC/TC 172)归口。

本标准负责起草单位：杭州汽轮机股份有限公司。

本标准参加起草单位：上海发电设备成套设计研究院。

本标准主要起草人：宋思远、毛汉忠、廖小林、魏剑鹏、张琦、叶奋、刘晨。

引　言

条编号后或段前标有黑点(•)的，表示该条或段的内容由需方决定或由需方提供进一步的信息。在数据表中宜标出这些内容，否则，宜在询价单或订购单中说明。

石油、石化和天然气工业
特种用途汽轮机

1 范围

本标准规定了特种用途汽轮机设计、材料、安装、检验、试验和装运准备方面的要求。本标准还涉及到润滑油系统、仪器仪表、控制系统和辅助设备。

本标准适用于石油、石化和天然气工业特种用途汽轮机。

本标准不适用于石油、石化和天然气一般用途汽轮机，此类汽轮机适用 GB/T 28573。

2 规范性引用文件

下列文件对于本文件的应用是必不可少的。凡是注日期的引用文件，仅注日期的版本适用于本文件。凡是不注日期的引用文件，其最新版本(包括所有的修改单)适用于本文件。

GB/T 193 普通螺纹 直径与螺距系列(GB/T 193—2003,ISO 261:1998,MOD)

GB/T 196 普通螺纹 基本尺寸(GB/T 196—2003,ISO 724:1993,MOD)

GB/T 197 普通螺纹 公差(GB/T 197—2003,ISO 965-1:1998,MOD)

GB/T 2516 普通螺纹 极限偏差(GB/T 2516—2003,ISO 965-3:1998,MOD)

GB 3836(所有部分) 爆炸性气体环境用电气设备[IEC 60079(所有部分)]

GB/T 4772(所有部分) 旋转电机尺寸和输出功率等级[IEC 60072(所有部分)]

GB/T 5277 紧固件 螺栓和螺钉通孔(GB/T 5277—1985,eqv ISO 273:1979)

GB/T 5578 固定式发电用汽轮机规范(GB/T 5578—2007,IEC 60045-1:1991,MOD)

GB/T 7306(所有部分) 55°密封管螺纹(ISO 7-1)

GB/T 8117(所有部分) 汽轮机热力性能验收试验规程[IEC 60953(所有部分)]

GB/T 8923.1 涂覆涂料前钢材表面处理 表面清洁度的目视评定 第1部分:未涂覆过的钢材表面和全面清除原有涂层后的钢材表面的锈蚀等级和处理等级(GB/T 8923.1—2011,ISO 8501-1:2007,IDT)

GB/T 9112～9124 钢制管法兰

GB/T 9144 普通螺纹 优选系列(GB/T 9144—2003,ISO 262:1998,MOD)

GB/T 9145 普通螺纹 中等精度、优选系列的极限尺寸(GB/T 9145—2003,ISO 965-2:1998,MOD)

GB/T 9239.1 机械振动 恒态(刚性)转子平衡品质要求 第1部分:规范与平衡允差的检验(GB/T 9239.1—2006,ISO 1940-1:2003,IDT)

GB/T 10894 分离机械 噪声测试方法(GB/T 10894—2004,ISO 3744:1994,NEQ)

GB 11120 涡轮机油

GB/T 12145 火力发电机组及蒸汽动力设备水汽质量

GB/T 14383 锻制承插焊和螺纹管件

GB/T 15169 钢熔化焊焊工技能评定

GB/T 16908 机械振动 轴与配合件平衡的键准则(GB/T 16908—1997,idt ISO 8821:1989)

GB/T 17241(所有部分) 铸铁管法兰(ISO 7005-2)

GB/T 20667 统一螺纹 极限尺寸

GB/T 20668 统一螺纹 基本尺寸

GB/T 20801.2 压力管道规范 工业管道 第2部分：材料(GB/T 20801.2—2006,ISO 15649:2001,NEQ)

GB/T 22028 热浸镀锌螺纹 在内螺纹上容纳镀锌层(GB/T 22028—2008,ISO 965-5:1998,MOD)

GB/T 22029 热浸镀锌螺纹 在外螺纹上容纳镀锌层(GB/T 22029—2008,ISO 965-4:1998,MOD)

GB 50661 钢结构焊接规范

HG/T 20592～20635 钢制管法兰

JB/T 1581 汽轮机、汽轮发电机转子和主轴锻件超声波探伤方法

JB/T 9021 汽轮机主轴和转子锻件的热稳定性试验方法

JB/T 9559 工业汽轮机用挠性联轴器

SY/T 10044 炼油厂压力泄放装置的尺寸确定、选择和安装的推荐作法

ISO 10438(所有部分) 石油、石化和天然气工业 润滑、轴封、控油系统及辅助装置(Petroleum, petrochemical and natural gas industries—Lubrication, shaft sealing and control oil systems and auxiliaries)

ISO 10441 石油、石化和天然气工业 机械动力传递特殊用途挠性联轴器(Petroleum, petrochemical and natural gas industries—Flexible couplings for mechanical power transmission—Special-purpose applications)

ISO 13691 石油和天然气工业 高速特种用途齿轮装置(Petroleum and natural gas industries—High-speed special-purpose gear units)

EN 288 金属材料的焊接工艺规程及评定(Specification and approval of welding procedures for metallic materials)

API Std 526 钢制法兰端减压阀(Flanged steel pressure relief valves)

API Std 613 炼油设备专用齿轮机构(Special purpose gear units for refinery service)

API Std 670 机械保护装置(Machine protection systems)

API RP 686(1996年4月,第1版) 机械安装和安装设计推荐规程(Recommended Practices for machinery installation and installation design)

ASME 锅炉和压力容器规范,第Ⅴ卷 无损检测(Boiler and pressure vessel code,Section Ⅴ-Nondestructive examination)

ASME 锅炉和压力容器规范,第Ⅷ卷 压力容器(Boiler and pressure vessel code,Section Ⅷ-Pressure vessels)

ASME B16.1 铸铁管法兰及法兰管件 额定级号25、125、250(Cast iron pipe flanges and flanged fittings,Classes 25, 125, and 250)

ASME B16.5 管法兰和法兰管件 NPS 1/2至NPS 24(Pipe flanges and flanged fittings,NPS 1/2 through NPS 24)

ASME B16.42 球墨铸铁管法兰和法兰管件 额定级号150和300(Ductile iron pipe flanges and flanged fittings,Classes 150 and 300)

ASME B17.1 键和键槽(Keys and keyseats)

ASME PTC 6 汽轮机性能验收试验规程6(Performance test code 6 on steam turbines)

ASME PTC 20.2 汽轮—发电机组超速跳闸系统(Overspeed trip systems for steam turbine-generator units)

ASTM A 194　高压和/或高温设备螺栓用碳钢和合金钢螺母的标准规范(Standard specification for carbon and alloy steel nuts for bolts for high-pressure or high-temperature service, or both)

ASTM A 247　铸件中石墨显微结构评定试验方法(Standard test method for evaluating the microstructure of graphite in iron castings)

ASTM A 278　温度达 650 ℉(350 ℃)的承压灰铁铸件标准规范[Standard specification for gray iron castings for pressure-containing parts for temperatures up to 650 ℉ (350 ℃)]

ASTM A 307　抗拉强度为 60 000 psi 的碳素钢螺栓和双头螺柱标准规范(Standard specification for carbon steel bolts and studs, 60 000 psi tensile strength)

ASTM A 395　高温铁素体可锻铸铁承压件标准规范(Standard specification for ferritic ductile iron pressure-retaining castings for use at elevated temperatures)

ASTM A 536　球墨铸铁件标准规范(Standard Specification for Ductile Iron Castings)

NEMA SM 23　机械驱动用汽轮机(Steam turbine for mechanical drive service)

NFPA 70　国家电气法规(National electrical code)

NACE MR0175　油田设备用抗硫化物应力开裂的金属材料(Sulfide stress cracking resistant metallic materials for oilfield equipment)

SSPC-SP6/NACE 第 3 部分　工业喷砂清理(Commercial blast cleaning)

3　术语和定义

下列术语和定义适用于本文件(汽轮机主要部件名称参见附录 D)。

3.1

报警点　alarm point

报警器发出报警信号提醒采取校正措施的一个预设定的参数值。

3.2

地脚螺栓　anchor bolts

把安装底板连接到支承结构或基础的螺栓。

3.3

轴向中分面　axially split

平行于轴中心线的主要结合面。

3.4

控制机构　control mechanism

调速器和调节汽阀之间的所有设备(如连杆装置、控制滑阀与动力伺服机构等)。

3.5

临界转速　critical speed

转子-轴承-支承系统处于共振状态时的主轴转速。

3.6

设计　design

设备制造厂对与设备有关的各种参数的描述。

注：这类术语仅供设备制造厂使用，在需方的技术规范中不出现。

3.7

安全系统　fail safe system

万一出现部件故障或系统电源故障，使设备恢复到持久安全工况(停机和/或降低压力)的系统。

3.8

现场可调　field changeable

设备安装后，允许功能变更的特性。

注：功能变更可通过下列方法实现：

a) 为此用途特别设置至接线端柱的焊接跨接导线；

b) 使用线路板组装式开关或电位计；

c) 使用短的或二极管插销型配线板；

d) 使用预置短插销；

e) 使用已认可的控制通路。

3.9

仪表板　gauge board

用于支承和放置仪表、开关以及其他仪器仪表的托架或板。

注：仪表板为开放而非封闭式的。

3.10

一般用途汽轮机　general-purpose turbines

用于驱动通常为备用的、尺寸(功率)相对较小或用于非关键设施中的设备的卧式或立式汽轮机。

注：一般用途汽轮机适用于进汽表压不超过 4.8 MPa、进汽温度不超过 400 ℃和转速不超过 6 000 r/min。

3.11

调节汽阀　governor-controlled valve

由调速器控制流进或流出汽轮机蒸汽流量的装置。

3.12

固定螺栓　hold-down bolts

安装螺栓　mounting bolts

把设备固定到安装底板上的螺栓。

3.13

液压轴承　hydrodynamic bearings

使用液压润滑原理的轴承。

注：液压轴承的表面可以定向，以便相对运动形成一个或多个油楔来支承负荷，使主轴不会与轴承发生接触。

3.14

就地装置　local

安装在设备上或底座上或两者附近的装置。

3.15

最高允许转速　maximum allowable speed

制造厂设计的允许连续运行的最高转速。

3.16

最高允许温度　maximum allowable temperature

针对规定的流体，在任何规定的工况下，制造厂用于设计设备(或本术语涉及的任何部件)的最高持续温度。

3.17

最高允许工作压力　maximum allowable working pressure

针对规定的流体，在最高允许温度时，制造厂用于设计设备(或本术语涉及的任何部件)的最高持续压力。

3.18

最高连续转速　maximum continuous speed

制造或被试验的汽轮机能以任何规定蒸汽工况连续运行的最高转速。

3.19

最高排汽缸压力　maximum exhaust casing pressure

在最大进汽工况时，需方要求排汽缸能承受的最高排汽压力。

注：在此工况下，汽轮机排汽缸将承受最高温度和最高压力。

3.20

最高排汽压力　maximum exhaust pressure

要求汽轮机连续运行时最高的排汽压力。

3.21

最高进汽压力和温度　maximum inlet pressure and temperature

要求汽轮机连续运行时最高的进汽压力和温度。

3.22

最高密封压力　maximum sealing pressure

密封装置在任何规定的静态或运行工况以及起动和停机时所要求的最高压力。

3.23

最低允许转速　minimum allowable speed

制造厂设计的允许连续运行的最低转速。

3.24

最低排汽压力　minimum exhaust pressure

要求汽轮机连续运行时最低的排汽压力。

3.25

最低进汽压力和温度　minimum inlet pressure and temperature

要求汽轮机连续运行时最低的进汽压力和温度。

3.26

正常运行点　normal operating point

要求常规运行且要求效率最佳的工况点。

注：该点一般是供方保证其性能在本标准规定容差范围内的运行点。

3.27

观察验证　observed

需方要求适时通知并希望参加的试验或检查。

注：这不是停止点。试验或检查按进度表进行，如果需方或其代表没到现场，供方进入下一步骤。

3.28

业主　owner

设备的最终接收者。他可以委派另一人作为设备的购买方。

3.29

仪表柜　panel

安装、陈列和保护仪表、开关及其他仪器仪表的机柜。

3.30

可能的最大功率　potential maximum power

当汽轮机配置了适当的(较大的或附加的)喷嘴并可能配置一个较大的控制阀或阀组时，汽轮机在规定的正常转速和蒸汽参数下能发出的接近最大功率。

3.31

承压缸体　pressure casing

机组的全部静止承压件的组合体，包括全部喷嘴和其他附件。

3.32

需方 purchaser

发出订购单和技术规范给供方的代理商。

注：需方可以是接受安装设备的业主或业主指定的代理人。

3.33

径向中分面 radially split

与轴中心线垂直的主要结合面。

3.34

额定功率 rated power

规定的汽轮机最大功率及其相应转速；它包括被驱动设备技术规范所要求的全部裕量。

3.35

额定转速 rated speed

100%转速 100% speed

在任何规定运行工况下所要求的最高转速。

3.36

减压阀设定压力 relief valve set pressure

减压阀开启时的压力。

3.37

远程 remote

非安装在设备或底盘上(的设备)、通常安装在控制室。

3.38

避开裕量 separation margin

临界转速和接近要求运行转速之间的裕量。

3.39

停机点 shutdown set point

要求系统或设备自动或手动停机的一个预设定的参数值。

3.40

慢转动转速 slow roll

由供方推荐的、在满转速前进行暖机和初始检查设备完整性的转速(通常为 400 r/min～500 r/min)。

3.41

特种用途汽轮机 special-purpose turbines

用于驱动通常为非备用的和在关键设施中不间断连续运行的设备的卧式汽轮机。

注：这种类型的汽轮机不受蒸汽参数、功率或转速限制。

3.42

专用工具 special tool

非工业通用类工具。

3.43

备用装置 standby service

正常停用或部分停用的装置，它能立即自动或手动起动并连续运行。

3.44

汽耗率 steam rate

在汽轮机输出轴上测得的单位输出功所需要的蒸汽量。

3.45

汽轮机制造厂 turbine manufacturer

设计、制造、试验及提供汽轮机设备服务的厂家。

3.46

跳闸转速 trip speed

使汽轮机停机的独立超速停机系统的转速。

3.47

机组责任 unit responsibility

设备及包括在订购单上所有辅助设备的技术方面的责任。

注：考虑技术方面的责任时，包括但不限于下列因素：功率要求、转速、转向、总体布置、联轴器、动力学、噪声、润滑油的选用、仪器仪表、管路、部套试验、性能技术规范和材料试验报告等。

3.48

供方 vender

供货商 supplier

供应适合订购单设备的代理商。

注：供方可以是设备制造厂或制造厂的代理商，并且通常负有服务支持责任。

3.49

现场见证 witnessed

需方参加的检验或试验。

注：适用于生产进度和需方或其代表参加检验或试验的一个控制点。

3.50

剩余不平衡量 residual unbalance

平衡后转子上剩余的不平衡量。

注：除非另有规定，剩余不平衡量的单位为克毫米（g·mm）。

4 尺寸

•图样及维修尺寸应采用国际单位(SI)。附录E给出了采用国际单位制的典型数据表。

5 法律要求

供需双方应采取一定的措施以适合设备所在地的国家法律、法规、条例或章程。

6 主机设计

6.1 总则

6.1.1 按本标准设计和制造的设备(包括辅机)应具有至少20年的使用寿命且不间断运行至少5年。

注：达到这个目标，需要需方、供方和用户的共同努力。

6.1.2 供方应对订购单范围内的所有设备及全部辅机承担机组责任。

6.1.3 对机组负有责任的供方应确保所有分供方遵守本标准的要求。

6.1.4 •需方应规定设备的正常运行点和任何其他要求的运行点，包括进汽参数、排汽参数和任何抽汽或补汽量以及压力。需方还应规定进汽、排汽和抽汽/补汽参数的最大值和最小值。

6.1.5 •需方应提供蒸汽质量。

注：蒸汽质量标准参见 GB/T 12145。

6.1.6 汽轮机应具有下列能力：

a) 在正常蒸汽工况下以正常功率和正常转速运行，制造厂应保证这些条件下的汽耗值；

b) 在规定的最低进汽和最高排汽同时出现时，对应于额定转速发出额定功率；

注：为避免过载或获得较高的运行效率或两者都兼顾，最好用规定的正常功率或某一选定的额定功率百分数代替规定参数的额定功率，以限制汽轮机的最大出力。

c) 以至少 105％额定转速的最高连续转速在最高连续转速及规定范围内的任何转速下连续运行；

d) 在最高进汽参数和最高或最低排汽参数时，以额定功率和额定转速连续运行；

e) 在最低进汽参数和最高排汽参数及满足需方规定的转速和扭矩值的情况时，于要求的最大扭矩值和对应的最低转速下连续运行；

f) 在规定的抽汽和/或补汽工况连续运行；

g) 在额定蒸汽参数和蒸汽纯度等级偏离于 GB/T 5578 或 GB/T 12145 推荐值的情况下运行；

h) 在最高进汽参数下不联轴运转。

可能会出现调节不稳定和高加速率而需要采取诸如进汽压力节流等措施。注意发电机组在不联轴或空负荷时的运行。在低负荷或空负荷运行期间，宜考虑高排汽温度和高抽汽温度。

6.1.7 设备应设计成运行到跳闸转速时不会受到损坏。汽轮机跳闸转速是最高连续转速的 110％，通常为额定转速的 116％。

本要求不能解释为允许设备在最高连续转速以上连续运行。

6.1.8 汽轮机及其配件应按规定的验收准则在试车台及永久固定基础上进行安装。安装后，整套机组的性能应由需方和承担机组责任的供方共同负责。

6.1.9 很多因素(如管道载荷、运行状态下的对中性、支承结构、装运中搬运以及现场的吊运和装配等)均可能对现场工作性能产生不良影响。为了将这些因素的影响减到最低限度，供方应对需方的管道和基础图进行审查并提出意见。

•如有规定，供方代表应对下列内容的一项或多项进行现场见证：

a) 通过打开设备的主要法兰接口来检查管道的对中情况；

b) 初始的轴对中检查；

c) 运行温度下的轴对中。

注：API RP 686 给出了设备安装和安装设计的更多资料。

6.1.10 供需双方应共同拟定设备(包括管道及辅助设备)的布置。布置应为操作和维修提供足够的空间和安全通道。

6.1.11 全部设备应设计成能进行快速而经济地维护。主要部件(如汽缸部套和轴承座)的设计和制造应采用台肩式、圆柱销或键的方式，以确保重新装配时精确对中。

6.1.12 油箱及容纳运动润滑部件(如轴承、轴封)的壳体、高度光洁的零件、仪表仪器和控制元件等，应设计成在运行或停机期间能最大限度地减少由湿汽、灰尘和其他外来杂质引起的污染。

6.1.13 除非另有规定，冷却水系统应按表 1 规定的条件进行设计。应有排尽系统中气和水的设施。

表 1　冷却水系统的设计指标和规范

指标	SI 单位
热交换面上的流速	1.5 m/s～2.5 m/s
最高允许工作压力	700 kPa
试验压力(1.5 倍最高允许工作压力)	1 050 kPa
最大压降	100 kPa
最高进口温度	32 ℃
最高出口温度	49 ℃
最大温升	17 ℃
最小温升	11 ℃
水侧污垢系数	0.32(m^2·K)/kW
壳体腐蚀裕量	3 mm
注：热交换器面上的流速是为使水侧污垢减至最小；最小温升是为最大限度地减少冷却水量。	

6.1.14　如果最小温升和热交换面上的流速与设计不一致，供方应通知需方。如果存在这样的不一致，则需方应对最终选择进行审批。

6.1.15　•供需双方应共同努力来实现整个设备的噪声控制。供方所供设备应符合规定最大允许噪声限值的要求。为了确定一致性，供方既要提供设备的最大声压级，又要提供设备各个倍频带声压级数据。供方应提供为达到规定等级而采取的特殊措施的说明。

6.1.16　•电机、电气组件和电气装置应适合需方规定的场所(类别、级别和区域或范围)，并应符合 GB 3836 或 NFPA 70 第 500 项、501 项、502 项和 504 项关于适用场所的要求，还应符合需方指定的当地法规的要求(如果供方要求，应提供)。

6.1.17　•设备(包括全部辅助设备)应能在需方规定的环境条件下安全运行。这些条件包括安装在室内(受热或不受热)还是室外(有无顶棚)、最高和最低温度、异常的湿度和灰尘或腐蚀条件。

6.1.18　•设备(包括全部辅助设备)应能在需方规定的有效条件下安全运行。

6.1.19　机器的备件和提供的全部辅助设备应符合本标准的全部要求。

6.2　铭牌和转向箭头

6.2.1　铭牌应牢固地固定在设备及其辅助设备主要部件的可视部位。

6.2.2　转向箭头应铸入或固定在转动设备各主要部件的可视位置，不允许焊接。一个转向箭头应位于推力轴承座上。

6.2.3　铭牌和转向箭头(如粘贴的话)的材料应为奥氏体不锈钢或镍-铜合金，固定用销应为相同材料。

6.2.4　铭牌上宜清晰地印上但不限于下列数据：

a)　需方的设备项目号(如果标准铭牌位置不够大，可以印在一个单独的铭牌上)；

b)　供方名称；

c)　产品序列号；

d)　规格及型号；

e)　额定功率和转速；

f)　低于跳闸转速的所有横向振动临界转速；

g)　高于跳闸转速的最近的横向振动临界转速；

h） 最高连续转速；

i） 跳闸转速（见3.46）；

j） 正常和最高进汽温度及压力；

k） 正常和最高排汽压力；

l） 转速检测用多齿测速齿轮的齿数（见8.4）。

6.2.5 任何由机械运转试验测定的临界转速应在铭牌或提供给需方的相应文件上标出，并在其后标明“试验”字样。通过计算预测出来的临界转速，包括高于跳闸转速的一阶临界转速以及经过试验无法确认的临界转速均应在铭牌或提供给需方的相应文件上标出，并在其后标明“计算”字样。

7 汽缸

7.1 承压缸体

7.1.1 所有承压件应适应在预期规定的蒸汽工况下，压力和温度同时达到最恶劣情况时能安全运行。

7.1.2 承压缸体设计所选用材料的拉伸应力不应超过最高规定运行温度下材料的最小抗拉强度的0.25倍。对铸件而言，应乘上表2给出的铸件系数。制造厂应说明材料性能的出处，同时在其标书中列出铸件系数。

注：关于螺栓连接，许用拉伸应力用来确定以压力载荷或垫圈预载荷为基础的总螺栓连接区域。允许提供初始载荷，以便获得可靠的螺栓连接，将螺栓紧固到产生一个比设计拉伸应力更大的拉伸应力。通常取0.7倍于屈服强度的值。

表2 铸件系数

无损检测方法	铸件系数
目视检验、磁粉检测和/或液体渗透检测	0.8
局部射线检测	0.9
超声检测	0.9
全部射线检测	1.0

7.1.3 汽缸最高允许工作压力至少应等于规定的减压阀设定值。对于凝汽式汽轮机，排汽缸应设计成全真空，并且最高允许工作表压不小于70 kPa。

通常，在每个排汽接口和排汽截流阀之间的排汽管道中应设置一个全容量的减压阀，以避免汽轮机汽缸超压和可能导致的破裂。

7.1.4 供方应规定汽轮机汽缸及具有多个最高允许压力等级（剖分-承压-水平汽缸）的汽轮机汽缸各部件的实际限值和最高允许工作压力。

7.1.5 汽轮机汽缸应有轴向中分面，也可在高压区段和低压区段间设径向中分面。

7.1.6 汽缸的水平和径向中分面应采用金属贴金属的结合面，并通过拧紧螺栓连接。中分面应采用同所使用的液体能兼容的密封膏进行密封，不应采用垫圈（包括缠绕式垫圈）。

7.1.7 具有轴向中分面的汽缸应有足够的刚度，以便在拆走和重新装上其上半汽缸时，不会改变转子和缸体间的运行间隙。

7.1.8 汽缸和座架应设计得具有足够的强度和刚度，以把由于允许的压力、扭距和管道力及力矩最恶劣的组合作用所造成的在联轴器处轴对中性的任何变化限制在50 μm内（见7.4）。

注：该条款不适用于热力膨胀。

7.1.9 座架、顶起螺钉及其附件应具有足够的刚度，允许使用横向和轴向顶起螺钉移动机器而不会造成损坏。

7.1.10 为便于拆卸和重装，应提供顶起螺钉、导柱和汽缸对中用定位销和/或其他适用装置。导柱应有足够的长度，以防止拆卸和重装时损坏内部机件或汽缸双头螺柱。设置的起吊搭子或吊环螺栓只能用于起吊上半汽缸。

7.1.11 当使用顶起螺钉作为分离结合面的工具时，结合面被顶部位应下陷（钻沉孔或开凹槽），以避免因擦伤表面而引起泄漏或贴合不良。

7.1.12 蒸汽室和汽缸应设置具有全排放能力的疏水口。

7.1.13 承压件应尽量少用螺纹孔。为防止汽缸压力区段的蒸汽泄露，在钻孔和螺纹孔的底部及周围，除了留出供锈蚀的金属裕量外，还应留有至少为螺栓公称直径一半的金属厚度。螺纹孔深度至少为螺柱直径的 1.5 倍。温度可能超过 410 ℃的汽缸部位最好采用贯通螺栓连接。

7.1.14 用螺柱连接的接口装上螺柱后提供。每个螺柱两端初始的 1.5 圈螺纹应倒角。

7.1.15 按以下规定提供螺栓：

a) 螺纹应符合 GB/T 193、GB/T 196、GB/T 197、GB/T 2516、GB/T 9144 和 GB/T 9145 或 GB/T 20667、GB/T 20668 的规定；
b) 有轴向中分面的主结合面和有径向中分面的结合面端盖上应采用螺柱或贯通螺栓；
c) 除了用于安装时定位和需方已同意使用六角头螺钉外，所有其他结合面均使用螺柱或贯通螺栓而不采用六角头螺钉；
d) 依照合适标准对所有 6 mm 或更大尺寸（不包括垫圈和紧定螺钉）的紧固件打上制造厂标记。对双头螺柱，标记应打在外露的拧螺母端；
e) 螺栓四周应留出足够的空间，以便使用套管扳手或套筒扳手；
f) •如有规定，汽缸连接用的主螺柱和螺母应设计成液压螺栓拧紧。供方应提供操作规程和专用工具；
g) 除非需方同意，汽缸外部不应使用内承插型、槽型螺母或扳手型螺栓连接。

7.1.16 安装表面应符合下列要求：

a) 表面粗糙度 *Ra* 为 6.3 μm，或更小；
b) 同一加工平面内的任何安装表面无偏离大于公共平面 50 μm 的点；
c) 任何方向上相互平行的安装平面的平行度应在 1∶1 000 之内；
d) 加工的上表面或锪面应平行于安装表面。

7.1.17 应以垂直于一个或多个安装表面的方法钻固定螺栓孔，且孔径按照 GB/T 5277 中等装配规定。

7.1.18 设备底座应设置垂直顶起螺钉，并且应钻有便于最终安装定位销用的导向孔。

7.2 汽缸接口

7.2.1 •需方应指定主进汽和主出汽接口方向。所有接口均应与汽缸最高允许工作压力相符。法兰接口应与汽缸同为一个整体，或焊接汽缸的法兰接口可以采用承插焊或对焊管节套、过渡件的方法，也可采用带颈对焊法兰或承插焊法兰。

7.2.2 焊接到汽缸上的接口，包括冲击值均应符合汽缸材料要求而不是符合连接管道的要求（见 11.3.4）。汽缸进行水压试验前（见 16.3.2），应完成所有接口的焊接。

7.2.3 用于管道连接的汽缸开孔应为法兰接口或经机械加工而成并用螺柱连接的接口，其尺寸应至少为 DN 20。对不适合采用上述两种接口的非焊接材料汽缸，允许采用 DN 20～DN 40 的螺孔，这些螺孔接口应按以下规定进行安装：

a) 接管应配备带颈对焊法兰或承插焊法兰；
b) 接管和法兰材料应符合 7.2.2 的要求；

c) 锥管螺纹的螺孔和凸台应符合 ASME B16.5；

d) 管螺纹应为符合 GB/T 7306 的锥螺纹；

注：对本条款而言，GB/T 12716 等同于 GB/T 7306。

e) 所有螺纹接口均应涂上与工艺过程相符的、满足一定温度要求的润滑剂。不应采用密封胶带。

7.2.4 采用螺纹连接或焊接方式与汽缸相连的接管长度不宜超过 150 mm。公称尺寸不大于 DN 25 的接管至少应是 Sch[1] 160 的无缝钢管；公称尺寸 DN 40 的接管至少应是 Sch 80 的无缝钢管。当接管长度大于 150 mm 时，必须加装支承或加强筋。

7.2.5 不应采用公称尺寸 DN 32、DN 65、DN 90、DN 125、DN 175 和 DN 225 的规格。

7.2.6 除非另有规定，非焊接汽缸不连接管子的螺孔应用符合 GB/T 14383 的实心圆头钢质螺塞塞住。以后可能要拆卸的螺塞应采用耐腐蚀的材料制成，不允许使用塑料螺塞。

7.2.7 法兰应符合以下规定：

a) 铸铁法兰应为尺寸符合 GB/T 17241 或 ASME B16.1 或 ASME B16.42[2] 的平面法兰。额定压力级号 125 的法兰应至少具有额定压力级号 250、公称尺寸 DN 200 或更小规格法兰的最小厚度。不应使用灰铸铁；

b) 钢法兰尺寸应符合 GB/T 9112～9124 或 HG/T 20592～20635；

c) 所有材料的缸体上允许使用突面平法兰。允许采用比 ISO 或 ANSI 要求更厚或外径更大的任何材料制造的法兰。布置图上应有完整的非标法兰(尺寸过大)尺寸；

d) 不符合 GB/T 9112～9124、GB/T 17241、HG/T 20592～20635、ASME B16.1 或 ASME B16.42规定的机械加工并用螺柱连接的接口及法兰，应得到需方同意。除非另有规定，供方应提供与这些非标接口相配的法兰、螺柱、螺母和垫圈；

e) 所有缸体法兰的螺栓孔节圆应与法兰孔同心，以使与垫圈接触的法兰面加工区域足以容纳一个标准垫圈而不致使垫圈伸入流道；

f) 全部加工法兰背面或加工螺孔的锪面部分，且应采用贯通螺栓连接；

g) 垂直管口处法兰面与水平面的平行度不超过 0.5°。水平管口处法兰面与垂直面的平行度不超过 0.5°。螺柱孔或螺栓孔应对称布置且平行于设备主轴线。

7.2.8 机械加工而成并用螺柱连接的接口应符合 GB/T 9112～9124、GB/T 17241、HG/T 20592～20635 或 ASME B16.1、ASME B16.42 的表面加工和钻孔的规定。

7.2.9 在不拆卸汽轮机的任何主要部件或附加辅机管道的情况下，需方的全部连接件均应便于拆卸。

7.3 内部静止部件

7.3.1 所有调节级喷嘴环应为可更换的。只有事先经需方同意，才允许将喷嘴环焊接到外缸。

7.3.2 其他所有静叶应安装在可更换的隔板或导叶持环上。喷嘴或叶片最好焊在隔板上(见11.3.1)。

7.3.3 应牢固固定所有的内部紧固件，以防紧固件进入蒸汽通道。

7.3.4 设计应确保凝汽式汽轮机的湿蒸汽区域不截留水。凝汽式汽轮机湿蒸汽区域的疏水孔应设计成不被腐蚀物或碎片堵塞。对于冲动式汽轮机隔板的疏水孔，应采用抗腐蚀材料作疏水孔的衬套。

7.4 外力和外力矩

汽轮机设计成能经受住至少等于按 NEMA SM 23 计算出的外力和外力矩值。

---

1) 管壁厚度号(schedule number)的缩写，为订货简便增加的一种代号。

2) 原文为 ASME 16.42，应为 ASME B16.42。

8 转动部件

8.1 总则

8.1.1 转子在任何规定运行温度下，应能以121%最高连续转速的最大超速转速安全运行。发生这样的超速后，转子应有能力在不立即进行维护的情况下继续安全运行。

注：出现这种情况后，可能出现密封件摩擦和较小的转子部件局部弯曲以及振动现象。

8.1.2 当最高连续转速下叶片顶部速度超过 250 m/s 或当级进口蒸汽温度超过 440 ℃时采用套装式转子(轮盘套装在轴上)，需要得到需方同意。

8.1.3 每根转子应标上永久的惟一标识。该标识应标在不易受到损坏的轴端处。

8.1.4 •如有规定，应做好不拆卸汽轮机进行现场平衡的准备。供方应在建议书中记录这些准备措施及使用的方法。

8.2 主轴

8.2.1 主轴的整个长度上均应精加工。装叶轮及轴承的主轴部位，表面粗糙度 *Ra* 值不应大于0.8 μm。

8.2.2 转子主轴上的径向振动探头监测部位应与轴承轴颈同心。所有监测部位(径向振动和轴向位置)在探头各侧至少一个探头顶部直径的距离上，不应存在任何图案和划线标记或任何其他如油孔或键槽之类的不连续表面。这些部位不应喷镀、加轴套或电镀金属层，其最终表面粗糙度 *Ra* 值不应大于 0.8 μm。为使总的电气跳动和机械跳动量不超过下列值，这些部位最好退磁到 API Std 670 规定值或采用其他方式进行退磁处理：

a) 径向振动探头监测部位，25%的允许峰-峰振幅或 6.3 μm，取较大值；

b) 轴向位置探头监测部位为 12.7 μm。

8.2.3 所有键槽的圆角应符合 ASME B17.1 的规定。

8.2.4 轴的传递扭矩能力至少等于潜在最大功率所确定的扭矩。安装联轴器的轴端部位设计应符合 ISO 10441 或 JB/T 9559 的要求。

8.2.5 为防止产生有害的潜在电位差，转动零件任何部位的磁通量密度均不应超过 0.000 3 T。

8.3 叶片

8.3.1 供方应对每列叶片采用坎贝尔图或其等效图进行验证(校正到实际运行的温度和转速)。关于喷嘴通道频率和两倍喷嘴通道频率，对于所有 15 倍转速规定的运行转速范围内不出现激振。应校验以下振型：

——同相切向；

——异相切向；

——轴向；

——扭振；

——任何其他高响应振型。

如果无法进行校验，则在任何规定的被驱动设备运行时形成的叶片应力，应低到确保在运行范围如果出现共振时能可靠地运行，这应通过哥德曼图或其等效图进行校验。哥德曼图或坎贝尔图或这两种图副本均应提交给需方。叶片应设计成在正常暖机期间能在共振频率时运行。

注：激振源包括但不限于：每列叶片上下游动叶和静叶的基本频率和第一阶谐波激振频率、蒸汽通道导流片、卧式汽缸法兰处叶片节距不规则、最初的四个汽轮机转速谐波、汽缸孔(排汽或抽汽)、部分弧形隔板或喷嘴板、进汽缸和排汽缸或水平结合处的内部支撑和构件以及齿轮装置的啮合频率。

8.3.2 所有叶片在力学上均应适合在整个规定转速范围内运行(包括瞬时工况)。除非需方另有规定，供方应假定扭矩与转速平方成正比。

8.4 转速传感元件

应提供整体或牢固固定到汽轮机轴上的转速检测用多齿测速转盘。其他传感器可以共用该测速盘,但其不能作为一个驱动其他机械部件的齿轮来使用。多齿测速转盘的轴向宽度(径向探头监测的表面宽度)最小应为探头顶部直径的1～1.5倍。

9 转子动力学

9.1 总则

9.1.1 在转子-轴承系统的设计中,应考虑包括但不限于以下引起周期性强迫力现象(激振)的所有潜在来源：

a) 转子系统不平衡；

b) 油膜振荡；

c) 内摩擦；

d) 叶片和喷嘴通道频率；

e) 齿轮啮合和边带；

f) 联轴器不对中；

g) 松动的转子系统组件；

h) 滞变和摩擦涡动；

i) 流动附面层分离；

j) 声学和空气动力学的交互耦合力；

k) 异步涡动；

l) 电气线路频率。

注1：一个潜在激振源频率可以小于、等于或大于转子转速。

注2：当作用到一个转子-轴承支承系统的周期性强迫力现象(激振)的频率与该系统的固有频率相一致时,该系统处于共振状态之中。处于共振状态中的转子-轴承支承系统可能具有将其正常振幅值放大了的振幅值。在临界转速下,放大的振幅值和转速有关的相位角变化率与系统的总阻尼值有关。

注3：本标准不涉及 API Publ 684 包含的转子动力学附加资料。

9.1.2 对本标准而言,临界转速和涉及的其他共振条件的放大系数应大于2.5。

9.1.3 在规定的运行转速范围内或规定的避开裕量时,属于供方供货范围且影响转子振动振幅的结构支承系统不应产生共振(见9.2.9)。在转子轴承支承系统动力学分析中,应考虑支承结构的有效刚度[见9.2.4d)]。

注：结构支承系统的共振可能对转子的振动振幅产生不利影响。

9.1.4 •承担机组责任的供方应确定整个轴系从零转速到跳闸转速间出现的任何避开的运行转速。应通过坎贝尔图(激振频率图)对单台机器或规定时对整个轴系或对两者进行说明。应把这些图提供给需方以备查,并将其列入使用手册中。

注：避开出现如与转子横向临界、轴系扭转和叶片振型有关的转速。

9.2 横向振动分析

9.2.1 通过有阻尼的转子不平衡响应分析来确定临界转速及其放大系数。

9.2.2 如有必要，可在机械运转试验期间，通过转了不平衡试验，在试验台上确定所有低于跳闸转速的临界转速位置。应验证数字模型的准确性。

9.2.3 进行有阻尼不平衡响应分析前，供方应进行无阻尼分析来确定无阻尼临界转速，并确定从0～125%的跳闸转速范围内的振型。除非另有规定，应将无阻尼分析结果报告提交给需方。报告内容应包括：

a) 振型图(振幅与转子轴向位置的关系)；

b) 在所计算的支承刚度下的临界转速支承刚度图(频率与支承刚度图)；水平支承刚度 K_{xx}、垂直支承刚度 K_{yy} 示于图中(见图1)。

对轴承载荷和/或载荷方向变动较大的机械，供方建议对每个要进行鉴别的模型，可以用列出无阻尼临界转速的振型图来替代无阻尼临界转速图。

9.2.4 有阻尼不平衡响应分析应包括但不限于以下内容：

a) **转子质量**，包括半联轴器的质量矩、刚度和阻尼影响(例如：累积的配合公差、液体的刚度、阻尼)；

b) **轴承润滑油膜刚度和阻尼值**，包括由转速、载荷、预加载荷、油温范围、累积装配公差引起的最大到最小间隙及因部分进汽、蒸汽偏流、偏心间隙等产生非对称载荷而引起的变化；

c) **瓦块支点刚度**(用于可倾瓦轴承)；

d) **支承**[3] **刚度、质量和阻尼特性**，包括频率变化的影响：

1) 供方应说明用于分析中的支承刚度值和选用这些值的依据(例如类似于转子支承系统的模态试验或计算支承刚度值)；

2) 对于轴承支承刚度值小于或等于3.5倍轴承油膜支承刚度值的机器，应使用取自模态试验的支承刚度值或按支承刚度和阻尼值(阻抗)计算的频率；

3) 大多数情况下，所使用的支承刚度值不超过 0.875×10^6 N/mm。

e) **转速**，包括各起动滞留转速、运行转速和载荷范围(包括如果与规定不相符时商定的试验条件)、跳闸转速和惰走工况；

f) 整个运行范围内，**油膜刚度值和汽缸端部密封产生的阻尼值**的影响；

g) 进行分析时，**径向振动探头的位置和方向**应与它们在设备中的布置相同。

---

3) “支承”包括底座或支承结构、基础、设备机架和轴承座。

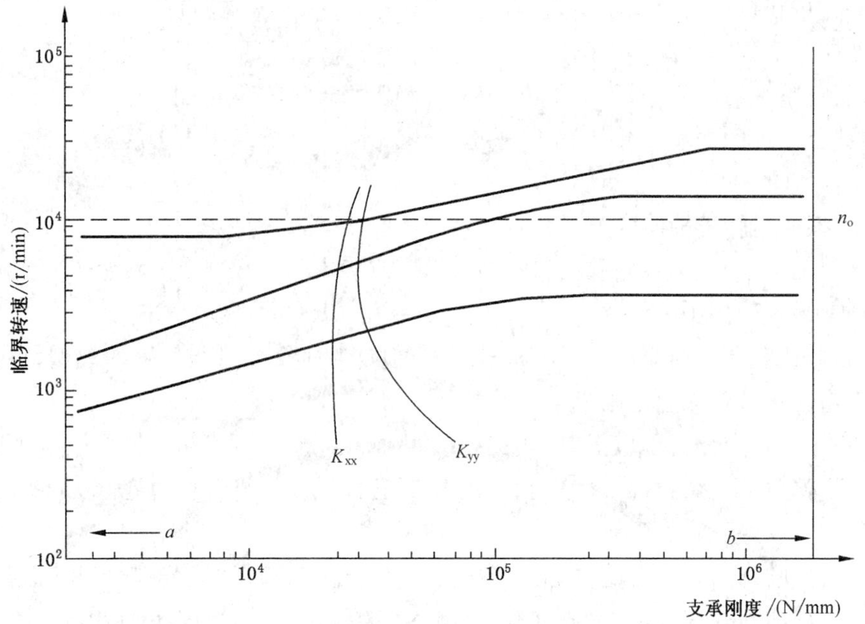

图中：

a——低放大系数；

b——高放大系数；

K_{xx}——计算的支承刚度，水平；

K_{yy}——计算的支承刚度，垂直；

n_o——运转速度。

图 1　无阻尼临界转速图

9.2.5　•如有规定，则在有阻尼的不平衡响应分析中应考虑轴系中其他设备的影响（也就是说，应进行轴系的横向振动分析），尤其是对配备刚性联轴器的机器轴系更要考虑这个问题。

9.2.6　应对每个在0～125%跳闸转速范围内的临界转速进行一次单独的有阻尼不平衡响应分析。不平衡量应被置于经过不平衡分析所确定的能对振型产生最不良影响的部位。平移（对称）振型的不平衡量应以总轴颈静载荷为基础，并加在最大位移部位。圆锥（不对称）振型的不平衡量应加在靠近每个轴颈支承的最大位移部位。这些不平衡质量相位应相差180°，各不平衡量根据其邻近轴承的静载荷求得。图2示出了各种典型振型，并指出每个振型 U 的位置和定义。不平衡量应四倍于根据式(1)得出的 U 值。

$$U=\frac{6\ 350\times m}{n} \qquad (1)$$

式中：

U——在转子动力学响应分析中输入的不平衡量，单位为克毫米（g·mm）；

m——质量，单位为千克(kg)：

——转子质量，对称振型时［见图 2a)和 c)］；

——邻近轴承支承的部分转子质量，非对称振型时［见图 2b)和 d)］；

——悬臂外伸质量，即用于悬臂振型的轴承外侧转子质量［见图 2e)］；

——悬臂外伸质量，即用于悬臂刚性振型的轴承外侧转子质量，或邻近轴承上的质量载荷，取较大值［见图 2f)］；

n——最接近所关注临界转速的运行转速，单位为转每分（r/min）。

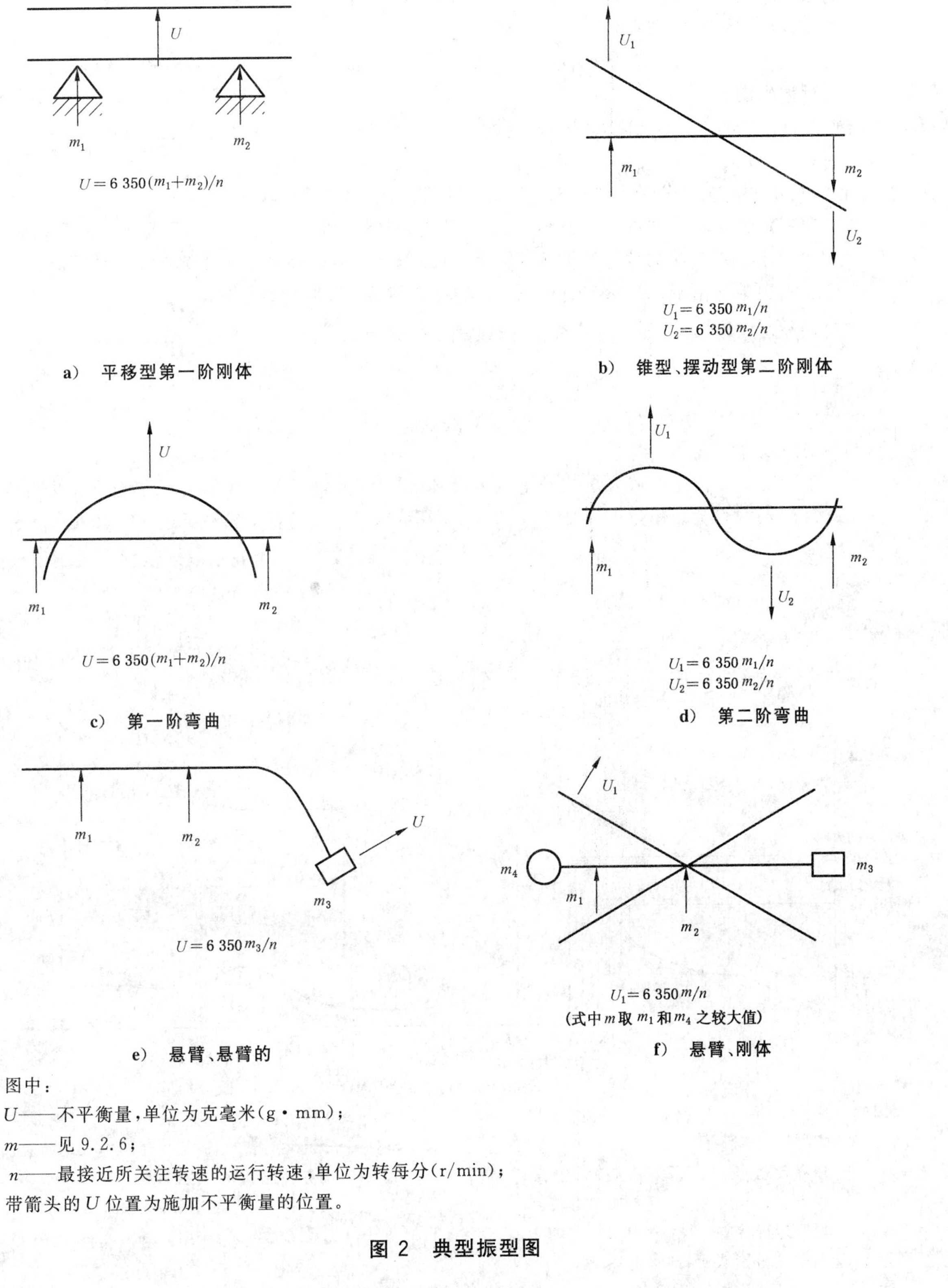

图中：

U——不平衡量，单位为克毫米（g·mm）；

m——见9.2.6；

n——最接近所关注转速的运行转速，单位为转每分（r/min）；

带箭头的U位置为施加不平衡量的位置。

图2 典型振型图

9.2.7 不平衡响应分析至少应提供下列内容：

a） 0～125％跳闸转速范围内的各临界转速频率的识别；

b） 9.2.6规定的不平衡量引起的各临界转速区，振动探头位置处的频率、相位和响应振幅值（波德图）；

c） 9.2.6规定的不平衡量引起的各临界转速的转子振型偏转图，应表示出各挠性联轴器平面长轴振幅、各轴承中心线、各径向探头位置及整台机器的各密封区域，另外，应表示出密封处的最小设计径向运行间隙；

d) 对于支承刚度小于3.5倍油膜刚度[4]的机器，应附加对绝对的轴运动与相对轴承座的轴运动进行比较的波德图。

9.2.8 按照9.3进行验证试验时，还应进行附加分析。供方应确定不平衡量的位置和大小并得到需方的认可，包括影响分析结果的任何试验台参数。

9.2.9 有阻尼不平衡响应分析应指出机器满足下列避开裕量(见图3)。

a) 如果特定临界转速的放大系数小于2.5，可认为是临界阻尼下的响应，不要求有避开裕量。

b) 如果特定临界转速的放大系数等于或大于2.5，且临界转速低于最低转速，则以最低转速百分比表示的避开裕量(M_s)不应小于式(2)的计算值或16，取二者中较小值。

$$M_s = 17 \times \left(1 - \frac{1}{F_a - 1.5}\right) \qquad \cdots\cdots(2)$$

式中：

M_s——避开裕量；

F_a——放大系数。

c) 如果特定临界转速的放大系数等于或大于2.5，且临界转速高于最高连续转速，则以最高转速百分比表示的避开裕量不应小于式(3)的计算值或26，取二者中较小值。

$$M_s = 10 + 17 \times \left(1 - \frac{1}{F_a - 1.5}\right) \qquad \cdots\cdots(3)$$

式中：

M_s——避开裕量；

F_a——放大系数。

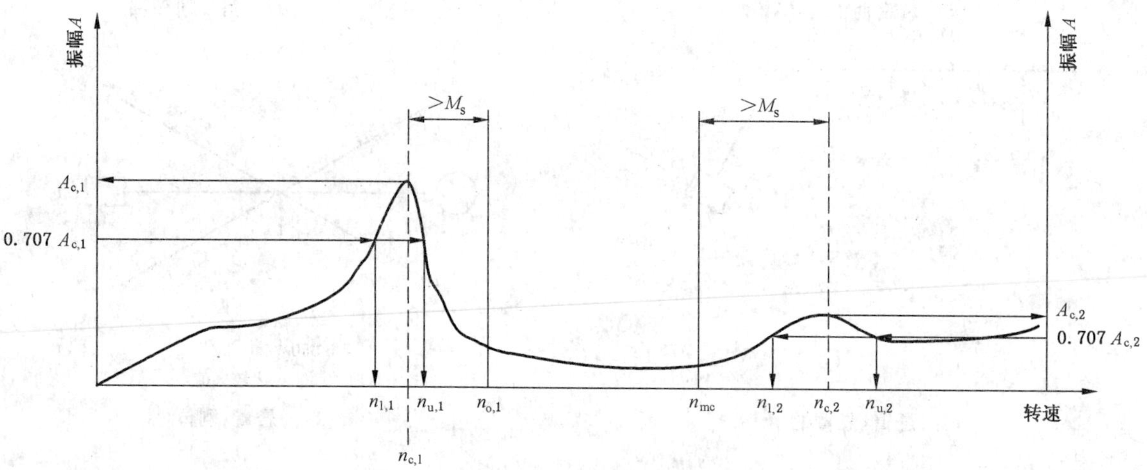

图中：

$n_{c,n}$——临界转速 n；

$n_{l,n}$——临界转速 n 处的0.707振幅的下转速；

$n_{u,n}$——临界转速 n 处的0.707振幅的上转速；

$n_{o,1}$——最低运行转速；

n_{mc}——最高运行转速，额定转速的105%；

$A_{c,n}$——临界转速 n 处的振幅；

M_s——避开裕量，F_a 的函数；

F_a——放大系数 $= n_{c,n}/(n_{u,n} - n_{l,n})$。

注1：运行转速范围从 $n_{o,l}$ 到 n_{mc}。

注2：本振型曲线仅作说明用，不代表某一实际转子的响应曲线；多重临界转速可能在运行转速范围的上、下出现。

图3 转子响应曲线

4) 原文为“油膜厚度”，应为“油膜刚度”。

9.2.10 用式(4)计算得到的系数乘上不平衡峰-峰振幅计算值(见9.2.7)。

$$F_c = \frac{A_1}{A_{4x}} \quad \cdots\cdots(4)$$

式中:

F_c ——修正系数;

A_1 ——式(5)计算得到的振幅限值,单位为微米(μm);

A_{4x}——9.2.7b)所规定的探头位置处计算得到的峰-峰振幅值,单位为微米(μm)。

$$A_1 = 25.4\sqrt{\frac{12\ 000}{n}} \quad \cdots\cdots(5)$$

式中:

n——最接近所关注临界转速的运行转速,单位为转每分(r/min)。

9.2.11 在零转速到跳闸转速范围内的任何转速下,按9.2.10修正过的计算长轴振幅、峰-峰值、转子不平衡响应振幅不应超过整个机器的最小设计径向运行间隙的75%。

注:在机器停机时,运行间隙可能与装配间隙不同。

9.3 转子不平衡响应验证试验

9.3.1 若供需双方商定,转子应进行不平衡响应试验,该试验通常在高速动平衡机上完成,并且该结果应用来验证分析模型。在试验台上按9.2.8规定采用同样不平衡量获得的转子实际响应,应作为确定阻尼不平衡响应分析有效的评判依据。为此,按a)~f)的步骤进行:

a) 试验期间,记录从零转速到跳闸转速的轴振动振幅和相位角。在试验前设定好模拟记录仪表的增益。

b) 确定所有低于跳闸转速的临界转速位置。

c) 将符合9.2.8并且在9.2.8分析中采用的不平衡量加在转子分析所用的位置上。不平衡量不应超过8倍于9.2.6中式(1)得出的计算值U。

d) 将机器转速尽可能地提高到最接近临界转速的运行转速,并且采用同a)一样的方法来记录所显示的振幅和相位。

e) 从该试验结果中矢量减去按上述a)所获得的对应振动数据。

f) 不平衡响应验证试验结果与分析模型进行比较。

9.3.2 如果模型与下列a)或b)都不符合时,供方应对模型进行修正:

a) 试验时得出的实际临界转速与分析预先设定的临界转速的偏差不应大于5%。在分析某个特定模型预先设定多个临界转速时(例如,由于水平和垂直或机器两端之间的重大差异所带来的支承特性变化),试验值不应比最低设定值低5%,也不应比最高设定值高5%。

存在垂直刚度和水平刚度差异很大且有两个不同的分析预设临界转速的可能,尤其是对电动机。运行转速落在这两个临界转速之间时,应把这两个临界转速看作是独立的,来自单独的模型。

b) 试验得到的实际主轴峰值响应振幅包括那些临界阻尼不应超过设定值。设定的峰值响应振幅范围通过有四个径向探头的计算机模型来确定。

9.3.3 如果支承刚度比轴承油膜刚度小两倍,那么,进行9.3.1e)规定的步骤前,在平衡[9.3.1a)]和不平衡[9.3.1d)]状态下测量轴承座的绝对振动,并且矢量相加到相应的轴振动上。此时,应对测量的响应与预设的绝对轴位移进行比较。

9.3.4 除非另有规定,如果购买多根同样的转子,转子不平衡的验证试验应仅在第一根转子上进行。

9.3.5 如果需要确定最大振幅,模型修正后,每对x-y振动探头所测的振幅和相位角应在每个振动响应峰值处矢量相加。每个响应峰值的主轴振幅不应超过9.2.11所规定的极限值。

9.4 附加试验

9.4.1 根据修正的有阻尼不平衡响应分析(9.2 和 9.3.2),如果存在下列情况之一,则要求进行附加试验(见 9.4.2):

a) 任何临界响应不符合 9.2.9 要求的避开裕量;

b) 不符合 9.2.11 规定的间隙要求。

9.4.2 不平衡质量应放置在 9.2.6 所述的位置;这种情况可能要求拆卸机器。不平衡量的大小应通过调整在转子中存在的指示不平衡量来达到,使转子从开始转动到增加转子在探头处的位移达到由 9.2.10 中式(5)所确定的最高连续转速下的振幅限值。但是,所使用的不平衡量不应比 8 倍于 9.2.6 中式(1)所规定的不平衡量小两倍或更多。根据 9.3.1a)和 9.3.1b)得出的该试验测量值还应符合下列准则:

a) 在运行转速范围外的任何转速下,包括避开裕量,轴挠度不应超过最小设计运行间隙的 90%;

b) 在运行转速范围内的任何转速下,包括避开裕量,轴挠度不应超过最小设计运行间隙的 55% 或探头处允许振动限值的 150%(见 9.2.10)。

9.4.3 如果要求以一个修正模型为基础,9.4.2a)和 9.4.2b)规定的内部挠度限值应以探头处和 9.2.11 标明的有关区域之间的计算位移比值为依据。用这些比值乘上探头的峰值读数来计算这些试验的实际内部位移。如果设备是打开的,则验收应以这些计算位移或汽封检验为依据。由本试验而导致设备的任何部位出现损坏,应认定试验不合格;内部汽封的轻微擦伤引起的间隙变化未超出供方的新零件公差时,不能判定为损坏。

9.5 扭转振动分析

9.5.1 •包括齿轮箱或发电机的机组,或包括三台或更多台连接机器的机组,或如有规定,则承担机组责任的供方应对整个联轴轴系进行一次扭转振动分析,并负责指导为满足 9.5.2~9.5.6 的要求而进行的修正工作。

9.5.2 扭振固有频率的激发可能来自多个因素,这些因素可能与运行速度有关,也可能与运行速度无关,分析时应该加以考虑。被考虑的这些因素至少应包括下列内容:

a) 诸如齿轮不平衡、节线跳动和累积的齿距误差;

b) 循环过程脉动;

c) 诸如同步电机和发电机起动时相对相或相对地短路引起的瞬时扭矩;

d) 电机和容积式旋转机器引起的扭振激振力;

e) 液压调节器、电子调节器和可变频率装置的控制回路响应;

f) 一倍或两倍行频;

g) 一个或多个运行转速;

h) 当电动驱动装置是轴系的一部分时,变频驱动装置的谐波频率。

9.5.3 在规定的运行转速范围内,从最低调节转速到最高连续转速,整个轴系的扭振固有频率应至少高于或低于任何可能激振频率的 10%。

9.5.4 应避免出现两倍或更多倍运行转速的扭振固有频率,或者表明系统中出现的相应的激振频率无不良影响。

9.5.5 当计算的扭转共振值落入 9.5.3 规定的裕量范围内时(供需双方一致认为已无法从限定的频率范围内移开临界值),应进行应力分析,以证明该共振对整个轴系不存在不利影响。应清楚标明分析中所假定的激振力大小和阻尼程度。该分析的验收标准应经供需双方同意。

9.5.6 除了 9.5.2 和 9.5.5 要求的扭转振动分析外,当同步电机或发电机装置是轴系的一部分时,供方应进行瞬时扭转振动分析。该分析的验收标准应经供需双方同意。

9.6 振动和平衡

9.6.1 •除非整锻转子，装配前，对主要的旋转部件如主轴、平衡盘和叶轮按不低于 GB/T 9239.1 中平衡品质级别 G1 级要求分别进行动平衡。当带一个键槽的光轴进行动平衡时，应把符合 GB/T 16908 具有全弧面的半键装入键槽。相差 180°但不在同一横截面的键槽也应装入这样的键。光轴的初次平衡校正应记录。安装在主轴上的部件(平衡盘、叶轮等)应按 GB/T 16908 所述的“半键准则”进行平衡。

9.6.2 转动部件在装配时应进行多平面动平衡。除了整锻转子，在加装上不多于两个主要零件后应进行动平衡，平衡的校正应仅在加装的零件上进行。在全部组装好的部件进行最终的平衡调整时才可要求对其他零件进行微量修正。在以后的动平衡过程中，应继续使用光轴(9.6.1)动平衡时所用的半键，直到使用最终用键和部件进行匹配时才换下来。带单键槽的转子，该键槽应配全弧面半键。在装配部件进行最终平衡时，使用的所有半键质量应记录在剩余不平衡量作业表上(见附录 F)。每个平面(轴颈)的最大允许剩余不平衡量应按式(6)计算：

$$U_{max}=\frac{6\ 350\times m}{n} \quad \cdots\cdots(6)$$

式中：

U_{max}——剩余不平衡量，单位为克毫米(g·mm)；

m ——轴颈静重质量，单位为千克(kg)；

n ——最高连续转速，单位为转每分(r/min)。

9.6.3 组装好的转动部件应进行高速动平衡(以额定转速)，高速动平衡按 9.6.4 进行，可采用供方的平衡标准。如采用低速动平衡(见 9.6.2)代替高速动平衡，则需经需方同意。

9.6.4 当按规定对组装好的转动部件进行高速动平衡时(9.6.3)，应采用相同类型的且与实际使用中具有类似动力特性的轴承来支承转子。应在最高连续转速进行最终的平衡检查。进行任何校正前，转子应在平衡机上以跳闸转速至少运转 5 min(使转子高速运转来改善初始平衡的除外)，以便套装部件就位。整锻式转子应在平衡机上以 121%最高连续转速的最大超速转速至少运转 2 min。

9.6.5 除非另有规定，在全部转速的最大轴承座刚度情况下，轴承盖上测得的高速动平衡振动验收准则如下：

a) 转速 3 000 r/min 以上的，振动不应超过 7 400/n mm/s 或 1 mm/s 的较大值，其中 n 是用 r/min 表示的转速；

b) 转速等于或小于 3 000 r/min 的，振动不应超过 2.5 mm/s。

9.6.6 •对非整锻转子，如有规定，转子进行高速动平衡前，应先根据 9.6.2 进行低速动平衡。

9.6.7 对已完成低速动平衡(见 9.6.2)、并且规定作高速动平衡的转子(见 9.6.3)，应按附录 F 在低速动平衡机上进行低速剩余不平衡量检查，并记录在剩余不平衡量作业表上。

注：该步骤为进一步使用低速动平衡机提供一个剩余不平衡量和相位参考。

9.6.8 对装上平衡后转子的机器进行工厂试验期间，在最高连续转速或规定运行转速范围内的任何其他转速时，在邻近和对应于每个径向轴承的轴上测得的任一平面未滤波振动的峰-峰振幅不应超过式(7)计算值或 25 μm，取两者中较小值。

$$A=25.4\times\sqrt{\frac{12\ 000}{n}} \quad \cdots\cdots(7)$$

式中：

A ——未滤波振幅，测得的峰-峰值，单位为微米(μm)；

n ——测得的最高连续转速，单位为转每分(r/min)。

在大于最高连续转速而小于或等于跳闸转速的任何转速下，振动应不超过在最高连续转速下记录的最大值的 150%。

这些限值不能与9.3规定的不平衡响应的工厂验证限值相混淆。

9.6.9 应测定转子的电跳动量和机械跳动量。方法是将转子放在V形槽中绕轴颈中心线转动360°，同时用一只非接触式振动探头和一只千分表测量其跳动量，千分表应在探头所处位置的中心线上，任何一边都不应超出探头顶部直径。

9.6.10 每个探头位置处全周(360°)的电跳动量和机械跳动量应记录在机械运转试验报告中。

10 轴承、轴承座及轴密封

10.1 径向轴承

10.1.1 应提供液压径向轴承。径向轴承应是便于装配的中分面结构，精密镗孔和加衬套或瓦块，具有钢衬浇巴氏合金的可更换轴瓦、瓦块或衬瓦。轴承应配备防转动销并绝对可靠地轴向固定。轴瓦、瓦块或衬瓦应置于有轴向中分面的轴承座内，并可在不拆除带轴向中分面机器的上半汽缸或带径向中分面机组的端部及不拆除联轴器轮毂的情况下进行更换。

10.1.2 径向轴承应设计成通过轴承把载荷传递到轴承座而不会对轴承座的关键表面造成损坏。这些关键表面不考虑作为要修理或更换的正常磨损表面。

10.2 推力轴承及推力盘

10.2.1 推力轴承应为具有钢衬浇巴氏合金的多瓦块型的液压轴承。设计成在两个方向具有相同的止推能力，每侧均配备有连续的压力润滑油；两侧都采用可倾瓦型。如有规定，则轴承应具有自动找平特性，当瓦块厚度出现微小变化时，以确保每个瓦块承担相同的推力载荷。

10.2.2 应以能在最不利的规定运行工况下连续运行来确定推力轴承的尺寸。推力载荷的计算包括但不限于下列因素：

a) 密封间隙结垢和改变直到两倍设计内部间隙；
b) 所有由直径变化引起的阶梯推力；
c) 级反动度和级压差；
d) 进汽、抽汽、补汽和排汽压力的变化；
e) 来自10.2.3和10.2.4所述的被驱动设备的外部载荷。

10.2.3 应以联轴器制造厂容许的最大许可挠度为依据，来计算通过挠性联轴器所传递的外部载荷。

10.2.4 如果两根或多根转子的推力由一个推力轴承来承受，那么采用不同方向的力代数相加后的合力；否则应采用其中最大的推力。

10.2.5 推力轴承应按载荷不大于轴承制造厂给定极限载荷额定值的50%来进行选择。极限载荷额定值是在连续运行无故障时出现最小允许油膜厚度下的载荷值，或是瓦块的巴氏合金最高温度区域不超过其蠕变开始点强度或屈服强度时的载荷值，取两者中较小值。确定推力轴承尺寸时应考虑但不限于对应每一特定使用条件下的下列因素：

a) 主轴转速；
b) 轴承巴氏合金的温度；
c) 轴承瓦块的挠度；
d) 最小油膜厚度；
e) 供油量、油粘度和供油温度；
f) 轴承设计结构；
g) 巴氏合金；

h) 瓦块材料；

i) 油膜涡动。

应向需方提供推力轴承尺寸的选用依据以备查。

10.2.6 推力轴承的布置应允许每根转子能相对于汽缸进行轴向定位和调整轴承间隙。

10.2.7 除非另有规定，应提供整体的推力盘。提供的推力盘在总厚度上应至少留有 3 mm 的附加裕量，以确保推力盘受到损坏时可以再次加工。当提供的是可更换的推力盘时，则这些推力盘应热套并牢固地固定在轴上，以防止微振磨损。

10.2.8 推力盘两侧加工面的表面粗糙度 Ra 值不应大于 0.8 μm。每面的轴向全跳动量指示值不超过 13 μm。

10.3 轴承座

10.3.1 压力润滑液压轴承的轴承座结构应使油的泡沫减少到最低限度。回油系统应足以维持油面和泡沫面低于轴端密封。在规定的最不利的运行条件下，通过轴承和轴承座的油温升高不应超过 30 ℃，轴承出口油温不应超过 80 ℃。当进口油温超过 50 ℃时，应对轴承设计、油量和允许的温升给予特别考虑。注油推力轴承的出油口应成切向，并位于上半控油环中，当不采用控油环时，则位于推力轴承壳体中。

10.3.2 在轴穿过轴承座壳体的部位，轴承座应配置可更换的迷宫式端部密封和挡油环；不应采用唇式端部密封。密封件和挡油环采用不会打出火花的材料制造，其结构应能有效地将油保持在轴承座内并能防止异物进入轴承座。

10.3.3 用螺栓与钢制汽缸连接的悬臂轴的支承结构也应是钢制的。

10.3.4 不宜使用铸铁的轴承座或轴承座支架。

10.3.5 每个轴承座应安装两个非接触式径向振动探头，每台机器的推力轴承端安装两个轴向位移探头，每台机器安装一个转一圈就发出一个脉冲信号的探头。探头的安装按照 API Std 670 的规定。

10.3.6 •有规定时，在轴承座上安装加速计的结构应符合 API Std 670 的规定。

10.4 接地

除非另有规定，凝汽式汽轮机应在轴的同一端至少安装两只接地电刷。除非另有规定，电刷的布置应设计成机组运行时便于更换。电刷应为标准尺寸及适用的等级。供方应提供有建议电刷数量和位置的图样。

10.5 轴密封

10.5.1 除非另有规定，汽缸端部密封应是可更换的迷宫式汽封。

10.5.2 级间密封为可更换的迷宫式汽封。

10.5.3 在低于大气压情况下的汽缸端部迷宫式汽封应设计成引入干蒸汽来阻止空气进入。应提供与端部迷宫式汽封相连接的、带压力表、调节器和其他必需阀门的管道。管道应设置一个与需方密封蒸汽源相连的公共接口。引入的密封蒸汽和压力应能自动控制。正常运行时的密封蒸汽最好来自汽轮机的正压区段。

10.5.4 除非另有规定，应提供一个独立的真空系统，以减少端部迷宫式汽封的外泄和可能的轴承油污染(15.6)。除非另有规定，由其他方为系统安装和连接的真空系统应为散装供货。附录 G 示出一个典型的端部迷宫式汽封真空系统。

10.5.5 按不小于新间隙计算泄漏量的 300% 来选用轴密封和真空系统的所有管道及部件的尺寸。

11 材料

11.1 总则

11.1.1 除了本标准或需方要求的或不允许的外，应由制造厂按规定的运行工况和现场环境条件来选用材料(11.1.6)。

11.1.2 在供方报价书中应对所有主要部件的材料作出明确规定。应参考适用的国际标准对材料包括材料等级作出标识。如果没有适合的牌号可用，供方则应在报价书中附上给出物理性能、化学成分和试验要求等内容的材料技术规范。

11.1.3 供方有必要规定可选的试验项目及检验方法以确保材料具有满意的使用性能，应在报价书中列出这些试验和检验项目清单。

特别是对重要部件或关键场合使用的材料，需方可指定附加可选试验和检验。

11.1.4 转动或滑动的外部零件(如控制器连杆铰链和调整机构)应采用适应现场环境的耐腐蚀材料制作。

11.1.5 未作标识的次要零件(如螺母、弹簧、垫圈、垫片和键)材料应具有至少符合 11.1.2 要求的材料在相同环境中的耐腐蚀能力。

11.1.6 •需方应指出蒸汽中和在环境中存在的超过 GB/T 12145 规定的蒸汽品质要求的所有腐蚀介质，包括可引起应力腐蚀裂缝的那些成分。

供方应认识到，某些蒸汽系统中含有氢氧化钠、氧化物、硫酸盐、磷酸盐、铜和铅的杂质，在选择材料时应考虑这些因素。

11.1.7 如果暴露在能促使晶间腐蚀的气体中的奥氏体不锈钢零件需进行焊制、表面硬化、涂镀或补焊时，则应采用低碳或具有稳定特性的材料制作。

注：除非使用对晶间腐蚀不敏感的缓冲涂层，否则，含碳量超过 0.10% 的涂镀层或硬化表面对低碳或具有稳定特性的奥氏体不锈钢是敏感的。

11.1.8 采用奥氏体不锈钢或具有类似粘结倾向的材料制作的如螺柱和螺母等零件相配之处，应涂上一种温度规定适当并与蒸汽相容的防粘剂。

注：使用和不使用防粘剂，施加的扭矩值是截然不同的。

11.1.9 •如果需方已指出在任何液体中存在硫化氢(H_2S)，那么，应按照 NACE MR0175 要求选择暴露在液体中的材料。不在 NACE MR0175 中的含铁材料，其屈服强度不应超过 620 N/mm^2 或硬度不应超过 22 HRC。如果需要，焊接构件应进行焊后热处理，以便焊缝和热影响区都符合屈服强度和硬度要求。

在许多使用场合，少量的湿 H_2S 就足以要求材料具有抵抗硫化物应力腐蚀裂纹的能力。当知道存在或可能存在微量的湿 H_2S 时，需方应在数据表上注明要求材料具有抵抗硫化物应力腐蚀裂纹的能力。

注：考虑正常运行、起动、停机、空转待机、失常或异常运行条件，如催化再生，确定可能存在的湿 H_2S 量是需方的责任。

11.1.10 除非另有规定，供方应在报价书中列出硬度大于 22 HRC 的所有蒸汽流道组件(阀门、阀座、叶片、围带、锁块、销子、阻尼拉金、叶轮、螺栓连接件等)，并应标出每个部件的硬度范围。

11.1.11 承受表压超过 520 kPa 或温度超过 230 ℃的承压零件应采用钢质材料制作。对于非凝汽式汽轮机的排汽缸，应以规定的最高排汽压力和最高空负荷时的排汽温度为依据。当最高蒸汽温度超过 410 ℃时，应使用合金钢材料。

11.1.12 GB/T 20801.2 对以实际螺栓连接件温度为依据的压紧螺栓的材料作出了限定。螺母材料至少应符合 ASTM A 194 中的 2H 级(或 ASTM A 307 中的 B 级，空间限制时，需表面硬化)。

注：对本条款而言，GB 150.2、GB 50316 等效于 GB/T 20801.2。

11.1.13 汽轮机叶轮和主轴材料应为锻钢。除非许可，喷嘴、末叶片、动叶片和静叶片、围带和蒸汽滤网应为含11%～13%铬钢、钛或镍-铜合金(类似于ASTM B 127)。

11.1.14 轴承表面(轴颈和推力面)应为铬含量少于2.5%的材料，以避免出现金属丝毛型轴承损坏。

11.1.15 低碳钢具有缺口敏感性，且在环境温度或低温时易于脆裂，因此，只能使用经晶粒细化处理的全镇静正火钢，禁止使用粗晶粒钢(如ASTM A 515)。

•需方应指定所使用的进行冲击试验的最低设计金属温度和其他材料要求。

11.2 铸件

11.2.1 铸件应完好，无疏松、热裂、缩孔、气孔、裂缝、起皮、砂眼之类的有害缺陷。铸件表面应经喷砂、喷丸、化学清洗或其他标准方法清理。所有铸造分型面上的飞边和残留的浇、冒口均应铲平、锉光或磨平。

11.2.2 在承压铸件中所用的型芯撑数目应限制到最少。必须使用型芯撑的部位，型芯撑应洁净无锈蚀(允许有镀层)，且成分应与铸件相容。

11.2.3 如果铸件需进行修补，除下列情况外，承压铁素体铸件不应进行修补：

a) 铸件的焊接评定按表3规定，使用合格的焊接工艺评定规程(需要时，包括焊前和/或焊后热处理)进行补焊。重大焊补后和水压试验前，整个铸件应进行焊后热处理，以确保应力消除及以后加工时焊接材料和母材机械性能的连贯以及尺寸的稳定。

b) 铸铁件在ASTM A 278、ASTM A 395或ASTM A 536规定限制范围内用闷塞修补。为保证缺陷部分的完全去除，应采用渗透检验方法仔细检查闷塞用的孔。

c) 所有不在材料技术规范中提及的修补须得到需方同意。应记录所有材料技术规范中确定的主要修补(如果合适的话，记录在图样上)[见16.2.1.1g)]，并且作为供方文件的一部分(11.3.2)。

11.2.4 不得有通过塞子堵住、焊接或装配而形成全封闭的泥芯腔。

11.2.5 球墨铸铁件应按标准进行生产。铸件生产应按照下列a)～e)的规定进行：

a) 铸件浇铸后浇铸的基尔试块或Y型单铸试块应至少与主要铸件的最厚部分一样厚。该试样应进行抗拉强度和硬度试验并进行显微检查。根据显微检查得到的石墨球化等级应符合ASTM A 247规定。

b) 如果铸件的关键截面具有不同的厚度，可依照其平均尺寸从ASTM A 395中选择基尔试块或Y型单铸试块。最低质量等级应经供需双方一致同意。关键截面是指典型的厚壁截面、截面变化处和高应力处。通常铸件表面的凸起部和类似的凸起截面不作为铸件的关键截面考虑。

c) 应从靠近每个基尔试块或Y型单铸试块拉伸试样的1/3厚度处获取最少一组(三个)的夏比V型冲击缺口试样。在室温下，三个试样的平均值不应低于14 J，且单个试样的冲击值至少为12 J。

d) 应在铸件的关键部位提供高度和直径至少为25 mm附铸试块，随后切下以进行硬度试验和显微检测。关键部位是经供需双方一致认可的典型厚壁截面、截面变化处、法兰和其他高应力点。石墨球化等级应符合ASTM A 247规定。

e) 每一浇包的“铸造试样”应进行化学分析。

f) 应在实际铸件适当的关键部位如截面变化处、法兰和其他容易取样处等进行布氏硬度试验。硬度试验前应除去足够的表面材料以消除表皮影响。还应在铸件末端即开始浇注和结束浇注的位置进行试验。在基尔试块或Y型单铸试块上按照上述a)附加取得布氏硬度值。

11.3 焊接

11.3.1 操作者应按照规程进行焊接和补焊，并证明符合表3的要求。供方可建议使用经需方同意的替代标准。为此，可使用附录E的数据表。

表 3 焊接要求

要　求	适用规范或标准
焊工/操作者资格证书	GB/T 15169 或 ASME Ⅸ
焊接程序判定	适用的材料技术规范或材料技术规范不涉及焊接规程时，采用 ASME Ⅸ或 EN 288
非承压结构焊接，如底盘或支架	GB 50661
钢板板边部分的磁粉检测或液体渗透检测	ASME Ⅷ　第 1 册　UG-93(d)(3)
焊后热处理	适用的材料技术规范或 ASME Ⅷ　第 1 册　UW40
焊接汽缸的焊后热处理	适用的材料技术规范或 ASME Ⅷ　第 1 册

11.3.2　供方应负责对所有的修补和补焊进行审查，以确保这些修补和补焊的热处理和无损检测是正确的，并与经过合格评定的规程相符。对补焊应采用与检测原始缺陷相同的方法进行无损检测。至少应按照 16.2.2 的规定，对磁性材料进行磁粉检测，对非磁性材料进行液体渗透检测。除非另有规定，进行任何修补前，主要的修补工艺须经需方审查[见 11.2.3c)]。

11.3.3　由锻造材料或由锻、铸材料组合制成的承压缸体应符合以下 a)至 d)的规定：

a)　钢板边缘按 11.3.1 规定进行磁粉检测或液体渗透检测；

b)　可触及的焊缝表面，在铲平或刨平后，应进行磁粉检测或液体渗透检测，并在焊后热处理之后复验一次；

• 如有规定，焊制件无法进行焊缝质量检查的，供需双方应在焊制前商定。

c)　承压焊缝，包括壳体与轴向和径向中分面法兰的焊缝应为全焊透焊缝；

d)　焊接汽缸(无论其壁厚多少)均应进行焊后热处理。

11.3.4　焊接到承压缸体上的接口应按下列 a)～d)的规定进行安装：

a)　除 11.3.1 的要求外，需方可要求对焊缝作 100％的射线检测、磁粉检测或液体渗透检测；

b)　除铬-钼合金钢管可以用 12％铬钢管代替外，焊接到铬-钼合金钢或 12％铬钢零件上的辅助管道应为相同的材料；

c)　如要求进行热处理，则管道焊接应在部件热处理前进行；

d)　所有焊缝均应按表 3 规定进行热处理。

12　控制器和测量装置

12.1　总则

测量装置和电气系统的布线及安装应符合需方的技术规范。除非另有规定，应符合 ISO 10438 和 API Std 670 的要求。

注：对本条款而言，JB/T 4365 等效于 ISO 10438。

12.2　调节系统

12.2.1　调节系统是使汽轮机输出功率与使用情况相匹配的主要系统。调节系统包括调速器、控制机构和调节阀。汽轮机供方应对整个调节系统承担机组责任。对驱动发电机的，其要求应经供需双方商定。

注：图 4 说明了汽轮机各种转速之间的关系，协议另有规定的除外。

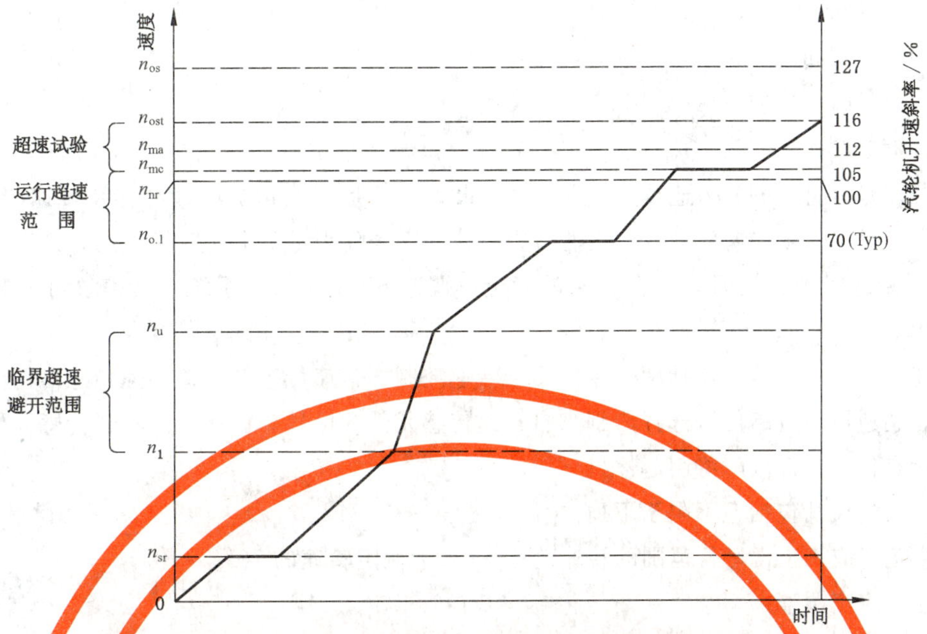

图中：

n_{sr}——慢转动转速；

n_l——临界转速避开下限；

n_u——临界转速避开上限；

$n_{o.1}$——最低运行转速；

n_r——额定运行转速；

n_{mc}——最高连续转速；

n_{ma}——最高允许升速；

n_{ost}——超速跳闸转速$=116\% n_r$；

n_{os}——最高瞬时超速转速$=127\% n_r$。

图4　汽轮机升速曲线

12.2.2　除非另有规定，调节系统的主要功能是通过调节汽轮机的蒸汽流量使汽轮机转速维持在设定值。

注：当汽轮机与主驱动设备串联并由主驱动设备控制整个轴系转速时，可不对转速控制提出要求。

12.2.3　应提供以微处理机为基础的数字式调节装置。该装置是独立的，不受任何综合系统如集散式控制系统(DCS)所制约，并由需方提供的不间断电源供电。

12.2.4　除非另有规定，调节系统应遵守以下a)～c)的要求。

a)　在额定转速和额定进汽、排汽工况下，转速不等率不应超过0.5%。转速不等率定义如下：

$$\frac{n_{PO}-n_{PR}}{n_{PR}}\times 100\%$$

式中：

n_{PO}——零功率转速；

n_{PR}——额定功率转速。

b)　在额定转速、额定功率和额定进汽、排汽工况下，稳态转速变化率不应超过0.25%。转速变化率定义如下：

$$\frac{n_{i.max}-n_{i.min}}{2\times n_r}\times 100\%$$

式中：

$n_{i,max}$——最高瞬间转速；

$n_{i,min}$——最低瞬间转速；

n_r ——额定转速。

c) 最大升速不应超过最高连续转速的 7%。最大升速是当汽轮机以最高连续转速、额定进汽和排汽工况时的额定功率运行中突然甩去负荷并完全降为零负荷时的最大瞬时升高的转速。

12.2.5 速度传感用多齿表面应符合 8.4 的规定。调速器、超速停机系统和转速仪可以共同使用该表面。

12.2.6 转速调节系统应至少包括两个专门用于转速控制的转速传感器。该转速传感器不能同超速停机系统共用。调速器通过高信号选择辨别来自转速传感元件的信号。任何一个转速传感元件的故障只触发报警。所有传感元件故障将引起停机。

12.2.7 调速器的设计包括但不限于下列内容：

a) 可指定对应于正常运行范围的转速范围(一般为额定转速的 70%～105%)；

b) 转速给定点调整；

c) 远程或过程控制的转速给定点调整；

d) 数字式转速显示；

e) 单独输出到各个控制执行机构；

f) 可调升速率；

g) 慢转控制；

h) 避开临界转速带；

i) 试验超速停机系统的手动触发补偿；

j) 设定值现场可调，并通过可控制介入来保护。

12.2.8 汽轮机转速应随给定信号作线性变化。提高给定信号将增加汽轮机转速。

12.2.9 调节系统应使用可调控制阀来提供慢速转动(通常为 400 r/min～500 r/min)和起动。

12.2.10 调节系统的故障应触发汽轮机停机。

12.2.11 任何停机装置的触发应引起可调控制阀和速关阀/速关节流组合阀被关闭，并对逆止阀发出一个信号。

12.2.12 如果可调控制阀没有完全关闭，则停机系统应能防止速关阀打开。

12.2.13 •需方可对附加控制模式如单可调抽汽/补汽作出规定。

12.2.14 冗余度和容错度等级应满足五年不间断使用的预期使用要求(见 6.1.1)。

12.3 超速停机系统

12.3.1 总则

12.3.1.1 应提供一套专门用于使汽轮机停机的独立超速停机系统，该系统不受调节系统或任何其他系统制约。当汽轮机在额定工况下运行时，如瞬时出现完全失去耦合惯性和负荷的情况，则该系统将防止汽轮机转子的转速超过 127%的额定转速。除非被驱动设备供方另有规定，在没有失去耦合惯性的情况下出现甩负荷时，系统将防止转速超过 120%的额定转速。汽轮机供方对超速停机系统负有机组责任。

12.3.1.2 超速停机系统包括但不限于下列内容：

a) 电子超速监测系统(转速传感器和逻辑装置);

b) 电-液电磁阀;

c) 危急速关阀/速关节流组合阀。

12.3.1.3 •如有规定,排汽压力小于大气压力的汽轮机应配置一个由停机系统动作的排汽真空破坏器。这种系统的细则应经需方和汽轮机供方双方商定。

注:即使关闭危急速关阀,汽轮机排汽低于大气压力时,汽轮机也可能泄漏足够多的蒸汽而无法使汽轮机和被驱动设备达到完全停止。真空破坏器允许空气进入排汽缸,从而增加排汽压力,并减少惰走时间。对汽轮机排汽到公共凝汽系统的,空气进入凝汽系统可能不适宜,可能要求更可靠的危急速关阀或其他措施。

12.3.1.4 对可调抽汽汽轮机,供方应在每个抽汽管道上提供一个配置预载荷弹簧并用液压缸或气动缸来帮助关闭阀门的逆止阀。这些阀门的液压缸或气动缸由停机系统控制。需方和汽轮机供方应就该装置的制造厂家、型式、数量和位置进行商定。

向下流动的垂直管道不安装逆止阀。

注1:逆止阀通常直接安装在汽轮机的抽汽接口上或尽量靠近汽轮机,以避免截留大量的蒸汽,当抽汽阀未完全关闭时,这些蒸汽会使汽轮机继续运行。

注2:低于汽轮机的管道逆止阀要求设置一个低点疏水设施。起动前排除抽汽管道的积水和无抽汽运行期间疏水。

注3:低于油箱液面的管道中的液压逆止阀可能会引起排放问题,可以要求采用其他替换控制方法。

12.3.1.5 关于非调抽汽汽轮机,应在每个抽汽管道上至少设置一个逆止阀。

12.3.2 电子超速监测系统

12.3.2.1 应提供一套满足 API Std 670 要求、以三个独立测量回路和三选二逻辑原理为基础的超速监测系统。

12.3.2.2 速度传感用多齿表面应符合 8.4 规定。调速器、超速停机系统和转速仪可共同使用该表面。

12.3.3 电-液电磁阀

12.3.3.1 应在汽轮机的停机系统中设置至少两个独立的电-液电磁操纵阀。

12.3.3.2 按照 GB/T 4772,电磁阀应为具备不间断的 F 级绝缘或更好的绝缘等级。

12.3.3.3 除非另有规定,电磁阀应是失电关闭。电磁阀为串联型,并靠近速关阀或速关节流组合阀。除试验隔离阀外,电磁阀和速关阀或速关节流组合阀之间无其他装置。

正常运行时,试验隔离阀(若有使用)应被锁定在开启位置。

12.3.3.4 如果规定为得电停机,则电磁阀应为并联,并当线圈故障时,电磁线圈和继电器应具备监测报警功能。

12.3.3.5 电磁阀及任何所需的中间继电器应能进行在线试验而不使跳闸保护功能失效。

电磁阀可能产生相当高的电流,在超速停机系统里,当电磁阀的电流要求超过继电器的电流额定值时,可以使用中间继电器。

12.3.3.6 电磁阀的失电应由电子超速监测系统或其他停机系统(见 12.4)触发。

12.3.4 速关阀/速关节流组合阀

12.3.4.1 •作为规定,每个蒸汽进口应提供一个独立的速关阀或速关节流组合阀。在本条款的其余内容中,速关阀指独立的速关阀和速关节流组合阀。

注:速关阀只能以关闭(跳闸)或全开启位置两种方式运行。在起动或异常工况时,除了速关阀提供的功能外,速关节流组合阀还应提供中间阀位控制。

12.3.4.2 •如有规定，提供并联布置的双速关阀。根据全蒸汽通过流量来确定每个速关阀的尺寸。

正常运行时，应关闭其中的一个阀。安装另一个阀是为了在汽轮机运行时，能对正常打开的阀进行彻底地试验。

速关阀因故障而关闭是常见的汽轮机故障原因。因此，建议定期对速关阀进行完全试验。不方便停机进行速关阀试验的汽轮机，应考虑安装两个速关阀。

提供双速关阀的，所设计的蒸汽管道应允许热力膨胀，且可承受通过一个阀或两个阀的蒸汽流所产生的能量效应。

12.3.4.3 速关阀应设计成可通过弹簧的动作来关闭。除非另有规定，直接用液压方法保持阀门的打开。任何停机信号将导致阀门被关闭。

注：使用全液压控制的速关阀允许较高的弹簧关闭力，避免与机械插件发生摩擦。

12.3.4.4 速关阀的设计包括但不限于下列内容：

a) 阀杆和阀座表面采用耐腐蚀材料；
b) 防止蒸汽中杂质沉积在阀杆上而使阀门无法关闭；
c) 弹簧加载、蒸汽流及压力有助于阀门关闭；
d) 根据阀体形式和安装位置的要求，上、下阀座的疏水接口和阀杆泄漏接口；
e) 在阀门处于最大压差的情况下，具有复位和起动能力；
f) 当规定不采用冗余阀时，应具有不中断汽轮机运行的部分行程能力；实际试验期间，布置上应防止阀门完全关闭，但如果出现停机要求，则允许阀门完全关闭；
g) 在现场更换阀门磨损零件；
h) 耐腐蚀蒸汽滤网；
i) 采用防止阀座上的阀蝶转动设计；
j) 阀杆、套筒、主阀蝶和所有滑动件接触表面应硬化。

考虑使用后背支承阀杆来尽量减少泄漏和结垢。

12.3.4.5 按使用时不受损坏的要求来设计速关阀蒸汽滤网。滤网应在不拆卸任何进汽管道的情况下就能拆卸。其有效通流面积至少应为阀门进汽口通道横截面积的两倍。蒸汽滤网能承受的压差至少应为进汽压力的25%。

12.3.4.6 速关阀不依靠蒸汽流的帮助来达到所要求的关闭时间。其关闭时间应在机械运转试验时得到验证。

12.3.4.7 从超速工况到速关阀全关闭时间不应超过汽轮机供方按12.3.1.1所计算的时间。计算方法应符合ASME PTC 20.2的规定。

12.4 其他报警和停机系统

12.4.1 根据ISO 10438提供报警/停机系统。

注：对本条款而言，JB/T 4365等效于ISO 10438。

12.4.2 汽轮机供方应向需方建议：任何报警和/或停机系统是汽轮机安全所必须的。

12.4.3 •需方应规定要求的报警和停机系统。为汽轮机安全之需，该系统至少应包括下列内容：

a) 报警系统：
——超速停机系统故障；
——任何一个调速器传感元件故障；
——低润滑油压力；

——高排汽压力；

——高径向振动值；

——轴向位移；

——高轴承温度；

——低控制油压力；

——低/高抽汽压力；

——低进汽温度；

——高排汽温度(凝汽式汽轮机)。

b) 停机系统：

——超速(见 12.3)；

——全部调速器传感元件故障；

——过低的润滑油压；

——过高的径向振动值；

——大的轴向位移；

——过高的轴承温度。

12.4.4 除上述列出的停机系统外，应在汽轮机现场安装一个手动跳闸装置，以便手动跳闸停机。

12.4.5 •需方应指定由汽轮机供方提供的报警/停机系统范围。

注：可方便地通过一个明确功能的明细表来了解。

12.4.6 供方应在报价书中提供一份完整的所供报警和停机装置的说明书。

12.4.7 除非另有规定，报警/停机系统应符合 ISO 10438 的规定及以下 a)～c)的要求：

a) 当报警/停机系统的任何部件出故障时，被触发的报警可以与同设备参数有关的报警或停机点进行识别；

注：可以要求采用冗余传感器来完成这个工作。

b) 当停机系统某个部件出现故障导致系统无法识别停机条件时，应使汽轮机停机(安全系统)；

c) 当报警/停机系统故障导致无法识别报警条件时，所有其他报警和停机功能应保持完好。

注 1：对本条款而言，JB/T 4365 等效于 ISO 10438。

注 2：对某些系统，特别是以常规、直接作用仪器为基础的系统，验收可不完全符合以上 a)～c)的要求。

注 3：适用的报警/停机系统布置实例在附录 H 给出。

12.4.8 •如有规定，报警/停机系统应连接一个事件记录仪，以记录报警和停机的顺序。

注：通常与 DCS 系统连接的专用事件记录仪可能不具有足够快的扫描速度。

12.4.9 通过就地安装的开关来触发报警或停机系统或两者，这种开关应符合下列 a)～c)的规定：

a) •需方应指定被连接的开关是断开(失电)还是接通(通电)触发报警；

b) •规定用热电偶或电阻热敏探测器测量温度时，这些温度仪表应被连接到装有仪器仪表的就地仪表板上。除了报警/停机系统应连接到独立的仪器上，为每个温度监视器提供单独的报警或停机触点器(开关)，并且每个报警和停机值可以单独分开调整外，可以使用多点仪器；

c) •按 API Std 670 要求，随仪表提供相应的振动、轴向位移和/或轴承温度开关。

12.5 仪表板和控制板

12.5.1 除非另有规定，仪表板和控制板应符合 ISO 10438 规定。

注：对本条款而言，JB/T 4365 等效于 ISO 10438。

12.5.2 除非另有规定,仪表板用厚度至少为 3 mm 的钢板制成。加固处、自支承和顶部及两侧应封闭。如有规定,应封闭仪表板背面,以尽量减少电气危险及防止拨弄或吹扫时保证安全或避免腐蚀。所有仪表应直接安装在仪表板盘面,且所有紧固件应为耐腐蚀材料。

12.5.3 仅在装运必需时,由供方提供的控制器和仪表的内部连接管、短管或导线才拆开。

12.6 显示仪器

12.6.1 转速表

12.6.1.1 除非另有规定,应提供两只电子数字式转速显示仪。转速表的最小量程为最高连续转速的 0～125%。一只转速显示仪就地安装,另一只供需方远程安装。

12.6.1.2 转速信号可以从汽轮机调节用转速传感器或独立的传感器(见 12.2.5 和 12.2.6)获得。

12.6.2 温度计

12.6.2.1 刻度盘温度计应为重型和耐腐蚀的结构。其直径至少为 100 mm 并为双金属型或充气型,除非另有约定,温度计应为白底黑印。

12.6.2.2 不允许使用注液式温度计。

12.6.3 温度计套管

温度计套管应符合 ISO 10438 的规定。

注:对本条款而言,JB/T 4365 等效于 ISO 10438。

12.6.4 热电偶和电阻式温度探测器

热电偶和电阻式温度探测器应符合 ISO 10438 的规定。

注:对本条款而言,JB/T 4365 等效于 ISO 10438。

12.6.5 压力表

压力表应符合 ISO 10438 的规定。

注:对本条款而言,JB/T 4365 等效于 ISO 10438。

13 电气系统

电气系统应符合需方的技术规范。除非另有规定,并应符合 ISO 10438 和 API Std 670 的要求。

注:对本条款而言,JB/T 4365 等效于 ISO 10438。

14 管道及附件

14.1 总则

14.1.1 管道的设计、制作、检查和检验应符合指定的规范和标准,并应符合 ISO 10438 要求。

注:对本条款而言,JB/T 4365 等效于 ISO 10438。

14.1.2 螺纹接口不应采用密封焊接。

如果特殊位置可以焊接,则接口是焊接接口而不是螺纹接口。

14.1.3 除非另有规定，蒸汽温度高于 260 ℃或蒸汽表压高于 2 800 kPa 时，管法兰垫片应为缠绕式垫片或带无危险填充物的金属包覆垫片。低于上述限值时，可使用制造厂的标准垫片。

14.2 油管道

油管道的设计、制作、检查和检验应符合 ISO 10438 要求。

注：对本条款而言，JB/T 4365 等效于 ISO 10438。

14.3 仪表管道

仪表管道的设计、制作、检查和检验应符合 ISO 10438 要求。

注：对本条款而言，JB/T 4365 等效于 ISO 10438。

15 辅助装置

15.1 联轴器和护罩

15.1.1 当汽轮机供方提供的是串联布置的驱动设备时，应同时提供机组间的挠性联轴器及护罩。除非另有规定，其他所有联轴器及护罩均由被驱动设备供方提供。

15.1.2 •联轴器应符合 ISO 10441 或 JB/T 9559 规定。联轴器的制造、型号及安装布置应按照需方规定，并经驱动设备供方和被驱动设备供方同意。

15.1.3 联轴器与轴结合处应设计和制造成能连续传递扭矩，该扭矩至少等于联轴器连续额定扭矩。

15.1.4 联轴器与汽轮机轴采用锥度配合安装时，除非协商同意采用其他正确相配方法，应使用塞规和环规来验证锥度加工的正确性。

15.1.5 应把轴的尺寸、键槽尺寸(若有使用)及由于端面窜动和热效应引起的轴端移动量方面的数据提供给联轴器的供货商。

15.1.6 如有规定，应准备符合 ISO 10441 或 JB/T 9559 的空转接套(或商定的力矩模拟块)，以便能够在装运前对汽轮机进行正确的试验。

15.1.7 应提供符合 ISO 10441 或 JB/T 9559 的半重量模拟块(单独的金属盘)和螺栓连接件，以使汽轮机能在不拆卸半联轴器时脱开被驱动设备运行。半重量模拟块应作为专用工具之一提供给需方。

15.1.8 除非另有规定，汽轮机联轴器轮毂应由汽轮机制造厂安装。

15.1.9 联轴器护罩应按附录 I 的规定进行设计及制造。

15.2 齿轮装置

齿轮装置应符合 ISO 13691 或 API Std 613 规定。

15.3 安装底板

15.3.1 总则

15.3.1.1 •作为规定，设备应配备底板或底盘。安装底板是指底盘和底板。

注：典型的安装底板布置参见附录 J。

15.3.1.2 安装底板应配置垂直调平螺钉。应在每个地脚螺栓处设置底盘调平顶起螺钉。

15.3.1.3 如果被支承设备的质量超过 225 kg，则安装底板应设置水平顶起螺钉(轴向和横向)，其尺寸应等于或大于设备的垂直顶起螺钉。为使支承搭子不影响设备的安装或拆卸顶起螺钉或垫圈，顶起螺钉的支承搭子应固定到安装底板上。为防止设备底脚的垂直顶起螺钉损坏放垫片的表面，应采取预防措施，可建议用起吊设备或水平移动设备来取下或插入垫片(如采用液压顶起法)。对起吊设备太重或需顶起螺钉水平移动设备时，建议采用这种液压顶起法。顶起螺钉应作防锈处理。

15.3.1.4　所设计的机械支承应能在压力、扭矩及允许管道应力最恶劣的组合作用下引起的轴端位移限制在 50 μm。允许管道力见 7.4。

15.3.1.5　当为中心线支承提供基座或类似结构时，应把它们设计和制作成允许用水平顶起螺钉来移动机器。

15.3.1.6　安装底板的上、下表面及任何安装在其上的单独基座均应加工成平行面，其表面粗糙度 *Ra* 为 6.3 μm。

15.3.1.7　供方应按照 GB/T 8923 中等级 Sa2 或 SSPC-SP6/NACE NO.3 对安装底板的全部灌浆表面进行喷砂清理，并在这些表面涂上环氧胶泥。胶泥除了环氧型的外，可要求准备可选表面。环氧胶泥粘结度一般不必为强力型的。

15.3.1.8　安装底板应符合下列要求：

a)　不应在安装底板上钻孔以供安装其他设备；

b)　安装底板应提供调平螺钉；

c)　被灌浆的安装底板的外侧圆角半径至少为 50 mm(在平面图上)；

d)　所有机加工安装表面在机加工后应立即作防锈处理；

e)　安装底板应伸出设备底部的三个外侧至少 25 mm。

15.3.1.9　•需方应指定地脚螺栓的供货方。

15.3.1.10　设备供方应提供把设备固定到安装底板所使用的紧固件和垂直顶起螺钉。

15.3.1.11　除非另有规定，安装底板的供货商应提供水平顶起螺钉和调平螺钉。

15.3.1.12　安装底板的供货商应提供设备底部与安装底板之间用的奥氏体不锈钢垫片组，其总厚度最小为 3 mm，最大不超过 13 mm。所有垫片组应骑垮在固定螺栓和垂直顶起螺钉上，并且比设备底部的所有侧边至少大 6 mm。

15.3.1.13　•如果规定用调平板，则调平板应为厚度至少为 19 mm 的圆形平钢板。

15.3.1.14　按照 API RP 686 对设备的安装进行设计。

15.3.2　底盘

15.3.2.1　•如果规定使用底盘时，需方应指出安装在底盘上的主要设备。除非供需双方商定采用分段制作的构件，底盘应为单一的钢制构件。分段制作的底盘应经机加工并有销钉定位的配合表面，以确保在现场精确地进行再次装配。

注：由于装运方面的限制，底盘名义长度大于 12 m 或名义宽度超过 4 m 时，可以分段制作。

15.3.2.2　•如有规定，底盘应适于在规定的有足够刚度支承点上而不必在构件下进行连续灌浆的墩座式安装。这种墩座式安装底盘的设计应须经供需双方商定。

15.3.2.3　•如有规定，为在现场精确调平，底盘应设计成易于使用激光类仪器或其他仪器，具体细则应经供需双方商定。设置调平垫块或觇标或两者皆备的地方，应是在基础上的底盘与被安装设备易接近的部位，应提供可移动的保护罩。墩座式安装的底盘，调平垫块或觇标的位置应靠近支承点。非墩座式安装的底盘，调平垫块或觇标位于各转角处。当有要求时，另外的调平垫块或觇标应位于中间点。

15.3.2.4　底盘应设置至少供四点起吊的吊耳。起吊装有全部设备的底盘时，不应对底盘或装于其上的设备造成永久变形或其他损伤。

为安全起见，应对起吊系统的稳定性给予特别关注，以防止设备翻转。

15.3.2.5 •构件之间的底盘底部应是敞开的。当底盘设计成要灌浆时，应至少设置一个最小有效截面积为 0.01 m^2 的灌浆孔，并且灌浆口框尺寸不小于 75 mm。允许通过设置在承重结构下的这些孔进行灌浆。实际设计时，这些灌浆口应在被安装设备下易于灌浆，灌浆口应有 13 mm 高的凸缘边，如果灌浆口位于液体冲击外露浆液区域，则应提供最小厚度为 1 mm 的金属盖。在底盘的每个灌浆口框的最高点，设置一个尺寸至少为 13 mm 的通气孔。

15.3.2.6 底盘的下侧安装表面应是一个平面，以允许使用一个单独的水平基础。当提供分段式底盘时，销接和螺栓连接底盘各区段后，安装表面应在同一平面上。

15.3.2.7 •如有规定，底盘供货商应提供辅助底板。

15.3.2.8 除非另有规定，应在底盘上部的全部行走区和工作区设置防滑盖板。

15.3.2.9 底盘制作后，设备安装表面应符合下列要求：

a) 表面粗糙度 *Ra* 值为 6.3 μm，或更小；

b) 一个平面中的安装表面的加工要求是：任何表面上的点偏离公共平面的值不超过 50 μm；

c) 不同的安装表面之间在任何方向的平行度应在 1∶1 000 以内。

15.3.3 底板和辅助底板

当提供底板时，除了符合 15.3.1 规定外，还应符合下列 a)～c)的要求：

a) 底板上螺栓固定的地方应留出足够的工作空间，以便使用套筒扳手或套管扳手，并允许用水平和垂直顶起螺钉来移动设备；

b) 底板应为钢板，其厚度足以将要求的载荷从设备底脚传递到基础上而不致使底盘变形，底板厚度不允许小于 40 mm；

c) •当规定提供辅助底板时，辅助底板应为钢板，其厚度至少为 25 mm，且其配合面表面粗糙度 *Ra* 值为 3.2 μm～6.3 μm 或更好。在平面图上，棱角倒圆半径最小为 50 mm。

注：典型简图见附录 J。

15.4 减压阀

15.4.1 供方应提供在供货范围内的、安装在设备或管道系统上的减压阀，其他减压阀由需方提供。供方应向需方建议供其定减压阀规格和选型时用的流量、设定压力和温度。供方的报价书应列出所有的减压阀，并清楚注明那些由供方提供的减压阀。

15.4.2 减压阀规格、选型和安装均应满足合 SY/T 10044 的规定。减压阀应符合 API Std 526 规定。供方确定其供货范围内所有减压阀的规格、设定压力，及由其他方供应的用于保护设备的减压阀的推荐规格及设定压力。减压阀规格和设定压力应考虑到所有可能的设备故障类型。

15.4.3 除非另有规定，减压阀阀体应为钢质材料。

15.4.4 •如有规定，容纳液体和通过隔离阀可能会堵塞的部件应配置温控减压阀。

15.5 润滑和控制油系统

15.5.1 除非另有规定，轴承和轴承座应采用符合 GB 11120 的矿物油作为润滑油。

15.5.2 •如有规定，汽轮机供方应配置一个压力油系统，向下列用途提供相配的一种或多种压力油：

a) 驱动和被驱动设备（包括任何齿轮装置）的轴承；

b) 所有连续润滑的联轴器；

c) 控制油系统；

d) 停机系统。

15.5.3 如果压力油系统由其他厂商提供，汽轮机供方应：

a) 详细说明要求的稳定和瞬时油流量、压力值及要求的过滤精度和所承受的最大热负荷，和

b) 为每个压力等级的润滑油流到一单独供油管道接口提供管道。应设置一个使全部油返回油箱的回油接口。

15.5.4 压力油系统应符合 ISO 10438 规定。

注：对本条款而言，JB/T 4365 等效于 ISO 10438。

15.5.5 从一个公共油系统向两台或多台机器(如压缩机、齿轮装置和汽轮机)供油的场合，承担机组责任的供方应确保通过公共系统提供给所有设备用油的类型、牌号、压力和温度的兼容性。

注：公共油系统中常用的润滑油是符合 GB/T 3141 中 32 级的矿物油。润滑油的兼容性要求需经用户和所有提供公共系统设备的供方商定。某些情况下，可能存在个别部件的要求差异很大。如，制冷压缩机可能需要低倾点油，齿轮装置可能需要高粘度油，汽轮机可能需要常规矿物油。此时，有必要改变部件的设计或提供独立的供油系统。

15.5.6 必须时，运行期间要求加注油脂润滑而又无法方便、安全接近的任何加油点，应设置铠装式耐热奥氏体不锈钢加长管。

15.6 汽封真空系统

15.6.1 除非另有规定，供方应提供汽封真空系统(参见附录 G)。该系统包括一个汽封凝汽器和射汽抽气器，其尺寸为预期流量时标识为“新”的轴封间隙的三倍。凝汽器应具有一钢质壳体，公称壁厚不小于 1.25 mm、直径至少为 15 mm 的黄铜或铜镍合金管固定在管子端部与水接触的管板上。不允许用 U 形管。水侧(管侧)应符合 6.1.13 要求，壳侧应设计成既是完全真空又能承受表压 500 kPa。射汽抽气器应为钢质本体且有一个可更换的不锈钢蒸汽喷嘴。

15.6.2 •如有规定，应提供一真空泵来代替射汽抽气器。

15.7 隔热层及外罩

15.7.1 •如果供方有规定或要求时，汽轮机应有隔热层并加装罩壳。隔热层及罩壳应遍及正常运行温度达到或超过 74 ℃的汽轮机汽缸所有部位。

如果不提供隔热层，供方应向需方建议汽缸的预期表面温度及任何特殊要求。这适用于汽轮机汽缸，但不包括任何辅助蒸汽管道或用螺栓固定的速关阀或速关节流组合阀。

注：罩壳是一个金属绝热层或遮盖在机组上的金属罩。覆盖层是用铁丝固定到汽轮机汽缸上的可拆卸、可重复使用的隔热层。

15.7.2 正常运行条件下，隔热层应保持外表面温度不超过 74 ℃。罩壳和隔热层应设计成将其在移除和更换时可能出现的损伤降到最低。

15.8 盘车装置

15.8.1 •如果需方规定或供方有要求时，应提供盘车装置。

注：对盘车装置的需求一般根据轴承的跨距和停机期间转子受暂时弯曲的情况来确定。

15.8.2 只有在建立润滑油压力后，才能接通电动驱动盘车装置。

15.8.3 起动期间，当转子加速时，盘车装置应能自动脱开。

15.8.4 如果在转子到达停止之前进行停机盘车装置的啮合可能会损坏盘车装置或汽轮机，则绝对禁

止这样操作。

15.8.5 •应规定盘车装置的型式。盘车装置可以用汽轮机、电动机、液压马达或气动马达驱动。应设置允许手动操作盘车装置的功能。

15.8.6 盘车装置的转速和扭矩由供需双方商定。应考虑持续使用的时间、汽轮机及被驱动设备所要求的最低转速及润滑油的供油方式。

15.8.7 •如有规定,应按需方的详细规定提供带控制功能的盘车装置操作台。

15.9 专用工具

15.9.1 当装、拆或维修汽轮机机组要求使用专用工具和夹具时,这些工、夹具包括在报价书中,并作为机器原始供货的一部分来提供。安装多台机组时,要求提供的专用工具和夹具的数量应由供需双方商定。在设备进行工厂安装及试验后拆卸时,应使用这些专用工具或类似的专用工具。

15.9.2 当提供专用工具时,应将专用工具单独装入坚固的金属箱并标上"(标签/项目号)专用工具"。每件工具均有说明其用途的标志或标签。

15.9.3 •除非另有规定,当为安装或维修要求有支承梁或其他专用提升设备时,供方应予以提供。需方应说明这些工具是借用还是由自己永久保留。

16 检验、试验和装运准备

16.1 总则

16.1.1 需方预先通知供方,并经供方根据合同认可后,需方代表应进入所有供方及分供方正在进行设备制造、试验或检验的现场。

16.1.2 供方应把需方的检验和试验要求告知分供方。

16.1.3 在进行需方规定的现场见证或观察验证前,供方应向需方发出有足够提前期的通知单。对于机械运转或性能试验,要求提供一份预试验良好的书面通知。

需方应预料到在工厂作观察验证比现场见证时间更长。

16.1.4 •需方应指定其参与检验和试验的范围及要求的提前通知时间。

16.1.5 如果需方规定了工厂检验和试验时,供需双方应共同协调确定停工待检点和检验员巡查。

16.1.6 检验和试验用设备、材料和公共设施由供方提供。

16.1.7 •如有规定,需方代表、供方代表或双方代表应按本标准在检验表上签名、写明日期,并在装运前把完成的检验清单提交给需方。典型的"检验员用检验清单"参见附录K。

16.1.8 需方代表有权评审供方的质量控制程序。

16.2 检验

16.2.1 总则

16.2.1.1 供方应将下列有用的数据至少保留20年:

a) 必要的或规定的材料证明书,如钢厂的试验报告;
b) 所有采购项目的技术规范;
c) 正常制造过程或作为修补程序的一部分而进行的所有热处理的完整鉴定记录;
d) 证明符合规范要求的试验数据;

e) 质量控制试验和检验结果；

f) 最终装配的维修和运转间隙；

g) 所有主要修补项的详细情况[见 11.2.3c)和 11.3.2]；

h) 其他需方规定的或适用规范及规章所要求的其他数据(见 17.3)。

注 1：试验数据适用于诸如水压试验和运转试验，也适用于无损检测结果。

注 2：附录 L 给出了典型部件的检验要点。

16.2.1.2 压力容器部件在规定的检验未完成前不应进行油漆。

16.2.1.3 •除了 11.3.1 的要求外，需方还可对下列项目进行规定：

a) 须经表面和表层检验的部件；

b) 要求的检验类型如磁粉检验、液体渗透检测、射线检测或超声检测。

16.2.2 材料检验

•根据材料技术规范的要求，材料应进行无损检测。如果需方规定对焊缝或材料进行附加的射线、超声波、磁粉或液体渗透检测时，则方法和验收准则应符合表 4 示出的标准，或满足经供需双方商定的需方规定的标准或供方的建议中选其一。

蒸汽表压超过 8 600 kPa 或蒸汽温度超过 510 ℃时，一般宜考虑采用射线检测。

用于汽轮机主轴、轮盘和整锻转子的锻件应按照 JB/T 1581 规定进行超声检测。

除非另有规定，应按照 JB/T 9021 规定对汽轮机主轴或转子锻件进行热稳定性检查。

表 4 材料检验标准

检验类型	方法	验收准则	
		用于构件	用于缸体
射线检测	ASME 规范第Ⅴ卷第 2 章和第 22 章	ASME 规范第Ⅷ卷第 1 册的 UW-51(100%射线检测)和 UW-52(抽样射线检测)	ASME 规范第Ⅷ卷第 1 册，附录 7
超声检测	ASME 规范第Ⅴ卷第 5 章和第 23 章	ASME 规范第Ⅷ卷第 1 册，附录 12	ASME 规范第Ⅷ卷第 1 册，附录 7
磁粉检验	ASME 规范第Ⅴ卷第 7 章和第 25 章	ASME 规范第Ⅷ卷第 1 册，附录 6	ASME 规范第Ⅷ卷第 1 册，附录 7
液体渗透检测	ASME 规范第Ⅴ卷第 6 章和第 24 章	ASME 规范第Ⅷ卷第 1 册，附录 8	ASME 规范第Ⅷ卷第 1 册，附录 7

16.2.3 机械检查

16.2.3.1 在设备装配期间，每个部件(包括整体铸造通道)和所有管道及其附件均应检查，以确保其已进行清理，无异物、铁锈和氧化皮。

16.2.3.2 所有提供的油系统部件均应符合 ISO 10438 的清洁度要求。

注：对本条款而言，JB/T 4365 等效于 ISO 10438。

16.2.3.3 •如有规定，在安装喷嘴组和蒸汽室盖及管道最终安装或关闭开口前，需方可检查设备和全部管道及附件的清洁度。

16.2.3.4 •如有规定，通过试验来证明零件、焊缝和热影响区的硬度是否处在允许值范围之内。试验的方法、范围、记录和见证应经供需双方商定。

16.3 试验

16.3.1 总则

16.3.1.1 设备应按16.3.2和16.3.3要求进行试验。16.3.4给出可由需方指定的其他试验。

16.3.1.2 在预定的第一次运转试验之前至少六周，供方应向需方提交全部运转试验的详细试验程序和所有规定的可选试验（16.3.4），包括全部监测参数的验收准则，供需方审查。

16.3.1.3 供方应在设备准备进行试验的日期之前至少五个工作日就通知需方。如要重新安排试验，供方应在新试验日期前至少五个工作日通知需方。

16.3.2 汽缸水压试验

16.3.2.1 总则

16.3.2.1.1 用于奥氏体不锈钢材料水压试验的液体中氯化物含量不应超过50 mg/kg（质量的百万分之一）。为防止液体汽化干燥造成氯化物沉积，试验完成后，应清除被试验零件中的全部残余液体。

16.3.2.1.2 试验液体的温度应高于试验材料零韧性转变温度（参见ASTM E 1003）。

注：零韧性温度是在没有出现显著塑性变形的情况下，材料即完全脆性断裂时的最高温度。

16.3.2.1.3 供方应确定双壳体结构汽轮机的试验程序。

16.3.2.2 完整性试验

16.3.2.2.1 为验证汽缸的完整性，对所有承压部件应作表压至少为1.5倍最高允许工作压力但不小于140 kPa的水压试验，见3.17。

16.3.2.2.2 如果试验件在工作温度时的材料强度低于其在试验温度时的强度，则该水压试验压力应乘上一个系数，该系数等于材料在试验温度时的许用工作应力除其在额定工作温度时的许用工作应力。所使用的应力值应按照7.1.2规定确定，用这种方法获得的压力是进行水压试验的最小压力。数据表应列出实际的水压试验压力。

注：许多钢种的特性在温度达到200 ℃时变化很小，因此在水压试验前，应验证试验材料是否适用本条款。

16.3.2.2.3 试验应保持一段足够的时间，以便容许在受压下对试验件进行彻底的检查。通过不少于30 min的观察，当缸体既无泄漏也无渗漏时，可认为承压汽缸完整性水压试验是合格的。对大、重型汽缸，可要求进行经供需双方商定的更长时间的水压试验。缸体分段试验用的内分隔挡板处允许有渗漏，且允许用试验泵来保持压力。

注：水压试验是为验证承压汽缸的完整性，并不验证结合的密封性。

16.3.2.2.4 汽缸完整性水压试验时，允许在汽缸的结合面上使用密封膏或垫片。

16.3.2.3 结合面泄漏试验

汽缸结合面应进行泄漏水压试验。水压试验压力应为压力区域中最高允许工作压力的1.5倍。该试验不要求按16.3.2.2.2规定进行温度修正。该试验宜在汽缸完整性水压试验后进行，且试验时不应在汽缸结合面使用垫片，但可以使用合适的密封膏（见7.1.6）。通过不少于30 min的观察，当汽缸结合面既无泄漏也无渗漏时，可认为该试验是合格的。如果汽缸结合面上不使用垫片，那么汽缸的结合面泄漏试验和完整性水压试验可同时进行。

16.3.3 机械运转试验

16.3.3.1 进行机械运转试验前，应满足下列a)～j)的要求：

a) 进行机械运转试验的设备应使用合同规定的轴封和轴承。检查轴承座的密封并排除任何泄漏。

b) 所有的油压、油粘度和油温均应在供方特定的被试验机组使用说明书所推荐的运行值范围内。

c) 试验台用油的过滤精度应为10 μm或更好。任何试验开始前，滤油器下游的油系统部件的清洁度应满足ISO 10438的要求。

注：对本条款而言，JB/T 4365等效于ISO 10438。

d) 应检查所有接头及接口的紧密性并排除任何泄漏。

e) 应检查所有试验时所使用的报警、保护和控制装置，并按要求作好调整。

f) 应在合适的位置安装合同规定的半联轴器和一个联轴器质量模拟块或力矩模拟块进行机械运转试验，这些部件应符合ISO 10441或JB/T 9559规定(15.1.7)。

g) 试验期间，应使用合同规定的振动探头、电缆、振荡检波器和加速度计。

h) 制造厂的试验设备应包括能连续监视并绘出每分钟转速、峰-峰位移值和相位角(x-y-y')的仪器。振动位移和相位标记也应由示波器显示。

i) 使用g)和h)规定的仪器来确定的振动特性应作为机组验收合格或拒收的依据。

j) 如果规定轴承座壳体振动试验值，则应使用工厂仪器测量每个轴承中心线的垂直截面和水平截面的振动数据(最小值和最大值及相位角)。

16.3.3.2 试验蒸汽工况应设计得尽可能接近实际使用情况。由于试验时长时间的空负荷运行，为防止机组过热和超出设计间隙范围，可能需要降低进汽参数。除非另有规定，控制系统应进行演示，并按a)～f)规定进行汽轮机的机械运转试验：

a) 机组应以大约10%的转速增量从零到最高连续转速(避免任何共振转速)升速运行，并以最高连续转速运行，直到轴承、润滑油温度及轴振动达到稳定为止。

b) 增速到跳闸转速并至少运行15 min。

c) 检查并调整超速跳闸装置，直到获得的值在跳闸转速设定值的1%之内。当提供机械超速装置时，应获得满足该判据的连续三次无倾向性跳闸值。

d) 在整个运行转速范围内测试调速器和任何其他调速装置的平滑特性。检查空负荷运行的稳定性及控制信号的响应。

e) 调节器记录的数据至少包括灵敏度、转速与控制信号之间的线性关系；对于可调整调节器，包括响应转速范围。

f) 汽轮机在最高连续转速下至少连续运行4 h。

16.3.3.3 机械运转试验期间，应符合下列a)～g)规定的要求：

a) 所有设备包括所有的缸体结合面和连接件都应进行机械运行试验，试验仪器的运行应良好。所测得的未滤波振动值不应超过9.6.8规定的限值，并且在整个运行转速范围内记录该测定值。

b) 当设备以最高连续转速和在试验大纲中可能规定的其他转速和/或负荷运行时，应获得用来确定除同步频率以外的频率振幅的振动数据。该数据应至少覆盖最高连续转速的0.05～8倍的频率范围。如果任何不连续振幅、非同步振动值超过9.6.8确定的允许振动值的20%，则供需双方应就是否接受任何附加试验和设备进行协商。

c) 机械运转试验应验证横向振动临界转速是否符合 9.2 和 9.3 要求。机械运转试验期间，应确定跳闸转速以下的任何非临界阻尼临界转速。

d) 应按照 9.3 规定进行不平衡响应分析的工厂验证。

e) •经供需双方同意，应记录实时振动数据并将其副本提供给需方。

f) 在 4 h 运转试验之前和之后，应制作显示同步振幅和与减速转速相关的相位角的关系曲线图。该图由滤波(一次每转)和未滤波振动值构成。如有规定，这些数据也可用极坐标形式给出。这些图所覆盖的转速范围应从规定的跳闸转速到 400 r/min。

g) 在 4 h 试验期间，润滑油进口压力和温度应在汽轮机运行手册所规定的范围内变化。

16.3.3.4 除非另有规定，机械运转试验完成后，应符合下列 a)～c)的要求：

a) 机械运转试验完成后，应拆卸、检查并重新装好液压轴承；

b) 如果为了排除机械方面的缺陷而要求更换或修整轴承或密封，或要求打开汽缸更换其他部件，那么该初次机械运转试验将被视为不合格，应在校正缺陷后进行最终的工厂试验；

c) 当定购的备用转子是与设备同时制造时，每根备用转子也应作符合本标准要求的机械运转试验。

16.3.4 可选试验和检验

16.3.4.1 总则

需方可在询价单或订购单上指定进行下列 16.3.4.2～16.3.4.11 规定的任一工厂试验。

16.3.4.2 性能试验

•按照 GB/T 8117 或 ASME PTC 6 规定对机器作试验。如果做不到，则供方应在其报价书中对进行试验的条件提出建议。试验方法和验收准则须经供需双方商定。试验期间，按 16.3.3.1 和 16.3.3.2 测量并记录振动值。

16.3.4.3 整机试验

•作为整机的组成件如压缩机、齿轮装置、传动装置和辅助设备之类部件可一起进行试验。根据协议，这个试验可以并入机械运转试验。

16.3.4.4 辅助设备试验

•辅助设备(如油系统和控制系统)应在供方的工厂进行试验。辅助设备试验的细则应由供需双方共同制定。

16.3.4.5 试验后的汽缸内部检查

•机械运转试验圆满完成后，应拆卸汽轮机进行检查并重装。

试验后的汽缸内部检查便于证实评估整机发运机组的机械装配和汽缸连接的完整性。

16.3.4.6 超速停机系统试验

•应记录超速停机系统的响应时间，以确认是否符合 12.3.1.1 的要求。

16.3.4.7 备品备件试验

•如联轴器、齿轮、隔板、轴承和密封件等备品备件应根据需方的规定进行试验。

备用转子的机械试验见16.3.3.4c)。

16.3.4.8　**液压套装式联轴器轮毂/轴配合检验**

•运转试验后，液压套装式联轴器的过盈配合，应通过对照轮毂/轴的配合标记进行检查，以确保试验时联轴器轮毂不会在轴上移动。

16.3.4.9　**速关阀试验**

•供方应对整套阀门组件进行规定方向及全开至跳闸关闭的试验，应记录与时间相关的行程。跳闸时间不应超过要求的跳闸时间(见12.3.4.7)。

16.3.4.10　**调节系统响应试验**

•如果进行带负荷试验，在一个规定运行点，应连续记录汽轮机调节系统响应时间，以确认是否符合12.2.4的要求。

16.3.4.11　**噪声试验**

•按照GB/T 10894规定或其他商定的标准进行噪声测量试验。

声压等级可按照ISO 10494规定转换成声功率等级。

16.4　装运准备

16.4.1　•应按规定的装运类型对设备作好装运的准备工作，包括必要时对转子进行封包。已封包的转子应通过用不锈钢丝系上耐腐蚀标签的方法来识别。准备工作应适合：设备自装运之日起在室外可存放六个月；除非检查轴承和密封，运行前不需拆开机组。如果预计存放时间较长，则需方应同供方协商以采取相应的推荐方法。

16.4.2　供方应向需方提供必要的存放说明书，以便按API RP 686第3章所述做好设备到现场后和设备起动前这段时间存放的保管工作。

16.4.3　设备的全部试验和检验工作完成并经需方同意接收设备后，应进行设备的装运准备。准备工作包括下列a)～k)的内容：

a)　机加工过的表面除外，在装运、贮存或使用期间可能腐蚀的所有外表面均应至少涂一层制造厂的标准油漆。油漆不应含有铅或铬酸盐。

注1：奥氏体不锈钢不涂油漆。

b)　耐腐蚀材料除外，机加工外表面应涂上合适的防锈剂。

c)　设备内部应清洁，无氧化皮、焊渣和杂物，并用能被溶解的防锈剂进行喷涂或涂刷。转动转子，以便通过所有的开口喷涂防锈剂。

d)　轴承座内表面和碳钢油系统设备部件均应涂上合适的与润滑油相容的油溶性防锈剂。

e)　法兰孔口应配置厚度至少为5 mm的金属盖板，并配弹性垫圈和至少四只大直径螺栓。对于双头螺柱孔口，应拧上预计使用的螺母以固定盖板。仔细铅封(加标签)好每个孔口，以致不打开铅封，则无法拆下盖板。

f)　螺纹孔口应配置钢盖或圆头钢质螺塞。不得使用非金属(如塑料)盖或螺塞。

注2：这些是装运用螺塞，永久固定的螺塞见7.2.6。

g)　对不提供支承底盘的汽轮机，应用螺栓固定到用粗大木材制成的运输拖木上，以便适合起吊或叉车搬运。较大的汽轮机，应根据运输和搬运方法的要求进行支承。

h) 设备包装箱上应明显地标识起吊点、起吊重心和起重吊耳。供方应提供推荐的起吊方法。

i) 设备应标注项目号和序列号。分开装运的器材应牢固地系上耐腐蚀金属标签，标签上标注出其所属设备的项目号和序列号。此外，用板条箱装运的设备应随附两份装箱清单，一份在箱内，一份在箱外。

j) •如果订购备用转子，应对备用转子作好在不会受到热影响的室内存放至少十年的准备工作。按照规定，转子无论内销或是出口均应装入板条箱。转子和托架的支承面之间应垫上合适的、至少 3 mm 厚或需方同意的同等厚度的弹性材料。不应在轴颈处支承转子。除非另有规定，转子应垂直存放。在不损坏轴的情况下，用一个设计得能支承 1.5 倍转子质量的固定装置支承在转子的联轴器端。应在安装、操作和维修手册中包含该固定支承物的使用说明。

k) 外露的轴和联轴器用柔性防水蜡布或带气相防锈剂的纸包裹，接缝处用耐油胶带封牢。

16.4.4 外购设备上配备的辅助管道接口应打上与供方接口表或总布置图相符的印记、配合标志(便于重装)和永久性标签。应标出设备和接口名称。

16.4.5 应防止湿气和灰尘进入轴承组件。如果袋装的气相缓蚀剂安装在一个大腔室里以吸收湿气，那么这个袋子必须放置在一个便于取出的地方。可行的话，袋子应装在系于用法兰连接的罩盖上的金属丝网内，用不锈钢钢丝系住的耐腐蚀标签来标示袋子的位置。

16.4.6 一份制造厂的安装说明书随汽轮机一起包装发运。

16.4.7 需拆开装运的辅助管道接口应挂标签和标出配合标记，以便于重装。

16.4.8 机制管道的固定和安装应于装运前在供方的工厂完成，并加以确认。

17 供方资料

17.1 总则

17.1.1 17.2 和 17.3 规定的资料由供方提供。供方应填好“供方图样和资料要求”表格(典型表格参见附录 M)或需方的相当的表格，并按询价单或订购单上提供的一个或多个地址寄发该表。表格应详细列出订货时所商定的图样、曲线和资料的发送计划以及需方要求提供的副本数量和类型。

17.1.2 发送信函(封面)以及标题栏或标题页中应标记上以下资料：

a) 需方/用户的全称；

b) 任务/工程号；

c) 设备项目号和装置名；

d) 询价单或需方订购单的编号；

e) 询价单或需方订购单中所规定的任何其他标识内容；

f) 供方标识用的报价书号、工厂指令号、序列号或其他足以鉴别回函所需的参考标记。

17.1.3 在达成定货协议后的四至六周内，最好在供方工厂召开一次协调会。除非另有规定，在该会议召开前，供方应准备并分发一个议程，其内容包括但不限于下列供审查的项目：

a) 需方订购单、供货范围、机组责任和分供方项目；

b) 数据表；

c) 适用的技术规范及以前认同的异议；

d) 资料发送、生产及试验的进度表；

e) 质量保证大纲和程序；

f) 检验、派遣人员和试验；

g) 辅助系统用材料的简图和明细表；

h) 设备、管道及辅助系统的实际走向；

i) 联轴器选择；

j) 推力和径向轴承规格、估计载荷及特殊构造；

k) 初步的转子动力学分析；

l) 设备性能、可选择的运行工况、起动、停机及任何运行限制；

m) 仪器仪表及控制。

17.2 报价书

17.2.1 总则

供方应把原始报价书及规定的副本寄到询价文件中指定的地址。报价书至少应包括 17.2.2～17.2.4 规定的资料，以及对严格符合本标准的设备及其全部部件和辅件所作的详细而精确的说明。如果设备或其任何部件或辅件与本标准不严格相符，则供方应提供一份详述各偏差的清单。供方应向需方提交详细资料，以便需方能够对任何建议的替换设计作出评估。所有信函应按 17.1.2 清楚地标识。

17.2.2 图样

报价书应包含“供方图样和资料要求”中列出的图样。供方至少应提供下列图样：

a) 每台汽轮机或成套设备预备的主要布置图或外形图，图样应示出总尺寸、维修间隙尺寸、总质量、安装质量和最大维修质量，以及旋转方向、尺寸和主要的需方接口位置；

b) 推荐设备的截面图和/或列于文献中的零件图；

c) 包括蒸汽、润滑油、控制和报警停机系统的辅助系统简图；

d) 用于起吊一台或多台安装好设备、成套设备和主要部套及辅助设备的起吊方法草图[该信息可包括在 17.2.2a)的图样中]。

17.2.3 技术资料

报价书应包括下列资料：

a) 填入了完整的供方信息的需方数据表。

b) 预测的噪声数据(见 6.1.15)。

c) 示出一进度表的“供方图样和资料要求”表格，供方同意按其进度发送作为需方订购单的一部分的所有资料。

d) 推荐用于起动和常规维修的备品备件清单。

e) 维修用专用工具清单。

f) 在数据表中规定的定点条件下，为起动、运行和惰走期间所需的特殊气候保护及安装防寒设施要求进行描述。说明书应写明由需方提供的及包括在供方的供货范围内的保护措施。

g) 如蒸汽、水、电、空气、气体和润滑油(包括要求的润滑油量和油压、油带走的热负荷)等公共设施要求的完整表格，辅助设备的铭牌额定功率和运行功率要求(应照此定出并清楚地标出近似数据)。

h) 根据 16.3.4 对材料的任选或附加试验及检验程序加以说明。

i) 对需方询价单及根据 11.1.2、12.4、14.2 和 15.4 规定的所有特殊要求加以说明。

j) 与在询价单中规定的类似工况下进行安装并运行的类似机组清单。

k) 为保护设备完整所要求的任何起动、停机或运行限制。

l) 在调节控制阀全开情况下,以正常蒸汽工况和额定转速运行时的预期输出功率。

m) 机组在正常蒸汽工况和正常转速下经现场调整可能获得的近似最大输出功率,所要求的现场调整应在总则中说明(例如,在不更换转子或汽缸的情况下,更换阀门、喷嘴、隔板或叶片)。

n) 15.4 要求的包括规格和设定压力的减压阀清单,也应规定由供方提供的减压阀,并给出减压阀制造厂和型号数据。

o) 提供要求需方认可的、可分析的所有部件可选设计的清单。

p) 用于供方供货范围内的设备(包括辅助设备)的紧固件类型。

17.2.4 曲线

供方应提供整套性能曲线,包括任何示出限制条件的运行工况图。曲线应包括需方在“供方图样和资料要求”中所注明的那些内容。

17.3 合同资料

17.3.1 总则

17.3.1.1 供方根据约定的“供方图样和资料要求”表格提供合同资料。

17.3.1.2 每张图样的右下角应设置一个标题栏。该标题栏内标出检验日期、17.1.2 规定的检验数据、版本号、修改日期和名称。在所有其他文件上提供类似信息。

17.3.1.3 需方对供方资料进行审查。无论有无意见,均不排除根据需方订购单提供设备的供方责任。

17.3.1.4 整套的供方资料清单应包含在首次版本的总图中。该清单应包含名称、图样编号和所列各项目的发送计划。该清单应与需方订购单中的“供方图样和资料要求”表的数据对照使用。

17.3.2 图样和技术资料

供方提供的图样和技术资料应包含足够的信息,以便需方将其与 17.3.4 规定的手册合起来使用,可以对需方订购单中的设备进行正确地安装、操作和维护。合同图样和资料应字迹清楚,应包含经约定的“供方图样和资料要求”表格(见 17.1.1)。

17.3.3 零件清单和推荐备件

17.3.3.1 供方应提供一份完整的全部设备和所供辅助设备用零件的清单。清单应标明零件名称和制造厂的专用零件号。每个零件均应标识完整并附横剖面图、装配剖面图或部件分解的轴测图。可互换零件也如此标识。对标准尺寸作过改进的零件或加工到规定参数要求的零件应专门以零件号标识。外购标准件用原制造厂名称和零件号标识。

17.3.3.2 供方应标出所有推荐用于起动或维修的备件及其建议库存数量,这包括不便包含在供方最初报价书中的分供方推荐的备品备件。收到审查过的图样后,供方应立即把清单寄给需方,以便现场起动前及时订购和发运这些零件。

17.3.4 安装、操作、维护和技术资料手册

17.3.4.1 总则

供方应提供内容详实的使用说明书和所有必需的图样,以供需方对订购单中包含的所有设备进行安装、操作和维护。资料应汇编成册,包含 17.1.2 规定的信息、索引页及标有图样名称和图号的完整附图清单。手册应针对包含在需方订购单中的设备而特别编制,不允许采用“通用”手册。

17.3.4.2 安装手册

设备正确安装所要求的资料应汇编成册，该手册不应迟于最终版合格图样发布。基于此，该手册可与操作维护说明书分开编制。该手册应包括对中和灌浆程序、标准和最大公用设备的要求、重心、安装设备和程序及所有的安装数据。17.2.2 和 17.2.3 规定的所有与正确安装有关的图样和资料应作为本手册的一部分[见附录 M 中 mm)]。

17.3.4.3 操作和维护手册

圆满完成所有规定试验后的两周内，应提交包含所有要求操作和维护说明的手册。除了包含所有规定过程条件的运行外，手册还应把在规定的极端环境条件下运行作为独立的章节[见附录 M 中 nn)]。

17.3.4.4 技术资料手册

•如规定，供方应在工厂试验完成后 30 d 内，向需方提交技术资料手册[该手册最低要求见附录 M 中 tt)]。

附　录　A
（资料性附录）
规范性引用文件中我国文件与国际文件之间的一致性程度

表 A.1 给出了规范性引用文件中我国文件与国际文件之间的一致性程度。

表 A.1　规范性引用文件中我国文件与国际文件之间的一致性程度

序号	我国文件与国际文件之间的一致性程度
1	GB 3836.1—2000　爆炸性气体环境用电气设备　第 1 部分:通用要求(eqv IEC 60079-0:1998)
2	GB 3836.2—2000　爆炸性气体环境用电气设备　第 2 部分:隔爆型"d"(eqv IEC 60079-1:1990)
3	GB 3836.3—2000　爆炸性气体环境用电气设备　第 3 部分:增安型"e"(eqv IEC 60079-7:1990)
4	GB 3836.4—2000　爆炸性气体环境用电气设备　第 4 部分:本质安全型"i"(eqv IEC 60079-11:1999)
5	GB 3836.5—2004　爆炸性气体环境用电气设备　第 5 部分:正压外壳型"p"(IEC 60079-2:2001,MOD)
6	GB 3836.6—2004　爆炸性气体环境用电气设备　第 6 部分:油浸型"o"(IEC 60079-6:1995,IDT)
7	GB 3836.7—2004　爆炸性气体环境用电气设备　第 7 部分:充砂型"q"(IEC 60079-5:1997,IDT)
8	GB 3836.8—2003　爆炸性气体环境用电气设备　第 8 部分:"n"型电气设备(IEC 60079-15:2001,MOD)
9	GB 3836.9—2006　爆炸性气体环境用电气设备　第 9 部分:浇封型"m"(IEC 60079-18:2004,IDT)
10	GB 3836.11—2008　爆炸性环境　第 11 部分:由隔爆外壳"d"保护的设备最大试验安全间隙测定方法(IEC 60079-1-1:2002,IDT)
11	GB 3836.12—2008　爆炸性环境　第 12 部分:气体或蒸气混合物按照其最大试验安全间隙和最小点燃电流的分级(IEC 60079-12:1978,IDT)
12	GB 3836.13—1997　爆炸性气体环境用电气设备　第 13 部分:爆炸性气体环境用电气设备的检修(neq IEC 60079-19:1993)
13	GB 3836.14—2000　爆炸性气体环境用电气设备　第 14 部分:危险场所分类(idt IEC 60079-10:1995)
14	GB 3836.15—2000　爆炸性气体环境用电气设备　第 15 部分:危险场所电气安装(煤矿除外)(eqv IEC 60079-14:1996)
15	GB 3836.16—2006　爆炸性气体环境用电气设备　第 16 部分:电气装置的检查和维护(煤矿除外)(IEC 60079-17:2002,IDT)
16	GB 3836.17—2007　爆炸性气体环境用电气设备　第 17 部分:正压房间或建筑物的结构和使用(IEC 60079-13:1982,IDT)
17	GB/T 4772.1—1999　旋转电机尺寸和输出功率等级　机座号 56～400 和凸缘号 55～1080(idt IEC 60072-1:1991)
18	GB/T 4772.2—1999　旋转电机尺寸和输出功率等级　机座号 355～1000 和凸缘号 1180～2360(idt IEC 60072-2:1990)
19	GB/T 4772.3—1999　旋转电机尺寸和输出功率等级　小功率装入式电动机　凸缘号 BF10～BF50(idt IEC 60072-3:1994)
20	GB/T 7306.1—2000　密封管螺纹　第 1 部分:圆柱内螺纹与圆锥外螺纹(eqv ISO 7-1:1994)
21	GB/T 7306.2—2000　55°密封管螺纹　第 2 部分:圆锥内螺纹与圆锥外螺纹(eqv ISO 7-1:1994)
22	GB/T 8117.1—2008　汽轮机热力性能验收试验规程　第 1 部分:方法 A　大型凝汽式汽轮机高准确度试验(IEC 60953-1:1990,IDT)

表 A.1(续)

序号	我国文件与国际文件之间的一致性程度
23	GB/T 8117.2—2008 汽轮机热力性能验收试验规程 第2部分:方法B 各种类型和容量的汽轮机宽准确度试验(IEC 60953-2:1990,IDT)
24	GB/T 17241.1—1998 铸铁管法兰 类型(neq ISO 7005-2:1988)
25	GB/T 17241.2—1998 铸铁管法兰盖(neq ISO 7005-2:1988)
26	GB/T 17241.3—1998 带颈螺纹铸铁管法兰(neq ISO 7005-2:1988)
27	GB/T 17241.4—1998 带颈平焊和带颈承插焊铸铁管法兰(neq ISO 7005-2:1988)
28	GB/T 17241.5—1998 带颈翻边 带颈松套铸铁管法兰(neq ISO 7005-2:1988)
29	GB/T 17241.6—1998 整体铸铁管法兰(neq ISO 7005-2:1988)
30	GB/T 17241.7—1998 铸铁管法兰 技术条件(neq ISO 7005-2:1988)

附　录　B
（资料性附录）
本标准与ISO 10437:2003(E)相比的结构变化情况

本标准与ISO 10437:2003(E)相比在结构上有较多调整，有调整的具体章条编号对照情况见表B.1。

表B.1　本标准与ISO 10437:2003(E)的章条编号对照情况

本标准章条编号	对应的API标准章条编号
3.50	C.2.1
—	•6.2.6
附录A	—
附录B	—
附录C	—
附录D	附录B
附录E	附录A
附录F	附录C
F.2	C.3
F.3	C.4
附录H	附录D
附录I	附录E
附录J	附录F
附录K	附录I
附录L	附录H
附录M	附录J

附 录 C
（资料性附录）
本标准与 ISO 10437:2003(E)的技术性差异及其原因

表 C.1 给出了本标准与 ISO 10437:2003(E)的技术性差异及其原因。

表 C.1 本标准与 ISO 10437:2003(E)的技术性差异及其原因

本标准章条编号	技术性差异	原 因
1	对翻译法,将编辑性修改直接改在文本中。	适应我国标准格式。
2	引用了采用(或参照)国际标准(或国外先进标准)的我国标准,而非国际标准。 引用可替代国外标准的我国标准。	适合我国国情。
	删除 ASME 锅炉和压力容器规范 第Ⅸ卷	文中未引用。
4	修改该段的表述。	满足统一实行法定计量单位的需要。
6.1.5 11.1.6	删除 IEC 60045-1。 将 NEMA SM 23 替换为 GB/T 12145。	IEC 60045-1 未提及蒸汽纯度等级的推荐值。 适合我国标准规定。
6.1.13 表 1	删除 US 单位的内容。	满足统一实行法定计量单位的需要。
6.2.5	将该条中的"…应在铭牌上…"修改为"…应在铭牌或提供给需方的相应文件上…"。	仅写"在铭牌上"时,可操作性差。
6.2.6	删除该条。	本标准采用国际单位制。
7.1.16 d)	删除"(三倍于螺孔直径)"	符合国家标准规定。
7.1.12	删除"疏水接口最小尺寸为 DN 25。"	机型结构小时,无法满足。
7.1.17	修改螺栓孔径。	符合国家标准规定。
9.3.1	将转子的不平衡响应试验改为供需双方商定时进行。同时修改与之相关的 a)。	按照国际惯例。
9.6.4	条文最后增加"整锻式转子应在平衡机上以121%最高连续转速的最大超速转速至少运转 2 min"。	保证 8.1.1 可实现。
9.6.6	在句首增加"对非整锻转子"。	适合我国国情。
9.6.8 重要提示	将其修改为 9.6.8 的段。	GB/T 1.1—2009 中无"重要提示"一说。如将其改为条文注,而条文注不允许有要求,因此将其改为 9.6.8 的段。
11.2.5	删除了"球墨铸铁件应按国际认可的标准如 ASTM A 395 进行生产"中的如 ASTM 标准号。	适合我国国情。
12.2.1 图 4	修改了图中的 $n_{l.1}$ 和 $n_{u.1}$ 为 n_l 和 n_u,并对其重新进行了定义。	为与图 3 的定义一致。
12.6.2.1	将刻度盘直径 115 mm 改为 100 mm。	符合国家标准。

表 C.1（续）

本标准章条编号	技术性差异	原　　因
15.3.2.4 警告	将其修改为 15.3.2.4 的段。	原因同 9.6.8 重要提示。
16.3.3.1 b)	删除“对压力润滑油系统，应测量每个轴承座的油流量”。	轴承座的油量无法区分各轴承的实际进油量。
16.3.3.2	将悬置段置于该条列项引导语前。	GB/T 1.1—2009 要求，除术语和定义一章外，避免在章标题或条标题与下一层次条之间出现悬置段。
17.2.3 p)	删除括号及其内容。	满足统一实行法定计量单位的需要。
17.3.2	删除“(即使大图样缩小，字体最小不能小于 8 号)”。	按照国家标准 GB/T 14691—1993《技术制图　字体》的要求。
附录 H	修改 H.1 上面的注为段。	GB/T 1.1—2009 的注分为条文注、条文脚注，该注一条都不满足，故修改。
参考文献	删除 ISO 10436。	该标准已作废。

附　录　D
（资料性附录）
汽轮机术语

图 D.1 和图 D.2 仅用于说明标准机械零件的名称，并不意味这是更好的设计方案或者规定任何设计要求。图中所描述的机械零件可能不是目前每台汽轮机都具备的，或供方根据需方的规定所选机型的机械零件可能有所不同。该图对按本标准设计的特殊汽轮机没有影响。

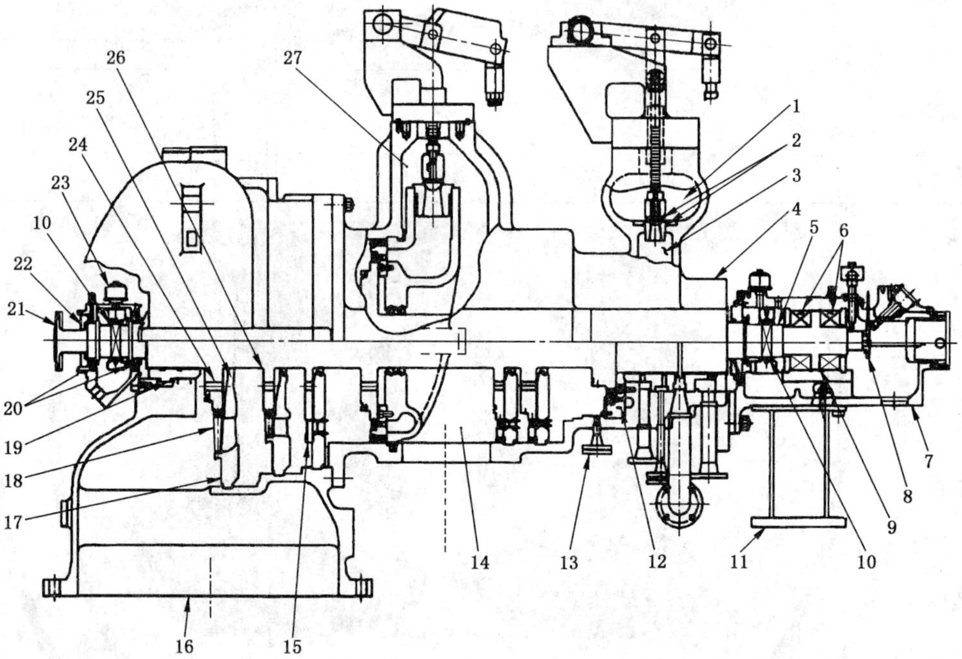

图中：

1——蒸汽室；
2——进汽阀和阀座；
3——喷嘴室；
4——汽缸；
5——转子轴传感区域；
6——推力轴承；
7——轴承座；
8——测速齿轮；
9——推力盘；
10——径向轴承；
11——支架；
12——调节级喷嘴环；
13——汽缸疏水；
14——可调抽汽/补汽接口；
15——顶部密封；
16——排汽接口；
17——隔板；
18——转子叶片；
19——轴的外部密封；
20——轴承座端部密封；
21——转子；
22——轴承座导向装置；
23——通汽/冒汽；
24——蒸汽平衡孔；
25——级间汽封；
26——叶轮(轮盘)；
27——低压段控制阀。

图 D.1　典型冲动式汽轮机术语

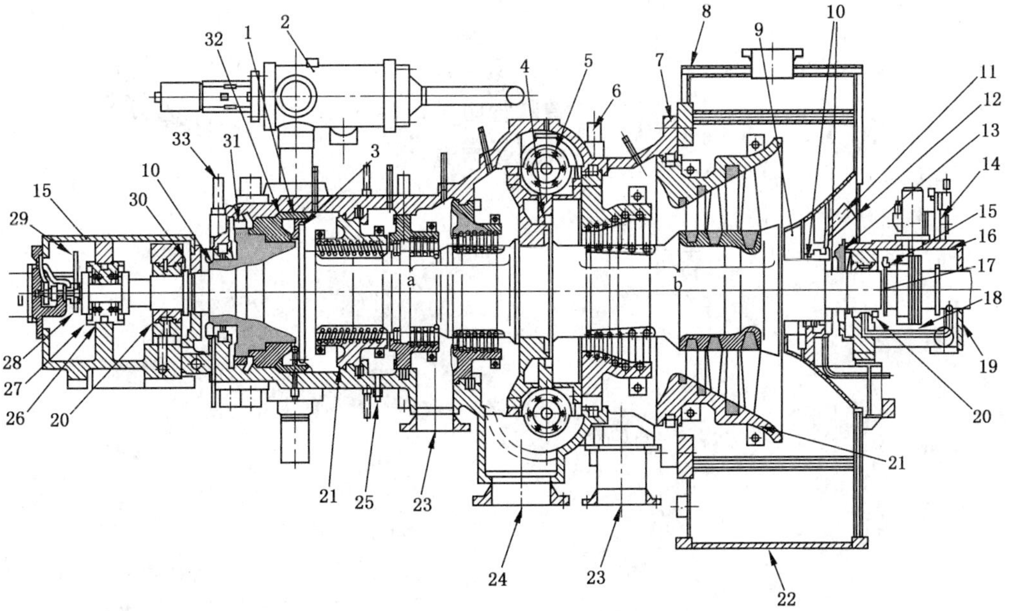

图中：

1——高压喷嘴元件；
2——进汽控制阀；
3——调节级动叶；
4——低压喷嘴内缸；
5——低压控制阀；
6——平衡管；
7——汽轮机汽缸；
8——排汽缸；
9——扩散器；
10——迷宫式汽封；
11——余汽接口；
12——供密封蒸汽；
13——转子接地；
14——盘车装置；
15——膨胀探头；
16——轴承座；
17——转子；
18——大齿轮；
19——轴承座端部密封；
20——径向轴承；
21——叶片持环；
22——排汽接口；
23——排汽/补汽接口；
24——可调抽汽/补汽接口；
25——汽缸疏水；
26——推力轴承；
27——瓦块；
28——测速齿轮；
29——转速传感器；
30——轴振动传感器；
31——平衡盘；
32——高压喷嘴内缸；
33——平衡管；
a——高压反动级；
b——再热反动级。

图 D.2　典型反动式汽轮机术语

附 录 E
（资料性附录）
典型数据表

本附录包含需方和供方使用的典型数据表。

除非另外注明，所有压力均为表压。

特种用途汽轮机数据表 国际单位	工程号________ 项目号________ 订单号________ 规范号________ 版本号________ 日　期________ 第 1 页　共 10 页　制　表________

适用于：　○报价　○订货　□制造

用　　途__________　机组名称__________

地　　点__________　系列号__________

装置名称__________　需要台数__________

制 造 厂________　类型________　被驱动设备项目号__________

驱动设备类型：○压缩机　○发电机　○其他________

注：　○表示数据由需方填写　□表示数据由制造厂填写　□表示数据由需方或制造厂填写

性能

运行点	主轴		进汽			补汽/抽汽			排汽		
□当适用时	功率 kW	转速 r/min	流量 kg/h	压力 kPa	温度 ℃ (总温)	流量 kg/h	压力 kPa	温度 ℃ (总温)	压力 kPa	温度 ℃ (总温)	焓 kJ/kg
额定值											
正常值(3.26)(6.1.4)											
最小值											

□汽耗 kg/(kW·h) (3.44)　正常　额定　补汽　○可调　○非调

□可能的最大功率(3.30)　抽汽　○可调　○非调

蒸汽参数

		□进汽	□排汽	□抽汽 补汽	□抽汽 补汽	□抽汽 补汽
流量 kg/h	最大					
	正常					
	最小					
压力 kPa	最大					
	正常					
	最小					
温度 ℃(总温)	最大					
	正常					
	最小					

场地和公共设施数据

位置：

○室内　○受热　○带顶棚　○室外

○不受热　○部分侧墙　○斜坡　○双层布置

○其他__________

○要求防寒　○要求防湿热

○低温　○腐蚀介质

○电器区域等级

类别____ 级别____ 组别____

地带____ 级别____ 温度额定值____

现场数据：

○海拔______ m　○气压______ kPa

○冬季温度____℃　夏季温度____℃

○相对湿度____%　设计湿球温度__℃

○异常条件：○灰尘　○烟气

○其他__________

公共设施数据：

○辅助蒸汽：	最大	正常	最小
初压(kPa)	____	____	____
初温，℃(全温)	____	____	____
排汽压力，(kPa)	____	____	____

仪表用空气(kPa)　正常____ 最小____ 最大____

仪表用空气露点：　℃

○**电器：**	驱动机	加热器	仪器/控制器	报警/停机
电　压	____	____	____	____
相　数	____	____	____	____
周　波	____	____	____	____
有效功率	____	____	____	____

○**冷却水：**

进口温度：____℃　最高回水温度____℃

压力：正常____ kPa　设计____ kPa

最小回水压力：________ kPa

最大允许压降：________ kPa

水源________

流速，m/s：　最小______ 最大______

污垢系数：________ $(m^2 \cdot K)/kW$

○**公共设施耗量：**

冷却水：______ m^3/h　仪表用空气____ m^3/h

辅助蒸汽：正常____ kg/h　最　　大____ kg/h

辅助驱动机：电功率____ kW　蒸汽功率____ kW

加热器功率：____ kW　其　　他______

备注：____________________

特种用途汽轮机数据表 国际单位	工程号________ 项目号________ 版本号________ 日　期________ 第 2 页　共 10 页　制　表________

适用技术规范：
GB/T 28574 特种用途汽轮机
○其他____________________
____
○供方的机组责任(3.47)
____
○调节规范，如有不同
____

噪声技术规范：
○适用机器：
见规范____________________
○适用地区：
见规范____________________
声学处理　○是　　○否
类型____________________

结构特点

汽轮机型式　○背压式　○凝汽式　○补汽式　○抽汽式　○其他

□转速：
最高连续转速____ r/min　跳闸转速____ r/min
最高允许转速____ r/min
□横向振动临界转速(阻尼)(9.2)：
一阶临界转速____ r/min　________振型
二阶临界转速____ r/min　________振型
三阶临界转速____ r/min　________振型
四阶临界转速____ r/min　________振型
□振动____________ μm(峰-峰值)

□扭转临界转速(9.5)：
一阶临界转速____________ r/min
二阶临界转速____________ r/min
三阶临界转速____________ r/min
四阶临界转速____________ r/min
○要求的横向分析报告
○单轴　　○轴系
○要求的无阻尼刚度图
○要求的轴系扭转分析报告
□轴系扭转分析者____________

□汽缸、喷嘴和隔板

□最高允许工作压力(3.17)(7.1.3)
进汽段______(kPa)　排汽段______(kPa)
补汽/抽汽段____________(kPa)
其他____________(kPa)
□最高工作温度(3.16)(3.21)
进汽段______℃　　排汽段______℃
补汽/抽汽段____________℃
○最低设计金属温度(11.1.5)________℃
○减压阀设定压力：进汽______(kPa)______(kPa)
抽汽______(kPa)　　其 他______(kPa)

□水压试验压力(16.3.2.2)
高压缸______(kPa)　中压缸______(kPa)
排汽缸______(kPa)　其　他______(kPa)
○焊接喷嘴环(7.3.1)　喷嘴环______%进汽度
隔板静叶固定：　□整体铸造
□焊接(7.3.2)　□其　他______
隔板轴向定位：□逐个定位　　□堆叠式

汽缸接口

接口	□ 规格	□ 端面	○ 位置	□法兰或 双头螺柱连接 (7.2.1)(7.2.3)	○供方提供的 配对法兰和垫片 [7.2.7 d)]	□最大 蒸汽流量 kg/h	□最小 蒸汽流量 kg/h
进汽							
排汽							
抽汽							
补汽							

附件、螺钉、管接头：○锥管　○直管　　○为液压拉伸设计的主汽缸结合面双头螺柱/螺母[7.1.15 f)]

□允许的力和力矩

	进汽		排汽		抽汽/补汽	
	力	力矩	力	力矩	力	力矩
	N	N·m	N	N·m	N	N·m
平行于主轴						
垂直						
水平 90°						

转向(从进汽端看)：
○顺时针　○逆时针

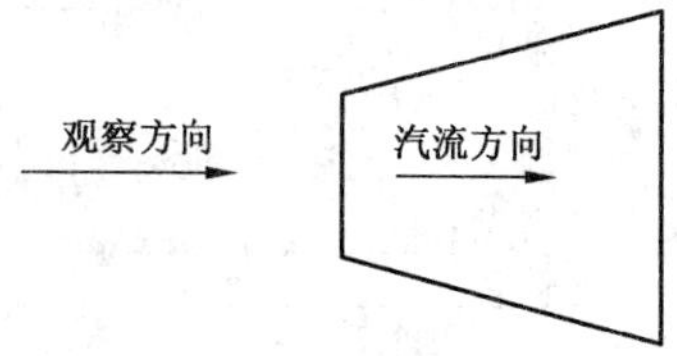

特种用途汽轮机数据表 国际单位	工程号＿＿＿＿ 项目号＿＿＿＿ 版本号＿＿＿＿ 日　期＿＿＿＿ 第 3 页　共 10 页　制　表＿＿＿＿

材料:汽缸及附件

□高压缸＿＿＿＿＿＿＿＿
□中压缸＿＿＿＿＿＿＿＿
□排汽缸＿＿＿＿＿＿＿＿
□蒸汽室＿＿＿＿＿＿＿＿
□喷嘴环＿＿＿＿＿＿＿＿
○蒸汽污染(11.1.6)＿＿＿＿＿＿＿＿
○蒸汽流道组件　<22 HRC (11.1.9)＿＿＿＿＿＿＿＿

□隔板/导叶持环＿＿＿＿＿＿＿＿
□隔板喷嘴＿＿＿＿＿＿＿＿
□其　　他＿＿＿＿＿＿＿＿

转动部件(8)

主轴型式:
□整锻叶轮式　□套装式(8.1.2)　□组合式
□双出轴
□级　数＿＿＿＿　轴承间距＿＿＿＿　mm
□主轴材料＿＿＿＿＿＿＿＿
叶片(动叶):□叶顶最高线速度＿＿＿＿＿＿ m/s
□末级叶片长度＿＿＿＿ mm　最长＿＿＿＿ mm

□轴端:联轴器处轴径＿＿＿＿＿＿ mm
○直轴　○锥度轴＿＿＿＿＿＿ mm/m
○带键　○单键　○双键
○液压装配　○整锻凸缘
○要求的现场动平衡设施(8.1.4)
□现场动平衡设施说明:＿＿＿＿＿＿＿＿
备注:＿＿＿＿＿＿＿＿

	级	级	级	级	级	级	级
□叶轮材料							
□叶片材料							
□叶根型式							
□末叶片型式							
□拉筋材料							
□围带材料							
□围带连接							
□节圆直径,mm							
□叶片高度,mm							
□叶片型式							
□＿＿＿＿							
□＿＿＿＿							

轴密封(10.5)

	进汽端	排汽端
□最高汽封压力,kPa		
□蒸汽漏泄量,kg/h		
□空气漏泄量,m^3/h(标准冷凝)		
□汽封处的轴径,mm		
□静体迷宫式汽封		
□动体迷宫式汽封		
□材料		
□＿＿＿＿		
□＿＿＿＿		
□＿＿＿＿		

汽缸端部汽封(10.5.1):
型式:○迷宫式
○其他＿＿＿＿＿＿
材料:＿＿＿＿＿＿＿＿

级间汽封(10.5.2):
型式:○迷宫式
○其他＿＿＿＿＿＿
材料:＿＿＿＿＿＿＿＿

备注:＿＿＿＿＿＿＿＿＿＿＿＿＿＿＿＿

特种用途汽轮机数据表 国际单位	工程号________ 项目号________ 版本号________ 日　期________ 第 4 页　共 10 页　制　表________

轴承和轴承座

径向轴承(10.1.1)(10.1.2)	进汽端	排汽端
☐型式		
☐制造厂		
☐长度,mm		
☐轴径,mm		
☐机组载荷(实际/允许),N		
☐基体材料		
☐巴氏合金厚度,mm		
☐瓦块数		
☐载荷:瓦块间/瓦块上		
☐支枢:中心/偏移,%		
☐____________		
☐____________		

推力轴承(10.2.1)(10.2.2)	工作面	非工作面
☐型式		
☐制造厂		
☐最大机组载荷,MPa		
☐机组载荷极限,MPa		
☐瓦块数		
☐面积,mm^2		
☐支枢:中心/偏移,%		
☐瓦块基体材料		

润滑方式:○溢流式　○直供式

推力盘:　○整锻式　○可换式

轴承测温装置:

○热敏电阻　　　○型式____________

○选择器开关和指示器供货商:____需方____制造厂

○电阻式温度探测器

○电阻材料________　☐________Ω

○选择器开关和指示器供货商:____需方____制造厂

○位置——径向轴承

总数量________　位置________

刻度范围____报警____　根据____℃设定

停机根据____℃设定　　延迟____s

○位置——推力轴承

工作面

总数量________　位置________

非工作面

总数量________　位置________

刻度范围____　报警____　根据____　℃设定

停机根据____℃设定　　延迟____s

○监视器供货商:________

○位置________　　外壳________

○制造厂________　☐型号________

____

____

____

振动探测器:

○型式________　☐型号________

○制造厂____________________

○每个轴承配置数量______总计______

监视器供货商:____________________

○位置________　　外壳________

○制造厂________　☐型号________

☐刻度范围____报警____根据____ μm 设定

○停机:☐根据____ μm 设定　延迟____ s

轴向位移探测器:

☐型式________　☐型号________

○制造厂________　○要求的数量______

监视器供货商:____________________

○位置________　　外壳________

○制造厂________　☐型号________

☐刻度范围____报警____根据____ μm 设定

○停机:☐根据____ μm 设定　　延迟____ s

○安装在轴承座上的加速计设施:

键相器:○汽轮机　○齿轮箱　○被驱动设备

备注:____________________________________

____

____

____

润滑和控制油系统(15.5)

参考规范:____________________

提供者:○汽轮机制造厂　☐其他

○仅单独用于汽轮机的

☐公用/被驱动设备及包括(15.5.2)(15.5.5)

____

汽轮机制造厂提供:

○控制油蓄能器

○不锈钢供油总管

○回油总管

○不锈钢　　　　○碳钢

○油流窥视器

控制油滤油器　○单　　○双

油的要求:	控制油	润滑油
☐正常流量,m^3/h		
☐瞬时流量,m^3/h		
☐压力,kPa		
☐温度,℃		
☐排除总热量,MW		
☐油类型,烃类/合成油		
☐黏度,37.8 ℃时		
☐过滤精度,μm		
☐____________		
☐____________		
☐____________		

特种用途汽轮机数据表 国际单位	工程号＿＿＿＿ 项目号＿＿＿＿ 版本号＿＿＿＿ 日　期＿＿＿＿ 第 5 页　共 10 页　制　表＿＿＿＿

辅助部件

联轴器及护罩(15.1.1)(15.1.2)

注:见转动部件——轴端

○见附属的 ISO 10441 数据表

联轴器供货商＿＿＿＿

○ 制造厂＿＿＿＿　型式＿＿＿＿　型号＿＿＿＿

联轴器护罩供货商＿＿＿＿

型式　○全封闭　○半封闭　○其他＿＿＿＿

联轴器详细资料

□最大外径＿＿＿＿mm

□轮毂质量＿＿＿＿kg

□隔套长度＿＿＿＿mm

□隔套质量＿＿＿＿kg

○供方安装半联轴器(15.1.8)

○质量模拟块/要求的空转接套(15.1.6)(15.1.7)

润滑油要求

○油脂　○连续润滑　○无

□每个轮毂耗量＿＿＿＿kg 或 m^3/h

安装底板(15.3)

底盘供货商:＿＿＿＿

○仅汽轮机有底盘　○其他(15.3.2.1)＿＿＿＿

○敞开的　○防滑盖板(15.3.2.8)　○边缘集漏

○调平垫块(15.3.2.3)　○适合的光学对中仪

○单独区段　○多级区段

○墩座式安装(15.3.2.2)　○要求的辅助底板(15.3.2.7)

○要求的调平(检查)组件　供货商:＿＿＿＿

底板供货商:＿＿＿＿

厚　度＿＿＿＿mm

○要求的辅助底板(15.3.2.7)

○固定螺栓供货商:＿＿＿＿

○环氧底层涂料供货商(15.3.1.7):＿＿＿＿

○地脚螺栓供货商(15.3.1.9):＿＿＿＿

齿轮装置(15.2)

供货商:＿＿＿＿　○参考 ISO 13691　○其他＿＿＿＿

见数据表＿＿＿＿

控制器和测量装置(12)

仪器和控制板应符合下列附加数据表:　○ISO 10438,页数＿＿＿＿

○API Std 670,页数＿＿＿＿

○需方的数据表＿＿＿＿

保护装置

	排汽减压阀 (7.1.3)(15.4.1) (15.4.2)	抽汽/补汽减压阀 (7.1.3)(15.4.1) (15.4.2)	真空破坏器 (12.3.1.3)	逆止阀 (12.3.1.4)	热力减压阀 (15.4.4)
安装位置				X	
释压压力,kPa			X		
流量,kg/h 蒸汽			X		
阀门制造厂					
阀门型式					
阀门规格/额定值					
法兰面(FF,RF)					
供货商					
数量					

备注:＿＿＿＿

特种用途汽轮机数据表 国际单位	工程号________ 项目号________ 版本号________ 日　期________ 第 6 页　共 10 页　制　表________

1	**○速关阀　○速关节流组合阀(12.3.4)　○要求的双联速关阀/速关节流组合阀(12.3.4.2)**	
2	位　置:○主进汽　○补汽	☐过滤器:滤孔尺寸________mm/网目
3	供货商:○供方　○需方	材　料________
4	☐制造厂________型号________	○临时起动用过滤器________网目
5	☐规格____　额定值____　法兰面____	材　料________
6	☐规格____　额定值____　法兰面____	☐阀杆材料______硬度______HRC
7	☐规格____　额定值____　法兰面____	☐阀座材料______硬度______HRC
8	结构特点:　进汽　补汽	☐密封件材料______漏泄量______kg/h
9	复　位:○手动　○液压	☐阀要求的弹性支座
10	跳　闸:○就地(手动)○远控	○供方提供　○需方提供
11	试验装置:○就地(手动)○远控	________________
12	○全油压操作	

13	**控制阀(阀组)**					
14 15	位　置	主进汽	补汽	补汽 抽汽	补汽 抽汽	注
16	跳闸位置(开/关)					
17	阀门数量					
18	连接尺寸					
19	额定值					
20	法兰面(RF、RTJ、其他)					
21	操纵机构(凸轮、杠杆、其他)					
22	阀杆材料					
23	阀杆材料硬度,HRC					
24	阀座材料					
25	阀座材料硬度,HRC					
26	密封件材料					
27	密封漏泄量,kg/h					
28						
29						
30						
31						
32						

33	**盘车装置(15.8)**	**其他**
34	○要求的盘车装置(15.8.1)	○起动协助________天
35	○供货商:________________	○供方对需方的管道和基础图进行审查并提出意见
36	○型式(15.8.5)______转速______r/min	○供方见证初始对中情况
37	○啮合(15.8.2)(15.8.3)(15.8.4):○自动　○手动	☐“Y”型过滤器
38	○制造厂________型号________	☐水清洗接口
39	○安装者________________	○静电导电刷
40	○驱动机:参考规范________	○停机用排汽真空破坏器(12.3.1.3)
41	被…驱动:○电动机　○汽轮机	○________________
42	(15.8.5)　○液压/气动马达　○其他:	○________________
43	○操作站(15.8.7):○就地　○远控	
44	**隔热层和罩壳(15.7)**	**专用工具(15.9)**
45	○覆盖层________○其他________	○联轴器环规和塞规
46	○罩壳	○液压套装联轴器用的安装/拆卸工具
47	○碳钢　○不锈钢	○其他________________
48	○范围________________	☐支承横梁
49	________________	○借用
50	________________	○购买

特种用途汽轮机数据表 国际单位	工程号______ 项目号______ 版本号______ 日　期______ 第7页　共10页　制　表______

调节器(12.2)

型式　○数字处理器为基础的 　　　○其他______ 　　　○简单型　　○多处理器	○制造厂______　型号______ ○供货商______

汽轮机型式

○单阀单级 ○单阀多级 ○多阀多级 ○单级抽汽	○双级抽汽 ○单级抽汽/补汽 ○双级抽汽/补汽 ○其他______

被驱动设备型式

○离心式压缩机 ○轴流式压缩机 ○离心泵	○同步发电机 ○异步发电机 ○其他______

装置要求

机械驱动 ○转速受控于： 　过程变量　○压力　○流量 　抽汽　○压力　○流量 　补汽　○压力　○流量 　汽轮机进汽　○压力　○流量 　汽轮机排汽　○压力　○流量 　其他______ 　______ 　______	发电机驱动 ○有差控制 ○频率控制 ○负载控制 ○功率控制 ○功率输入/输出控制 ○甩负荷 ○自动同步 ○自动电压调整 ○汽轮机进汽压力限制 ○进汽压力限制器

输入/输出要求

触点输入 ○起动或复位 ○正常停机 ○危急跳闸 ○升速 ○降速 ○起动/不起动远控转速设定点 ○升速到最低连续转速 ○超速试验起动 ○起动压力控制 ○起动抽汽控制 ○远控报警的消除/确认 ○起动自动同步 ○串联升/降 ○其他______	触点输出 ○公共设施停机 ○公共设施报警 ○超速跳闸______ r/min ○远控转速设定点起动 ○压力控制起动 ○流量控制起动 ○抽汽控制起动 ○补汽控制起动 ○转速传感报警 ○其他______
模拟输入(4 mA～20 mA) ○远控设定点 ○过程压力 ○抽汽　○压力　○流量 ○功率单独负荷　○压力　○流量 ○功率输入/输出 ○其他______ ______ ______	模拟输出(4 mA～20 mA) ○转速 ○转速设定点 ○远控转速设定点 ○抽汽压力 ○抽汽压力设定点 ○执行机构位置 ○过程压力 ○功率 ○功率输入/输出

特种用途汽轮机数据表 国际单位	工程号＿＿＿＿＿＿ 项目号＿＿＿＿＿＿ 版本号＿＿＿＿＿＿ 日　期＿＿＿＿＿＿ 第 8 页　共 10 页　制　表＿＿＿＿＿＿

调节器安装要求

位置　○就地(在汽轮机附近)
　　　○远控(控制室)
　　　○其他＿＿＿＿＿＿
　　　○区域等级：
　　　　级别＿＿＿组别＿＿＿类　别＿＿＿
　　　　地区＿＿＿组别＿＿＿额定温度＿＿＿
机壳　○IP65
　　　○NEMA 4
　　　○NEMA 4X
　　　○其他＿＿＿＿＿＿

安装　○装在仪表板上　○表面安装
　　　○垂直架

电源	单	双
120 V(交流)	○	○
220 V(交流)	○	○
125 V(直流)	○	○
24 V (直流)	○	○
＿＿＿＿＿＿	○	○
＿＿＿＿＿＿	○	○

就地调节器控制板　○要求　○不要求

位置　○就地(在汽轮机附近)
　　　○远控控制室
　　　○其他＿＿＿＿＿＿

从仪表板输出到调节器
○起动
○跳闸
○升速
○降速
○超速试验
○升速到最低连续转速
○远控转速设定点起动/不起动
○复位
○其他＿＿＿＿＿＿

机壳　○IP65
　　　○NEMA 4　○NEMA 4X
　　　○其他＿＿＿＿＿＿
　　　○区域等级：
　　　　级别＿＿＿组别＿＿＿类　别＿＿＿
　　　　地区＿＿＿组别＿＿＿额定温度＿＿＿

从调节器输入仪表板
○公共设施报警跳闸
○跳闸指示灯
○远控设定点起动指示灯
○转速设定点指示表
○其他＿＿＿＿＿＿
＿＿＿＿＿＿
＿＿＿＿＿＿

调节器的其他详情

远控信号消失的调节器动作：　○锁定最新值
　　　　　　　　　　　　　　○至最低连续转速
　　　　　　　　　　　　　　○至最高连续转速

外部接口设备类型：○打印机　格式：○图形显示
　　　　　　　　　○显示屏　　　　○列表数据
　　　　　　　　　○调制解调器　　○趋势(实时)
　　　　　　　　　　　　　　　　　○历史档案

○分散控制系统制造厂＿＿＿＿＿＿　○型号＿＿＿＿＿＿
数据传送　○数据自动传送器　○协议＿＿＿＿＿＿
　　　　　○离散 I/O
　　　　　○网络型式＿＿＿＿＿＿

调节器转速传感器(12.2.6)：
制造厂＿＿＿＿＿＿　型号＿＿＿＿＿＿　安装：○双　○三　○安装备件
○转速传感器表面齿数＿＿＿＿＿＿

执行器：○供货商＿＿＿＿＿＿　○制造厂＿＿＿＿＿＿　○型号＿＿＿＿＿＿
执行器类型：○液压　○气动　○单线圈　○多线圈　○其他＿＿＿＿＿＿

汽轮机安装的辅助部件

转速表　○制造厂＿＿＿＿＿＿　○型号＿＿＿＿＿＿　○要求的数量＿＿＿＿＿＿
　　　　○位　置＿＿＿＿＿＿

特种用途汽轮机数据表 国际单位	工程号____ 项目号____ 版本号____ 日　期____ 第 9 页　共 10 页　制　表____

超速停机系统(12.3)

○供货商____

○制造厂____　型号____

□电气设定点____ r/min

超速停机要求

○三选二逻辑(12.3.2.1)

○其他____

○转速传感器表面齿数____

○电磁阀应是:○失电跳闸

○得电跳闸

○接触器应是:○常开

○常闭

○电压等级:____

汽封和真空系统(15.6)

系统按照:○附录 G.1　○附录 G.2

○其他____

○有效主管压力____ kPa　温度____ ℃

○有效汽封蒸汽供汽压力____ kPa

○有效汽封蒸汽供汽温度____ ℃

□汽封蒸汽压力____ kPa　□流量____ kg/h

□汽封蒸汽减压阀设定压力____ kPa

○供货商____

□流量调节阀,型式____

○供货商____

○真空系统供货商____

○散装运输　○装有滑动枕木

○其他____

○汽封凝汽器,见规范____

○射汽抽气器　□蒸汽压力____ kPa

□蒸汽流量____ kg/h

○真空泵(15.6.2),见规范____

○凝结水箱____

○水环密封高度____ m

检验和试验(16.2)(16.3)

总则

○工厂检验(16.1.4)

范围:____

○参考的检验检查清单"表 K.1"

检验和材料试验

○要求的最终装配记录[16.2.1.1 f)]

特殊材料检验和试验要求

部件	磁粉	着色渗透	射线	超声波	观察	见证
速关阀/速关节流组合阀	○	○	○	○	○	○
蒸汽室	○	○	○	○	○	○
汽缸	○	○	○	○	○	○
管道	○	○	○	○	○	○
转子	○	○	○	○	○	○

	观察	见证
○热稳定性(16.2.2)	○	○
○清洁度(16.2.3.3)	○	○
○硬度(16.2.3.4)	○	○
○水压试验(16.3.2)	○	○
○叶片振动(静态)	○	○
转子平衡　○标准方法(9.6.1)(9.6.2)	○	○
○高速动平衡(9.6.3)	○	○
○高速动平衡前的低速动平衡(9.6.6)	○	○
○低速剩余不平衡量检查(9.6.7)	○	○
○最终的表面检查(16.4.3)	○	○
○包装检查(16.4.1)	○	○
○备用转子装配	○	○
○汽缸结合面泄漏检查(16.3.2.3)	○	○
○____	○	○
	○	○

机械运转试验(16.3.3)

	观察	见证
○合同转子	○	○
○备用转子	○	○
○试验工作/现场用联轴器	○	○
○要求的试验磁带记录	○	○
○试验磁带记录提交需方	○	○
○试验/现场润滑油控制台	○	○
____	○	○

可选试验(16.3.4)

	观察	见证
○性能试验(16.3.4.2)	○	○
○整机试验(16.3.4.3)	○	○
辅助设备(16.3.4.4)		
○速关阀/速关节流组合阀	○	○
○汽封系统	○	○
○汽封真空系统	○	○
○减压阀	○	○
○____	○	○
○汽缸内部检查(16.3.4.5)	○	○
○联轴器与轴的配合(ISO 10441)	○	○
○盘车装置	○	○
○超速停机系统	○	○
○调节器响应(16.3.4.10)	○	○
○噪声(16.3.4.11)	○	○
○备品备件试验(16.3.4.7)	○	○
○____	○	○
○____	○	○

特种用途汽轮机数据表 国际单位	工程号______ 项目号______ 版本号______ 日　期______ 第 10 页　共 10 页　制　表______

其他

油漆 ○制造厂标准 ○其他______ ○______	**质量：** □汽轮机 ______ kg □转子 ______ kg □汽轮机上半缸 ______ kg □最大维修质量(作出标识) ______ kg □速关阀/速关节流组合阀 ______ kg □其他 ______ kg □总装运质量 ______ kg
机组铭牌单位　○国际单位	
装运(16.4.1)[16.4.3 j)] ○国内　○出口 ○要求出口包装　○室外存放超过六个月 ○要求防水包装 ○备用转子组件的包装应： ○水平存放　○垂直存放	
场地要求： □整　机：长_____ mm　宽_____ mm　高_____ mm □控制板：长_____ mm　宽_____ mm　高_____ mm □其　他：长_____ mm　宽_____ mm　高_____ mm □其　他：长_____ mm　宽_____ mm　高_____ mm	**供方图样和资料要求**(17) ○附录 M ○其　他______ ______ ______

备注和附加要求：

附 录 F
（规范性附录）
确定剩余不平衡量的步骤

F.1 范围

本附录说明了确定转子剩余不平衡量的步骤。尽管一些平衡机可以读出精确的不平衡值，但标定可能存在误差。确定剩余不平衡量唯一准确的方法就是在转子上加上一已知不平衡量进行试验。

F.2 最大允许剩余不平衡量

F.2.1 每个平面的最大允许剩余不平衡量应根据 9.6.2 中式(6)来计算。

F.2.2 如果不知道每个轴颈上的实际静载荷，应假定轴承平均地分担转子的总质量。

示例：双轴承支承的转子质量为 2 700 kg，可假定施加在每个轴颈上的质量为 1 350 kg。

F.3 剩余不平衡量检查

F.3.1 总则

F.3.1.1 如果平衡机读数显示转子已被平衡到规定的允许范围，应在将转子从平衡机上拆下来之前进行剩余不平衡量的检查。

F.3.1.2 检查剩余不平衡量的方法是：将已知的试验质量依次加到转子同一半径、径向位置成等距分布的六个点上（或 12 个点，如果需方规定）。然后根据 F.3.2 规定的方法，对每一校正平面作检查并将每个平面的读数绘制成曲线图。

F.3.2 步骤

F.3.2.1 选定一个等于 1～2 倍于最大允许剩余不平衡量之间的试验质量和半径（即：如果 U_{max} 为 1 440 g·mm，那么试验质量所产生的不平衡量为 1 440 g·mm 到 2 880 g·mm）。

F.3.2.2 以每个校正面内最后的已知加重点作为起始点，按规定数目（6 个或 12 个）在绕转子作等量（60°或 30°）递增的半径位置处作出标记，把试验质量加到加重点上。如果转子已平衡得非常精确，并且无法确定最终加重点时，则可将试验质量加到任一处作了标记的半径位置上。

F.3.2.3 验证已选定的试验质量是否合适，开动平衡机并注意测量仪表显示的不平衡量。如果测量仪表读数达限定值，则应选用一较小的试验质量；如果读数很小或没有读数，则应选用一较大的试验质量。读数很小或没有读数，通常表示转子平衡得不正确、平衡机不够敏感或平衡机存在故障（如传感元件有故障）。无论什么故障，进行剩下的验证之前，应对平衡机进行校正。

F.3.2.4 依次把试验质量加到等距分布的位置上，并记录每个位置测量仪器所显示的不平衡量。检查采用重复初始位置的方法进行。在平衡机上用最合适的灵敏度范围来进行所有的验证。

F.3.2.5 在剩余不平衡量作业表上将读数绘制成曲线图，并计算出剩余不平衡量值（见图 F.1）。试验质量加到转子的加重点时，出现最大测量仪表读数；把试验质量加到加重点的另一侧时，出现最小测量仪表读数。这样，由读数绘制成的曲线近似于一个圆（见图 F.2）。测量仪表的最大和最小读数的平均值代表试验质量的有效值。从极坐标图原点到圆心的距离代表该平面的剩余不平衡量。

F.3.2.6 对每一平衡面重复F.3.2.1～F.3.2.5的步骤。如果任何一个平衡面的规定最大允许剩余不平衡量过大，则转子应再进行更精确的平衡和检查。如果某一平衡面作过校正，则应对所有的平衡面重新进行剩余不平衡量检查。

F.3.2.7 对套装部件后进行平衡的转子，至少应在第一个转子部件装上和平衡后进行剩余不平衡量检查，全部部件装配完成后，再进行平衡。

注：这就确保不浪费时间，并且在一台有故障的平衡机上对多部件转子进行平衡时，使转子部件免受不必要的材料去除。

设备(转子)号：________________

订单号：________________

校正平面(进汽、驱动端等,用简图表示)：________________

平衡转速：________________ r/min

n=转子的最高允许转速：________________ r/min

m=轴颈质量(最接近校正面)：________________ kg

U_{max}=最大允许不平衡量=6 350 m/n；

6 350×________ kg/________ r/min；________________ g·mm

试验不平衡量(2×U_{max})________________ g·mm

R=半径(放试验质量处)________________ mm

试验不平衡质量=试验不平衡/R

________ g·mm/________ mm ________________ g

试验数据表

位置	试验质量位置角度	平衡机振幅读数
1	0°	
2	60°	
3	120°	
4	180°	
5	240°	
6	300°	
重复 1	0°	

转子简图

试验数据——图表分析

步骤 1:在极坐标上作点(图 F.1 续)。标出刻度,以适合最大和最小振幅。

步骤 2:用圆规画一个通过六个点的最合适的圆,并标出该圆的圆心。

步骤 3:以步骤 1 中选定的刻度单位测量圆的直径并记录结果。________单位

步骤 4:记录上述试验不平衡量。________ g·mm

步骤 5:将步骤 4 的试验不平衡量乘 2(也可用两倍的实际剩余不平衡量)。________ g·mm

步骤 6:将步骤 5 的结果除以步骤 3 的结果。________比例系数

可以得出极坐标的单位数和实际平衡量之间的相互关系。

图 F.1 剩余不平衡量作业表

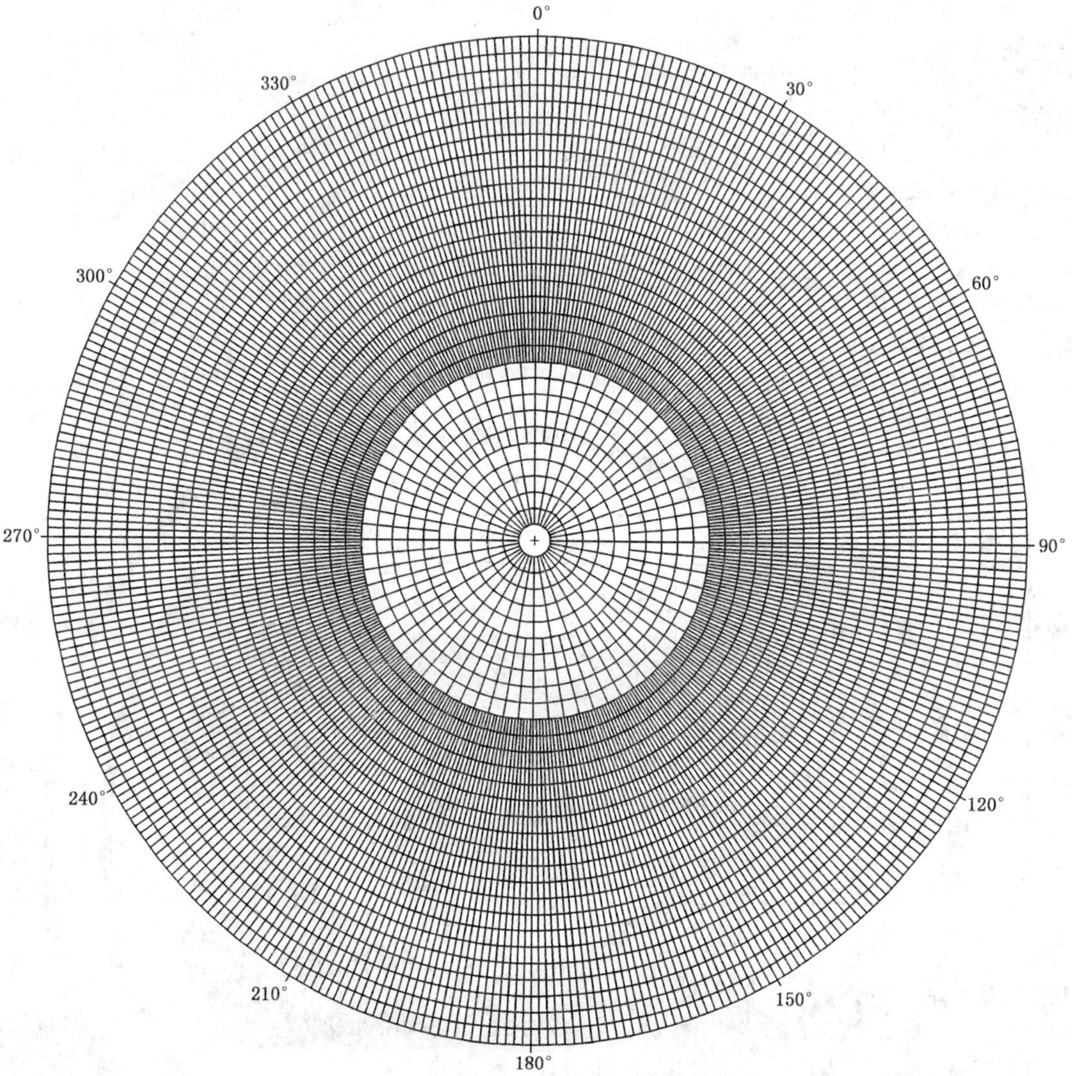

所画的圆应包含极坐标原点。否则,转子的剩余不平衡量超过了所加的试验不平衡量。

注:所画的圆不包含极坐标原点的几种可能原因有:平衡过程中的操作错误、平衡机传感器或电缆故障或平衡机灵敏度不够高。

如果圆包含极坐标原点,则原点和圆心之间的距离就是转子校正面上存在的实际剩余不平衡量。用步骤1中选定的刻度单位测量该距离,并把测量值乘以步骤6所确定的刻度系数。原点和圆心之间的标尺距离乘以刻度比例系数等于实际的测量不平衡量。

记录实际的剩余不平衡量____________________ g·mm

记录允许的剩余不平衡量(从图F.1)________________ g·mm

校正平面____________ 转子号____________(已/没有)通过

检验者____________ 日期____________

图F.1(续)

设备(转子)号： C-101

订单号： ______

校正平面(进汽、驱动端等,用简图表示)： A

平衡转速： 800 r/min

n=转子的最高允许转速： 10 000 r/min

m=轴颈质量(最接近校正面)： 411.87 kg

U_{max}=最大允许不平衡量=6 350 m/n

6 350×411.87 kg/10 000 r/min； 257.14 g·mm

试验不平衡量(2×U_{max})： 514.29 g·mm

R=半径(放试验质量处) 174.49 mm

试验不平衡质量=试验不平衡/R

514.29 g·mm/ 174.49 mm 2.83 g

试验数据

1	0°	14.0
2	60°	12.0
3	120°	14.0
4	180°	23.5
5	240°	23.0
6	300°	15.5
重复 1	0°	13.5

转子简图[5)]

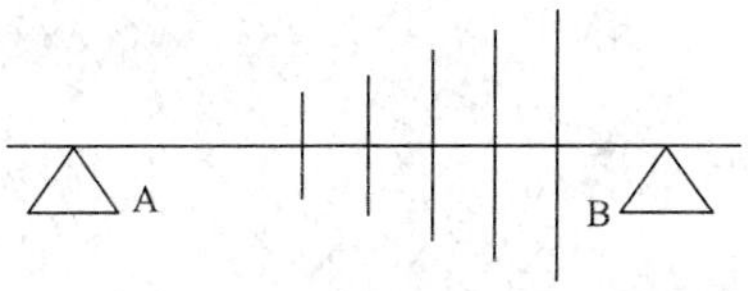

试验数据——图表分析

步骤 1:在极坐标上作点(图 F.2 续)。标出刻度,以适合最大和最小振幅。

步骤 2:用圆规画一个通过六个点的最合适的圆,并标出该圆的圆心。

步骤 3:以步骤 1 中选定的刻度单位测量圆的直径并记录结果。 35 单位

步骤 4:记录上述试验不平衡量。 514.29 g·mm

步骤 5:将步骤 4 的试验不平衡量乘 2(也可用两倍的实际剩余不平衡量)。 1 028.57 g·mm

步骤 6:将步骤 5 的结果除以步骤 3 的结果。 29.63 比例系数

可以得出极坐标的单位数和实际平衡量之间的相互关系。

图 F.2 剩余不平衡量计算示例

5) 参照 API Std 612:2003,增加转子简图。

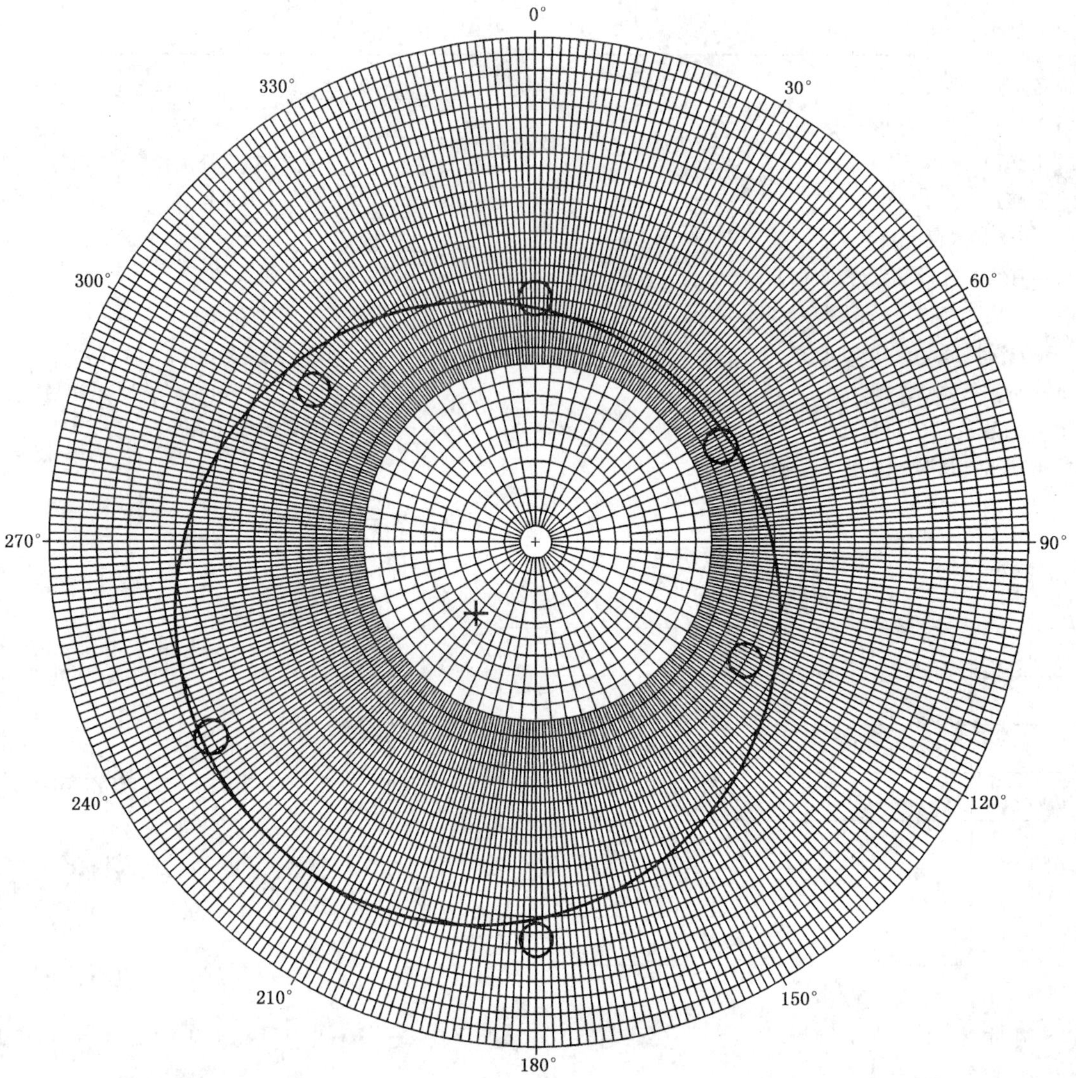

所画的圆应包含极坐标原点。否则,转子的剩余不平衡量超过了所加的试验不平衡量。

注:所画的圆不包含极坐标原点的几种可能原因有:平衡过程中的操作错误、平衡机传感器或电缆故障或平衡机灵敏度不够高。

如果圆包含极坐标原点,则原点和圆心之间的距离就是转子校正面上存在的实际剩余不平衡量。用步骤1中选定的刻度单位测量该距离,并把测量值乘以步骤6所确定的刻度系数。原点和圆心之间的标尺距离乘以刻度比例系数等于实际的测量不平衡量。

记录实际的剩余不平衡量 150 g·mm

记录允许的剩余不平衡量(从图F.1) 257.14 g·mm

校正平面 A 转子号 C-101 (已/没有)通过

检 验 者 张三 日 期 1994-11-31

图 F.2(续)

附 录 G
（资料性附录）
汽封和漏气系统

图中：

1——供干蒸汽；
2——减压阀；
3——背压调节器；
4——压力表；
5——流量控制阀；
6——射汽抽气器(当规定时为真空泵)；
7——汽封凝汽器；
8——凝结水密封箱；
9——流量调节阀(只在规定时用)；
10——真空表；
11——供冷却水；
12——冷却水返回；
13——冒汽；
14——疏水；
15——汽轮机；
16——蒸汽过滤器；
a≥900 mm；
——由供方提供；
----由需方提供。

图 G.1 凝汽式汽轮机的典型汽封和漏汽系统图

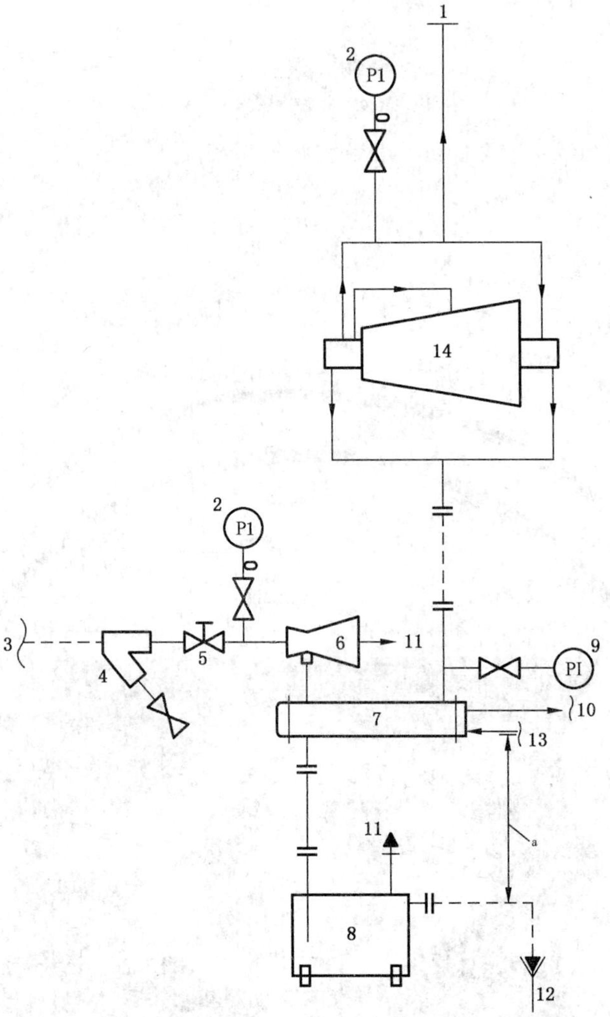

图中：

1——低压蒸汽母管；
2——压力表；
3——供干蒸汽；
4——蒸汽过滤器；
5——流量控制阀；
6——射汽抽气器(当规定时为真空泵)；
7——汽封凝汽器；
8 —凝结水水箱；
9——真空表；
10——冷却水返回；
11——冒汽；
12——疏水；
13——供冷却水；
14——汽轮机；
a≥900 mm；
——由供方提供；
----由需方提供。

图 G.2 背压式汽轮机的典型汽封和漏汽系统图

附　录　H
（资料性附录）
报警和停机系统

有许多方式可以满足12.4.7a)～12.4.7 c)及12.4.9b)的要求。提供以下三种满足这些要求的布置作为指导需方和供方之用。

H.1　布置1

H.1.1　按惯例，就地安装直接作用的开关来触发报警和停机。

H.1.2　报警开关和停机开关是完全彼此独立的。

H.1.3　每个报警和停机开关安装在独立的机箱内，并位于便于检查和维修的地方。从机箱外不能调整开关的设定值。

H.1.4　如有规定，报警开关和停机开关应和正常得电的、有自动防故障装置的电路连接在一起。停机电路布线与报警电路布线完全分开，并且单独引入一个独立的导管或铠装电缆。

H.1.5　提供必要的开关、连接件和其他器件，以便能进行系统试验。包括用于显示当系统的部件无效时的警示装置。

H.2　布置2

H.2.1　停机按上述布置1所述的就地安装直接作用开关（见H.1）。

H.2.2　通过就地安装的、与独立的开关仪表板连接的或与多点扫描型仪器相联的传感器（电动或气动）来触发报警。

H.2.3　使用多点扫描型仪器的，其每个参数的报警设定值是独立的并且可以任意调整。

H.2.4　同布置1一样，提供必要的开关、连接件和其他器件及相应的警示装置，以便能进行系统试验。

H.3　布置3

H.3.1　为规定的报警和停机的每个参数提供三个独立的电气传感器。

H.3.2　各被测参数相关的传感器分别采用单独的电缆与三台多点、电气扫描型仪器的一台相连接。

H.3.3　每台多点仪器提供报警和停机输出，各传感器输出可以分开单独调整。

H.3.4　通过一个合适的判断逻辑系统，连接三个多点仪器的停机和报警功能输出。该系统是这样运行的：任何一个报警或停机功能的动作将引发一个报警；监测同一参数的两个停机功能动作将引发一个单独的报警并使设备停机。如有规定，判断逻辑系统是双重的或另外提供合适的多余信息。

H.3.5　与停机无关的各报警功能分别配置一个传感器。这些报警传感器可以同三台多点报警/停机仪器中的一个相连，或与单独的多点仪器相连。

H.3.6　提供能对每台传感器进行试验的部件，但不要求提供开关或连接件。

注：布置3具有下列优势：

——设备运行期间，不需要解除系统任何部件的情况下，随时可进行任何停机或报警功能试验；

——任何一个部件的故障将引发一个报警，但不会使设备停机；

——便于采用现代数字仪器技术。

附 录 I
（规范性附录）
联轴器护罩

I.1 引言

本附录涉及特种用途联轴器护罩的最低要求。该资料为方便业主或承包方规定驱动和被驱动设备系统总要求而附加的。联轴器护罩通常由机器供方提供而不是由联轴器制造厂提供的。

I.2 所有护罩的一般要求

I.2.1 •需方应指明谁来协调并负责轴系的所有联轴器护罩的供货。

I.2.2 •需方应规定要求的护罩类型。

I.2.3 每个联轴器应配备一个完全围住联轴器和轴的联轴器护罩，以阻止员工在设备轴系运行期间靠近该危险区。

I.2.4 在检查和维修联轴器时，护罩应便于移出而不影响耦合机器。

I.2.5 护罩刚度应足以承受 1 000 N 的静载荷，其变形不大于 0.000 5 倍护罩非支承长度。

I.2.6 护罩应遵照所有当地的规范或规章要求。

I.2.7 如果需方规定，护罩应不漏油。

I.2.8 护罩应设置防涡流隔板，以尽量减少风阻影响和油涡流影响。

I.2.9 •如有规定，护罩用防火花材料制造。制造材料的说明应提交给需方审查。

I.2.10 护罩最好采用管状，与连接设备相连的连接端处为轴向剖分结构。如果要求在护罩一端采用伸缩接头，则接头应设置两个 O 形环。一个替换选择是可以采用挠性膜片来容纳膨胀。

I.2.11 如果要求护罩与设备轴系的相关部件相配，则供方应提供相匹配的法兰。

I.2.12 应提供一个装有挡板的、最小公称尺寸 DN 25 的通风接口。除非另有规定，应提供一个螺纹式过滤通气装置。如果通风口用法兰与设备轴系的轴承油排放系统相连接，则不需要过滤通气装置。

I.2.13 •如有规定，护罩应设置一个用干空气或惰性气体来吹洗的接口。当存在明显的腐蚀性条件时，就必须有这种装置。

I.2.14 •如有规定，当用合同联轴器进行驱动设备和被驱动设备的工厂试验时，应采用合同护罩。

I.3 连续润滑联轴器护罩

I.3.1 每个喷油嘴应以正确的方向被牢固地固定在护罩上，如果维修时要拆卸喷嘴，那么应确保安装时便于重新确定这个方向。喷嘴或管道不得使用摩擦夹具固定。

I.3.2 护罩应设计成至少保持工作五年不漏油。

I.3.3 每个护罩均应设置一个公称尺寸等于或大于 DN 25 的法兰连接的疏油接口。

I.3.4 如果需方规定，应设置一个透明窥视窗，以便在联轴器运行时能对每个油喷射进行安全检查。

I.4 挠性膜片联轴器护罩

I.4.1 •如有规定，护罩应设计成在径向和轴向的法兰连接处及膜片连接处（如果有的话）是密封的。

护罩的设计应将由风阻所引起的可能的发热减到最少。

I.4.2 应设置一个公称尺寸等于或大于 DN 25 的法兰连接的疏油接口，以排放从连接设备流入护罩的油。

附　录　J
（资料性附录）
基础图

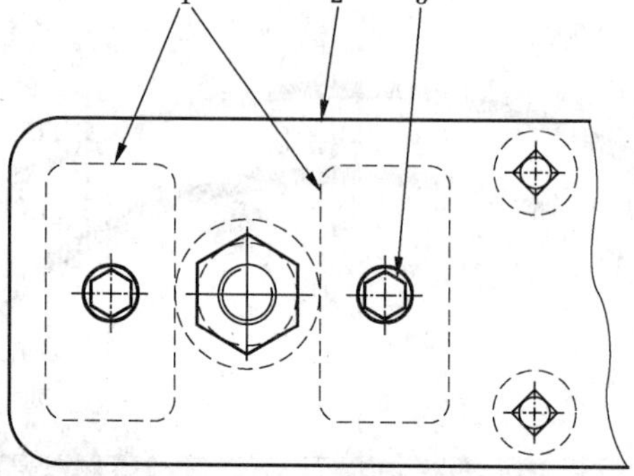

a）　地脚螺栓处的基础俯视图

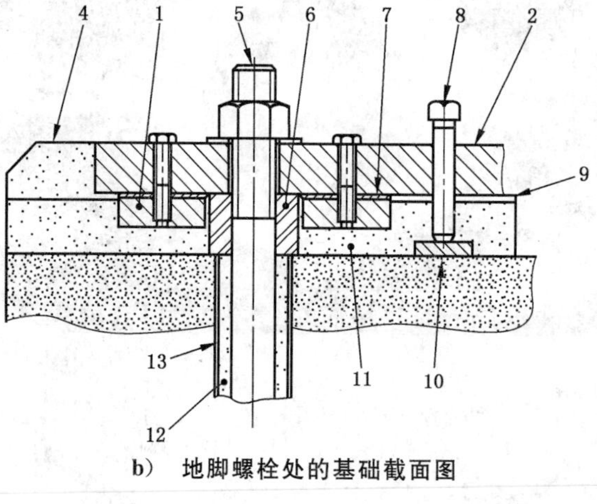

b）　地脚螺栓处的基础截面图

图中：

1——辅助底板；
2——底板；
3——有头螺钉；
4——垫片装好后的最终灌浆水平面；
5——地脚螺栓；
6——地脚螺栓套筒灌浆密封；
7——垫片；
8——调平顶起螺钉；
9——垫片通道灌浆层；
10——调平板；
11——环氧树脂灌浆；
12——非粘结填充物；
13——地脚螺栓护套。

图 J.1　典型的安装底板布置图(带辅助底板的底板)

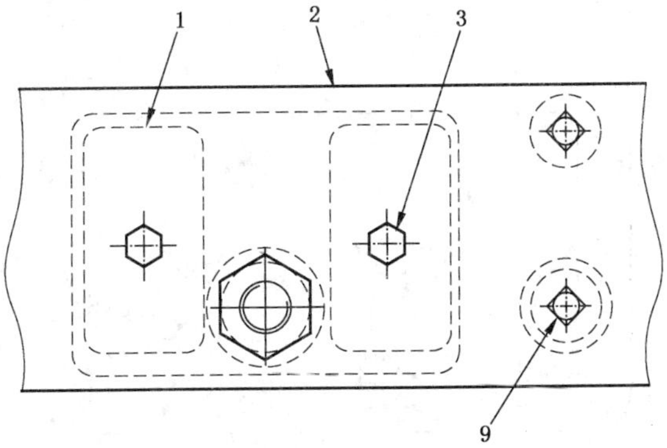

a) 地脚螺栓处的基础俯视图

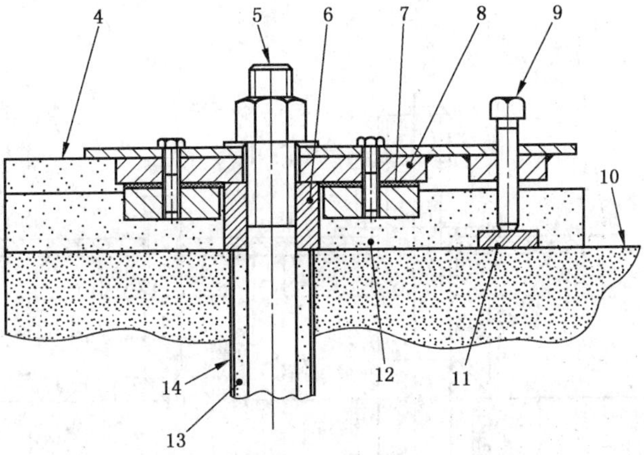

b) 地脚螺栓处的基础截面图

图中：

1——辅助底板；
2——底盘横梁；
3——有头螺钉；
4——垫片装好后可选择整个基础灌浆水平面；
5——地脚螺栓；
6——地脚螺栓套筒灌浆密封；
7——垫片；
8——底盘安装垫块；
9——调平顶起螺钉；
10——垫片通道灌浆层；
11——调平板；
12——环氧树脂灌浆；
13——非粘结填充物；
14——地脚螺栓护套。

图 J.2 典型的安装底板布置图(带辅助底板的底盘)

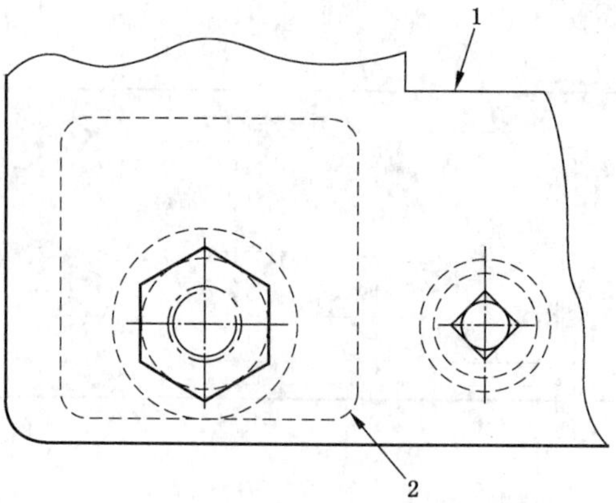

a) 地脚螺栓处的基础俯视图

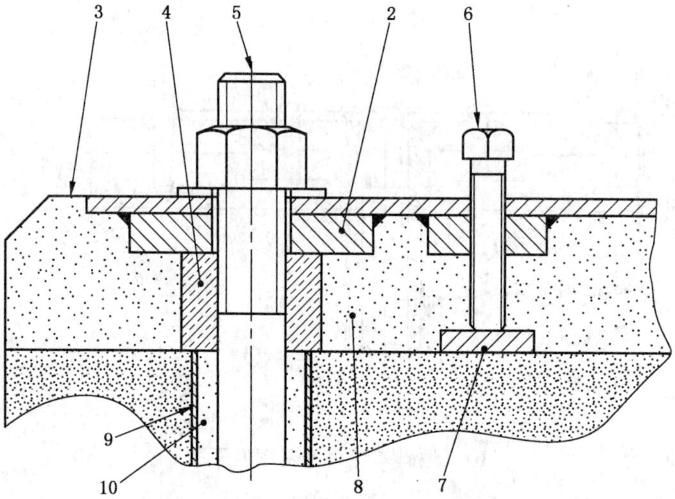

b) 地脚螺栓处的基础截面图

图中：

1——底盘横梁；
2——底盘安装垫块；
3——灌浆水平面；
4——地脚螺栓护套灌浆密封；
5——地脚螺栓；
6——调平顶起螺钉；
7——调平板；
8——环氧灌浆；
9——地脚螺栓护套；
10——非粘结填充物。

图 J.3 典型的安装底板布置图(不带辅助底板的底盘)

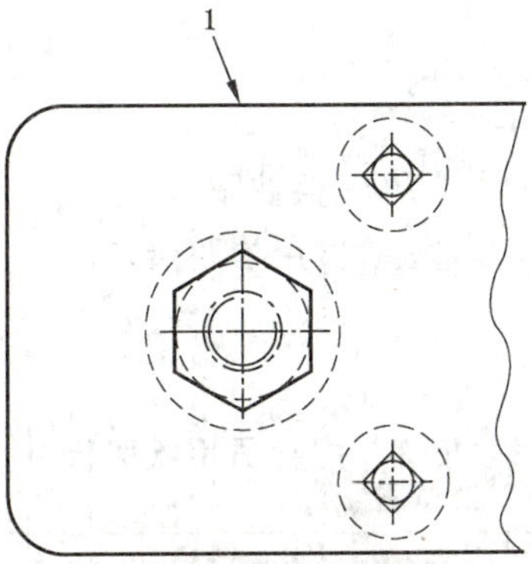

a) 地脚螺栓处的基础俯视图

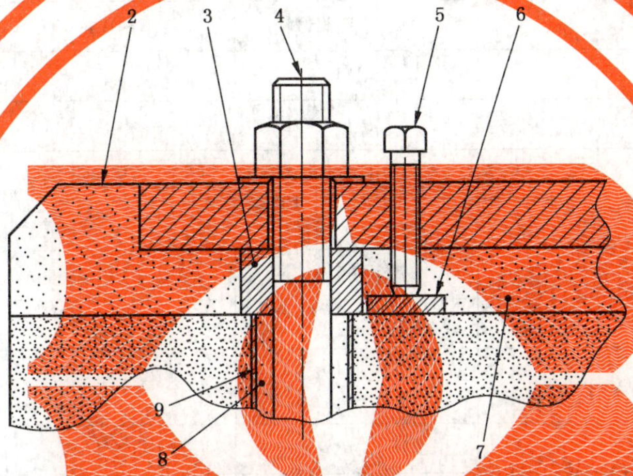

b) 地脚螺栓处的基础截面图

图中：

1——底板；
2——灌浆水平面；
3——地脚螺栓护套灌浆密封；
4——地脚螺栓；
5——调平顶起螺钉；
6——调平板；
7——环氧树脂灌浆；
8——非粘结填充物；
9——地脚螺栓护套。

图 J.4 典型的安装底板布置图(不带辅助底板的底板)

附 录 K
（资料性附录）
检验员用检验清单

检验员用检验清单见表 K.1。

表 K.1 检验员用检验清单

项　目	涉及分条款	审查	观察验证	见证检验	检验员	状态
总则						
供方资料记录	16.2.1.1					
最终装配维修和间隙	16.2.1.1 f)					
表面和次表面检验	16.2.1.3					
材料检验						
材料检验合格证书/试验	16.2.2					
机械检验						
螺柱标记	7.1.15 d)					
套筒扳手间隙	7.1.15 e)					
设备底座(垂直和水平)顶起螺钉	7.1.18 15.3.1.2					
底部/底盘垫片	15.3.1.12					
喷嘴法兰尺寸	7.2.7					
汽缸开口尺寸/粗糙度	7.2.3 7.2.7					
转子标识	8.1.3					
调节器和超速停机系统测速齿轮齿数	8.4 12.2.5					
轴粗糙度	8.2.1					
轴的电跳动量和机械跳动量	8.2.2 9.6.9					
轴的磁通量	8.2.5					
联轴器配合	8.2.4					
转子平衡(平衡机残余量)	9.6.2 9.6.5					
转子转向/铭牌数据和单位	6.2.2 6.2.3					
安装表面涂覆	15.3.1.7					
安装表面准备	15.3.1.7					
油系统清洁度	16.2.3.2					
设备清洁度	16.2.3.3					
材料硬度	16.2.3.4					

表 K.1（续）

项　　目	涉及分条款	审查	观察验证	见证检验	检验员	状态
机械运转试验						
合同轴封和轴承	16.3.3.1a)					
规定的油流量、压力和温度	16.3.3.1b)					
无泄漏观察	16.3.3.1 d)					
保护装置动作	16.3.3.1 e)					
控制装置动作	16.3.3.1 e)					
使用的控制仪表	16.3.3.1 g)					
规定转速下的控制系统功能	16.3.3.2					
完整的 4 h 试验	16.3.3.2 f)					
预期的横向振动临界转速	16.3.3.3 c)					
完整的记录	16.3.3.3 e)					
试验合格后的轴承检验	16.3.3.4					
备用转子的装配和运转	16.3.3.4 c)					
任选的试验						
性能试验	16.3.4.2					
整机试验	16.3.4.3					
辅助设备试验	16.3.4.4					
试验后的汽缸内部检验	16.3.4.5					
超速停机系统试验	16.3.4.6					
备品备件试验	16.3.4.7					
盘车装置试验	15.8.3					
装运准备						
完整的准备	16.4.1					
油漆	16.4.3a)					
防锈(外部和内部)	16.4.3b) 16.4.3 c)					
完整的标签	16.4.3 i) 16.4.5					
随机安装说明书	16.4.6					
完整的专用工具	15.9.2					
完整的备品备件	17.3.3.2					
安装的螺柱	7.1.14					

附　录　L
（资料性附录）
典型的部件检验

典型部件检验见表 L.1。

表 L.1　部件检验

<table>
<tr><th>类型</th><th>部件</th><th>机械性能分析</th><th>化学成分分析</th><th>超声检测</th><th>局部 X 射线检测</th><th>表面裂纹检验</th></tr>
<tr><td rowspan="3">锻制或轧制部件</td><td>轮盘
轴
平衡盘</td><td>需要[a]</td><td>产品检查分析
或铸件分析</td><td>需要</td><td>不需要</td><td>需要</td></tr>
<tr><td>静叶
持环
钢制缸体</td><td>需要[a]</td><td></td><td colspan="2">不需要</td><td>需要[b]</td></tr>
<tr><td>动叶
导叶</td><td colspan="2">需要[a]</td><td colspan="2">不需要</td><td>不需要</td></tr>
<tr><td rowspan="2">焊接件</td><td>轮盘静
叶持环</td><td>需要[a]</td><td>需要</td><td colspan="2">如有规定[c]</td><td>焊接区域需要</td></tr>
<tr><td>钢制缸体</td><td>需要[a]</td><td>需要</td><td rowspan="2">需要
表压>6 200 kPa
或温度>440 ℃</td><td rowspan="2">需要[d]
表压>8 600 kPa
或温度>510 ℃</td><td>需要</td></tr>
<tr><td rowspan="5">铸件</td><td>钢制缸体</td><td rowspan="3">需要</td><td rowspan="3">产品检查分析
或铸件分析</td><td>需要
（机加工表面）</td></tr>
<tr><td>导叶持环</td><td>需要</td><td>如有规定</td><td></td></tr>
<tr><td>球墨铸铁缸体</td><td colspan="3">脚注[c]</td></tr>
<tr><td>片状铸铁缸体</td><td colspan="5">脚注[c]</td></tr>
<tr><td>动叶</td><td colspan="2">需要[a]</td><td>如有规定[c]</td><td>抽检</td><td>脚注[c]</td></tr>
<tr><td colspan="7">[a] 每批。
[b] 典型表面作磁粉检测检验。
[c] 检验细则须经供需双方商定。
[d] 较大部件上可行。</td></tr>
</table>

附　录　M
（资料性附录）
供方图样和资料要求

M.1　供方图样和资料要求例表

工程号________项目号______
订单号________日　期______
申请号________日　期______
询价单号_______日　期______
第__页　共__页　制　表______

特种用途汽轮机
供方图样和资料要求

用途______________________________版本______________________________
机组所在地__________________________机组名称____________________________
装置名称____________________________机组编号____________________________

报 价 书[a)]　投标者应提供　　份所有带X项目的资料副本
审　　查[b)]　供方应提供所需的图纸和资料副本______份和透明图______份
最后交付[c)]　供方应提供所需的图纸和资料副本______份和透明图______份
供方应提供_____份操作和维修手册

发送记录

确　　定：收到供方图纸和资料的周数
确　　定：预计收到供方图纸和资料的周数
再次确认：返回供方的图纸和资料的周数
再次确认：收到供方图纸和资料的周数
再次确认：预计收到供方图纸和资料的周数

			说 明 内 容					
			a) 审查合格的外形尺寸图和接口清单					
			b) 剖面图和明细表					
			c) 转子装配图和明细表					
			d) 推力轴承装配图和明细表					
			e) 径向轴承装配图和明细表					
			f) 汽封装配图和明细表					
			g) 轴 - 联轴器装配图和明细表					
			h) 汽封密封和漏汽简图和明细表					
			i) 汽封密封和漏汽布置图和接口清单					
			j) 汽封密封和漏汽部件图和资料					
			k) 润滑油简图和明细表					
			l) 润滑油布置图和接口清单					
			m) 润滑油部件图和资料					
			n) 电器和仪表简图和明细表					
			o) 电器和仪表布置图和连接件清单					
			p) 控制和调节系统说明及简图					
			q) 超速停机系统说明及简图					
			r) 蒸汽流量 - 功率关系曲线（经证明的）					
			s) 蒸汽流量 - 第一级压力关系曲线（经证明的）					
			t) 蒸汽流量 - 转速和效率关系曲线（经证明的）					
			u) 蒸汽流量 - 阀提升关系曲线					
			v) 抽汽/补汽性能曲线（经证明的）					
			w) 汽耗校正曲线（经证明的）					
			x) 叶片振动分析					
			y) 横向临界转速分析					
			z) 扭转临界转速分析					
			aa) 瞬时扭转分析					
			bb) 预计的主要接口热位移					
			cc) 联轴器对中图					
			dd) 装配焊接和补焊的焊接工艺规程					
			ee) 水压试验记录（经证明的）					
			ff) 机械运转试验记录					
			gg) 无损探伤规程					
			hh) 钢厂试验记录					
			ii) 转子平衡记录					

[a] 报价书图样和资料不需要证明或作为制造用。
[b] 需方应使用表格末尾给出的专用术语，在这一栏注明提交材料的时间安排。
[c] 这两栏由投标者填写，以反映其实际发送计划并将本表附入投标书。

特种用途汽轮机
供方图样和资料要求

工程号__________项目号________
订单号__________日　期________
申请号__________日　期________
询价单号________日　期________
第__页　共__页　制　表________

用途______________________________________版本______________________________________
机组所在地________________________________机组名称__________________________________
装置名称__________________________________机组编号__________________________________

报 价 书[a)] 投标者应提供　　份所有带X项目的资料副本
审　　查[b)] 供方应提供所需的图纸和资料副本 ______份和透明图 ______ 份
最后交付[c)] 供方应提供所需的图纸和资料副本 ______份和透明图 ______ 份
供方应提供 _____ 份操作和维修手册

发送记录

确　　定：收到供方图纸和资料的周数
确　　定：预计收到供方图纸和资料的周数
再次确认：返回供方的图纸和资料的周数
再次确认：收到供方图纸和资料的周数
再次确认：预计收到供方图纸和资料的周数

报价书	审查	最后交付	说 明 内 容	再次确认：预计收到供方图纸和资料的周数	再次确认：收到供方图纸和资料的周数	再次确认：返回供方的图纸和资料的周数	确定：预计收到供方图纸和资料的周数	确定：收到供方图纸和资料的周数
			jj) 转子的机械跳动量和电跳动量					
			kk) 制造数据表					
			ll) 制造尺寸和数据					
			mm) 安装操作					
			nn) 操作和维修手册					
			oo) 备品备件清单					
			pp) 进展报告及交付进度表					
			qq) 图样清单					
			rr) 装运清单					
			ss) 维修用专用工具清单					
			tt) 技术资料手册					
			uu) 保存、包装和装运规程					
			vv) 索具和起吊说明书					
			ww) 振动探头传感区域/轴图样					
			xx) 材料安全数据表（如OSHA表格174）					

[a] 报价书图样和资料不需要证明或作为制造用。
[b] 需方应使用表格末尾给出的专用术语，在这一栏注明提交材料的时间安排。
[c] 这两栏由投标者填写，以反映其实际发送计划并将本表附入投标书。

注 1：供方收到订购单后(　　　应)(　　　不应)着手进行制造。(这两种都要审查图样)

注 2：把全部图样和资料寄送到______________________________

注 3：所有图样和资料均应标出工程号、需方订购单号、项目号、工厂地址和装置名称。此外，上面所述规定的副本和一套现场安装必须用的图样及说明书，必须随机一起发运。

注 4：最终付款前，需方应收到发送计划表中注明的所有资料。

专用术语：

S——发运前的周数；

F——确定订货后的周数；

D——收到审查合格图样后的周数。

供方____

日期____________________供方提供的资质材料____________________

签名____

（确认收到全部说明书的签名）

M.2 说明

部件说明(见供方图样和资料要求例表的M.1)如下。

a) 审查合格的外形图及接口清单,包括下列内容:
   1) 所有用户接口的尺寸、等级和位置;
   2) 近似的整体搬运质量;
   3) 外形尺寸、维修空间和拆卸空间;
   4) 轴中心线标高、垫片的名义尺寸;
   5) 底盘尺寸(如果提供底盘),包括螺栓孔直径、数量和位置,以及螺栓贯穿处的金属厚度,推荐的间隙;重心和基础设计详图;
   6) 转向。
b) 剖面图和材料明细表,包括下列内容:
   1) 径向轴承间隙及公差;
   2) 转子轴向窜动;
   3) 轴端汽封和内部迷宫式汽封间隙和公差;
   4) 叶轮、叶片相对于进口喷嘴和隔板导叶的轴向位置及允许公差;
   5) 叶片顶部的径向间隙。
c) 转子装配图和材料明细表,包括下列内容:
   1) 有效推力盘的推力面到下列各处的轴向位置:
      ⅰ) 每个叶轮、进汽侧(仅在装配转子时);
      ⅱ) 每个径向探头;
      ⅲ) 每个径向轴承中心线;
      ⅳ) 相位角槽口;
      ⅴ) 联轴器端面或轴端。
   2) 推力盘装配详图,包括:
      ⅰ) 推力盘与轴的配合公差;
      ⅱ) 同轴度(或轴向跳动)公差;
      ⅲ) 锁紧螺母要求的扭矩;
      ⅳ) 推力面的表面粗糙度要求;
      ⅴ) 推力盘热套安装的预热方法及温度要求。
   3) 标有尺寸的安装联轴器的轴端图。
d) 推力轴承装配图和材料明细表。
e) 径向轴承装配图和材料明细表。
f) 汽封装配图和材料明细表。
g) 轴-联轴器装配图和材料明细表,包括下列内容:
   1) 液压套装规程;
   2) 轴端间隙和公差;
   3) 联轴器护罩;
   4) 从15 ℃开始的热增长量;
   5) 联轴器的制造、规格和序列号;
   6) 超过中间隔套允许延长的轴向固有频率(膜片式联轴器);
   7) 平衡公差;

8） 联轴器“拔出”安装尺寸；

9） 空转接套详图。

h） 汽封和漏汽简图和材料明细表，包括下列内容：

1） 稳态和瞬态的蒸汽及空气流量、压力和温度；

2） 控制阀设定值；

3） 公共设施要求，包括电、水、蒸汽和空气；

4） 管子和阀门规格；

5） 仪器仪表、安全装置及控制示意图；

6） 材料明细表。

i） 汽封和漏汽布置图及接口清单，包括所有用户接口的尺寸、等级和位置。

j） 汽封和泄漏部件及局部图和资料，包括下列内容：

1） 汽封凝汽器外形图、器材清单和环形密封要求；

2） 完整的凝汽器数据表；

3） 射汽抽气器或射水抽气器图和性能曲线；

4） 控制阀和仪器仪表；

5） 真空泵简图、性能曲线、剖面图、外形图和公共设施要求（如提供真空泵）。

k） 润滑油简图和材料明细表，包括下列内容：

1） 每个用油点的稳态和瞬时油流量及压力；

2） 控制、报警和跳闸设定值（压力和推荐的温度）；

3） 最大载荷下各用油点的供油温度及热负荷；

4） 公共设施要求，包括电、水和空气；

5） 管子和阀门的尺寸；

6） 仪器仪表、安全装置和控制示意图；

7） 减压阀设定点；

8） 所有节流孔口的尺寸和位置（在简图上示出）。

l） 润滑油系统安装布置图包括所有用户接口的尺寸、等级和位置。

m） 润滑油部件图和资料，包括下列内容：

1） 泵及驱动设备：

ⅰ） 审查合格的外形尺寸图；

ⅱ） 剖面图和材料明细表；

ⅲ） 机械密封图和材料明细表；

ⅳ） 离心泵的性能曲线；

ⅴ） 说明和操作手册；

ⅵ） 完整的泵及驱动设备数据表。

2） 冷油器、滤油器和油箱：

ⅰ） 外形图；

ⅱ） 油箱的最大、最小和正常液位；

ⅲ） 完整的冷油器数据表。

3） 仪器仪表：

ⅰ） 控制器；

ⅱ） 开关；

ⅲ） 控制阀；

ⅳ） 仪表。

4） 标有价格的备品备件清单和推荐书。

n） 电气和仪表布置图及材料明细表，包括下列内容：
1） 振动报警和停机设定点；
2） 轴承温度报警和停机设定点；
3） 轴向位移报警和停机设定点。

o） 电气和仪表布置图及接口清单。

p） 控制和调节系统说明和简图，包括下列内容：
1） 多阀汽轮机的阀门提升顺序和最终设定值；
2） 控制杆和油动机设定值；
3） 控制系统图，包括 I/O 定义；
4） 控制设定值说明；
5） 控制油、材料明细表和各用油点的稳态和瞬时流量及压力；
6） 所有节流孔口的尺寸和位置（在简图上示出）；
7） 调节器材料明细表；
8） 控制板和操作者界面装置；
9） 说明系统功能、便于执行控制系统和开展操作者培训的控制逻辑图。

q） 超速停机系统说明，包括简图。

r） 正常蒸汽工况下，以正常转速和额定转速运行时的蒸汽流量与功率的关系曲线。

s） 正常蒸汽工况下，以正常转速和额定转速运行时的多级机组的蒸汽流量与第一级压力的关系曲线，或单级机组的蒸汽流量与喷嘴室压力的关系曲线。

t） 正常蒸汽工况下的蒸汽流量与转速和效率的关系曲线。

u） 蒸汽流量与阀门升程的关系曲线。

v） 抽汽/补汽性能曲线。

w） 非设计蒸汽工况下，列于 r）～v）曲线中的汽耗校正系数如下：
1） 按订购时商定的增量，达到数据表列出的最高和最低值的进汽压力；
2） 按订购时商定的增量，达到数据表列出的最高和最低值的进汽温度；
3） 转速从 80％到 105％，按 5％的增量；
4） 按订购时商定的增量，达到数据表列出的最高和最低值的排汽压力。

x） 叶片振动分析数据，包括下列内容：
1） 所有潜在的激振源列表，如静叶、动叶、喷嘴和临界转速；
2） 每级的坎贝尔图；
3） 每级的哥德曼图。

y） 横向振动临界转速分析报告，包括但不限于下列内容：
1） 所采用方法的完整说明；
2） 临界转速与运行要求关系曲线；
3） 轴承和支承刚度曲线图及其对临界转速的影响；
4） 转子不平衡响应曲线（包括阻尼）；
5） 轴颈静载荷；
6） 刚度和阻尼系数；
7） 可倾瓦轴承的几何形状和结构，包括：
ⅰ） 衬瓦角度（弧度）和数量；
ⅱ） 枢轴偏移；
ⅲ） 衬瓦间隙（轴颈半径、衬瓦孔半径以及轴承定位孔半径）；

ⅳ） 预加载荷。

z） 扭转振动临界转速分析报告，包括但不限于下列内容：
  1） 所使用方法的完整说明；
  2） 质量弹性系统图；
  3） 质量弹性系统内各部件的质量力矩和扭转刚度表；
  4） 激振力与转速和频率的关系图；
  5） 扭振临界转速和偏转（振型图）的关系图；
  6） 更换联轴器对分析的影响。

aa） 所有采用同步起动器/辅助电机（强制性的）或驱动同步发电机（任选）的瞬态扭振分析。

bb） 主要连接处相对于一个确定点的预期热位移。

cc） 联轴器对中图，包括运行期间推荐的联轴器限值。注意：从室温 15 ℃或其他由需方规定的温度开始，所有轴端位置会发生变化和支承也会增大，包括推荐的对中方法和冷态设定目标。

dd） 焊接制作和补焊的工艺规程。

ee） 被验证的水压试验记录。

ff） 机械运转试验记录，包括但不限于下列内容：
  1） 油流量、压力和温度；
  2） 振动，包括起动和停机期间振幅、相位角与每分钟转速关系曲线的 x-y 图；
  3） 轴承金属温度；
  4） 观察到的临界转速（对挠性转子而言）；
  5） 如有规定，采用磁带记录的实时振动数据；
  6） 控制数据[16.3.3.2 e)]。

gg） 在需方定购数据表或供方图样和资料要求表上，详细列出的无损检测检验规程和验收准则。

hh） 预先委托或预先检验会议上商定的钢厂验证试验报告。

ii） 转子平衡记录，包括符合附录 F 规定的剩余不平衡量报告。

jj） 转子机械跳动量和电气跳动量。

kk） 制造数据表。

ll） 制造尺寸（包括名义尺寸的设计公差）和下列部件的数据：
  1） 在下列部位处的轴或套筒直径：
    ⅰ） 套装式推力盘（指单个套装式推力盘）；
    ⅱ） 各密封件；
    ⅲ） 各叶轮（指套装转子）或装有叶片的轮盘；
    ⅳ） 各级间的迷宫式汽封；
    ⅴ） 各径向轴承。
  2） 各叶轮或轮盘孔径（指套装转子）和外径；
  3） 各迷宫式汽封或密封环的孔径；
  4） 套装式推力盘孔径（指单个套装推力盘）；
  5） 各径向轴承内径；
  6） 推力轴承同轴度（轴向跳动）；
  7） 推力轴承、径向轴承和密封间隙；
  8） 下列零件的冶炼和热处理：
    ⅰ） 轴；
    ⅱ） 叶轮或装有叶片的轮盘；
    ⅲ） 套装式推力盘；

ⅳ） 动叶、静叶和喷嘴。

mm） 安装手册内容如下(见 17.3.4.2)：

1） 储存方法；

2） 基础平面图；

3） 灌浆细则；

4） 安装设备、吊装规程、部件质量和起吊图；

5） 联轴器对中图[按 cc)规定]；

6） 管道推荐值，包括允许法兰载荷；

7） 驱动/被驱动设备轴系组合外形图，包括地脚螺栓位置；

8） 拆卸空间。

nn） 操作和维修手册内容如下(见 17.3.4.3)：

1） 起动；

2） 正常停机；

3） 危急停机；

4） 运行极限值或其他运行限制和需要避开的转速清单；

5） 推荐的润滑油和技术规范；

6） 常规运行规程，包括推荐的检验计划和规程；

7） 下列各项的说明：

ⅰ） 汽缸中的转子拆卸和重装；

ⅱ） 转子的分解和重装规程；

ⅲ） 径向轴承的拆卸和重装(对可倾瓦径向轴承，说明书应包括“通/止一通”这三档带公差尺寸的塞规)；

ⅳ） 推力轴承的拆卸和重装；

ⅴ） 密封件的拆卸和重装(包括最大和最小间隙)；

ⅵ） 套装式推力盘的拆卸和重装；

ⅶ） 叶轮重装叶片规程；

ⅷ） 钻孔规程和扭矩值。

8） 性能数据包括如下内容：

ⅰ） 额定转速下的蒸汽流量与正常和额定功率关系曲线。应包括抽汽/补汽曲线(如采用的话)；

ⅱ） 蒸汽流量与第一级压力的关系曲线；

ⅲ） 蒸汽流量与转速和效率的关系曲线；

ⅳ） 蒸汽流量与阀门升程的关系曲线；

ⅴ） 抽汽/补汽曲线图；

ⅵ） 蒸汽工况校正系数(最好用图解的方法)；

ⅶ） 转速与扭矩的关系曲线；

ⅷ） 排汽温度与功率的关系曲线；

ⅸ） 第一级压力与推力的关系曲线。

9） x)～aa)规定的振动分析数据。

10） 制造数据包括如下内容：

ⅰ） 制造数据表；

ⅱ） 制造尺寸或数据，包括装配间隙；

ⅲ） ee)规定的水压试验记录；

ⅳ) ff)规定的机械运转试验记录；
ⅴ) ii)规定的转子平衡记录；
ⅵ) jj)规定的每个轴颈处的转子机械跳动量和电跳动量；
ⅶ) hh)规定的钢厂机械性能和化学成分合格证书；
ⅷ) 所有规定的可选试验的试验记录。

11) 图样和资料包括如下内容：
ⅰ) 审查合格的外形尺寸图和接口清单；
ⅱ) 剖面图和材料明细表；
ⅲ) 转子装配图和材料明细表；
ⅳ) 推力轴承装配图和材料明细表；
ⅴ) 径向轴承装配图和材料明细表；
ⅵ) 密封部件图和材料明细表；
ⅶ) 润滑油简图和材料明细表；
ⅷ) 润滑油装配图和接口清单；
ⅸ) 润滑油部件图和资料；
ⅹ) 电器和仪表装配图和材料明细表；
ⅺ) 电器和仪表装配图和接口清单；
ⅻ) 调节和控制系统及跳闸系统图和资料；
xⅲ) 速关阀/速关节流组合阀结构图。

oo) 按照 17.3.3.2 推荐库存量的备品备件清单。
pp) 进度报告和交付计划，包括供方的全部外购件和重大情况。
qq) 图样清单，包括最新版本号和日期。
rr) 装运清单，包括分装发运的所有主要部件。
ss) 维修用的专用工具清单。
tt) 技术资料手册，包括如下内容：
1) kk)规定的制造用需方数据表；
2) r)～w)规定的审查合格的性能曲线；
3) 符合 17.3.2 规定的图样；
4) 制造用装配间隙；
5) 符合 17.3.3.2 规定的备品备件清单；
6) 公共设施资料；
7) x)规定的振动数据；
8) y)～aa)、cc)、ii)和 ss)规定的报告；
9) 数据表(见附录 E)。
uu) 防护、包装和发运规程。
vv) 推荐的装备绳索和起吊说明[见 16.4.3 h)]。
ww) 没有敷金属、加套或喷镀的轴中心线上作为用于精确传感监测位置的振动探头传感区/轴图。
xx) 材料安全数据表(如 OSHA 格式 174)。

参 考 文 献

[1] GB 150.2 压力容器 第2部分:材料[2011版]

[2] GB/T 3141 工业液体润滑剂 ISO粘度分类

[3] GB/T 12716 60°密封管螺纹

[4] GB/T 28573 石油、石化和天然气工业 一般用途汽轮机

[5] GB 50316 工业金属管道设计规范

[6] JB/T 4365 专用的润滑、轴密封和控制油系统

[7] ISO 10494 *Gas turbines and gas turbine sets—Measurement of emitted airborne noise—Engineering/survey method*

[8] API Publ 684 *API Tutorial on the API standard paragraphs covering rotor dynamics and balancing:An introduction to lateral critical and train torsional analysis and rotor balancing*

[9] ASTM A 515 *Standard specification for intermediate and higher-temperature service*

[10] ASTM B 127 *Specification for nickel-copper alloy* (UNS N04400) *plate, sheet, and strip*

[11] ASTM E 1003 *Standard test method for hydrostatic leak testing*

[12] OSHA 格式174 Material Safety Data Sheet(*MSDS*)

ICS 29.160.30
K 22

中华人民共和国国家标准

GB/T 28575—2012

YE3 系列(IP55)超高效率三相异步电动机技术条件(机座号 80～355)

Specification for YE3 Series(IP55) super-high efficiency three-phase induction motor (Frame size 80～355)

2012-06-29 发布　　　　2012-11-01 实施

中华人民共和国国家质量监督检验检疫总局
中国国家标准化管理委员会　发布

前言

本标准按照 GB/T 1.1—2009 给出的规则起草。

请注意本文件的某些内容可能涉及专利。本文件的发布机构不承担识别这些专利的责任。

本标准由中国电器工业协会提出。

本标准由全国旋转电机标准化技术委员会(SAC/TC 26)归口。

本标准负责起草单位:上海电器科学研究所(集团)有限公司、上海电机系统节能工程技术研究中心有限公司、山东华力电机集团股份有限公司、浙江金龙电机股份有限公司、江门市江晟电机厂有限公司、江苏清江电机制造有限公司、西安泰富西玛电机有限公司、江苏锡安达防爆股份有限公司、开封电机制造有限公司、江苏环球特种电机有限公司、上海电器设备检测所、卧龙电气集团股份有限公司、安徽皖南电机股份有限公司、德州恒力电机有限责任公司、长沙电机厂有限责任公司、浙江永发机电有限公司、浙江光陆振动器有限公司、佳木斯电机股份有限公司、河北电机股份有限公司、江苏大中电机股份有限公司、广东省东莞电机有限公司、湖南省朝阳重工科技集团有限公司、六安江淮电机有限公司、北京毕捷电机股份有限公司、广东江门电机股份有限公司、江苏微特利电机制造有限公司、博山特型电机有限公司、衡水电机股份有限公司、湖南天能电机制造有限公司、重庆赛力盟电机有限责任公司、浙江临海电机有限公司、宁波东力传动设备股份有限公司、威海泰富西玛电机有限公司、成都东方实业(集团)邛崃电机有限公司、上海曼科电机制造有限公司、安波电机集团股份有限公司、浙江西玛电机有限公司、苏州德能电机有限公司、山东山防防爆电机有限公司、安徽省天马泵阀集团有限公司、浙江西门冲片有限公司、华北电力大学。

本标准参加起草单位:中山市威特电机有限公司、宁德市闽东亨达机电有限公司 、大同(上海)有限公司、上海海光电机有限公司、中国电科二十一所。

本标准起草人:陈伟华、葛荣长、张文斌、叶叶、刘权、马砚芳、刘福全、陆进生、凌良义、方玉兰、顾德军、吴艳红、严蓓兰、王鸿鹄、徐全、严伟灿、孙跃、陈庆山、白祖辉、徐鹤江、叶正良、常颜芹、杨秀军、王荷芬、刘征良、李映红、刘立汉、周守廉、陈飞鸿、赵炳荣、张杰、曹中水、刘纯良、汪同斌、沈裕生、姚丽新、汪洪胜、廖辽、许跃敏、韩顺虎、杨仙方、张卫国、董庆强、王显涛、邢震、罗应立、周宏君、张德斌、姜梅、孙平飞。

YE3 系列(IP55)超高效率三相异步电动机技术条件(机座号 80～355)

1 范围

本标准规定了 YE3 系列超高效率电动机的型式、基本参数与尺寸、技术要求、检验规则、标志、包装及保用期的要求。

本标准适用于 YE3 系列(IP55)超高效率三相异步电动机(机座号 80～355)(以下简称电动机)。凡属本系列电动机所派生的各种系列电动机也可参照执行。

2 规范性引用文件

下列文件对于本文件的应用是必不可少的。凡是注日期的引用文件,仅注日期的版本适用于本文件。凡是不注日期的引用文件,其最新版本(包括所有的修改单)适用于本文件。

GB/T 191—2008 包装储运图示标志

GB 755—2008 旋转电机 定额和性能

GB/T 997—2008 旋转电机结构型式、安装型式及接线盒位置的分类(IM 代码)

GB/T 1032—2005 三相异步电动机试验方法

GB 1971—2006 旋转电机 线端标志与旋转方向

GB/T 1993—1993 旋转电机冷却方法

GB/T 4772.1—1999 旋转电机尺寸和输出功率等级 第 1 部分 机座号 56～400 和凸缘号 55～1080

GB/T 4772.2—1999 旋转电机尺寸和输出功率等级 第 2 部分:机座号 355～1000 和凸缘号 1180～2360

GB/T 4942.1—2006 旋转电机整体结构的防护等级(IP 代码)分级

GB 10068—2008 轴中心高为 56 mm 及以上电机的机械振动 振动的测量、评定及限值

GB/T 10069.1—2006 旋转电机噪声测定方法及限值 第 1 部分:旋转电机噪声测定方法

GB/T 12665—2008 电机在一般环境条件下使用的湿热试验要求

GB 14711—2006 中小型旋转电机安全要求

GB/T 22719.1—2008 交流低压电机散嵌绕组匝间绝缘 第 1 部分:试验方法

GB/T 22719.2—2008 交流低压电机散嵌绕组匝间绝缘 第 2 部分:试验限值

3 型式、基本参数与尺寸

3.1 电动机型号

示例 1:YE3-132S1-2

- 2 —— 极数
- 132S1 —— 132 表示中心高,S 表示机座长,1 表示 1 号铁心长
- YE3 —— 超高效率三相异步电动机

示例 2：YE3-3551-4

- 4——极数
- 3551——355 表示中心高，1 表示 1 号铁心长
- YE3——超高效率三相异步电动机

3.2 电动机的外壳防护等级为 IP55(按 GB/T 4942.1—2006 的规定)。

3.3 电动机的冷却方法为 IC411(按 GB/T 1993—1993 的规定)。

3.4 电动机的结构及安装型式为 IM B3、IM B5、IM B6、IM B7、IM B8、IM B14、IM B34、IM B35、IM V1、IM V3、IM V5、IM V6、IM V15、IM V17、IM V18、IM V19 和 IM V35、IM V37(按 GB/T 997—2008 的规定)，按表 1 的规定制造。

表 1 电动机的结构及安装型式

机座号	结构及安装代号(IM)
80～112	B14、B34、V18、V19
80～160	B3、B5、B6、B7、B8、B35、V1、V3、V5、V6、V15、V17、V35、V37
180～280	B3、B5、B35、V1
315～355	B3、B35、V1

3.5 电动机的定额是以连续工作制(S1)为基准的连续定额。

3.6 电动机的额定频率为 50 Hz，额定电压为 380 V。功率在 3 kW 及以下者为 Y 接法，其他功率均为△接法。

3.7 电动机应按下列额定功率制造：

0.75 kW，1.1 kW，1.5 kW，2.2 kW，3 kW，4 kW，5.5 kW，7.5 kW，11 kW，15 kW，18.5 kW，22 kW，30 kW，37 kW，45 kW，55 kW，75 kW，90 kW，110 kW，132 kW，160 kW，200 kW，250 kW，315 kW，355 kW，375 kW。

3.8 电动机的机座号与转速及功率的对应关系应按表 2 的规定。

表 2 机座号与转速及功率的对应关系

<table>
<tr><th rowspan="3">机座号</th><th colspan="3">同步转速/(r/min)</th></tr>
<tr><th>3 000</th><th>1 500</th><th>1 000</th></tr>
<tr><th colspan="3">功率/kW</th></tr>
<tr><td>80M1</td><td>0.75</td><td>—</td><td>—</td></tr>
<tr><td>80M2</td><td>1.1</td><td>0.75</td><td>—</td></tr>
<tr><td>90S</td><td>1.5</td><td>1.1</td><td>0.75</td></tr>
<tr><td>90L</td><td>2.2</td><td>1.5</td><td>1.1</td></tr>
<tr><td>100L1</td><td rowspan="2">3</td><td>2.2</td><td rowspan="2">1.5</td></tr>
<tr><td>100L2</td><td>3</td></tr>
<tr><td>112M</td><td>4</td><td>4</td><td>2.2</td></tr>
<tr><td>132S1</td><td>5.5</td><td rowspan="2">5.5</td><td rowspan="2">3</td></tr>
<tr><td>132S2</td><td>7.5</td></tr>
</table>

表 2（续）

机座号	同步转速/(r/min)		
	3 000	1 500	1 000
	功率/kW		
132M1	—	7.5	4
132M2			5.5
160M1	11	11	7.5
160M2	15		
160L	18.5	15	11
180M	22	18.5	—
180L	—	22	15
200L1	30	30	18.5
200L2	37		22
225S	—	37	—
225M	45	45	30
250M	55	55	37
280S	75	75	45
280M	90	90	55
315S	110	110	75
315M	132	132	90
315L1	160	160	110
315L2	200	200	132
355M1	250	250	160
355M2			200
355L	315	315	250
3551	355	355	—
3552	375	375	315

3.9 电动机尺寸及公差

3.9.1 电动机的安装尺寸及公差应符合表 3～表 8 和图 1～图 6 的规定；外形尺寸应不大于表 3～表 8 和图 1～图 6 的规定。

3.9.2 电动机轴伸键的尺寸及公差应符合表 9 的规定。

表 9 轴伸键的尺寸及公差

单位为毫米

轴伸直径	键宽	键高
19	$6_{-0.018}^{0}$	$6_{-0.018}^{0}$
24	$8_{-0.022}^{0}$	$7_{-0.090}^{0}$
28		
38	$10_{-0.022}^{0}$	$8_{-0.090}^{0}$
42	$12_{-0.027}^{0}$	
48	$14_{-0.027}^{0}$	$9_{-0.090}^{0}$
55	$16_{-0.027}^{0}$	$10_{-0.090}^{0}$
60	$18_{-0.027}^{0}$	$11_{-0.110}^{0}$
65		
75	$20_{-0.033}^{0}$	$12_{-0.110}^{0}$
80	$22_{-0.033}^{0}$	$14_{-0.110}^{0}$
95	$25_{-0.033}^{0}$	
110	$28_{-0.033}^{0}$	$16_{-0.110}^{0}$

3.9.3 轴伸长度一半处的径向圆跳动公差应符合表 10 的规定。

表 10 径向圆跳动公差

单位为毫米

轴伸直径	圆跳动公差
19～30	0.04
＞30～50	0.05
＞50～80	0.06
＞80～110	0.07

3.9.4 凸缘止口对电动机轴线的径向圆跳动和凸缘配合面对电动机轴线的端面圆跳动公差应符合表 11 的规定。

表 11 径向圆跳动及端面圆跳动公差

单位为毫米

凸缘止口直径	圆跳动公差
80～95	0.080
＞95～230	0.100
＞230～450	0.125
＞450～780	0.160

3.9.5 电动机轴线对底脚支承面的平行度公差应符合表 12 的规定。

表 12 平行度公差

单位为毫米

机 座 号	平行度公差
80～250	0.40
＞250～315	0.75
355	1.00

3.9.6 电动机底脚支承面的平面度公差应符合表 13 的规定。

表 13 平面度公差

单位为毫米

AB 或 BB 中的最大尺寸	平面度公差
100～160	0.12
＞160～250	0.15
＞250～400	0.20
＞400～630	0.25
＞630～1 000	0.30
＞1 000～1 600	0.40
注：AB 为电动机底脚外边缘间的距离(端视)；BB 为电动机底脚外边缘间的距离(侧视)。	

3.9.7 电动机轴伸上键槽的对称度公差应符合表 14 的规定。

表 14 对称度公差

单位为毫米

<table>
<tr><th>键槽宽度(F)</th><th>对称度公差</th></tr>
<tr><td>6</td><td>0.018</td></tr>
<tr><td>8</td><td rowspan="2">0.022</td></tr>
<tr><td>10</td></tr>
<tr><td>12</td><td rowspan="4">0.030</td></tr>
<tr><td>14</td></tr>
<tr><td>16</td></tr>
<tr><td>18</td></tr>
<tr><td>20</td><td rowspan="2">0.037</td></tr>
<tr><td>22</td></tr>
<tr><td>25</td><td rowspan="2">0.050</td></tr>
<tr><td>28</td></tr>
</table>

4 技术要求

4.1 电动机应符合本标准的要求,并按照经规定程序批准的图样及技术文件制造。

4.2 在下列的海拔和环境空气温度条件下,电动机应能额定运行。

4.2.1 海拔不超过 1 000 m。

4.2.2 最高环境空气温度随季节而变化,但不超过 40 ℃。

注:如电动机指定在海拔超过 1 000 m 或最高环境空气温度高于或低于 40 ℃的条件下使用时,按 GB 755—2008 的规定。

4.2.3 最低环境空气温度为−15 ℃。

4.3 电动机运行期间电源电压和频率与额定值的偏差应按 GB 755—2008 的规定。

4.4 电动机在功率、电压及频率为额定时,其效率和功率因数的保证值应符合表 15 的规定。

4.4.1 电动机的效率由测量输入-输出功率的损耗分析法确定(按 GB/T 1032—2005 中 10.4 的规定)。

4.4.2 在计算中,效率值取四位有效位数,功率因数值取三位有效位数。

4.4.3 测定效率时应卸下轴密封圈。

表 15 效率和功率因数的保证值

功率/kW	同步转速/(r/min)					
	3 000	1 500	1 000	3 000	1 500	1 000
	效率(η)/%			功率因数(cosφ)		
0.75	80.7	82.5	78.9	0.82	0.75	0.71
1.1	82.7	84.1	81.0	0.83	0.76	0.73
1.5	84.2	85.3	82.5	0.84	0.77	0.73
2.2	85.9	86.7	84.3	0.85	0.81	0.74
3	87.1	87.7	85.6	0.87	0.82	0.74
4	88.1	88.6	86.8	0.88	0.82	0.74
5.5	89.2	89.6	88.0	0.88	0.83	0.75
7.5	90.1	90.4	89.1	0.88	0.84	0.79
11	91.2	91.4	90.3	0.89	0.85	0.80
15	91.9	92.1	91.2	0.89	0.86	0.81
18.5	92.4	92.6	91.7	0.89	0.86	0.81
22	92.7	93.0	92.2	0.89	0.86	0.81
30	93.3	93.6	92.9	0.89	0.86	0.83
37	93.7	93.9	93.3	0.89	0.86	0.84
45	94.0	94.2	93.7	0.90	0.86	0.85
55	94.3	94.6	94.1	0.90	0.86	0.86
75	94.7	95.0	94.6	0.90	0.88	0.84
90	95.0	95.2	94.9	0.90	0.88	0.85

表 15（续）

<table>
<tr><th rowspan="3">功率/kW</th><th colspan="6">同步转速/(r/min)</th></tr>
<tr><th>3 000</th><th>1 500</th><th>1 000</th><th>3 000</th><th>1 500</th><th>1 000</th></tr>
<tr><th colspan="3">效率(η)/%</th><th colspan="3">功率因数(cosφ)</th></tr>
<tr><td>110</td><td>95.2</td><td>95.4</td><td>95.1</td><td>0.90</td><td>0.89</td><td>0.85</td></tr>
<tr><td>132</td><td>95.4</td><td>95.6</td><td>95.4</td><td>0.90</td><td>0.89</td><td>0.86</td></tr>
<tr><td>160</td><td>95.6</td><td>95.8</td><td>95.6</td><td>0.91</td><td>0.89</td><td>0.86</td></tr>
<tr><td>200</td><td>95.8</td><td>96.0</td><td>95.8</td><td>0.91</td><td>0.90</td><td>0.87</td></tr>
<tr><td>250</td><td>95.8</td><td>96.0</td><td>95.8</td><td>0.91</td><td>0.90</td><td>0.87</td></tr>
<tr><td>315</td><td>95.8</td><td>96.0</td><td>95.8</td><td>0.91</td><td>0.90</td><td>0.86</td></tr>
<tr><td>355</td><td>95.8</td><td>96.0</td><td>—</td><td>0.91</td><td>0.88</td><td>—</td></tr>
<tr><td>375</td><td>95.8</td><td>96.0</td><td>—</td><td>0.91</td><td>0.88</td><td>—</td></tr>
</table>

4.5 在额定电压下，电动机堵转转矩对额定转矩之比的保证值应符合表 16 的规定。

表 16 堵转转矩对额定转矩之比的保证值

<table>
<tr><th rowspan="3">功率/kW</th><th colspan="3">同步转速/(r/min)</th></tr>
<tr><th>3 000</th><th>1 500</th><th>1 000</th></tr>
<tr><th colspan="3">堵转转矩/额定转矩</th></tr>
<tr><td>0.75</td><td>2.3</td><td rowspan="5">2.3</td><td rowspan="18">2.0</td></tr>
<tr><td>1.1</td><td rowspan="5">2.2</td></tr>
<tr><td>1.5</td></tr>
<tr><td>2.2</td></tr>
<tr><td>3</td></tr>
<tr><td>4</td><td>2.2</td></tr>
<tr><td>5.5</td><td rowspan="12">2.0</td><td rowspan="2">2.0</td></tr>
<tr><td>7.5</td></tr>
<tr><td>11</td><td rowspan="2">2.2</td></tr>
<tr><td>15</td></tr>
<tr><td>18.5</td><td rowspan="5">2.0</td></tr>
<tr><td>22</td></tr>
<tr><td>30</td></tr>
<tr><td>37</td></tr>
<tr><td>45</td></tr>
<tr><td>55</td><td>2.2</td></tr>
<tr><td>75</td><td rowspan="2">1.8</td><td rowspan="2">2.0</td></tr>
<tr><td>90</td></tr>
</table>

表 16（续）

<table>
<tr><th rowspan="3">功率/kW</th><th colspan="3">同步转速/(r/min)</th></tr>
<tr><th>3 000</th><th>1 500</th><th>1 000</th></tr>
<tr><th colspan="3">堵转转矩/额定转矩</th></tr>
<tr><td>110</td><td rowspan="4">1.8</td><td rowspan="6">2.0</td><td rowspan="2">2.0</td></tr>
<tr><td>132</td></tr>
<tr><td>160</td><td rowspan="4">1.8</td></tr>
<tr><td>200</td></tr>
<tr><td>250</td><td rowspan="4">1.6</td></tr>
<tr><td>315</td></tr>
<tr><td>355</td><td rowspan="2">1.7</td><td rowspan="2">—</td></tr>
<tr><td>375</td></tr>
</table>

4.6 在额定电压下，电动机起动过程中最小转矩对额定转矩之比的保证值应符合表 17 的规定。

表 17 最小转矩对额定转矩之比的保证值

<table>
<tr><th rowspan="3">功率/kW</th><th colspan="3">同步转速/(r/min)</th></tr>
<tr><th>3 000</th><th>1 500</th><th>1 000</th></tr>
<tr><th colspan="3">最小转矩/额定转矩</th></tr>
<tr><td>0.75</td><td rowspan="3">1.5</td><td rowspan="3">1.6</td><td>1.5</td></tr>
<tr><td>1.1</td><td rowspan="7">1.3</td></tr>
<tr><td>1.5</td></tr>
<tr><td>2.2</td><td rowspan="3">1.4</td><td rowspan="3">1.5</td></tr>
<tr><td>3</td></tr>
<tr><td>4</td></tr>
<tr><td>5.5</td><td rowspan="4">1.2</td><td rowspan="4">1.4</td></tr>
<tr><td>7.5</td></tr>
<tr><td>11</td><td rowspan="6">1.2</td></tr>
<tr><td>15</td></tr>
<tr><td>18.5</td><td rowspan="4">1.1</td><td rowspan="4">1.2</td></tr>
<tr><td>22</td></tr>
<tr><td>30</td></tr>
<tr><td>37</td></tr>
<tr><td>45</td><td rowspan="2">1.0</td><td rowspan="2">1.1</td><td rowspan="2">1.1</td></tr>
<tr><td>55</td></tr>
<tr><td>75</td><td rowspan="2">0.9</td><td rowspan="2">1.0</td><td rowspan="2">1.0</td></tr>
<tr><td>90</td></tr>
</table>

表 17（续）

功率/kW	同步转速/(r/min)		
	3 000	1 500	1 000
	最小转矩/额定转矩		
110	0.9	1.0	1.0
132			
160			
200	0.8	0.9	0.9
250			
315		0.8	0.8
355	0.7	0.8	—
375			

4.7　在额定电压下，电动机最大转矩对额定转矩之比的保证值应符合表 18 的规定。

表 18　最大转矩对额定转矩之比的保证值

功率/kW	同步转速/(r/min)		
	3 000	1 500	1 000
	最大转矩/额定转矩		
0.75	2.3	2.3	2.1
1.1			
1.5			
2.2			
3			
4			
5.5			
7.5			
11			
15			
18.5			
22			
30			
37			
45			2.0
55			
75			
90			

表 18（续）

<table>
<tr><td rowspan="3">功率/kW</td><td colspan="3">同步转速/(r/min)</td></tr>
<tr><td>3 000</td><td>1 500</td><td>1 000</td></tr>
<tr><td colspan="3">最大转矩/额定转矩</td></tr>
<tr><td>110</td><td rowspan="3">2.3</td><td rowspan="8">2.2</td><td rowspan="6">2.0</td></tr>
<tr><td>132</td></tr>
<tr><td>160</td></tr>
<tr><td>200</td><td rowspan="5">2.2</td></tr>
<tr><td>250</td></tr>
<tr><td>315</td></tr>
<tr><td>355</td><td rowspan="2">—</td></tr>
<tr><td>375</td></tr>
</table>

4.8　在额定电压下，电动机堵转电流对额定电流之比的保证值应符合表 19 的规定。

表 19　堵转电流对额定电流之比的保证值

功率/kW	同步转速/(r/min)		
	3 000	1 500	1 000
	堵转电流/额定电流		
0.75	7.0	6.6	6.0
1.1	7.3	6.8	6.0
1.5	7.6	7.0	6.5
2.2	7.6	7.6	6.6
3	7.8	7.6	6.8
4	8.3	7.8	6.8
5.5	8.3	7.9	7.0
7.5	7.9	7.5	7.0
11	8.1	7.7	7.2
15	8.1	7.8	7.3
18.5	8.2	7.8	7.3
22	8.2	7.8	7.4
30	7.6	7.3	6.9
37	7.6	7.4	7.1
45	7.7	7.4	7.3
55	7.7	7.4	7.3
75	7.1	6.9	6.6
90	7.1	6.9	6.7

表 19（续）

功率/kW	同步转速/(r/min)		
	3 000	1 500	1 000
	堵转电流/额定电流		
110	7.1	7.0	6.7
132	7.1	7.0	6.8
160	7.2	7.1	6.8
200	7.2	7.1	6.8
250	7.2	7.1	6.8
315	7.2	7.1	6.8
355	7.2	7.0	—
375	7.2	7.0	—
注：计算堵转电流对额定电流之比时，所采用的额定电流值按额定功率、额定电压及效率和功率因数的保证值（不计及容差）求得。			

4.9 电动机电气性能保证值的容差应符合表 20 的规定。对 4.5～4.8 数值修约间隔规定为 0.01。

表 20 电气性能保证值的容差

序 号	电气性能名称	容 差
1	效率(η) 额定功率在 150 kW 及以下 额定功率在 150 kW 以上	 $-0.15(1-\eta)$ $-0.10(1-\eta)$
2	功率因数($\cos\varphi$)	$-(1-\cos\varphi)/6$，最少-0.02，最多-0.07
3	堵转转矩倍数	保证值的－15%，＋25%（经协议可超过＋25%）
4	最小转矩倍数	保证值的－15%
5	最大转矩倍数	保证值的－10%
6	堵转电流倍数	保证值的＋20%
7	转差率（在满载和工作温度下） 额定功率在 1 kW 以下 额定功率在 1 kW 及以上	 转差率保证值的±30% 转差率保证值的±20%
注：转差率保证值＝（同步转速－额定转速（铭牌值））/同步转速。		

4.10 电动机定子绕组温升。

4.10.1 电动机采用 155(F)级绝缘，当海拔和环境空气温度符合 4.2 规定时，电动机定子绕组的温升（电阻法）按 80 K 考核。温升数值修约间隔为 1。

如试验地点的海拔或环境空气温度与 4.2 的规定不同时，温升限值应按 GB 755—2008 的规定修正。

4.10.2 用电阻法测量绕组温度时，应在热试验结束就尽快使电动机停转。电动机断电后能在表 21 给出的时间内测得第一点读数，则以此读数计算得到的温升不需要外推至断电瞬间。

表 21　断电后间隔时间

额定功率/kW	断电后间隔时间/s
0.75～50	30
>50～200	90
>200～375	120

如不能在上述间隔时间内测得第一点读数，则应按 GB 755—2008 的规定。

4.10.3　电动机轴承的允许温度(温度计法)应不超过 95 ℃。

4.11　电动机在热状态和逐渐增加转矩的情况下，应能承受 4.7 规定的最大转矩(计及容差)历时 15 s 的短时过转矩试验而无转速突变、停转及发生有害变形。此时，电压和频率应维持在额定值。

4.12　额定功率为 315 kW 及以下的电动机应能承受 1.5 倍额定电流历时不少于 2 min 的偶然过电流试验而不损坏。

4.13　电动机的安全运行转速，除非铭牌上另有表明，机座号 315 及以下的所有电动机应能在 GB 755—2008 表 17 列出的转速之内安全连续运行。

4.14　电动机在空载情况下，机座号 315 及以下的电动机应能承受提高转速至 1.2 倍的最大安全运行速度，机座号 355 的电动机应能承受提高转速至 1.2 倍的最高额定转速，历时 2 min 的超速试验而不发生有害变形。

4.15　电动机定子绕组绝缘电阻在热状态时或热试验后，应不低于 0.38 MΩ。

4.16　电动机的定子绕组应能承受历时 1 min 的耐电压试验而不发生击穿，试验电压的频率为 50 Hz，并尽可能为正弦波形，电压的有效值为 1 760 V。

在传送带上大批连续生产的电动机进行检查试验时，对 200 kW 及以下电动机，允许将试验时间缩短至 1 s，而试验电压的有效值为 2 110 V。

4.17　电动机定子绕组应能承受匝间冲击耐电压试验而不击穿，其试验冲击电压峰值按 GB/T 22719.2—2008 的规定。

4.18　电动机的定子绕组在按 GB/T 12665—2008 所规定的 40 ℃交变湿热试验方法进行 6 周期试验后，绝缘电阻应不低于 0.38 MΩ，并应能承受 4.16 所规定的耐电压试验而不发生击穿，但电压的有效值为 1 500 V，试验时间为 1 min。

4.19　电动机的机械振动

4.19.1　电动机在空载时测得的振动强度应不超过表 22 的规定。在测得振动速度、加速度有效值的数值时，修约间隔为 0.1，在测得振动位移有效值的数值时，修约间隔为 1。

4.19.2　电动机在检查试验时，只需测量振动的速度。型式试验时，所有三种振动量值都应测量。当检查试验是在自由悬置安装条件下做的，型式试验则必须包括在刚性安装情况下的试验。

表 22　不同轴中心高 *H*(mm)用位移、速度和加速度表示的振动强度限值(方均根值)

轴中心高 mm	80≤*H*≤132			132<*H*≤280			*H*>280		
安装方式	位移 μm	速度 mm/s	加速度 m/s^2	位移 μm	速度 mm/s	加速度 m/s^2	位移 μm	速度 mm/s	加速度 m/s^2
自由悬置	25	1.6	2.5	35	2.2	3.5	45	2.8	4.4
刚性安装	21	1.3	2.0	29	1.8	2.8	37	2.3	3.6

4.20 电动机在空载时测得的A计权声功率级的噪声数值应符合表23所规定的数值,电动机在负载时测得的A计权声功率级应符合表23和表24所规定值之和的数值。噪声数值的容差为+3 dB(A),修约间隔为1。

表23 空载最大A计权声功率级值 L_{WA}(dB)

中心高/mm	同步转速/(r/min)		
	3 000	1 500	1 000
80	62	56	—
90	67	59	57
100	74	64	61
112	77	65	65
132	79	71	69
160	81	73	73
180	83	76	73
200	84	76	73
225	86	78	74
250	89	79	76
280	91	80	78
315	92	88	83
355	100	95	85
3551、3552	104	102	91

表24 负载时A计权声功率级的噪声允许最大增加量 ΔL_{WA}(dB)

中心高/mm	同步转速/(r/min)		
	3 000	1 500	1 000
$80 \leqslant H \leqslant 160$	2	5	7
$180 \leqslant H \leqslant 200$	2	4	6
$225 \leqslant H \leqslant 280$	2	3	6
$H=315$	2	3	5
$H=355$	2	2	4

4.21 当三相电源平衡时,电动机的三相空载电流中任何一相与三相平均值的偏差应不大于三相平均值的10%。

4.22 电动机在检查试验时,空载与堵转的电流和损耗,应在某一数据范围之内,该数据范围应能保证电动机性能符合4.4至4.9的规定。

4.23 电动机有一个圆柱形轴伸,双方另有协议时允许电动机制成两个轴伸,第二轴伸应能传递额定功率,但只能用联轴器传动。

4.24 电动机应制成具有六个出线端。从主轴伸端视之,电动机的接线盒应置于机座右面或顶部。电动机的接线盒内应有接地端子,对机座号315及以上的电动机,应在机座上另设一个接地端子,并应在接地端子的附近设置接地标志,此标志应保证在电动机整个使用时期内不易磨灭。

4.25 机座号3551、3552的电动机应能在满足4.25.1～4.25.3条件时直接起动，起动次数应符合4.25.4～4.25.5所述的任一方式。如不满足以下条件，应按协议确定电动机的额定参数和特殊起动条件。

4.25.1 在起动过程中，电动机的端电压应不低于额定电压的85%。

4.25.2 当负载为风机和泵类特性时，额定转速时的阻转矩不大于额定转矩的35%。

4.25.3 电动机允许拖动的负载转动惯量应按制造厂的规定。

4.25.4 电动机初始温度为初始环境温度时，允许连续起动两次，在两次之间应自然停机。

4.25.5 电动机初始温度为额定负载的运行温度时，允许起动一次。

4.26 中心高(机座号)3551、3552的电动机不允许在运行中反接电源逆转或制动，对同步转速为1 500 r/min及以上的电动机，不允许在停机后逆转；对同步转速为1 500 r/min以下的电动机，是否允许在停机后逆转由制造厂决定。

4.27 在出线端标志的字母顺序与三相电源的电压相序方向相同时，从主轴伸端视之，电动机应为顺时针方向旋转（按GB 1971—2006的规定）。

4.28 电动机的安全性能应符合GB 14711—2006的要求。

5 检验规则

5.1 每台电动机须检验合格后才能出厂，并应附有产品合格证。

5.2 每台电动机应经过检查试验，检查试验项目包括：

a) 机械检查(按5.5、5.6的规定)；

b) 定子绕组对机壳及绕组相互间绝缘电阻的测定(检查试验时可测量冷态绝缘电阻，但应保证热态时绝缘电阻不低于4.15的规定)；

c) 定子绕组在实际冷状态下直流电阻的测定；

d) 耐电压试验；

e) 匝间绝缘试验；

f) 空载电流和损耗的测定；

注：在型式试验时需量取空载特性曲线。

g) 堵转电流和损耗的测定；

注：在型式试验时需量取堵转特性曲线。

h) 噪声的测定(按5.6的规定)；

i) 振动的测定(按5.6的规定)；

j) 旋转方向的检查。

5.3 凡遇下列情况之一者，必须进行型式试验：

a) 经鉴定定型后制造厂第一次试制或小批试生产时；

b) 电动机设计或工艺上的变更足以引起某些特性和参数发生变化时；

c) 当检查试验结果和以前进行的型式试验结果发生不可容许的偏差时；

d) 成批生产的电动机定期的抽试，每年抽试一次。当需要抽试的数量过多时，抽试时间间隔可适当延长，但至少每两年抽试一次。

5.4 电动机的型式试验项目包括：

a) 检查试验的全部项目；

b) 热试验；

c) 效率、功率因数和转差率的测定；

d) 短时过转矩试验；

e) 最大转矩的测定；

f) 起动过程中最小转矩的测定；

g) 超速试验(当有协议做出规定时进行)。

5.5 电动机的机械检查项目包括：

a) 转动检查：电动机转动时，应平稳轻快，无停滞现象。

b) 外观检查：检查电动机的装配是否完整正确，电动机表面油漆应干燥完整、均匀、无污损、碰坏、裂痕等现象。

c) 安装尺寸、外形尺寸及键的尺寸检查：安装尺寸及外形尺寸应符合 3.9.1 的规定；键的尺寸应符合 3.9.2 的规定。

d) 圆跳动、底脚支承面的平行度和平面度及键槽对称度的检查：圆跳动公差应符合 3.9.3 和 3.9.4 的规定。底脚支承面的平行度公差和平面度公差应分别符合 3.9.5 和 3.9.6 的规定。键槽对称度公差应符合 3.9.7 的规定。底脚支承面的平面度和键槽对称度允许在零部件上进行检查。

5.6 5.5 的 a)和 b)必须每台检查，5.2 的 h)和 i)及 5.5 的 c)和 d)可以抽查，抽查办法由制造厂制定。

5.7 5.2[其中的 e)、h)、i)和 j)除外]和 5.4 所规定的各项试验，其试验方法按 GB/T 1032—2005 的规定进行，5.2 的 e)按 GB/T 22719.1—2008 的规定进行。5.2 的 h)按 GB/T 10069.1—2006 的规定进行，负载噪声按 GB/T 10069.1—2006 的附录 D 的规定进行。5.2 的 i)按 GB 10068—2008 的规定进行。5.2 的 j)按 GB 1971—2006 的规定进行。5.5 所规定的安装尺寸及公差的检查按 GB/T 4772.1—1999 和 GB/T 4772.2—1999 的规定进行。

5.8 电动机外壳防护等级的试验，偶然过电流试验及 40 ℃交变湿热试验，可在产品结构定型或当结构和工艺有较大改变时进行。外壳防护等级的试验方法按 GB/T 4942.1—2006 的规定进行。40 ℃交变湿热试验按 GB/T 12665—2008 的规定进行。

6 标志、包装及保用期

6.1 铭牌材料及铭牌上数据的刻划方法，应保证其字迹在电动机整个使用期间内不易磨灭。

6.2 铭牌应固定在电动机机座的上半部，应标明的项目如下：

a) 制造厂名或标记；

b) 电动机名称(超高效率三相异步电动机)；

c) 电动机型号；

d) 外壳防护等级(允许另作铭牌)；

e) 额定功率，单位为 kW；

f) 额定频率，单位为 Hz；

g) 额定电流，单位为 A；

h) 额定电压，单位为 V；

i) 额定转速，单位为 r/min；

j) 热分级；

k) 接线方法(△或 Y)；

l) 效率，IE3-XX.X；

m) 功率因数；

n) 制造厂出品年月和出品编号；

o) 重量，单位为 kg；

p) 标准编号。

6.3 电动机定子绕组的六个出线端及在接线板的接线位置上均应有相应的标志,并应保证其字迹在电动机整个使用时期内不易磨灭。其标志按表25的规定。

表25 出线端标志

定子绕组名称	出线端标志	
	始端	末端
第一相	U1	U2
第二相	V1	V2
第三相	W1	W2

6.4 电动机的轴伸及平键表面应加防锈及保护措施。凸缘式电动机必须在凸缘的加工面上加防锈及保护措施。

6.5 电动机的轴伸平键、使用说明书(同一用户同一型式的一批电动机至少供应一份,使用说明书需标明制造厂地址)及产品合格证应随同每台电动机供给用户。

6.6 电动机的包装应能保证在正常的储运条件下,自发货之日起的一年时间内不致因包装不善而导致受潮与损坏。

6.7 包装箱外壁的文字和标志应清楚整齐,内容如下:

a) 发货站及制造厂名称;

b) 收货站及收货单位名称;

c) 电动机型号和出品编号;

d) 电动机的净重及连同箱子的毛重;

e) 箱子尺寸;

f) 在箱子的适当位置应标有“小心轻放”、“怕雨”等字样,其图形应符合GB/T 191—2008的规定。

6.8 在用户按照使用说明书的规定,正确地使用与存放电动机的情况下,制造厂应保证电动机在开始使用一年内,或自制造厂的出品日期不超过两年的时间内能良好地运行。如在此规定时间内电动机因制造质量不良而发生损坏或不能正常工作时,制造厂应无偿地为用户修理或更换零件或电动机。

ICS 53.080
J 83

中华人民共和国国家标准

GB/T 28576—2012

工业货架设计计算

Calculation of industrial rack design

2012-06-29 发布　　2012-10-01 实施

中华人民共和国国家质量监督检验检疫总局
中国国家标准化管理委员会　发布

前　言

本标准按照 GB/T 1.1—2009 给出的规则起草。

本标准由全国物流标准化技术委员会(SAC/TC 269)提出。

本标准由全国物流标准化技术委员会(SAC/TC 269)和全国物流仓储设备标准化技术委员会(SAC/TC 499)归口。

本标准起草单位:北京科技大学物流研究所、南京音飞储存设备工程有限公司、上海鼎虎工业设备有限公司、江苏六维物流设备实业有限公司、东莞市海力物流系统设备有限公司、南京万事达物流设备制造有限公司、南京音飞货架制造有限公司。

本标准主要起草人:王转、金跃跃、钱孝刚、赵德平、王士祥、周韬、裴超、谭颖、许晓润。

工业货架设计计算

1 范围

本标准规定了组装式工业货架的基本结构、计算模型、计算工况与荷载组合以及强度、刚度与稳定性校核方法。

本标准适用于组装式工业货架中的自动化立体仓库货架、窄巷道托盘货架、普通托盘货架的设计计算,其他类型货架可参照本标准执行。

2 规范性引用文件

下列文件对于本文件的应用是必不可少的。凡是注日期的引用文件,仅注日期的版本适用于本文件。凡是不注日期的引用文件,其最新版本(包括所有的修改单)适用于本文件。

GB/T 18354 物流术语

GB 50011—2010 建筑抗震设计规范

GB 50017 钢结构设计规范

GB 50018—2002 冷弯薄壁型钢结构技术规范

JB/T 9018 有轨巷道式高层货架仓库设计规范

3 术语和定义

GB/T 18354、GB 50017 和 JB/T 9018 界定的以及下列术语和定义适用于本文件。

3.1

工业货架 industrial rack

由立柱片、横梁(或悬臂梁)等承载构件组成,主要用于存储的货架。

3.2

自动化立体仓库货架 AS/RS rack

由立柱片、横梁(或悬臂梁)等承载构件组成,专门在自动化立体仓库中使用,配合有轨堆垛机作业,主要用于存放托盘装载单元。

3.3

窄巷道托盘货架 very narrow aisle pallet rack

由立柱片、横梁等承载构件组成,配合三向回转式叉车(或无轨堆垛机)作业,主要用于存放托盘装载单元。

3.4

普通托盘货架 pallet rack

由立柱片、横梁等承载构件组成,配合叉车作业,主要用于存放托盘装载单元。

3.5

牛腿式托盘货架 corbel pallet rack

由立柱片、悬臂梁等承载构件组成,主要用于存放托盘装载单元。

4 工业货架结构

4.1 自动化立体仓库货架

4.1.1 自动化立体仓库横梁式货架

4.1.1.1 总体结构及构成

自动化立体仓库横梁式货架的总体结构包括立柱、横梁、顶梁、水平系杆、垂直斜拉杆、垂直支撑连接梁、水平支撑、横斜撑、隔撑、天轨、天轨吊梁等，如图1所示。除隔撑外其余均为必要结构。

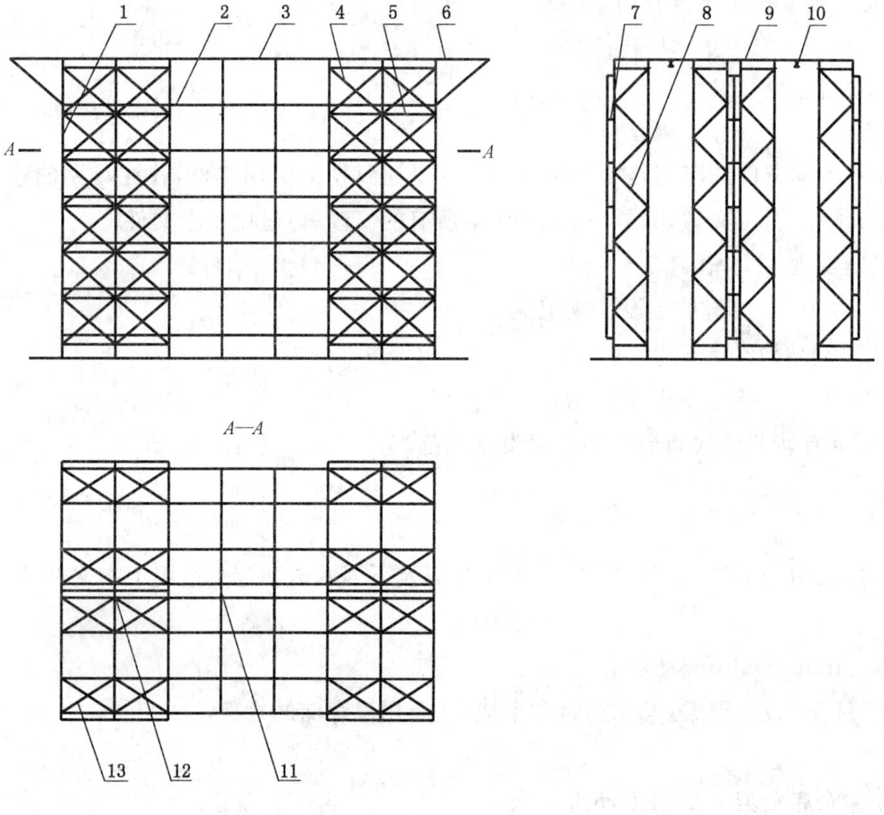

1——立柱；
2——横梁；
3——顶梁；
4——垂直斜拉杆；
5——水平系杆；
6——天轨支架；
7——单排垂直支撑连接梁；
8——横斜撑；
9——天轨吊梁；
10——天轨；
11——隔撑；
12——双排垂直支撑连接梁；
13——水平支撑。

图1 自动化立体仓库横梁式货架总体结构

4.1.1.2 立柱片结构

立柱片由两根立柱和横斜撑组成，有V型、N型或K型三种类型，如图2所示。

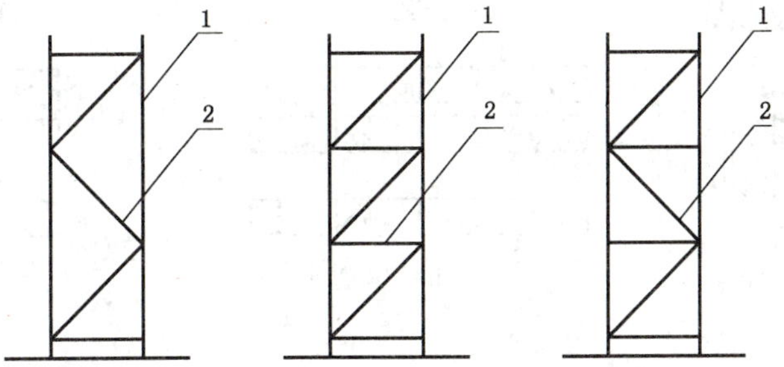

a) V型　　b) N型　　c) K型

1——立柱；
2——横斜撑。

图2 立柱片类型及结构

4.1.1.3 垂直支撑结构

垂直支撑由水平系杆和垂直斜拉杆组成，有X型刚性、X型柔性和Z型刚性三种类型，如图3所示。每对垂直支撑可跨越1层或2层，也可跨越1列或2列，如图4所示。

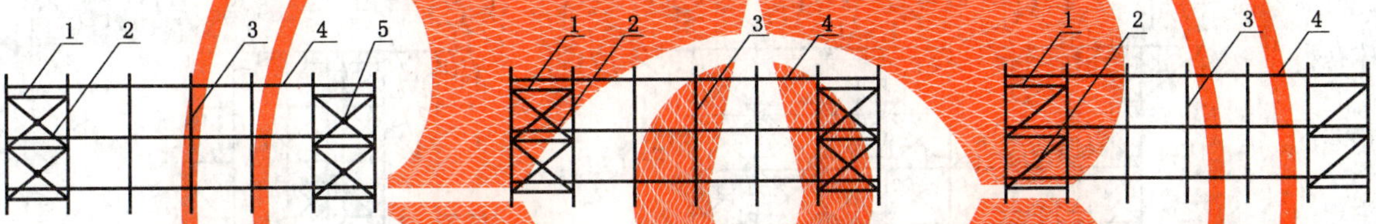

a) X型刚性　　b) X型柔性　　c) Z型刚性

1——水平系杆；
2——垂直斜拉杆；
3——立柱；
4——横梁；
5——螺栓。

图3 垂直支撑类型及布置

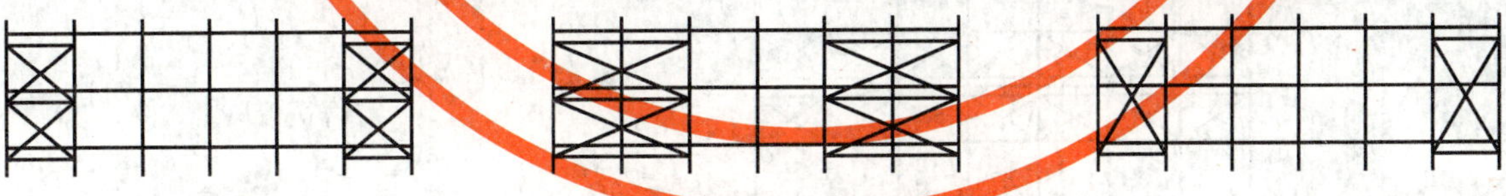

a) 单列单层布置　　b) 双列布置　　c) 双层布置

图4 垂直支撑常见布置方式

4.1.1.4 水平支撑结构

水平支撑有X型、K型和V型三种类型，在长度方向的布置宜与垂直支撑相对应，如图5所示。

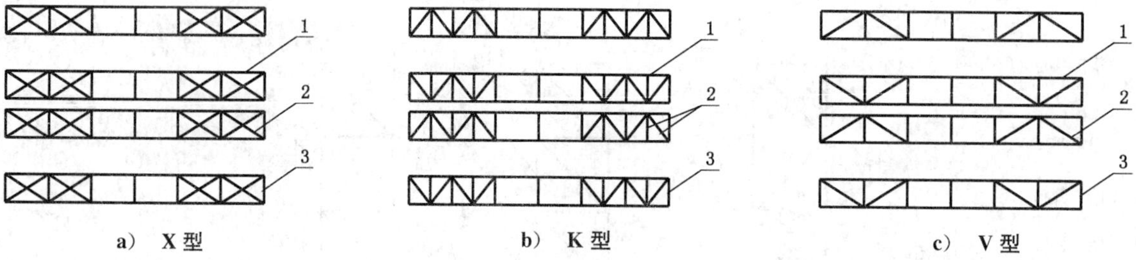

1——横梁；
2——水平支撑；
3——横斜撑。

图5 水平支撑类型及布置

4.1.2 自动化立体仓库牛腿式货架

4.1.2.1 总体结构及构成

自动化立体仓库牛腿式货架的总体结构包括立柱、横斜撑、悬臂梁、连续梁、牛腿梁、顶梁、水平系杆、垂直斜拉杆、水平支撑、垂直支撑连接梁、隔撑、天轨、天轨吊梁等，如图6所示。除隔撑外其余均为必要结构。

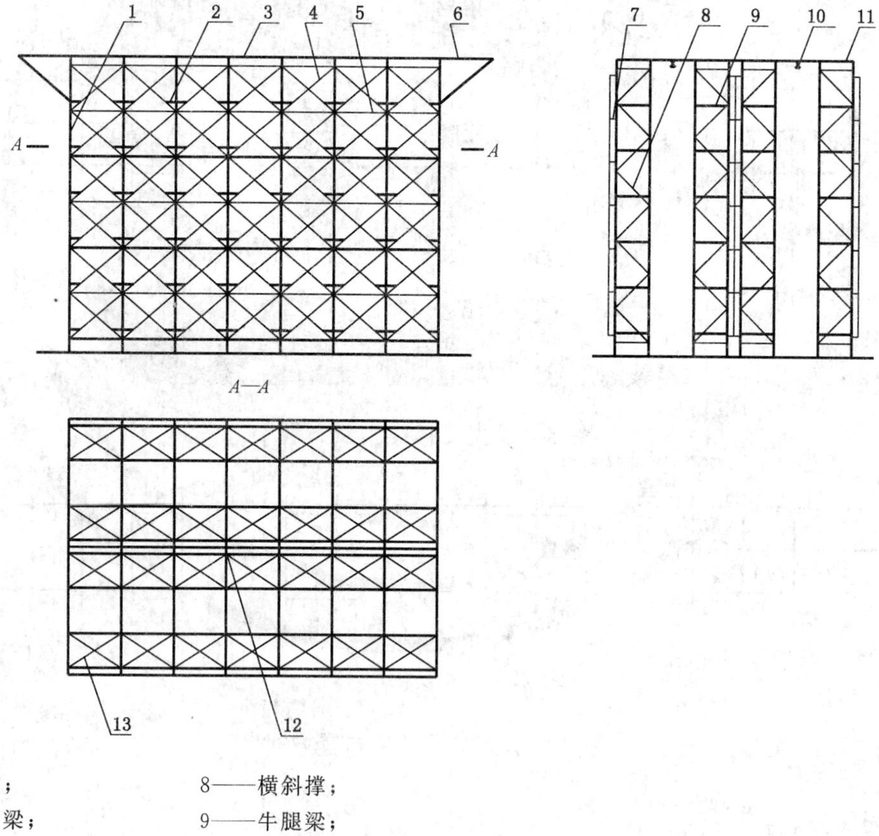

1——立柱；
2——悬臂梁；
3——顶梁；
4——垂直斜拉杆；
5——水平系杆；
6——天轨支架；
7——单排垂直支撑连接梁；
8——横斜撑；
9——牛腿梁；
10——天轨；
11——天轨吊梁；
12——双排垂直支撑连接梁；
13——水平支撑。

图6 自动化立体仓库牛腿式货架总体结构

4.1.2.2 立柱片结构

同4.1.1.2。

4.1.2.3 垂直支撑结构

垂直支撑有X型刚性、X型柔性和Z型刚性三种类型，自动化立体仓库牛腿式货架的垂直支撑在长度方向应布满整个货架，如图7所示。每对垂直支撑可跨越1层或2层，也可跨越1列或2列，如图8所示。

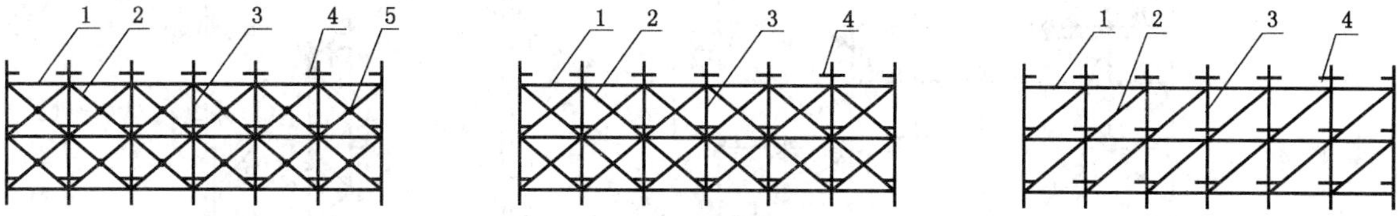

a） X型刚性　　b） X型柔性　　c） Z型刚性

1——水平系杆；
2——垂直斜拉杆；
3——立柱；
4——悬臂梁；
5——螺栓。

图7 垂直支撑类型及布置

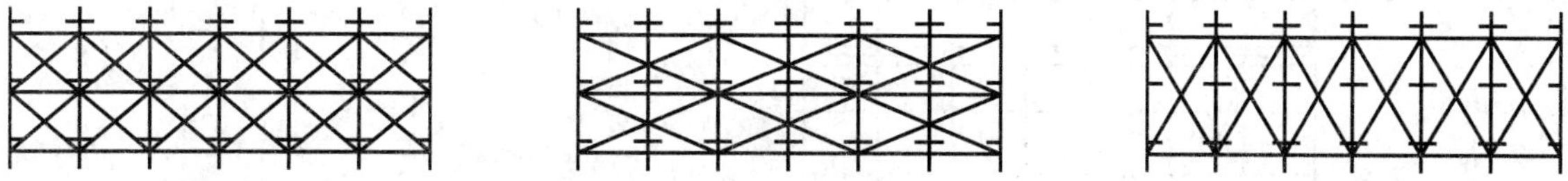

a） 单列单层布置　　b） 双列布置　　c） 双层布置

图8 垂直支撑常见布置方式

4.1.2.4 水平支撑结构

水平支撑有X型、K型和V型三种类型，如图9所示。自动化立体仓库牛腿式货架的水平支撑在长度方向应布满整个货架，高度方向可每层都布置，或每隔1层～2层布置一组。

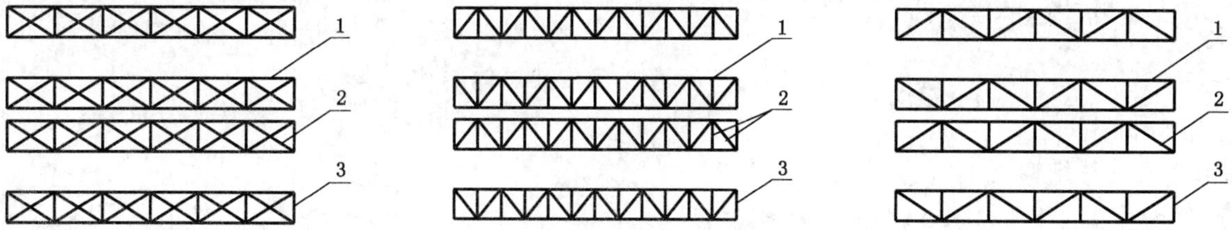

a） X型　　b） K型　　c） V型

1——水平系杆；
2——水平支撑；
3——横斜撑。

图9 水平支撑类型及布置

4.2 窄巷道托盘货架

4.2.1 总体结构及构成

窄巷道托盘货架的总体结构包括立柱、横梁、垂直支撑、垂直支撑连接梁、横斜撑、隔撑、龙门梁等，如图10所示。其中，立柱、横斜撑、横梁、龙门梁为必要结构，其余均为可选结构。

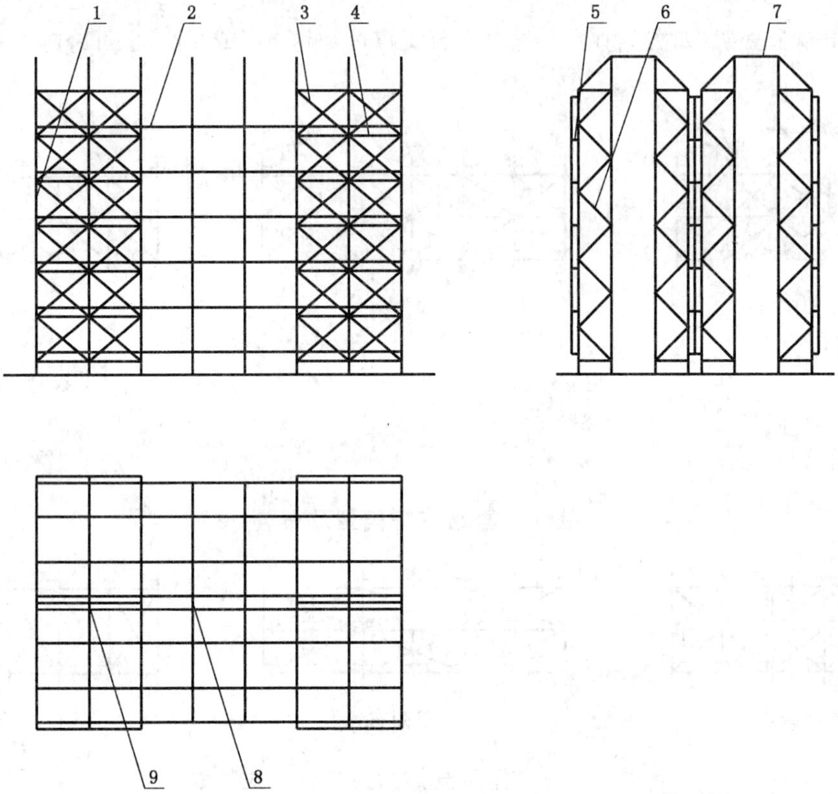

1——立柱；
2——横梁；
3——垂直斜拉杆；
4——水平系杆；
5——单排垂直支撑连接梁；
6——横斜撑；
7——龙门梁；
8——隔撑；
9——双排垂直支撑连接梁。

图10 窄巷道托盘货架总体结构

4.2.2 立柱片结构

同4.1.1.2。

4.2.3 垂直支撑结构

同4.1.1.3，当货架层数大于6时，宜每5列～6列增加一组垂直支撑，在长度方向宜布置在货架的两端和中间位置。

4.2.4 水平支撑结构

同4.1.1.4，当货架层数大于6时，宜增加水平支撑，在长度方向的布置宜与垂直支撑保持一致，高度方向可每层都布置，或每隔1层～2层布置一组。

4.2.5 龙门梁结构

龙门梁结构有全高和高低结合两种类型，如图 11 所示。

a) 全高　　　　b) 高低结合

图 11 龙门梁结构类型

4.3 普通托盘货架

4.3.1 总体结构及构成

普通托盘货架的总体结构包括立柱、横梁、垂直支撑、垂直支撑连接梁、横斜撑、隔撑等，如图 12 所示。其中，立柱、横斜撑、横梁为必要结构，其余均为可选结构。

1——立柱；
2——横梁；
3——垂直斜拉杆；
4——水平系杆；
5——单排垂直支撑连接梁；
6——横斜撑；
7——隔撑；
8——双排垂直支撑连接梁。

图 12 普通托盘货架总体结构

4.3.2 立柱片结构

同 4.1.1.2。

4.3.3 垂直支撑结构

同 4.1.1.3，当货架层数大于 6 时，宜每 5 列～6 列增加一组垂直支撑，在长度方向宜布置在货架的两端和中间位置。

4.3.4 水平支撑结构

同 4.1.1.4，当货架层数大于 6 时，宜增加水平支撑，在长度方向的布置宜与垂直支撑保持一致，高度方向可每层都布置，或每隔 1 层～2 层布置一组。

4.3.5 龙门梁结构

同 4.2.5，当立柱片的高度和宽度的比例大于或等于 8∶1 时，宜增加龙门梁。

5 计算方法与计算模型

5.1 计算原则

5.1.1 本标准采用以概率理论为基础的极限状态设计方法，以分项系数设计表达式进行计算。

5.1.2 对货架进行整体强度和稳定性分析时，应采用承载能力极限状态法进行设计计算；对货架进行刚度分析时，应采用正常使用极限状态法进行设计计算。

5.1.3 按承载能力极限状态法计算货架结构时，应采用荷载设计值和强度设计值进行计算；按正常使用极限状态法计算货架结构时，应采用荷载标准值和变形限值进行计算。

5.1.4 货架局部及单个构件的计算，可采用材料力学、结构力学、弹塑性力学方法，也可采用有限元方法。货架整体强度和稳定性分析宜采用有限元方法。

5.1.5 以下类型货架应采用有限元方法进行整体强度和稳定性分析和计算：

——货架高度超过 6 m 的普通托盘货架和窄巷道托盘货架；

——所有自动化立体仓库货架；

——所有牛腿式托盘货架。

5.2 计算模型

5.2.1 绝对坐标系

货架计算模型的绝对坐标如图 13 所示。

5.2.2 网格剖分

使用有限元方法进行货架整体分析时，应简化货架结构，建立适用于有限元分析的结构模型。

货架的整体有限元计算模型宜简化成空间三维框架模型。

取构件连接的自然节点为结构模型节点，相邻节点之间构件形成单元。

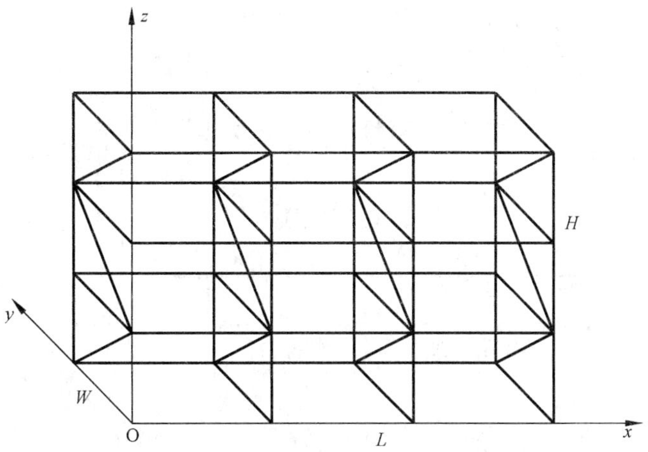

图 13　货架计算模型的绝对坐标系

5.2.3　模型简化

货架整体的排、列、层数过多，可对结构进行简化，并满足以下条件：

——计算排数：巷道两侧货架之间有连接的货架，可取偶数排；巷道两侧货架之间无连接的货架，可取奇数排；

——计算列数：不得小于 6 列，至少包括两组不相邻的垂直支撑列；

——计算层数：应取实际层数。

5.2.4　单元简化

货架结构单元包括杆单元和梁单元，其简化模型如表 1 所示。

表 1　货架单元简化

构件类别	梁单元	杆单元	说明
立柱	√		
横梁	√		包括承载横梁、顶梁
悬臂梁	√		
牛腿梁	√		
垂直支撑连接梁	√		
天轨吊梁	√		
天轨	√		
横斜撑		√	
水平系杆		√	
垂直斜拉杆		√	
水平支撑		√	

5.2.5　约束与边界条件

约束包括节点的约束和单元的约束，约束方式包括刚接、铰接和半刚半铰。

边界条件包括地面、仓库外墙及其他货架结构之外的约束构件对货架节点、单元自由度的限制。各种构件的约束与边界条件简化原则如表2所示。

表2 约束与边界条件简化原则

约束类型	约束方式与边界条件			备注
	xOz	yOz	xOy	
立柱与地面	半刚半铰	半刚半铰	半刚半铰	采用单螺杆连接
	半刚半铰	刚接	刚接	采用双螺杆连接
	刚接	刚接	刚接	采用预埋板连接
立柱与横梁	半刚半铰	刚接	刚接	
立柱与悬臂梁	半刚半铰	刚接	刚接	
立柱与横斜撑	刚接	刚接	刚接	采用双孔连接
	刚接	半刚半铰	刚接	采用单孔连接
垂直支撑与垂直支撑连接梁	刚接	刚接	刚接	采用双孔连接
	半刚半铰	刚接	刚接	采用单孔连接
水平支撑与横梁	刚接	刚接	刚接	采用双孔连接
	刚接	刚接	半刚半铰	采用单孔连接
立柱与垂直支撑连接梁	刚接	刚接	刚接	
立柱与隔撑	刚接	刚接	刚接	
悬臂梁与牛腿梁	刚接	刚接	刚接	
立柱与天轨吊梁	刚接	刚接	刚接	
天轨与天轨吊梁	刚接	刚接	刚接	

6 计算工况与荷载组合

6.1 计算荷载

货架的计算荷载包括恒荷载、活荷载、竖向冲击荷载、水平荷载、地震荷载。

6.1.1 恒荷载

货架结构的自重，包括横梁、立柱等所有构件的重量。

6.1.2 活荷载

搁置在货架上的货物和托盘的重量。按实际情况考虑的各层货物的荷载。

6.1.3 竖向冲击荷载

储运机械存取货物时对横梁(或悬臂梁)产生的冲击力，通常可取一个装载单元静载设计值的50%。

按承载能力极限状态计算时，应计及作用在最不利位置处的竖向冲击荷载的影响，且由此冲击荷载所产生的应力不得大于强度设计值。

计算横梁挠度时,不必考虑竖向冲击荷载的影响。

6.1.4 水平荷载

由货架结构构件的初弯曲、安装偏差、荷载偏心以及储运机械的轻度碰撞等因素所引起的水平力。

水平荷载分别沿货架结构 x 方向、y 方向两个主方向作用于横梁(或悬臂梁)与立柱的连接节点处。水平荷载可取为由横梁(或悬臂梁)传至该节点的全部恒荷载与最大活荷载之和的 1.5%。

自动化立体仓库货架的水平荷载还应考虑满荷载下堆垛机货叉伸叉时,由于偏载产生的对货架的作用力。堆垛机作业时对货架产生的水平作用力 F 可按式(1)计算:

$$F = k \cdot G \cdot (l/h) \qquad \cdots\cdots(1)$$

式中:

k——加权系数,可取 1.2~1.5;

G——货物单元的额定荷载,单位为千克(kg);

l——货叉伸叉长度,单位为毫米(mm);

h——堆垛机高度,单位为毫米(mm)。

6.1.5 地震荷载

地震荷载仅考虑水平地震作用(即地震纵波,分 x 向和 y 向)对货架产生的影响,不考虑竖向地震作用。

地震荷载的计算方法参见附录 A。

6.2 计算工况及荷载组合

货架的计算工况可分为以下三种:

——正常工况:货架正常承载状态。应考虑恒荷载、活荷载、竖向冲击荷载、x 向水平荷载和 y 向水平荷载等的影响,计算货架结构的强度、变形和稳定性。

——地震工况:货架地震时的承载状态。应考虑恒荷载、活荷载和地震荷载的影响,计算货架结构的强度。地震荷载分为 x 向水平地震荷载和 y 向水平地震荷载。地震工况下,活荷载按 80% 的满载率计算。在此工况下,不必校核货架结构的变形和稳定性。

——偏载工况:货架货物特殊摆放的承载状态。应考虑恒荷载和不对称活荷载的影响,计算货架结构的强度和稳定性。

各种计算工况的荷载组合如表 3 所示。

表 3 各计算工况及荷载组合

计算工况	荷载状态	荷载组合
正常工况[a]	静态荷载(100%)	恒荷载+活荷载
	静态荷载+冲击荷载	恒荷载+活荷载+竖向冲击荷载
	静态荷载+水平荷载	恒荷载+活荷载+x 向水平荷载
	静态荷载+水平荷载	恒荷载+活荷载+y 向水平荷载

表 3（续）

计算工况	荷载状态	荷载组合
地震工况	静态荷载+地震荷载	恒荷载+活荷载+x向水平地震荷载
	静态荷载+地震荷载	恒荷载+活荷载+y向水平地震荷载
偏载工况	静态荷载	恒荷载+不对称活荷载
注：以上荷载组合的计算表达式参见附录 A。		
[a] 库架合一式货架应考虑风载和雪载。		

在进行货架结构计算时，应根据实际情况考虑表 3 中所列举的荷载组合，并按其荷载状态下最不利的组合进行强度、变形和稳定性校核。

按承载能力极限状态和正常使用极限状态进行设计时，荷载组合中各荷载分项系数的取值如表 4 所示。

表 4　荷载分项系数

荷载类型	承载能力极限状态	正常使用极限状态
恒荷载	1.2	1
活荷载	1.4	1
竖向冲击荷载	1.4	1
水平荷载	1.4	1
地震荷载	1.3	1

7　强度校核

7.1　强度设计值

强度设计值的采用应按 GB 50018—2002 中 4.2.1 的规定，如表 5 所示。

表 5　钢材的强度设计值

单位为牛顿每平方毫米

钢材牌号	抗拉、抗压和抗弯 f	抗剪 f_v	端面承压（磨平顶紧）f_{ce}
Q235 钢	205	120	310
Q345 钢	300	175	400

计算全截面有效的冷弯型钢货架结构的受拉、受压或受弯构件的强度时，可采用考虑冷弯效应的强度设计值，其计算方法见 GB 50018—2002 附录 C。

货架结构的抗震强度设计值 f_E 应按式(2)确定。

$$f_E = f/\gamma_{RE} \qquad \cdots\cdots(2)$$

式中：

f ——钢材的强度设计值；

γ_{RE} ——抗震强度设计值调整系数，通常货架结构梁、柱构件取 $\gamma_{RE}=0.80$，支撑及连接取 $\gamma_{RE}=0.90$。

7.2 强度校核

强度计算方法见 GB 50018—2002 中第 5 章压弯构件、受弯构件和轴心受压(拉)构件部分的相关规定。

立柱应按压弯构件计算,横梁应按受弯构件计算,支撑类构件应按轴心受压(拉)构件计算。

强度校核中,各构件推荐适用的计算类型和计算公式如表 6 所示。

表 6 强度计算方法

构件	构件受力状态	受力状态说明	计算公式	备注
立柱	压弯 (单轴对称开口截面)		参见附录 B	
横梁	受弯 (单轴对称或双轴对称)	荷载通过截面弯心且与主轴平行	参见附录 B	
		荷载偏离截面弯心但与主轴平行		
横斜撑	轴心受压(拉)		参见附录 B	当简化为杆单元时
垂直支撑	轴心受压(拉)			当简化为杆单元时
水平支撑	轴心受压(拉)			当简化为杆单元时

8 刚度校核

8.1 变形计算

货架的变形应按正常使用极限状态进行计算。应根据实际情况考虑表 3 中所列举的荷载组合,并按其荷载状态下最不利的组合进行变形计算,各荷载分项系数均应取 1.0,如表 4 所示。

8.2 变形限值

货架构件的变形包括节点位移、横梁最大位移和悬臂梁最大位移。货架各类变形限值按表 7 采用。

表 7 货架变形限值

变形位置	变形限值 mm		
	自动化立体仓库货架	窄巷道托盘货架	普通托盘货架
节点最大 x 向位移	10	15	15
节点最大 y 向位移	10	15	15
节点最大 z 向位移	10	15	15
横梁最大 z 向位移(挠度)	跨度/300[a]	跨度/200[b]	跨度/200[c]
悬臂梁最大 z 向位移	悬臂梁跨度/200	悬臂梁跨度/150	悬臂梁跨度/100

[a] 最大不超过 10 mm。

[b] 最大不超过 15 mm。

[c] 最大不超过 15 mm。

9 稳定性校核

应对货架的主要构件进行稳定性校核。各构件的稳定性计算应满足 GB 50018—2002 中第 5 章中轴心受压(拉)构件、受弯构件和压弯构件部分的相关规定。

立柱应按压弯构件计算,横梁应按受弯构件计算,支撑类构件应按轴心受压(拉)构件计算。

稳定性校核中,各构件适用的计算类型和计算公式如表 8 所示。

表 8 稳定性计算方法

<table>
<tr><th>构件</th><th>构件受力状态</th><th>受力状态说明</th><th>计算公式</th><th>备注</th></tr>
<tr><td rowspan="3">立柱</td><td rowspan="3">压弯
(单轴对称开口截面)</td><td>弯矩作用在对称平面内时,弯矩作用平面内、外的稳定性</td><td rowspan="3">参见附录 C</td><td rowspan="3"></td></tr>
<tr><td>弯矩作用在对称平面内时,弯心一侧受压的稳定性</td></tr>
<tr><td>弯矩作用在非对称主平面时,弯矩作用平面内、外的稳定性</td></tr>
<tr><td rowspan="2">横梁</td><td rowspan="2">受弯
(单轴对称或双轴对称)</td><td>荷载通过截面弯心且与主轴平行</td><td rowspan="2">参见附录 C</td><td rowspan="2"></td></tr>
<tr><td>荷载偏离截面弯心但与主轴平行</td></tr>
<tr><td>横斜撑</td><td>轴心受压(拉)</td><td></td><td rowspan="3">参见附录 C</td><td>当简化为杆单元时</td></tr>
<tr><td>垂直支撑</td><td>轴心受压(拉)</td><td></td><td>当简化为杆单元时</td></tr>
<tr><td>水平支撑</td><td>轴心受压(拉)</td><td></td><td>当简化为杆单元时</td></tr>
</table>

在地震工况下,可不进行稳定性校核。

附　录　A
（资料性附录）
荷载组合计算表达式

A.1　荷载组合 1:恒荷载+活荷载(即静态荷载),表达式见式(A.1):

$$\gamma_G \cdot C_G \cdot G_k + \gamma_Q \cdot C_Q \cdot Q_k \qquad \cdots\cdots (A.1)$$

式中:

γ_G　——恒荷载分项系数;

γ_Q　——活荷载分项系数;

C_G、C_Q——恒荷载和活荷载的荷载效应系数,通常按结构力学方法计算;

G_k、Q_k——恒荷载和活荷载的标准值。

A.2　荷载组合 2:恒荷载+活荷载+竖向冲击荷载(即静态荷载+冲击荷载),表达式见式(A.2):

$$\gamma_G \cdot C_G \cdot G_k + \gamma_Q (C_Q \cdot Q_k + C_{Q1} \cdot Q_{1k}) \qquad \cdots\cdots (A.2)$$

式中:

γ_G　——恒荷载分项系数;

C_G、C_Q——恒荷载和活荷载的荷载效应系数,通常按结构力学方法计算;

G_k、Q_k——恒荷载和活荷载的标准值。

γ_Q　——活荷载分项系数;

C_{Q1}　——竖向冲击荷载的荷载效应系数,按结构力学方法计算;

Q_{1k}　——竖向冲击荷载标准值,按 6.1.3 的规定采用。

A.3　荷载组合 3:恒荷载+活荷载+水平荷载(即静态荷载+水平荷载),表达式见式(A.3):

$$\gamma_G \cdot C_G \cdot G_k + \gamma_Q (C_Q \cdot Q_k + C_{Q2} \cdot Q_{2k}) \qquad \cdots\cdots (A.3)$$

式中:

γ_G　——恒荷载分项系数;

γ_Q　——活荷载分项系数;

C_G、C_Q——恒荷载和活荷载的荷载效应系数,通常按结构力学方法计算;

G_k、Q_k——恒荷载和活荷载的标准值;

C_{Q2}　——水平荷载的荷载效应系数,按结构力学方法计算;

Q_{2k}　——水平荷载标准值,按 6.1.4 的规定采用。

A.4　荷载组合 4:恒荷载+活荷载+水平地震作用(即静态荷载+地震荷载),表达式见式(A.4):

$$\gamma_G \cdot C_G \cdot G_E + \gamma_E \cdot C_E \cdot F_E \qquad \cdots\cdots (A.4)$$

式中:

γ_G——恒荷载分项系数;

C_G——恒荷载的荷载效应系数,通常按结构力学方法计算;

$G_E = G_k + \sum_{i=1,2\cdots} \psi_{Qi} \cdot Q_{ki}$,其中 ψ_{Qi} 为活荷载的组合值系数,按表 A.1 采用,Q_{ki} 为活荷载标准值;

γ_E——水平地震作用分项系数;

C_E——水平地震作用效应系数;

F_E——水平地震作用的标准值。

表 A.1 货架活荷载的组合值系数

活荷载种类	组合值系数
雪荷载	0.5
按实际情况考虑的货架各层活荷载	1.0
按等效均布荷载考虑的货架各层活荷载	0.8

式(A.4)中,水平地震作用的标准值 F_E 可按式(A.5)、式(A.6)确定:

$$F_E=\alpha_1 \cdot G_{eq} \qquad \cdots\cdots(A.5)$$

$$F_i=\frac{G_iH_i}{\sum_{j=1}^{n}G_jH_j}F_E \quad (i=1,2,\cdots,n) \qquad \cdots\cdots(A.6)$$

式中:

α_1 ——相应于货架结构基本自振周期的水平地震影响系数;

G_{eq} ——货架结构的等效总重量,可取 $G_{eq}=0.85G_E$;

G_E ——货架结构的总重力荷载的代表值,$G_E=\sum_{j=1}^{n}G_j$;

F_i ——货架结构第 i 层的水平地震作用标准值;

G_i、G_j ——分别为集中于货架结构第 i 层、第 j 层的重力荷载代表值,可取其自重的标准值和活荷载组合值之和;

H_i、H_j——分别为货架第 i 层、第 j 层的计算高度。

式(A.5)中,货架结构的水平地震影响系数 α_1 可按式(A.7)~式(A.9)确定:

当 $T\leqslant 0.1$ s 时:

$$\alpha_1=(0.45+5.5T)\cdot\alpha_{max} \qquad \cdots\cdots(A.7)$$

当 $0.1<T\leqslant T_g$ s 时:

$$\alpha_1=\alpha_{max} \qquad \cdots\cdots(A.8)$$

当 $T_g<T\leqslant 3$ s 时:

$$\alpha_1=\left(\frac{T_g}{T}\right)^{0.9}\cdot\alpha_{max} \qquad \cdots\cdots(A.9)$$

式中:

T ——货架结构的基本自振周期,可按理论计算或经验公式确定;

T_g ——特征周期值,根据场地类别和设计地震分组按表 A.2 采用;

α_{max}——水平地震影响系数的最大值,根据地震烈度按表 A.3 采用。

表 A.2 特征周期值 T_g

单位为秒

设计地震分组	场地类别				
	I_0	I_1	Ⅱ	Ⅲ	Ⅳ
第一组	0.20	0.25	0.35	0.45	0.65
第二组	0.25	0.30	0.40	0.55	0.75
第三组	0.30	0.35	0.45	0.65	0.90
注1:计算罕遇地震作用时,特征周期增加 0.05 s。 注2:场地类别确定方法详见 GB 50011—2010 中的 4.1.6。					

表 A.3　水平地震影响系数的最大值表 α_{max}

地震影响	6 度	7 度	8 度	9 度
多遇地震	0.04	0.08(0.12)	0.16(0.24)	0.32
罕遇地震	0.28	0.50(0.72)	0.90(1.20)	1.40
注：括号中数值分别用于设计基本地震加速度为 0.15 g 和 0.30 g 的地区。				

附 录 B
（资料性附录）
构件强度计算公式[1]

B.1 单轴对称开口截面的压弯构件

计算见式(B.1)。

$$\sigma=\frac{N}{A_{en}}\pm\frac{M_x}{W_{enx}}\pm\frac{M_y}{W_{eny}}\leqslant f \qquad \cdots\cdots(B.1)$$

式中：

N ——轴心力；

A_{en} ——有效净截面面积；

M_x ——对截面主轴 x 轴的弯矩；

M_y ——对截面主轴 y 轴的弯矩；

W_{enx}——对截面主轴 x 轴的较小有效净截面模量；

W_{eny}——对截面主轴 y 轴的较小有效净截面模量。

B.2 受弯构件

a) 当荷载通过截面弯心且与主轴平行时，计算见式(B.2)、式(B.3)。

$$\sigma=\frac{M_{\max}}{W_{enx}}\leqslant f \qquad \cdots\cdots(B.2)$$

$$\tau=\frac{V_{\max}S}{It}\leqslant f_v \qquad \cdots\cdots(B.3)$$

式中：

$M_{\max}$——跨间对主轴 x 轴的最大弯矩；

τ ——剪应力；

$V_{\max}$——最大剪力；

S ——计算剪应力处以上截面对中和轴的面积矩；

I ——毛截面惯性矩；

t ——腹板厚度之和；

f_v ——钢材抗剪强度设计值。

b) 当荷载偏离截面弯心且与主轴平行时，计算见式(B.4)。

$$\sigma=\frac{M}{W_{enx}}+\frac{B}{W_{\omega}}\leqslant f \qquad \cdots\cdots(B.4)$$

式中：

M ——计算弯矩，取构件全长范围内的最大弯矩；

B ——与所取弯矩同一截面的双力矩，当受弯构件的受压翼缘上有铺板，且与受压翼缘牢固相连并能阻止受压翼缘侧向变位和扭转时 $B=0$，此时可不验算受弯构件的稳定性。其他情况，可按 GB 50018—2002 中 A.4 的规定计算；

---

1) 压弯构件、受弯构件和轴心受压(拉)构件的强度计算公式见 GB 50018—2002 的第 5 章。

W_{ω}——与弯矩引起的应力同一验算点处的毛截面扇性模量。

B.3 轴心受压构件

计算见式(B.5)。

$$\sigma=\frac{N}{A_{en}}\leqslant f \qquad \cdots\cdots\cdots\cdots(\text{B.5})$$

式中：

σ ——正应力

N ——轴心力；

A_{en}——有效截面面积；

f ——钢材的抗拉、抗压和抗弯应力设计值。

附 录 C
（资料性附录）
构件稳定性计算公式[2)]

C.1 单轴对称开口截面的压弯构件

a) 当弯矩作用在对称平面内时，弯矩作用平面内、外的稳定性计算见式(C.1)、式(C.2)。

$$\frac{N}{\varphi A_e}+\frac{\beta_m M}{\left(1-\frac{N}{N'_E}\varphi\right)W_e}\leqslant f \quad\cdots\cdots(C.1)$$

$$\frac{N}{\varphi A_e}\leqslant f \quad\cdots\cdots(C.2)$$

式中：

N ——轴心力；

φ ——轴心受压构件的稳定系数，应按 GB 50018—2002 中表 A.1.1-1 或表 A.1.1-2 采用，其弯扭屈曲的换算长细比 λ_ω 按 GB 50018—2002 中式 5.5.4-1 计算；

A_e ——有效截面面积；

β_m ——等效弯矩系数；

M ——计算弯矩、取构件全长范围内的最大弯矩；

N'_E ——系数，$N'_E=\frac{\pi^2 EA}{1.165\lambda^2}$；

W_e ——对最大受压边缘的有效截面模量；

f ——钢材的抗拉、抗压和抗弯应力设计值。

b) 当弯矩作用在对称平面内，且使截面在弯心一侧受压时，计算见式(C.3)。

$$\left|\frac{N}{A_e}-\frac{\beta_{my} M_y}{\left(1-\frac{N}{N'_{Ey}}\right)W'_{ey}}\right|\leqslant f \quad\cdots\cdots(C.3)$$

式中：

N ——轴心力；

A_e ——有效截面面积；

β_{my} ——对 y 轴的等效弯矩系数，按 GB 50018—2002 中 5.5.3 的规定采用；

M_y ——对截面主轴 y 轴的弯矩；

N'_{Ey} ——系数，$N'_{Ey}=\frac{\pi^2 EA}{1.165\lambda_y^2}$；

W'_{ey} ——截面的较小有效截面模量；

f ——钢材的抗拉、抗压和抗弯应力设计值。

c) 当弯矩作用在非对称主平面时，弯矩作用平面内、外的稳定性公式见式(C.4)和式(C.5)：

$$\frac{N}{\varphi_x A_e}+\frac{\beta_m M_x}{\left(1-\frac{N}{N'_{Ex}}\varphi_x\right)W_{ex}}+\frac{B}{W_\omega}\leqslant f \quad\cdots\cdots(C.4)$$

---

2) 压弯构件、受弯构件和轴心受压(拉)构件的稳定性计算公式见 GB 50018—2002 的第 5 章。

$$\frac{N}{\varphi_y A_e}+\frac{M_x}{\varphi_{bx} W_{ex}}+\frac{B}{W_\omega}\leqslant f \qquad \cdots\cdots\cdots\cdots (C.5)$$

式中：

N ——轴心力；

φ_x ——对 x 轴的轴心受压构件稳定系数，长细比按 GB 50018—2002 中式(5.2.4-1)计算；

A_e ——有效截面面积；

β_m ——等效弯矩系数；

M_x ——对截面主轴 x 轴的弯矩；

N'_{Ex} ——系数，$N'_{Ex}=\dfrac{\pi^2 EA}{1.165\lambda_x^2}$；

W_{ex}——对截面主轴 x 轴的受压边缘的有效截面模量；

B ——与所取弯矩同一截面的双力矩；

W_ω ——与弯矩引起的应力同一验算点处的毛截面扇性模量；

f ——钢材的抗拉、抗压和抗弯应力设计值；

φ_y ——对 y 轴的轴心受压构件稳定系数，长细比按 GB 50018—2002 中式(5.3.2-2)计算；

φ_{bx} ——受弯构件的整体稳定系数，应按 GB 50018—2002 中 A.2 的规定计算。

C.2 受弯构件

a) 当荷载通过截面弯心且与主轴平行时，计算见式(C.6)。

$$\frac{M_{\max}}{\varphi_{bx} W_{ex}}\leqslant f \qquad \cdots\cdots\cdots\cdots (C.6)$$

式中：

$M_{\max}$——跨间对主轴 x 轴的最大弯矩；

φ_{bx} ——受弯构件的整体稳定系数，应按 GB 50018—2002 中 A.2 的规定计算。

W_{ex} ——对截面主轴 x 轴的受压边缘的有效截面模量；

f ——钢材的抗拉、抗压和抗弯应力设计值。

b) 当荷载偏离截面弯心但与主轴平行时，计算见式(C.7)。

$$\frac{M_{\max}}{\varphi_{bx} W_{ex}}+\frac{B}{W_\omega}\leqslant f \qquad \cdots\cdots\cdots\cdots (C.7)$$

式中：

$M_{\max}$——跨间对主轴 x 轴的最大弯矩；

φ_{bx} ——受弯构件的整体稳定系数，应按 GB 50018—2002 中 A.2 的规定计算；

W_{ex} ——对截面主轴 x 轴的受压边缘的有效截面模量；

B ——与所取弯矩同一截面的双力矩；

W_ω ——与弯矩引起的应力同一验算点处的毛截面扇性模量；

f ——钢材的抗拉、抗压和抗弯应力设计值。

C.3 轴心受压构件

计算见式(C.8)：

$$\frac{N}{\varphi A_e}\leqslant f \qquad \cdots\cdots\cdots\cdots (C.8)$$

式中：

N ——轴心力；

φ ——轴心受压构件的稳定系数，应按 GB 50018—2002 中表 A.1.1-1 或表 A.1.1-2 采用，其弯扭屈曲的换算长细比 λ_{ω} 按 GB 50018—2002 中式(5.5.4-1)计算；

A_e——有效截面面积；

f ——钢材的抗拉、抗压和抗弯应力设计值。

参 考 文 献

［1］ ANSI MH16.1:2004 Specification for the design—Testing and utilization of industrial steel storage racks

［2］ FEM 10.2.02 The design of static steel pallet racking

［3］ JIS B 8942:2004 Automated storage and retrieval system—General specifications

［4］ CECS 23:90 钢货架结构设计规范

ICS 03.100.01
A 10

中华人民共和国国家标准

GB/T 28577—2012

冷链物流分类与基本要求

Classification and basic specification for cold chain logistics

2012-06-29 发布

2012-10-01 实施

中华人民共和国国家质量监督检验检疫总局
中国国家标准化管理委员会 发布

前　言

本标准按照 GB/T 1.1—2009 给出的规则起草。

本标准由全国物流标准化技术委员会(SAC/TC 269)提出并归口。

本标准起草单位:西安交通大学、中国物流技术协会、北京邮电大学、天津大学、中国科学院数学与系统科学研究院、山东荣庆物流有限公司、贵州灵智农业集团有限公司、中物策(北京)工程技术研究院。

本标准主要起草人:冯耕中、吴军、刘伟华、汪应洛、汪寿阳、刘卫战、郑全军、袁毅、李毅学、李芏巍、郭菊娥、田军。

冷链物流分类与基本要求

1 范围

本标准规定了冷链物流的相关术语和定义、冷链物流分类和冷链物流的基本要求。

本标准适用于冷链物流管理。

2 规范性引用文件

下列文件对于本文件的应用是必不可少的。凡是注日期的引用文件,仅注日期的版本适用于本文件。凡是不注日期的引用文件,其最新版本(包括所有的修改单)适用于本文件。

GB/T 18354—2006 物流术语

GB/T 22918 易腐食品控温运输技术要求

GB/T 24616 冷藏食品物流包装、标志、运输和储存

GB/T 24617 冷冻食品物流包装、标志、运输和储存

GB 50072 冷库设计规范

QC/T 449 保温车、冷藏车技术条件及试验方法

3 术语和定义

GB/T 18354—2006 界定的以及下列术语和定义适用于本文件。

3.1

冷链 cold chain

根据物品特性,为保持其品质而采用的从生产到消费的过程中始终处于低温状态的物流网络。

[GB/T 18354—2006,定义 4.20]

3.2

冷链物品 cold chain article

冷链条件下流动的实体物质。

3.3

物流 logistics

物品从供应地向接收地的实体流动过程。根据实际需要,将运输、储存、装卸、搬运、包装、流通加工、配送、信息处理等基本功能实施有机结合。

[GB/T 18354—2006,定义 2.2]

3.4

冷链物流 cold chain logistics

以冷冻工艺为基础、制冷技术为手段,使冷链物品从生产、流通、销售到消费者的各个环节中始终处于规定的温度环境下,以保证冷链物品质量,减少冷链物品损耗的物流活动。

4 分类

4.1 按温度适用范围分类

4.1.1 超低温物流:适用温度范围在−50 ℃以下。

4.1.2 冷冻物流:适用温度范围在－18 ℃以下。
4.1.3 冰温物流:适用温度范围在－2 ℃～＋2 ℃。
4.1.4 冷藏物流:适用温度范围在 0 ℃～10 ℃。
4.1.5 其他控温物流:适用温度范围在 10 ℃～25 ℃。

4.2 按所服务的物品对象分类

4.2.1 肉类冷链物流:主要为畜类、禽类等初级产品及其加工制品提供冷链物流服务的形态。
4.2.2 水产品冷链物流:主要为鱼类、甲壳类、贝壳类、海藻类等鲜品及其加工制品提供冷链物流服务的形态。
4.2.3 冷冻饮品冷链物流:主要为雪糕、食用冰块等物品提供冷链物流服务的形态。
4.2.4 乳品冷链物流:主要为液态奶及其乳制品等物品提供冷链物流服务的形态。
4.2.5 果蔬花卉冷链物流:主要为水果、蔬菜和花卉等鲜品及其加工制品提供冷链物流服务的形态。
4.2.6 谷物冷链物流:主要为谷物、农作物种子、饲料等提供冷链物流服务的形态。
4.2.7 速冻食品冷链物流:主要为米、面类等食品提供冷链物流服务的形态。
4.2.8 药品冷链物流:主要为中药材、中药饮片、中成药、化学原料药及其制剂、抗生素、生化药品、放射性药品、血清、疫苗、血液制品和诊断药品等物品提供冷链物流服务的形态。
4.2.9 其他特殊物品冷链物流:主要为胶卷、定影液、化妆品、化学危险品、生化试剂、医疗器械等提供冷链物流服务的形态。

5 基本要求

5.1 总则

5.1.1 应满足社会发展需要,降低物流成本,符合节能环保要求。
5.1.2 应建立科学、合理的管理制度,采用必要的设施设备与技术,确保冷链物品品质和消费安全。

5.2 设施设备

5.2.1 冷链物品储存作业时,应采用冷库、冷藏箱、保温箱、低温冰柜或其他低温储存箱体等设施设备。冷库设计应符合 GB 50072 的规定。
5.2.2 冷链运输作业时,应采用冷藏车、保温车、冷藏集装箱、冷藏船、冷藏火车(专列)和附带冷藏箱、保温箱的运输设备。冷藏车、保温车性能应符合 QC/T 449 的规定。
5.2.3 冷链物流作业的各环节均应配备专门的设施设备。

5.3 温度控制

5.3.1 应建立冷链物流温度测量与监控制度。
5.3.2 冷链物流作业中,应明确物品在不同物流环节的规定温度要求、可允许的温度偏差范围、温度测量方法、温度测量结果的记录要求和保存方法要求。
5.3.3 冷链物流所采用的设施设备应配备连续温度记录仪并定期检查和校正,应设置温度异常警报系统,应配备不间断电源或应急供电系统。

5.4 物品保护

5.4.1 应建立冷链物品保护制度,对各作业环节做出包括温度控制、清洁卫生、保质时间限定等在内的关于物品保护的具体运作要求。
5.4.2 冷库作业应建立严格的管理制度。冷库应定期进行清洗消毒,并做好记录。冷库物品应按照物品性质分类、分区域堆放以防止交叉污染。

5.4.3 低温冰柜或其他低温储存箱体等柜体内部应保持清洁。箱体的空气冷却器或冷冻机应定期清洗、除霜。除霜系统应定期检查,保持除霜水出口清洁、畅通。

5.4.4 冷链物品运输车厢和容器应保持清洁,不能有秽物、碎片或异味,并定期消毒。运输作业应符合GB/T 22918的有关规定。

5.4.5 冷链物品包装及有关物流作业应符合GB/T 24616和GB/T 24617的相关规定。

5.5 人员要求

5.5.1 冷链物流作业人员应持有卫生部门发放的有效健康证。

5.5.2 冷链物流作业人员应取得相应的国家职业资格证书,持证上岗。

5.5.3 冷链物流作业人员应定期进行培训。

5.6 质量管理

5.6.1 应建立冷链物流质量管理部门并配备相应的管理人员。

5.6.2 应建立、完善冷链物流质量管理体系。

5.6.3 应建立、完善冷链物流信息系统,全面管理和记录冷链作业全过程的各类信息,实现冷链物流作业的可追溯性。

5.6.4 应建立冷链物流应急处理预案,应对冷链物流服务过程中可能出现的突发情况。

5.6.5 冷链物流服务双方应在服务合同中对双方的责权利做出明确界定,作为事后处理争议的依据。

5.6.6 冷链物品交接时,应符合服务合同所规定的质量、数量要求,应签署交接凭证并保存交接记录。

ICS 55.180.99
A 80

中华人民共和国国家标准

GB/T 28578—2012

出版物物流　接口作业规范

Publication logistics—Specification of interface operation

2012-06-29 发布　　2012-10-01 实施

中华人民共和国国家质量监督检验检疫总局
中国国家标准化管理委员会　发布

前　　言

本标准按照 GB/T 1.1—2009 给出的规则起草。

本标准由全国物流标准化技术委员会(SAC/TC 269)提出并归口。

本标准起草单位:中国新闻出版研究院、北京交通大学、中原出版传媒集团。

本标准主要起草人:兰洪杰、李中、林自葵、贾健。

出版物物流　接口作业规范

1　范围

本标准给出了出版物物流接口的构成及接口作业的结构化命名，规定了出版物物流接口的作业分类、名称和作业内容。

本标准适用于从事出版发行活动的不同参与方之间出版物物流流程的衔接。

注：本标准中所指的出版物包括图书、报纸、期刊、音像制品、电子出版物。

2　规范性引用文件

下列文件对于本文件的应用是必不可少的。凡是注日期的引用文件，仅注日期的版本适用于本文件。凡是不注日期的引用文件，其最新版本(包括所有的修改单)适用于本文件。

CY/T 50—2008　出版术语

3　术语和定义

CY/T 50—2008界定的以及下列术语和定义适用于本文件。

3.1

出版物　publications

以知识信息为内容，以一定的物质形态为载体，复制、传播的文化产品。

[CY/T 50—2008，定义2.52]

3.2

出版物物流　publication logistics

出版物从供应地向接收地的实体流动过程。根据实际需要，将运输、储存、装卸、搬运、包装、流通加工、配送、信息处理等基本功能实施的有机结合。

3.3

出版物物流接口　interface of publication logistics

不同出版物物流参与方之间用于相互衔接的由若干可独立应用的具体操作单元组成的流程片段。

3.4

出版物物流接口作业　process interface of publication logistics

构成出版物物流接口的一组最小的可独立应用的具体操作单元，简称为“接口作业”。

3.5

出版物物流参与方　publication logistics party

出版物物流中从事不同业务的主体。

3.5.1

出版物供应商　publication supplier

供应出版物的主体。

3.5.2

出版物采购商　publication purchaser

选择、订购出版物的主体。

3.5.3

出版物物流商　publication logistics enterprise

提供出版物第三方物流服务的主体。

3.6

出版物物流角色　publication logistics process role

在出版物物流中承担不同职能的参与方。

3.6.1

出版物数据发送方　data sender

发送出版物物流信息的主体,简称为"数据发送方"。

3.6.2

出版物数据接收方　data receiver

接收出版物物流信息的主体,简称为"数据接收方"。

3.6.3

出版物发货方　shipper

出版物的发货主体,简称为"发货方"。

3.6.4

出版物收货方　consignee

出版物的收货主体,简称为"收货方"。

3.6.5

出版物退货方　returnee

出版物的退货主体,简称为"退货方"。

3.6.6

出版物物流服务提供方　logistics service provider

出版物的物流服务主体。

4　出版物物流接口构成

4.1　出版物物流接口框架

出版物物流接口根据不同参与方物流业务衔接的需要,由各参与方协商约定选取已定义的一个或多个接口作业组成接口。物流作业的顺序与内容由各参与方协商后确定。出版物物流接口的位置与构成示意图参见图1。

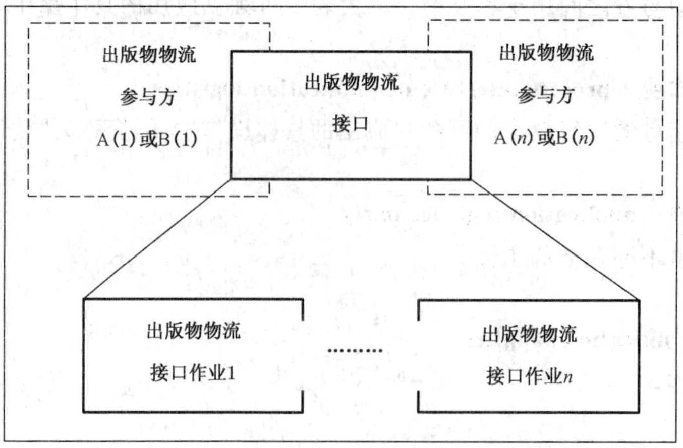

图1　出版物物流接口的位置与构成

4.2 出版物物流参与方与角色的关系

出版物物流参与方与角色之间是多对多关系，即一个参与方可以扮演不同的角色，一个角色可以由不同参与方承担。

5 出版物物流接口作业分类、名称及结构化命名

5.1 接口作业的分类与名称

接口作业的分类与名称见表1。

表1 出版物物流接口作业分类与名称

作业分类	作业名称
业务请求类	数据发送方提出主动供货请求
	数据发送方提出主动订货请求
	数据发送方提出合同或质量退货请求
	数据发送方提出召回或调剂退货请求
发货类	发货方发货前确认
	发货方提供运输服务
	发货方委托物流服务提供方提供运输服务
收货类	收货方对发货方提供收货服务
	收货方对物流服务提供方提供收货服务
	收货方委托物流服务提供方提供收货服务
	收货方提供退回货物收货服务
	收货方委托物流服务提供方提供退回货物收货服务
退货类	退货方直接提供退回货物的发货服务
	退货方委托出版物物流服务提供方提供发货服务
查询类	收货方与发货方之间货物状态查询
	收货方与发货方之间差错查询

5.2 接口作业的结构化命名

接口作业的结构化命名参见附录A。

6 出版物物流接口作业内容

6.1 业务请求类

6.1.1 数据发送方提出主动供货请求接口作业

在出版物物流业务中，供应商主动提出供货请求的接口作业内容见表2。

表 2 数据发送方提出主动供货请求作业内容

参与方	角色	物流作业顺序和内容
供应商	数据发送方	主动发送业务请求商务文件，计时
采购商	数据接收方	接收商务文件，并判定文件是否有效、是否在接收计划序列内： a) 如是，则回应收据并确认； b) 如否，则拒绝； c) 如商务文件有效但不在计划序列中，可发送应答文件，回应业务请求，表示合作意向，计时
供应商	数据发送方	对合作意向文件确认，并应答

6.1.2 数据发送方提出订货请求接口作业

在出版物物流业务中，采购商提出订货请求的接口作业内容见表 3。

表 3 数据发送方提出订货请求作业内容

参与方	角色	物流作业顺序和内容
采购商	数据发送方	发送业务请求商务文件，计时
供应商	数据接收方	接收业务请求商务文件： a) 表示同意，并发送合作协议商务文件； b) 表示同意，但需商榷，发送修改后商务文件； c) 表示拒绝，发送回应信息
采购商	数据发送方	a) 接收合作协议商务文件，签署协议，计时； b) 接收合作协议商务文件，表示拒绝，发送回应信息； c) 接收修改后的商务文件，表示同意，并进一步协商，直至签署协议
供应商	数据接收方	接收合作协议商务文件，并进入发货流程

6.1.3 数据发送方提出合同或质量退货请求接口作业

在出版物物流退货业务中，采购商提出合同退货、质量退货或残损退货请求的接口作业内容见表 4。

表 4 数据发送方提出合同或质量退货请求作业内容

参与方	角色	物流作业顺序和内容
采购商	数据发送方	根据协议向供应商提出退货请求，并向数据接收方发送退货目录文件，计时
供应商	数据接收方	接收退货目录文件，根据协议，审核并修改退货目录后，向数据发送方发送确认退货目录文件，并通知收货方作收货准备： a) 接收退货目录文件，无异议，则向数据发送方发送确认文件，通知其组织退回货物作业，计时； b) 接收退货目录文件，根据协议，提出商榷，并将修改更新后的退货目录文件返回数据发送方

表 4（续）

参与方	角色	物流作业顺序和内容
采购商	数据发送方	a） 接收确认的退货目录文件，并通知发货方作发货准备； b） 接收修改更新后的退货目录文件，商榷并达成退货的一致性意见或建议，发送确认的退货发货目录文件，并通知发货方作发货准备

6.1.4 数据发送方提出召回或调剂退货请求接口作业

在出版物物流退货业务中，供应商提出召回退货或调剂退货请求的接口作业内容见表5。

表 5 数据发送方提出召回或调剂退货请求作业内容

参与方	角色	物流作业顺序和内容
供应商	数据发送方	主动发送退货业务请求商务文件，计时
采购商	数据接收方	接收退货业务请求商务文件，并判定文件是否有效、是否在接收计划序列内： a） 如是，则确认回应，并按退货物流作业规范要求退货，计时； b） 如否，则发送商务文件说明； c） 如文件有效但不在计划序列中，应发送商务文件说明
供应商	数据发送方	对回应确认

6.2 发货类

6.2.1 发货方发货前确认接口作业

在出版物物流发货业务中，发货方在发货服务实施前应确认的接口作业内容见表6。

表 6 发货方发货前确认作业内容

参与方	角色	物流作业顺序和内容
供应商	发货方	发货前，应向收货方发送发货文件，计时
采购商	收货方	收到发货文件，应回复

6.2.2 发货方提供运输服务接口作业

在出版物物流运输业务中，发货方提供运输服务的接口作业内容见表7。

表 7 发货方提供运输服务的接口作业内容

参与方	角色	物流作业顺序和内容
供应商	发货方	完成发货确认接口作业后，组配货物，并按协议规定的时间、运抵指定地点发货
采购商	收货方	确认并做好收货准备

6.2.3 发货方委托物流服务提供方提供运输服务接口作业

在出版物物流运输业务中，发货方委托物流服务提供方提供运输服务的接口作业内容见表8。

表8 发货方委托物流服务提供方提供运输服务的接口作业内容

参与方	角色	物流作业顺序和内容
供应商	发货方	a) 与物流服务提供方确认发运时间、数量、运达地点、收货方、联系方式等发货信息； b) 与物流服务提供方进行货物交接
物流商	物流服务提供方	确认发货信息： a) 依据合同规定的发货执行标准，进行相应物流作业； b) 按文件要求的时间、地点装货，并在指定地点，向收货方交货
采购商	收货方	确认并做好收货准备

6.3 收货类

6.3.1 收货方对发货方提供收货服务接口作业

在出版物物流收货业务中，收货方对发货方提供收货服务的接口作业内容见表9。

表9 收货方对发货方提供收货服务的作业内容

参与方	角色	物流作业顺序和内容
采购商	收货方	a) 验收无误，签字确认，并回告收货情况； b) 如有差异，需与发货方共同确认，并对收货差异形成书面报告，计时
供应商	发货方	a) 确认回告； b) 如收货存在差异，与收货方共同检验货物，确认差异处理方式，计时

6.3.2 收货方对物流服务提供方提供收货服务接口作业

在出版物物流收货业务中，收货方对物流服务提供方提供收货服务的接口作业内容见表10。

表10 收货方对物流服务提供方提供收货服务的接口作业内容

参与方	角色	物流作业顺序和内容
采购商	收货方	a) 验收无误，签字确认，并回告发货方收货情况； b) 如有差异，需与物流服务提供方共同确认，对收货差异形成书面报告，并通知发货方，计时
物流商	物流服务提供方	a) 确认回告； b) 如收货存在差异，与收货方共同检验货物，确认差异处理方式，计时

6.3.3 收货方委托物流服务提供方提供收货服务接口作业

在出版物物流收货业务中，收货方委托物流服务提供方提供收货服务的接口作业内容见表11。

表11 收货方委托物流服务提供方提供收货服务的接口作业内容

参与方	角色	物流作业顺序和内容
采购商	收货方	与物流服务提供方签署提货服务合同
物流商	物流服务提供方	a) 接到提货文件，凭提货文件提取货物，收验无误，为发货方开具收货收据或签字，回告发货方，通知收货方，计时； b) 如有差异，与发货方共同确认后，对收货差异形成书面报告，开具收货收据，通知发货方，回告收货方，计时
供应商	发货方	a) 确认回告； b) 如收货存在差异，与物流服务提供方共同检验货物，确认差异处理方式，计时

6.3.4 收货方提供退回货物收货服务接口作业

在出版物物流退货的收货业务中，收货方提供退回货物收货服务的接口作业内容见表12。

表12 收货方提供退回货物收货服务的接口作业内容

参与方	角色	物流作业顺序和内容
供应商	收货方	提供退回货物收货服务： a) 验收无误，签字确认，回告退货方收到出版物情况，计时； b) 如有差异，与退货方或出版物物流服务提供方共同确认后，对收货差异形成书面报告，开具收货收据，通知退货方收到退回货物的情况，计时
采购商	退货方	a) 确认回告； b) 如收货存在差异，与收货方共同检验货物，确认差异处理方式，计时

6.3.5 收货方委托物流服务提供方提供退回货物收货服务接口作业

在出版物物流退货的收货业务中，出版物物流服务提供方接受收货方委托，提供退回货物收货服务的接口作业内容见表13。

表13 收货方委托物流服务提供方提供退回货物收货服务作业内容

参与方	角色	物流作业顺序和内容
供应商	收货方	与出版物物流服务提供方签署委托退回货物的提货服务合同
物流商	物流服务提供方	a) 接到提货文件，凭提货文件提取退回货物，验收无误，签字确认，通知退货方退回货物收货情况，回告收货方收货情况，计时； b) 如有差异，与退货方共同确认差异后，对收货差异形成书面报告并签字，签字确认，通知退货方退回货物收货情况，计时

6.4 退货类

6.4.1 退货方直接提供退回货物的发货服务接口作业

在出版物物流退货业务中，由退货方提供发货服务的接口作业内容见表14。

表14 退货方直接提供退回货物的发货服务作业内容

参与方	角色	物流作业顺序和内容
采购商	退货方	a) 根据确认的退货请求，组织退回货物的发货作业； b) 向收货方发送退货的发货文件，接到收货方回应的确认文件后发货； c) 按协议规定的执行标准，将退回的货物按时运抵指定地点，交付货物，计时
供应商	收货方	接到退货发货文件，做收货准备

6.4.2 退货方委托发货方提供退回货物的发货服务接口作业

在出版物物流退货业务中，退货方委托物流服务提供方提供发货服务的接口作业内容见表15。

表15 退货方委托发货方提供退回货物的发货服务作业内容

参与方	角色	物流作业顺序和内容
采购商	退货方	与物流服务提供方签署代发货协议，并交接退回货物
物流商	物流服务提供方	a) 接到退货方发货文件，按协议要求接收退回货物，组织退回货物的发货作业； b) 向收货方发送退货发货文件，接到收货方回应的确认文件后，作发货准备； c) 按协议规定的执行标准，将退货方退回的货物按时运抵指定地点，交付货物，计时，并向退货方报告收货方收货验收情况
供应商	收货方	接到退货发货文件，做收货准备

6.5 查询类

6.5.1 收货方与发货方之间货物状态查询接口作业

在出版物物流查询业务中，收货方与发货方之间货物状态查询的接口作业内容见表16。

表16 收货方与发货方之间货物状态查询的接口作业内容

参与方	角色	物流作业顺序和内容
供应商或采购商	数据发送方	发送请求，提交货物状态查询文件、资料等
供应商或采购商	数据接收方	接收查询文件，判定数据发送方所具备的货物状态查询服务权限： a) 根据其权限，按规定的权限范围和服务时限，回告其查询结果文档，或提供相应的其他服务； b) 不具备相应权限，则无法提供相应服务
供应商或采购商	数据发送方	接收回告文件，并确认查询结果

6.5.2 收货方与发货方之间差错查询接口作业

在出版物物流查询业务中，用于收货方与发货方之间差错查询的接口作业内容见表17。

表17 收货方与发货方之间差错查询的接口作业内容

参与方	角色	物流作业顺序和内容
供应商或采购商	收货方	当收货出现差异时，要通过拍照、签字确认等方式保留原始信息，根据情况向发货方提出查询或处理请求，计时
供应商或采购商	发货方	接收文件，回告答复文件，计时
供应商或采购商	收货方	接收回告文件，发送以下建议或请求： a) 确认差错，并按有关规定提出处理建议； b) 继续质疑，提出新的证据，发送请求，计时
供应商或采购商	发货方	接收文件，发送以下回告： a) 同意按有关规定提出的处理意见； b) 提出新的处理建议； c) 继续磋商

7 出版物物流参与方与角色信息描述格式

7.1 参与方信息描述格式

出版物物流参与方的信息描述格式见表18。

表18 参与方基本信息

代码	参与方 中文名称	参与方 英文名称	参与方基本信息数据项 中文名称	参与方基本信息数据项 英文名称
A	出版物供应商	publication supplier	供应商名称 供应商编码 供应商组织机构代码 供应商纳税号 供应商联系人 供应商电话号码 供应商通讯地址 供应商邮编 供应商电子邮件地址 供应商开户行	supplier name supplier ID supplier organization ID supplier taxation ID supplier contact supplier phone number supplier address supplier post code supplier email supplier deposit bank

表 18（续）

代码	参与方中文名称	参与方英文名称	参与方基本信息数据项中文名称	参与方基本信息数据项英文名称
B	出版物采购商	publication purchaser	采购商名称 采购商编码 采购商组织机构代码 采购商纳税号 采购商联系人 采购商电话号码 采购商通讯地址 采购商邮编 采购商电子邮件地址 采购商开户行	purchaser name purchaser ID purchaser organization ID purchaser taxation ID purchaser contact purchaser phone number purchaser address purchaser post code purchaser email purchaser deposit bank
C	出版物物流商	publication logistics enterprise	物流商名称 物流商编码 物流商组织机构代码 物流商纳税号 物流商联系人 物流商电话号码 物流商通讯地址 物流商邮编 物流商电子邮件地址 物流商开户行	logistics enterprise name logistics enterprise ID logistics enterprise organization ID logistics enterprise taxation ID logistics enterprise contact logistics enterprise phone number logistics enterprise address logistics enterprise post code logistics enterprise email logistics enterprise deposit bank

7.2 角色信息描述格式

出版物物流角色信息内容见表 19。

表 19 角色基本信息

代码	角色中文名称	角色英文名称	角色基本信息数据项中文名称	角色基本信息数据项英文名称
01	出版物数据发送方	data sender	发送方名称 发送方编码 发送方联系人 发送方联系人邮件 发送方电话	data sender name data sender ID data sender contact data sender email data sender phone
02	出版物数据接收方	data receiver	接收方名称 接收方编码 接收方联系人 接收方联系人邮件 接收方电话	data receiver name data receiver ID data receiver contact data receiver email data receiver phone

表 19（续）

代码	角色 中文名称	角色 英文名称	角色基本信息数据项 中文名称	角色基本信息数据项 英文名称
03	出版物发货方	shipper	发货方名称 发货方地址 发货方邮编 发货方联系人 发货方电话	shipper name shipper address shipper post code shipper contact shipper phone
04	出版物收货方	consignee	收货方名称 收货方地址 收货方邮编 收货方联系人 收货方电话	consignee name consignee address consignee post code consignee contact consignee phone
05	出版物退货方	returnee	退货方名称 退货方地址 退货方邮编 退货方指定联系人 退货方电话	returnee name returnee address returnee post code returnee contact returnee phone
06	出版物物流服务提供方	logistics service provider(LSP)	物流服务提供方名称 物流服务提供方地址 物流服务提供方邮编 物流服务提供方联系人 物流服务提供方电话	LSP name LSP address LSP post code LSP contact LSP phone

附 录 A
（资料性附录）
接口作业的结构化命名

接口作业的名称由结构化成分构成，每个成分都具有含义（语义）和位置（语法）。结构化成分由对象类术语、特性术语、表示术语和限定术语构成，以汉语主题词表为主要来源：

a） 对象类术语是构成接口作业名称的一个成分，它表示某一相关环境中的一项行为和（或）一个对象；

b） 特性术语是由反映属性的离散的，或完整的词构成；

c） 表示术语是名称中描述表示的成分，由一个受控单词表构成；

d） 限定术语用于对一个接口作业进行唯一标识，需附加到对象类术语、特性术语和表示术语上。

示例：

在“数据发送方提出主动供货请求”流程中：

a） “数据发送方”：对象类术语；“提出”：对象类术语（表示对象的行为）。

b） “供货”：特性术语。

c） “请求”：表示术语。

d） “主动”：限定术语，并附加在特性术语和表示术语上。

以上构词表明本接口作业在出版物物流业务中，是唯一用于参与方主动提出业务合作请求的商询性接口流程。

参 考 文 献

[1] GB/T 18127—2009 商品条码 物流单元编码与条码表示
[2] GB/T 18354—2006 物流术语
[3] CY/T 52—2009 出版物发货单
[4] CY/T 53—2009 出版物退货单/退货差错回告单
[5] CY/T 54—2009 出版物在途查询单/回告单
[6] CY/T 55—2009 出版物物流标签标准
[7] CY/T 56.1—2009 出版物物流作业规范 第1部分:收货验收
[8] CY/T 57—2009 出版物运输包装材料基本要求

ICS 55.180.01
A 80

中华人民共和国国家标准

GB/T 28579—2012

出版物物流　退货作业规范

Publication logistics—Specification of return operation

2012-06-29 发布　　2012-10-01 实施

中华人民共和国国家质量监督检验检疫总局
中国国家标准化管理委员会　发布

前　言

本标准按照 GB/T 1.1—2009 给出的规则起草。

本标准由全国物流标准化技术委员会(SAC/TC 269)提出并归口。

本标准起草单位:中国新闻出版研究院、北京交通大学、中原出版传媒集团。

本标准主要起草人:兰洪杰、李中、林自葵、贾健。

出版物物流　退货作业规范

1　范围

本标准规定了出版物物流退货类型、退货作业基本要求、退货信息标识。

本标准适用于出版物发行及相关企业的出版物退货作业和管理。

注：本标准中所指的出版物包括图书、音像制品、电子书、电子出版物、有声读物、MPR出版物。

2　规范性引用文件

下列文件对于本文件的应用是必不可少的。凡是注日期的引用文件，仅注日期的版本适用于本文件。凡是不注日期的引用文件，其最新版本（包括所有的修改单）适用于本文件。

GB/T 18127　商品条码　物流单元的编码与符号标记

GB/T 28578　出版物物流　接口作业规范

CY/T 53　出版物退货单/退货差错回告单

CY/T 55　出版物物流标签

CY/T 56.1　出版物物流作业规范　第1部分：收货验收

CY/T 57　出版物运输包装材料基本要求

3　术语和定义

GB/T 28578界定的以及下列术语和定义适用于本文件。

3.1

出版物退货作业　publications return activity

采购商将出版物退回到供应商的一系列活动。

3.2

退货包签　return packet label

记录退回出版物运输包件信息的物流标签。

3.3

退货包装件　return package

退回出版物经过包装所形成的总体。

3.4

退货包装单元　return package unit

构成退货包装件的最小独立包装件。

3.5

退货拣选　return order picking

按照退货单的要求，从储存场所选出退回的出版物，并放置在指定地点的作业。

3.6

退货集货　return goods consolidation

将分散的或小批量的退回的出版物集中起来，以便进行运输、配送的作业。

3.7

退货验收 return goods check and acceptance

依据收货凭证对退回出版物的数量、包装等进行检查和验证，并进行收货确认的过程。

4 退货类型

4.1 合同退货

采购商按照合同约定向供应商退回出版物所形成的退货，该类型标识为 A。退货发起方为采购商，退货的接收方为供应商。

4.2 质量退货

因出版物质量问题所引起的采购商退货，该类型标识为 B。退货发起方为采购商，退货的接收方为供应商。

4.3 拒收退货

由于出版物破损或未经采购商同意的主动发货，采购商拒收而形成的退货，该类型标识为 C。退货发起方为采购商，退货的接收方为供应商。

4.4 调剂退货

由供应商调配出版物余缺所形成的退货，该类型标识为 D。退货发起方为供应商，退货的接收方为采购商。

4.5 召回退货

供应商主动召回出版物所形成的退货，该类型标识为 E。退货发起方为供应商，退货的接收方为供应商。

5 退货作业基本要求

5.1 退货基础作业

5.1.1 除召回退货外，退货发起方在发起退货前，应对需退回的出版物进行数据整理，生成退货请求文件，当向退货接收方发送该退货请求文件时，表示退货的发起。

5.1.2 除召回退货外，退货接收方在接到退货请求文件后，应在三个工作日内给予确认，并回复退货信息确认文件。双方将协商后达成的退货品种、数量、送达时间、地点及收货单位等信息，通知各自的物流部门或物流商。

采购商应在退回出版物发货的同时，向供应商发送已发货通知文件，告知供应商做好收货准备。

5.1.3 采购商的物流部门或物流商，对出版物进行拣选、集货、复核与包装，制作出版物物流标签、出版物退货文件并发运。

拣选应满足以下要求：根据出版物退货单及协议规定的退回出版物质量要求，按批次、版别、品种对退回出版物进行分类拣选；按同一退货收货方及退货物流路线拣选出的退回出版物，放置在指定地点，并生成退货目录。

集货及复核应满足以下要求：采购商在集货时，应对退回的出版物进行复核，确认其是否符合退货的条件；然后将符合退货条件的出版物汇集存放，生成退货发货目录。并将该目录附在出版物退货单后随货同行，或先期发送该目录电子版。

包装应满足以下要求：

——根据退货文件要求，对退回出版物，按其退货类型、退货品种等，组成退货包装单元，包装材料按照 CY/T 57 的要求，并给每个单元各分配一个退货包装单元标识符；
——由退货包装单元构成的退货包装件，其出版物物流标签应显示构成退货包装件的所有退货包装单元标识符，出版物物流标签符合 CY/T 55 的要求，为方便信息的查看，标签不应被包装绳（带）遮挡；
——纸板箱包装，按照 GB/T 18127 的相关要求；
——捆扎时包装纸包装且人工（机器）捆扎，要保证包装绳（带）能够固定包件，绳（带）与边间距相等，横竖绕捆（拉）紧，绳（带）头结死压牢。建议包装绳（带）打成“井”或“＋＋”形。

5.1.4 除召回退货外，退货接收方的物流部门或物流商，应参照 CY/T 56.1 对退回出版物进行收货验收，并在三个工作日内向退货发起方发送退货收货确认单，该退货收货确认单应对收货差异信息做出反馈。

5.2 退货的处理与期限

5.2.1 召回退货：采购商应立即停售，并在三十个工作日内集货、复核、包装，发运供应商指定物流部门或物流商。

5.2.2 合同退货：采购商应按合同约定的期限和程序办理退货。

5.2.3 质量退货：采购商应按合同约定的时间和程序定期办理退货。

5.2.4 拒收退货：采购商在收货完毕后的三个工作日内，与供应商协商并将拒收出版物退回供应商。

5.2.5 调剂退货：采购商应按出版物调剂单要求，在三个工作日内办理发运手续。

6 退货信息标识

6.1 退货信息描述

描述退货信息的一组出版元数据元素，应在已发布的元数据标准中选取，或选用 CY/T 53 中的数据项描述。

当在已发布的元数据标准中选取了一组出版元数据元素时，应同时选取该组各元素的唯一标识符。

6.2 退货信息的分发

采购商发货后，应将发货信息向下列对象发送该批次的退货信息，并接收其应答信息：

a) 供应商；

b) 采购商委托的物流部门或物流商。

参 考 文 献

[1] GB/T 4122.1—2008 包装术语 基础
[2] GB/T 7408—2005 数据元和交换格式 信息交换 日期和时间表示法
[3] GB/T 18354—2006 物流术语
[4] GB/T 19256.3—2006 基于XML的电子商务 第3部分:消息服务规范

ICS 03.120.10
A 00

中华人民共和国国家标准

GB/T 28580—2012

口岸物流服务质量规范

Quality requirements for port logistics service

2012-06-29 发布

2012-10-01 实施

中华人民共和国国家质量监督检验检疫总局
中国国家标准化管理委员会 发布

前　言

本标准按照 GB/T 1.1—2009 给出的规则起草。

本标准由全国物流标准化技术委员会(SAC/TC 269)提出并归口。

本标准起草单位:上海市标准化研究院、国富通信息技术发展有限公司、上海美华系统有限公司、上海国际港务(集团)股份有限公司、中国远洋物流有限公司、深圳市联合纵横国际货运代理公司、厦门通程物流有限公司、联邦快递(中国)有限公司。

本标准主要起草人:王二卫、高爽、罗贵华、费飞、包起帆、林晓帆、路欢欢、秦玉青、陈智勇、王晓昀、景洪德、闻君、陈东琪。

口岸物流服务质量规范

1 范围

本标准规定了一般货物口岸物流服务的基本要求，确立了方案设计服务、信息服务、作业服务、客户服务的具体要求和主要服务质量指标。

本标准适用于提供一般货物口岸物流服务的相关企业，也可作为对一般货物口岸物流服务提供企业进行选择和评价的依据。

注：本标准所指的一般货物不包括危险货物、鲜活易腐货物。

2 规范性引用文件

下列文件对于本文件的应用是必不可少的。凡是注日期的引用文件，仅注日期的版本适用于本文件。凡是不注日期的引用文件，其最新版本(包括所有的修改单)适用于本文件。

GB 11602 集装箱港口装卸作业安全规程

GB/T 18354—2006 物流术语

GB/T 21070 仓储从业人员职业资质

GB/T 21071 仓储服务质量要求

JT/T 245 港口钢材装卸作业安全技术要求

JT 330 港口件杂货物装卸作业安全技术要求

JT 461 港口水泥装卸作业安全技术要求

JT/T 706 港口货物堆垛要求

3 术语和定义

GB/T 18354—2006 界定的以及下列术语和定义适用于本文件。

3.1

口岸物流 port logistics

货物进出国境的港口、机场、车站、通道的实体流动过程。

3.2

口岸物流服务 port logistics service

按照客户对口岸物流的需求，供方所实施的与客户接触的活动以及内部活动所产生的结果。

3.3

通关 customs clearance

进出境运输工具负责人、货物的收发货人及其代理人向国家驻口岸管理机构申请、办理进出境手续的全部过程。

3.4

报关 customs declaration

进出境运输工具的负责人、进出境货物的所有人、进出口货物的收发货人或其代理人向海关办理运输工具、货物、物品进出境手续的全过程。

[GB/T 18354—2006，定义 7.8]

3.5

保税货物　bonded goods

经海关批准未办理进口纳税手续进境,在境内储存、加工、装配后复运出境,或者已办结出口手续在境内进行物流活动的货物。

3.6

保税仓库　bonded warehouse

经海关批准设立的专门存放保税货物及其他未办结海关手续货物的仓库。

[GB/T 18354—2006,定义7.34]

4　基本要求

4.1　总则

4.1.1　口岸物流服务应以客户为中心,以"安全、及时、准确、节省、守信"为服务质量方针。

4.1.2　口岸物流服务供需双方应依法签订规范的服务合同。

4.1.3　口岸物流服务应符合国家驻口岸管理机构的监管要求。

4.2　企业基本条件

4.2.1　具有从事口岸物流业务的相关营业资质和经营条件。

4.2.2　具备健全的质量管理体系。

4.2.3　特殊岗位从业人员应具备相应的资格证书。

4.3　社会责任

4.3.1　遵守法律、法规的规定。

4.3.2　保护劳动者的合法权益、节约资源、保护环境。

4.4　服务内容

口岸物流服务包括方案设计服务、信息服务、作业服务、客户服务等内容。

5　方案设计服务

5.1　口岸物流方案设计应满足客户需求,以促进资源合理利用、提升工作效率、降低成本、提高客户满意度为原则。

5.2　口岸物流服务方案宜包括信息服务、货物接收、通关、装卸、运输、仓储、货物交付、客户服务等方面的内容。对潜在风险进行分析、识别,针对不同的风险类型制定相应的解决方案,包括保险方案。

6　信息服务

6.1　应建立必要的信息系统,为客户提供信息交换与查询服务。

6.2　提供给客户的货物接收、货物交付单证等信息应及时、准确、完整,电子单证、报文应符合相关标准的规定。

6.3　采取必要措施,防止客户信息的泄漏及不正当使用。

7 作业服务

7.1 货物接收

7.1.1 按合同约定的时间、地点、数量、质量、外表等要求进行货物接收。

7.1.2 应满足客户对货物防护的合理要求。

7.1.3 提示、帮助客户正确、完整填写单证。

7.2 通关

7.2.1 通关服务应符合海关、检验检疫等国家驻口岸管理机构的监管要求。报关、报检员要持证上岗，无证人员不得从事报关、报检工作。

7.2.2 提示客户通关货物不应属于国家禁止或者限制进出境的货物。

7.2.3 提示、帮助客户提供合法、合格、正确、齐全的报关报检单证。

7.2.4 报关、报检前，应审核单证是否齐全，内容填写是否准确。

7.2.5 提示客户，由于海关、出入境检验检疫等国家驻口岸管理机构审核、查验等原因造成提货延误，客户将承担所产生的疏港(场、站)费、集装箱超期使用费及其他额外费用。

7.3 装卸

7.3.1 根据货物类别、数量及运送工具类别选用相适应的作业操作规程、作业人员和装卸工具。

7.3.2 装卸作业应符合货物包装件上的标志要求，不损坏货物和货物外包装，做到轻装轻卸、不丢失、不损坏、不错装、堆码规范、装载平衡、捆扎牢固、苫盖严密。

7.3.3 港口集装箱、钢材、件杂货物及水泥装卸作业应分别符合 GB 11602、JT/T 245、JT 330、JT 461 的规定，以保障作业安全。

7.3.4 装卸作业的噪音和排放的有害物质应符合相关规定。

7.4 运输

7.4.1 计量计程应准确，运费计算应符合合同约定。

7.4.2 确认待运输货物的性质、包装、质量、数量、规格等，发现问题及时处理。

7.4.3 根据货物特点，选用合理运输工具，选择经济合理运输路线。

7.4.4 保税货物运输应符合海关监管要求。

7.4.5 货物运输保险与保价采取自愿的原则，应提供代办保险的服务，对保价运输除按规定收取保价费外不应额外收取其他费用。

7.4.6 运输过程中出现意外事故，应及时采取措施以减少损失，并及时与客户沟通。

7.5 仓储

7.5.1 保税仓库服务应符合海关监管要求。

7.5.2 仓储服务质量、仓储服务人员职业资质应分别符合 GB/T 21071、GB/T 21070 的规定。港口货物堆垛应符合 JT/T 706 的规定。

7.6 货物交付

7.6.1 按合同约定的时间、地点、交付对象、数量、质量等要求进行货物交付。

7.6.2 交付时间、货损、货差等如超出合同约定范围，则按合同约定进行处理。

8 客户服务

8.1 应提供对口岸物流相关作业环节及规定的解释、查询进展等咨询服务。

8.2 应给客户提供服务渠道、受理部门、处理程序等信息。服务渠道应保持畅通，服务渠道可包括网络、电话、传真、电子邮件、信函、服务窗口等。在客户接待场所设置意见本(或簿、或箱)。

8.3 应主动和客户进行沟通、回访。对长期和重点客户应提供主动、个性化客户服务。

8.4 发生投诉时，应按照承诺的投诉处理程序及时间节点进行处理。

8.5 对发生投诉的事件，应采取预防措施防止类似事件再次发生。

8.6 在服务过程中，如有外包委托环节，应得到客户许可。

9 主要服务质量指标

9.1 用途

口岸物流主要服务质量指标包括通关时间、货损率、货差率、信息传递准确率、有效投诉率、客户满意率等，具体在衡量和考核口岸物流服务质量时应根据具体情况对这些指标进行删减或补充，并明确这些指标的具体数值。

9.2 计算方法

9.2.1 通关时间

统计期内每批货物接受国家驻口岸管理机构监管的平均时间。进口货物监管时间自进境起到办结海关手续止；出口货物监管时间自向海关申报起到出境止；过境、转运和通运货物监管时间自进境起到出境止。通关时间按式(1)计算：

$$\text{通关时间}=\frac{\sum \text{每批货物通关时间}}{\text{总批次数}} \qquad \cdots\cdots(1)$$

9.2.2 货损率

统计期内货物的损失数量占应统计期内总数量的比率，按式(2)计算：

$$\text{货损率}=\frac{\text{损失数量}}{\text{统计期内总数量}}\times 100\% \qquad \cdots\cdots(2)$$

9.2.3 货差率

统计期内货物的差错数量占统计期内总数量的比率，按式(3)计算：

$$\text{货差率}=\frac{\text{差错数量}}{\text{统计期内总数量}}\times 100\% \qquad \cdots\cdots(3)$$

9.2.4 信息传递准确率

统计期内向客户传递的信息准确次数占数据传递总次数的比率，按式(4)计算：

$$\text{信息传递准确率}=\frac{\text{传递准确次数}}{\text{传递总次数}}\times 100\% \qquad \cdots\cdots(4)$$

9.2.5 有效投诉率

统计期内客户有效投诉涉及订单数占订单总数的比率，按式(5)计算：

$$有效投诉率=\frac{有效投诉涉及订单数}{订单总数}\times 100\% \quad\cdots\cdots(5)$$

注：有效投诉指因口岸物流服务供方引起，经查证确属供方过失的客户投诉。

9.2.6 客户满意率

统计期内客户满意数占调查所得回复总数的比率，按式(6)计算：

$$客户满意率=\frac{满意数}{回复总数}\times 100\% \quad\cdots\cdots(6)$$

ICS 03.100.10
A 87

中华人民共和国国家标准

GB/T 28581—2012

通用仓库及库区规划设计参数

General warehouse and warehouse area design parameter

2012-06-29 发布

2012-10-01 实施

中华人民共和国国家质量监督检验检疫总局
中国国家标准化管理委员会
发布

前　言

本标准按照 GB/T 1.1—2009 给出的规则起草。

本标准由全国物流标准化技术委员会(SAC/TC 269)提出并归口。

本标准起草单位:中国仓储协会、普洛斯投资管理(中国)有限公司、深圳赤湾石油基地股份有限公司、苏宁电器股份有限公司、武汉市商业储运有限责任公司、中国外运长航集团有限公司、九州通医药集团股份有限公司、安博(中国)房地产咨询有限公司。

本标准主要起草人:孙杰、徐佳梅、向振贤、王长林、余光辉、陶蓉、周海域、高东坡、栾波、林震宇。

通用仓库及库区规划设计参数

1 范围

本标准规定了通用仓库及库区规划设计中基于现代物流运作需要的基本要求与参数。

本标准适用于单层通用仓库及库区的新建、改建或扩建。多层仓库、低温仓库、危险品仓库等可参照执行。

2 术语和定义

下列术语和定义适用于本文件。

2.1

仓库 warehouse

用于储存货物及进行相应作业的建筑物。

2.2

通用仓库 general warehouse

除冷藏冷冻货物、危险货物等具有特殊要求货物外，能满足货物一般储存要求的仓库。

注：改写 GB/T 21072—2007，定义 3.1。

2.3

库区 warehouse area

由一栋或若干栋仓库、货场及配套设施组成的区域。

注：改写 GB/T 21072—2007，定义 3.2。

2.4

作业区 operation area

库区内进行货物储存、装卸、搬运、加工等作业的区域。

2.5

辅助作业区 supporting operation area

库区内进行作业设备充电、保养、维修及安装相关设备的区域。

2.6

装卸作业区 handing operation zone

用于停靠车辆并进行货物装卸的作业区域。

2.7

站台登车桥 dock levelers

当货车底板平面与装卸货站台平面有高度差时，可使手推车、叉车无障碍地进入车厢内的装置。

注：改写 GB/T 18354—2006，定义 4.51。

2.8

绿色仓库 green warehouse

在仓库的全寿命周期内，能最大限度地节约资源（节能、节地、节水、节材）、保护环境和减少污染，提供高效、适用、安全的存储空间，与自然和谐共生的仓库。

3 库区选址

应从地区产业布局、企业发展战略、客户分布、库区定位、存储货物类别、包装、存储量及波动系数、环境与消防要求、交通条件、地质条件、城市规划、供水、排水、供电等方面进行综合评价，确定仓库建设具体地点及库区规模。

4 库区布局

4.1 库区平面布局

根据库址的地理形状、气候条件和客户类别、仓库使用功能、存储特性、拣选模式以及作业流程、防火要求等因素，合理规划库区内的作业区、装卸作业区、辅助作业区、办公区、停车场、库区出入口与通道、排水系统的位置与设计参数，做到布局合理、安全、高效，并能充分提高土地利用率。

4.2 仓库布局

4.2.1 基本要求

应根据库区地形地貌、占地面积、气候条件和服务功能定位、物流动线、运输车辆类型等因素，确定仓库的布局。

4.2.2 库区功能区

库区的作业区、辅助作业区、办公区与停车场应分区布置。办公区宜设于库区主入口处，辅助作业区应充分利用库区的边角用地。

4.2.3 装卸作业区

4.2.3.1 装卸作业区的宽度及地面承重应根据运输车辆类型、作业方式等进行规划，应满足 12.192 m (40 ft)集装箱卡车作业需要。单侧装卸作业时，宽度(含车辆通道)宜不小于 30 m；相向作业时，宽度(含车辆通道)宜不小于 45 m。

4.2.3.2 装卸作业区应根据当地气候条件，采取必要的防雨、防雪等措施。

4.3 通道

4.3.1 通道布局

库区通道的宽度、承重、转弯半径应满足 12.192 m (40 ft)集装箱卡车通行的要求，并结合消防通道要求对库区主通道与库区车流走向进行规划。

4.3.2 主通道

库区主通道应根据整个库区面积、车流量和装卸作业机械运行要求进行设计，一般为双车道，宽度不小于 9 m；如主通道设计为单向通行时，其宽度不小于 5 m。

4.4 库区通道及作业区净高

库区通道及作业区上方如需架设管线架或其他障碍物时，其净高应高于运输车辆和消防车辆要求高度的 1 m 以上。

5 仓库设计

5.1 仓库设计因素

根据库区平面布局、储存货物类别、进出库频率、货架类别、作业方式、作业流程、消防要求等因素确定仓库的基本设计参数。

5.2 仓库基本参数

5.2.1 面积

单体仓库的面积应根据库区整体规划、储存货物种类与数量及其作业流程等因素确定,宜不小于10 000 m^2。

5.2.2 仓库跨度与柱距

应根据仓库功能、货架布局、作业流程等进行设计,考虑经济性和安全性的需要,跨度宜为20 m～30 m,柱距宜为9 m～12 m,柱间支撑及斜拉支撑不应对货架安装及库内作业造成障碍。

5.2.3 库内净高

应考虑仓库容积率、储存货物类别、货架类型、作业机械等因素确定库内净高,宜为9 m。

5.2.4 库内地面

5.2.4.1 承重

应根据存储货物类别、货架类型、装卸机械等因素进行设计,宜不小于3 t/m^2。

5.2.4.2 地面处理

应根据储存货物对防尘、防潮、防静电的要求及提高并延长作业的使用效能进行设计。基本要求:地面平整、耐磨、耐冲击、不起砂;在进行库内地面处理时,应采用无毒、环保材料。

当仓库净高在9 m以上,采用多层货架时,应对仓库地面进行超平处理。

5.2.5 仓库平台

5.2.5.1 平台高度

仓库平台高度应根据运输车辆底板高度确定,宜为1 m～1.4 m。

5.2.5.2 平台宽度

库外作业平台宽度应根据作业机械类型、回转半径及储存和配送作业特点等进行设计,宜不小于4.5 m;当站台登车桥不设在库门时,宜不小于5 m。

5.2.5.3 平台类型

库外作业平台分为一字型、锯齿型。应根据库区规划、气候条件、作业流程、装卸设备等确定。

5.2.5.4 下沉式平台

采用下沉式平台时，应考虑库区地面与市政排水管道的高差，以有效解决排水；地面坡度应保证装卸作业安全，北方地区还应考虑下雪防滑。

5.2.6 库门

5.2.6.1 库门类型

应从仓库面积、存储货物类别、货物进出库频率、作业流程与作业方式、防火要求、综合经济等因素考虑，可选择手电动两用工业提升门、卷帘门或推拉门，不宜采用平开门。

5.2.6.2 库门数量

每万平方米库门宜不少于6扇，应根据未来仓库发展需要，预留库门位置，便于日后改造。

5.2.6.3 库门宽度与高度

应根据仓库平台类型、作业机具和货物的类别确定，门宽不小于2.75 m，高度不小于3.5 m。

5.2.7 防雨棚

库门或仓库平台应设立防雨棚，防雨棚的高度及宽度应满足雨雪天气作业需求。

防雨棚的有效宽度(库门或仓库平台外沿至防雨棚外沿)应不小于2.5 m，距离地面净高宜不小于5 m。

5.2.8 仓库结构类型

应根据当地气候条件、存储货物、防火要求等因素确定。建议采用轻钢结构。

5.2.9 屋面系统

5.2.9.1 基本要求

应根据当地气候条件、存储货物、作业采光和防火要求等因素确定，应采用防水性能好、有利于排水的材料或构件。

5.2.9.2 坡度

宜不小于3%。

5.2.9.3 防水

宜采用自防水屋面系统。

5.2.9.4 排水

应采用有组织排水，宜采用外天沟、外落水管。

5.2.9.5 采光

屋面采光板应避免与消防喷淋头处于同一位置，宜设置在库内通道正上方，采光板占屋面面积比例宜不小于2%。

6 仓库相关设施

6.1 站台登车桥

站台登车桥的数量应根据服务定位、存储货物进出库作业频率及作业量确定，宜与库门数量、位置相对应。应根据未来发展需要，预留站台登车桥安装位置。

6.2 仓库设施防护

应对库门、落水管、消防设施、柱等加装防撞设施，并外涂警示色带。应在平台边缘设置保护角钢，在角钢上焊接锚筋(锚固在混凝土内)，并加装防撞垫。

6.3 仓库及库区照明

仓库及库区照明应满足作业需求，分区、分路控制，应符合相关规范要求。

6.4 库区消防、监控设备

6.4.1 库区消防应按国家有关消防设计规范要求设计。其中严寒和寒冷地区灭火系统应采取防冻措施。

6.4.2 库区安全监控设备应根据企业及客户需要设置。

6.5 库区防雷

库区应根据相关规范设置防雷设施。

6.6 仓库通风

应根据当地气候条件、仓库结构、存储货物、作业方式确定仓库通风系统，优先选择自然通风。

6.7 配套设施

应根据库区面积，在作业区内设置卫生间、司机与装卸工休息室、非机动车停放场所等设施。

7 绿色仓库

仓库及库区的规划设计，尽可能建设“绿色”仓库。相关内容参见附录A。

8 其他

本标准未列出设备、设施及参数，应根据实际需要及有关规范进行设计。

附 录 A
（资料性附录）
绿色仓库基本要素

A.1 基本要素

A.1.1 仓库的设计应统筹考虑仓库全寿命周期内，节能、节地、节水、节材、保护环境、满足仓库功能之间的辩证关系。

A.1.2 仓库的设计应依据因地制宜的原则，结合所在地域的气候、资源、自然环境、经济、文化等特点，符合国家的法律法规和相关的标准，体现经济效益、社会效益和环境效益的统一。

A.2 库区选址与规划

A.2.1 库区选址应依据当地城市规划和用地政策，优先选择距交通干线或客户较近的场地。避免选择农用耕地、洪水泛滥区域、湿地或者濒临绝种的动物栖息地等，并尽量减少对周围环境的影响。

A.2.2 库区可优先选用废弃场地进行建设。对已被污染的废弃地，应进行处理并达到有关标准。

A.2.3 新建、改建仓库应根据企业发展规划和现代物流运作的要求对库区进行整体规划，设计应适度超前，避免因企业发展造成的重复改建。

A.2.4 库区规划应充分利用库区地形条件，以减少施工量和材料使用。

A.2.5 库区应规划可回收材料集中收集、分类和回收的区域，设立分类回收装置。

A.3 材料选用

A.3.1 库区建设时，通道及平台填土应就近取材，尽量采用库内回填土或使用废弃建筑垃圾、废弃混凝土等。

A.3.2 库区建设材料应尽量选择当地开采和制造的建筑材料、产品，减少由运输引起的环境影响。在施工中尽量使用低挥发性材料。

A.3.3 库区建设应尽量使用可再利用材料或可再循环使用材料；仓库应优先选用轻钢结构。

A.4 节能

A.4.1 库区应采用节能高效的照明系统。对灯具位置、类型及光通曲线进行合理的设计和选择。慎重设计靠近场地边界的灯具（远离边界或遮蔽），防止光线泄露和夜空污染，保证总流明向上照射的量不超过5%，以减少不必要的向天空的光照。严格控制地界外由场地内照明设备造成的照度值。

A.4.2 仓库应具有保温隔热系统，以降低建筑物的能量消耗。

A.4.3 仓库屋面板应采用涂层技术，至少保证75%的屋面面积的太阳能反射指数为78以上（不包括设备、太阳能热水器、光电板及天窗）。

A.4.4 库区内应采用由太阳能集热器产生的热水为主热源、电磁锅炉提供的高温热水为辅热源的系统制备热水。

A.4.5 有条件的地区，应合理采用太阳能、风能等可再生能源。

A.4.6 有条件的地区，空调系统应采用高效机组（如：地源热泵系统等），并且在过渡季节采用全新风系统等。

A.5 节水

A.5.1 应利用建筑物屋面系统，配合天沟、落水管，实现有组织收集屋面雨水。

A.5.2 应采取有效措施增加库区透水地面的面积。

A.5.3 应使用高效节水设备和无水装置，如堆肥洁具和无水小便器。考虑利用雨水和中水满足非饮用水需求，如厕所冲洗用水和仓库的一般保洁等。

A.5.4 库区内应尽量选择耐旱植物，减少灌溉量，并对植被进行优化布置，考虑收集雨水进行灌溉。

A.6 库区环境

A.6.1 仓库施工期间实施室内空气质量管理计划，保护通风、采暖和空调系统，控制污染源，阻断污染物通路。连续进行材料安装，防止吸收层材料，如保温层、地毯、吊顶板和石膏墙板被污染。

A.6.2 合理设计通风系统，优先选择自然通风，减少能源消耗。

A.6.3 对于改建仓库应充分考虑环境控制因素。

A.6.4 有条件的库区宜垂直绿化。

参 考 文 献

[1] GB/T 18354—2006 物流术语
[2] GB/T 21072—2007 通用仓库等级
[3] GB/T 50378—2006 绿色建筑评价标准
[4] GB 50016—2006 建筑设计防火规范
[5] GB 50140—2005 建筑灭火器配置设计规范

ICS 03.240
M 83

中华人民共和国国家标准

GB/T 28582—2012

快递运单

Express waybill

2012-06-29 发布　　　　2012-10-01 实施

中华人民共和国国家质量监督检验检疫总局
中国国家标准化管理委员会　发布

前 言

本标准按 GB/T 1.1—2009 要求的规则起草。

本标准由国家邮政局提出。

本标准由全国邮政业标准化技术委员会(SAC/TC 462)归口。

本标准起草单位:中国快递协会、邮政科学研究规划院。

本标准主要起草人:袁国利、于学民、陆建中、李爱军、阮守斌、把宁、夏建华、康丽。

快 递 运 单

1 范围

本标准规定了快递运单的术语和定义、规格、信息内容、技术要求、试验方法、检验规则及包装、标志、运输和贮存等内容。

本标准适用于无碳复写纸印制的折叠式票据形式的国内及国际出境快递运单的制作、检验、包装、标志、运输和贮存,港澳台快递运单可参考国际出境快递运单。

2 规范性引用文件

下列文件对于本文件的应用是必不可少的。凡是注日期的引用文件,仅注日期的版本适用于本文件。凡是不注日期的引用文件,其最新版本(包括所有的修改单)适用于本文件。

GB/T 2792 压敏胶粘带 180°剥离强度试验方法

GB/T 2828.1—2003 计数抽样程序 第1部分:按接收质量限(AQL)检索的逐批检验抽样计划(ISO 2859-1:1999,IDT)

GB/T 2829—2002 周期检验计数抽样程序及表(适用于对过程稳定性的检验)

GB/T 4852 压敏胶带初粘性测试方法(滚球法)

GB/T 4873—1985 信息处理用连续格式纸 尺寸和输送孔

GB/T 9698—1995 信息处理 击打式打印机用连续格式纸通用技术条件

GB/T 10111 随机数的产生及其在产品质量抽样检验中的应用程序

GB/T 14258—2003 信息技术 自动识别与数据采集技术 条码符号印制质量的检验

GB/T 16797—2008 无碳复写纸

CY/T 5—1999 平版印刷品质量要求及检验方法

HG/T 2406—2002 压敏胶标签纸

HG/T 4139—2010 压敏胶粘制品用防粘材料

3 术语和定义

下列术语和定义适用于本文件。

3.1

快递运单 express waybill

快件详情单

用于记录快件原始收寄信息及服务约定的单据。

[GB/T 10757—2011,定义4.12]

3.2

折叠式票据 fold continuous form

以规定长度连续折叠形式为最终形态的单联或多联商业票据。

[CY/T 49.1—2008,定义3.2]

3.3

无碳复写纸　carbonless copy paper

通过化学材料(无色染料和显色剂)反应达到显色效果的复写纸,具有直接经打印或复写而显色的功能,一般分为 CB 纸、CFB 纸和 CF 纸等。

3.4

CB 纸　coated back paper

背面涂发色剂,作为无碳复写纸的上层纸使用。

[GB/T 16797—2008,定义 3.1]

3.5

CFB 纸　coated front and back paper

正面涂显色剂,背面涂发色剂,作为无碳复写纸的中层纸使用。

[GB/T 16797—2008,定义 3.2]

3.6

CF 纸　coated front paper

正面涂显色剂,作为无碳复写纸的下层纸使用。

[GB/T 16797—2008,定义 3.3]

3.7

寄件人　sender

交寄邮件或快件的个人或单位。

[GB/T 10757—2011,定义 3.3]

3.8

收件人　receiver

邮件或快件名址中指定的接收个人或单位。

[GB/T 10757—2011,定义 3.4]

3.9

首读率　first read rate

初次扫描识读成功的百分数。

[GB/T 12905—2000,定义 4.1.7]

3.10

识读率　read rate

多次扫描识读成功的百分数。

4　规格

4.1　快递运单的规格尺寸按表 1 所示。

表 1　快递运单规格尺寸

单位为毫米

<table>
<tr><td colspan="3">横向</td><td colspan="4">纵向</td></tr>
<tr><td colspan="2">尺寸</td><td>公称尺寸偏差</td><td colspan="3">尺寸</td><td>偏差</td></tr>
<tr><td>国　内</td><td>220～240</td><td rowspan="2">+1.5
−0.5</td><td>127</td><td>139.7</td><td>152.4</td><td rowspan="2">≤0.5</td></tr>
<tr><td>国际出境</td><td>240～260</td><td>139.7</td><td>152.4</td><td>177.8</td></tr>
<tr><td colspan="7">注 1:带背胶的快递运单 CFB 纸各联可相应减少横向和纵向尺寸。
注 2:特殊规格的快递运单由快递服务组织与印制企业商议。</td></tr>
</table>

4.2 国内快递运单宜采用3联，由快递服务组织存根联、寄件人存根联、收件人存根联组成。国际出境快递运单根据需要可增加海关存根联。

4.3 快递服务组织根据业务需要，可适当增减快递运单的联数，但国内快递运单最多不宜超过5联，国际出境快递运单最多不宜超过6联。

4.4 快递运单最后一联可分为带背胶和不带背胶两种形式，带背胶的联应有隔离纸。

4.5 快递运单各联顺序可根据业务需求自定。

4.6 快递运单各联可用不同颜色区分。

5 信息内容

5.1 概述

快递运单各联正面信息内容应分为用户填写区、业务处理区、条码区、服务信息区和自由设置区五部分。寄件人存根联和隔离纸背面[1]信息内容应为服务协议，其中，国际出境快递运单上的服务协议应为中文或中英文对照。服务协议的内容见附录A。

5.2 用户填写区

用户填写区由寄件人和收件人填写，内容应包括：寄件人信息、收件人信息、内件信息、验收信息及确认信息。

5.2.1 寄件人信息

寄件人信息应包括：寄件人、地址、区域代码[2]、邮政编码、联系电话等；国际出境快递运单还应增加城市、国家(地区)等信息内容。

5.2.2 收件人信息

收件人信息应包括：收件人、地址、区域代码[2]、邮政编码、联系电话等；国际出境快递运单还应增加城市、国家(地区)等信息内容。

5.2.3 内件信息

内件信息应包括：内件品名(品牌、型号和规格)、数量、申报保价(保险)和保价(保险)金额信息等，国际出境快递运单还应增加价值和原产地等信息内容。

5.2.4 验收信息

依据寄件人与快递服务组织的约定，验收信息可包括：寄件人委托收件人对快件外包装或内件进行查验的内容。

5.2.5 确认信息

5.2.5.1 寄件人确认信息

寄件人确认信息应包括：寄件人信息、收件人信息、内件信息、快件保价(保险)、委托验收、寄件人签字和日期等内容。

---

1) 指带背胶的快递运单。

2) 指各快递服务组织为所服务的地域编排的代码。

5.2.5.2 收件人确认信息

收件人确认信息应包括:验收确认、收件人签字和日期等内容。

5.3 业务处理区

业务处理区由快递服务组织业务员填写,内容应包括:重量、体积、时间、业务类别、费用、付款方式、备注和收派员信息等内容。

5.3.1 重量

重量信息应包括:快件计费重量或体积重量,单位应采用克(g)或千克(kg)。

5.3.2 体积

体积信息应包括:快件的长、宽、高尺寸等,单位应采用立方厘米(cm^3)。

5.3.3 时间

时间信息应包括:收寄时间和投递时间等,时间应精确到“时”。

5.3.4 业务类别

快递服务组织提供给供客户选择的业务类别,如:即日到、次日到、优先快递、经济快递和代收货款等。

5.3.5 费用

费用信息应包括:计费项目,如:运费、保价(保险)费用、包装费用、其他费用及费用合计等内容。

5.3.6 付费方式

付费方式信息可包括:寄方付、收方付、第三方付及月结等;国际出境快递运单还可增加包括关税和税金的支付方式等内容。

5.3.7 收派人员

收派人员信息应包括:快递服务组织收寄人员和派送(投递)人员签字信息。

5.3.8 备注

备注信息可包括需要说明的信息,如:退回、拒收和无着处理等。

5.4 条码区

条码区用于快件编号条码标识的印刷。

5.5 服务信息区

服务信息区应包括快递服务组织的相关信息,如:快递服务组织标识、名称、客服信息、提示信息等。

5.5.1 组织标识

组织标识信息应包括快递服务组织在国家工商部门注册的图形、文字、字母等内容。

5.5.2 组织名称

组织名称信息应包括快递服务组织名称等内容。

5.5.3 客服信息

5.5.3.1 客服信息应包括快递服务组织的服务电话、查询电话、注册地址和网址等信息内容。

5.5.3.2 客服信息应包括快递运单制作单位和监制单位信息。

5.5.4 提示信息

提示信息可包括对快件的要求、包装要求、运单填写要求及阅读服务协议和贵重物品需保价等内容,对于填写力度的提示应醒目。快递运单可在适当位置印刷中文的使用指南,用于指导用户正确填写快递运单。

5.6 自由设置区

自由设置区由快递服务组织根据各自业务需求设置,可包括个性化及其他信息等,但不应有广告信息。

5.7 信息内容布局

信息内容布局的位置、尺寸、颜色由快递服务组织自行设置。条码区宜设置在快递运单的右上角,国内快递运单信息内容布局可参见附录 B。

6 技术要求

6.1 外观

快递运单的外观应平整、清洁,不应有褶皱、破损、毛边、裂口、粘连、异常颜色等缺陷。不应夹带其他纸张、纸屑或杂物。

6.2 印刷用纸

6.2.1 快递运单应采用卷筒无碳复写纸制作。CB 纸(上层纸)和 CF 纸(下层纸)的定量应不小于 50 g/m^2,CFB 纸(中层纸)的定量应不小于 45 g/m^2。收件人存根联的显色性能和耐光性应满足 6.2.2 和 6.2.3 的要求,其他联的显色性能和耐光性、紧度、亮度(白纸)、不透明度、CF 面平滑度、CF 面表面 pH 值、横向伸缩率、翘曲最大值、耐摩擦性(动、静)、交货水分等技术指标应不低于 GB/T 16797—2008 表 1 中合格品的规定。

6.2.2 显色性能

快递运单收件人存根联的显色性能应符合表 2 的规定。

表 2 快递运单收件人存根联显色性能

显色性能			收件人存根联	
			国内	国际出境
显色密度 24 h	ΔE	≥	55	60
	D		0.6	0.7
显色灵敏度	ΔE	≥	80%	
	D		85%	

6.2.3 耐光性

快递运单收件人存根联光老化 144 h 后显色处与显色 24 h 后显色处 ΔE 保留率应≥60%。

6.3 自粘 CF 纸

带背胶的底联自粘 CF 纸背面涂布压敏胶粘剂，其物理性能应符合表 3 的规定。

表 3 压敏胶粘剂物理性能指标

项目		指标	
		国内	国际出境
初粘性钢球号(横向)(#)		≥8	≥10
180°剥离强度(横向)(N/cm)	老化前	≥4.0	≥5.0
	老化后		
渗油性	老化前	无渗油现象	
	老化后		
隔离性	隔离纸上无残留胶粘剂		

6.4 隔离纸

带背胶的快递运单，其隔离纸的定量应不小于 40 g/m^2，其他技术指标应符合 HG/T 4139—2010 的规定。

6.5 版式

6.5.1 文字

快递运单上用户填写区的文字应为中英文对照。

6.5.2 字体

中文字体可采用宋、仿宋、楷、黑等多种字体，建议采用黑体。英文字体建议采用 Arial 和 Arial black。提示信息和服务协议中重要条款的字体宜采用黑体或加粗黑体。

6.5.3 字号

提示信息和服务协议的字号均不应小于 5 号，其他文字可采用 5 号、小 5 号或 6 号字。

6.6 印刷

6.6.1 一般要求

6.6.1.1 印制表格的线条、文字、图案内容应清晰完整、目视易辨。无糊版、断线、断划、掉字、透印、重影等缺陷。

6.6.1.2 墨色应均匀一致，实地印刷墨色与样本实地墨色同色密度偏差小于 0.07。印刷套印误差≤0.5 mm，覆盖区域印刷套准误差≤0.5 mm，各联的图文重合偏差≤1.0 mm。

6.6.2 密度

快递运单上的文字应采用实地印刷，服务协议的字体印刷墨色密度不允许低于 40%。

6.7 条码

6.7.1 快递运单应有快件编号的条码标识。条码符号类型、字符集及尺寸应符合其相应国家标准的规定。
6.7.2 条码区尺寸宜为 10 cm×2 cm。
6.7.3 条码符号的左右两侧应有大于 10 mm 的空白区。
6.7.4 最小窄单元宽度应大于 0.25 mm。
6.7.5 条码符号高度应不小于 10 mm。
6.7.6 国内快递运单条码符号质量等级应达到 GB/T 14258—2003 附录 H 的表 H.1 中字母等级 C 级以上，国际出境快递运单应达到 GB/T 14258—2003 附录 H 的表 H.1 中字母等级 B 级以上。
6.7.7 国内快递运单上的条码首读率应大于 90%；国际出境快递运单上的条码首读率应大于 98%。
6.7.8 条码识读率应达到 100%。
6.7.9 条码符号印刷颜色为黑色。
6.7.10 条码符号应连续印刷，不可漏印、间断、重码和错码。
6.7.11 条码符号中供人识读信息应与条码字符所表示的信息一致，并且应在快递运单的下方再印刷一组供人识读信息。

6.8 易撕线

6.8.1 横向、纵向易撕线的轧压线应平直、清晰，不应有断裂。折缝应与横向易撕线重合。
6.8.2 易撕线套准误差≤0.5 mm。
6.8.3 横向易撕线和纵向易撕线应易于撕断，横向易撕线抗张强度应为原纸纵向强度的 25%～45%。

6.9 裁切

裁纸边应与版面上对应的规矩线对应，误差≤0.5 mm。

6.10 输送孔

6.10.1 快递运单左右两侧的输送孔应符合 GB 4873—1985 中第 5 章的规定。
6.10.2 多联成品上下联输送孔偏差≤1.0 mm；输送孔孔位套准误差≤0.5 mm。
6.10.3 任意连续 500 个输送孔中的纸屑不应多于一个。

6.11 装订

6.11.1 配页装订不应多联、少联、联次颠倒。
6.11.2 快递运单各联条码符号应一致。
6.11.3 不带背胶的快递运单在装订时，应在单据左、右侧做啮合装订，啮合位置不应在纵向易撕线或输送孔上。
6.11.4 快递运单首末联之间的装订允许偏差±0.5 mm。

6.12 粘合

6.12.1 快递运单各联在粘合时，输送孔、表格的位置应对齐，允许偏差不大于 0.5 mm，粘合线距左边不大于 14 mm，粘合宽度应不大于 4 mm。
6.12.2 快递运单粘合首末联之间上下边，胶粘剂应呈条状；施胶宽度应不大于 4 mm，当连续剥离时，粘接部位应出现分布比较均匀的基材表面破坏，破坏面不少于粘接面的 60%。
6.12.3 胶粘处不应自行脱落，也不应该粘连其他部分。

6.13 折叠

6.13.1 快递运单折叠后端面应整齐,并符合 GB/T 9698—1995 中 3.7 的规定。

6.13.2 快递运单为连续折叠形式,每箱断头不应超过 3 个。

7 试验方法

7.1 外观

采用目测方式检查快递运单的外观,不应有 6.1 中规定的各种缺陷。

7.2 规格

用精度为 0.1 mm 的标准计量器具进行测定,其结果应符合表 1 的规定。

7.3 信息内容

用目测方法检查快递运单上的信息内容和服务协议,其结果应符合第 5 章和附录 A 的规定。

7.4 印刷用纸

无碳复写纸按 GB/T 16797—2008 第 6 章的方法测定。

7.5 自粘 CF 纸

7.5.1 老化试验按 HG/T 2406—2002 中 5.5 的方法测定。

7.5.2 180°剥离强度按 GB/T 2792 的方法测定。

7.5.3 初粘试验按 GB/T 4852 的方法测定。

7.5.4 隔离性试验步骤

裁切宽 25 mm 长 180 mm 的自粘 CF 纸,以 250 mm/min 的速度对其进行剥离,目测检查基材和隔离纸有无破坏,隔离纸上有无残留胶粘剂。

7.5.5 渗油性试验步骤

a) 试样:取快递运单成品作为渗油性试验试样。
b) 试验条件:温度 70 ℃±2 ℃,相对湿度 65%±5%,试样放置 24 h;温度 50 ℃±2 ℃,相对湿度 65%±5%,试样放置 72 h。
c) 采用目测方式,对由于渗油现象引起自粘 CF 纸表面泛黄程度进行判断。

7.6 隔离纸

隔离纸按 HG/T 4139—2010 的第 5 章的方法测定。

7.7 版式

7.7.1 文字

采用目测方式检查快递运单上的文字,应符合 6.5.1 的规定。

7.7.2 字体

采用目测方式检查快递运单上的文字字体,应符合 6.5.2 的规定。

7.7.3 字号

采用目测比较法检查快递运单上文字的字号,应符合6.5.3的规定。

7.8 印刷

7.8.1 一般要求

7.8.1.1 采用目测方式检查印制表格的线条、文字、图案内容,不允许出现6.6.1.1中列举的缺陷。
7.8.1.2 印刷墨色同色密度、印刷套印误差、覆盖区域印刷套准误差按CY/T 5—1999的第5章的方法测定。
7.8.1.3 各联的图文重合偏差采用精度为0.02 mm的标准计量器具测定。

7.8.2 密度

采用反射密度计对快递运单上文字的墨色密度进行测定,应不低于6.6.2的要求。

7.9 条码

7.9.1 条码符号质量等级按GB/T 14258的方法测定。
7.9.2 采用精度等级为0.02 mm的标准计量器具检查条码空白区尺寸及条码高度。
7.9.3 采用条码识读设备检查条码首读率、识读率。
7.9.4 目测检查快递运单条码是否有漏印、间断、重码和错码的情况,以及条码的印刷颜色。

7.10 易撕线

7.10.1 目测检查快递运单上易撕线是否符合6.8.1的要求。
7.10.2 采用精度等级为0.5 mm的标准计量器具检查易撕线套准误差。
7.10.3 横向易撕线抗张强度按GB/T 9698—1995中4.6的方法测定。

7.11 裁切

采用精度等级为0.02 mm的标准计量器具检查规矩线对应误差。

7.12 输送孔

7.12.1 采用精度等级为0.02 mm的标准计量器具检查输送孔的位置、直径、中心距,以及成品上下联输送孔偏差和孔位套准误差。
7.12.2 目测检查快递运单输送孔中的纸屑残留情况。

7.13 装订

7.13.1 目测检查快递运单各联条码符号是否一致,配页装订是否有多联、少联、联次颠倒的情况。
7.13.2 目测检查不带背胶的快递运单的啮合装订位置。
7.13.3 采用精度等级为0.02 mm的标准计量器具检查首末联之间各联的偏差。

7.14 粘合

7.14.1 采用精度等级为0.02 mm的标准计量器具按6.12.1检查带背胶的快递运单各联粘合后的输送孔、表格的位置偏差及粘合宽度。
7.14.2 首末联之间剥离时,目测检查破坏面不少于粘接面的百分比。

7.14.3 目测检查胶粘处的粘合质量应符合 6.12.2 和 6.12.3 的要求。

7.15 折叠

用精度为 0.1 mm 的标准计量器具，对快递运单折叠端面倾斜度进行检测，测量计算结果应符合 GB/T 9698—1995 中 3.7 的规定。

8 检验规则

8.1 快递运单的检验分为出厂检验和型式检验。

8.1.1 出厂检验

8.1.1.1 抽样

以一次交货数量为一批。快递运单的出厂检验抽样按表 4 的规定，根据 GB/T 10111 的规定随机抽取检验样本。样本单位为套，样本量、检验水平及接收质量限(AQL)见表 4。

表 4 快递运单出厂检验样本量、检验项目及抽样方案表

批量	正常检验一次抽样方案 检验水平 S-4						
	样本量	AQL=4.0			AQL=6.5		
		Ac	Re	检验项目	Ac	Re	检验项目
1 201～3 200	32	3	4	6.6 印刷 6.7 条码 6.8 易撕线 6.10 输送孔 6.11 装订	5	6	4 规格 6.1 外观 6.5 版式 6.9 裁切 6.12 粘合 6.13 折叠
3 201～10 000							
10 001～35 000	50	5	6		7	8	
35 001～150 000	80	7	8		10	11	
150 001～500 000							

注：AQL——接收质量限、Ac——接收数、Re——拒收数。

8.1.1.2 判定规则

8.1.1.2.1 不合格品

每套样品按第 7 章试验方法检验表 4 规定的各项检验项目，如有一项或一项以上技术指标达不到要求，该产品为不合格品。

8.1.1.2.2 不合格批

样本中不合格品数等于或大于拒收数(Re)，则样本所代表的该批产品为不合格批。此时可对该批产品进行挑选，剔出不合格品后，再进行复检。进行复检时，应按 GB/T 2828.1—2003 中表 2-B 加严检查一次抽样方案的规定进行，复检仍不合格，则整批产品不得出厂，并不允许再次提交检验。

8.1.2 型式检验

8.1.2.1 型式检验的周期为半年，但有下列情况之一时应进行型式检验：

a) 试制定型鉴定时；
b) 正式生产后，材料、工艺有较大改变时；
c) 正常生产时，每 100 万套应进行一次检验；
d) 停产半年以上又恢复生产时；
e) 出厂检验结果与上次型式检验有较大差异时；
f) 质量监督机构提出进行型式检验要求时。

8.1.2.2 抽样

型式检验抽样应按 GB/T 2829—2002 的规定，从当前生产并经出厂检验合格的产品中按表 5 随机抽取检验样本。样本单位为套，样本量、检验水平及不合格质量水平(RQL)见表 5。

表 5 判定规则快递运单型式检验样本量、检验项目及抽样方案表

判别水平Ⅱ的二次抽样方案				
样本单位	RQL=12		RQL=15	
	检验项目	判定数	检验项目	判定数
第一样本量 20 第二样本量 20	6.2 印刷用纸 6.3 自粘 CF 纸 6.4 隔离纸 6.6 印刷 6.7 条码 6.8 易撕线 6.10 输送孔 6.11 装订	A_1 R_1 0 3 A_2 R_2 3 4	4 规格 5 信息内容 附录 A 服务协议 6.1 外观 6.5 版式	A_1 R_1 1 3 A_2 R_2 4 5

注：RQL——不合格质量水平；A_1、A_2——合格判定数；R_1、R_2——不合格判定数。

8.1.2.3 在第一样本中，若不合格品数小于或等于合格判定数(A_1)，则型式检验合格。若不合格品数大于或等于不合格判定数(R_1)，则型式检验不合格。若不合格品数大于合格判定数(A_1)，小于不合格判定数(R_1)时，则需要抽取第二样本。若第一样本和第二样本累计的不合格品数小于或等于合格判定数(A_2)，则型式检验合格。若第一样本和第二样本累计的不合格品数大于或等于不合格判定数(R_2)，则型式检验不合格。

9 包装、标志、运输和贮存

9.1 包装

9.1.1 快递运单以 500 套或 1 000 套为一箱，装箱前用塑料袋封装，也可由供需双方商定。

9.1.2 应按快递运单的序列号连续分包，依次装箱，不得重号。每箱不得超过 3 个号段，缺号应有提示。

9.1.3 快递运单宜采用纸板箱或瓦楞纸板箱包装，建议毛重不超过 10 kg。

9.2 标志

9.2.1 在外包装的明显位置应标明以下内容：

a) 产品标准编号；

b) 产品名称、规格和数量；

c) 起止编号；

d) 生产企业名称；

e) 生产日期及重量；

f) 保质时间；

g) 在包装物上应标明“注意防潮”“小心轻放”等必要的标记。

9.2.2 每个包装内应装有合格证，其上可注明以下内容：

a) 产品编号；

b) 产品名称及标准编号；

c） 生产日期；

d） 质量检查员姓名或代号。

9.3 运输

9.3.1 运输时应注意防雨、防晒。

9.3.2 运输中应避免扔、砸、踏或挤压，腐蚀气液和热源。

9.4 贮存

9.4.1 快递运单宜在温度－5 ℃～30 ℃、相对湿度30％～70％且通风的环境中储存。

9.4.2 快递运单宜放置在离地面0.15 m，堆高小于1.5 m的地方。距离墙面、热源、冷源、窗口或空气入口处的距离应大于0.5 m。

9.4.3 在不损坏外包装的情况下，带背胶快递运单的储存期为两年；不带背胶的储存期为四年，超过储存期，使用前应重新进行检验。

附 录 A
（规范性附录）
服务协议格式内容

A.1 服务协议

A.1.1 快递运单应在寄件人存根联和隔离纸背面印有服务协议，该协议为明确用户与快递服务组织双方权利与责任的服务合同，服务协议包括必备内容和可选内容。

A.1.1.1 必备内容包括：

——适用的法律法规；
——快递服务组织服务范围及责任声明；
——禁寄和限寄；
——验视；
——安全检查；
——收费；
——保价及保险；
——查询方式；
——赔偿约定；
——免责声明；
——争议解决方式。

A.1.1.2 可选内容包括：

——快件限定；
——派送约定；
——收件人查验；
——代理报关。

A.1.2 适用的法律法规

快递服务服务协议适用有效国际公约以及中国相关法律法规的说明。

A.1.3 快递服务组织服务范围及责任声明

快递服务组织在快件递送过程中，收取、运送、报关和交付快件、代收货款等服务范围的说明，以及对快件寄递过程中所承担责任的声明。

A.1.4 禁寄和限寄

国际公约及国家有关禁寄和限寄物品的规定。

A.1.5 验视

国家对快件验视的有关规定。

A.1.6 安全检查

依据国际公约和国家相关法律法规以及中国司法、执法机关要求或出于安全需要，可对快件进行安全检查的条款。

A.1.7 收费

快递服务费用以及逾期费等解释性说明。

A.1.8 保价及保险

快件保价及保险条款的有关说明。

A.1.9　查询方式

查询期限、地点、查询依据的有关说明。

A.1.10　赔偿约定

快件在发生延误、丢失、损毁和内件不符等情况时，应依据《中华人民共和国邮政法》《中华人民共和国合同法》等法律法规和快递服务标准等有关赔偿条款的规定进行约定，以及赔偿的期限、标准和形式。

A.1.11　免责声明

快递服务组织依据法律法规有关免责的规定，不承担责任的声明。

A.1.12　争议解决方式

明确快递服务组织所承担的民事责任，约定解决争议纠纷的方式和地点等。

A.1.13　快件限定

快递服务组织根据业务要求，快件重量和体积限定以及最高限价的说明。

A.1.14　派送约定

快件派送时间、地点等相关约定的说明。

A.1.15　收件人查验

依据寄件人与快递服务组织的约定，寄件人委托收件人对快件外包装或内件进行查验的说明。

A.1.16　代理报关

快递服务组织代理寄件人对国际快件进行报关以及相关费用的说明。

附 录 B
（资料性附录）
国内快递运单信息内容布局示例

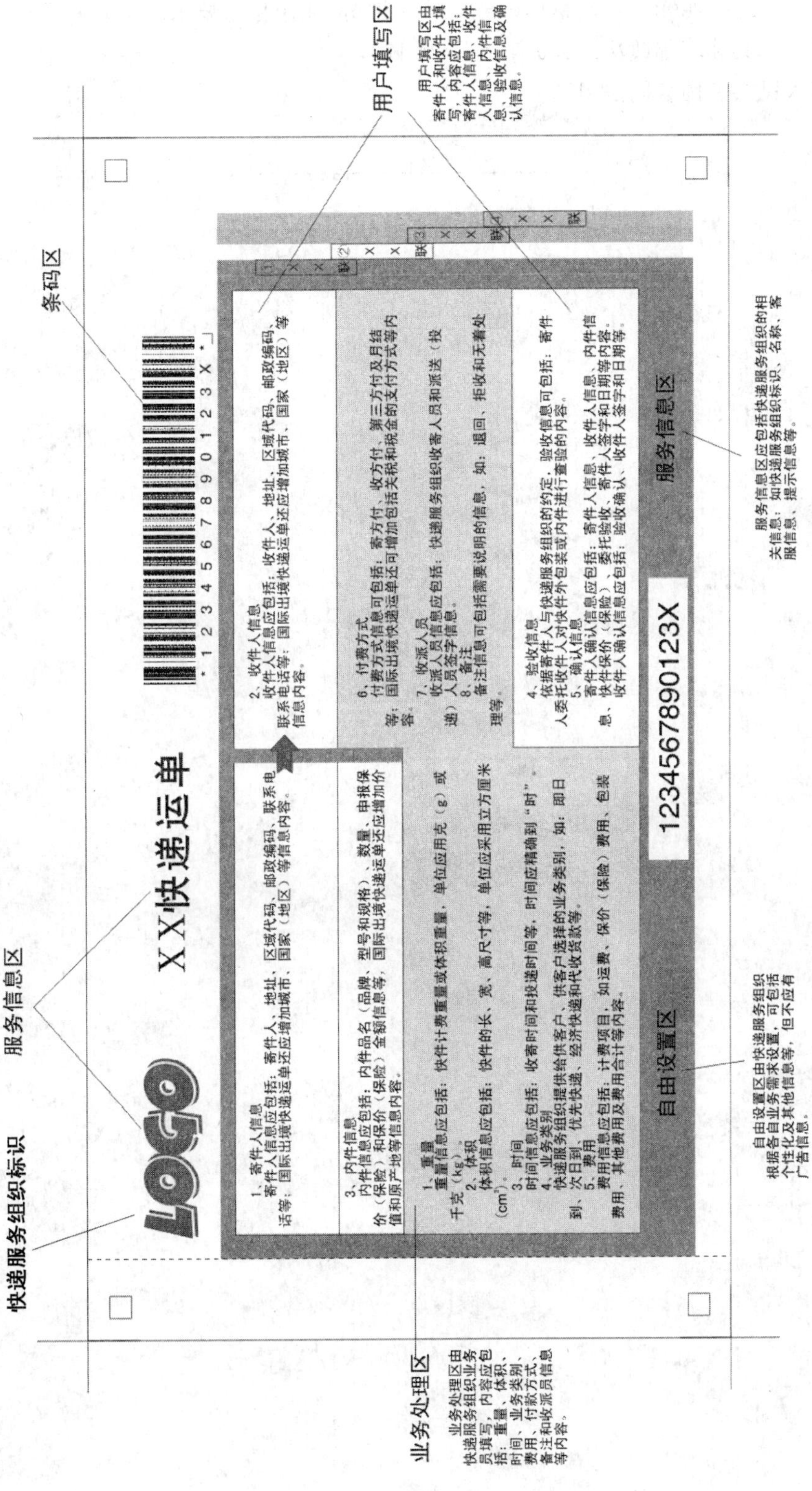

参 考 文 献

[1] GB/T 10757—2011 邮政业术语.
[2] GB/T 12905—2000 条码术语.
[3] CY/T 49.1—2008 商业票据印制 第1部分:通用技术要求.
[4] 中华人民共和国邮政法.2009年4月24日.
[5] 中华人民共和国合同法.1999年.

ICS 29.020
F 20

中华人民共和国国家标准

GB/T 28583—2012

供电服务规范

Specification of electricity supply service

2012-06-29 发布 2012-10-01 实施

中华人民共和国国家质量监督检验检疫总局
中国国家标准化管理委员会 发布

前　言

本标准按照 GB/T 1.1—2009 给出的规则起草。

本标准由国家电力监管委员会提出。

本标准由全国电力监管标准化技术委员会(SAC/TC 296)归口。

本标准起草单位:国家电力监管委员会、国家电网公司、中国南方电网有限责任公司。

本标准起草人:邢翼腾、刘畅、李伟、刘佳鹏、葛志坚、周凌、卢勇、左卫华、刘继武、王巍、焦志文、颜京忠、黄倩云。

供电服务规范

1 适用范围

本标准规定了供电服务涉及的术语和定义、供电企业通用服务规范、供电质量、用电业务办理、抄表及收费、供电故障处理等内容。

本标准适用于依法取得供电类电力业务许可证的企业。

2 规范性引用文件

下列文件对于本文件的应用是必不可少的。凡是注日期的引用文件，仅注日期的版本适用于本文件。凡是不注日期的引用文件，其最新版本(包括所有的修改单)适用于本文件。

GB/T 12325 电能质量 供电电压偏差

GB/T 14549 电能质量 公用电网谐波

GB/T 15945 电能质量 电力系统频率偏差

GB/T 17626.7 电磁兼容 试验和测量技术 供电系统及所连设备谐波、谐间波的测量和测量仪器导则

GB 50052 供配电系统设计规范

GB 50053 10 kV 及以下变电所设计规范

GB 50054 低压配电设计规范

GB 50059 35～110kV 变电所设计规范

GB 50060 35～110kV 高压配电装置设计规范

GB 50062 电力装置的继电保护和自动装置设计规范

GB 50150 电气装置安装工程 电气设备交接试验标准

GB 50168 电气装置安装工程 电缆线路施工及验收规范

GB 50169 电气装置安装工程 接地装置施工及验收规范

GB 50171 电气装置安装工程 盘、柜及二次回路结线施工及验收规范

GB 50172 电气装置安装工程 蓄电池施工及验收规范

GB 50173 电气装置安装工程 35 kV 及以下架空电力线路施工及验收规范

GB 50227 并联电容器装置设计规范

GBJ 147 电气装置安装工程 高压电器施工及验收规范

GBJ 148 电气装置安装工程 电力变压器、油浸电抗器、互感器施工及验收规范

GBJ 149 电气装置安装工程 母线装置施工及验收规范

DL/T 500 电压监测仪使用技术条件

DL/T 621 交流电气装置的接地

DL/T 836 供电系统用户供电可靠性评价规程

JGJ 16 民用建筑电气设计规范

《中华人民共和国电力法》 中华人民共和国第六十号主席令

《电力供应与使用条例》 中华人民共和国第 196 号国务院令

《用电检查管理办法》 电力工业部第 6 号令

《供电营业规则》 电力工业部第8号令

《电力企业信息披露规定》 国家电力监管委员会第14号令

印发《关于加强重要电力用户供电电源及自备应急电源配置监督管理的意见》的通知(电监安全[2008]43号)

关于印发《供电企业信息公开实施办法(试行)》的通知(电监办[2009]56号)

《供电监管办法》 国家电力监管委员会第27号令

3 术语和定义

下列术语和定义适用于本文件。

3.1

供电 electricity supply

供电企业向用户供应电能的行为,指发、输、配、售电环节中的配、售电环节。

3.2

供电企业 electricity supplier

依法取得供电类电力业务许可证的企业。

3.3

电力用户 electricity customer

依法与供电企业形成供用电关系的组织和个人,简称用户。趸购转售电企业是一类特殊用户。其中,趸购转售指从大电网趸购电能,再向其营业区内的用户售电的经营方式。

3.4

重要电力用户 important electricity customer

在国家或者一个地区(城市)的社会、政治、经济生活中占有重要地位,对其中断供电将可能造成人身伤亡、较大环境污染、较大政治影响、较大经济损失、社会公共秩序严重混乱的用电单位或对供电可靠性有特殊要求的用电场所。重要电力用户应当由当地政府确定。

3.5

供电服务 electricity supply service

供电企业遵循一定的标准和规范,以特定的方式和手段,满足用户现实或者潜在用电需求的活动。通常包括向用户提供质量合格的电能、用电业务办理、抄表及收费、供电故障处理等内容。

3.6

电力需求侧管理 demand-side management;DSM

通过采取有效的激励措施,引导电力用户改变用电方式,提高终端用电效率,优化资源配置,改善和保护环境,实现最小社会成本电力服务所进行的用电管理活动。

3.7

电压合格率 voltage qualification rate

实际运行电压偏差在限值范围内累计运行时间与对应的总运行统计时间的百分比。

3.8

供电系统用户供电可靠性 reliability of utility's power supply system customer

简称供电可靠性,指供电系统对用户持续供电的能力。

3.9

供电可靠率(RS-1) reliability on service in total

供电可靠性的量度,指在统计期间内,对用户有效供电时间总小时数与统计期间小时数的比值。

3.10

电压监测装置　voltage monitoring device

具有对电力系统正常运行状态缓慢变化所引起的电压偏差进行连续检测和统计功能的电子式仪器或仪表。

3.11

用户受电工程　connecting construction by customer

简称受电工程，是由用户出资建设，在用户办理新装、增容、变更用电等用电业务时涉及的电力工程。

3.12

供电方式　style of power supply

电力供应的方法和形式，一般依据国家的有关政策、用户的用电需求以及电力系统的供电能力等因素确定。根据供电电源电压等级的不同，供电方式可以分为高压供电方式和低压供电方式。

3.13

供电方案　scheme of power supply

电力供应的具体实施计划。供电方案通常包括用户基本信息、供电容量、供电电源位置、出线方式、供电回路数和走径、用户进线方式、用户受(送)电装置容量、主接线、继电保护方式、计量方式、运行方式、调度通信，以及用户自备应急电源等内容。

供电方案按照电压等级划分，可以分为高压供电方案和低压供电方案。其中，高压供电方案为10(20、6)kV 及以上用户的供电方案；低压供电方案为 220 V 或 380 V 用户的供电方案。

3.14

双电源　double power

分别来自两个不同变电站，或来自不同电源进线的同一变电站内两段母线，为同一用户负荷供电的两路供电电源。

3.15

用户自备应急电源　self-emergency power system

由用户自行配备的，在正常供电电源全部发生中断的情况下，能满足用户保安负荷可靠供电的独立电源。

保安负荷指用于保障用电场所人身与财产安全所需的电力负荷。一般认为，断电后会造成下列后果之一的为保安负荷：

a)　直接引发人身伤亡的；

b)　使有毒、有害物溢出，造成环境大面积污染的；

c)　将引起爆炸或火灾的；

d)　将引起较大范围社会秩序混乱或在政治上产生严重影响的；

e)　将引起重大直接经济损失的。

3.16

隐蔽工程　buried construction

被其他工作物遮掩的工程，具体是指地基、电气管线、供水供热管线等需要覆盖、掩盖的工程。

3.17

停电　power interruption

泛指供电发生中断的状态或行为。根据停电原因的不同，停电可分为故障停电、预安排停电以及因用户违法行为造成的停电等。

3.18

限电　restriction of load demand

当电力供应不足时，为保障电力系统安全和维持合格的电能质量，对一些用电需求进行限制的状态或行为。

3.19

中止供电 power suspension

供电企业依法中止履行供电义务的状态或行为。中止供电具体包括《供电营业规则》第66条和第68条中列举的各种情形。

4 通用服务规范

4.1 供电企业应当保障电力用户合法的基本用电权益,不断丰富供电服务渠道及手段、提高供电能力和供电服务水平。

4.2 供电企业应当按照国家有关规定,履行电力社会普遍服务义务。

4.3 供电企业应当严格执行国家节能减排政策,加强需求侧管理,向用户宣传并指导用户做好安全用电、节约用电和科学用电工作。

4.4 供电企业必须严格执行国家规定的电价政策和业务收费标准,不得自立收费项目或者自定收费标准,对国家已明令取缔的收费项目,不得再向用户收取费用。

4.5 因抢险救灾、突发事件需要紧急供电时,供电企业应当及时提供电力供应。

4.6 供电企业应当加快推进城乡电网"一户一表"改造工程,逐步实现抄表及收费到户。

4.7 供电企业工作人员应当严格遵守国家法律、法规;依照国家的保密制度,保护用户个人信息和商业秘密;诚实守信、爱岗敬业;工作期间应当使用规范化文明用语,提倡使用普通话。

5 供电质量

5.1 在电力系统正常运行条件下,供电电压偏差的限值为:

——35 kV及以上供电电压正、负偏差绝对值之和不超过标称电压的10%,如供电电压上下偏差同号(均为正或负)时,按较大的偏差绝对值作为衡量依据;

——20 kV及以下三相供电电压偏差为标称电压的±7%;

——220 V单相供电电压偏差为标称电压的+7%、-10%。

供电电压偏差按照GB/T 12325的有关规定测量。

5.2 公用电网谐波电压(相电压)限值分别为:

——110 kV电网电压总谐波畸变率不超过2.0%,奇次谐波电压含有率不超过1.6%,偶次谐波电压含有率不超过0.8%;

——35 kV电网电压总谐波畸变率不超过3.0%,奇次谐波电压含有率不超过2.4%,偶次谐波电压含有率不超过1.2%;

——10 kV电网电压总谐波畸变率不超过4.0%,奇次谐波电压含有率不超过3.2%,偶次谐波电压含有率不超过1.6%;

——380 V电网电压总谐波畸变率不超过5.0%,奇次谐波电压含有率不超过4.0%,偶次谐波电压含有率不超过2.0%。

电网谐波按照GB/T 17626.7的有关规定测量。

5.3 在电力系统正常运行的情况下,频率偏差限值为±0.2 Hz。当系统容量较小时,偏差限值可以放宽到±0.5 Hz。

频率偏差按照GB/T 15945的有关规定测量。

5.4 10(20、6)kV用户年供电可靠率(RS-1)应当符合:

——城市地区不低于99.50%;

——农村地区不低于97%。

10(20、6)kV用户供电可靠率(RS-1)按照DL/T 836的有关规定进行统计及评价，具体按照附录A执行。

10(20、6)kV用户年供电可靠率(RS-1)指标要求的测算依据参见附录B。

5.5 各类电压监测点年电压合格率应当符合：

——城市地区C类电压监测点不低于98%；

——城市地区D类电压监测点不低于95%；

——农村地区由有关部门根据实际情况规定。

5.6 供电企业应当按照以下原则选定供电电压的监测点：

——A类为带地区供电负荷的变电站和发电厂的20 kV、10(6)kV母线电压；

——B类为20 kV、35 kV、66 kV专线供电的和110 kV及以上供电电压；

——C类为20 kV、35 kV、66 kV非专线供电的和10(6)kV供电电压，每10 MW负荷至少应设一个电压监测点；

——D类为220 V/380 V低压网络供电电压，每百台配电变压器至少设2个电压监测点。监测点应设在有代表性的低压配电网首末两端和部分重要用户处。

各类监测点每年应随供电网络变化进行调整。

5.7 供电企业应当按照DL/T 500的有关规定选择、安装、校验电压监测装置，监测和统计用户电压情况。监测及统计数据应当及时、真实、完整。电压监测装置的功能及性能要求具体按照附录C执行。

5.8 对供电质量有特殊要求的，按照供电企业和用户双方合同约定执行。

6 用电业务办理

6.1 基本规范

6.1.1 供电企业应当依据有关法律法规办理用户的新装用电、增加用电容量和变更用电业务。

6.1.2 供电企业应当由用电营业机构统一归口办理用户的各类用电业务。

6.1.3 用户申请新装用电、增加用电容量或者变更用电时，供电企业无正当理由不得拒绝用户的用电申请，并一次性告知用电业务办理流程、办理期限、双方的权利和义务、政府规定的收费项目和收费标准等内容。

供电企业不能当场答复或办结的，应当出具书面意见。意见应当载明收到用户申请的时间、受理事项、经办人、收到书面材料的清单等内容。

6.1.4 供电企业应当与申请用电的用户通过协商确定供电方式以及供用电合同的有关条款。

6.1.5 供电企业应当对用户受电工程建设提供必要的业务咨询和技术服务。

6.1.6 供电企业对用户受电工程不得指定设计单位、施工单位和设备材料供应单位。

6.2 供电方案提供

6.2.1 供电企业对申请用电的用户提供的供电方式，应当依据国家的有关政策和规定、电网的规划、用电需求以及当地供电条件等因素与用户协商确定；无正当理由时，应当就近供电。

6.2.2 供电企业应当针对不同用户，按照依法、高效、便民的原则，要求申请用电的用户提供用电工程项目批准的文件及有关的用电资料，包括用电地点、电力用途、用电性质、用电设备清单、用电负荷、用户自备应急电源、用电规划、特殊要求等。

供电企业应当主动指导用户填写用电申请书及办理所需手续，并及时审核。

6.2.3 供电企业应当根据用户最大需求量、用电设备容量或受电变压器总容量确定用户的供电电压等级。

6.2.4 供电企业应当向申请用电的用户书面答复供电方案，向用户提供供电方案的期限应当符合：

自受理用户用电申请之日起，

——居民用户不超过3个工作日；

——其他低压供电用户不超过8个工作日；

——高压单电源供电用户不超过20个工作日；

——高压双电源供电用户不超过45个工作日。

6.3 受电工程设计文件审核

6.3.1 供电企业应当审核的用户受电工程设计文件和有关资料一般包括：

——低压用户：负荷组成和用电设备清单。

——高压用户：受电工程设计及说明书；用电负荷分布图；负荷组成、性质及保安负荷；影响电能质量的用电设备清单；主要电气设备一览表；主要生产设备、生产工艺耗电以及允许中断供电时间；高压受电装置一、二次接线图与平面布置图；用电功率因数计算及无功补偿方式；继电保护、过电压保护及电能计量装置的方式；隐蔽工程设计资料；配电网络布置图；用户自备应急电源及接线方式。

供电企业如确需用户提供其他资料，应当提前告知用户。

6.3.2 供电企业应当按照GB 50052、GB 50053、GB 50054、GB 50059、GB 50060、GB 50062、GB 50227、GB 50150、GB 50168、GB 50169、GB 50171、GB 50172、GB 50173、GBJ 147、GBJ 148、GBJ 149、DL/T 621、JGJ 16等国家和行业标准对用户送审的受电工程设计文件和有关资料进行审核。

6.3.3 自受理之日起，供电企业审核用户受电工程设计文件和有关资料的期限应当符合：

——低压供电用户不超过8个工作日；

——高压供电用户不超过20个工作日。

6.3.4 供电企业对受电工程设计文件和有关资料的审核意见应当以书面形式连同审核过的受电工程设计文件和有关资料交与用户，以便用户据以施工。

6.3.5 自收到用户变更的文件和资料起，审核后的受电工程设计文件和有关资料如有变更，供电企业复核的期限应当符合：

——低压供电用户一般不超过5个工作日；

——高压供电用户一般不超过15个工作日。

6.3.6 供电企业完成受电工程设计文件和有关资料的审核后，应当告知用户受电工程竣工检验标准及受电设施投运前的相关准备工作。

6.4 中间检查、竣工检验及装表接电

6.4.1 供电企业如需对用户受电工程中的隐蔽工程进行中间检查，则应当在受电工程施工之前，将中间检查内容告知用户，并与用户协商确定中间检查的环节。

6.4.2 中间检查应当根据审核同意的设计方案进行，检查内容一般包括电缆沟工程、接地装置的埋设、暗敷管线等隐蔽工程。

如发现不符合规定或者用户受电设施存在故障隐患的，供电企业应当以书面形式一次性告知用户，并指导其制定有效的解决方案，在用户改正后，及时组织复检，直至合格。

6.4.3 自接到用户申请之日起，对用户受电工程启动中间检查的期限应当符合：

——低压供电用户不超过3个工作日；

——高压供电用户不超过5个工作日。

6.4.4 供电企业对用户进行竣工检验的文件和资料一般包括：工程竣工图及说明、电气试验及保护整定调试记录、安全用具的试验报告、隐蔽工程的施工及试验记录、运行管理的有关规定和制度、值班人员

名单及资格、供电企业认为其他必要的资料或记录。

6.4.5 供电企业对用户受电工程的竣工检验应当符合 GB 50150、GB 50168、GB 50169、GB 50171、GB 50172、GB 50173、GBJ 147、GBJ 148、GBJ 149、JGJ 16 等国家和行业标准。

6.4.6 自接到用户受电装置竣工报告和检验申请之日起，对用户受电工程启动竣工检验的期限应当符合：

——低压供电用户不超过 5 个工作日；

——高压供电用户不超过 7 个工作日。

对检验不合格或者发现用户受电设施存在故障隐患的，供电企业应当以书面形式一次性告知用户，并指导其制定有效的解决方案，待用户按有关规定改正后予以再次检验，直至合格。

6.4.7 对于竣工检验合格的用户受电工程，供电企业应当尽快组织装表接电。自受电装置检验合格并办结相关手续之日起，装表接电的期限应当符合：

——居民用户不超过 3 个工作日；

——低压电力用户不超过 5 个工作日；

——高压电力用户不超过 7 个工作日。

6.5 供用电合同签订

6.5.1 给用户供电前，供电企业应当按照有关规定，遵循平等自愿、协商一致、诚实信用的原则，与用户签订供用电合同。

6.5.2 供用电合同主要内容包括：供电方式、供电容量、电能质量、用电性质、用电地址及时间、计量方式、电价类别、电费结算方式、调度通信、供用电设施产权及维护责任的划分、合同有效期、违约责任等。

对于重要用户，还应包括用于将停电、限电及恢复供电等重要信息告知用户的通讯方式等内容。

6.6 用户档案管理

6.6.1 供电企业应当及时建立用户档案，加强有关法律及技术文书等资料的管理。

6.6.2 高压用户档案一般包括以下资料：用电申请表、用户合法的身份证明、用电工程项目批准文件、用户用电设备明细及有关的用电资料、答复供电方案通知书、设计文件、设计文件审核意见书、受电工程中间检查记录及整改要求、竣工检验申请书及受电工程竣工检验报告、受电工程竣工检验记录及整改要求、受电工程竣工图纸、装表接电记录、供用电合同及其附件、历次增加用电容量及变更用电记录等。

低压用户档案内容可以参照高压用户档案。

7 抄表及收费

7.1 供电企业应当依据计量检定机构依法认可的用电计量装置的记录，向用户计收电费。

当用户向供电企业提出用电计量装置校验申请并交付验表费后，供电企业应当按有关规定进行检验，并将检验结果通知用户。如用电计量装置的误差在允许范围内，验表费不予退还；如误差超出允许范围，供电企业除退还验表费外，还应按有关规定退补电费。用户对检验结果有异议时，可向供电企业上级计量检定机构申请检定。

7.2 供电企业应当按照相关规定或根据营业区范围内用户数量、用电量和用户分布情况，与用户约定抄表周期、抄表日期和交费截止日。约定后确需调整的，应当告知用户。

7.3 供电企业对执行两部制电价用户以及执行功率因数调整电费用户的抄表周期一般不宜大于1个月。

7.4 供电企业应当加强电量电费核算管理，具备可靠的数据备份和保存方法，确保电量电费核算的各类数据及参数的完整性、准确性和安全性。

7.5 供电企业应当及时审核新装用电、增加用电容量和变更用电工作单，保证计算参数及数据与现场实际情况一致。

7.6 供电企业应当向用户提供不少于两种可供选择的交纳电费方式，如：营业场所交费、银行（邮政）代收交费、自助交费及充值卡付费等。

7.7 如采用预付费方式收取电费，供电企业应当满足用户的知情权和选择权，并利用停电预警、预置电量或者配备应急电卡等方式，尽可能减少用户因未能及时预付电费而断电。

7.8 供电企业应当将统一印制的交费通知单及时送交用户或放置在与用户约定的位置（如表箱、邮箱、物业等）。有条件的，可以采取发送短信等方式，告知用户交费信息。

7.9 对月用电量较大的用户，供电企业可与用户约定实行每月分次结算电费，按照约定抄表后结清当月电费，并在合同中予以明确。

7.10 供电企业应当为交费用户提供电费发票，用户如需结算清单的，供电企业应当及时提供。

7.11 用户在合同约定的期限内未交清电费时，供电企业可以按照合同约定收取电费违约金。电费违约金从逾期之日起计算至电费交纳日止。

逾期超过 30 天，且供电企业在逾期的 30 天内曾催交电费的，供电企业可以按照 9.2 条的相关规定对用户采取中止供电措施。

8 供电故障处理

8.1 供电企业应当建立完善的报修服务制度，公开报修电话，保持电话的畅通，24 h 受理供电故障报修。有条件的，应当建立重大故障抢修应急预案，并进行应急演练。

8.2 接到用户报修后，供电企业应当详细询问故障情况。如判断确属供电企业抢修范围内的故障或无法判断故障原因，应当迅速组织抢修人员赴现场处理；如判断属用户内部故障，应当积极引导用户排查故障。

8.3 当发生供电故障时，供电企业应当迅速抢修，尽快恢复正常供电。自接到报修之时起，供电企业工作人员到达抢修现场的时限应当符合：

——城区范围不超过 60 min；

——农村地区不超过 120 min；

——边远、交通不便地区不超过 240 min。

因天气、交通等特殊原因无法在规定时限内到达现场的，应当向用户做出解释。

供电企业应当通过适当渠道，向社会公布本营业区内各地区到达抢修现场的时限。

8.4 供电企业工作人员现场抢修应当符合：

——尽量避免损坏原有设施；

——在公共场所施工，应当有安全措施，悬挂施工单位标志、安全标志，在道路两旁施工时，应当在恰当位置摆放醒目的告示牌；

——工作结束后，立即清扫废料和污迹，做到设备、场地清洁，同时向用户交待有关注意事项。

8.5 供电企业应用户要求对用户产权的电气设备提供有偿服务时，服务提供地有政府定价或者政府指导价的，按照规定执行；没有政府定价或政府指导价的，参照市场价格协商确定。

9 停电、限电或者中止供电

9.1 在电力系统正常的情况下，供电企业应当连续向用户供电。需要停电、限电或者中止供电的，应当符合下列要求：

——因供电设施计划检修需要停电的，供电企业应当提前 7 日公告停电区域、停电线路、停电时间，并通知重要电力用户，同时做好相关记录；

——因供电设施临时检修需要停电的，供电企业应当提前 24 h 公告停电区域、停电线路、停电时间，并通知重要电力用户，同时做好相关记录；

——因电网发生故障或者电力供需紧张等原因需要停电、限电的，供电企业应当按照批准的有序用电方案执行；

——因不可抗力、紧急避险或者确有窃电行为的，可以立即中止供电；

——因用户违法用电或者拖欠电费的，中止供电程序依照 9.2 进行；

——引起停电或者限电的原因消除后，供电企业应当尽快恢复正常供电，不能在 3 天内恢复供电的，供电企业应当向用户说明原因。

9.2 因用户违法用电或者拖欠电费，供电企业需对用户中止供电的，应当符合下列要求：

——将停电的用户、原因、时间报相关负责人或授权人批准；

——在停电前 3～7 天内，将停电通知书送达用户，对重要用户的停电，还应将停电通知书报送同级电力管理部门；

——在停电前 30 min，将停电时间再通知用户 1 次，方可在通知约定时间实施停电。

9.3 供电企业应当不断提高供电可靠性管理水平，减少设备检修和电力系统事故对用户的停电次数及每次停电持续时间。供电设备计划检修时，对 35 kV 及以上电压供电的用户的停电次数，每年一般不应超过 1 次；对 10(20、6)kV 供电的用户，每年一般不应超过 3 次。

10 用电安全服务

10.1 供电企业应当坚持安全第一、预防为主、综合治理的方针，遵守有关供电安全的法律、法规和规章，建立、健全供电安全责任制度，完善安全供电条件，依法处置供电突发事件，加强用电安全服务，维护正常供用电秩序和保障公共安全。

10.2 供电企业应当为用户安全用电提供业务指导和技术服务，履行用电检查职责。

10.3 供电企业应当告知用户选择依法取得设计资质及承装(修、试)电力设施许可证的企业从事相关业务，并查验有关资质。

供电企业应当告知用户选择依法取得电工进网作业许可证的电工在受电装置上从事相关工作，并查验有关资质。

10.4 供电企业应当积极开展安全供用电宣传，促进用户电气工作人员提高技能水平，指导用户做好电气设备的安全运行管理工作。

10.5 供电企业应当按照国家相关规定，依法开展对用户安全用电的检查和服务，指导、督促用户开展用电安全隐患的排查和治理。

10.6 供电企业用电检查人员赴用户执行用电安全检查时，应当主动出示合法的用电检查证件，经现场检查确认用户电气设备状况、电工作业行为、运行管理等方面有不符合安全规定的，用电检查人员应当提出书面检查意见。

10.7 用电检查人员在执行用电检查任务时，应当为用户保密，不得在检查现场替代用户进行电工作业。

10.8 供电企业应当按照有关规定开展重要电力用户安全供电服务及管理，建立重要电力用户基础信息数据库；指导重要电力用户配置和使用自备应急电源；如发现重要用户的用电设施存在安全隐患，应当及时告知用户，并将排查和治理情况及时报政府有关部门备案。

11 信息公开和披露

11.1 供电企业应当依照《供电企业信息公开实施办法》等相关法律法规开展供电信息的公开和披露工

作，保障用户的知情权。

11.2 供电企业信息公开的内容，分为主动公开的信息和依申请公开的信息。

11.3 供电企业应当按照《供电企业信息公开实施办法》第六条的规定主动公开相关信息。

11.4 用户因自身生产、生活、科研等特殊需要，向供电企业申请获取下列信息，供电企业无正当理由的，不得拒绝：

——用户自身的用电档案信息、电费计算和交费信息等；

——用户用电报装信息和办理进度；

——用户设备接入所涉及的供电能力、主变容量和同级电网结构等；

——与用户供电相关的继电保护整定参数或整定方案(含继电保护定值的计算及定值单等)。

趸售用户申请接入电网时，向供电企业申请提供本营业网区内的潮流分布、系统阻抗以及运行方式情况等与电网接入相关的信息，供电企业无正当理由的，不得拒绝。

11.5 供电企业不得公开涉及国家机密、商业秘密、个人信息及公开后可能影响公共安全和社会稳定的信息。但是，对涉及敏感内容，不公开可能对公共利益造成重大影响的，经权利人同意，可以公开。

11.6 供电企业依申请公开的信息应当尽量按照申请人要求的形式或渠道予以提供；不宜按照申请人要求提供的，可以通过其他适当的形式予以提供。

12 用户投诉处理

12.1 供电企业应当建立用电投诉处理制度，公开投诉电话。供电企业可以通过以下方式接受用户的投诉：

——供电服务热线或专设的投诉电话；

——在营业场所设置意见箱或意见簿；

——信函；

——走访；

——供电服务网站；

——其他渠道。

12.2 对用户的投诉，供电企业应当自接到投诉之日起 10 个工作日内提出处理意见并答复用户。

投诉事项答复意见应当包括下列事项：

——投诉人的投诉请求；

——对基本事实的认定及依据；

——对投诉事项的处理意见。

12.3 供电企业工作人员在处理投诉工作中，应当遵守下列规定：

——文明接待，尊重投诉人，不得刁难和歧视投诉人，对不予受理的投诉请求，应当告知投诉人并做好解释、疏导工作；

——按照投诉工作的处理程序，及时处理投诉事项，不得置之不理、敷衍塞责、推诿拖延；

——不得泄露、扩散投诉人要求保密及可能对投诉人权益造成损害的内容；

——对投诉人有关投诉事项办理情况的查询，除涉及国家秘密、商业秘密、个人隐私的事项外，应当如实答复，不得拒绝；

——与投诉人或者投诉事项有直接利害关系的，应当回避。

12.4 供电企业应当按照档案管理的规定，建立并妥善保管投诉档案，不得丢失、篡改、隐匿或者擅自销毁。

13 服务渠道

13.1 营业场所

13.1.1 供电企业应当根据服务半径或者服务人口等因素合理设置营业场所，方便用户进行咨询与查询用电信息、交纳电费、办理各种用电业务、故障报修、提出建议以及用电投诉等。

13.1.2 营业场所外应当设置规范的供电企业标志和营业时间牌。

13.1.3 营业场所内应当采取公示栏、电子显示屏、自助服务终端、免费宣传资料或展架等形式，公示业务受理范围、办理程序、电价及收费项目、收费标准、收费依据、服务承诺、服务监督电话等内容。公示资料应当准确，并及时更新。

13.1.4 营业场所内应当在显著固定位置公布"12398"电力监管投诉举报电话。

13.1.5 营业场所内应当设有业务办理区及用户等候区，配置用户书写台及各种业务办理表格的书写示范样本等。有条件的，可以设置业务洽谈区域、电能利用展示区以及为老年人、残疾人等行动不便用户提供便捷服务的无障碍通道。

13.1.6 营业场所内应当具备可供用户查询相关资料的手段。有条件的，可以设置用户自助查询的计算机终端。

13.1.7 营业窗口应当设置醒目的业务受理标识。标识一般包括窗口编号或名称、经办业务种类以及工作状态等。

13.2 供电服务热线

13.2.1 供电企业应当在营业区内设立 24 h 不间断供电服务热线电话，受理用户用电信息查询、业务咨询、业务受理、服务质量投诉等。

13.2.2 供电服务热线电话应当具备录音功能，电话录音至少应当保留 3 个月。

13.2.3 供电服务热线电话应当接听及时，应答准确，用语规范，尽量少用生僻的电力专业术语。

13.2.4 因输配设备事故、检修引起停电，用户询问时，应当告知用户停电原因，并主动致歉。

13.2.5 供电企业应当建立供电服务热线回访制度。对用户投诉，应当跟踪投诉处理全过程，并进行回访。对故障报修，必要时在修复后及时进行回访，听取意见和建议。

13.3 供电服务网站

13.3.1 供电企业应当积极创建供电服务网站，逐步实现网上发布停电信息公告、受理用户电力故障报修、服务质量投诉、用电信息查询、咨询、业务受理等功能。

13.3.2 网站开通业务受理的，应当提供方便用户填写的表格以及办理各项业务的说明资料。

13.3.3 网站提供在线咨询或留言功能的，应当及时回复用户的意见和建议。

附　录　A
（规范性附录）
10(20、6)kV 用户供电可靠率统计方法

按照 DL/T 836《供电系统用户供电可靠性评价规程》的规定，10(20、6)kV 用户城市与农村的供电可靠率以供电可靠率(RS-1)为准。有关计算、统计方案及说明如下。

a) 供电可靠率(RS-1)为在统计期间内，对用户有效供电时间总小时数与统计期间小时数的比值

$$供电可靠率(RS\text{-}1)=\left(1-\frac{用户平均停电时间}{统计期间时间}\right)\times 100\%$$

b) 用户平均停电时间(AIHC-1)为用户在统计期间内的平均停电小时数

$$用户平均停电时间(AIHC\text{-}1)=\frac{\sum(每户每次停电时间)}{总用户数}$$

$$=\frac{\sum(每次停电持续时间\times 每次停电用户数)}{总用户数}$$

c) 城市地区范围为市中心区、市区、城镇；农村地区范围为城镇、农村。

市中心区：市区内人口密集以及行政、经济、商业、交通集中的地区。

市区：城市的建成区及规划区，一般指地级市以“区”建制命名的地区。

城镇：县(包括县级市)的城区及工业、人口相对集中的乡、镇地区。

农村：城市行政区内的其他地区，包括村庄、大片农田、山区、水域等。

附 录 B
（资料性附录）
10(20、6)kV 用户年供电可靠率指标要求测算依据

10(20、6)kV 用户年供电可靠率指标的要求，主要依据国家电力监管委员会电力可靠性管理中心对 2005—2007 年全国城市供电企业及大部分县级供电企业 10(20、6)用户年供电可靠率指标的统计情况确定(2008 年因自然灾害，部分地区供电可靠率影响较大，因此该年统计情况不作为测算依据)。

根据表 B.1，2005—2007 年，全国绝大部分城市供电企业的 10(20、6)kV 用户年供电可靠率(RS-1)高于 99.5%，即用户的年平均停电时间少于 43.8 h。故将该指标要求规定为 99.5%。

表 B.1 城市 10(20、6)kV 用户年供电可靠率指标要求测算依据

年度	参加统计的企业总数	RS-1 低于 99.5%的企业个数	所占比例
2005	345 个	36 个	10.43%
2006	347 个	6 个	1.73%
2007	364 个	3 个	0.824%

根据表 B.2，2005—2007 年，全国大部分县级供电企业的 10(20、6)kV 用户年供电可靠率(RS-1)高于 97%，即用户的年平均停电时间少于 262.8 h。故将该指标要求规定为 97%。

表 B.2 农村 10(20、6)kV 用户年供电可靠率指标要求测算依据

年度	参加统计的企业总数	RS-1 低于 97%的企业个数	所占比例
2005	898 个	23 个	2.561%
2006	1 039 个	8 个	0.77%
2007	1 170 个	2 个	0.171%

附 录 C
（规范性附录）
电压监测装置基本功能和性能要求

C.1 监测装置应当具有监测电压偏差及统计电压合格率和电压超限率的功能。

C.2 监测装置应当具有按月和按日统计的功能，包括电压合格率及合格累计时间、电压超上限率及相应累计时间、电压超下限率及相应累计时间。至少能贮存前一月和当月，前一日和当日的记录数据。

C.3 监测装置应当能调显实时电压值，当日统计数据、设定的各项参数及日期、时间，并且日期和时间能自动转换。

C.4 监测装置应当能预置被监测电压额定值，并按要求整定在被监测电压允许偏差范围内的上限值和下限值及典型日、日期、时间等参数。其整定调节范围应当满足被监测的额定电压$U\pm10\%$的要求。对可预置整定或任意设定的控制键，必须加装闭锁装置或采取加密措施。

C.5 监测装置应当设置自动恢复系统，恢复时间应当小于或等于 2 s，使其在允许使用条件下，能连续正常工作。

C.6 监测装置或与其配套的管理系统应当能按要求对记录的数据进行存储、分类、查询及形成并打印输出各类统计报表。

应当能查询指定日的日统计数据，日整点数据，并能形成并打印输出日电压报表。

应当能查询按自然年月分类汇总统计的各监测点的月统计数据，并能形成并打印输出月报表。

C.7 监测装置一旦失去工作电源，其后备工作电源应当保证失电保护时间不少于 72 h。

C.8 精度要求

在正常使用条件下，监测装置测量误差不应超过$\pm5\%$。

ICS 07.040
A 75

中华人民共和国国家标准

GB/T 28584—2012

城市坐标系统建设规范

Specifications for the establishment of urban coordinate system

2012-06-29 发布　　2012-10-01 实施

中华人民共和国国家质量监督检验检疫总局
中国国家标准化管理委员会　发布

前　言

本标准依据 GB/T 1.1—2009 给出的规则起草。

本标准由国家测绘地理信息局提出。

本标准由全国地理信息标准化技术委员会(SAC/TC 230)归口。

本标准起草单位:武汉大学、国家测绘局测绘标准化研究所、国家测绘局第一大地测量队。

本标准主要起草人:李建成、肖学年、姚宜斌、岳建利、姜卫平、席青骥。

引　言

2008年7月1日,国家正式启用CGCS2000地心坐标系统。基于CGCS2000坐标系统建设城市坐标系统是当前城市测绘基础设施建设的重点。为使用的方便,一个城市只应建立一套与国家坐标系统相联系的、相对独立和统一的城市坐标系统,并应经测绘行政主管部门审查批准后方可建立和使用。

为了加强城市测量工作,规范和指导CGCS2000地心坐标系统启用后我国的城市坐标系统建设,满足城市经济建设和社会发展的需求,依据《中华人民共和国测绘法》,制定本标准。

城市坐标系统建设规范

1 范围

本标准规定了城市坐标系统(城市平面坐标系统和高程系统)建设的基本原则、建设内容、布网方案、数据处理、坐标系统间的转换等内容。

本标准适用于城市平面坐标系统和高程系统的建设。

2 规范性引用文件

下列文件对于本文件的应用是必不可少的。凡是注日期的引用文件,仅注日期的版本适用于本文件。凡是不注日期的引用文件,其最新版本(包括所有的修改单)适用于本文件。

GB/T 12897—2006 国家一、二等水准测量规范

GB/T 18314—2009 全球定位系统(GPS)测量规范

GB/T 23709 区域似大地水准面精化基本技术规定

CJJ 8—99 城市测量规范

CH/T 2008—2005 全球导航卫星系统连续运行参考站网建设规范

3 术语与定义

以下术语适用于本文件。

3.1

城市坐标系统 urban coordinate system

为了满足城市建设、规划和工程施工的需要而建立,包括城市平面坐标系统和高程系统。为减小投影变形,所建立的城市平面坐标系统往往相对独立,但需与国家坐标系统建立联系。所建立的城市高程系统宜与国家法定高程基准一致。

3.2

高斯平面坐标系 gauss plane coordinate system

根据高斯-克吕格投影(简称高斯投影)所建立的平面直角坐标系,各投影带的原点是该带中央子午线与赤道的交点,x 轴正方向为该中央子午线北方向,y 轴正方向为赤道东方向。

3.3

高程抵偿面 elevation compensating surface

为了减小或避免长度变形,依据高斯投影长度变形所选择的相对参考椭球面抬高或降低的高程参考面,在该参考面上长度变形较小或为零。

3.4

城市框架网 urban frame network

由若干通过卫星定位技术建立的高精度控制点组成,具有维持城市三维基准、传递高精度的地心坐标和提高控制网精度的作用。

3.5

城市基本网 urban all-around network

通过在城市框架网基础上进一步加密构成,用于提供城市基础控制数据,满足局部城市测量的需

要，同时可用于建立城市内各坐标系统之间的转换关系。

3.6

GPS 水准网　GPS leveling network

顾及似大地水准面精化的需要，将 GPS 网和等级水准网的布网结合考虑，按一定的密度形成的同时具有 GPS 测量成果和高精度水准成果的控制点所组成的网。

3.7

高程异常控制点　control point of height anomaly

GPS/水准点　GPS/leveling point

大地高由 GPS 测定、正常高由水准测量测定的大地点。

4　总则

4.1　城市平面坐标系统基于明确定义的参考椭球，采用高斯投影，由实现坐标系统的城市平面控制网具体体现。

4.2　城市平面坐标系统的选择和定义应以投影长度变形值不大于 2.5 cm/km(相对误差小于 1/40 000)为原则，并根据城市地理位置和平均高程确定。

4.3　城市平面坐标系统由参考椭球、中央子午线、投影面高程和坐标系原点与定向来定义。

4.4　城市平面坐标系统通过城市高精度三维框架网和基本网体现和维持，并与国家统一坐标系和已有城市平面坐标系建立联系。

4.5　城市高程系统建设，宜通过城市 GPS 水准网的建设，进行似大地水准面精化。

5　建设内容与原则

5.1　建设内容

城市坐标系统建设应包括以下主要内容：

a)　城市平面坐标系统的定义，包括参考椭球的选择、中央子午线的选择、投影面高程的选择和坐标系原点与定向的确定。

b)　城市平面坐标系统的实现和维持，包括城市框架网或卫星连续运行参考站建设、城市基本网建设及其进一步加密等。

c)　城市平面坐标系统成果的统一和转换，包括新建与改造的城市平面坐标系与 1954 年北京坐标系、1980 西安坐标系、CGCS2000 坐标系、城市已有平面坐标系之间转换关系的建立，城市各坐标系成果的统一等。1954 年北京坐标系基本参数见附录 A，1980 西安坐标系基本参数见附录 B，CGCS2000 坐标系基本参数见附录 C。

d)　城市高程系统建设和维持，包括城市等级水准网建设及城市区域似大地水准面精化。

5.2　建设原则

5.2.1　城市坐标系统建立时应满足相应的精度要求，并能连续稳定地提供可靠的测绘基准服务。

5.2.2　城市坐标系统应以卫星定位等现代大地测量技术为手段，建立集平面、高程信息于一体的综合性城市高精度三维控制网，作为城市坐标系统建立、维持的支撑和体现。

5.2.3　城市坐标系统的建立，应能够为城市的基础测绘工作、城市信息化建设、经济建设、重大工程建设以及城市可持续发展提供高精度、多功能的测绘基准保障，能够满足现在和未来一段时间内的城市测量发展的需要。

5.2.4　城市坐标系统改造时，应建立与城市已有坐标系的联系，保证已有测绘成果的转换和使用。

6 城市平面坐标系统的定义

6.1 参考椭球选择

城市平面坐标系统采用的参考椭球应与 CGCS2000 坐标系定义的参考椭球一致。

6.2 中央子午线和投影面高程选择

6.2.1 如果采用 CGCS2000 坐标椭球，在国家标准的 3°带高斯投影下，城市区域内长度变形值不大于 2.5 cm/km 时，应直接采用国家统一 3°带高斯投影的平面直角坐标系统，其投影面采用 CGCS2000 坐标系参考椭球面，中央子午线采用国家统一 3°带的中央子午线。

6.2.2 如果采用 CGCS2000 坐标椭球，在国家标准的 3°带高斯投影下，城市区域内长度变形值大于 2.5 cm/km 时，可依次选用以下方法：

a) 采用自定义中央子午线高斯投影平面直角坐标系统，其投影面采用国家坐标系参考椭球面，中央子午线的选择应考虑测区平均大地高，如平均大地高在 160 m 以内，中央子午线可位于城市中心，如测区平均大地高超过 160 m，中央子午线可左右适度调整；

b) 采用具有高程抵偿面的国家统一 3°带高斯投影平面直角坐标系统，其中央子午线与国家坐标系采用的 3°带相同，投影面采用高程抵偿面，高程抵偿面一般选择为当地的平均高程面；

c) 采用具有高程抵偿面的自定义中央子午线高斯投影平面直角坐标系统，其投影面一般选择为当地的平均高程面，中央子午线位于城市中心。

6.2.3 城市东西跨度过大或地形变化复杂，采用一个具有高程抵偿面的自定义中央子午线坐标系仍然无法满足长度变形值不大于 2.5 cm/km 要求时，可分区域定义具有不同高程抵偿面的自定义中央子午线城市平面坐标系。

6.3 坐标系原点和定向

6.3.1 城市平面坐标系原点一般选择为城市区域的中心点或易于长期保存的、稳定可靠的城市高等级控制点。坐标系原点坐标可加入常数，该常数选择应保证城市平面坐标系所有坐标值为正值。

6.3.2 城市平面坐标系定向用于确定整个坐标系的起始方位角，一般应与国家坐标系的定向一致。

7 城市平面坐标系统的实现和维持

7.1 城市框架网建设

7.1.1 城市框架网的精度应不低于 GPS B 级网的精度要求。新建城市框架网点的布网、选埋、观测和数据处理应按 GB/T 18314—2009 中 B 级网的相关规定执行。

7.1.2 城市框架网点应不少于 5 个，且均匀分布于整个城市。

7.1.3 城市框架网点应优先选用区域内已经建成的国家卫星定位连续运行参考站、城市卫星定位连续运行参考站、国家 GPS A 级网点、国家 GPS B 级网点、中国地壳运动观测网络基准网点、中国地壳运动观测网络区域网点。如城市有已建成的覆盖全市域的城市连续运行卫星定位服务系统(CORS)，可直接以 CORS 的参考站网作为城市的框架网。

7.1.4 新建城市连续运行卫星定位服务系统(CORS)应按 CH/T 2008—2005 的相关规定执行。

7.2 城市基本网建设

7.2.1 城市基本网的布设应与城市高等级水准网的布设统筹考虑，宜布设为 GPS 水准网。

7.2.2 城市基本网的精度应不低于GPS C级网的精度要求。新建城市基本网点的布网、选埋、观测和数据处理应按GB/T 18314—2009中C级网的相关规定执行。

7.2.3 城市基本网以城市框架网点为基础，在城市范围内均匀布设，点位平均间距为7 km～12 km。在市内及城郊，点位平均间距为5 km～8 km；在远城区和市外，点位平均间距为10 km～15 km。

7.2.4 城市基本网点优先选用区域内已有的省级、城市高等级控制点和具备进行卫星定位观测条件的一、二等水准点。

7.2.5 所选定的城市基本网点应便于水准联测。

8 坐标系之间的联系

8.1 坐标系之间联系的建立

8.1.1 应建立城市平面坐标系与现行的国家坐标系之间的转换关系。

8.1.2 城市平面坐标系应建立与2000国家大地坐标系的联系。应实现城市平面坐标系与CGCS2000坐标系、1954年北京坐标系、1980西安坐标系之间的相互转换，以及城市平面坐标系新、旧网之间的相互转换。

8.1.3 如城市旧平面坐标系所依据的各项参数因某些原因而不明确，不能直接计算相互的联系，可通过选择5个以上具有其他坐标系坐标的控制点与具有城市平面坐标系坐标的网点进行联测，通过坐标转换解算两者之间的转换参数。联测及数据处理按GB/T 18314—2009中C级GPS点测量有关要求执行。

8.1.4 对城市控制网的改造，可通过对新城市坐标系的控制点与改造前的旧坐标系的控制点进行联测，将5个以上分布均匀、稳定可靠的旧网点联测到新网中，通过坐标转换解算新、旧网之间的转换参数。联测及数据处理按GB/T 18314—2009中C级GPS点测量有关要求执行。

8.2 坐标转换

8.2.1 坐标转换方法包括“七参数”法(参心平移量：ΔX、ΔY、ΔZ；尺度比：M；坐标旋转量：ω_X、ω_Y、ω_Z)和“四参数”法(参心平移量：Δx、Δy；尺度比：M；坐标旋转量：α)。

8.2.2 可采用“七参数”法建立城市区域内不同的国家坐标系之间的转换关系。“七参数”法参见附录D。

8.2.3 可采用“四参数”法建立城市区域内国家坐标系与城市平面坐标系之间、新旧城市平面坐标系之间的转换关系。采用“四参数”法时，不同坐标系坐标应该在统一的中央子午线和投影高程面下求取坐标转换参数，以避免投影变形不一致的影响。“四参数”法参见附录E。

8.2.4 如果城市平面坐标系相对于某一种国家坐标系有明确的定义，可先按“七参数”法建立不同的国家坐标系之间的转换关系，再依据城市平面坐标系的定义由转换后的国家坐标系直接投影到城市平面坐标系。

8.2.5 坐标系之间的转换应该选择兼容性好的公共点求取坐标转换参数。

8.3 转换精度检验

8.3.1 应通过参与转换的公共点残差来评定坐标转换精度。

8.3.2 应均匀选择至少5个以上的外部检核点来进行坐标转换精度的外部检核。

8.3.3 转换精度检验中应保证用于转换检验的成果的可靠性，对于残差过大的点，要重点分析其原因，避免因个别点的粗差影响对整体转换精度的评定。

9 城市高程系统建设与维持

9.1 城市高程系统建设内容

城市高程系统通过城市等级水准网进行建设，宜基于城市区域内合理布设的 GPS 水准网，建立高精度高分辨率似大地水准面模型，利用“GPS＋大地水准面”快速高效获取高程信息。似大地水准面模型应通过 GPS 水准网，结合重力资料、地形资料、重力场模型等，采用精密似大地水准面确定理论和方法予以实现。

9.2 城市 GPS 水准网建设

9.2.1 实现城市高程系统的水准网按不低于二等水准网的要求建设，按 CJJ 8—99 有关规定执行。

9.2.2 城市水准网点优先选用城市框架网点和城市基本网点。并保证 70％以上的城市框架网点和城市基本网点纳入到城市水准网中，构成城市 GPS 水准网，以用于似大地水准面建模。

9.2.3 城市水准网的联测及数据处理按 GB/T 12897—2006 中一、二等水准测量的有关规定执行。

9.3 城市似大地水准面确定

9.3.1 城市似大地水准面参考基准

大地坐标系采用 CGCS2000 坐标系，高程基准采用 1985 国家高程基准，重力基准采用 2000 国家重力基本网。

9.3.2 城市似大地水准面精度与分辨率

城市似大地水准面精度与分辨率要求如下：

a) 似大地水准面的精度由格网平均高程异常相对于本区域内各高程异常控制点的高程异常平均中误差表示。似大地水准面的分辨率由似大地水准面模型采用的等角格网间距表示。
b) 重力似大地水准面与基本网的 GPS 水准所确定的高程异常进行独立比较，其中误差应小于 ±0.02 m，似大地水准面分辨率不低于 2.5′×2.5′。

9.3.3 格网平均重力异常及分辨率

格网平均重力异常及分辨率要求如下：

a) 在似大地水准面计算时，应利用已有的或通过实测重力资料确定的格网平均重力异常，作为重力似大地水准面计算的基础数据。
b) 格网平均重力异常的分辨率应与似大地水准面分辨率及该区域内重力点的密度相匹配。每个平均重力异常格网中宜有一个实测重力点，其精度应不低于加密重力点的精度。
c) 城市似大地水准面计算采用的格网平均重力异常分辨率不低于 2.5′×2.5′。
d) 格网平均重力异常的精度应符合 GB/T 23709 的规定。

9.3.4 数字高程模型分辨率和精度

所采用的数字高程模型（DEM）的分辨率不低于 10″×10″，数字高程模型应使用精度不低于国家 1∶50 000 比例尺数字高程模型的数据。

9.3.5 高程异常控制点精度

用于精化城市似大地水准面的高程异常控制点，其坐标精度应不低于 C 级 GPS 网点的精度，其高程精度应不低于二等水准的精度。

9.3.6 **似大地水准面的计算**

似大地水准面计算基本流程见图1。

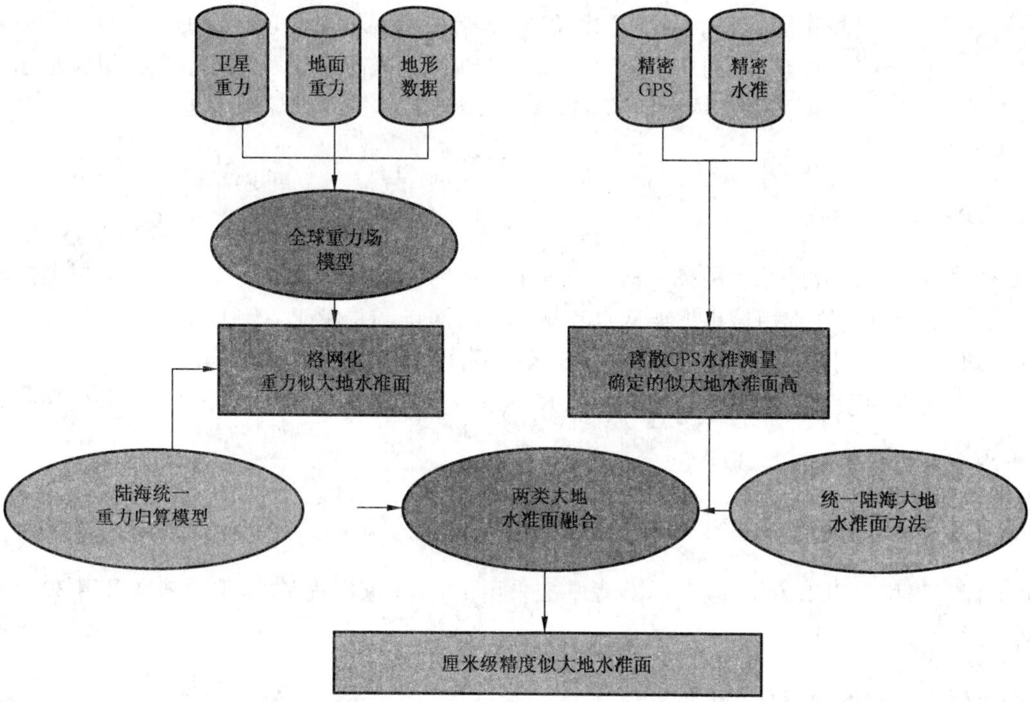

图1 似大地水准面计算流程

具体流程见附录F。

9.3.7 **重力似大地水准面与GPS水准似大地水准面的拟合**

将离散的GPS水准与对应的重力似大地水准面不符值序列通过某种数学或物理方法消除或减弱，如多项式法、球冠谐方法等。

9.3.8 **似大地水准面的质量检验**

似大地水准面的质量检验要求如下：

a) 利用GPS点成果和似大地水准面成果所计算的水准高与已知(或水准联测)的水准高进行比较，用于评定似大地水准面外符合精度；
b) 似大地水准面的质量检验可按GPS静态检核、GPS RTK等不同方式进行；
c) 检验点布设原则、外业观测和数据处理按GB/T 23709规定执行。

9.3.9 **资料提交**

提交的资料应包括：

a) 似大地水准面计算软件；
b) 似大地水准面计算报告；
c) 检测报告。

附 录 A
（规范性附录）
1954 年北京坐标系主要参数

A.1 1954 年北京坐标系地球椭球基本参数

长半轴 a=6 378 245 m

短半轴 b=6 356 863.018 8 m

扁率 α=1/298.3

第一偏心率平方 e^2=0.006 693 421 622 966

第二偏心率平方 e'^2=0.006 738 525 414 683

附 录 B
（规范性附录）
1980 西安坐标系主要参数

B.1 1980 西安坐标系参考椭球基本参数

长半轴 a=6 378 140 m

地球引力常数(含大气层)GM=3 986 005×10^8 m^3s^{-2}

引力位二阶带谐系数 J_2=1 082.63×10^{-6}

地球自转角速度 ω=7 292 115×10^{-11} $rads^{-1}$

B.2 1980 西安坐标系参考椭球主要几何和物理常数

扁率 α=1/298.257

第一偏心率平方 e^2=0.006 694 384 999 59

第二偏心率平方 e'^2=0.006 739 501 819 47

椭球正常重力位 U_0=6 263 6830 m^2s^{-2}

赤道正常重力 γ_0=9.780 32 ms^{-2}

附 录 C
（规范性附录）
CGCS2000 坐标系主要参数

C.1 CGCS2000 坐标系地球椭球基本参数

CGCS2000 坐标系的大地测量基本常数采用无潮汐系统，具体数值如下：

长半轴 $a=6\ 378\ 137\ \mathrm{m}$

扁率 $\alpha=1/298.257\ 222\ 101$

地球引力常数 $GM=3.986\ 004\ 418\times10^{14}\ \mathrm{m^3s^{-2}}$

地球自转角速度 $\omega=7\ 292\ 115\times10^{-11}\ \mathrm{rads^{-1}}$

附 录 D
（资料性附录）
七参数转换方法

D.1 七参数转换方法

设坐标系 A 和坐标系 B 之间有七个转换参数，即 3 个平移参数、3 个旋转参数和 1 个尺度参数（见图 D.1）。

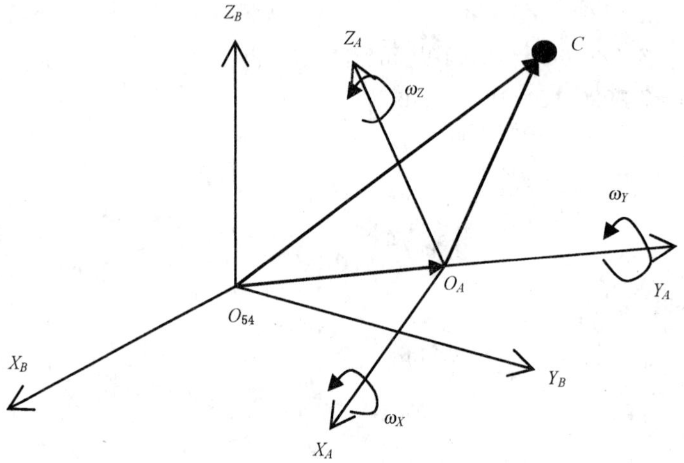

图 D.1 七参数转换示意图

若 $(X_A \quad Y_A \quad Z_A)^T$ 为某点在坐标系 A 下的空间直角坐标；
$(X_B \quad Y_B \quad Z_B)^T$ 为该点在坐标系 B 下的空间直角坐标；
$(\Delta X_0 \quad \Delta Y_0 \quad \Delta Z_0)^T$ 为坐标系 A 转换到坐标系 B 的平移参数；
$(\omega_x \quad \omega_y \quad \omega_z)^T$ 为坐标系 A 转换到坐标系 B 的旋转参数；
m 为坐标系 A 转换到坐标系 B 的尺度参数。
则由坐标系 A 转换到坐标系 B 的转换关系为

$$\begin{bmatrix} X_B \\ Y_B \\ Z_B \end{bmatrix} = \begin{bmatrix} \Delta X_0 \\ \Delta Y_0 \\ \Delta Z_0 \end{bmatrix} + (1+m)R(\omega)\begin{bmatrix} X_A \\ Y_A \\ Z_A \end{bmatrix} \qquad \cdots\cdots\cdots\cdots(\text{D.1})$$

其中：

$$R(\omega_X) = \begin{pmatrix} 1 & 0 & 0 \\ 0 & \cos\omega_x & \sin\omega_x \\ 0 & -\sin\omega_x & \cos\omega_x \end{pmatrix} \qquad \cdots\cdots\cdots\cdots(\text{D.2})$$

$$R(\omega_Y) = \begin{pmatrix} \cos\omega_Y & 0 & -\sin\omega_Y \\ 0 & 1 & 0 \\ \sin\omega_Y & 0 & \cos\omega_Y \end{pmatrix} \qquad \cdots\cdots\cdots\cdots(\text{D.3})$$

$$R(\omega_Z) = \begin{pmatrix} \cos\omega_Z & \sin\omega_Z & 0 \\ -\sin\omega_Z & \cos\omega_Z & 0 \\ 0 & 0 & 1 \end{pmatrix} \qquad \cdots\cdots\cdots\cdots(\text{D.4})$$

一般 ω_X、ω_Y 和 ω_Z 均为小角度，将 $\cos\omega$ 和 $\sin\omega$ 分别展开成泰勒级数，仅保留一阶项，则有

$$\begin{aligned}\cos\omega &\approx 1\\ \sin\omega &\approx \omega\end{aligned} \qquad \cdots\cdots\cdots\cdots\cdots\cdots (D.5)$$

则有

$$R(\omega)=R(\omega_Z)\cdot R(\omega_Y)\cdot R(\omega_X)=\begin{bmatrix}1 & \omega_Z & -\omega_Y\\ -\omega_Z & 1 & \omega_X\\ \omega_Y & -\omega_X & 1\end{bmatrix} \qquad \cdots\cdots\cdots\cdots (D.6)$$

D.2 特别说明

a) 至少需要 3 个以上的具有不同坐标系空间成果的公共点，才能利用七参数方法建立不同空间坐标系之间的转换关系。

b) 在涉及 1954 年北京坐标系或 1980 西安坐标系的转换中，在利用式(D.1)求转换参数时，需要用到 1954 年北京坐标系或 1980 西安坐标系下的空间直角坐标$(X_{54/80}\quad Y_{54/80}\quad Z_{54/80})^{\mathrm{T}}$，而$(X_{54/80}\quad Y_{54/80}\quad Z_{54/80})^{\mathrm{T}}$ 可由空间大地坐标$(B_{54/80}\quad L_{54/80}\quad H_{54/80})^{\mathrm{T}}$ 转换得到。事实上，1954 年北京坐标系或 1980 西安坐标系的大地高 H 通常无法直接观测得到，可近似的用水准高加上高程异常($H=H_{\lambda}+\xi$)得到。

附 录 E
（资料性附录）
四参数转换方法

E.1 四参数转换方法

平面坐标系统之间的相互转换实际上是一种二维转换。一般而言，两平面坐标系统之间包含四个原始转换因子，即两个平移因子、一个旋转因子和一个尺度因子。则由坐标系 A 转换到坐标系 B 的转换关系为

$$\begin{bmatrix} x \\ y \end{bmatrix}_B = \begin{bmatrix} \Delta x \\ \Delta y \end{bmatrix} + (1+m)\begin{bmatrix} \cos\alpha & \sin\alpha \\ -\sin\alpha & \cos\alpha \end{bmatrix}\begin{bmatrix} x \\ y \end{bmatrix}_A \qquad \cdots\cdots\cdots\cdots(\mathrm{E.1})$$

式中：

$[x \quad y]_A^{\mathrm{T}}$ ——某点在坐标系 A 下的空间直角坐标；

$[x \quad y]_B^{\mathrm{T}}$ ——该点在坐标系 B 下的空间直角坐标；

$[\Delta x \quad \Delta y]^{\mathrm{T}}$ ——坐标系 A 转换到坐标系 B 的平移参数；

m ——坐标系 A 转换到坐标系 B 的尺度参数；

α ——坐标系 A 转换到坐标系 B 的旋转因子。

E.2 特别说明

a) 至少需要 2 个以上的具有不同坐标系成果的公共点，才能利用四参数方法建立不同空间坐标系之间的转换关系。

b) 在利用式(E.1)求不同平面坐标系之间的转换参数时，参与求转换参数的不同坐标系已知平面坐标宜统一到相同的投影中央子午线和投影面高程，以减少高斯投影变形对转换参数求解的影响。

附 录 F
（资料性附录）
重力似大地水准面计算

F.1 参考重力场的选择

可选择 EGM96、WDM94、EGM2008、Eig03c、Eig04c 或 GGM02c 等全球重力场模型。

F.2 地面重力观测值的归算

地面重力观测值的归算要求如下：

a) 当地面重力数据分布不均匀，重力资料稀疏，而且分辨率较低时，需利用高分辨率 DEM 数据，通过重力值的归算、推估、内插获得高平滑度的重力异常；
b) 宜采用地形均衡异常方法进行归算、内插和推估格网空间异常。

F.3 推估内插形成格网地形均衡异常

推估内插形成格网地形均衡异常要求如下：

a) 为形成平均重力异常基础格网数据，用离散点的均衡重力异常值作为已知（采样）值，按 Shepard 拟合方法确定一个插值函数 $F(\varphi,\lambda)$，其中 φ,λ 为内插点的球面纬度和经度；
b) 用已知插值函数 $F(\varphi_i,\lambda_i)(i=1,2,\cdots,m)$ 计算每个格网结点上的均衡异常，其中 φ_i,λ_i 为第 i 个结点球面坐标，m 为结点总数。

F.4 利用 DTM 恢复格网平均空间重力异常

利用 DTM 恢复格网平均空间重力异常要求如下：

a) 将每个格网均衡异常按地面重力归算的逆过程，即在格网均衡异常中分别减去布格改正、局部地形改正和均衡改正，分别恢复为大地水准面上和地面空间重力异常；
b) 前者用于按 Stokes 公式计算大地水准面，后者用于按 Molodensky 级数计算高程异常。

F.5 移去位模型重力异常生成残差空间异常和残差法耶异常

移去位模型重力异常生成残差空间异常和残差法耶异常要求如下：

a) 由位模型系数利用 FFT 技术计算格网平均空间异常；
b) 将地面空间异常减去模型重力异常得到格网残差空间异常；
c) 在残差空间异常中加上局部地形改正得到残差法耶异常。

F.6 计算格网残差重力大地水准面高与残差高程异常

计算格网残差重力大地水准面高与残差高程异常要求如下：

a) 应用 Stokes 公式由格网平均残差空间异常，利用 FFT 技术计算每个格网中点的残差重力大地水准面高；

b） 将 Molodensky 级数的零阶项与一阶项合并，取 G_1 近似等于局部地形改正，与残差空间异常相加形成残差法耶异常，应用 Stokes 公式由格网平均残差法耶异常并考虑地形的间接影响计算残差高程异常。

F.7 由位模型值恢复重力大地水准面高和高程异常

由位模型值恢复重力大地水准面高和高程异常要求如下：

a） 利用位模型系数由 FFT 技术分别计算位模型的大地水准面高和高程异常；

b） 将位模型的大地水准面高和高程异常分别加上残差重力大地水准面高和残差高程异常，得到重力大地水准面和重力似大地水准面。

ICS 35.240.70;07.040
A 75

中华人民共和国国家标准

GB/T 28585—2012/ISO 19110:2005

地理信息 要素编目方法

Geographic information—Methodology for feature cataloguing

(ISO 19110:2005,IDT)

2012-06-29 发布 2012-10-01 实施

中华人民共和国国家质量监督检验检疫总局
中国国家标准化管理委员会 发布

前　　言

本标准依照 GB/T 1.1—2009 给出的规则起草。

本标准采用翻译法等同采用国际标准 ISO 19110:2005《地理信息　要素编目方法》及其第 1 次修正案 ISO 19110:2005/Amd 1:2011。

与本标准中规范性引用的国际文件有一致性对应关系的我国文件如下：

——GB/T 19710—2005　地理信息　元数据(ISO 19115:2003,MOD)；

——GB/Z 24357—2009　地理信息　元数据　XML 模式实现(ISO/TS 19139:2007,MOD)。

本标准作了如下编辑性修改：

——将“本国际标准”和“ISO 19110”改为“本标准”；

——删除了原国际标准的前言；

——按照 ISO 19110:2005/Amd1:2011 对 ISO 19110:2005《地理信息　要素编目方法》的内容进行了修改，补充了规范性附录 E 和附录 F，以及资料性附录 G。删除了该修正案中表 1 下的注；

——将 4.1 中的“艾菲尔铁塔”改为“明珠塔”；将表 C.1 中的负责单位和联系信息示例改为我国有关单位、“军事工程”改为“交通枢纽工程”；将表 C.31(原文 C.33)中“水道”的别称“Brook”、“Kill”、“River”、“Seaway”、“Stream”分别意译为“江”、“河”、“川”、“曲”、“溪”、“渠”；

——删除了 A.11 第 b)款中的编号“1)”，并将该款的两个自然段合并；

——由于 ISO 19110:2005/AMD 1:2011 删除了 ISO 19110:2005 附录 C 的表 C.6 和 C.19，相应调整了该附录各表的序号，同时修改了相关引文中的表格序号；

——删除了 5 中的“FACC(Feature and Attribute Coding Catalogue)”和参考文献中的“[5] Digital Geographic Information Working Group(DGIWG). Digital Geographic Information Exchange Standard, Part 4: Feature and Attribute Coding Catalogue(FACC) Data Dictionary [online]. Ed. 2.1. Washington: DGIWG, 2000. [cited 13 December 2003]. Available from World Wide Web: <http://www.digest.org/Navigate2.htm>.”，并相应修改了正文、附录 D 和参考文献中的相关引文序号。

本标准由国家测绘地理信息局提出。

本标准由全国地理信息标准化技术委员会(SAC/TC 230)归口。

本标准起草单位：国家基础地理信息中心。

本标准主要起草人：刘若梅、蒋景曈、贾云鹏、周旭。

引　言

地理要素是与地球上位置有关的现实世界现象的抽象,其数据被采集、维护和分发。要素目录定义地理数据中所表示要素的类型、操作、属性和关联,对于将数据转化为可用信息是不可或缺的。要素目录通过提供更易于理解的数据内容与含义,能促进地理数据的分发、共享和使用。除非地理数据的提供者和用户对数据所表示的各种现实世界现象具有共同的理解,否则用户无法判断所提供的数据是否适合于他们的目的。

可以反复使用的标准化的要素目录的实用性表现在能降低数据获取的费用,并且简化按产品规范对地理数据集进行的处理。

本标准提供标准框架,以便组织和记录地理数据集中现实世界现象的分类。任何地理数据集都是大大地简化了的、复杂多样的现实世界的抽象。要素类型目录不能像地理现实那样丰富。但是,要素目录应清晰地、准确地,并以数据用户易于理解和访问的形式,说明给定数据集中所表示的特定的抽象概念。

地理要素在两个层级出现:实例层和类型层。在实例层,地理要素表示为与地理坐标和时间坐标关联的离散现象,且可以用特定的图形符号表达。这些单个的要素实例组成具有共同特征的类——要素类型。可以认为,地理信息是主观感知的,其内容取决于特定应用的需求。这种特定应用需求决定按特定的分类模式将实例组成类型的方法。ISO 19109:2005《地理信息　应用模式规则》规定了如何按类似的数据需求组织数据,以反映特定的应用需求。

注: 按照 ISO 19109:2005 规定的应用模式给出地理数据集内容和结构的完整描述。要素目录定义要素类型的含义,以及应用模式中包含的、与其相关的要素属性、要素操作和要素关联。

本标准未规定用于标识各个现实世界现象及其在数据集中将它们表示为要素实例的集成准则。因此,应在每个数据集的产品规范中对集成准则分别加以说明。

组织要素目录信息的标准方法不能自动地导致应用之间的协调或互操作。在要素分类不相同的情况下,本标准至少可以用于分清它们的不同点,从而有助于避免由于忽视它们而产生错误。本标准也可作为标准框架,用于协调现有的相互有重叠的要素目录。

地理信息　要素编目方法

1　范围

本标准定义了要素类型编目方法，规定了如何将要素类型组织成为要素目录，以及如何提供给地理数据的用户。本标准适用于为以前未编目的要素类型建立目录，也可按本标准规定修订现有要素目录。本标准适用于以数字形式表示的要素类型的编目。其原则也可扩展到其他形式地理资料的编目。要素目录与 ISO 19126 定义的要素概念字典无关，不使用或建立要素概念字典也可以编目。

本标准可用于在类型级定义地理要素，但不适用于表示每种要素类型的单个实例。本标准不涉及 GB/T 24355—2009 定义的图示表达模式。

本标准可在特定应用的建模中作为定义论域的基础，或者在一种以上的应用建模中，使现实世界要素的一般特性标准化。

2　一致性

由于本标准规定的许多选项并非是所有要素目录都需要的，因此本章规定了 5 种一致性类别。这些类别的差异表现在以下几个方面：

a)　目录中需要要素类型的哪些元素：

　1)　仅要素属性；或

　2)　要素属性和要素关联；或

　3)　要素属性、要素关联和要素操作。

b)　是否需要定义可能与多重要素类型绑定的全局要素属性、要素关联和要素操作。

c)　要素目录中是否包含继承关系。

附录 A 规定了表 1 所示的每种一致性类型的测试模块。

表 1　一致性类型

仅要素属性	要素属性和要素关联	要素属性、要素关联和要素操作	全局特性	包含继承关系	测试模块
√					A.17
	√				A.18
		√			A.19
			√		A.22
√				√	A.23
	√			√	A.24
		√		√	A.25

3　规范性引用文件

下列文件对于本文件的应用是必不可少的。凡是注日期的引用文件，仅注日期的版本适用于本文件。凡是不注日期的引用文件，其最新版本(包括所有的修正单)适用于本文件。

ISO/TS 19103:2005　地理信息　概念模式语言(Geographic information—Conceptual schema language)

ISO 19109:2005　地理信息　应用模式规则(Geographic information—Rules for application schema)

ISO 19115:2003　地理信息　元数据(Geographic information—Metadata)

ISO/TS 19135:2005　地理信息　项目注册程序(Geographic information—Procedures for item registration)

ISO/TS 19139:2007　地理信息　元数据 XML 模式实现(Geographic information—Metadata—XML schema implementation)

4　术语和定义

下列术语和定义适用于本文件。

4.1

要素　feature

现实世界现象的抽象。

[ISO 19101]

示例:名为"明珠塔"的现象可以与其他类似的现象一并划为要素类型"塔"。

注: 要素可以作为类型或实例出现。当仅表达一种含义时，应只使用要素类型或只使用要素实例。

4.2

要素关联　feature association

一个**要素**(4.1)类型的实例与其他相同或不同要素类型的实例的链接关系。

4.3

要素属性　feature attribute

要素(4.1)的特征。

[ISO 19101]

示例1:名为"颜色"的要素属性的属性值可能为"绿色"，其数据类型为"文本"。

示例2:名为"长度"的要素属性的属性值可能为"82.4"，其数据类型为"实型"。

注: 要素属性包括名称、数据类型及与其相关的值域。要素实例的要素属性还具有符合值域的属性值。

4.4

要素目录　feature catalogue

包含出现在一个或多个地理数据集中的**要素**(4.1)类型、**要素属性**(4.3)和**要素关系**(4.7)，以及可执行的任何**要素操作**(4.5)的定义与描述的目录。

4.5

要素操作　feature operation

要素(4.1)类型每个实例可执行的操作。

示例:对"坝"的一个要素操作是升高坝，该操作的结果是提高"坝"的高度和"水库"的水位。

注: 有时，要素操作为要素类型的定义提供基础。

4.6

要素继承　feature inheritance

将更详细的要素进行合并的机制和将与行为相关的要素加以概括的行为。

4.7

要素关系　feature relationship

要素关联(4.2)或**要素继承**(4.6)。

4.8

函数语言 functional language

形式化定义**要素操作**(4.5)的语言。

注:应用函数语言可以将要素类型表示为抽象数据类型。

5 缩略语

下列缩略语适用于本文件。

DIGEST	数字地理信息交换标准(Digital Geographic Information Exchange Standard)
gfc	地理要素编目(Geographic Feature Cataloguing)
GFM	通用要素模型(General Feature Model)
HTTP	超文本传输协议(Hyper Text Transfer Protocol)
IHO	国际海道测量组织(International Hydrographic Organization)
TS	技术规范(Technical Specification)
UML	统一建模语言(Unified Modeling Language)
URI	统一资源标识符(Uniform Resource Identifier)
XML	可扩展置标语言(eXtensible Markup Language)

6 原则要求

6.1 要素目录

要素目录应说明在一个或多个地理数据集中表示的现实的抽象。要素目录中抽象的基本层次应是要素类型。包含要素的任何地理数据集的要素目录应以电子形式提供。独立于任何现有地理数据集的要素目录也可以遵照本标准的规定。

6.2 信息元素

6.2.1 概述

以下条款规定要素目录信息元素的一般要求和特殊要求。附录B规定详细的要求。附录C说明这些要求的应用。附录D讨论要素操作的应用,作为确定要素目录中要素类型的概念基础。附录E规定了要素目录的XML编码。附录F规定了管理要素目录的概念,即按照ISO 19135:2005的多部分注册簿或包含多部分的分层注册簿进行管理。附录G给出了本标准XML实现示例。

6.2.2 完整性

附录B规定了表示要素目录的模板,按照该模板编制的要素目录应说明给定地理数据集中出现的所有要素类型。要素目录应包含附录B规定的标识信息。要素目录应包含数据中出现的所有要素类型的定义和描述,包括与每种要素类型关联的数据中所包含的任何要素属性和要素关联,有时还包括数据支持的要素操作。为保证不同应用之间要素目录内容的可预见性和可比较性,建议要素目录仅包含附录B规定的元素。为使不同应用之间要素目录具有最大限度的有效性,建议采用概念模式语言对要素目录信息建模。

注:要素目录的自然语言定义、要素类型别名、要素实例产生和消失的判据,以及其他语义元素可以作为结构化的注释或属性,包含在概念模式中。

6.2.3 一般要求

6.2.3.1 名称形式

要素目录包含的所有要素类型和要素特性(即要素属性、要素关联、关联角色和要素操作)均应用名称进行标识。要素类型的名称在该要素目录中是唯一的。要素特性(无论要素特性是与要素类型绑定的全局特性,还是要素类型的局部特性)的名称在它的要素类型中是唯一的。全局要素特性的名称在要素目录中是唯一的。

6.2.3.2 定义形式

要素类型、要素属性、要素属性列表值、要素关联、关联角色和要素操作的定义,应当用自然语言描述。这些定义应包含在目录中,除非目录说明了另外的定义出处。如果相同术语既出现在定义出处中,又出现在要素目录中,应采用要素目录中的定义。

6.2.4 要素类型要求

每种要素类型应用一个名称标识,用自然语言定义。每种要素类型还可用要素目录中唯一的字母数字代码标识,并可有多个别名。对每一种要素类型而言,要素目录也应包括它可能有的要素操作,相关的要素属性、要素关联和关联角色。建议采用函数语言定义要素类型。

6.2.5 要素操作要求

对每一种要素类型而言,如果有要素操作,应予以标识和定义。由于任何要素类型均受操作影响,应说明每个要素操作所涉及的要素属性。定义应包括自然语言定义,也可用函数语言形式化的说明。

6.2.6 要素属性要求

对每一种要素类型而言,如果有要素属性,应予以标识和定义。定义应包括自然语言定义和说明属性值的数据类型。每一种要素属性也可以用在要素目录中唯一的字母数字代码标识。

6.2.7 要素属性列表值要求

如果有要素属性列表值,每个要素属性均应标注。该标注在要素属性列表值所属的要素属性中应是唯一的。每个要素属性列表值也可以用在要素属性列表值所属的要素属性中唯一的字母数字代码标识。

6.2.8 要素关联要求

如果有要素关联,应予以命名和定义。每一种要素关联也可以用在要素目录中唯一的字母数字代码标识。应说明参与关联的要素类型的名称和角色。

6.2.9 关联角色要求

如果有要素关联角色,应予以命名和定义。应说明拥有角色和参与关联的要素类型的名称。

附 录 A
（规范性附录）
抽象测试套件

A.1 概述

本附录规定抽象测试套件，用于检测与本标准的一致性。该抽象测试套件包含15个测试用例和12个测试模块：要素目录信息存在和形式测试用例(A.2)、一般要素目录要求的测试用例(A.3)、每个主要的要素目录信息类的测试用例(A.4～A.16)，以及要素目录功能性特定子集的测试模块(A.17～A.28)。

测试用例基于表B.1～表B.16规定的每个主要的要素目录信息类。每个基于类的测试用例包括检查每个类的元素(属性或角色)，并检查：

- 满足元素出现的约束/条件说明；
- 未超过元素的最大出现次数；
- 元素值的类型正确；

注：除非另作规定，如规定众所周知的包或ISO标准中的类型，可以用ISO/TS 19103:2005规定的类型说明。

- 元素的值与元素的说明一致；
- 符合对元素规定的任何约束条件。

类作为整体进行检测，按表B.1～B.16的规定和/或检测模块实施。

检测模块基于附录B规定的要素目录模板功能的有用子集。子集的组织从能表示要素类型和对要素类型(见A.17)唯一的要素属性的核心功能开始。核心表示功能通过支持下列之一进行扩展：

- 扩充要素特性类型(关联角色见A.18；关联角色和要素操作见A.19)，或
- 扩充要素目录信息元素之间的关系(多用途要素属性见A.20；继承见A.23；多用途要素属性和继承见A.26)，或
- 既扩充要素特性类型，也扩充要素目录信息元素之间的关系(见A.21、A.22、A.24、A.25、A.27和A.28)。

测试模块由应用的测试用例描述。测试模块A.18～A.28扩充测试模块A.17说明的核心表示功能。这些扩充汇总在表1中。

为检查要素目录与本标准的一致性，应检查是否满足至少一个测试模块的所有要求。

A.2 要素目录信息存在和形式的测试用例

测试用例的信息如下：

a) 测试目的：检查要素目录的存在和形式；
b) 测试方法：通过获取一个要素目录的拷贝，如磁盘，或通过文件传输，检查要素目录是否存在和能够以电子形式获取；
c) 引用：6.1；
d) 测试类型：基本测试。

A.3 一般要素目录要求的测试用例

测试用例的信息如下：

a） 测试目的：检查满足一般要素目录的要求。

b） 测试方法：检查是否：

1） 如果要素目录用于给定的地理数据集，则要素目录说明该地理数据集中的所有要素类型；

2） 所有要素类型，所有要素关联和所有全局要素特性（不直接从属于一个要素类型的要素角色、要素属性，或要素操作）用在要素目录中唯一的名称进行标识；

3） 所有要素属性列表值用标记进行标识，该标记在列表值所属的要素属性中是唯一的；

4） 所有要素类型、要素属性、要素关联、关联角色和要素操作都予以定义，或者引用其他来源的定义；

5） 任何要素类型、要素属性，或要素关联用要素目录中唯一的字母数字码进行标识；

6） 任何要素属性列表值用字母数字码标识，该字母数字码在列表值所属的要素属性中是唯一的；

7） 一个要素类型的所有特征的载体用在该要素类型的语境中唯一的名称进行标识。

c） 引用：6.2。

d） 测试类型：能力测试。

A.4 要素目录类的测试用例

测试用例的信息如下：

a） 测试目的：检查需要的信息包含在要素目录类的对象中；

b） 测试方法：检查表 B.1 列出的每个属性和角色的说明、约束条件、最大出现次数、类型和限制是否都符合规定；

c） 引用：表 B.1；

d） 测试类型：能力测试。

A.5 要素类型类的测试用例

测试用例的信息如下：

a） 测试目的：检查需要的信息包含在要素类型类的对象中；

b） 测试方法：检查表 B.2 列出的每个属性和角色的说明、约束条件、最大出现次数、类型和限制是否都符合规定；

c） 引用：表 B.2；

d） 测试类型：能力测试。

A.6 继承关系类的测试用例

测试用例的信息如下：

a） 测试目的：检查需要的信息包含在继承关系类的对象中；

b） 测试方法：检查表 B.3 列出的每个属性和角色的说明、约束条件、最大出现次数、类型和限制是否都符合规定；

c） 引用：表 B.3；

d） 测试类型：能力测试。

A.7 要素操作类的测试用例

测试用例的信息如下：

a) 测试目的：检查需要的信息包含在要素操作类的对象中；
b) 测试方法：检查表 B.5(以及表 B.4)列出的每个属性和角色的说明、约束条件、最大出现次数、类型和限制是否都符合规定；
c) 引用：表 B.4 和表 B.5；
d) 测试类型：能力测试。

A.8 绑定类的测试用例

测试用例的信息如下：

a) 测试目的：检查需要的信息包含在绑定类的对象中；
b) 测试方法：检查表 B.6 列出的每个属性的说明、约束条件、最大出现次数、类型和限制是否都符合规定；
c) 引用：表 B.6；
d) 测试类型：能力测试。

A.9 限制类的测试用例

测试用例的信息如下：

a) 测试目的：检查需要的信息包含在限制类的对象中；
b) 测试方法：检查表 B.7 列出的每个属性的说明、约束条件、最大出现次数、类型和限制是否都符合规定；
c) 引用：表 B.7；
d) 测试类型：能力测试。

A.10 要素属性类的测试用例

测试用例的信息如下：

a) 测试目的：检查需要的信息包含在要素属性类的对象中；
b) 测试方法：检查表 B.8 和表 B.4 列出的每个属性和角色的说明、约束条件、最大出现次数、类型和限制是否都符合规定；
c) 引用：表 B.4 和表 B.8；
d) 测试类型：能力测试。

A.11 关联角色类的测试用例

测试用例的信息如下：

a) 测试目的：检查需要的信息包含在关联角色类的对象中；
b) 测试方法：检查表 B.9(以及 B.4)列出的每个属性和角色的说明、约束条件、最大出现次数、类型和限制是否都符合规定，且检查属性类型值(表 B.9 第 9.2 行)是否为表 B.10 中的域代码；

c) 引用:表 B.4、表 B.9 和表 B.10;
d) 测试类型:能力测试。

A.12 列表值类的测试用例

测试用例的信息如下:
a) 测试目的:检查需要的信息包含在列表值类的对象中;
b) 测试方法:检查表 B.11 列出的每个属性和角色的说明、约束条件、最大出现次数、类型和限制是否都符合规定;
c) 引用:表 B.11;
d) 测试类型:能力测试。

A.13 要素关联类的测试用例

测试用例的信息如下:
a) 测试目的:检查需要的信息包含在要素关联类的对象中;
b) 测试方法:检查表 B.12(以及表 B.2)列出的每个属性和角色的详细说明、约束条件、最大出现次数、类型和限制是否都符合规定;
c) 引用:表 B.2 和表 B.12;
d) 测试类型:能力测试。

A.14 定义出处类的测试用例

测试用例的信息如下:
a) 测试目的:检查需要的信息包含在定义出处类的对象中;
b) 测试方法:检查表 B.13 列出的每个属性的说明、约束条件、最大出现次数、类型和限制是否都符合规定;
c) 引用:表 B.13;
d) 测试类型:能力测试。

A.15 定义参照类的测试用例

测试用例的信息如下:
a) 测试目的:检查需要的信息包含在定义参照类的对象中;
b) 测试方法:检查表 B.14 列出的每个属性和角色的详细说明、约束条件、最大出现次数、类型和限制是否都符合规定;
c) 引用:表 B.14;
d) 测试类型:能力测试。

A.16 绑定要素属性类的测试用例

测试用例的信息如下:
a) 测试目的:检查需要的信息包含在绑定要素属性类的对象中;

b） 测试方法：检查表 B.15 列出的每个角色的说明、约束条件、最大出现次数、类型和限制是否都符合规定；

c） 引用：表 B.15；

d） 测试类型：能力测试。

A.17 单用要素属性的目录测试模块

测试用例的信息如下：

a） 测试目的：检查要素目录是否支持由要素类型和对要素类型唯一的要素属性组成的核心表示功能；

b） 测试方法：执行以下 9 个测试用例：A.2（存在）、A.3（一般）、A.4（要素目录）、A.5（要素类型）、A.9（限制）、A.10（要素属性）、A.12（列表值）、A.14（定义出处）和 A.15（定义参照）；

c） 引用：A.2、A.3、A.4、A.5、A.9、A.10、A.12、A.14 和 A.15；

d） 测试类型：能力测试。

A.18 单用要素属性和关联角色的目录测试模块

测试模块的信息如下：

a） 测试目的：检查要素目录是否支持由要素类型和对要素类型唯一的要素属性和关联角色组成的核心表示功能；

b） 测试方法：执行测试模块 A.17，以及 A.11（关联角色）和 A.13（要素关联）两个测试用例；

c） 引用：A.11、A.13 和 A.17；

d） 测试类型：能力测试。

A.19 单用要素属性、关联角色和操作的目录测试模块

测试模块的信息如下：

a） 测试目的：检查要素目录是否支持由要素类型和对要素类型唯一的要素属性、关联角色和要素操作组成的核心表示功能；

b） 测试方法：执行测试模块 A.18 和测试用例 A.7（要素操作）；

c） 引用：A.7、A.18、表 B.5；

d） 测试类型：能力测试。

A.20 多用要素属性的目录测试模块

测试模块的信息如下：

a） 测试目的：检查要素目录是否支持由要素类型和可能是多种要素类型中部分类型的要素属性组成的核心表示功能；

b） 测试方法：执行测试模块 A.17，且：
如果相同 FC_要素属性（FC_FeatureAttribute）的角色 FC_FeatureAttribute::featureType（表 B.4bis 第 4bis.1 行）出现一次以上，每个的关联类 FC_绑定（FC_Binding）都应满足测试用例 A.8（绑定）；

c） 引用：A.8、A.17、表 B.4；

d） 测试类型：能力测试。

A.21 多用要素属性和关联角色的目录测试模块

测试模块的信息如下：

a） 测试目的：检查要素目录是否支持由要素类型和可能是多种要素类型中部分类型的要素属性及关联角色组成的核心表示功能。

b） 测试方法：执行测试模块 A.18，且：

  1） 如果相同 FC_FeatureAttribute 的角色 FC_FeatureAttribute：：featureType（表 B.4bis 第 4bis.1 行）出现一次以上，每个的关联类 FC_Binding 都应满足测试用例 A.8（绑定）；

  2） 如果相同 FC_关联角色（FC_AssociationRole）的角色 FC_AssociationRole：：featureType（表 B.4bis 第 4bis.1 行）出现一次以上，每个的关联类 FC_Binding 都应满足测试用例 A.8（绑定）。

c） 引用：A.8、A.18、表 B.4。

d） 测试类型：能力测试。

A.22 多用要素属性、关联和操作的目录测试模块

测试模块的信息如下：

a） 测试目的：检查要素目录是否支持由要素类型和要素特性（即要素属性、关联角色和要素操作）组成的核心表示功能，这些特性可以直接从属于一个单一要素类型，或者是在要素目录中全局定义的；

b） 测试方法：执行测试用例 A.8、A.16 和测试模块 A.18；

c） 引用：A.8、A.16 和 A.18；

d） 测试类型：能力测试。

A.23 单用要素属性和继承的目录测试模块

测试模块的信息如下：

a） 测试目的：检查要素目录是否支持由要素类型，及对要素类型和继承唯一的要素属性组成的核心表示功能；

b） 测试方法：执行测试模块 A.17 和测试用例 A.6（继承关系）；

c） 引用：A.6、A.17；

d） 测试类型：能力测试。

A.24 单用继承要素属性和关联角色的目录测试模块

测试模块的信息如下：

a） 测试目的：检查要素目录是否支持由要素类型，及对要素类型和继承唯一的要素属性和关联角色组成的核心表示功能；

b） 测试方法：执行测试模块 A.18 和测试用例 A.6（继承关系）；

c） 引用：A.6、A.18；

d） 测试类型：能力测试。

A.25 单用继承的要素属性、关联角色和操作的目录测试模块

测试模块的信息如下：

a) 测试目的：检查要素目录是否支持由要素类型，及对要素类型和继承唯一的要素属性、关联角色及要素操作组成的核心表示功能；

b) 测试方法：执行测试模块 A.19 和测试用例 A.6(继承关系)；

c) 引用：A.6、A.19；

d) 测试类型：能力测试。

A.26 多用要素属性和继承的目录测试模块

测试模块的信息如下：

a) 测试目的：检查要素目录是否支持由可能是多种要素类型中部分类型和继承的要素类型和要素属性组成的核心表示功能；

b) 测试方法：执行测试模块 A.20 和测试用例 A.6(继承关系)；

c) 引用：A.6、A.20；

d) 测试类型：能力测试。

A.27 多用继承的要素属性和关联角色的目录测试模块

测试模块的信息如下：

a) 测试目的：检查要素目录是否支持由要素类型，以及可能是多种要素类型中的部分类型和继承的要素属性和关联角色组成的核心表示功能；

b) 测试方法：执行测试模块 A.21 和测试用例 A.6(继承关系)；

c) 引用：A.6、A.21；

d) 测试类型：能力测试。

A.28 多用继承的要素属性、关联角色和操作的目录测试模块

测试模块的信息如下：

a) 测试目的：检查要素目录是否支持由要素类型，以及可能是多种要素类型中的部分类型和继承的要素属性、关联角色和要素操作组成的核心表示功能；

b) 测试方法：执行测试模块 A.22 和测试用例 A.6(继承关系)；

c) 引用：A.6、A.22；

d) 测试类型：能力测试。

附　录　B
（规范性附录）
要素目录模版

本规范性附录提供按照本标准要素目录信息制作的模版。表 B.1～表 B.16 是表示要素目录内容的模版。要素目录信息元素和它们之间的关系用下列约束条件符号进行标识：

M ——元素是必选的，应包含在要素目录中。

C ——元素是条件必选的，条件用提问予以表述。如果回答是肯定的，则该元素应包含在要素目录中。

O ——元素是可选的，如果一个元素包含在要素目录中，该元素的必选子元素也应包含其中。

表 B.16 后的图 B.1～图 B.3 用统一建模语言(UML)包(ISO/TS 19103:2005)的形式图解说明要素目录模板。图 B.4～图 B.7 说明了标准的要素目录结构如何与通用要素模型(ISO 19109:2005 中 7.3 条)一致。

表 B.1 要素目录

序号	名称/角色名称（中文）	名称/角色名称（英文）	说明	约束/条件[a]	最大出现次数[b]	类型	限制
1	类 FC_要素目录	Class FC_FeatureCatalogue	要素目录包括若干要素类型的定义，及这些定义所需要的其他信息				
	CT_目录的子类	Subtype of CT_Catalogue	见 ISO/TS 19139:2007				
1.1	属性 创建者	Attribute producer	该要素目录技术内容的责任人或负责单位的名称、地址、国家，以及远程通讯地址	M	1	ISO 19115:2003 Metadata:: CI_ResponsibleParty	
1.2	属性 函数语言	Attribute functionalLanguage	该要素目录中出现的要素操作形式化定义所采用的形式化函数语言	C/要素目录中出现要素操作形式化定义?	1	字符串	
1.3	角色 要素类型	Role featureType	将该要素目录与其包含的要素类型相链接的角色	M	N	FC_要素类型（FC_FeatureType）	聚合
1.4	角色 定义出处	Role definitionSource	将该要素目录与其包含的要素类型、特性类型和列表值的定义出处相链接的角色	O	N	FC_定义出处（FC_DefinitionSource）	聚合
1.5	角色 继承关系	Role inheritanceRelation	将该要素目录与其包含的继承关系相链接的角色	O	N	FC_继承关系（FC_InheritanceRelation）	聚合
1.6	角色 全局特性	Role globalProperty	将该要素目录与全局要素特性，即可能与许多要素类型绑定的要素特性相链接的角色	O	N	FC_特性类型（FC_PropertyType）	组合

[a] M=必选；O=可选；C=条件必选。

[b] N=重复出现次数。

表 B.2 要素类型

序号	名称/角色名称（中文）	名称/角色名称（英文）	说明	约束/条件[a]	最大出现次数[b]	类型	限制
2	类 FC_要素类型	Class FC_FeatureType	具有相同特性的现实世界现象的类				typeName 实现 GF_FeatureType::typeName; isAbstract 实现 GF_FeatureType::isAbstract; constrainedBy 实现 GF_FeatureType::constrainedBy
2.1	属性 类型名	Attribute typeName	包含该要素类型的要素目录中唯一标识该要素类型的字符串	M	1	LocalName	
2.2	属性 定义	Attribute definition	用自然语言描述的要素类型定义。当不是由 FC_FeatureCatalogue::definitionSource 给出定义时，需要本属性项。如是，则 definitionReference 应说明可以找到该定义的引用文献，并说明该定义使用的任何补充信息	C/定义不是由定义出处给出?	1	字符串	
2.3	属性 代码	Attribute code	在包含该要素类型的要素目录中唯一标识该要素类型的代码	O	1	字符串	
2.4	属性 是否抽象	Attribute isAbstract	说明该要素类型是否是抽象的	M	1	布尔型	初值＝FALSE
2.5	属性 别名	Attribute aliases	与该要素类型等义的名称	O	N	LocalName	
2.6	角色 继承自	Role inheritsFrom	将该要素类型与一组超类相链接的角色，该要素类型从其继承操作、关联和其他特性	O	N	FC_InheritanceRelation	

表 B.2（续）

序号	名称/角色名称（中文）	名称/角色名称（英文）	说　明	约束/条件[a]	最大出现次数[b]	类　型	限制
2.7	角色 继承到	Role inheritsTo	将该要素类型与继承其操作、关联和其他特性的一组子类相链接的角色	O	N	FC_InheritanceRelation	
2.8	角色 要素目录	Role featureCatalogue	将该要素类型与包含它的要素目录相链接的角色	M	1	FC_FeatureCatalogue	
2.9	角色 特征载体	Role carrierOfCharacteristics	将该要素类型与它所包含的特性类型相链接的角色	O	N	FC_特征载体(FC_CarrierOfCharacteristics)	组合
2.10	角色 受限于	Role constrainedBy	将该要素类型与针对它的限制相链接的角色	O	N	FC_限制 (FC_Constraint)	
2.11	角色 定义参照	Role definitionReference	将该要素类型与它的定义出处相链接的角色	O	1	FC_DefinitionReference	聚合

[a] M=必选；O=可选；C=条件必选。

[b] N=重复出现次数。

表 B.3　继承关系

序号	名称/角色名称（中文）	名称/角色名称（英文）	说　明	约束/条件[a]	最大出现次数	类　型	限制
3	类 FC_继承关系	Class FC_InheritanceRelation	FC_InheritanceRelation 实现 GF_InheritanceRelation				FC_InheritanceRelation 总是设定它的 GF_InheritanceRelation:: uniqueInstance 为真
3.1	属性 名称	Attribute name	在包含该继承关系的要素目录中，唯一标识该继承关系的字符串	O	1	字符串	

表 B.3（续）

序号	名称/角色名称（中文）	名称/角色名称（英文）	说　明	约束/条件[a]	最大出现次数	类　型	限制
3.2	属性 说明	Attribute description	该继承关系的自然语言描述	M	1	字符串	
3.3	属性 唯一实例	Attribute uniqueInstance	说明超类的一个实例是否是它的子类中最多一个子类的实例	M	1	布尔型	
3.4	角色 子类	Role subtype	标识一个要素类型，与其关联的超类要素类型向其提供继承的特性、关联和操作	M	1	FC_FeatureType	
3.5	角色 超类	Role supertype	标识一个要素类型，与其关联的子类从其继承特性、关联和操作	M	1	FC_FeatureType	

[a] M=必选;O=可选。

表 B.4bis　特征的载体

序号	名称/角色名称（中文）	名称/角色名称（英文）	说　明	约束/条件[a]	最大出现次数[b]	类　型	限制
4bis	类 FC_特征载体	Class FC _ CarrierOfCharacteristics	要素类型的局部要素特性和绑定的全局特性的抽象类				
4bis.1	角色 要素类型	Role featureType	将局部和绑定的特性与包含它们的要素类型相链接的角色	C/局部特性?	1	FC_FeatureType	
4bis.2	角色 受限于	Role constrainedBy	将特征载体与针对它的限制相链接的角色	O	N	FC_Constraint	聚合

[a] O=可选;C=条件必选。

[b] N=重复出现次数。

表 B.4　特性类型

序号	名称/角色名称（中文）	名称/角色名称（英文）	说　明	约束/条件[a]	最大出现次数	类　型	限制
4	类 FC_特性类型	Class FC_PropertyType	局部和全局要素特性的抽象类				
	FC_CarrierOf Characteristics 的子类	Subtype of FC_Carrier-OfCharacteristics	表 B.4bis				
4.1	属性 成员名称	Attribute memberName	位于局部特性的要素类型中，或全局特性的要素目录中的成员名称	M	1	LocalName	
4.2	属性 定义	Attribute definition	用自然语言描述的该成员的定义。当定义不是由 FC_Feature-Catalogue::definitionSource 给出时，需要该属性。如是，defini-tionReference 应说明可以获得该定义的引用文献，以及有关该定义使用的任何补充信息	C/定义不是由定义出处给出？	1	字符串	
4.3	属性 基数	Attribute cardinality	要素类成员的基数。如果是属性或操作，缺省基数为 1。如果是关联角色，缺省基数为 0..*。如果是操作，则可能是返回值的数目(number)。这是 GFM 的详细描述，以允许完全地说明各种不同的程序设计和数据定义语言	M	1	多样性	初值＝1
4.4	角色 定义参照	Role definitionReference	将该实例与它的定义出处相链接的角色	O	1	FC_DefinitionReference	聚合
4.5	角色 要素目录	Role featureCatalogue	全局特性有关的要素目录	C/全局特性？	1	FC_FeatureCatalogue	

[a] M＝必选；O＝可选；C＝条件必选。

表 B.5 要素操作

序号	名称/角色名称（中文）	名称/角色名称（英文）	说 明	约束/条件[a]	最大出现次数[b]	类 型	限制
5	类 FC_要素操作	Class FC _ FeatureOperation	关联要素类型的每个实例都应执行的操作				triggeredByValuesOf 实现 GF _ Operation:: triggeredByValuesOf; observesValuesOf 实现 GF_ Operation:: observesValuesOf; affectsValuesOf 实现 GF _ Operation::affectsValuesOf
	FC_特性类型的子类	Subtype of FC_PropertyType	表 B.4 特性类型				
5.1	属性 标记	Attribute signature	该操作的名称和参数。可以包含可选的返回参数。该标记通常来自 formalDefinition。该操作的标记应是唯一的，与 UML 标记等效	M	1	字符串	
5.2	属性 形式定义	Attribute formalDefinition	成员行为的形式化说明，用 FC_FeatureCatalogue:: functionalLanguage 定义的符号集表示，包括操作参数，以及与该要素类型其他成员的交互	O	1	字符串	
5.3	角色 由……值触发	Role triggeredByValuesOf	说明可以触发操作的属性	O	N	FC_CarrierOfCharacteristics	应实例化为 FC_FeatureAttribute，FC_BoundFeatureAttribute，或在它们来源的类上实例化

表 B.5（续）

序号	名称/角色名称（中文）	名称/角色名称（英文）	说　明	约束/条件[a]	最大出现次数[b]	类　型	限制
5.4	角色 ……的观测值	Role observesValuesOf	说明可以用作输入，以执行操作的属性	O	N	FC_CarrierOfCharacteristics	应实例化为 FC_FeatureAttribute，FC_BoundFeatureAttribute，或在它们来源的类上实例化
5.5	角色 ……的影响值	Role affectsValuesOf	说明会受到操作影响的属性	O	N	FC_CarrierOfCharacteristics	应实例化为 FC_FeatureAttribute，FC_BoundFeatureAttribute，或在它们来源的类上实例化

[a] M=必选；O=可选。

[b] N=重复出现次数。

表 B.6　绑定

序号	名称/角色名称（中文）	名称/角色名称（英文）	说　明	约束/条件[a]	最大出现次数	类　型	限制
6	类 FC_绑定	Class FC_Binding	用于说明特性类型如何绑定到特定要素类型的细节的类				
	FC_CarrierOfCharacteristics 的子类	Subtype of FC_CarrierOfCharacteristics	表 B.4bis				
6.1	属性 描述	Attribute description	说明特性类型如何绑定到特定的要素类型	O	1	字符串	
6.2	角色 全局特性	Role globalProperty	与绑定的全局特性链接的角色	M	1	FC_PropertyType	

[a] M=必选；O=可选。

表 B.7 限制

序号	名称/角色名称（中文）	名称/角色名称（英文）	说明	约束/条件[a]	最大出现次数	类型	限制
7	类 FC_限制	Class FC_Constraint	确定限制类型的类				
7.1	属性 说明	Attribute description	说明应用的限制	M	1	字符串	

[a] M=必选。

表 B.8 要素属性

序号	名称/角色名称（中文）	名称/角色名称（英文）	说明	约束/条件[a]	最大出现次数	类型	限制
8	类 FC_要素属性	Class FC_FeatureAttribute	要素类型的特征				
	FC_PropertyType的子类	Subtype of FC_PropertyType	表 B.4 特性类型				
8.1	属性 代码	Attribute code	唯一标识要素目录中的要素属性的数字或字符数字代码	O	1	字符串	
8.2	属性 值度量单位	Attribute valueMeasurementUnit	用于度量该要素属性值的单位	O	1	UnitOfMeasure	
8.3	属性 列表值	Attribute listedValue	如果出现，则确定该要素属性的允许值，作为该属性值类型（valueType）的约束条件。若不出现，则 valueType 无约束条件	O	1	FC_列表值（FC_ListedValue）	
8.4	属性 值类型	Attribute valueType	该要素属性值的类型；命名空间的一个名称	C/局部要素属性？	1	TypeName	

[a] O=可选；C=条件必选。

表 B.9 关联角色

序号	名称/角色名称（中文）	名称/角色名称（英文）	说明	约束/条件[a]	最大出现次数	类型	限制
9	类 FC_关联角色	Class FC_AssociationRole	要素关联 FC_AssociationRole::relation 的角色				roleName = FC_PropertyType::memberName; FC_PropertyType::cardinality 实现 GF_AssociationRole::cardinality
	FC_PropertyType 的子类	Subtype of FC_PropertyType	表 B.4 特性类型				
9.1	属性 基数	Attribute cardinality	要素类型实例的数目，它们能够在与关联的目标要素类型的简单实例相关的角色中出现	M	1	Multiplicity	初值＝0..*
9.2	属性 类型	Attribute type	关联角色的类型，说明该角色在语义上是否可以作为“是……的部分”或“是……的成员”出现	M	1	FC_角色类型 (FC_RoleType)	初值＝1（“常规”
9.3	属性 排序	Attribute isOrdered	说明包含的要素实例中该关联角色的实例是否排序，其中：FALSE＝“未排序”，而 TRUE＝“排序”。如果为 TRUE，则 FC_PropertyType::definition 应包含排序含义的解释	M	1	布尔型	初值＝FALSE
9.4	属性 可导航	Attribute isNavigable	说明该角色是否可以从原来的要素导航到关联的目标要素	M	1	布尔型	初值＝TRUE
9.5	角色 关系	Role relation	该关联角色为其一部分的关系	M	1	FC_要素关联 (FC_FeatureAssociation)	
9.6	角色 角色目标值类型	Role rolePlayer	该关联角色目标值的类型	C/局部关联角色？	1	FC_FeatureType	

[a] M＝必选；C＝条件必选。

表 B.10 角色类型代码表

序号	名称(中文)	名称(英文)	域代码	说明
10	类 FC_角色类型	Class FC_RoleType		角色分类代码表
10.1	常规	ordinary	1	说明常规关联
10.2	聚合	aggregation	2	说明 UML 聚合(部分角色)
10.3	组合	composition	3	说明 UML 组合(成员角色)

表 B.11 列表值

序号	名称/角色名称(中文)	名称/角色名称(英文)	说明	约束/条件[a]	最大出现次数	类型	限制
11	类 FC_列表值	Class FC_ListedValue	枚举的要素属性域值,包括其代码和解释				
11.1	属性 标签	Attribute label	唯一标识一个要素属性值的描述性标签	M	1	字符串	
11.2	属性 代码	Attribute code	唯一标识该要素属性值的数字或字符数字代码(如国家代码)	O	1	字符串	
11.3	属性 定义	Attribute definition	自然语言描述的属性值定义。如果不给出定义,则可用 definitionReference 说明能获得该定义的引用文献,以及有关使用该定义的任何补充信息	O	1	字符串	
11.4	角色 定义参照	Role definitionReference	将该实例与它的定义出处链接的角色	O	1	FC_DefinitionReference	聚合

[a] M=必选;O=可选。

表 B.12 要素关联

序号	名称/角色名称（中文）	名称/角色名称（英文）	说明	约束/条件[a]	最大出现次数[b]	类型	限制
12	类 FC_要素关联	Class FC_FeatureAssociation	将该要素类型的实例与相同或不同要素类型的实例相链接的关系。不直接执行通用要素模型中的 memberOf-linkBetween 关联，因为它可以容易地从 Role 和 MemberOf 的关联组合获得				
	FC_要素类型的子类	Subtype of FC_FeatureType	表 B.2 要素类型				
12.1	角色 角色名	Role roleName	属于该关联一部分的角色	M	N（最少为 2） （注：此处修正案有误）	FC_AssociationRole	组合(Composition)

[a] M=必选。

[b] N=重复出现次数。

表 B.13 定义出处

序号	名称/角色名称（中文）	名称/角色名称（英文）	说明	约束/条件[a]	最大出现次数	类型	限制
13	类 FC_定义出处	Class FC_DefinitionSource	说明定义出处的类				
13.1	属性 出处	Attribute source	定义出处实际引用的文献，充分说明该文献以及如何获得它	M	1	ISO 19115 :2003 Metadata::CI_Citation	

[a] M=必选。

表 B.14 定义参照

序号	名称/角色名称（中文）	名称/角色名称（英文）	说明	约束/条件[a]	最大出现次数	类型	限制
14	类 FC_定义参照	Class FC_DefinitionReference	将数据实例与它的定义出处相链接的类				
14.1	属性 出处标识符	Attribute sourceIdentifier	帮助确定定义在出处文献中位置的辅助信息。该信息的格式是专门针对出处文献结构的	O	1	字符串	
14.2	角色 定义出处	Role definitionSource	将该定义参照与引用的出处文献相链接的角色	M	1	FC_DefinitionSource	

[a] M=必选；O=可选。

表 B.15 绑定要素属性

序号	名称/角色名称（中文）	名称/角色名称（英文）	说明	约束/条件[a]	最大出现次数	类型	限制
15	类 FC_绑定要素属性	Class FC_BoundFeatureAttribute	用于说明全局要素属性如何绑定到特定要素类型的类				
	FC_绑定的子类	Subtype of FC_Binding	表 B.6				
15.1	属性 值类型	Attribute valueType	该要素属性值的类型；命名空间的一个名称	C/该要素属性的值类型未在全局定义？	1	TypeName	

[a] C=条件必选。

表 B.16　绑定关联角色

序号	名称/角色名称（中文）	名称/角色名称（英文）	说　明	约束/条件[a]	最大出现次数	类　型	限制
16	类 FC_绑定关联角色	Class FC_BoundAssociationRole	用于说明全局关联角色如何绑定到特定要素类型的类				
	FC_绑定的子类	Subtype of FC_Binding	表 B.6				
16.1	角色 角色目标值类型	Role rolePlayer	该关联角色的目标要素类型	C/该关联角色的目标要素类型未在全局定义?	1	FC_FeatureType	

[a] C=条件必选。

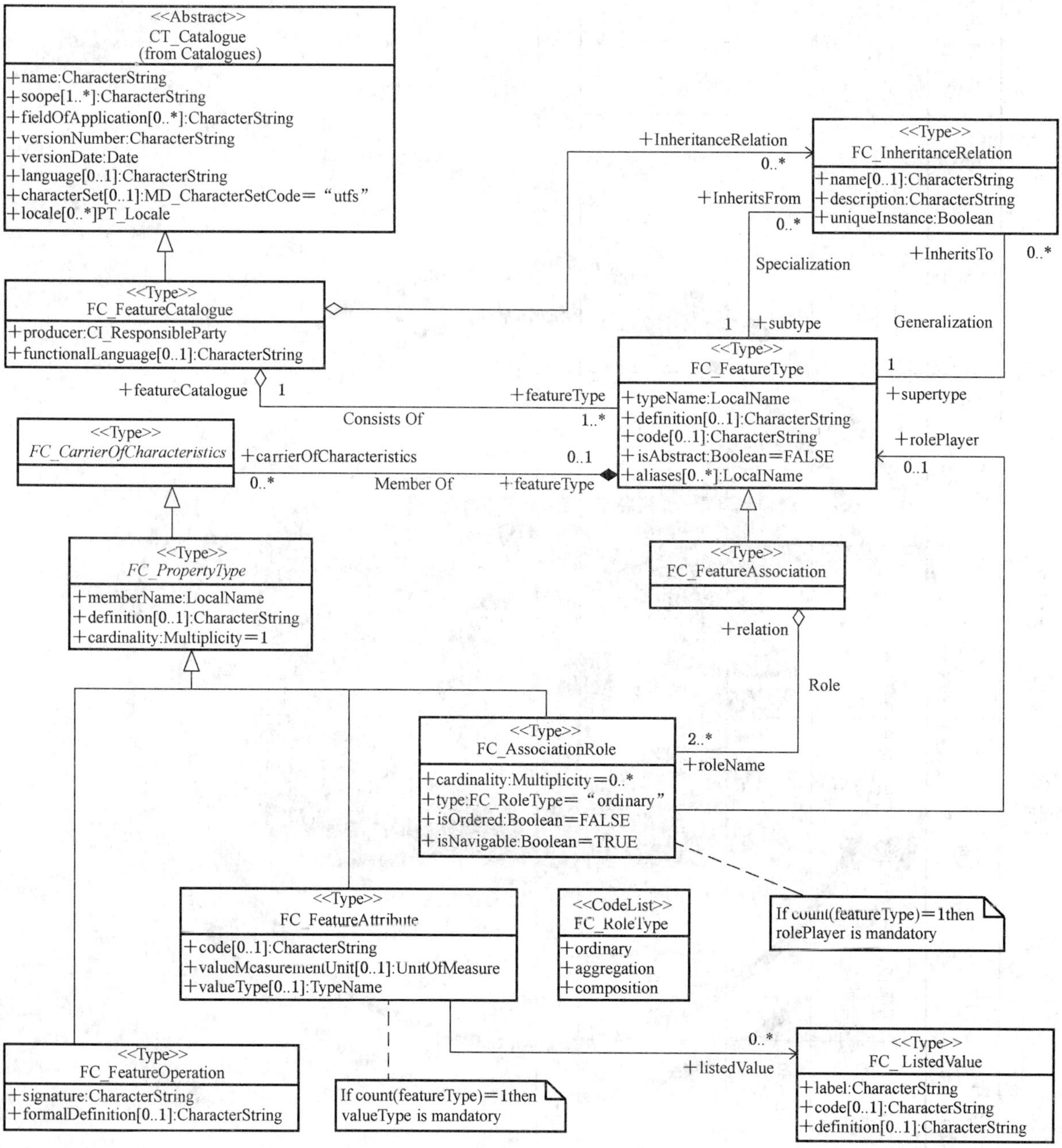

图 B.1 要素目录概念模型

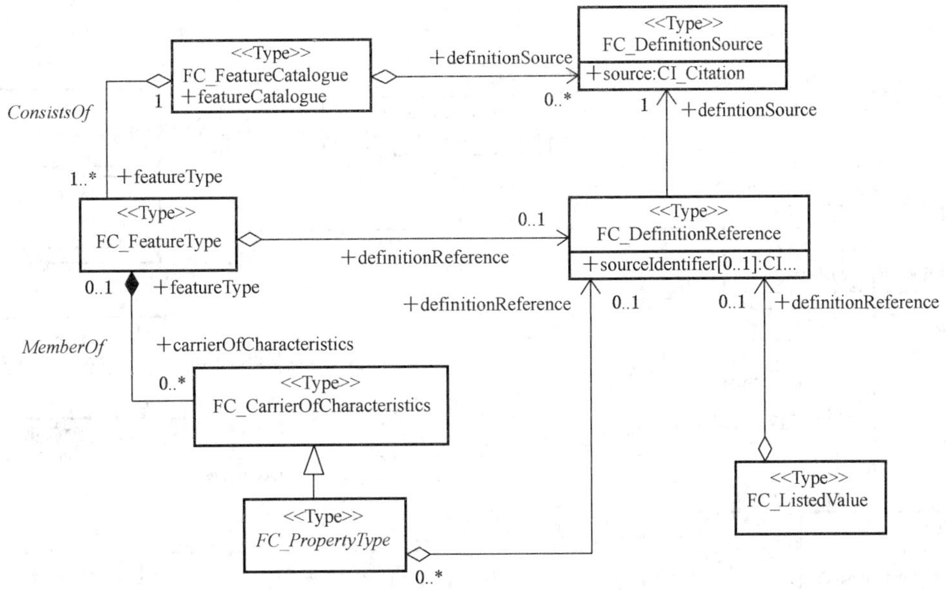

图 B.2 定义出处和定义参照

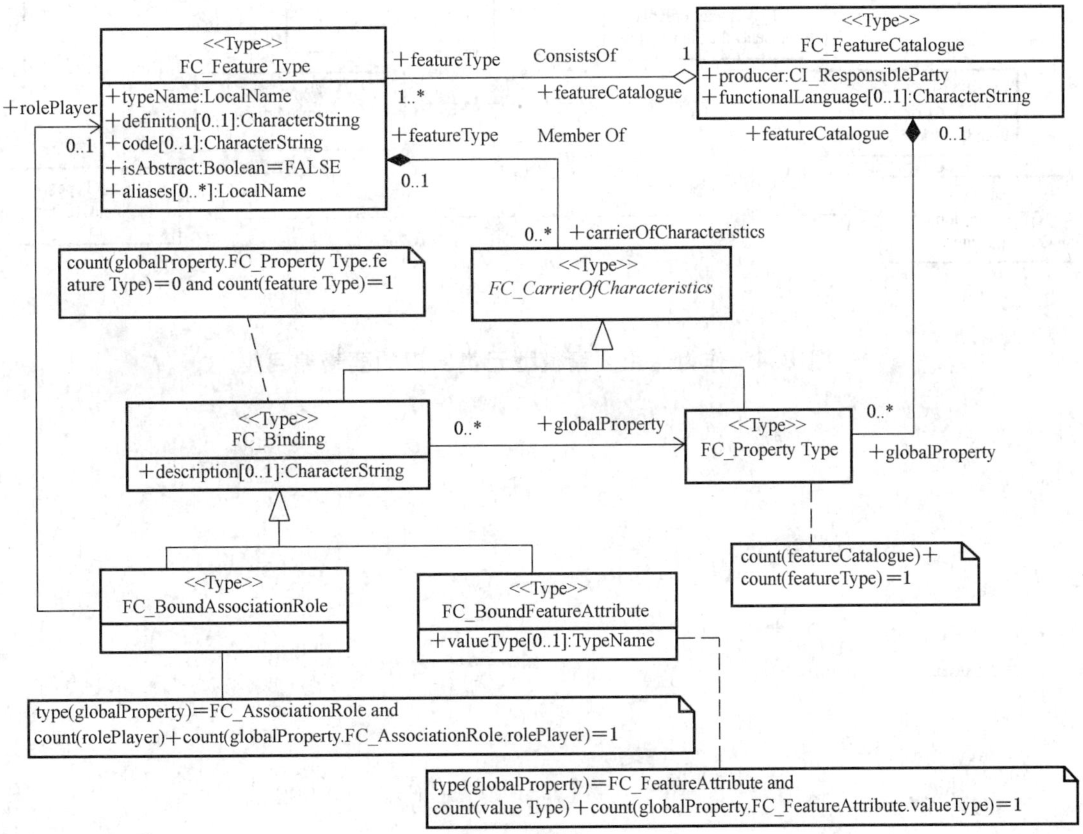

图 B.3 全局特性

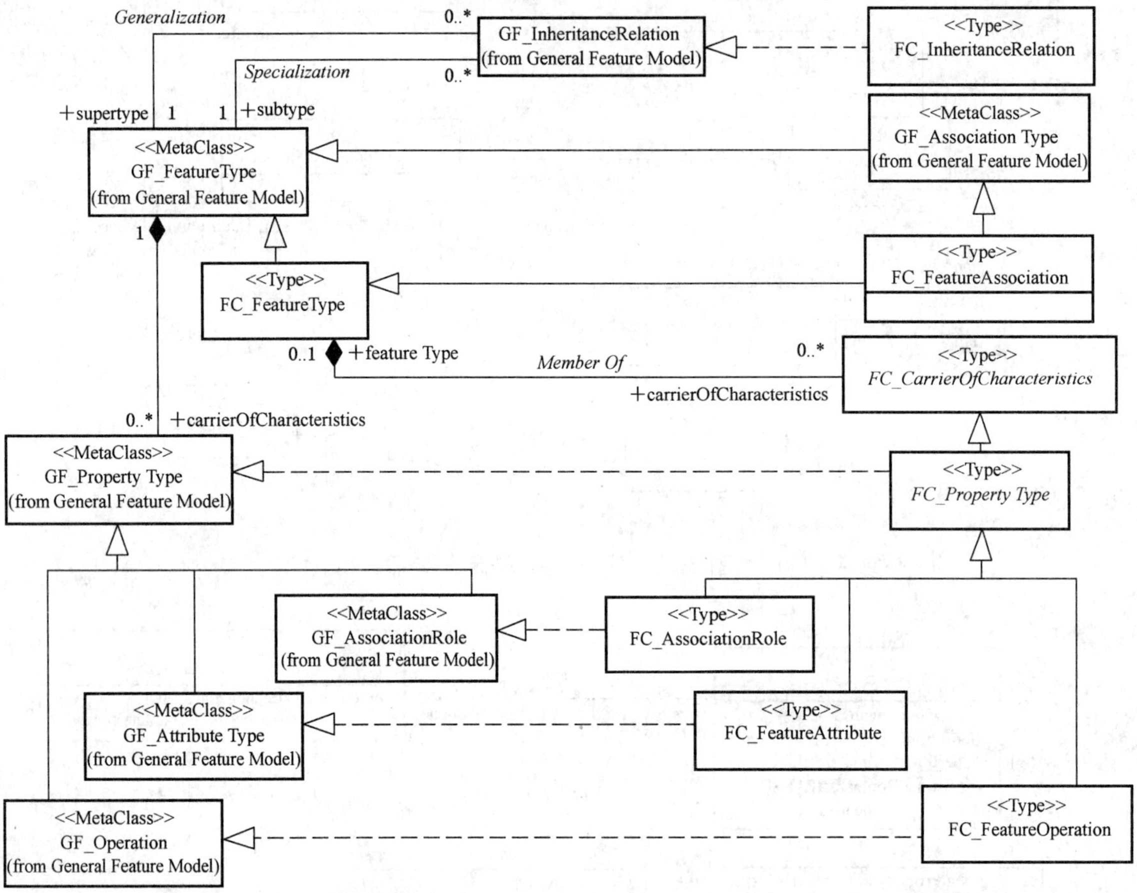

图 B.4 作为通用要素模型元类实现的要素编目类

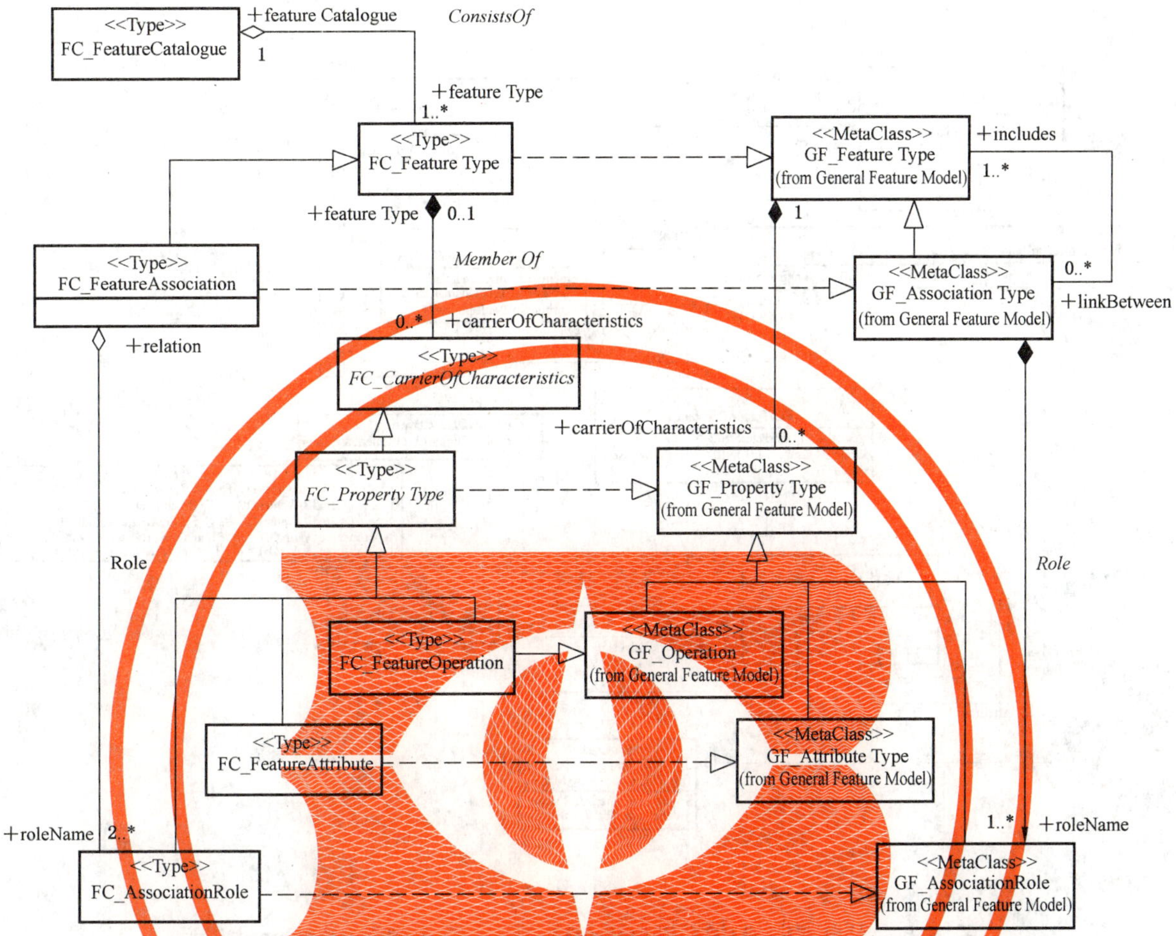

图 B.5 引自通用要素模型元类的 FC_FeatureType、FC_FeatureAttribute、FC_FeatureAssociation 和 FC_AssociationRole

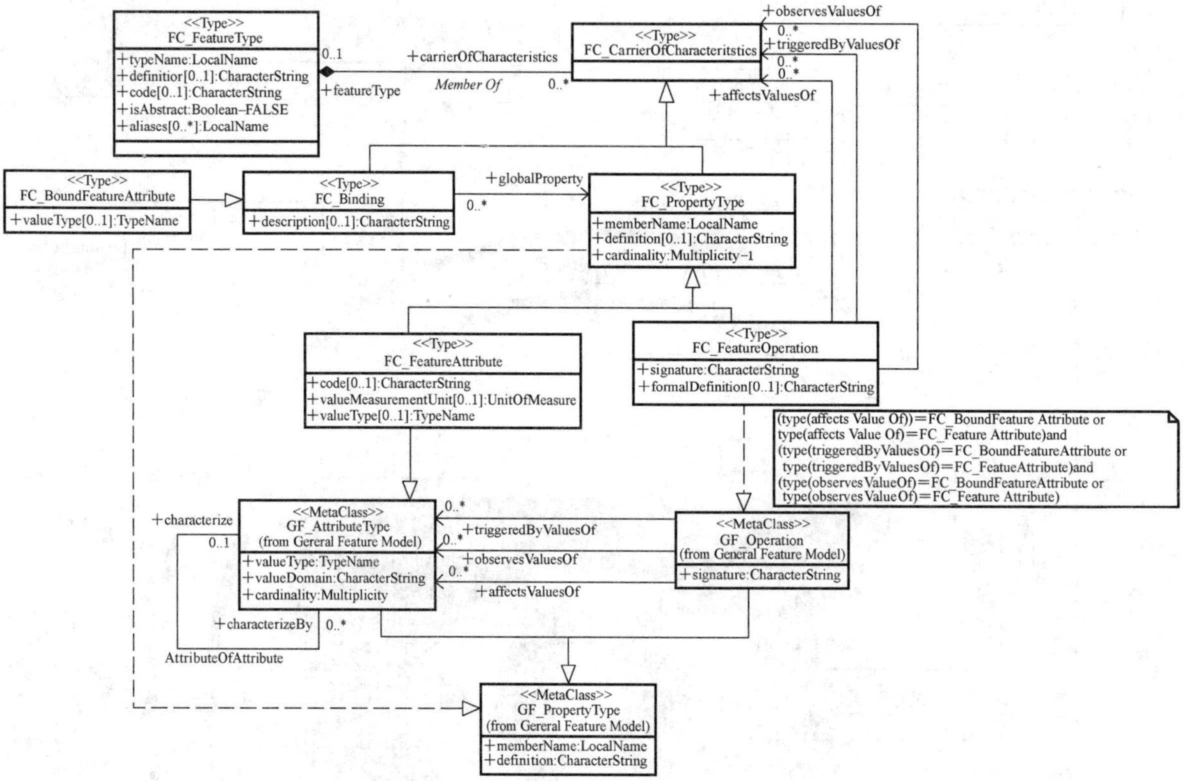

图 B.6 引自 GF_操作(GF_Operation)元类的 FC_FeatureOperation

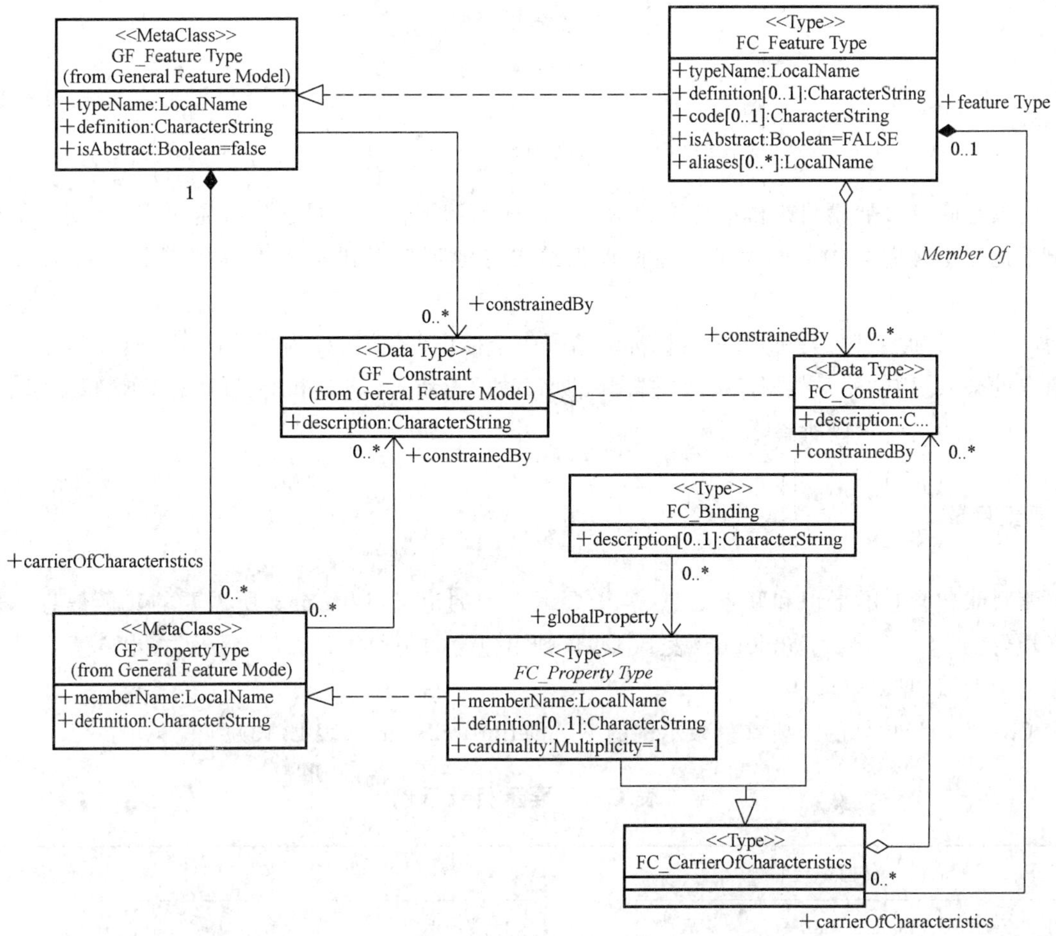

图 B.7 引自 GF_限制(GF_Constraint)元类的 FC_Constraint

附 录 C
（资料性附录）
要素编目示例

C.1 概述

本附录是附录B要素目录模板功能的示例。这些示例不在于满足任何特定应用的需求，在其他任何情况下也并不是完全的或全面的。它们仅仅给出与地理信息国家标准一致的要素目录的形式和内容。

为了说明目标之间的关联，每个目标都赋给了一个标识，其值可作为指针使用。这模仿了面向对象程序语言的公共机制、关系数据库的外键机制、XML的XPointer机制和HTTP的URI机制[5]。未使用的可选元素为这些示例所省略。

C.2 要素目录

要素目录包含它的标识和联系信息、若干要素类型的定义，以及定义所需要的其他信息。表C.1为已经填好的FC_FeatureCatalogue(表B.1)，仅列出包含的一种要素类型；另外，在本要素目录示例中有一个要素关联(见C.4)。

表C.2为已经填好的该要素目录示例的FC_DefinitionSource(表B.13)。

表 C.1 要素目录示例

<table>
<tr><td colspan="3">类 FC_FeatureCatalogue(标识=1)</td></tr>
<tr><td>属性 FC_FeatureCatalogue. name</td><td colspan="2">“要素目录示例”</td></tr>
<tr><td rowspan="3">属性 FC_FeatureCatalogue. scope</td><td colspan="2">“水系”</td></tr>
<tr><td colspan="2">“港口(Ports)和海港(Harbours)”</td></tr>
<tr><td colspan="2">“交通网”</td></tr>
<tr><td rowspan="2">属性
FC_FeatureCatalogue. fieldOfApplication</td><td colspan="2">“交通枢纽工程”</td></tr>
<tr><td colspan="2">“海上导航”</td></tr>
<tr><td>属性 C_FeatureCatalogue. versionNumber</td><td colspan="2">“2.1”</td></tr>
<tr><td>属性 FC_FeatureCatalogue. versionDate</td><td colspan="2">2008-09-02</td></tr>
<tr><td rowspan="4">属性 FC_FeatureCatalogue. producer</td><td colspan="2">类 ISO 19115:2003 Metadata::CI_ResponsibleParty</td></tr>
<tr><td>individualName</td><td>“XXX”</td></tr>
<tr><td>organisationName</td><td>“国家基础地理信息中心(NGCC)”</td></tr>
<tr><td>contactInfo</td><td>类 ISO 19115:2003
Metadata::CI_Contact</td></tr>
</table>

表 C.1（续）

<table>
<tr><td rowspan="11">属性 FC_FeatureCatalogue. producer</td><td rowspan="10"></td><td rowspan="3">电话</td><td colspan="2">类 ISO 19115:2003 Metadata::CI_Telephone</td></tr>
<tr><td>电话</td><td>“010-×××× ××××”</td></tr>
<tr><td>传真</td><td>“010-×××× ××××”</td></tr>
<tr><td rowspan="7">地址</td><td colspan="2">类 ISO 19115:2003 Metadata::CI_Address</td></tr>
<tr><td>详细地址</td><td>“海淀区莲花池西路 28 号”</td></tr>
<tr><td>城市</td><td>“北京市”</td></tr>
<tr><td>省区</td><td>“北京市”</td></tr>
<tr><td>邮政编码</td><td>“100830”</td></tr>
<tr><td>国家</td><td>“中国”</td></tr>
<tr><td>E-mail</td><td>“xinxi@nsdi. gov. cn”</td></tr>
<tr><td>role</td><td colspan="3">007(pointOfContact)</td></tr>
<tr><td>角色 FC_FeatureCatalogue. featureType</td><td colspan="4">FC_FeatureType(标识=3)(为简便起见，这里省略了本示例包含的其他要素类型。)</td></tr>
<tr><td>角色 FC_FeatureCatalogue. featureType</td><td colspan="4">FC_FeatureType(标识=22)</td></tr>
<tr><td>角色 FC_FeatureCatalogue. definitionSource</td><td colspan="4">FC_DefinitionSource(标识=2)</td></tr>
</table>

表 C.2 定义出处示例

<table>
<tr><td colspan="4">类 FC_DefinitionSource(标识=2)</td></tr>
<tr><td>属性 FC_DefinitionSource. source</td><td colspan="3">类 ISO 19115:2003 Metadata::CI_Citation</td></tr>
<tr><td rowspan="9"></td><td>名称</td><td colspan="2">“测绘学名词”</td></tr>
<tr><td rowspan="3">日期</td><td colspan="2">类 ISO 19115:2003 Metadata::CI_Date</td></tr>
<tr><td>日期</td><td>2002</td></tr>
<tr><td>日期类型</td><td>02(出版)</td></tr>
<tr><td>版本</td><td colspan="2">“第二版”</td></tr>
<tr><td rowspan="3">citedResponsibleParty</td><td colspan="2">类 ISO 19115:2003 Metadata::CI_ResponsibleParty</td></tr>
<tr><td>organisation-Name</td><td>“全国科学技术名词审定委员会”</td></tr>
<tr><td>role</td><td>11(出版者)</td></tr>
<tr><td>otherCitationDetails</td><td colspan="2">“Special publication No. 32”</td></tr>
</table>

C.3 要素类型和要素属性

C.3.1 “矿井(mine)”的“深度”

要素类型是具有相同特性的现实世界现象的类。本要素目录示例包含很多要素类型,用 FC_FeatureType(表 B.2)表示。表 C.3 示出要素类型“矿井”;它包含定义、代码,并有别名,但不是抽象的要素类型。

表 C.3 要素类型“矿井”示例

类 FC_FeatureType(标识=3)	
属性 FC_FeatureType. typeName	“矿井”
属性 FC_FeatureType. definition	“为获得天然矿藏,对地面进行挖掘(另见 AQ090)”。
属性 FC_FeatureType. code	“AA010”
属性 FC_FeatureType. isAbstract	FALSE
属性 FC_FeatureType. aliases	“采矿井”
角色 FC_FeatureType. featureCatalogue	FC_FeatureCatalogue(标识=1)
角色 FC_FeatureType. carrierOfCharacteristics	FC_FeatureAttribute(标识=4)

本要素目录示例包含要素属性“深度”。表 C.4 用 FC_FeatureAttribute(表 B.8)示出该属性;它具有真实值,度量单位为“米”。

表 C.4 定量要素属性“深度”示例

类 FC_FeatureAttribute(标识=4)	
属性 FC_PropertyType. memberName	“深度”
属性 FC_PropertyType. definition	“从该要素表面最高点到表面以下最低点量测的距离。”
属性 FC_PropertyType. cardinality	1
角色 FC_PropertyType. featureType	FC_FeatureType(标识=3)
角色 FC_PropertyType. constrainedBy	FC_Constraint(标识=5)
属性 FC_FeatureAttribute. code	“DEP”
属性 FC_FeatureAttribute. valueMeasurementUnit	“米”
属性 FC_FeatureAttribute. valueType	Real

要素属性“深度”值的度量受到量测方向的限制。表 C.5 说明如何用 FC_Constraint(表 B.7)表示该信息。

表 C.5 要素属性限制示例

类 FC_Constraint(标识=5)	
属性 FC_Constraint. description	“正值表示在进行量测的参考点下面的距离。”

C.3.2 “船坞(泊位)构筑物”的抽象表示

本要素目录示例还包括要素类型“船坞(泊位)构筑物”(说明见表C.6)和要素属性“码头(pier/wharf/quay)分类”(说明见表C.7)。与要素属性“深度”的真实值不同,要素属性“码头(pier/wharf/quay)分类”采用列表值,用FC_ListedValue(表B.11)表示,并在表C.8、表C.9、表C.11、表C.13、表C.15、表C.16和表C.17中示出。

表C.6 要素类型“船坞(泊位)构筑物”示例

类 FC_FeatureType(标识=7)	
属性 FC_FeatureType. typeName	“船坞(泊位)构筑物”
属性 FC_FeatureType. definition	“固定(不漂浮)岸边的人工建筑物,通常用于船的停泊和保护。”
属性 FC_FeatureType. code	“BB999”
属性 FC_FeatureType. isAbstract	FALSE
角色 FC_FeatureType. featureCatalogue	FC_FeatureCatalogue(标识=1)
角色 FC_FeatureType. carrierOfCharacteristics	FC_FeatureAttribute(标识=8)

表C.7 带列表值的要素属性示例

类 FC_FeatureAttribute(标识=8)	
属性 FC_PropertyType. memberName	“码头(pier/wharf/quay)分类”
属性 FC_PropertyType. definition	“基于配置和结构(configuration and structure),有甲板构筑物的分类”
属性 FC_PropertyType. cardinality	1
角色 FC_PropertyType. featureType	FC_FeatureType(标识=7)
属性 FC_FeatureAttribute. code	“PWC”
属性 FC_FeatureAttribute. listedValue	FC_ListedValue(标识=9)
	FC_ListedValue(标识=10)
	FC_ListedValue(标识=12)
	FC_ListedValue(标识=14)
	FC_ListedValue(标识=16)
	FC_ListedValue(标识=17)
	FC_ListedValue(标识=18)

并非所有列表值都有定义;在3种情况下(表C.9、表C.11和表C.13),定义不在要素目录中,而是在表C.2先前说明的定义出处文献中。表C.10、表C.12和表C.14中用FC_DefinitionReference(表B.14)示出为查找每项列表值定义在定义出处文献中的位置所需要的补充引用信息。

表 C.8　要素属性列表值为“未知”的示例

类 FC_ListedValue(标识=9)	
属性 FC_ListedValue. label	“未知”
属性 FC_ListedValue. code	“0”
属性 FC_ListedValue. definition	“属性值缺失。”

表 C.9　要素属性列表值“码头(pier)”示例

类 FC_ListedValue(标识=10)	
属性 FC_ListedValue. label	“码头(pier)”
属性 FC_ListedValue. code	“1”
属性 FC_ListedValue. definitionReference	FC_DefinitionReference(标识=11)

表 C.10　要素属性列表值定义参照“码头(pier)”示例

类 FC_DefinitionReference(标识=11)	
属性 FC_DefinitionReference. sourceIdentifier	“3833,码头(pier)”[a]
角色 FC_DefinitionReference. definitionSource	FC_DefinitionSource(标识=2)
[a] “延伸至水体,为船舶提供停泊地或作为散步场所(promenade)的狭长构筑物。”	

表 C.11　要素属性列表值“码头(wharf)”示例

类 FC_ListedValue(标识=12)	
属性 FC_ListedValue. label	“码头(wharf)”
属性 FC_ListedValue. code	“2”
属性 FC_ListedValue. definitionReference	FC_DefinitionReference(标识=13)

表 C.12　要素属性列表值定义参照“码头(wharf)”示例

类 FC_DefinitionReference(标识=13)	
属性 FC_DefinitionReference. sourceIdentifier	“5985,码头(wharf)”[a]
角色 FC_DefinitionReference. definitionSource	FC_DefinitionSource(标识=2)
[a] “用作船舶停泊地的构筑物。”	

表 C.13　要素属性列表值“码头(quay)”示例

类 FC_ListedValue(标识=14)	
属性 FC_ListedValue. label	“码头(quay)”
属性 FC_ListedValue. code	“3”
属性 FC_ListedValue. definitionReference	FC_DefinitionReference(标识=15)

表 C.14 要素属性列表值定义参照“码头(quay)”示例

类 FC_DefinitionReference(标识=15)	
属性 FC_DefinitionReference. sourceIdentifier	“4125,码头(quay)”[a]
角色 FC_DefinitionReference. definitionSource	FC_DefinitionSource(标识=2)
[a] “大致与海岸线平行,仅向船提供一侧,而另一侧与海岸相连的码头(wharf)。通常是固定构筑物,与其形成对照,码头(pier)通常采用敞开的桩结构。”	

表 C.15 要素属性列表值“不填写(unpopulated)”示例

类 FC_ListedValue(标识=16)	
属性 FC_ListedValue. label	“不填写”
属性 FC_ListedValue. code	“997”
属性 FC_ListedValue. definition	“属性值存在,但考虑到政策,而不给出。”

表 C.16 要素属性列表值“不适用”示例

类 FC_ListedValue(标识=17)	
属性 FC_ListedValue. label	“不适用”
属性 FC_ListedValue. code	“998”
属性 FC_ListedValue. definition	“属性值不在允许的属性值适用范围内。”

表 C.17 要素属性列表值“其他”示例

类 FC_ListedValue(标识=18)	
属性 FC_ListedValue. label	“其他”
属性 FC_ListedValue. code	“998”
属性 FC_ListedValue. definition	“不是由于“多重的”、“不适用的”、“未知的”或“不填写”,而是由于某种其他原因而不能给出属性值。”

C.4 要素关联和关联角色

要素关联是一种要素类型的实例与相同或不同要素类型的实例之间的链接关系。该要素类型在关联中有特定的角色。本要素目录示例包含“跨越”关联,链接“公路”和“桥梁”两种要素类型。这两种要素类型分别在表 C.18 和表 C.19 中示出。

表 C.18 要素类型"公路"示例

类 FC_FeatureType(标识=20)	
属性 FC_FeatureType. typeName	"公路"
属性 FC_FeatureType. definition	"供车辆行驶的开放的道路。"
属性 FC_FeatureType. code	"AP030"
属性 FC_FeatureType. isAbstract	FALSE
角色 FC_FeatureType. featureCatalogue	FC_FeatureCatalogue(标识=1)
角色 FC_FeatureType. carrierOfCharacteristics	FC_AssociationRole(标识=23)

表 C.19 要素类型"桥梁"示例

类 FC_FeatureType(标识=21)	
属性 FC_FeatureType. typeName	"桥梁"
属性 FC_FeatureType. definition	"跨越水体、凹陷处和其他障碍物，并提供越过它们的通道的人工建筑物。"
属性 FC_FeatureType. code	"AQ040"
属性 FC_FeatureType. isAbstract	FALSE
角色 FC_FeatureType. featureCatalogue	FC_FeatureCatalogue(标识=1)
角色 FC_FeatureType. carrierOfCharacteristics	FC_FeatureAssociationRole(标识=24)

表 C.20 用 FC_FeatureAssociation(表 B.12)示出要素关联"跨越"。

表 C.20 要素关联"跨越"示例

类 FC_FeatureType(标识=22)	
属性 FC_FeatureType. typeName	"跨越"
属性 FC_FeatureType. definition	"一个目标越过另一个目标。"
属性 FC_FeatureType. code	"101"
属性 FC_FeatureType. isAbstract	FALSE
角色 FC_FeatureType. featureCatalogue	FC_FeatureCatalogue(标识=1)
角色 FC_FeatureAssociation. roleName	FC_FeatureAssociationRoleName(标识=23)
角色 FC_FeatureAssociation. roleName	FC_FeatureAssociationRoleName(标识=24)

要素关联"跨越"有两个关联角色，在表 C.21 和表 C.22 中用 FC_AssociationRole(表 B.9)示出。

角色“在上”适合于要素类型“公路”。该角色的基数为0或多，公路穿过的任何桥梁都是有序的。

表 C.21　关联角色“在上”示例

类 FC_AssociationRole(标识＝23)	
属性 FC_PropertyType. memberName	“在上”
属性 FC_PropertyType. definition	“公路通过的桥梁。在该公路上，跨越的排序反映穿过该公路时越过桥梁的顺序。”
角色 FC_PropertyType. featureType	FC_FeatureType(标识＝20)
属性 FC_AssociationRole. cardinality	“0..*”
属性 FC_AssociationRole. type	FC_RoleType. ordinary
属性 FC_AssociationRole. isOrdered	TRUE
属性 FC_AssociationRole. isNavigable	TRUE
角色 FC_AssociationRole. relation	FC_FeatureAssociation(标识＝22)
角色 FC_AssociationRole. rolePlayer	FC_FeatureType(标识＝21)

角色“在下”适合于要素类型“桥梁”；由于每座桥梁最多仅有一条公路通过，由该桥梁穿越的公路是不排序的，角色的基数为0或1。对于要素关联“跨越”的两个角色而言，要素关联类型属于普通关联(FC_RoleType：表B.10)。

表 C.22　关联角色“在下”示例

类 FC_AssociationRole(标识＝24)	
属性 FC_PropertyType. memberName	“在下”
属性 FC_PropertyType. definition	“通过桥梁的公路”
角色 FC_PropertyType. featureType	FC_FeatureType(标识＝21)
属性 FC_AssociationRole. cardinality	“0..1”
属性 FC_AssociationRole. type	FC_RoleType. ordinary
属性 FC_AssociationRole. isOrdered	FALSE
属性 FC_AssociationRole. isNavigable	TRUE
角色 FC_AssociationRole. relation	FC_FeatureAssociation(标识＝22)
角色 FC_AssociationRole. rolePlayer	FC_FeatureType(标识＝20)

C.5　继承关系

继承关系是将比较概括的要素类型(超类)与比较特定的要素类型(子类)链接的一种关系。该要素目录示例包含“是一类”(‘is a’)继承关系，链接“建筑物”和“灯塔”两种要素类型。这些要素类型分别在表C.23和表C.24中示出。

表 C.23 要素类型“建筑物”示例

类 FC_FeatureType(标识=25)	
属性 FC_FeatureType. typeName	“建筑物”
属性 FC_FeatureType. definition	“相对永久的建筑,有屋顶,且通常有墙壁,设计用于某种特定的应用。(另见 AL100)”
属性 FC_FeatureType. code	“AL015”
属性 FC_FeatureType. isAbstract	FALSE
角色 FC_FeatureType. inheritsTo	FC_InheritanceRelation(标识=27)
角色 FC_FeatureType. featureCatalogue	FC_FeatureCatalogue(标识=1)

表 C.24 要素类型“灯塔”示例

类 FC_FeatureType(标识=25)	
属性 FC_FeatureType. typeName	“灯塔”
属性 FC_FeatureType. definition	“特殊结构的显示灯,设计用于助航服务(另见 BC040)。”
属性 FC_FeatureType. code	“BC050”
属性 FC_FeatureType. isAbstract	FALSE
角色 FC_FeatureType. inheritsFrom	FC_InheritanceRelation(标识=27)
角色 FC_FeatureType. featureCatalogue	FC_FeatureCatalogue(标识=1)

要素类型“灯塔”实例也是要素类型“建筑物”的实例;应用于本要素目录示例中的要素类型“建筑物”的要素特性,也应用于要素类型“灯塔”。表 C.25 为利用 FC_InheritanceRelation(表 B.3)表示的“是一类”(“is a”)继承关系。

表 C.25 “is a”继承关系示例

类 FC_InheritanceRelation(标识=27)	
属性 FC_InheritanceRelation. name	“is a”
属性 FC_InheritanceRelation. description	“作为另一种对象的特化而分类的对象。”
属性 FC_InheritanceRelation. uniqueInstance	TRUE
角色 FC_InheritanceRelation. subtype	FC_FeatureType(标识=26)
角色 FC_InheritanceRelation. supertype	FC_FeatureType(标识=25)

C.6 要素操作

要素操作说明要素类型的行为。本要素目录示例包含要素操作“提升坝高”,作为要素类型“坝”的一种特性。要素操作“提升坝高”的语义取决于要素类型“水道”和“水库”的要素属性。以下各表给出这些要素类型及其要素属性的表示。

表 C.26、表 C.27 和表 C.28 分别示出要素类型“坝”的说明及其要素属性“坝高”和“最大坝高”。

该“坝”有两个别名,它的两个要素属性为正实型数,量测单位为“米”。

表 C.26 要素类型“坝”示例

类 FC_FeatureType(标识=28)	
属性 FC_FeatureType. typeName	“坝”
属性 FC_FeatureType. definition	“为控制水道的水位或流量,或控制水库的水位构建的,横跨水道的障碍物。”
属性 FC_FeatureType. code	“359”
属性 FC_FeatureType. isAbstract	FALSE
属性 FC_FeatureType. aliases	“拦河坝”
	“堰(挡流坝,Weir)”
角色 FC_FeatureType. featureCatalogue	FC_FeatureCatalogue(标识=1)
角色 FC_FeatureType. carrierOfCharacteristics	FC_FeatureAttribute(标识=29)
角色 FC_FeatureType. carrierOfCharacteristics	FC_FeatureAttribute(标识=30)
角色 FC_FeatureType. carrierOfCharacteristics	FC_FeatureAttribute(标识=36)

表 C.27 要素属性“坝高”示例

类 FC_FeatureAttribute(标识=29)	
属性 FC_PropertyType. memberName	“坝高”
属性 FC_PropertyType. definition	“从坝底到水溢出其顶部之平面的垂直距离。”
属性 FC_PropertyType. cardinality	1
角色 FC_PropertyType. featureType	FC_FeatureType(标识=28)
属性 FC_FeatureAttribute. code	“damHeight”
属性 FC_FeatureAttribute. valueMeasurementUnit	“米”
属性 FC_FeatureAttribute. valueType	正实型数

表 C.28 要素属性“最大坝高”示例

类 FC_FeatureAttribute(标识=30)	
属性 FC_PropertyType. memberName	“最大坝高”
属性 FC_PropertyType. definition	“坝的可能的最大高度。”
属性 FC_PropertyType. cardinality	1
角色 FC_PropertyType. featureType	FC_FeatureType(标识=28)
属性 FC_FeatureAttribute. code	“maxHeight”
属性 FC_FeatureAttribute. valueMeasurementUnit	“米”
属性 FC_FeatureAttribute. valueType	正实型数

表 C.29 和表 C.30 分别示出要素类型“水库”的规格及其要素属性“水库深度”。“水库”有一个别

名,其要素属性为正实型数,量测单位为“米”。

表 C.29 要素类型“水库”示例

类 FC_FeatureType(标识=31)	
属性 FC_FeatureType. typeName	“水库”
属性 FC_FeatureType. definition	“天然和人工修建的池塘或湖泊,用于水的储存和调节。”
属性 FC_FeatureType. code	“765”
属性 FC_FeatureType. isAbstract	FALSE
属性 FC_FeatureType. aliases	“贮水池”
角色 FC_FeatureType. featureCatalogue	FC_FeatureCatalogue(标识=1)
角色 FC_FeatureType. carrierOfCharacteristics	FC_FeatureAttribute(标识=32)

表 C.30 要素属性“水库深度”示例

类 FC_FeatureAttribute(标识=32)	
属性 FC_PropertyType. memberName	“水库深度”
属性 FC_PropertyType. definition	“从水面到库底的最大垂直距离。”
属性 FC_PropertyType. cardinality	1
角色 FC_PropertyType. featureType	FC_FeatureType(标识=31)
属性 FC_FeatureAttribute. code	“reservoirDepth”
属性 FC_FeatureAttribute. valueMeasurementUnit	“米”
属性 FC_FeatureAttribute. valueType	正实型数

表 C.31、表 C.32 和表 C.33 分别示出要素类型“水道”的说明及其要素属性“水道深度”和“流量”。“水道”(原文为“reservoir”,似有错)有 5 个别名,其要素属性“水道深度”为正实型数,量测单位为“米”,而其要素属性“流量”则为正整型数,量测单位为“立方米每秒”。

表 C.31 要素类型“水道”示例

类 FC_FeatureType(标识=33)	
属性 FC_FeatureType. typeName	“水道”
属性 FC_FeatureType. definition	“水可以流经的路径或通道。”
属性 FC_FeatureType. code	“1470”
属性 FC_FeatureType. isAbstract	FALSE
属性 FC_FeatureType. aliases	“江”
	“河”
	“川”
	“曲”
	“溪”
	“渠”
角色 FC_FeatureType. featureCatalogue	FC_FeatureCatalogue(标识=1)
角色 FC_FeatureType. carrierOfCharacteristics	FC_FeatureAttribute(标识=34)
角色 FC_FeatureType. carrierOfCharacteristics	FC_FeatureAttribute(标识=35)

表 C.32 要素属性“水道深度”示例

类 FC_FeatureAttribute(标识=34)	
属性 FC_PropertyType. memberName	“水道深度”
属性 FC_PropertyType. definition	“从水面到水底的最大垂直距离。”
属性 FC_PropertyType. cardinality	1
角色 FC_PropertyType. featureType	FC_FeatureType(标识=33)
属性 FC_FeatureAttribute. code	“streamDepth”
属性 FC_FeatureAttribute. valueMeasurementUnit	“米”
属性 FC_FeatureAttribute. valueType	正实型数

表 C.33 要素属性“流量”示例

类 FC_FeatureAttribute(标识=35)	
属性 FC_PropertyType. memberName	“流量”
属性 FC_PropertyType. definition	“单位时间流经的水量。”
属性 FC_PropertyType. cardinality	1
角色 FC_PropertyType. featureType	FC_FeatureType(标识=33)
属性 FC_FeatureAttribute. code	“streamFlow”
属性 FC_FeatureAttribute. valueMeasurementUnit	“立方米每秒”
属性 FC_FeatureAttribute. valueType	正整型数

表 C.26 示出要素类型“坝”的说明，标识存在的 3 种特性类型。其中两种为要素属性(坝高和最大坝高)；第 3 种为要素操作“提升坝高”及其说明，在表 C.34 中用 FC_FeatureOperation(表 B.5)示出。

要素操作的定义说明“提升坝高”的语义，而要素操作标记给出新坝高的实型数，并因此更新要素“坝”。

要素操作“提升坝高”观测该坝的要素属性 maxHeight，因为操作的结果视它的值而定。另外，该坝要素属性“坝高(damHeight)”的值受到影响，该坝下游水道的要素属性“水道深度(streamDepth)”和“流量(streamFlow)”，以及该坝上游水库的要素属性“水库深度(reservoirDepth)”的值也受到影响。

注：如果在有关的要素类型之间存在要素关联，要素属性值可以只针对另一个要素实例进行观测，或者受到影响。本示例未示出需要的“坝”和上游的“水库”之间，以及“坝”和下游的“水道”之间的要素关联。

表 C.34 要素操作“提升坝高”示例

类 FC_FeatureOperation(标识=36)	
属性 FC_PropertyType. memberName	“提升坝高”
属性 FC_PropertyType. definition	“提升坝高的行为导致坝后流量的改变。相应地影响下游河段的水深和流量，以及水库坝后的水位。”
属性 FC_PropertyType. cardinality	1

表 C.34（续）

角色 FC_PropertyType. featureType	FC_FeatureType(标识=28)
	FC_Binding(本示例未说明)
属性 FC_FeatureOperation. signature	“damRaise((Dam)dam,(Real)newHeight):Dam”
角色 FC_FeatureOperation. observesValuesOf	FC_FeatureAttribute(标识=30)
角色 FC_FeatureOperation. affectsValuesOf	FC_FeatureAttribute(标识=29)
角色 FC_FeatureOperation. affectsValuesOf	FC_BoundFeatureAttribute(标识=37)
角色 FC_FeatureOperation. affectsValuesOf	FC_BoundFeatureAttribute(标识=38)
角色 FC_FeatureOperation. affectsValuesOf	FC_BoundFeatureAttribute(标识=39)

附 录 D
（资料性附录）
要素编目概念

D.1 概述

要素目录构成一组定义的数据库，以便将对特定论域具有意义的现实世界现象进行分类。目录提供一种工具，用以将描述这些现象的数据的抽象表示进行组织，以使产生的信息尽可能明确、易于理解和有用。

以往通常的做法是从3个方面将地理要素进行分离(isolate)和区别，即用于将要素类型进行分组的定义、与每种要素类型关联的属性，以及介于要素类型之间的关联。在这一常规框架中，要素类型操作一般作为要素定义准则的一部分，而且仅用它们的自然语言定义表达。以下的示例将说明，当对要素如何操作的前后关系进行观察时，要素属性和要素间的关联具有丰富得多的含义。在这种前后关系中，属性提供对一种要素状态的度量，该要素随着时间的流逝展现出特定类型的行为，而不仅是静态地度量某一给定瞬时要素间的差异。在这种动态变化中也可以有关联，即一种现象的行为或状态受另一种现象操作的影响。

就本标准的目的而言，要素操作作为要素抽象的第四个主要方面，它们表示视点的不同与它们表示类型的不同差不多。在函数说明中，操作由给定地理要素类型的一个返回值或影响值（即要素属性值）触发。如果该值系对一种以上的要素所观测或影响，该操作也说明它们之间的函数关系。通过将要素操作作为要素抽象表示的附加的维，本标准试图支持从当前的实际向未来预期的更加严格的函数化、更加准确[7]。

D.2 要素操作

要素操作常常包含在要素类型的自然语言定义中。基于某些原因，要素操作是重要的。首先且最重要的是它们的特征是有区别的，这些植根在人们的感知中，以便能将一种地理要素类型与其他类型区分开，它们对使用地理信息的人具有心理和行为上的意义。另一个原因是计算机系统越来越能够表示地理现象，不仅仅作为静态的一组地图，而且能实时地动态表示地理空间发生的事件。

还有另一个原因，即互操作日益成为设计地理信息系统的重要目标。要素的函数等价是在形成的开放系统环境中地理信息系统互操作的关键。

要素操作有观测功能和构造功能两种。观测功能返回当前的属性值。构造功能包含改变这些值的行为。例如，观测功能可以用来发现坝的高度，而提升坝高则是构造功能，它不但改变坝的高度，同时也影响与该坝关联的水道和水库的属性。

D.3 要素属性

要素属性直接由要素操作产生。例如，通过桥梁的交通量是其行为的度量。所有桥梁具有承载交通的操作，使该特性成为要素定义的一部分。

要素的其他一些要素属性可以间接地获得。例如，“净空”是桥梁的一个重要属性，因为它限定能够从桥下通过的船的高度。该属性由不同的操作，即船在桥下的水上航行获得。所以，在确定要素的属性时，考虑操作是重要的，不仅是作用于它的操作，还包括由它实施的那些操作。

在要素目录中，可能有些给定要素类型的属性，它们与目录中说明的任何要素操作无关。例如，目录可能定义要素“山脉”，而没有说明任何操作，但它具有属性“高度”。有一个基于观测山高的常规操作“空中测量”，它既不是由山脉参加的一种行为，也未在要素目录的其他地方说明。要素目录的编制者将该要素属性包含其中，以响应觉察到的(但未指明的)外部对有关山脉信息的需求。

D.4 要素关系

D.4.1 关系的种类

要素关系可以是泛化和关联两种之一。关联可以是聚合或其他逻辑关系。要素操作、要素属性和关联角色通过泛化关系继承特性。

D.4.2 泛化

在泛化中，一种要素类型的成员通过定义自动成为另一要素类型的成员。例如，“桥梁”被操作“承载交通”定义，同时，更加概括的要素“交通要素”也被操作“承载交通”定义，则桥梁属于交通要素。

泛化意指特性，如要素操作、要素属性和关联角色从比较一般到比较特定的继承。许多要素类型具有多种操作和属性；泛化可由特性的多种继承方式产生。例如，要素类型“桥梁”既可作为道路要素属于“交通要素”的通用类型，也可作为航运要素属于“障碍物”的通用类型。

因此，泛化是要素类型间的继承关系，它由表 B.2 中的可选角色“继承自(“inheritsFrom”)”支持。

D.4.3 聚合

要素类型实例组成具有不同特性的不同类型。例如，“运河船闸”由岸壁、闸门和一段运河组成。将船通过坝或急流的操作不是由岸壁或闸门自身完成，而是由它们聚集成的船闸来实现。同样，“道路网”有一些特性并不是从组合成网的各条道路继承而来的。

聚合关联不具有要素类型分级组织的含义，除非组成每类要素的所有实例也属于该聚集要素。例如，并非全部岸壁都是运河船闸的一部分。这是一种潜在的关系，要素类型的各个实例可能属于，也可能不属于它。

D.4.4 其他逻辑关系

在桥梁示例中，水道与桥梁之间存在一种关系，因为在水道上航行的操作受到桥梁净空的影响(如带角色“在下”的“跨越”；另见 C.4)。要素类型“水道”和要素类型“桥梁”之间的关联既不是泛化，也不是是聚合。逻辑关系“交通相关”可以定义为包括桥梁、水道、公路，以及要素类型“标志牌”。操作“承载交通”不适用于标志牌，因此关联“交通相关”不是泛化。再者，其他逻辑关系的构成也不需要分级，例如不是所有标志牌都与交通相关。

D.5 同义词和包含术语

在现有的各种要素类型说明中，可能将“包含术语”列为“标准术语”。“包含术语”可以是更通用的要素类型的子类。

示例 1：标准术语水道的包含术语有小溪、小河、河流、海上航道、溪流。

“包含术语”可以是同义词，或者是与选定为“标准术语”的术语的定义有重叠的近同义词。

示例 2：标准术语海岸线的包含术语有沿海岸线。

“包含术语” 可以是其他语种的等义术语。

示例 3：标准术语矿的包含术语有 Grube/Zeche(德语)、Miniera(意大利语)、Mijn(荷兰语)。

当要素类型不同时(就要素操作、要素属性，或关联角色而论)，它们在要素目录中，应作为带有它们自己说明的不同的项。当包含术语在功能上是等义的同义词时(如在另一种语言中),可以将其列为要素类型的“别名”。

要素目录的编制者应保证术语“别名”的含义恰好与给定的目标等义(就要素操作、要素属性,或关联角色而论)。要素类型的功能说明提供评价等义的明确方法。

附 录 E
（规范性附录）
编 码 说 明

E.1 概述

本标准 XML 模式实现遵循 ISO/TS 19139:2007 第 8 章规定的编码规则。

本标准 XML 实现的命名空间是 http://www.isotc211.org/2005/gfc。该命名空间全称为地理要素编目(Geographic Feature Cataloguing)，简称 gfc。

E.2 XML 命名空间

图 E.1 显示出执行本标准所使用的不同命名空间(灰框)，以及这些命名空间与 ISO 19100 标准系列包(白框)之间的关系。

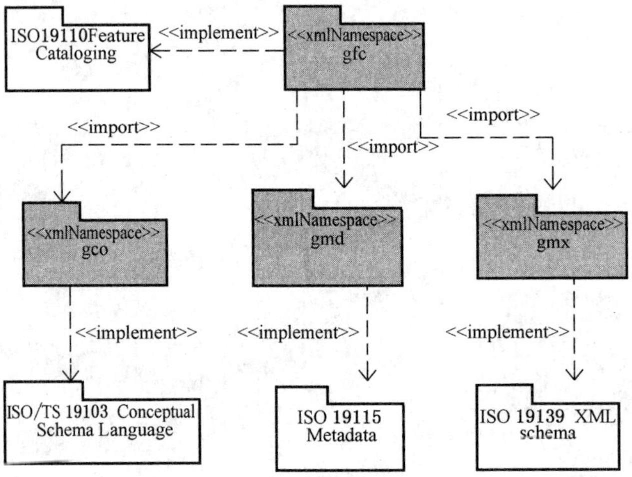

图 E.1 XML 包

E.3 gfc 命名空间

E.3.1 gfc 命名空间构成

该命名空间包括修正案定义的本标准的实现。图 E.2 说明命名空间 gfc 只包含一个 XML 模式：gfc.xsd。

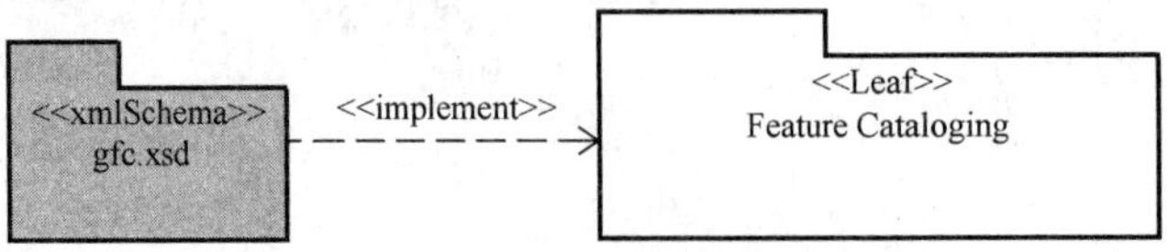

图 E.2 gfc 命名空间的构成

E.3.2 gfc.xsd

该 XML 模式实现本标准定义的所有 UML 类:FC_FeatureCatalogue、FC_FeatureType、FC_InheritanceRelation、FC_PropertyType、FC_FeatureOperation、FC_Constraint、FC_FeatureAtttribute、FC_AssociationRole、FC_RoleType、FC_ListedValue、FC_FeatureAssociation、FC_DefinitionSource、FC_DefinitionReference、FC_CarrierOfCharacteristics、FC_BoundFeatureAttribute、FC_BoundAssociationRole 和 FC_Binding。

附 录 F
（规范性附录）
要素目录注册簿管理

F.1 概述

ISO 19135:2005 规定了地理信息项目注册簿的管理过程，以及所有这类注册簿通用的一组内容元素。RE_注册簿（RE_Register）实例的内容包括一组 RE_注册项（RE_RegisterItem）的实例，它们属于 RE_注册项类（RE_ItemClass）实例说明的注册项类。

本标准不规定特定注册簿结构的使用，而是定义概念，既允许用 multi-part 注册簿管理要素目录，也允许用包含 multi-part 子注册簿的分层注册簿管理要素目录。要素目录确实可以像注册簿一样进行管理，即视为 RE_Register（ISO 19135:2005）的实例，它们包含作为注册项的要素类型。它们也可用 multi-part 注册簿的注册项进行管理，即作为 RE_RegisterItem 的实例。

本附录包含作为 RE_Register 子类的要素目录模式（F.2），以及作为 RE_RegisterItem 子类的要素目录、要素类型、要素关联、要素属性、操作和关联角色、继承关系、列表值和定义来源的模式（F.3），并规定一组 RE_ItemClass 的实例，将要素目录和其内容作为注册项类进行描述（F.4）。

F.2 作为 RE_Register 子类的要素目录注册簿

F.2.1 简介

本标准规定 RE_Register 的子类（图 F.1）作为要素目录的说明。由于该类的内容在要素目录模式中是它的同义类，它只作为从注册簿到要素目录的指针，不需要明确地执行。

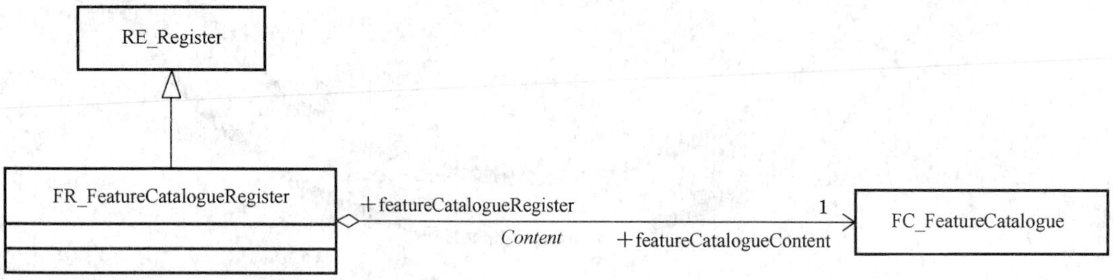

图 F.1 作为 RE_Register 子类的要素目录注册簿

F.2.2 FR_FeatureCatalogueRegister

F.2.2.1 说明

类 FR_要素目录注册簿（FR_FeatureCatalogueRegister）代表作为注册簿管理的 FC_FeatureCatalogue 的实例。它继承 ISO 19135:2005 中 8.8 规定的 RE_Register 的全部属性和关联，并有一个补充的关联。

F.2.2.2 内容

聚合关联 Content 将 FR_FeatureCatalogueRegister 的实例与 FC_FeatureCatalogue 的一个，且仅仅一个实例连接。该关联可从 featureCatalogueRegister 向 featureCatalogueContent 进行导航，但不需要做反向导航。

F.3 要素目录注册内容的 RE_RegisterItem 的子类

F.3.1 简介

本附录规定 RE_RegisterItem 的 9 个子类(图 F.2)，表示在 RE_Register 的实例中进行管理的要素目录内容。这些子类属于 RE_RegisterItem 子类的单独的分区，由标识符 Feature Catalogue 予以标识。泛化关系具有约束{incomplete}，因为它可以进行扩展以包含许多不同的地理信息注册项类。由于在要素目录模式中，仅仅这些类的每一类的内容是它的同义类，它们只作为从注册簿到要素目录的指针，不需要明确地执行。

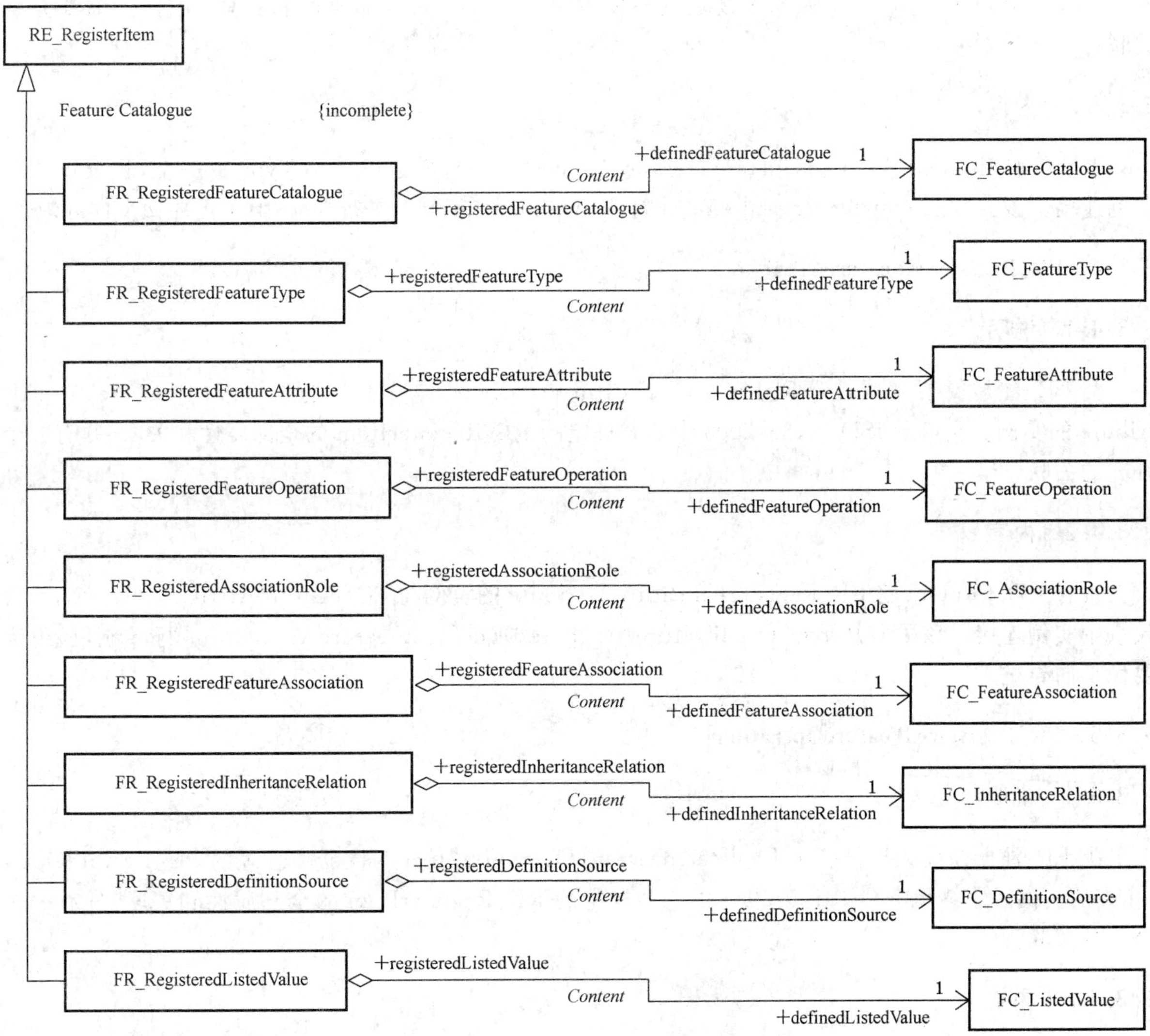

图 F.2 RE_RegisterItem 的子类

F.3.2 FR_RegisteredFeatureCatalogue

F.3.2.1 说明

类 FR_RegisteredFeatureCatalogue 是作为注册项管理的 FC_FeatureCatalogue 的实例。它继承 ISO 19135:2005 中 8.8 规定的 RE_RegisterItem 的全部属性和关联,并有一个补充的关联。

F.3.2.2 内容

聚合关联 Content 将 FR_RegisteredFeatureCatalogue 的实例与 FC_FeatureCatalogue 的一个,且仅仅一个实例连接。该关联从 registeredFeatureCatalogue 向 definedFeatureCatalogue 进行导航,但不需要做反向导航。

F.3.3 FR_RegisteredFeatureType

F.3.3.1 说明

类 FR_注册簿要素类型(FR_RegisteredFeatureType)是作为注册项管理的 FC_FeatureType 的实例。它继承 ISO 19135:2005 中 8.8 规定的 RE_RegisterItem 的全部属性和关联,并有一个补充的关联。

F.3.3.2 内容

聚合关联 Content 将 FR_RegisteredFeatureType 的实例与 FC_FeatureType 的一个,且仅仅一个实例连接。该关联从 registeredFeatureType 向 definedFeatureType 进行导航,但不需要做反向导航。

F.3.4 FR_RegisteredFeatureAttribute

F.3.4.1 说明

类 FR_注册簿要素属性(FR_RegisteredFeatureAttribute)是作为注册项管理的 FC_FeatureAttribute 的实例。它继承 ISO 19135:2005 中 8.8 规定的 RE_RegisterItem 的全部属性和关联,并有一个补充的关联。

F.3.4.2 内容

聚合关联 Content 将 FR_RegisteredFeatureAttribute 的实例与 FC_FeatureAttribute 的一个,且仅仅一个实例连接。该关联从 registeredFeatureAttribute 向 definedFeatureAttribute 进行导航,但不需要做反向导航。

F.3.5 FR_RegisteredFeatureOperation

F.3.5.1 说明

类 FR_注册簿要素操作(FR_RegisteredFeatureOperation)是作为注册项管理的 FC_FeatureOperation 的实例。它继承 ISO 19135:2005 中 8.8 规定的 RE_RegisterItem 的全部属性和关联,并有一个补充的关联。

F.3.5.2 内容

聚合关联 Content 将 FR_RegisteredFeatureOperation 的实例与 FC_FeatureOperation 的一个,且仅仅一个实例连接。该关联从 registeredFeatureOperation 向 definedFeatureOperation 进行导航,但不

需要做反向导航。

F.3.6 FR_RegisteredAssociationRole

F.3.6.1 说明

类 FR_注册簿关联角色（FR_RegisteredAssociationRole）是作为注册项管理的 FC_AssociationRole 的实例。它继承 ISO 19135:2005 中 8.8 规定的 RE_RegisterItem 的全部属性和关联，并有一个补充的关联。

F.3.6.2 内容

聚合关联 Content 将 FR_RegisteredAssociationRole 的实例与 FC_AssociationRole 的一个，且仅仅一个实例连接。该关联从 registeredAssociationRole 向 definedAssociationRole 进行导航，但不需要做反向导航。

F.3.7 FR_RegisteredFeatureAssociation

F.3.7.1 说明

类 FR_注册簿要素关联（FR_RegisteredFeatureAssociation）是作为注册项管理的 FC_FeatureAssociation 的实例。它继承 ISO 19135:2005 中 8.8 规定的 RE_RegisterItem 的全部属性和关联，并有一个补充的关联。

F.3.7.2 内容

聚合关联 Content 将 FR_RegisteredFeatureAssociation 的实例与 FC_FeatureAssociation 的一个，且仅仅一个实例连接。该关联从 registeredFeatureAssociation 向 definedFeatureAssociation 进行导航，但不需要做反向导航。

F.3.8 FR_RegisteredInheritanceRelation

F.3.8.1 说明

类 FR_注册簿继承关系（FR_RegisteredInheritanceRelation）是作为注册项管理的 FC_InheritanceRelation 的实例。它继承 ISO 19135:2005 中 8.8 规定的 RE_RegisterItem 的全部属性和关联，并有一个补充的关联。

F.3.8.2 内容

聚合关联 Content 将 FR_RegisteredInheritanceRelation 的实例与 FC_InheritanceRelation 的一个，且仅仅一个实例连接。该关联从 registeredInheritanceRelation 向 definedInheritanceRelation 进行导航，但不需要做反向导航。

F.3.9 FR_RegisteredDefinitionSource

F.3.9.1 说明

类 FR_注册簿定义出处（FR_RegisteredDefinitionSource）是作为注册项管理的 FC_DefinitionSource 的实例。它继承 ISO 19135:2005 中 8.8 规定的 RE_RegisterItem 的全部属性和关联，并有一个补充的关联。

F.3.9.2 内容

聚合关联 Content 将 FR_RegisteredDefinitionSource 的实例与 FC_DefinitionSource 的一个，且仅仅一个实例连接。该关联从 registeredDefinitionSource 向 definedDefinitionSource 进行导航，但不需要做反向导航。

F.3.10 FR_RegisteredListedValue

F.3.10.1 说明

类 FR_注册簿列表值(FR_RegisteredListedValue)是作为注册项管理的 FC_ListedValue 的实例。它继承 ISO 19135:2005 中 8.8 规定的 RE_RegisterItem 的全部属性和关联，并有一个补充的关联。

F.3.10.2 内容

聚合关联 Content 将 FR_RegisteredListedValue 的实例与 FC_ListedValue 的一个，且仅仅一个实例连接。该关联从 registeredListedValue 向 definedListedValue 进行导航，但不需要做反向导航。

F.4 要素相关概念的注册项类

F.4.1 概述

RE_Register 与 RE_ItemClass 的一组实例有强制关联，每个实例说明注册簿中的一个注册项类。RE_RegisterItem 与 RE_ItemClass 的实例也有强制关联，说明它所属的注册项类。本子条款规定描述要素相关概念(feature-related concepts)类型的 RE_ItemClass 的实例，作为管理要素目录的注册簿中的注册项。

有 9 种注册项类实例，每一种相当于一种要素相关概念的类型。它们的区别仅在于 RE_ItemClass 的名称属性的值。

F.4.2 要素目录注册簿的注册项类

作为要素目录注册簿或子注册簿管理的注册项类是 RE_ItemClass [ISO 19135:2005，8.6]的实例，赋给如下属性值：

——属性值 *name:CharacterString* 为“要素目录”。

——属性值 *technicalStandard:CI_Citation* 为：

a) title:CharacterString=“GB/T ×××××—×××× 地理信息 要素编目方法”

b) alternateTitle:CharacterString=“GB/T ×××××—××××”

c) date:CI_Date

1) date:Date=××××

2) dateType:CI_DateTypeCode=“发布”

F.4.3 要素类型的注册项类

要素类型的注册项类是 RE_ItemClass [ISO 19135:2005，8.6]的实例，赋给如下属性值：

↓↓属性值 *name:CharacterString* 为“要素类型”。

——属性值 *technicalStandard:CI_Citation* 为：

a) title:CharacterString=“GB/T ×××××—×××× 地理信息 要素编目方法”

b) alternateTitle:CharacterString=“GB/T ×××××—××××”

c) date:CI_Date
   1) date:Date=××××
   2) dateType:CI_DateTypeCode="发布"

F.4.4 要素属性的注册项类

要素属性的注册项类是 RE_ItemClass [ISO 19135:2005,8.6]的实例,赋给如下属性值:
↓↓属性值 *name:CharacterString* 为"要素属性"。
——属性值 *technicalStandard:CI_Citation* 为:
a) title:CharacterString="GB/T ×××××—×××× 地理信息 要素编目方法"
b) alternateTitle:CharacterString="GB/T ×××××—××××"
c) date:CI_Date
   1) date:Date=××××
   2) dateType:CI_DateTypeCode="发布"

F.4.5 要素操作的注册项类

要素操作的注册项类是 RE_ItemClass [ISO 19135:2005,8.6]的实例,赋给如下属性值:
↓↓属性值 *name:CharacterString* 为"要素操作"。
——属性值 *technicalStandard:CI_Citation* 为:
a) title:CharacterString="GB/T ×××××—×××× 地理信息 要素编目方法"
b) alternateTitle:CharacterString="GB/T ×××××—××××"
c) date:CI_Date
   1) date:Date=××××
   2) dateType:CI_DateTypeCode="发布"

F.4.6 关联角色的注册项类

关联角色的注册项类是 RE_ItemClass [ISO 19135:2005,8.6]的实例,赋给如下属性值:
↓↓属性值 *name:CharacterString* 为"关联角色"。
——属性值 *technicalStandard:CI_Citation* 为:
a) title:CharacterString="GB/T ×××××—×××× 地理信息 要素编目方法"
b) alternateTitle:CharacterString="GB/T ×××××—××××"
c) date:CI_Date
   1) date:Date=××××
   2) dateType:CI_DateTypeCode="发布"

F.4.7 要素关联的注册项类

要素关联的注册项类是 RE_ItemClass [ISO 19135:2005,8.6]的实例,赋给如下属性值:
↓↓属性值 *name:CharacterString* 为"要素关联"。
——属性值 *technicalStandard:CI_Citation* 为:
a) title:CharacterString="GB/T ×××××—×××× 地理信息 要素编目方法"
b) alternateTitle:CharacterString="GB/T ×××××—××××"
c) date:CI_Date
   1) date:Date=××××
   2) dateType:CI_DateTypeCode="发布"

F.4.8 继承关系的注册项类

继承关系的注册项类是 RE_ItemClass [ISO 19135:2005,8.6]的实例,赋给如下属性值:
↓↓属性值 *name:CharacterString* 为"继承关系"。
——属性值 *technicalStandard:CI_Citation* 为:
a) title:CharacterString="GB/T ×××××—×××× 地理信息 要素编目方法"
b) alternateTitle:CharacterString="GB/T ×××××—××××"
c) date:CI_Date
   1) date:Date=××××
   2) dateType:CI_DateTypeCode="发布"

F.4.9 定义来源的注册项类

定义来源的注册项类是 RE_ItemClass [ISO 19135:2005,8.6]的实例,赋给如下属性值:
↓↓属性值 *name:CharacterString* 为"定义来源"。
——属性值 *technicalStandard:CI_Citation* 为:
a) title:CharacterString="GB/T ×××××—×××× 地理信息 要素编目方法"
b) alternateTitle:CharacterString="GB/T ×××××—××××"
c) date:CI_Date
   1) date:Date=××××
   2) dateType:CI_DateTypeCode="发布"

F.4.10 列表值的注册项类

列表值的注册项类是 RE_ItemClass [ISO 19135:2005,8.6]的实例,赋给如下属性值:
↓↓属性值 *name:CharacterString* 为"列表值"。
——属性值 *technicalStandard:CI_Citation* 为:
a) title:CharacterString="GB/T ×××××—×××× 地理信息 要素编目方法"
b) alternateTitle:CharacterString="GB/T ×××××—××××"
c) date:CI_Date
   1) date:Date=××××
   2) dateType:CI_DateTypeCode="发布"

附　录　G
（资料性附录）
XML 实现示例

G.1　概述

按照附录 E 编码的详细说明，G.3 给出了要素目录示例的 XML 实现。为方便起见，该要素目录描述的 UML 应用模式在 G.2 中给出。本示例不期望满足任何特殊应用的需求，也不期望在任何其他情况下是完全的或全面的。只是期望显示出按照附录 E 规定实现的、与 ISO 一致的要素目录的形式和内容。

G.2　UML 应用模式

应用模式包括：

- 3 种要素类型：公路、高速公路和桥梁，每种都具有要素属性，公路还具有要素操作，公路和桥梁与 DGIWG 要素数据字典代码相关；
- 公路和桥梁之间的单向关联。按照图 B.1～图 B.3 定义的要素目录概念模型，该关联的两个角色应在要素目录中说明。因此，关联中公路要素类型的角色在 UML 模型中描述，在 XML 文件中描述为默认的非导航角色“theRoad”，其默认的基数为“0..*”；
- 高速公路和公路之间的继承关系。

该 UML 应用模式见图 G.1。

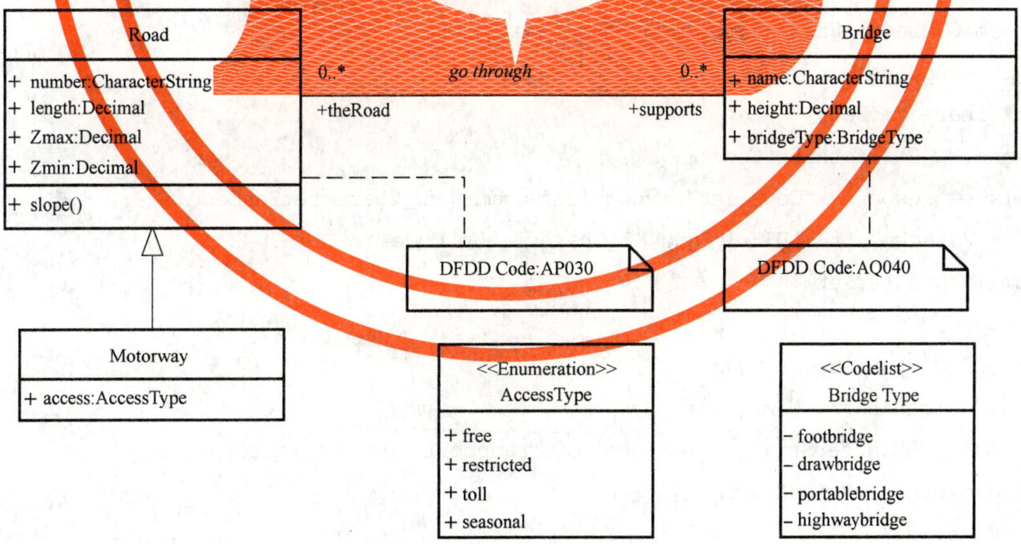

图 G.1　应用模式

G.3　XML 实例文本

```
〈?xml version = "1.0" encoding = "UTF-8"?〉
```

```
〈gfc:FC_FeatureCatalogue id = "FC" xmlns:gfc = "http://www.isotc211.org/2005/gfc"
xmlns:xlink = "http://www.w3.org/1999/xlink"
xmlns:xsi = "http://www.w3.org/2001/XMLSchema-instance"
xmlns:gco = "http://www.isotc211.org/2005/gco"
xmlns:gmd = "http://www.isotc211.org/2005/gmd"
xmlns:gmx = "http://www.isotc211.org/2005/gmx"
xsi:schemaLocation = "http://www.isotc211.org/2005/gfc\gfc.xsd"〉
  〈gmx:name〉
    〈gco:CharacterString〉RoadsBridgesCatalogue〈/gco:CharacterString〉
  〈/gmx:name〉
  〈gmx:scope〉
    〈gco:CharacterString〉Roads and bridges :the restrictions of the highway network
〈/gco:CharacterString〉
  〈/gmx:scope〉
  〈gmx:fieldOfApplication〉
    〈gco:CharacterString〉Transport, Traffic safety 〈/gco:CharacterString〉
  〈/gmx:fieldOfApplication〉
  〈gmx:versionNumber〉
    〈gco:CharacterString〉V1.0〈/gco:CharacterString〉
  〈/gmx:versionNumber〉
  〈gmx:versionDate〉
    〈gco:Date〉2007-02-21〈/gco:Date〉
  〈/gmx:versionDate〉
  〈gmx:language〉
    〈gco:CharacterString〉eng〈/gco:CharacterString〉
  〈/gmx:language〉
  〈gmx:characterSet〉
    〈gmd:MD_CharacterSetCode
codeList = "resources/Codelist/gmxcodelists.xml#MD_CharacterSetCode"
codeListValue = "utf8"〉UTF-8〈/gmd:MD_CharacterSetCode〉
  〈/gmx:characterSet〉
  〈gfc:producer〉
  〈gmd:CI_ResponsibleParty〉
    〈gmd:organisationName〉
      〈gco:CharacterString〉Department of Transport〈/gco:CharacterString〉
    〈/gmd:organisationName〉
    〈gmd:role〉
      〈gmd:CI_RoleCode
        codeList = "./resources/codeList.xml#CI_RoleCode"
        codeListValue = "custodian"〉custodian〈/gmd:CI_RoleCode〉
      〈/gmd:role〉
    〈/gmd:CI_ResponsibleParty〉
  〈/gfc:producer〉
```

```
  〈gfc:featureType〉〈! -- the Road feature type (id FT1)--〉
    〈gfc:FC_FeatureType id = "FT1"〉
      〈gfc:typeName〉
        〈gco:LocalName〉Road〈/gco:LocalName〉
      〈/gfc:typeName〉
      〈gfc:definition〉
        〈gco:CharacterString〉A route with a specially prepared surface that
is maintained for use by motor vehicles.〈/gco:CharacterString〉
      〈/gfc:definition〉
      〈gfc:isAbstract〉
        〈gco:Boolean〉false〈/gco:Boolean〉
      〈/gfc:isAbstract〉
      〈gfc:aliases〉
        〈gco:LocalName〉truck road〈/gco:LocalName〉
      〈/gfc:aliases〉
      〈gfc:inheritsTo xlink:href = "#IR1"/〉
      〈gfc:featureCatalogue xlink:href = "#FC"/〉
      〈gfc:carrierOfCharacteristics〉〈! -- the "number" attribute --〉
        〈gfc:FC_FeatureAttribute〉
          〈gfc:memberName〉
            〈gco:LocalName〉number〈/gco:LocalName〉
          〈/gfc:memberName〉
          〈gfc:cardinality〉
            〈gco:Multiplicity〉
              〈gco:range〉
                〈gco:MultiplicityRange〉
                  〈gco:lower〉
                    〈gco:Integer〉1〈/gco:Integer〉
                  〈/gco:lower〉
                  〈gco:upper〉
                    〈gco:UnlimitedInteger〉1〈/gco:UnlimitedInteger〉
                  〈/gco:upper〉
                〈/gco:MultiplicityRange〉
              〈/gco:range〉
            〈/gco:Multiplicity〉
          〈/gfc:cardinality〉
          〈gfc:featureType xlink:href = "#FT1"/〉
          〈gfc:valueType〉
            〈gco:TypeName〉
              〈gco:aName〉
                〈gco:CharacterString〉CharacterString〈/gco:CharacterString〉
              〈/gco:aName〉
            〈/gco:TypeName〉
```

```
        </gfc:valueType>
      </gfc:FC_FeatureAttribute>
    </gfc:carrierOfCharacteristics>
  <gfc:carrierOfCharacteristics> <! -- the "length" attribute -->
    <gfc:FC_FeatureAttribute>
      <gfc:memberName>
        <gco:LocalName>length</gco:LocalName>
      </gfc:memberName>
      <gfc:cardinality>
        <gco:Multiplicity>
          <gco:range>
            <gco:MultiplicityRange>
              <gco:lower>
                <gco:Integer>1</gco:Integer>
              </gco:lower>
              <gco:upper>
                <gco:UnlimitedInteger>1</gco:UnlimitedInteger>
              </gco:upper>
            </gco:MultiplicityRange>
          </gco:range>
        </gco:Multiplicity>
      </gfc:cardinality>
      <gfc:featureType xlink:href = "#FT1"/>
      <gfc:valueType>
        <gco:TypeName>
          <gco:aName>
            <gco:CharacterString>Decimal</gco:CharacterString>
          </gco:aName>
        </gco:TypeName>
      </gfc:valueType>
    </gfc:FC_FeatureAttribute>
  </gfc:carrierOfCharacteristics>
<gfc:carrierOfCharacteristics> <! -- the "zMax" attribute -->
<gfc:FC_FeatureAttribute>
  <gfc:memberName>
    <gco:LocalName>zMax</gco:LocalName>
  </gfc:memberName>
  <gfc:cardinality>
    <gco:Multiplicity>
      <gco:range>
        <gco:MultiplicityRange>
          <gco:lower>
            <gco:Integer>1</gco:Integer>
```

```
              </gco:lower>
              <gco:upper>
                <gco:UnlimitedInteger>1</gco:UnlimitedInteger>
              </gco:upper>
            </gco:MultiplicityRange>
          </gco:range>
        </gco:Multiplicity>
      </gfc:cardinality>
      <gfc:featureType xlink:href="#FT1"/>
      <gfc:valueType>
        <gco:TypeName>
          <gco:aName>
            <gco:CharacterString>Decimal</gco:CharacterString>
          </gco:aName>
        </gco:TypeName>
      </gfc:valueType>
    </gfc:FC_FeatureAttribute>
  </gfc:carrierOfCharacteristics>
  <gfc:carrierOfCharacteristics><!-- the "zMin" attribute -->
    <gfc:FC_FeatureAttribute>
      <gfc:memberName>
        <gco:LocalName>zMin</gco:LocalName>
      </gfc:memberName>
      <gfc:cardinality>
        <gco:Multiplicity>
          <gco:range>
            <gco:MultiplicityRange>
              <gco:lower>
                <gco:Integer>1</gco:Integer>
              </gco:lower>
              <gco:upper>
                <gco:UnlimitedInteger>1</gco:UnlimitedInteger>
              </gco:upper>
            </gco:MultiplicityRange>
          </gco:range>
        </gco:Multiplicity>
      </gfc:cardinality>
      <gfc:featureType xlink:href="#FT1"/>
      <gfc:valueType>
          <gco:TypeName>
            <gco:aName>
              <gco:CharacterString>Decimal</gco:CharacterString>
            </gco:aName>
```

```
            〈/gco:TypeName〉
          〈/gfc:valueType〉
        〈/gfc:FC_FeatureAttribute〉
      〈/gfc:carrierOfCharacteristics〉
      〈gfc:carrierOfCharacteristics〉〈! -- the "slope" operation --〉
        〈gfc:FC_FeatureOperation〉
          〈gfc:memberName〉
            〈gco:LocalName〉slope〈/gco:LocalName〉
          〈/gfc:memberName〉
          〈gfc:cardinality〉
            〈gco:Multiplicity〉
              〈gco:range〉
                〈gco:MultiplicityRange〉
                  〈gco:lower〉
                    〈gco:Integer〉1〈/gco:Integer〉
                  〈/gco:lower〉
                  〈gco:upper〉
                    〈gco:UnlimitedInteger〉1〈/gco:UnlimitedInteger〉
                  〈/gco:upper〉
                〈/gco:MultiplicityRange〉
              〈/gco:range〉
            〈/gco:Multiplicity〉
          〈/gfc:cardinality〉
          〈gfc:featureType xlink:href="#FT1"/〉
          〈gfc:signature〉

〈gco:CharacterString〉slope((Decimal)zMin,(Decimal)zMax,(Decimal)length):Real〈/gco:
CharacterString〉
          〈/gfc:signature〉
        〈/gfc:FC_FeatureOperation〉
      〈/gfc:carrierOfCharacteristics〉
    〈gfc:carrierOfCharacteristics xlink:href="#R2"/〉〈! -- the "supports"role --〉
    〈gfc:definitionReference〉
      〈gfc:FC_DefinitionReference〉
        〈gfc:sourceIdentifier〉
          〈gco:CharacterString〉AP030〈/gco:CharacterString〉
        〈/gfc:sourceIdentifier〉
        〈gfc:definitionSource〉
          〈gfc:FC_DefinitionSource〉
            〈gfc:source〉
              〈gmd:CI_Citation〉
                〈gmd:title〉
                  〈gco:CharacterString〉DFDD〈/gco:CharacterString〉
```

```
            </gmd:title>
            <gmd:date>
              <gmd:CI_Date>
                <gmd:date>
                  <gco:Date>1997-06-01</gco:Date>
                </gmd:date>
                <gmd:dateType>
                  <gmd:CI_DateTypeCode
        codeList="resources/Codelist/gmxCodelists.xml#CI_DateTypeCode"
        codeListValue="publication"/>
                </gmd:dateType>
              </gmd:CI_Date>
            </gmd:date>
          </gmd:CI_Citation>
        </gfc:source>
      </gfc:FC_DefinitionSource>
    </gfc:definitionSource>
   </gfc:FC_DefinitionReference>
  </gfc:definitionReference>
 </gfc:FC_FeatureType>
</gfc:featureType>
<gfc:featureType> <!-- the Bridge type (id FT2) -->
 <gfc:FC_FeatureType id="FT2">
  <gfc:typeName>
   <gco:LocalName>Bridge</gco:LocalName>
  </gfc:typeName>
  <gfc:definition>
   <gco:CharacterString>A structure that connects two locations and provides for the pas-
sage of a transportation route (for example:a road or a railway) over a terrain obstacle (for
example:a waterbody, a gully, and/or a road).</gco:CharacterString>
  </gfc:definition>
  <gfc:isAbstract>
   <gco:Boolean>false</gco:Boolean>
  </gfc:isAbstract>
  <gfc:aliases>
   <gco:LocalName>overpass</gco:LocalName>
  </gfc:aliases>
  <gfc:featureCatalogue xlink:href="#FC"/>
  <gfc:carrierOfCharacteristics> <!-- the "name" attribute -->
   <gfc:FC_FeatureAttribute>
    <gfc:memberName>
     <gco:LocalName>name</gco:LocalName>
      </gfc:memberName>
```

```
          <gfc:cardinality>
            <gco:Multiplicity>
              <gco:range>
                <gco:MultiplicityRange>
                  <gco:lower>
                    <gco:Integer>1</gco:Integer>
                  </gco:lower>
                  <gco:upper>
                    <gco:UnlimitedInteger>1</gco:UnlimitedInteger>
                  </gco:upper>
                </gco:MultiplicityRange>
              </gco:range>
            </gco:Multiplicity>
          </gfc:cardinality>
          <gfc:featureType xlink:href="#FT2"/>
          <gfc:valueType>
            <gco:TypeName>
              <gco:aName>

    <gco:CharacterString>CharacterString</gco:CharacterString>
              </gco:aName>
            </gco:TypeName>
          </gfc:valueType>
        </gfc:FC_FeatureAttribute>
      </gfc:carrierOfCharacteristics>
      <gfc:carrierOfCharacteristics> <!-- the "height" attribute -->
        <gfc:FC_FeatureAttribute>
          <gfc:memberName>
            <gco:LocalName>height</gco:LocalName>
          </gfc:memberName>
          <gfc:cardinality>
            <gco:Multiplicity>
              <gco:range>
                <gco:MultiplicityRange>
                  <gco:lower>
                    <gco:Integer>1</gco:Integer>
                  </gco:lower>
                  <gco:upper>
                    <gco:UnlimitedInteger>1</gco:UnlimitedInteger>
                  </gco:upper>
                </gco:MultiplicityRange>
              </gco:range>
            </gco:Multiplicity>
```

```
      </gfc:cardinality>
      <gfc:featureType xlink:href="#FT2"/>
      <gfc:valueType>
        <gco:TypeName>
          <gco:aName>
            <gco:CharacterString>Decimal</gco:CharacterString>
          </gco:aName>
        </gco:TypeName>
      </gfc:valueType>
    </gfc:FC_FeatureAttribute>
  </gfc:carrierOfCharacteristics>
  <gfc:carrierOfCharacteristics> <!-- the "bridgeType" attribute -->
    <gfc:FC_FeatureAttribute>
      <gfc:memberName>
        <gco:LocalName>bridgeType</gco:LocalName>
      </gfc:memberName>
      <gfc:cardinality>
        <gco:Multiplicity>
          <gco:range>
            <gco:MultiplicityRange>
              <gco:lower>
                <gco:Integer>1</gco:Integer>
              </gco:lower>
              <gco:upper>
                <gco:UnlimitedInteger>1</gco:UnlimitedInteger>
              </gco:upper>
            </gco:MultiplicityRange>
          </gco:range>
        </gco:Multiplicity>
      </gfc:cardinality>
      <gfc:featureType xlink:href="#FT2"/>
      <gfc:listedValue> <!-- the "footbridge" value -->
        <gfc:FC_ListedValue>
          <gfc:label>
            <gco:CharacterString>footbridge</gco:CharacterString>
          </gfc:label>
        </gfc:FC_ListedValue>
      </gfc:listedValue>
      <gfc:listedValue> <!-- the "drawbridge" value -->
        <gfc:FC_ListedValue>
          <gfc:label>
            <gco:CharacterString>drawbridge</gco:CharacterString>
          </gfc:label>
```

```
        〈/gfc:FC_ListedValue〉
      〈/gfc:listedValue〉
      〈gfc:listedValue〉〈! -- the "portableBridge" value --〉
        〈gfc:FC_ListedValue〉
          〈gfc:label〉
            〈gco:CharacterString〉portableBridge〈/gco:CharacterString〉
          〈/gfc:label〉
        〈/gfc:FC_ListedValue〉
      〈/gfc:listedValue〉
      〈gfc:listedValue〉〈! -- the "highwayBridge" value --〉
        〈gfc:FC_ListedValue〉
          〈gfc:label〉
            〈gco:CharacterString〉highwayBridge〈/gco:CharacterString〉
          〈/gfc:label〉
        〈/gfc:FC_ListedValue〉
      〈/gfc:listedValue〉
      〈gfc:valueType〉
        〈gco:TypeName〉
          〈gco:aName〉
            〈gco:CharacterString〉BridgeType〈/gco:CharacterString〉
          〈/gco:aName〉
        〈/gco:TypeName〉
      〈/gfc:valueType〉
    〈/gfc:FC_FeatureAttribute〉
  〈/gfc:carrierOfCharacteristics〉
  〈gfc:carrierOfCharacteristics xlink:href = "#R1"/〉〈! -- the default
"theRoad" role --〉
〈gfc:definitionReference〉
 〈gfc:FC_DefinitionReference〉
  〈gfc:sourceIdentifier〉
   〈gco:CharacterString〉AQ040〈/gco:CharacterString〉
  〈/gfc:sourceIdentifier〉
  〈gfc:definitionSource〉
   〈gfc:FC_DefinitionSource〉
    〈gfc:source〉
     〈gmd:CI_Citation〉
      〈gmd:title〉
       〈gco:CharacterString〉DFDD〈/gco:CharacterString〉
      〈/gmd:title〉
      〈gmd:date〉
       〈gmd:CI_Date〉
        〈gmd:date〉
         〈gco:Date〉1997-06-01〈/gco:Date〉
```

```
                    </gmd:date>
                    <gmd:dateType>
                      <gmd:CI_DateTypeCode
codeList="resources/Codelist/gmxCodelists.xml#CI_DateTypeCode"
codeListValue="publication"/>
                    </gmd:dateType>
                  </gmd:CI_Date>
                </gmd:date>
              </gmd:CI_Citation>
            </gfc:source>
          </gfc:FC_DefinitionSource>
        </gfc:definitionSource>
      </gfc:FC_DefinitionReference>
    </gfc:definitionReference>
  </gfc:FC_FeatureType>
  </gfc:featureType>
    <gfc:featureType> <!-- the Motorway type (id FT3)-->
      <gfc:FC_FeatureType id="FT3">
        <gfc:typeName>
          <gco:LocalName>Motorway</gco:LocalName>
        </gfc:typeName>
        <gfc:definition>
          <gco:CharacterString>Road exclusively reserved for motor traffic, whose approa-
    ches and exits are specially arranged and which has no intersections on the same level.</
    gco:CharacterString>
        </gfc:definition>
        <gfc:isAbstract>
          <gco:Boolean>false</gco:Boolean>
        </gfc:isAbstract>
        <gfc:aliases>
          <gco:LocalName>expressway</gco:LocalName>
        </gfc:aliases>
        <gfc:featureCatalogue xlink:href="#FC"/>
        <gfc:carrierOfCharacteristics> <!-- the "access" attribute -->
          <gfc:FC_FeatureAttribute>
            <gfc:memberName>
              <gco:LocalName>access</gco:LocalName>
            </gfc:memberName>
            <gfc:cardinality>
              <gco:Multiplicity>
                <gco:range>
                  <gco:MultiplicityRange>
                    <gco:lower>
```

```
            <gco:Integer>1</gco:Integer>
          </gco:lower>
          <gco:upper>
            <gco:UnlimitedInteger>1</gco:UnlimitedInteger>
          </gco:upper>
        </gco:MultiplicityRange>
      </gco:range>
    </gco:Multiplicity>
  </gfc:cardinality>
  <gfc:featureType xlink:href = "#FT3"/>
  <gfc:listedValue> <! -- the "free" value -->
    <gfc:FC_ListedValue>
      <gfc:label>
        <gco:CharacterString>free</gco:CharacterString>
      </gfc:label>
    </gfc:FC_ListedValue>
  </gfc:listedValue>
  <gfc:listedValue> <! -- the "restricted" value -->
    <gfc:FC_ListedValue>
      <gfc:label>
        <gco:CharacterString>restricted</gco:CharacterString>
      </gfc:label>
    </gfc:FC_ListedValue>
  </gfc:listedValue>
  <gfc:listedValue> <! -- the "toll" value -->
    <gfc:FC_ListedValue>
      <gfc:label>
        <gco:CharacterString>toll</gco:CharacterString>
      </gfc:label>
    </gfc:FC_ListedValue>
  </gfc:listedValue>
  <gfc:listedValue> <! -- the "seasonal" value -->
    <gfc:FC_ListedValue>
      <gfc:label>
        <gco:CharacterString>seasonal</gco:CharacterString>
      </gfc:label>
    </gfc:FC_ListedValue>
  </gfc:listedValue>
  <gfc:valueType>
    <gco:TypeName>
      <gco:aName>
        <gco:CharacterString>AccessType</gco:CharacterString>
      </gco:aName>
```

```
          〈/gco:TypeName〉
        〈/gfc:valueType〉
      〈/gfc:FC_FeatureAttribute〉
    〈/gfc:carrierOfCharacteristics〉
  〈/gfc:FC_FeatureType〉
〈/gfc:featureType〉
〈gfc:featureType〉〈! -- the association between Road and Bridge types (id AS1)
--〉
  〈gfc:FC_FeatureAssociation id = "AS1"〉
    〈gfc:typeName〉
      〈gco:LocalName〉go through〈/gco:LocalName〉
    〈/gfc:typeName〉
      〈gfc:isAbstract〉
        〈gco:Boolean〉false〈/gco:Boolean〉
      〈/gfc:isAbstract〉
      〈gfc:featureCatalogue xlink:href = "#FC"/〉
      〈gfc:roleName〉〈! -- "theRoad" role in the association --〉
        〈gfc:FC_AssociationRole id = "R1"〉
          〈gfc:memberName〉
            〈gco:LocalName〉theRoad〈/gco:LocalName〉
        〈/gfc:memberName〉
        〈gfc:cardinality〉
          〈gco:Multiplicity〉
            〈gco:range〉
              〈gco:MultiplicityRange〉
                〈gco:lower〉
                  〈gco:Integer〉0〈/gco:Integer〉
                〈/gco:lower〉
                〈gco:upper〉
                  〈gco:UnlimitedInteger isInfinite = "true"xsi:nil = "true"/〉
                〈/gco:upper〉
              〈/gco:MultiplicityRange〉
            〈/gco:range〉
          〈/gco:Multiplicity〉
        〈/gfc:cardinality〉
        〈gfc:featureType xlink:href = "#FT2"/〉〈! -- "theRoad" as an attribute
  of Bridge --〉
        〈gfc:type〉
          〈gfc:FC_RoleType codeList = "resources/Codelists.xml#FC_RoleType"
  codeListValue = "ordinary"/〉
        〈/gfc:type〉
        〈gfc:isOrdered〉
          〈gco:Boolean〉false〈/gco:Boolean〉
```

```
        </gfc:isOrdered>
        <gfc:isNavigable>
          <gco:Boolean>false</gco:Boolean>
        </gfc:isNavigable>
        <gfc:relation xlink:href = "#AS1"/>
        <gfc:rolePlayer xlink:href = "#FT1"/>
      </gfc:FC_AssociationRole>
    </gfc:roleName>
    <gfc:roleName> <! -- "supports" role in the association -->
        <gfc:FC_AssociationRole id = "R2">
          <gfc:memberName>
            <gco:LocalName>supports</gco:LocalName>
          </gfc:memberName>
          <gfc:cardinality>
            <gco:Multiplicity>
              <gco:range>
                <gco:MultiplicityRange>
                  <gco:lower>
                    <gco:Integer>0</gco:Integer>
                  </gco:lower>
                  <gco:upper>
                    <gco:UnlimitedInteger isInfinite = "true"xsi:nil = "true"/>
                  </gco:upper>
                </gco:MultiplicityRange>
              </gco:range>
            </gco:Multiplicity>
          </gfc:cardinality>
          <gfc:featureType xlink:href = "#FT1"/> <! -- "supports" as an attribute of
Road -->
          <gfc:type>
            <gfc:FC_RoleType codeList = "resources/Codelists.xml#FC_RoleType"
codeListValue = "ordinary"/>
          </gfc:type>
          <gfc:isOrdered>
            <gco:Boolean>false</gco:Boolean>
          </gfc:isOrdered>
          <gfc:isNavigable>
            <gco:Boolean>true</gco:Boolean>
          </gfc:isNavigable>
          <gfc:relation xlink:href = "#AS1"/>
          <gfc:rolePlayer xlink:href = "#FT2"/>
        </gfc:FC_AssociationRole>
      </gfc:roleName>
```

```
      〈/gfc:FC_FeatureAssociation〉
    〈/gfc:featureType〉
    〈gfc:inheritanceRelation〉〈! -- the inheritance from Road to Motorway (id IR1) --〉
      〈gfc:FC_InheritanceRelation id="IR1"〉
        〈gfc:description〉
          〈gco:CharacterString〉Motorway is a specialization of Road〈/gco:CharacterString〉
        〈/gfc:description〉
      〈gfc:uniqueInstance〉
        〈gco:Boolean〉true〈/gco:Boolean〉
      〈/gfc:uniqueInstance〉
      〈gfc:subtype xlink:href="#FT3"/〉
      〈gfc:supertype xlink:href="#FT1"/〉
      〈gfc:featureCatalogue xlink:href="#FC"/〉
    〈/gfc:FC_InheritanceRelation〉
  〈/gfc:inheritanceRelation〉
〈/gfc:FC_FeatureCatalogue〉
```

参 考 文 献

[1] GB/T 23707—2009 地理信息 空间模式

[2] GB/T 22022—2008 地理信息 时间模式

[3] GB/T 24355—2009 地理信息 图示表达

[4] ISO 19101 Geographic information—Reference model

[5] Internet Engineering Task Force (IETF), The Internet Society. Uniform Resource Identifiers (URI): Generic Syntax. RFC 2396. Reston (Virginia): IETF, 1998. [cited 13 December 2003]. Available from World Wide Web: <http://www.faqs.org/rfcs/rfc2396.html>.

[6] JONES, M. P., Gofer Functional Programming Environment, version 2.28, 1993. [cited 13 December 2003]. Available from World Wide Web: <ftp://ftp.dcs.gla.ac.uk/pub/haskell/gofer/>.

[7] RUGG, R. D., EGENHOFER, M. J. and KUHN, W., Formalizing Behavior of Geographic Features, Geographical Systems, Vol. 4, No. 2, pp. 159-179, 1997. [cited 13 December 2003]. Available from World Wide Web: <http://www.spatial.maine.edu/~max/RJ24.html>.

ICS 07.040;35.240.70
A 75

中华人民共和国国家标准化指导性技术文件

GB/Z 28586—2012

地理信息　基于网络的数据分发规范

Geographic information—Web-based data dissemination specification

2012-06-29 发布　　2012-10-01 实施

中华人民共和国国家质量监督检验检疫总局
中国国家标准化管理委员会　发布

前　言

本指导性技术文件按照GB/T 1.1—2009给出的规则起草。

本指导性技术文件由国家测绘地理信息局提出。

本指导性技术文件由全国地理信息标准化技术委员会(SAC/TC 230)归口。

本指导性技术文件起草单位:国家信息中心、国家基础地理信息中心、武汉大学。

本指导性技术文件主要起草人:徐枫、宦茂盛、周旭、龚健雅、高文秀、石雯雯、王子亮、常娜、侯璐、王帅。

引　言

地理信息作为国家经济和社会发展的重要基础性战略性资源，越来越广泛地应用于国家、社会和公众生活的各个方面。数据分发是地理信息共享活动的重要环节之一，其核心是解决用户了解与获取数据的渠道问题，使数据从提供者到达用户手中。

传统的数据分发主要是通过人工进行的：提供者准备好数据产品后，通过各种信息渠道发布数据信息，用户获得数据信息后前往指定地点购买或订购数据产品。

随着科学技术应用水平的提高，国民经济各行业对地理信息的需求日益增加，对传统的数据分发方式提出了挑战。随着信息化的发展，尤其是网络技术的广泛应用，出现了基于网络的地理信息数据分发方式。

基于网络的数据分发主要是基于在线服务进行：提供者准备好数据产品后，建立相应的网络服务，向用户提供在线的数据发现、预览、下载、定制功能，对于定制的产品，提供在线或离线等多种获取方式。在数据分发的过程中，提供者应遵循国家和相关部门信息安全标准规范的有关安全要求。

为应对快速增长的数据需求，有必要对基于网络的数据分发方式进行引导和规范。为此，我们制定了本指导性技术文件，对地理信息领域内基于网络的数据分发提出指导性技术要求。

地理信息　基于网络的数据分发规范

1　范围

本指导性技术文件描述了地理信息数据分发的基本业务流程与功能，提出了基于网络的地理信息数据分发基本要求，并给出了数据分发服务系统的参考功能。

本指导性技术文件适用于地理信息数据分发系统的设计、开发与应用。

2　规范性引用文件

下列文件对于本文件的应用是必不可少的。凡是注日期的引用文件，仅注日期的版本适用于本文件。凡是不注日期的引用文件，其最新版本（包括所有的修改单）适用于本文件。

GB/T 19710—2005　地理信息　元数据

GB/Z 25598—2010　地理信息　目录服务规范

3　术语、定义和缩略语

3.1　术语和定义

下列术语和定义适用于本文件。

3.1.1

数据分发　data dissemination

数据提供者（简称“提供者”）在网络环境下通过在线或离线方式向用户提供数据集及其辅助数据、元数据的过程。

注 1：提供者是数据分发的主体，指各类持有数据且能够分发数据的机构。

注 2：用户是数据分发的服务对象，指各类有数据需求的机构或个人。

3.1.2

目录服务　catalogue service

提供地理信息资源描述信息发现和管理功能的服务。

[GB/Z 25598—2010，定义 3.1.2]

3.1.3

数据编目　data cataloging

提供者对数据集的内容提取特征，形成元数据的过程。

3.1.4

数据集　data set

可以识别的数据集合。

[GB/T 19710—2005，定义 4.2]

注：数据集的形式可以是数据的集合、单个数据、单个要素或要素属性等。一张硬拷贝地图或图表均可以被认为是一个数据集。

示例 1：一张或一组电子地图，如“国家 1∶100 万基本比例尺地形图”；

示例 2：一组矢量或栅格数据集合，如“1∶1 000 万数字地理底图公路数据集”；

示例 3：一张或一组影像图，如“MODIS 1∶100 万分幅影像地图”；

示例 4：数字高程模型数据，如“全国 1∶100 万数字高程模型数据”；

示例 5：地理空间相关数据，如“全国重力数据库”、“全国 1∶100 万地名库”。

3.1.5

元数据　metadata

关于数据的数据。即数据的标识、覆盖范围、质量、空间和时间模式、空间参照系和分发等信息。

[GB/T 19710—2005，定义 4.5]

3.1.6

辅助数据　assistant data

除元数据外，与数据集有关联的附属数据。

注：辅助数据是对元数据的补充，在数据集的适用性、质量等方面提供更详细的说明。

示例 1：图示，如“全国 1∶100 万地形数据库接图表”，可提供图幅拼接指导；

示例 2：表格，如“全国 1∶100 万地形数据库数据分层表”，可提供图层理解信息；

示例 3：相关文献，如“全国 1∶25 万数据库数据质量验收检测报告”，可提供详细的数据质量信息；

示例 4：使用手册，如“全国 1∶25 万数据库地形数据库、数字高程模型用户手册”，可提供数据集应用指导；

示例 5：应用示例，如“全国 1∶100 万数字高程模型数据应用示例”，可提供数据集应用指导；

示例 6：样例数据，如“全国 1∶25 万地形数据库样板数据”，可提供数据集预览。

3.2　缩略语

FTP　文件传输协议　File Transfer Protocol

HTTP　超文本传输协议　Hypertext Transfer Protocol

OGC　开放地理信息系统协会　Open GIS Consortium

WCS　网络覆盖服务　Web Coverage Service

WFS　网络要素服务　Web Feature Service

WMS　网络地图服务　Web Map Service

4　数据分发基本业务流程与功能

4.1　基本业务流程

基于网络的数据分发的基本业务流程包括数据整理、数据编目、数据发布和运行管理四个过程，如图 1 所示。

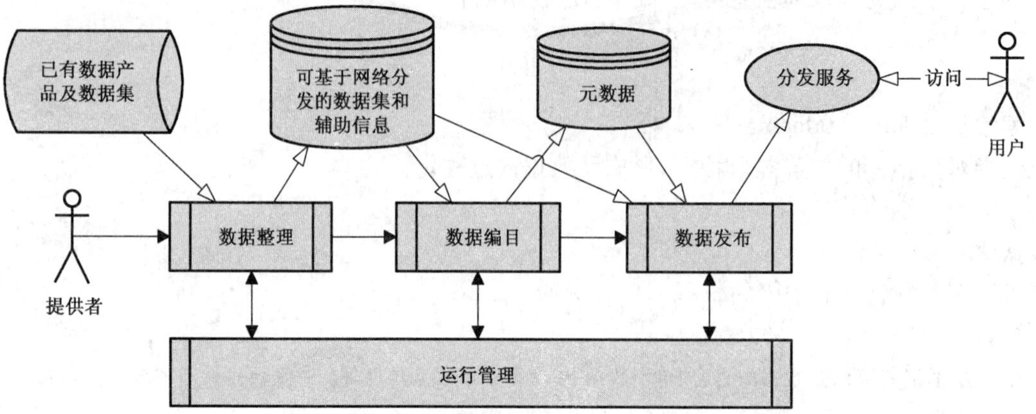

图 1　地理信息　基于网络的数据分发基本业务流程

首先，提供者应对已有的数据产品或符合质量要求的数据集进行数据整理，使其成为可基于网络进行分发的数据集及其辅助数据，并对整理得到的数据集进行数据编目，生成元数据；其次，提供者在数据集及其辅助数据、元数据的基础上建立并向用户提供各种在线服务，实现数据集及其辅助数据、元数据的发布；在数据整理、数据编目和数据发布过程中，提供者应进行贯穿全程的运行管理。

数据分发的具体业务流程参见附录A。

4.2 基本功能

基于网络的数据分发基本功能包括但不限于目录服务、数据预览、数据下载和数据定制，并可采用网络服务的方式实现。其中：

a) 目录服务：向用户提供元数据检索功能，以便用户快速发现、定位、获取数据；
b) 数据预览：向用户提供数据集及其辅助数据的浏览、查询功能，以便用户更好的判断数据集是否符合其需求；
c) 数据下载：向用户提供基于HTTP、FTP协议或利用专用下载工具等多种形式的数据在线下载功能，方便用户直接从网络下载数据集及其辅助数据、增量数据；
d) 数据定制：为满足用户对数据产品的个性化要求，向用户提供定制数据产品的功能。

基于网络的数据分发业务需要数据分发系统的支持，数据分发系统功能组成的参考方案参见附录B。

5 数据分发要求

5.1 数据要求

5.1.1 数据整理要求

提供者宜在已有的数据产品或符合质量要求的数据集基础上开展数据整理工作(参见A.2)，包括：

a) 对其进行必要的加工，如按照规范对要素进行分类和编码、对影像进行分幅和编码、对数据文件进行命名和存储等，形成可基于网络分发的数据集；
b) 对用于在线分发的数据集进行质量与安全性的检查，保证数据集的一致性、精确度、无歧义性、保密性等；
c) 对用于在线分发的数据集进行安全等级的划分，并规划出不同安全等级的数据集所面向的用户群体。

5.1.2 元数据内容及格式要求

提供者可采用元数据转换、自动抽取或人工著录等手段，采集数据集的元数据(参见A.3)。

元数据内容应遵照GB/T 19710—2005，对于特定领域内的地理数据资源，可在GB/T 19710—2005的基础上扩充或裁剪。

5.1.3 辅助数据内容要求

提供者宜提供与数据集配套的辅助数据。

辅助数据宜采用通用的数据格式和易被理解的表现形式；应准确反映数据集特点，有助于用户正确判断数据集的质量和适用性。

5.2 功能要求

5.2.1 功能概述

提供者宜实现目录服务、数据预览、数据下载和数据定制等在线服务功能，提供数据集及其辅助数据、元数据的发现、访问、获取功能。

在数据分发系统中各项功能可采用服务的形式来实现，其功能组成参见 B.2 和 B.4。

5.2.2 目录服务

目录服务应提供元数据发现和管理两种基本功能，便于用户发现感兴趣的数据集，并可引导用户利用其他服务访问或获取数据。其中，发现功能用于对元数据进行检索，管理功能实现元数据管理。目录服务可遵循 GB/Z 25598—2010 实现，采用网络服务的形式提供。

目录服务提供的元数据内容的组织应采用与技术平台无关的业内通用描述语言，如 XML 等。

5.2.3 数据预览

数据预览应针对数据集及其辅助数据的整体或局部提供某种形式的表达，支持用户通过在线查询和浏览，直接了解数据内容，更好的判断数据与其需求的符合程度。

数据预览宜基于标准的空间数据接口实现，如符合 OGC 规范的 WMS、WFS、WCS 服务接口等。

5.2.4 数据下载

数据下载提供数据集、元数据及其辅助数据的在线获取功能。数据下载可基于 HTTP、FTP 等传输协议或利用其他专用下载工具实现，也可基于标准接口的空间数据服务实现，如符合 OGC 规范的 WMS、WFS、WCS 服务等。

提供者应采用适当的权限控制策略和必要的数字化版权管理手段，保证不同安全级别的数据只能被拥有相应权限的用户下载。

提供者应向用户明示：

a） 数据使用所涉及的法规、条例、协议等；

b） 数据的有效使用范围；

c） 数据使用的安全限制和相关注意事项；

d） 数据的知识产权声明；

e） 违规使用数据的责任声明。

5.2.5 数据定制

已有的地理信息数据集有时不能直接满足用户的需要，提供者可通过数据定制功能提供满足用户需求的个性化定制数据集。

提供者宜提供与用户权限相对应的订单，供用户填写并提交，获取用户在数据内容、空间范围、时间范围、数据格式等方面的定制需求。提供者应按照用户的需求加工数据集。加工完成后，提供者应及时将数据集提供方式、获取有效期等信息告知用户。提供者在提交定制数据集的同时，应同时提供相应的元数据及辅助数据。数据集的提供方式包括但不限于：

a） 提供数据产品的数据下载服务；

b） 通过邮购、快递或其他离线方式提供数据集。

5.3 安全要求

提供者应遵循国家和相关部门信息安全标准规范的要求，主要涉及：

a） 安全技术要求，包括物理安全、网络安全、主机安全、应用安全、数据安全及备份恢复等方面的要求；

b） 安全管理要求，包括安全管理制度、安全管理机构、人员安全管理、系统建设管理及系统运维管理等方面的安全要求。

附 录 A
（资料性附录）
数据分发业务流程

A.1 总体流程

数据分发的基本业务流程如图1所示。

首先，提供者对已有的数据产品或符合质量要求的数据集进行数据整理，使其成为可基于网络进行分发的数据集及其辅助数据，并对整理得到的数据集进行数据编目，生成元数据；其次，提供者通过各种在线服务的方式对外发布数据集及其辅助数据、元数据；在数据整理、数据编目和数据发布过程中，提供者应进行贯穿全程的管理。

A.2 数据整理流程

数据整理的业务流程如图A.1所示。

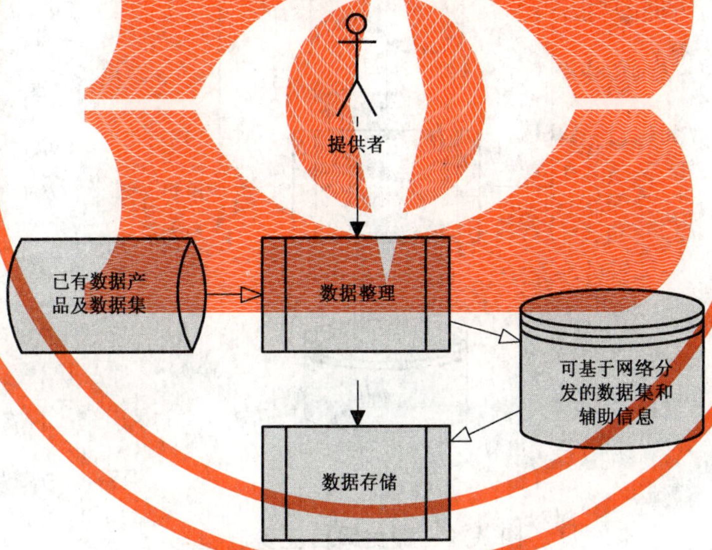

图 A.1 数据整理业务流程

提供者对已有的数据产品或符合质量要求的数据集进行加工处理，生成可基于网络进行分发的数据集及其辅助数据，并进行数据存储。在数据加工和数据存储过程中，提供者应进行数据质量和安全性的控制，并对加工完成后的成果进行数据质量和安全性的检查，保证数据的质量和安全性。

A.3 数据编目流程

数据编目的业务流程如图A.2所示。

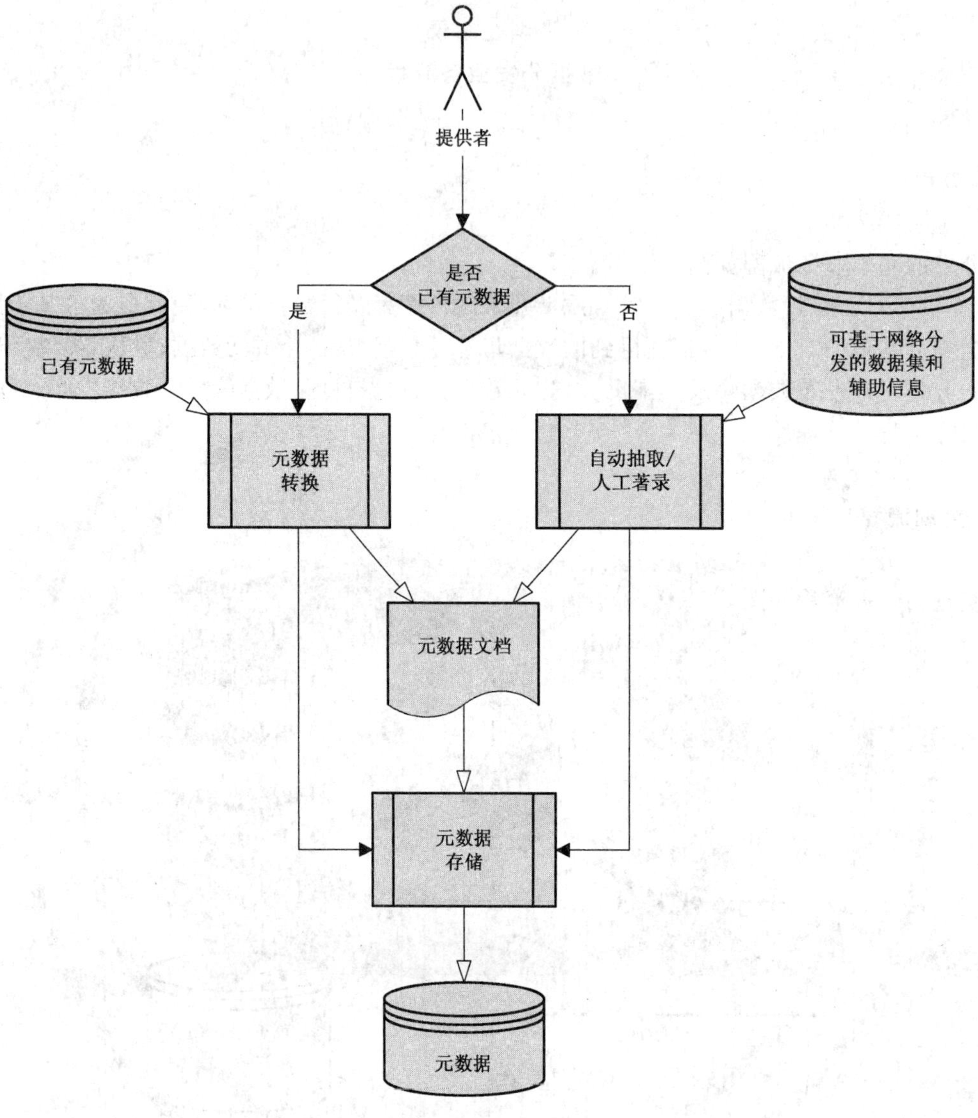

图 A.2　数据编目业务流程

在数据编目流程中，如果已有元数据文件或建立了元数据库，则从已有元数据中获取有用信息，转换为用于网络分发的元数据文档；如果尚未获取元数据，则对加工得到的数据集及其辅助数据进行自动抽取或人工著录工作，形成符合标准的元数据文档。

然后，将元数据文档存入元数据库，准备提供分发服务。

数据编目工作可与数据整理同步进行，即在生成可基于网络进行分发的数据集及其辅助数据的同时，通过转换、抽取、著录等手段采集元数据。

A.4　数据发布流程

数据发布的业务流程如图 A.3 所示。

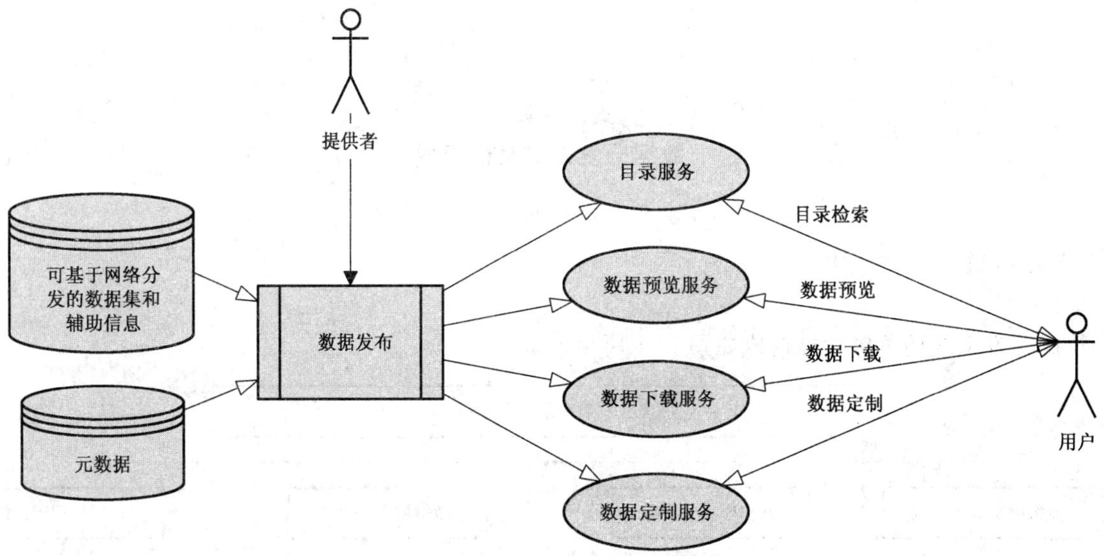

图 A.3 数据发布业务流程

在数据发布阶段，提供者通过建立和部署各类在线服务，向用户提供数据集及其辅助数据、元数据的发现、访问、获取等功能。

可选的在线服务包括但不限于目录服务、数据预览服务、数据下载服务和数据定制服务等。

A.5 运行管理流程

在数据整理、数据编目和数据发布过程中，提供者应进行贯穿全程的管理，并通过用户管理、访问控制、日志管理等手段，保障各项网络服务的稳定、持续运行。

附　录　B
（资料性附录）
数据分发系统功能组成

B.1　总体功能

数据分发系统的总体功能组成如图 B.1 所示。

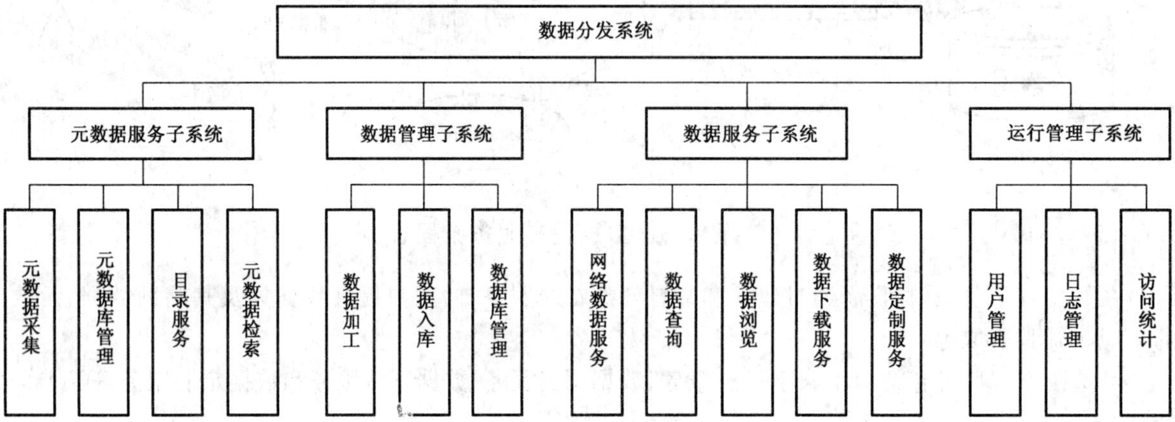

图 B.1　数据分发系统功能组成

数据分发系统包括四个子系统，分别是元数据服务子系统、数据管理子系统、数据服务子系统和运行管理子系统。

元数据服务子系统基于元数据共享技术平台，实现元数据的管理与发布，功能包括元数据采集、元数据库管理、目录服务和元数据检索。

数据管理子系统实现已有的数据产品或符合质量要求的数据集到可基于网络分发的数据集的转换，并提供数据集的存储和访问管理，功能包括数据加工、数据入库和数据库管理。

数据服务子系统向用户提供多种方式的在线服务，功能包括网络数据服务、数据查询服务、数据浏览服务、数据下载服务和数据定制服务。

运行管理子系统负责系统的用户、数据及服务的访问控制和日志记录与统计工作，功能包括用户管理、日志管理和访问统计。

B.2　元数据服务子系统

B.2.1　元数据采集

元数据采集功能包括元数据的转换、抽取和著录。

元数据转换用于将已有的元数据，转换为符合元数据标准的元数据记录。元数据转换的主要功能包括：

a）元数据标准映射：在已有元数据元素与标准元数据元素间配置映射关系；
b）元数据转换：按照配置好的元数据标准映射，根据已有元数据的内容，进行标准元数据实体和元数据元素的赋值；
c）元数据存储：将提取形成的元数据记录存储于本地文件或数据库系统中；

d) 元数据标准检查：支持元数据完整性和标准一致性检查，保证所有必填的元数据实体和元数据元素已经赋值，已经赋值的元数据实体和元数据元素的取值符合元数据标准的要求；

e) 元数据输出：提供基于 XML 格式的元数据文档输出。

元数据抽取是从数据库、文件等多种数据源中自动抽取数据特征信息，形成符合元数据标准的元数据记录。元数据抽取的主要功能包括：

a) 元数据信息抽取：根据项目确定的元数据标准，按照既定的策略，从矢量以及影像数据中提取各元数据项信息，进行元数据实体和元数据元素的赋值；

b) 元数据存储：将提取形成的元数据记录存储于本地文件或数据库系统中；

c) 元数据标准检查：支持元数据完整性和标准一致性检查，保证所有必填的元数据实体和元数据元素已经赋值，已经赋值的元数据实体和元数据元素的取值符合元数据标准的要求；

d) 元数据输出：提供基于 XML 格式的元数据文档输出。

元数据著录用于在遵循元数据标准和其他相关标准的基础上，实现地理信息数据集编目和元数据信息采集。元数据著录的主要功能包括：

a) 元数据标准逻辑分析和处理：对元数据标准文档进行逻辑分析，从而确定元数据内容的具体结构，获得元素之间的制约关系、值域等处理逻辑；

b) 元数据标准文档管理：支持多种标准的元数据的编辑和输出；

c) 元数据内容录入：用于元数据内容的录入处理，根据元数据内容标准，帮助和引导元数据编辑人员建立符合要求的元数据；

d) 元数据内容保存：以 XML 文档作为输出格式，随时保存已经录入的元数据内容，即使整篇元数据内容还未录入完成；

e) 元数据完整性检查：可以在输出文档之前对各个元数据元素的组织关系、元素内容的完整性加以检查，发现编辑过程中可能遗留的问题，并提示用户加以修正。通过完整性检查的元数据将严格符合相应元数据标准所做的规定。

B.2.2 元数据库管理

元数据库管理实现对元数据库的各项管理功能，其主要功能包括：

a) 元数据库创建：将元数据记录存储在关系数据库中，为用户提供建立元数据库的功能。同时，支持多个元数据标准及其元数据记录的存储。

b) 元数据库管理：采用具有较高效率的静态索引算法对元数据记录进行索引，支持元数据信息的网络发布。通过定义数据库的可索引域，将数据库索引至不同的元素子段，较好地适应查全率和查准率的要求。具有元数据库建立、导入、导出、删除、备份功能，并且具备支持元数据记录的标准一致性和内容正确性验证功能。

c) 元数据库配置管理：可同时管理多个待发布的元数据库，提供包括元数据库地址信息配置等多项功能。

B.2.3 目录服务

目录服务功能提供符合 GB/Z 25598—2010 的目录服务，主要功能包括：

a) 服务描述：提供目录服务自身的各种描述性信息，包括服务的信息内容和提供的功能等；

b) 目录检索：根据用户指定的检索、提取条件，在服务器端从元数据库中检索出匹配的元数据记录，并提取若干元数据记录返回给用户；

c) 元数据管理：实现元数据的各种创建、删除和更新操作。

B.2.4 元数据检索

元数据检索提供交互式地理信息资源的发现、定位及目录展示，主要功能包括：

a) 元数据查询：包括单条件查询、多条件组合查询、空间辅助查询、目录(分类)查询；

b) 结果显示：包括摘要信息分页显示和详细元数据显示；

c) 编目信息显示：根据服务目标，进行基于用户视图的目录构建。如基于专业分类的目录、基于资源形态的目录、基于字母顺序的目录、基于时间序列的目录。

B.3 数据管理子系统

B.3.1 数据加工

数据加工实现已有的数据产品和符合质量要求的数据集到可基于网络进行分发的数据集的转换，主要功能包括：

a) 数据格式标准化：按照统一的标准，如 GB 21139—2007，对矢量、栅格等数据进行投影与格式转换，使之形成规范的数据集。

b) 数据质量检查：根据相关数据标准、规则和数据要求，如 GB/T 21336—2008 和 GB/T 21337—2008，对数据集进行自动地或交互式的质量检查。检查的结果显示给用户，并保存为数据检查报告。

c) 数据安全等级划分：按照国家相关保密规定的要求，划分数据的安全等级。

B.3.2 数据入库

数据入库实现数据集及其辅助数据的存储，同时保证入库数据满足数据质量、安全性等要求：

a) 数据存储：按照数据存储相关规范要求保存数据集；

b) 数据质量检查：按照数据质量标准的要求，如 GB/T 21336—2008 和 GB/T 21337—2008，对数据集进行一致性、符合性、数据精度、数据准确性、数据歧义性等方面的检查。

B.3.3 数据库管理

数据库管理实现对数据库内的数据集及其辅助数据进行“增、删、改、查”操作，功能包括：

a) 数据库模式的创建、管理、维护以及数据库索引的建立和维护；

b) 数据完整性和一致件检查；

c) 数据浏览、查询检索管理；

d) 数据导入：从现有的数据库中提取数据，经过规范性整合处理后，将数据导入到新建数据库中；

e) 数据导出：从数据库中提取批量数据。

B.4 数据服务子系统

B.4.1 网络数据服务

网络数据服务实现标准地理数据服务，包括网络地图服务、网络要素服务和网络覆盖服务。

网络地图服务提供符合相关技术规范(如 OpenGIS Web Map Service Implementation Specification)的网络地图服务，功能包括：

a) 服务描述：提供服务级元数据，它是计算机和人都可理解的、关于网络地图服务的信息内容和可接受的请求参数的描述；

b) 地图获取：获取地图图片，其地理空间参数大小、维数参数都有明确的定义；

c) 信息查询：请求显示地图上某些特定要素信息。此项为扩展服务。

网络要素服务提供符合相关技术规范(如 OpenGIS Web Coverage Service Implementation Specification)的网络要素服务，功能包括：

a) 服务描述：网络要素服务应具有描述自身能力的能力。该操作定义了一个 XML 文档，用于网络要素服务描述其自身能力。
b) 要素类型描述：生成该网络要素服务所能提供的要素类型的摘要描述。
c) 获取要素：该操作允许从网络要素服务取得要素。该操作的请求是由网络要素服务器处理的，并且一个包含结果的 XML 文档会被返回客户端。

网络覆盖服务提供符合相关技术规范(如 OpenGIS Web Feature Service Implementation Specification)的网络覆盖服务，功能包括：

a) 服务描述：网络要素服务应具有描述自身能力的能力。该操作定义了一个 XML 文档，用于网络覆盖服务描述其自身能力。
b) 覆盖描述：可描述由单个网络覆盖服务器提供的多个覆盖层的相关信息。
c) 获取覆盖：该操作返回实际的覆盖层(包含一系列地理位置的值或者特性)。

B.4.2 数据查询服务

数据查询服务实现对数据集及其辅助数据的直接查询，功能包括单条件查询、多条件查询、图文混和查询：

a) 单条件查询：指单项检索条件的模糊检索；
b) 多条件查询：指多项检索条件的复合检索；
c) 图文混合查询：图文混合方式查询就是提供地图和文字混合方式的空间数据元数据检索方式。针对带有空间特性的空间数据，利用地图限定空间范围，其他文字查询条件则限定主题、作者、时间范围等其他约束条件。

B.4.3 数据浏览服务

数据预览主要针对数据集提供一些基本的预览功能，主要功能包括：

a) 地图浏览：在 Web 页面中显示用户选择浏览的地理空间数据，包括地图的放大、缩小、图例和图层列表的切换等功能；
b) 属性查看：用户可查看的被选中的地图属性信息；
c) 地物信息查询：用户可选中感兴趣的地图区域，系统将返回被选中区域内或临近的地物信息，并在地图中标记出所有地物信息的位置。

B.4.4 数据下载服务

提供空间数据下载和格式转换服务，包括：

a) 提供基于 HTTP、FTP 协议或专用下载工具的数据产品下载服务；
b) 数据产品格式转换功能。对于需要进行格式转换服务的空间数据产品，提供数据格式转换服务。

B.4.5 数据定制服务

实现数据产品的在线定制，具体功能包括：

a) 购物车功能：将查询需要的空间数据产品存储到一个统一的购物车中。并对购物车中的内容提供查询和打印功能。
b) 订单填写：根据空间数据产品的不同，有针对性的提供不同方式的订单，供用户在线填写、修改、删除、提交，并可通过查询条件查询已提交的订单。
c) 空间数据产品加密及产品管理。

d） 空间数据产品证书发放。

B.5 运行管理子系统

B.5.1 用户管理

用户管理的基本功能包括：

a） 用户注册:用户在线填写个人信息,经管理员审核后成为注册用户。

b） 用户注销:对于超过一定时间没有使用的用户,系统自动清除帐号。系统管理员可以手工删除用户。

c） 用户信息修改:用户可以修改自身的注册信息。

d） 用户查询:按照注册时间、用户ID、权限等条件查询注册的用户。

e） 权限分配:系统管理员可以为用户分配访问权限,系统将禁止用户访问权限以外的数据。

B.5.2 日志管理

日志管理的基本功能包括：

a） 日志记录:记录用户访问的基本信息,包括用户的登录登出时间、登录期间访问过的数据等；

b） 日志查询:按照多种不同的方式,包括日期、时间段、来源等,查询用户访问的情况。

B.5.3 访问统计

对所有访问分发服务的用户进行相关的统计分析,统计和分析的类型包括：

a） 统计不同用户的访问次数；

b） 统计不同数据的访问次数；

c） 统计不同数据的下载量。

参 考 文 献

［1］ GB 21139—2007 基础地理信息标准数据基本规定

［2］ GB/T 21336—2008 地理信息 质量评价过程

［3］ GB/T 21337—2008 地理信息 质量原则

［4］ OpenGIS Web Map Service（WMS） Implementation Specification

［5］ OpenGIS Web Coverage Service（WMS） Implementation Specification

［6］ OpenGIS Web Feature Service（WFS） Implementation Specification

ICS 07.040
A 75

中华人民共和国国家标准

GB/T 28587—2012

移动测量系统惯性测量单元

Inertial measurement unit in the mobile mapping system

2012-06-29 发布 2012-10-01 实施

中华人民共和国国家质量监督检验检疫总局
中国国家标准化管理委员会 发布

前　言

本标准依据 GB/T 1.1—2009 给出的规则起草。

本标准由国家测绘地理信息局提出。

本标准由全国地理信息标准化技术委员会(SAC/TC 230)归口。

本标准起草单位:国家光电测距仪检测中心。

本标准主要起草人:方爱平、齐维君、杨俊志、翟清斌、吴秀娟、牟秀珍。

移动测量系统惯性测量单元

1 范围

本标准规定了移动测量系统中惯性测量单元(IMU)的产品分类、技术要求、试验方法、检验规则,仪器的包装、标志、运输和贮存的方法。

本标准适用于移动测量系统(机载、车载和船载等)中惯性测量单元(IMU)的设计、生产试验和检验。

2 规范性引用文件

下列文件对于本文件的应用是必不可少的。凡是注日期的引用文件,仅注日期的版本适用于本文件。凡是不注日期的引用文件,其最新版本(包括所有的修改单)适用于本文件。

GB/T 191 包装储运图示标志

GB/T 2423.1～2423.10、2423.25～2423.27 电工电子产品环境试验

GB/T 15464 仪器仪表包装通用技术条件

3 术语及定义

下列术语和定义适用于本文件。

3.1

移动测量系统 mobile measurement system

测绘领域中以飞机、轮船、汽车等为载体,搭载测绘仪器进行测绘作业的系统。

3.2

惯性测量单元(IMU) inertial measuring unit

由3个正交安装的单轴陀螺仪或2个正交安装的双轴陀螺、3个正交安装的加速度计、相关辅助电路及结构体等部分构成,用于测量运动载体的三维角速度和非引力加速度(比力)的装置。

3.3

转台 flight turntable

用来复现飞行器姿态角运动的装置,有单轴转台、双轴转台和三轴转台之分。

3.4

IMU 稳定性 stability of measuring results

在静止条件下,衡量IMU输出量围绕其均值的离散程度。以规定时间内输出量的标准偏差来表示,包括IMU三个轴向的输出量稳定性。

3.5

IMU 开机重复性 repeatability of measuring results

在同样条件及规定间隔时间内,多次通电过程中,IMU输出量相对其均值的离散程度,以多次测试所得零偏的标准偏差表示,包括IMU三个轴向输出量的重复性。

3.6

俯仰角 pitch

航向倾角 longitudinal tilt

θ

载体坐标系 X_b 轴与水平面的夹角，从水平面起算，向上为正。

3.7

侧滚角　roll

旁向倾角　lateral tilt

φ

载体坐标系 Y_b 轴与水平面的夹角，从水平面起算，右倾为正。

3.8

偏航角　yaw

真航向　true heading

ψ

在水平面内，载体坐标系 X_b 轴与真北方向之间的夹角，从真北方向起算，右偏为正。

4　产品分级

惯性测量单元(IMU)用来测定运动载体姿态的偏航角 ψ、俯仰角 θ 和侧滚角 φ，即航向、俯仰、横滚的状态。它是由三个陀螺仪及三个加速度计组成，由导航计算机对陀螺仪及加速度计的原始测量数据进行处理后，输出偏航角 ψ、俯仰角 θ 和侧滚角 φ 等参数。

惯性测量单元(IMU)的测量准确度等级以输出参数的标准差来划分，参见表 1。

表 1　准确度等级划分

单位为度(°)

准确度等级	测角标准差(δ)
Ⅰ	$\delta \leqslant 0.01$
Ⅱ	$0.01 < \delta \leqslant 0.02$
Ⅲ	$0.02 < \delta$

5　基本参数

惯性测量单元(IMU)的基本参数参见表 2。

表 2　惯性测量单元(IMU)基本参数

单位为度(°)

序号	项目	仪器等级		
		Ⅰ	Ⅱ	Ⅲ
1	偏航角 ψ 的精度 δ_ψ	$\delta_\psi \leqslant 0.01$	$0.01 < \delta_\psi \leqslant 0.02$	$0.02 < \delta_\psi$
2	俯仰角 θ 的精度 δ_θ	$\delta_\theta \leqslant 0.005$	$0.005 < \delta_\theta \leqslant 0.01$	$0.01 < \delta_\theta$
3	侧滚角 φ 的精度 δ_φ	$\delta_\varphi \leqslant 0.005$	$0.005 < \delta_\varphi \leqslant 0.01$	$0.01 < \delta_\varphi$
4	输出稳定性 B_S	$B_S \leqslant 0.01$	$0.01 < B_S \leqslant 0.1$	$0.1 < B_S$
5	开机重复性 B_R	$B_R \leqslant 0.01$	$0.01 < B_R \leqslant 0.1$	$0.1 < B_R$

6 通用技术要求

6.1 外观检查

外观检查应包括下列几项内容：

a) 表面应清洁，无裂纹、碰伤、划痕、毛刺，金属件无锈蚀，涂镀层完好无剥落；

b) 紧固件、连接件应牢固无松动，并用胶(或漆)固封；

c) 电连接器应完整无损，绝缘层完好；

d) 至少具有两个相互垂直的基准面；

e) 所有标志、印记应清晰、正确，并位于明显处，无短缺字符现象。

6.2 功能检查

功能检查应包括下列几项内容：

a) 先通电检验，查看输出应正常；

b) 各种操作键、按钮或开关应反应灵敏、功能正常；

c) 如有显示屏，显示的各种字符应清晰、内容完整、对比度适当；

d) 数据输出完好；

e) 仪器的附件齐全。

7 参数检验

7.1 检验条件

检验条件包含下列内容：

a) 检验工作应在实验室内常温下进行；

b) 实验室应不受强电场、磁场和震动的影响；

c) 环境实验部分应满足相关条件。

7.2 标准装置

检验设备主要是位置转台。检验设备应装有安全限制装置，以免惯性测量单元(IMU)在电、机械、热等方面过载或输入量过大。

检验用标准装置及其技术要求见表 3。

表 3 检验用标准装置

单位为秒(″)

序号	标准器具名称	技术要求
1	已知真方位角目标	1.0(标准差)
2	转台(双轴)	3.0(角位置定位误差) 3.0(两轴垂直度)

7.3 检验项目

惯性测量单元(IMU)的检验项目见表4。

表4 惯性测量单元(IMU)检验项目

序号	检验项目	检验类型	
		定型鉴定	出厂检验
1	外观及一般功能检查	+	+
2	偏航角 ψ 的精度 δ_ψ	+	+
3	俯仰角 θ 的精度 δ_θ	+	+
4	侧滚角 φ 的精度 δ_φ	+	+
5	输出稳定性 B_S	+	+
6	开机重复性 B_R	+	+
注：检验类型中,"+"为应检项目;"－"为可不检项目。			

8 检验方法

8.1 转台调平

在进行惯性测量单元(IMU)的检测前，首先要精密调平转台，调平的方法是将水平传感器按图1所示方向安置于工作平台上，传感器输出含有 X 和 Y 轴信号，它们是与水平误差(角度)成线性关系的模拟直流电压信号。当 X 值大于0,Y 值小于0,撑腿1为最高点;当 X 值小于0,Y 值小于0,撑腿2为最高点;当 X 值小于0,Y 值大于0,撑腿3为最高点;当 X 值大于0,Y 值大于0,撑腿4为最高点。

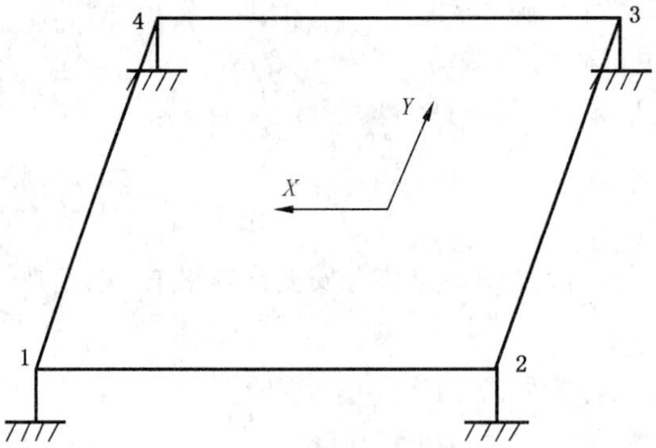

图1 转台调平示意图

假设撑腿着地后撑腿1为最高点(其他撑腿为最高点也一样),根据水平传感器的信号，可以分别进行 X 轴和 Y 轴方向的调节。如先进行 X 轴调节，其过程如下：

a) 撑腿1和4不动，撑腿2和3同时上升一定位移，即工作平台绕撑腿1和4为轴线旋转，撑腿2和3同时上升，上升的数值根据水平传感器的 X 轴反馈值决定，直至 X 轴呈水平状态;

b) 撑腿3和4不动，撑腿1和2同时上升一定位移，操作方法与a)类似，进行 Y 轴的水平调节;

c) 若工作台的 X 轴和 Y 轴都调节成水平状态，则认为工作台处于水平状态。

转台的调平也可以按照转台使用手册中的方法或其他能满足相应精度要求的方法。

8.2 已知目标方位角建立

利用天文测量的方法在室内建立一条接近北方向的已知真方位角的目标，其准确度(标准差)应不大于 1″，应至少还有一条与目标方向大致相差 90°的检核边，参见图 2。

检验之前，应检查目标方向是否发生了变化。

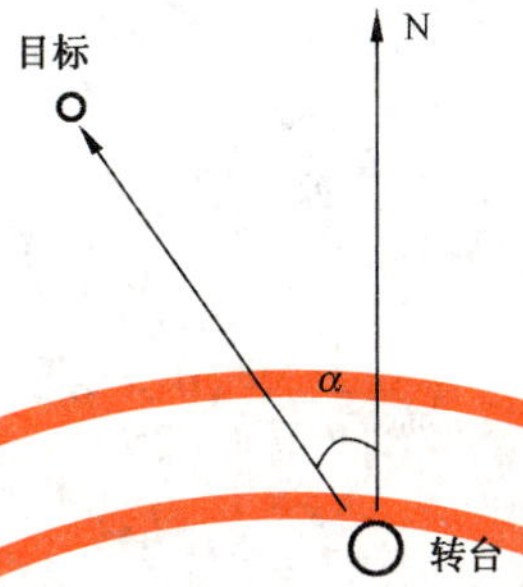

图 2 已知方位角目标示意图

8.3 偏航角 ψ 的精度 δ_ψ

8.3.1 检验方法

IMU 的偏航角 ψ 的精度 δ_ψ 的检验方法及步骤如下：

a) 将 IMU 安装到转台上，转动转台轴使 IMU 的航向轴对准转台的正北方向；

b) 读取转台输出 α_1；

c) 启动 IMU 进行测量，得偏航角观测值 ψ_1；

d) 顺时针转动转台 $\alpha_2=10°$后，从 IMU 上得偏航角观测值 ψ_2；

e) 重复 d)，共转动转台 $n(n=36)$次后，得 IMU 上偏航角观测值 $\psi_i(i=1,2,\cdots\cdots,n)$，转台转动的角度为 $\alpha_i(i=1,2,\cdots\cdots,n)$。

8.3.2 数据处理

IMU 的偏航角 ψ 的精度 δ_ψ 的数据处理及计算过程如下：

a) 计算偏航角误差平均值：

$$\bar{\psi}=\frac{1}{n}\sum_{i=1}^{n}(\psi_i-\alpha_i) \quad \cdots\cdots(1)$$

b) 计算偏航角观测值的残差 ν_i：

$$\nu_i=(\psi_i-\alpha_i)-\bar{\psi} \quad (i=1,2,\cdots\cdots,n) \quad \cdots\cdots(2)$$

c) 偏航角 ψ 的精度 δ_ψ：

$$\delta_\psi=\sqrt{\frac{\sum_{i=1}^{n}\nu_i^2}{n-1}} \quad \cdots\cdots(3)$$

式中：

n——测量次数；

δ_ψ 应满足表 2 的要求。计算实例参见表 A.1。

8.4 俯仰角 θ 的精度 δ_θ

8.4.1 检验方法

俯仰角 θ 的精度 δ_θ 的检验方法及步骤如下：

a) 将 IMU 安装到转台上，使 IMU 测定俯仰角 θ 的轴与转台的一个轴重合；

b） 将转台选择至－20°，读取转台输出量 α_1；

c） 启动 IMU 进行测量，得俯仰角观测值 θ_1；

d） 向回转动转台 2°后，从 IMU 上得俯仰角观测值 θ_2；

e） 重复 d)，共转动转台 $n(n=21)$次后，得 IMU 上俯仰角观测值 $\theta_i(i=1,2,\cdots,n)$，读取转台输出量 $\alpha_i(i=1,2,\cdots,n)$。

8.4.2 数据处理

俯仰角 θ 的精度 δ_θ 的数据处理及计算步骤如下：

a） 计算俯仰角误差平均值：

$$\bar{\theta}=\frac{1}{n}\sum_{i=1}^{n}(\theta_i\pm\alpha_i) \qquad \cdots\cdots(4)$$

b） 计算俯仰角观测值的残差 ν_i：

$$\nu_i=(\theta_i\pm\alpha_i)-\bar{\theta}\quad(i=1,2,\cdots\cdots,n) \qquad \cdots\cdots(5)$$

c） 俯仰角 θ 的精度 δ_θ：

$$\delta_\theta=\sqrt{\frac{\sum_{i=1}^{n}\nu_i^2}{n-1}} \qquad \cdots\cdots(6)$$

式中：

n——测量次数；

δ_θ 应满足表 2 的要求。计算实例参见附录 A 表 A.2。

8.5 侧滚角 φ 的精度 δ_φ

8.5.1 检验方法

侧滚角 φ 的精度 δ_φ 的检验方法及步骤如下：

a） 将 IMU 安装到转台上，使 IMU 测定侧滚角 φ 的轴与转台的一个轴重合；

b） 将转台选择至－20°，读取转台输出量 α_1；

c） 启动 IMU 进行测量，得侧滚角观测值 φ_1；

d） 向回转动转台 2°后，从 IMU 上得侧滚角观测值 φ_2；

e） 重复 d)，共转动转台 $n(n=21)$次后，得 IMU 上侧滚角观测值 $\varphi_i(i-1,2,\cdots,n)$，转台转动的角度为 $\alpha_i(i=1,2,\cdots,n)$。

8.5.2 数据处理

侧滚角 φ 的精度 δ_φ 数据处理及计算步骤如下：

a） 计算侧滚角误差平均值：

$$\bar{\varphi}=\frac{1}{n}\sum_{i=1}^{n}(\varphi_i\pm\alpha_i) \qquad \cdots\cdots(7)$$

b） 计算侧滚角 φ 观测值的残差 ν_i：

$$\nu_i=(\varphi_i\pm\alpha_i)-\bar{\varphi}\quad(i=1,2,\cdots\cdots,n) \qquad \cdots\cdots(8)$$

c） 侧滚角 φ 的精度 δ_φ：

$$\delta_\varphi=\sqrt{\frac{\sum_{i=1}^{n}\nu_i^2}{n-1}} \qquad \cdots\cdots(9)$$

式中：

n——测量次数；

δ_φ 应满足表 2 的要求。计算实例参见表 A.3。

8.6 输出稳定性 B_S

8.6.1 检验方法

将惯性测量单元(IMU)安装在检测设备上,并使航角指北。检验方法如下:

a) 设定输出量测的采样间隔时间为 5 min,测试时间不少于 60 min;

b) 接通电源,记录 IMU 在测试时间内的输出量。

8.6.2 数据处理

惯性测量单元(IMU)稳定性检验的数据处理程序如下:

a) 计算输出量的平均值 $\overline{w}$

$$\overline{w}=\frac{1}{n}(\sum_{i=1}^{n}w_i) \qquad (10)$$

式中:

w_i ——三个轴向(侧滚角 φ、偏航角 ψ 和俯仰角 θ)输出量。

b) 计算稳定性

计算观测值的残差 ν_i:

$$\nu_i=w_i-\overline{w} \quad (i=1,2,\cdots\cdots,n) \qquad (11)$$

计算输出量重复性:

$$B_S=\sqrt{\frac{\sum_{i=1}^{n}\nu_i^2}{n-1}} \qquad (12)$$

式中:

n ——测量次数;

取三个轴向中的最大值为 B_S 的最后检验结果,B_S 应满足表 2 的要求。计算实例参见表 A.4。

8.7 开机重复性 B_R

8.7.1 检验方法

将惯性测量单元(IMU)安装在测试设备上,并使航角指北。检验方法如下:

a) 接通电源,记录惯性测量单元(IMU)开机直到输出结果稳定后,记录输出量并关闭电源;

b) 再开机,重复 a),重复次数不少于 10 次。

8.7.2 数据处理

惯性测量单元(IMU)开机重复性检验的数据处理参见 8.6.2。

B_R 应满足表 2 的要求。计算实例参见表 A.5。

9 环境试验

按 GB/T 2423.1～2423.10、2423.25～2423.27 相关要求进行环境试验。

10 标志

10.1 仪器上应具有产品型号、名称、商标、仪器制造商和仪器编号等标志。

10.2 说明书和包装上应标注产品的型号、名称、商标、仪器制造商和详细地址。

11 包装

仪器的包装应符合 GB/T 15464 规定。包装储运标志应符合 GB/T 191 的规定。

12 运输

12.1 仪器搬运和放置按照运输箱的标志进行，应严格遵守仪器搬运和运输的相关规则。

12.2 应禁止与易燃、易爆、易腐蚀等物品同车装运。

12.3 应有防雨、防日晒、防撞击和防跌落的措施。

13 贮存

仪器应贮存在通风良好、隔热、保温、排水、具防火措施的场所。

附 录 A
（资料性附录）
检验记录计算实例

表 A.1～表 A.5 分别给出了偏航角精度 δ_ψ、俯仰角精度 δ_θ、侧滚角精度 δ_φ、IMU 输出稳定性 B_S 及开机重复性 B_R 的检验记录计算实例。

表 A.1 偏航角精度 δ_ψ 检验记录表

检测编号：__________ 仪器型号：__________ 仪器编号：__________

观　测：__________ 记　录：__________ 日　期：__________

单位为度(°)

序号	转台读数输出值 α_i	偏航角输出值 ψ_i	残差 ν_i
1	0.000	166.894	−0.003 2
2	10.000	176.894	−0.003 2
3	20.000	186.895	−0.002 2
4	30.000	196.896	−0.001 2
5	40.000	206.896	−0.001 2
6	50.000	216.896	−0.001 2
7	60.000	226.897	−0.000 2
8	70.000	236.898	0.000 8
9	80.000	246.898	0.000 8
10	90.000	256.897	−0.000 2
11	100.000	266.898	0.000 8
12	110.000	276.898	0.000 8
13	120.000	286.898	0.000 8
14	130.000	296.898	0.000 8
15	140.000	306.898	0.000 8
16	150.000	316.899	0.001 8
17	160.000	326.899	0.001 8
18	170.000	336.898	0.000 8
19	180.000	346.898	0.000 8
20	190.000	356.899	0.001 8
21	200.000	6.898	0.000 8
22	210.000	16.898	0.000 8
23	220.000	26.897	−0.000 2
24	230.000	36.897	−0.000 2
25	240.000	46.898	0.000 8
26	250.000	56.897	−0.000 2

表 A.1（续）

单位为度(°)

序号	转台读数输出值 α_i	偏航角输出值 ψ_i	残差 ν_i
27	260.000	66.897	−0.000 2
28	270.000	76.898	0.000 8
29	280.000	86.898	0.000 8
30	290.000	96.898	0.000 8
31	300.000	106.897	−0.000 2
32	310.000	116.897	−0.000 2
33	320.000	126.897	−0.000 2
34	330.000	136.897	−0.000 2
35	340.000	146.896	−0.001 2
36	350.000	156.896	−0.001 2
偏航角 ψ 的精度 δ_ψ=0.001 2			

表 A.2 俯仰角精度 δ_θ 检验记录表

检测编号：__________　　仪器型号：__________　　仪器编号：__________
观　　测：__________　　记　　录：__________　　日　　期：__________

单位为度(°)

序号	转台读数输出值 α_i	俯仰角输出值 θ_i	残差 ν_i
1	20.000 0	−19.981	−0.002 2
2	18.000 0	−17.981	−0.002 2
3	16.000 0	−15.980	−0.001 2
4	14.000 0	−13.980	−0.001 2
5	12.000 0	−11.979	−0.000 2
6	10.000 0	−9.979	−0.000 2
7	8.000 0	−7.979	−0.000 2
8	6.000 0	−5.979	−0.000 2
9	4.000 0	−3.978	0.000 8
10	2.000 0	−1.978	0.000 8
11	0.000 0	0.021	−0.000 2
12	−2.000 0	2.021	−0.000 2
13	−4.000 0	4.021	−0.000 2
14	−6.000 0	6.022	0.000 8
15	−8.000 0	8.022	0.000 8
16	−10.000 0	10.022	0.000 8
17	−12.000 0	12.022	0.000 8

表 A.2（续）

单位为度(°)

序号	转台读数输出值 α_i	俯仰角输出值 θ_i	残差 ν_i
18	−14.000 0	14.022	0.000 8
19	−16.000 0	16.023	0.001 8
20	−18.000 0	18.022	0.000 8
21	−20.000 0	20.022	0.000 8
俯仰角 θ 的精度 δ_θ=0.001 0			

表 A.3 侧滚角精度 δ_φ 检验记录表

检测编号：__________　　仪器型号：__________　　仪器编号：__________

观　　测：__________　　记　　录：__________　　日　　期：__________

单位为度(°)

序号	转台读数输出值 α_i	侧滚角输出值 φ_i	残差 ν_i
1	−20.000 0	−20.047	0.000 6
2	−18.000 0	−18.047	0.000 6
3	−16.000 0	−16.047	0.000 6
4	−14.000 0	−14.047	0.000 6
5	−12.000 0	−12.047	0.000 6
6	−10.000 0	−10.047	0.000 6
7	−8.000 0	−8.047	0.000 6
8	−6.000 0	−6.047	0.000 6
9	−4.000 0	−4.047	0.000 6
10	−2.000 0	−2.047	0.000 6
11	0.000 0	−0.047	0.000 6
12	2.000 0	1.952	−0.000 4
13	4.000 0	3.952	−0.000 4
14	6.000 0	5.952	−0.000 4
15	8.000 0	7.952	−0.000 4
16	10.000 0	9.951	−0.001 4
17	12.000 0	11.951	−0.001 4
18	14.000 0	13.952	−0.000 4
19	16.000 0	15.952	−0.000 4
20	18.000 0	17.952	−0.000 4
21	20.000 0	19.952	−0.000 4
侧滚角 φ 的精度 δ_φ=0.006 7			

表 A.4　输出稳定性 B_S 检验记录表

检测编号:__________　　仪器型号:__________　　仪器编号:__________

观　　测:__________　　记　　录:__________　　日　　期:__________

序号	时间 min	IMU 输出量/(°)					
		侧滚角 φ		偏航角 ψ		俯仰角 θ	
		观测值	残差	观测值	残差	观测值	残差
1	0	−0.050	0.001	3.187	−0.002 2	0.014	0.005 4
2	5	−0.050	0.001	3.188	−0.001 2	0.012	0.003 4
3	10	−0.051	0.000	3.188	−0.001 2	0.011	0.002 4
4	15	−0.051	0.000	3.189	−0.000 2	0.009	0.000 4
5	20	−0.051	0.000	3.189	−0.000 2	0.008	−0.000 6
6	25	−0.052	−0.001	3.189	−0.000 2	0.007	−0.001 6
7	30	−0.052	−0.001	3.190	0.000 8	0.007	−0.001 6
8	35	−0.052	−0.001	3.190	0.000 8	0.007	−0.001 6
9	40	−0.052	−0.001	3.190	0.000 8	0.007	−0.001 6
10	45	−0.052	−0.001	3.190	0.000 8	0.007	−0.001 6
11	50	−0.052	−0.001	3.190	0.000 8	0.007	−0.001 6
12	55	−0.052	−0.001	3.190	0.000 8	0.008	−0.000 6
13	60	−0.052	−0.001	3.190	0.000 8	0.008	−0.000 6
输出量平均值		−0.051		3.189 2		0.008 6	
输出量标准差		0.000 8		0.001 0		0.002 2	
最后检验结果		B_S=0.002					

表 A.5　开机重复性 B_R 检验记录表

检测编号：__________　　仪器型号：__________　　仪器编号：__________

观　　测：__________　　记　　录：__________　　日　　期：__________

序号	开机次数	IMU 输出量/(°)					
		侧滚角 φ		偏航角 ψ		俯仰角 θ	
		观测值	残差	观测值	残差	观测值	残差
1	1	−0.049	0.000 5	2.082	−0.091 5	0.014	−0.000 6
2	2	−0.050	−0.000 5	2.094	−0.079 5	0.014	−0.000 6
3	3	−0.049	0.000 5	2.069	−0.104 5	0.014	−0.000 6
4	4	−0.050	−0.000 5	2.121	−0.052 5	0.014	−0.000 6
5	5	−0.049	0.000 5	2.108	−0.065 5	0.015	0.000 4
6	6	−0.050	−0.000 5	1.991	−0.182 5	0.015	0.000 4
7	7	−0.049	0.000 5	2.080	−0.093 5	0.014	−0.000 6
8	8	−0.050	−0.000 5	2.248	0.074 5	0.015	0.000 4
9	9	−0.049	0.000 5	2.350	0.176 5	0.016	0.001 4
10	10	−0.050	−0.000 5	2.592	0.418 5	0.015	0.000 4
输出量平均值		−0.049 5		2.173 5		0.014 6	
输出量标准差		0.000 5		0.178 4		0.000 7	
最后检验结果		B_R=0.178					

ICS 07.040
A 76

中华人民共和国国家标准

GB/T 28588—2012

全球导航卫星系统连续运行基准站网技术规范

Specifications for the continuously operating reference station using global navigation satellite system

2012-06-29 发布 2012-10-01 实施

中华人民共和国国家质量监督检验检疫总局
中国国家标准化管理委员会 发布

前　言

本标准依照 GB/T 1.1—2009 给出的规则起草。

本标准由国家测绘地理信息局提出。

本标准由全国地理信息标准化技术委员会(SAC/TC 230)归口。

本标准起草单位:国家基础地理信息中心、国家卫星定位系统工程技术研究中心、天津市测绘院。

本标准主要起草人:张鹏、武军郦、孙占义、陈明、刘晖、张志全。

全球导航卫星系统连续运行基准站网技术规范

1 范围

本标准规定了全球导航卫星系统(GNSS)连续运行基准站、数据中心及数据通信网络等建设、运行及服务的基本技术要求。

本标准适用于国家和区域基准站网建设、运行及服务。专业应用站网的建设、运行及服务可参考本标准执行。

2 规范性引用文件

下列文件对于本文件的应用是必不可少的。凡是注日期的引用文件,仅注日期的版本适用于本文件。凡是不注日期的引用文件,其最新版本(包括所有的修改单)适用于本文件。

GB/T 3482 电子设备雷击试验方法

GB/T 12897 国家一、二等水准测量规范

GB 50057 建筑物防雷设计规范

GB 50174 电子信息系统机房设计规范

GB 50311 综合布线系统工程设计规范

GB 50343 建筑物电子信息系统防雷技术规范

GB 50462 电子信息系统机房施工及验收规范

CH 8016 全球定位系统(GPS)测量型接收机检定规程

3 术语和定义

下列术语和定义适用于本文件。

3.1

全球导航卫星系统 global navigation satellite system

采用全球导航卫星无线电导航技术确定时间和目标空间位置的系统。目前主要包括 GPS、GLONASS、GALILEO、北斗卫星导航系统等。

3.2

精密星历 precise ephemeris

利用全球或区域导航卫星基准站网确定的导航卫星精密轨道信息。

3.3

国际地球参考框架 International Terrestrial Reference Frame

由国际地球自转服务局提供的,基于多种空间大地测量技术得到的一组全球基准站坐标和速度场,是国际地球参考系统的具体实现和维持。它具有明确的定向基准、原点基准、尺度基准和参考框架时间演变基准。

3.4

地心坐标系　geocentric coordinate system

以地球质心或几何中心为原点的坐标系。

3.5

国家地心坐标参考框架　national geocentric coordinate reference frame

是国家地心坐标系统在我国领土及领海内的具体体现，主要依靠多种空间大地测量技术实现。

3.6

区域地心坐标参考框架　regional geocentric coordinate reference frame

是国家地心坐标系统在我国某一区域内的具体体现。

3.7

实时服务　real-time service

时间延迟在 6 s 以内的数据服务。

3.8

快速服务　rapid service

时间延迟在 12 h 以内的数据服务。

3.9

事后服务　post-service

时间延迟在 12 h 以上的数据服务。

3.10

卫星钟差　satellite clock bias

相对于某参考钟的卫星钟时间偏差。

3.11

误码率　error-code rate

错误的码元数占传输总码元数的比率。

3.12

数据可用率　data availability rate

有效历元数据占总观测历元的比率。

3.13

多路径影响　multi-path impact

多路径效应对基准站观测值带来的影响。

3.14

2000 国家大地坐标系　China Geodetic Coordinate System 2000

原点在地心的右手地固直角坐标系。Z 轴为国际地球自转与参考系统服务组织(IERS)定义的参考极方向，X 轴为 IERS 定义的参考子午面与垂直于 Z 轴的赤道面的交线，Y 轴与 Z 轴和 X 轴构成右手正交坐标系。其地球正常椭球长半径为 6 378 137 m，地心引力常数为 $3.986\ 004\ 418 \times 10^{14}\ m^3 \cdot s^{-2}$，扁率为 1/298.257 222 101，地球自转角速度为 $7.292\ 115 \times 10^{-5}\ rad \cdot s^{-1}$。

4　缩略语

下列缩略语适用于本文件。

GNSS　全球导航卫星系统　Global Navigation Satellite System

GPS　全球定位系统(美国)　Global Positioning System

GLONASS　全球导航卫星系统(俄罗斯)　Global Navigation Satellite System

GALILEO　伽利略导航卫星系统(欧洲)　Galileo Navigation Satellite System
IERS　国际地球自转与参考系统服务　International Earth Rotation and Reference Systems Service
ITRF　国际地球参考框架　International Terrestrial Reference Frame
IGS　国际GNSS服务　International GNSS Service
LAN　局域网　Local Area Network
PPS　每秒脉冲数　Pulses Per Second
UPS　不间断电源　Uninterruptible Power Supply
USB　通用串口总线　Universal Serial Bus
TCP/IP　传输控制协议/因特网互联协议　Transmission Control Protocol/Internet Protocol
CGCS2000　2000国家大地坐标系　China Geodetic Coordinate System 2000
GSM　全球移动通讯技术　Global System for Mobile Communications
GPRS　通用无线分组服务技术　General Packet Radio Service
CDMA　码分多址技术　Code Division Multiple Access

5　基准站网组成

5.1　基准站网

全球导航卫星系统(GNSS)连续运行基准站网(以下简称“基准站网”)是由若干连续运行基准站(以下简称“基准站”)、数据中心及数据通信网络组成的,提供数据、定位、定时及其他服务的系统。

5.2　连续运行基准站

由GNSS设备、气象设备、电源设备、通信设备、计算机等设备以及观测墩、观测室、工作室等基础设施构成,具备长期连续跟踪观测和记录卫星信号的能力,并通过数据通信网络定时或实时将观测数据传输到数据中心。

5.3　数据中心

由计算机、网络设备、专业软件系统以及机房等构成,具备数据管理、数据处理分析及产品服务等功能,用于汇集、存储、处理、分析和分发基准站数据,形成产品和开展服务。

5.4　数据通信网络

由公用或专用的通信网络构成,用于实现基准站与数据中心、数据中心与用户间数据交换,完成数据传输、数据产品分发等任务。

6　分类与布设原则

6.1　分类

依据管理形式、任务要求和应用范围,基准站网可划分为:

——国家基准站网;

——区域基准站网;

——专业应用站网。

国家基准站网是国家地理空间信息的重要基础设施,主要用于维持和更新国家地心坐标参考框架,开展全国范围内高精度定位、导航、工程建设、地震监测、气象预报等国民经济建设、国防建设和科学研究服务。

区域基准站网是省、市、自治区等区域地理空间信息的重要基础设施，用于维持和更新区域地心坐标参考框架，开展区域内位置服务和相关信息服务。区域地心坐标参考框架应与国家地心坐标参考框架保持一致。

专业应用站网是由专业部门或机构根据专业需求建立的基准站网，用于开展专业信息服务。专业应用站网基准站宜与国家地心坐标参考框架建立联系。

6.2 布设原则

6.2.1 国家基准站网

国家基准站网应覆盖我国领土及领海，全国范围内均匀分布、站间距 100 km～200 km，满足国家地心坐标参考框架建设和维持的需要，并兼顾社会发展、经济建设、自然条件和定位服务需求等因素。

国家基准站网在每个省、自治区内应至少有 3 个分布均匀、观测墩建造埋设于基岩上的基准站，直辖市内应至少有 1 个～2 个观测墩埋设于基岩上的基准站。

6.2.2 区域基准站网

区域基准站网应满足区域地心坐标参考框架建设的需要，均匀覆盖省、自治区、直辖市等行政辖区，并兼顾地方经济发展现状、自然条件和定位服务需求等因素。

区域基准站网的布设应顾及相邻区域基准站网的站点分布，实现有效覆盖。不同区域基准站网的重叠覆盖范围内，定位服务应保证一致。

区域基准站网提供实时定位服务时，基准站间平均距离宜按表 1 规定执行。

表 1 实时定位精度要求

实时定位精度要求	基准站间平均距离/km
厘米级	≤70
分米级	>70

6.2.3 专业应用站网

专业应用站网的布设应根据专业服务目标进行设计，按照专业需求确定基准站分布。提供实时定位服务时，基准站间平均距离可参考表 1 执行。

7 基准站

7.1 技术设计

基准站技术设计前应收集基准站所在地区地形图、交通图、地质构造图以及其他相关资料（已建站点、冻土及地下水、气象等信息），在图上拟选基准站站址，标注站址地形、地质、交通等信息，确定基准站位置、名称及编号。

在基准站站址勘选完成后，进行建筑、结构、电气（防雷）、室外工程等内容的施工设计以及基准站设备集成、供电系统、数据传输等内容的设计。

技术设计完成后，应提交基准站技术设计方案以及基准站点位设计图、站点位置信息表、基准站施工设计图等设计资料。

7.2 选址

7.2.1 观测环境

观测环境应符合以下要求：

a) 距易产生多路径效应的地物(如高大建筑、树木、水体、海滩和易积水地带等)的距离应大于200 m；

b) 应有10°以上地平高度角的卫星通视条件；困难环境条件下，高度角可放宽至25°，遮挡物水平投影范围应低于60°；

c) 距微波站和微波通道、无线电发射台、高压线穿越地带等电磁干扰区距离应大于200 m；

d) 避开采矿区、铁路、公路等易产生振动的地带；

e) 应顾及未来的规划和建设，选择周围环境变化较小的区域进行建设；

f) 应进行连续24 h以上的实地环境测试，对于国家基准站和区域基准站，数据可用率应大于85%，多路径影响应小于0.5 m；对于专业应用站网基准站，可按实际情况执行。

7.2.2 地质环境

地质环境应符合以下要求：

a) 国家基准站应建立在稳定地质构造条件的块体上，避开地质构造不稳定地区(如断裂带、易发生滑坡与沉陷等局部变形地区)和易受水淹或地下水位变化较大的地区；

b) 区域基准站网的基准站按国家基准站网要求或依据需求建立在稳定地质构造条件的块体上或结构稳定的屋顶上；

c) 专业应用站网的基准站依据专业需求选择建站环境。

7.2.3 依托保障

依托保障要求如下：

a) 便于接入公共或专用通信网络；

b) 具有稳定、安全可靠的电源；

c) 交通便利，便于人员往来和车辆运输；

d) 具有良好的土建施工条件；

e) 具有建设用地及基本基础设施保障；

f) 具有良好的安全保障环境，便于人员维护和站点的长期保存。

7.2.4 实施步骤

实施步骤应包括：

a) 落实土地使用以及供电、通信、供水、站址安全保护等基础设施支撑条件，制定勘选工作计划，准备好仪器设备和资料；

b) 勘选人员根据设计进行踏勘时应包括专业测量人员和专业地质人员；

c) 确认基岩、土壤类型、建筑物结构及其承重能力等，在实地按要求选定点位；

d) 实地进行观测环境测试；

e) 实地拍摄基准站远景(东、南、西、北方向)和近景照片；

f) 实地绘制点之记，格式见附录A；

g) 实地绘制概略地图，供基准站设计使用；

h) 落实建站用地方式(租用、征用)；

i) 撰写勘选报告。

7.2.5 提交成果

提交成果应包括：

a) 勘选报告；

b) 站点照片；

c) 土地使用意向书或其他用地文件；

d) 地质勘察证明或建筑物结构证明；

e) 选址点之记；

f) 实地测试数据和结果分析，格式参见附录 C；

g) 收集的其他资料(所属行政区划、自然地理、地震地质概况、交通、通信、物质、水电、治安等情况)。

7.3 基建

7.3.1 观测墩

观测墩一般为钢筋混凝土结构，依据基准站建站地理、地质环境，观测墩可分为基岩观测墩、土层观测墩和屋顶观测墩，观测墩的建造要求如下：

a) 根据地质条件、周边环境条件，观测墩设计标准规格按附录 B 执行。

b) 国家基准站应选用基岩或土层观测墩形式建造；区域基准站和专业基准站应视建设条件和用途选用基岩、土层或屋顶观测墩形式建造。

c) 观测墩应在顶端浇注安装强制对中标志，并严格整平，规格按附录 B 执行。

d) 观测墩基础部分应埋设 4 个水准标志，便于水准观测，规格按附录 B 执行。

e) 国家基准站的观测墩应建设在观测室内，观测墩应高出地面不少于 3 m，一般不超过 5 m，并且观测墩顶端宜高出观测室屋顶面不少于 0.8 m，确保卫星通视条件良好；观测墩的室外部分应加装防护层，防止风雨与日照辐射对观测墩的影响。区域基准站和专业基准站可根据实际情况执行。

f) 室内观测墩应与观测室的主结构分离，以免影响观测墩的稳定性，观测墩与地面接合四周应做宽度不少于 5 cm 与观测室地基同深的隔振槽，内填粗沙，避免振动带来的影响。室外观测墩可根据实际情况执行。

g) 对于基岩观测墩，内部钢筋与基岩紧密浇注，浇注深度不少于 0.5 m；对于土层观测墩，钢筋混凝土墩体重心原则上应位于冻土线以下不少于 0.5 m。

h) 屋顶观测墩所在建筑物应为钢筋混凝土框架结构。屋顶观测墩高度应高于屋顶面不少于 0.8 m，钢筋混凝土墩体应位于房屋承重柱、梁上，内部钢筋应与房屋主承重结构钢筋焊接，结合部分应不少于 0.1 m；屋顶观测墩与屋顶面接合处应做防水处理。

7.3.2 观测室

观测室建设要求如下：

a) 根据地质条件、周边环境条件，参见附录 D 中的形式具体设计观测室；

b) 观测室面积宜不少于 20 m^2；

c) 观测室应建在地基牢固的地点，设计时应考虑防水、排水、防风、防雷等因素；电力和信号管线应分开布设，预埋两种管线通道，并进行动物防护处理；

d) 观测室内的温度和相对湿度应满足仪器设备正常运行的要求；

e) 国家基准站应在观测室内埋设重力标石，该标石与地面接合四周应做不少于 5 cm 的隔振槽，内填粗沙，规格按附录 B 执行；

f) 区域和专业基准站可根据实际情况新建观测室或利用现有设施。

7.3.3 工作室

基准站一般宜建一个建筑面积为 20 m^2 左右的工作室，供基准站工作人员管理使用。根据站址条件的不同，工作室可与观测室连体合建或单建。当在工作室安放接收机及通信设备时，工作室与观测室应尽可能靠近。区域和专业基准站可根据实际情况新建工作室或利用现有设施。

7.3.4 防雷工程

防雷工程主要包括防雷地网、防雷带的铺设以及避雷针安装，应由具备专业资格的工程人员依据 GB 50057 和 GB 50343 标准设计和施工。基准站观测室、工作室雷电防护按 GB 50057 标准中第二类防雷建筑物设计，建筑物内的电子信息系统雷电防护按 GB 50343 标准中 B 级设计。观测室和工作室分离建设时，应分别进行防雷工程建设。

7.3.5 电力通信工程

电力通信工程包括电力线、通信线等管线敷设工程，应由专业部门设计和施工。

7.3.6 辅助工程

基准站建设的辅助工程包括道路、绿化、围墙、台阶等室外工程。

7.3.7 提交成果

提交成果应包括：

a) 用地证明及相关建设许可证；

b) 土建过程照片；

c) 防雷检测报告；

d) 竣工图；

e) 施工报告；

f) 点之记；

g) 测量标志保管书，格式参见附录 E；

h) 建站工作技术总结。

7.4 设备组成

7.4.1 基准站设备

基准站设备主要由 GNSS 接收机、GNSS 天线、气象设备、不间断电源、通信设备、雷电防护设备、计算机和机柜等组成。

7.4.2 接收机

7.4.2.1 技术指标

接收机技术指标包括：

a) 具有同时跟踪不少于 24 颗全球导航定位卫星的能力；

b) 至少具有 1 Hz 采样数据的能力；

c) 观测数据至少应包括双频测距码、双频载波相位值、卫星广播星历；
d) 具有在－30 ℃～＋55 ℃、湿度95%的环境下正常工作的能力；
e) 具备外接频标输入口，可配5 MHz或10 MHz的外接频标；
f) 可外接自动气象仪设备并存储数据；
g) 具备3个以上的数据通信接口，接口类型可包括LAN、RS232、USB等；
h) 具有输出原始观测数据、导航定位数据、差分修正数据、1PPS脉冲的能力。

7.4.2.2 安装与测试

接收机安装与测试要求如下：

a) 安装之前应根据CH 8016进行检定，并取得专业检测机构的检定合格证书；
b) 安装或更新后需要详细填写《基准站GNSS接收机登记表》，其格式参见附录F；
c) 安装应根据其使用手册或说明进行；
d) 接收机应放置于通风良好、干燥、避光的地点，一般置于集成柜内。

7.4.3 天线

7.4.3.1 技术指标

天线技术指标包括：

a) 相位中心稳定性应优于3 mm；
b) 具备抗多路径效应的扼流圈或抑径板；
c) 具有抗电磁干扰能力；
d) 具有定向指北标志；
e) 在－40 ℃～＋65 ℃的环境下能正常工作；
f) 气候条件恶劣地区一般应配有防护罩。

7.4.3.2 安装与测试

天线安装与测试要求如下：

a) 天线必应固紧于观测墩的强制对中标志上，天线定向指北标志与磁北方向差异应小于5°。
b) 天线电缆应采用低损耗的射频电缆。若电缆需要延长时，根据性能指标加装相应的在线放大器。
c) 天线电缆应加装低损耗射频电缆防雷装置，并按照GB/T 3482进行接地电阻测试。
d) 安装、更新后需要详细填写《基准站GNSS天线登记表》，其格式参见附录G。

7.4.4 气象设备

7.4.4.1 技术指标

气象设备技术指标包括：

a) 可连续测定气压、温度、湿度气象元素；
b) 气压测定精度±0.1 hPa，温度测定精度±0.5 ℃，湿度测定精度±1%；
c) 可设置采样间隔；
d) 具备数据通信接口，可进行实时或定时数据传输。

7.4.4.2 安装与测试

气象设备安装与测试要求如下：

a) 安装前应进行设备测试,取得合格的检测证书;
b) 安装应按照设备使用手册进行;
c) 传感器架设高度宜与接收机天线上平面高度相同;
d) 根据需要可加装数据传输线防雷设备;
e) 安装、更新后需要详细填写《基准站气象设备登记表》,其格式参见附录 H。

7.4.5 电源设备

7.4.5.1 技术指标

电源设备技术指标包括:

a) 单相市电供电,并加装在线式 UPS;
b) 后备电源可选择使用太阳能、大容量电池组等;
c) 后备电源单独供电时,至少能维持基准站设备连续工作 12 h;
d) UPS 主机应具备 LAN 接口,可通过网络进行远程监控;
e) 电源线路应作接地保护;
f) 电源线路具备电涌防护能力。

7.4.5.2 安装与测试

电源设备安装与测试要求如下:

a) 依据 GB 50174 敷设、安装供电系统,并加装电涌防护设备;
b) 基准站内全部设备由 UPS 供电,电压不稳定地区应加装交流稳压器;
c) 安装、更新后需要详细填写《基准站电源设备登记表》,其格式参见附录 I。

7.4.6 通信设备

通信设备要求如下:

a) 安装及测试工作由专业技术人员完成;
b) 安装、更新后需要详细填写《基准站通信设备登记表》,其格式参见附录 J。

7.4.7 雷电防护设备

雷电防护设备要求如下:

a) 雷电防护指基准站内外电子设备的雷电防护,依据 GB/T 3482 中一类标准执行;
b) 基准站根据需要加装电力线、通信线、射频线电涌防护设备和建筑物雷电防护设备;
c) 安装及测试工作由专业技术人员完成;
d) 安装、更新后需要详细填写《基准站雷电防护设备登记表》,其格式参见附录 K。

7.4.8 计算机与软件

7.4.8.1 技术指标

计算机与软件技术指标包括:

a) 国家基准站应配备计算机,区域和专业基准站可根据实际情况执行;
b) 应选择符合工业标准的计算机;
c) 计算机应具备 4 个以上的数据通信接口,包括 RS232、USB、LAN 等;
d) 计算机至少应具备连续存储 1 年采样率为 1 Hz 的观测数据的能力;

e) 计算机至少应具备500 GB存储容量；

f) 应用软件应具有数据下载、格式转换、自动存储、自动传输、设备监控等功能；

g) 应用软件选用商用软件或自行研制。

7.4.8.2 安装与测试

计算机与软件安装与测试要求如下：

a) 根据设备和软件安装说明书进行安装和测试；

b) 安装、更新后需要详细填写《基准站计算机与软件登记表》，其格式参见附录L。

7.4.8.3 机柜

机柜要求如下：

a) 应选用符合工业标准的机柜；

b) 具有散热通风能力；

c) 分层次安装机柜内各项设备；

d) 电力、通信和网络等线缆应安装捆扎到位，走线合理，机柜外壳应接地。

7.4.9 提交成果

提交成果应包括：

a) 设备安装及测试报告(包括仪器检定证书、安装测试报告等)；

b) 设备登记表。

7.5 区域及专业站升级为国家站的要求

区域基准站和专业应用基准站申请升级为国家级基准站，需满足相关的技术要求及协议要求，主要包括站址稳定性、设备指标、数据质量和数据内容及格式。

7.5.1 站址稳定性

站址稳定性要求如下：

a) 申请升级为国家级基准站的基准站应满足7.2及7.3.1选址和观测墩建设的相关要求，主要包括观测环境、地质构造条件、依托保障条件、观测墩深度、观测墩混凝土规格、观测墩尺寸规格等；

b) 基准站观测墩应非常稳固，使GNSS天线很好的体现基准站的地壳位置和速度场；

c) 天线周围环境应保持稳定，电源和网络中断现象应极少发生。

7.5.2 设备指标

设备指标包括：

a) GNSS天线、接收机、气象设备应满足7.4相关技术指标；

b) 上述设备应定期检查；

c) 天线线缆应直接与接收机和天线连接；

d) 接收机应持续供电，至少有30分钟备用电；

e) 接收机应跟踪所有健康状态的卫星；

f) 接收机应设置程序使码观测数据不做平滑处理。

7.5.3 数据质量

数据质量要求如下：

a） 应每天对持续观测 24 h 采样间隔为 30 s 的 RINEX 文件进行质量检查；

b） 数据可用率应大于 85%；

c） 多路径影响应小于 0.5 m。

7.5.4 数据内容及格式

数据内容及格式要求如下：

a） 基准站应向数据中心传输采样间隔为 30 s 的 RINEX 观测、气象、导航等文件；

b） 基准站应本地保存原始二进制数据至少 30 天；

c） 传输及保存文件的文件名应使用小写字母，且格式为 ssssdddh[mm].yyt.[c]，其中 ssss 为基准站关键字的 4 个字母，ddd 为年积日，h 为全天 24 h 中每一小时对应的一个字母，mm 仅用于记录少于 1 小时数据块的站点，yy 为年 4 位数字的后 2 个数字，t 为文件类型，如：o 为观测值，d 为压缩的观测值，m 为气象数据，n 为导航数据，c 是压缩格式，如 zip，gz 等。

7.5.5 其他要求

其他要求包括：

a） 基准站应将数据流实时传送至国家级数据中心；

b） 基准站站点更改和仪器设备的更换应报国家级数据中心备案。

8 数据中心

8.1 一般原则

数据中心主要由数据管理系统、数据处理分析系统和产品服务系统组成。建设时应考虑：

a） 可靠性：保障软硬件设备、数据流程的稳定可靠，关键设备、重要数据应采用冗余备份；

b） 安全性：具备物理安全、运行安全、信息安全的技术保障措施；

c） 准确性：应保证为用户提供各类产品及服务的准确性和时效性；

d） 规范化：数据交换格式规范化、数据产品规范化及业务流程规范化。

8.2 数据管理系统

8.2.1 定义

数据管理系统负责对基准站设备的工作状况进行监控，对基准站产生的源数据进行汇集、整理、质量检查、存储和备份，对数据中心产生的各类成果数据进行规范化管理。其中源数据包括基准站原始观测数据、广播星历、气象观测数据等，成果数据包括基准站坐标、速度、大气参数、坐标框架转换参数、精密星历等。

8.2.2 一般要求

数据管理系统一般要求包括：

a） 具备规范化及自动化管理能力；

b） 具备监控及自动报警能力；

c) 具备双机冗余备份能力；

d) 具备高效可靠的数据存储能力。

8.3 数据处理分析系统

8.3.1 定义

数据处理分析系统对基准站源数据进行处理和分析，产生成果数据。数据处理应进行源数据、站信息、卫星星历、地球动力学参数等数据准备，完成格式转换、粗差探测、周跳修复等预处理，进行基线解算和网平差等工作。数据分析包括基准站坐标时间序列分析、速度场分析、数据质量分析等。专业应用站网根据专业需求进行数据处理分析。

8.3.2 一般要求

数据处理分析系统一般要求包括：

a) 应采用2000国家大地坐标系；

b) 宜使用精密星历，可根据不同需求选用事后精密星历、快速精密星历或预报精密星历；

c) 数据处理模型宜采用IERS或其他相关标准。

8.3.3 成果与精度

成果与精度包括：

a) 基准站网产出的成果可包括站坐标的单天解、周解、月解、年解及其法方程矩阵、站坐标速率、大气参数、精密卫星钟差和接收机钟差、精密星历、实时差分数据等；

b) 国家基准站网和区域基准站网的基准站地心坐标各分量年平均中误差应不大于±0.5 mm，坐标年变化率中误差水平方向应不大于±2 mm，垂直方向应不大于±3 mm；

c) 事后精密星历精度优于0.05 m，预报精密星历精度优于0.2 m；

d) 精密卫星钟差精度优于1 ns；

e) 提供实时定位服务的基准站网的实时定位精度应满足设计要求。

8.4 产品服务系统

产品服务系统负责对数据中心形成的产品进行规范化管理，向用户提供服务。

8.4.1 产品内容

产品可分为基本产品和专业产品，具体见表2。

表2 产品内容

基准站网类型	基本产品	专业产品
国家基准站网	多种采样率的GNSS原始数据、基准站信息、站坐标及精度、站速度、气象数据等	基准站坐标时间序列、事后及预报精密星历、精密卫星钟差、电离层及对流层模型信息等
区域基准站网	多种采样率的GNSS原始数据、基准站信息、站坐标及精度等	实时载波相位和伪距差分数据、气象数据等
专业应用站网	多种采样率的GNSS原始数据	根据专业特性提供的数据产品

8.4.2 服务内容

产品服务可包含位置服务、时间服务、气象服务、地球动力学服务、源数据服务等内容，见表3。

表3 服务内容

基准站网类型	坐标框架服务	位置服务			卫星轨道服务		时间服务		气象服务	地球动力学服务	源数据服务
		实时	快速	事后	预报	事后	预报	事后			
国家基准站网	提供	*	提供	提供	提供	提供	提供	提供	可选	提供	提供
区域基准站网	提供	提供	提供	提供	可选	可选	可选	可选	可选	*	提供
专业应用站网	—	可选	可选	可选	可选	可选	可选	可选	可选	*	提供

注：“*”表示随着技术发展，根据需求可提供。

具体服务内容和方法如下：

a) 坐标框架服务是指维持与更新国家或区域地心参考框架，提供动态框架下的起算坐标服务；
b) 实时位置服务包括厘米级、分米级和米级精度的服务；
c) 快速位置服务包括厘米级、分米级和米级精度的服务；
d) 事后位置服务包括毫米级、厘米级和分米级精度的服务；
e) 卫星轨道服务提供精度为0.2 m的预报精密星历和精度为0.05 m的事后精密星历；
f) 时间服务提供预报和事后精密星历相应的精密卫星钟差，预报精密卫星钟差精度优于5 ns，事后精密卫星钟差精度优于1 ns；
g) 气象服务提供电离层、对流层等模型参数；
h) 地球动力学服务提供地球自转参数等；
i) 源数据服务提供基准站原始观测数据、气象观测数据、基准站信息等；
j) 受国家信息安全以及保密政策等限制的产品按照国家相关管理办法提供。

8.5 数据中心机房

数据中心机房应参照GB 50174、GB 50311、GB 50343、GB 50462规范进行建设，具体要求如下：

a) 机房建筑：机房的主体结构应具有耐久、抗震，装修应选用阻燃性材料；
b) 供电系统：设备供电应按设备总用电量的20%～25%进行预留，应考虑与应急照明系统的自动切换和消防系统的联动；
c) 空调系统：保障机房内的温度、相对湿度、通风等条件符合仪器设备正常运行的要求；
d) 电涌防护：应对服务器、电话机、网络设备、UPS、空调机等电子设备加装过压保护装置，设备接入端应安装防雷装置以及防电涌装置；
e) 安防系统：应配置消防设备，采用门禁等安保措施。

8.6 计算机与网络

计算机与网络要求如下：

a) 应根据数据采集、数据管理、数据处理分析及应用服务等功能需要配置工作站和服务器等计算机设备；
b) 应根据基准站网源数据和成果数据的产出容量配置必要的数据存储设备；
c) 接入的通信链路应首选专线，带宽应不低于2 Mbit/s，条件允许情况下应有备用链路；
d) 可采用TCP/IP协议、以太网及快速以太网协议建立内部局域网，带宽不低于100 Mbit/s；

e） 接入设备应选用安全认证的路由器、网络交换机以及防火墙等硬件设施；

f） 应符合国家计算机信息系统安全的要求。

9 数据通信网络

9.1 定义

数据通信网络一般利用现有通信网络资源，实现基准站到数据中心和数据中心到用户实时或事后数据交换。

9.2 一般要求

数据通信网络一般要求如下：

a） 可采用 TCP/IP 作为数据通信协议；

b） 基准站接入端的通信链路可采用有线专线、无线扩频等通信方式；

c） 数据中心接入端的通信链路可采用有线专线、卫星通信等通信方式；

d） 数据中心到用户的实时通信方式可采用 GSM、GPRS、CDMA 及 3G 或其他无线通信方式；

e） 数据中心到用户的事后通信方式可采用有线方式。

9.2.1 基准站接入端技术指标

基准站接入端技术指标包括：

a） 通信速率大于 64 kbit/s；

b） 误码率小于 10^{-8}；

c） 链路可用性大于 95%。

9.2.2 数据中心接入端技术指标

数据中心接入端技术指标包括：

a） 通信速率大于 2 Mbit/s；

b） 误码率小于 10^{-9}；

c） 链路可用性大于 98%；

d） 提供实时定位服务的基准站网，数据中心的最低接入带宽按下式计算：64 kbit/s×基准站数量，基准站到数据中心的通信延迟应小于 500 ms，数据中心到用户的通信延迟应小于 1 s。

10 基准站网测试

基准站网建成后应进行整网运行测试，并形成测试报告。可进行如下测试：

a） 测试基准站数据采集、数据完好性；

b） 测试基准站到数据中心和数据中心到用户之间数据传输的稳定性，提供网络通信链路的通信速率、误码率、可用性以及数据传输的延迟大小，具体技术指标满足 9.2 要求；

c） 测试数据中心对基准站的监控能力，包括通过数据通信网络监视和控制基准站工作状况、参数配置、数据采集和传输等；

d） 测试实时定位的覆盖范围和有效作业时间；

e） 测试站网数据产品服务内容和精度指标，包括坐标框架、实时定位、快速定位、事后定位、卫星轨道、源数据服务等内容以及相应的精度测试，具体技术指标满足 8.4 要求；

f） 测试其他内容。

11 基准站网维护

基准站网维护要求如下：

a) 应保障全年每天连续 24 h 正常运行，必要时应安装报警系统；

b) 应定期进行设备检测，必要时进行设备更新；

c) 应定期与国际 IGS 站进行联测解算，维持坐标框架更新；

d) 根据需要对埋设的水准标志按照 GB/T 12897 相关技术要求进行定期测定；

e) 根据需要对埋设的重力标石与国家重力基本网进行定期联测。

附　录　A
（规范性附录）
基准站点之记

表 A.1　基准站点之记

<table>
<tr><td>站名</td><td></td><td>编号</td><td></td><td>代码</td><td></td><td>类别</td><td></td></tr>
<tr><td colspan="3">所在图幅</td><td colspan="2">磁偏角</td><td colspan="3">站 位 略 图</td></tr>
<tr><td>概略纬度</td><td colspan="4"></td><td colspan="3" rowspan="9"></td></tr>
<tr><td>概略经度</td><td colspan="4"></td></tr>
<tr><td>概略高程</td><td colspan="4"></td></tr>
<tr><td>站址所在地</td><td colspan="4"></td></tr>
<tr><td>最近水源</td><td colspan="4"></td></tr>
<tr><td>最近住所</td><td colspan="4"></td></tr>
<tr><td>供电系统</td><td colspan="4"></td></tr>
<tr><td>邮电通讯</td><td colspan="4"></td></tr>
<tr><td>石子来源</td><td colspan="4"></td></tr>
<tr><td>沙子来源</td><td colspan="4"></td><td colspan="3">地形地质构造略图</td></tr>
<tr><td>冻土深度</td><td>m</td><td>解冻深度</td><td colspan="2">m</td><td colspan="3" rowspan="4"></td></tr>
<tr><td>地形地貌</td><td colspan="4"></td></tr>
<tr><td>站址岩性</td><td colspan="4"></td></tr>
<tr><td>地质概要、构造背景</td><td colspan="4"></td></tr>
<tr><td>交通情况</td><td colspan="3"></td><td>交通路线图</td><td colspan="3"></td></tr>
</table>

表 A.1（续）

<table>
<tr><td colspan="3">点位环视图</td><td colspan="2">标石类型</td><td></td></tr>
<tr><td colspan="3" rowspan="2">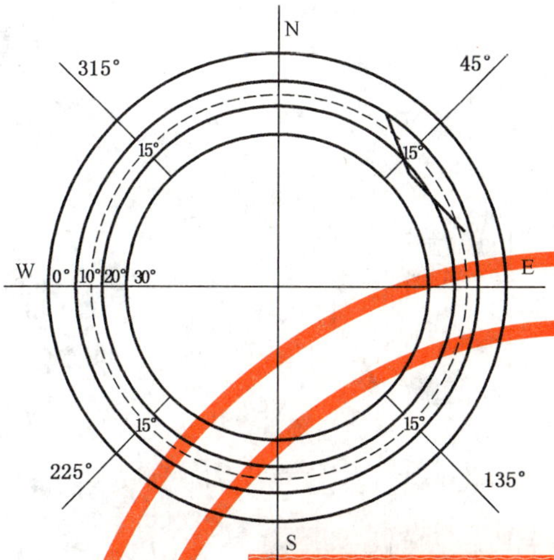
</td><td colspan="3">实埋墩标剖面图</td></tr>
<tr><td colspan="3"></td></tr>
<tr><td colspan="3">有关点位环视图的必要说明：</td><td colspan="3">原有高等级大地、形变、重力点位利用情况：</td></tr>
<tr><td colspan="3">便于联测的水准点点名、点号、等级及联测里程：</td><td colspan="3">便于联测的重力点点名、点号、等级及联测里程：</td></tr>
<tr><td rowspan="5">选点者</td><td>选 点 人</td><td></td><td rowspan="4">建站者</td><td>建 站 人</td><td></td></tr>
<tr><td>单　位</td><td></td><td>单　位</td><td></td></tr>
<tr><td>地 质 员</td><td></td><td>建站时间</td><td></td></tr>
<tr><td>单　位</td><td></td><td>委托保管人</td><td></td></tr>
<tr><td>选点时间</td><td></td><td colspan="3" rowspan="2">委托保管部门及详细地址：</td></tr>
<tr><td colspan="3">情况说明：</td></tr>
<tr><td>备注</td><td colspan="5"></td></tr>
</table>

附　录　B
（规范性附录）
基准站观测墩

单位为毫米

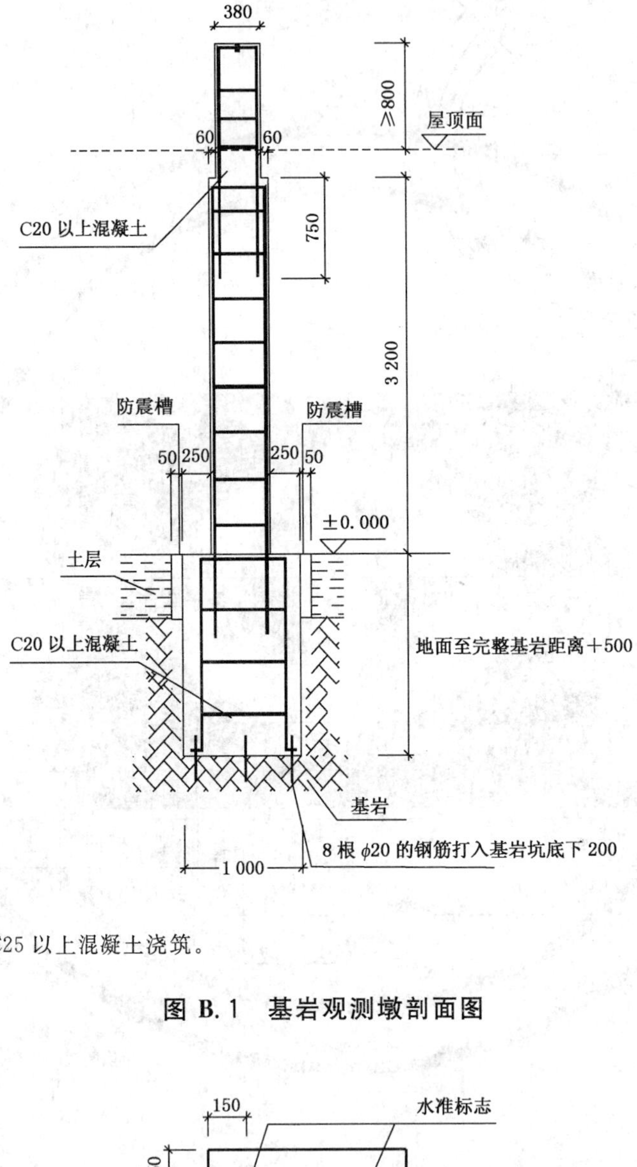

注：国家基准站应用 C25 以上混凝土浇筑。

图 B.1　基岩观测墩剖面图

单位为毫米

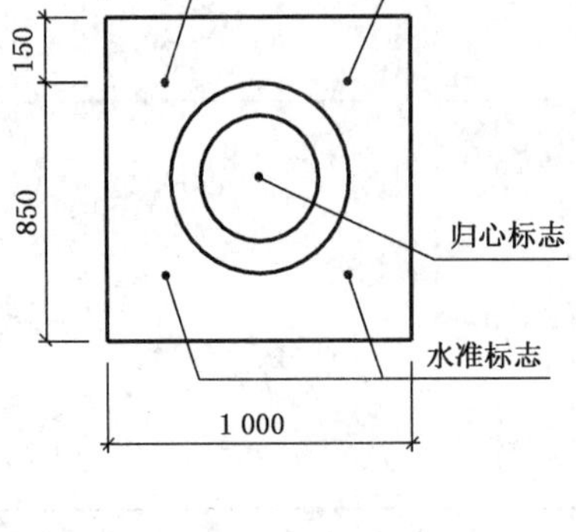

图 B.2　基岩观测墩剖面图

单位为毫米

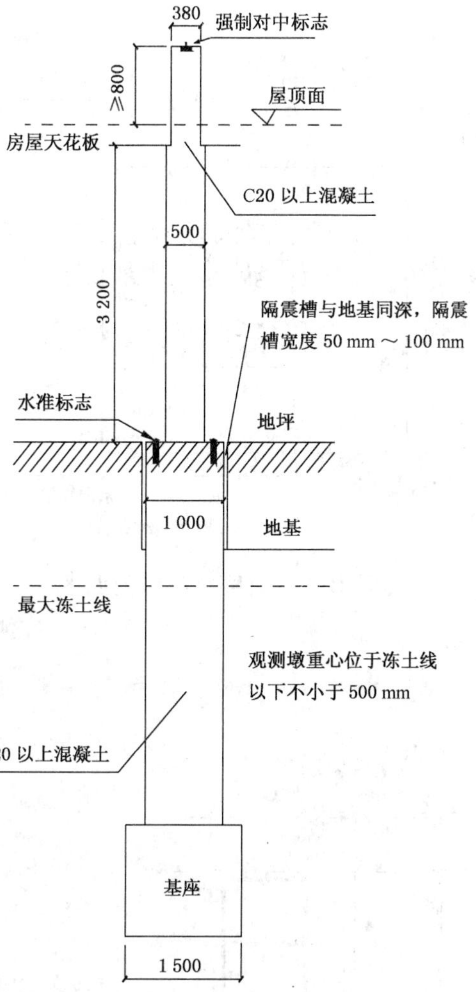

注：国家基准站应用 C25 以上混凝土浇筑。

图 B.3　土层观测墩剖面图

表 B.1　观测墩地下部分尺寸规格表

单位为米

冻土线深度 h	坑深	基座深度	基座规格	地下墩体规格
$h\leqslant1$	4	0.5	1.5×1.5×0.5	1.0×1.0
$1<h\leqslant2$	5	1.0	1.5×1.5×1.0	1.0×1.0
$2<h\leqslant3$	6	1.5	1.5×1.5×1.5	1.0×1.0
$h>3$(开挖)	8	1.5	1.5×1.5×1.5	1.0×1.0
$h>3$(钻孔)	10	0	—	$\phi=1.0$

单位为毫米

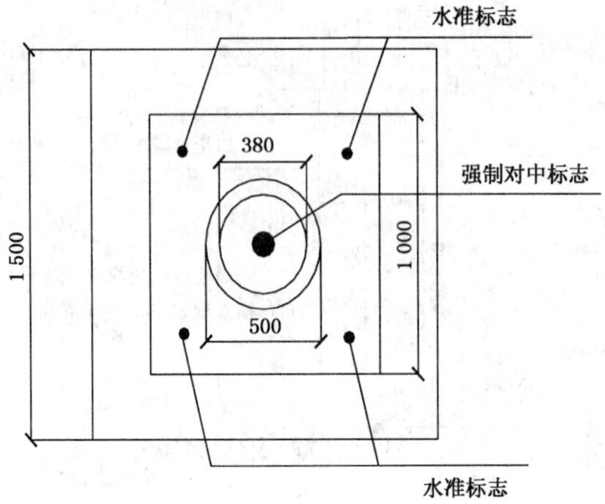

图 B.4 土层观测墩剖面图

单位为毫米

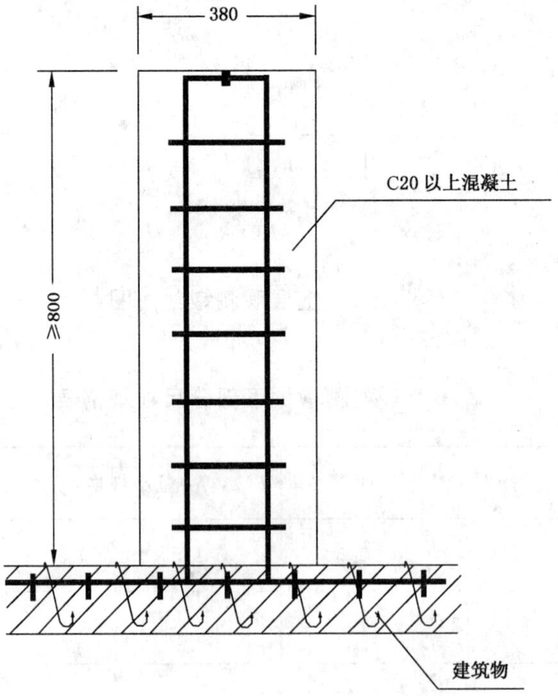

图 B.5 钢筋混凝土屋顶观测墩

单位为毫米

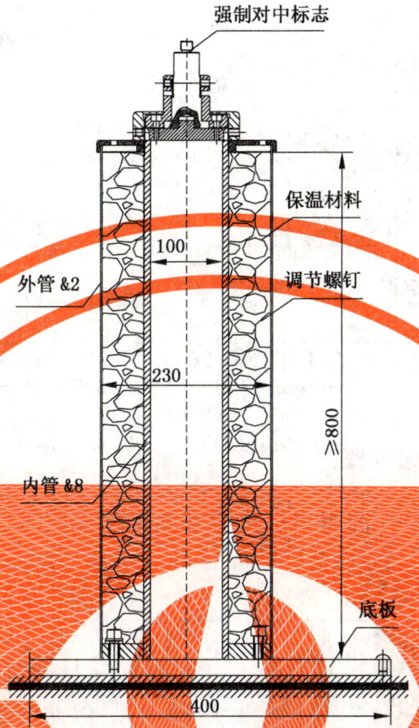

图 B.6 钢管屋顶观测墩

单位为毫米

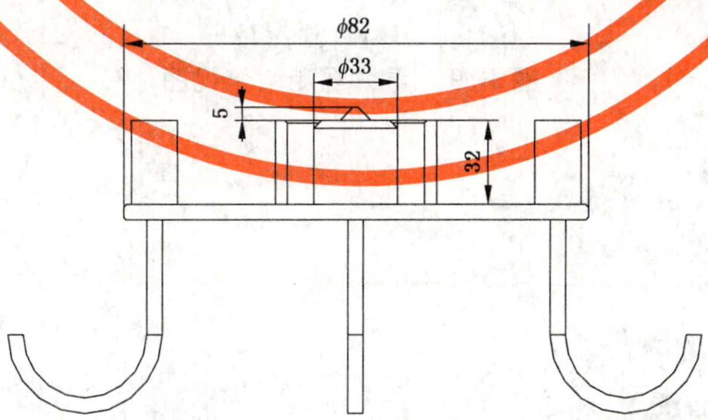

图 B.7 天线强制对中标志

单位为毫米

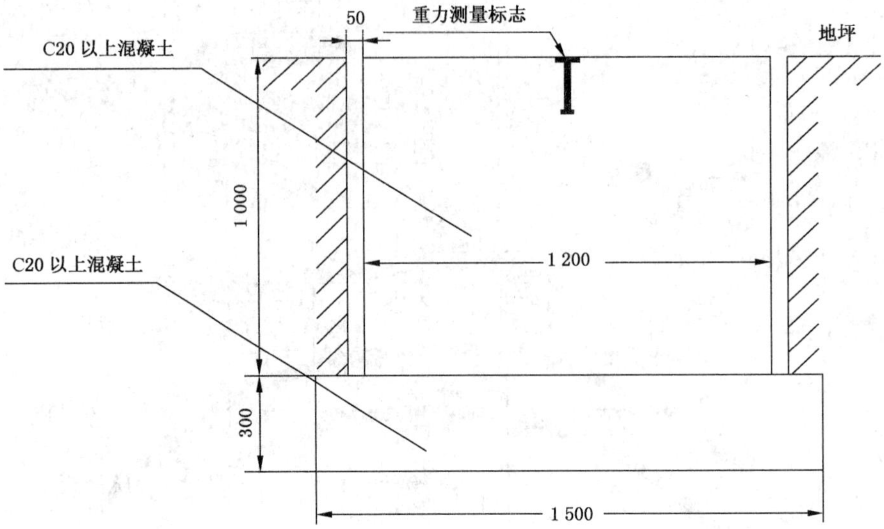

注：国家基准站应用 C25 以上混凝土浇筑。

图 B.8　重力观测墩剖面图

单位为毫米

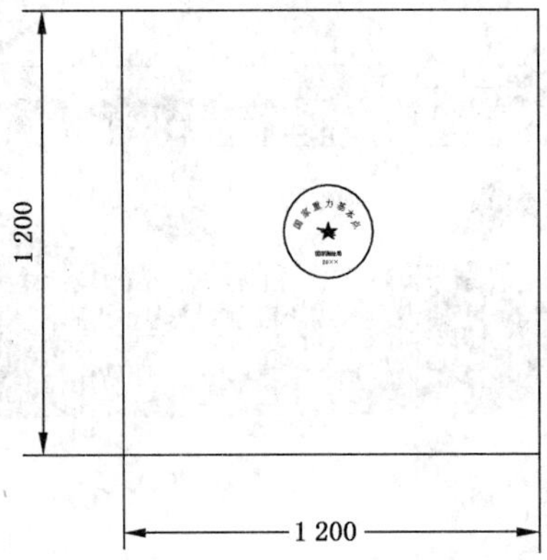

图 B.9　重力观测墩俯视图

附 录 C
（资料性附录）
测试数据结果分析

表 C.1 测试数据结果分析表

站名	
观测者	
观测仪器及天线	
观测文件名称	
检查软件	
起止观测时间	
观测数据量大小	
数据可用率/%	
多路径影响因子	

附 录 D
（资料性附录）
观 测 室

单位为毫米

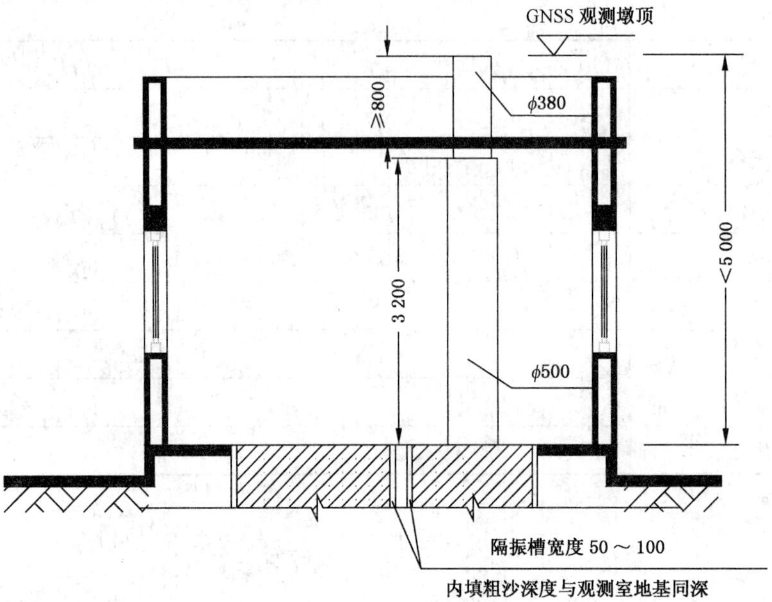

图 D.1 观测室剖面图

单位为毫米

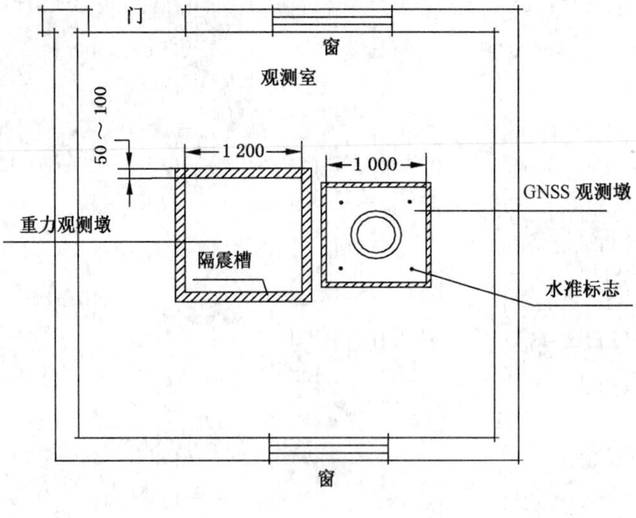

图 D.2 观测室俯视图

附　录　E
（资料性附录）
测量标志保管书

基准站名称：　　　　　　　　　　　　编号：

托管时间：　　　　　年　　月　　日

标志质料及构造：

设置地点：　　省（自治区、市）　　县（市/区）　　乡　　村

具体位置略图

兹由建站单位根据中华人民共和国测绘法，将上述测量标志委托当地有关单位和人员保管，双方当面视察标志情况如上所述，此后由接管单位负责保护。

建站单位：
地　　址：
代　　表：　　　　　　　　　　　　（签名盖章）

托管单位：
地　　址：
代　　表：　　　　　　　　　　　　（签名盖章）

接管单位：
地　　址：
代　　表：　　　　　　　　　　　　（签名盖章）

本保管书一式三份，一份由建站单位保存，一份由托管单位保存，一份由接管单位保存。

附 录 F
（资料性附录）
基准站GNSS接收机登记表

表 F.1

清单

清单编号：________________

测站名称：________________ 测站代码：________________

厂商：________________ 生产地：________________

部件号：________________ 名称：________________

序列号：________________ 检定报告编号：________________

系统编号：________________ 更替编号：________________

所有者/联系方式：________________

（姓名、单位、地址）

____

电子邮件：________________电话：________________传真：________________

表 F.2

接收机

接收机编号：________________清单编号：________________

型号：________________

更新日期：________________ 修订：________________

主板序列号：________________ 固件修订：________________

主板修订：________________ 内存容量：________________

软件版本：________________ 采样率：________________

端口设置：________________ 其他功能：________________

附 录 G
（资料性附录）
基准站GNSS天线登记表

表G.1

清单 清单编号：________
测站名称：________ 测站代码：________ 厂商：________ 生产地：________ 部件号：________ 名称：________ 序列号：________ 检定报告编号：________ 系统编号：________ 更替编号：________ 所有者/联系方式：________ （姓名、单位、地址） ________ 电子邮件：________电话：________传真：________

表G.2

接收机 接收机编号：________清单编号：________
型号：________ 更新日期：________ 修订：________ 主板序列号：________ 固件修订：________ 主板修订：________ 内存容量：________ 软件版本：________ 采样率：________ 端口设置：________ 其他功能：________

附 录 H
（资料性附录）
基准站气象设备登记表

表 H.1

清单 清单编号：________________
测站名称：________________ 测站代码：________________ 厂商：________________ 生产地：________________ 部件号：________________ 名称：________________ 序列号：________________ 系统编号：________________ 更替编号：________________ 所有者/联系方式：________________ （姓名、单位、地址） ________________ 电子邮件：________ 电话：________ 传真：________

表 H.2

气象 气象设备编号：________ 清单编号：________________
型号：________________ 检定报告编号：________________ 测试日期：________________ 温度量测范围：________________ 精度：________________ 气压量测范围：________________ 精度：________________ 湿度量测范围：________________ 精度：________________ 采样间隔：________________ 端口设置：________________

附　录　I
（资料性附录）
基准站电源设备登记表

表 I.1

UPS 电源设备

清单

清单编号：________________

测站名称：________________　测站代码：________________

厂商：________________　生产地：________________

部件号：________________　名称：________________

序列号：________________

系统编号：________________　更替编号：________________

所有者/联系方式：________________

（姓名、单位、地址）

____

电子邮件：________________　电话：________________　传真：________________

表 I.2

电源

电源设备编号：________________　清单编号：________________

型号：________________

额定功率：________________　负载功率：________________

输入电压：________________　输出电压：________________

后备电池：________________

（详细描述类型、数量、规格）

____

表 I.3

太阳能电源设备

清单

清单编号：____________________

测站名称：____________________ 测站代码：____________________

厂商：____________________ 生产地：____________________

部件号：____________________ 名称：____________________

序列号：____________________

系统编号：____________________ 更替编号：____________________

所有者/联系方式：____________________

（姓名、单位、地址）

____

电子邮件：__________ 电话：__________ 传真：__________

表 I.4

电源

电源设备编号：__________ 清单编号：__________

型号：____________________

额定功率：____________________ 负载功率：____________________

输出电压：____________________ 尺寸：____________________

电源板规格：____________________

后备电池：____________________

（类型、数量、规格）

____

附 录 J
（资料性附录）
基准站通信设备登记表

表 J.1

清单

清单编号：________________

测站名称：________________ 测站代码：________________

厂商：________________ 生产地：________________

部件号：________________ 名称：________________

序列号：________________

系统编号：________________ 更替编号：________________

所有者/联系方式：________________

（姓名、单位、地址）

____

电子邮件：________________电话：________________传真：________________

表 J.2

通信

通信设备编号：________________清单编号：________________

型号：________________

传输波特率：________________

安装说明：________________

附 录 K
（资料性附录）
基准站雷电防护登记表

表 K.1

清单

清单编号：＿＿＿＿＿＿＿＿＿＿＿＿＿＿＿＿

测站名称：＿＿＿＿＿＿＿＿＿＿＿＿　测站代码：＿＿＿＿＿＿＿＿＿＿＿＿＿＿

厂商：＿＿＿＿＿＿＿＿＿＿＿＿＿＿　生产地：＿＿＿＿＿＿＿＿＿＿＿＿＿＿

部件号：＿＿＿＿＿＿＿＿＿＿＿＿＿　名称：＿＿＿＿＿＿＿＿＿＿＿＿＿＿＿

序列号：＿＿＿＿＿＿＿＿＿＿＿＿＿

系统编号：＿＿＿＿＿＿＿＿＿＿＿＿　更替编号：＿＿＿＿＿＿＿＿＿＿＿＿＿

所有者/联系方式：＿＿＿＿＿＿＿＿＿＿＿＿＿＿＿＿＿＿＿＿＿＿＿＿＿＿＿＿

（姓名、单位、地址）

＿＿＿＿＿＿＿＿＿＿＿＿＿＿＿＿＿＿＿＿＿＿＿＿＿＿＿＿＿＿＿＿＿＿＿

电子邮件：＿＿＿＿＿＿＿＿电话：＿＿＿＿＿＿＿＿传真：＿＿＿＿＿＿＿＿

表 K.2

雷电防护

雷电防护设备编号：＿＿＿＿＿＿＿＿＿＿清单编号：＿＿＿＿＿＿＿＿＿＿＿＿＿＿

型号：＿＿＿＿＿＿＿＿＿＿＿＿＿＿＿＿＿＿＿

地网接地电阻：　　　　　欧姆　　　检测单位

附　录　L
（资料性附录）
基准站计算机与软件登记表

表 L.1

计算机信息

清单　　　　　　清单编号：________

计算机编号：________

测站名称：________　　测站代码：________

名称：________

厂商：________　　型号：________

序列号：________

操作系统：________

处理器：________

硬盘大小：________　　内存容量：________

显卡：________　　网卡：________

端口：________　　调制解调器：________

监视器：________　　电涌保护：________

其他硬件：________

所有者/联系方式：________

（姓名、单位、地址）

____

电子邮件：________　电话：________　传真：________

表 L.2

软件信息

软件编号：________　清单编号：________

测站名称：________　　测站代码：________

下载软件：________

执行方式、设置：________

转换软件：________

执行方式、设置：________

其他软件：________

表 L.3

网络信息 清单　　　　　　　　　　清单编号：________________ 计算机网络编号：________________
测站名称：________________　测站代码：________________ 域名：________________　域 IP 地址：________________ DNS 服务器：________________　网关地址：________________ 子网掩码：________________ 主机名：________________　主机 IP 地址：________________ 注册名：________________　注册密码：________________ 超级管理员密码：________________　内存容量：________________ 计算机接入号码：________________　接收机接入号码：________________ 电子邮件地址：________________ 入网电话：________________　用户名：____________　密码：____________